Moeller

Leitfaden der Elektrotechnik

Herausgegeben von

Dr.-Ing. Hans Fricke
Professor an der Technischen Universität Braunschweig

Dr.-Ing. Heinrich Frohne
Professor an der Technischen Universität Hannover

Dr.-Ing. Paul Vaske
Dozent an der Fachhochschule Hamburg

Band III, Teil 2

 B. G. Teubner Stuttgart

Bauelemente der Halbleiterelektronik

Teil 2 Feldeffekt-Transistoren, Thyristoren und Optoelektronik

Von Dr. rer. nat. H. Tholl
Dozent an der Fachhochschule Hamburg

Mit 309 Bildern, 32 Tafeln und 77 Beispielen

 B. G. Teubner Stuttgart 1978

CIP-Kurztitelaufnahme der Deutschen Bibliothek

Leitfaden der Elektrotechnik / Moeller. Hrsg. von
Hans Fricke ... – Stuttgart : Teubner.
NE: Moeller, Franz [Begr.]; Fricke, Hans [Hrsg.]
Bd. 3. Bauelemente der Halbleiterelektronik / von
H. Tholl.
Teil 2. Feldeffekttransistoren, Thyristoren und
Optoelektronik. – 1978.
ISBN 978-3-519-06419-0   ISBN 978-3-322-92762-0 (eBook)
DOI 10.1007/978-3-322-92762-0
NE: Tholl, Herbert [Bearb.]

Das Werk ist urheberrechtlich geschützt. Die dadurch begründeten Rechte, besonders
die der Übersetzung, des Nachdrucks, der Bildentnahme, der Funksendung, der Wiedergabe auf photomechanischem oder ähnlichem Wege, der Speicherung und Auswertung in Datenverarbeitungsanlagen, bleiben, auch bei Verwertung von Teilen des Werkes, dem Verlag vorbehalten.
Bei gewerblichen Zwecken dienender Vervielfältigung ist an den Verlag gemäß
§ 54 UrhG eine Vergütung zu zahlen, deren Höhe mit dem Verlag zu vereinbaren ist.

© B.G. Teubner, Stuttgart 1978

Satz: Schmitt und Köhler, Würzburg

Umschlaggestaltung: W. Koch, Sindelfingen

Vorwort

Kaum ein anderer Bereich der Elektrotechnik hat sich in den letzten 25 Jahren so schnell entwickelt wie die Halbleiterelektronik. Vorangetrieben durch neue Forschungsergebnisse der Festkörperphysik und durch eine ständig verbesserte Technologie bei der Herstellung von Halbleitern, waren zwei verschiedene Entwicklungsrichtungen zu beobachten. Einerseits gelang es, die Integration bis zu einigen 1000 Halbleiterbauelementen auf einem einzigen Kristall durchzuführen und somit hochintegrierte Schaltkreise, insbesondere für die digitale Elektronik und Computertechnik, herzustellen, andererseits wurde dagegen eine Vielzahl von Halbleiterbauelementen mit speziellen Eigenschaften entwickelt, die für viele elektronische Probleme optimale Lösungen gestatten.

Während nun im Teil 1 dieses Buches, der im Frühjahr 1976 erschien, die Sachgebiete Dioden und bipolare Transistoren behandelt werden, enthält der jetzt vorliegende Teil 2 die Bereiche Feldeffekt-Transistoren, weitere Spezialtransistoren, Thyristor-Bauelemente sowie das inzwischen sehr umfangreich gewordene Gebiet der Optoelektronik. Auch hier wird wieder wie in Teil 1 versucht, trotz der Vielzahl der Bauelemente den Lehrbuchcharakter zu wahren, um den Studenten der Technischen Universitäten und der Fachhochschulen das Einarbeiten in dieses komplexe Stoffgebiet zu erleichtern. Das Buch kann deshalb gemeinsam mit Teil 1 als vorlesungsbegleitendes Lehrbuch benutzt werden, wobei der in den beiden Teilbänden zusammengetragene Stoff häufig über das in einer Elektronik-Vorlesung aus Zeitgründen Behandelbare hinausgeht. Die Bücher stellen deshalb auch eine wertvolle Ergänzung zu dem in der Vorlesung behandelten Stoff dar und eignen sich für das Selbststudium. Für diesen Zweck ist die große Anzahl von detailliert durchgerechneten Beispielen vorteilhaft. Wegen der Vielzahl und der ausführlichen Darstellung der Halbleiterbauelemente wird jedoch auch der Ingenieur der Praxis und der Hoch- bzw. Fachhochschuldozent für sich geeignete Anregungen finden.

Die Behandlung der Bauelemente geht von den ihnen zu Grunde liegenden physikalischen Effekten aus und leitet daraus ihre Kennlinien und ihr Betriebsverhalten ab. Zur Vertiefung wird dann ihre Wirkungsweise an Hand zahlreicher Anwendungsbeispiele dargestellt, die soweit möglich genau dimensioniert und durchgerechnet werden. Dem Sachgebiet Optoelektronische Bauelemente wurde ein Abschnitt über die Grundlagen der Optoelektronik vorangestellt, um den Leser in die neue Problematik der Wechselwirkung von Licht mit Festkörpern einzuführen und die Vielzahl der radio- und photometrischen Kenngrößen zu definieren.

Gleichungen werden wie in Teil 1 als Größengleichungen dargestellt und, soweit dies der Platz zuläßt, abgeleitet. Als Voraussetzung für das Studium sollten Grundkenntnisse der Elektrotechnik, wie sie z.B. in Band I, Grundlagen der Elektrotechnik, dargestellt sind und die in Band III, Teil 1 behandelten Grundlagen der Halbleiterphysik, der Dioden und der bipolaren Transistoren vorhanden sein.

Der Verfasser dankt den Herausgebern des „Leitfadens der Elektrotechnik" für die Aufnahme des Buches in diese bekannte Lehrbuchreihe. Sein Dank gilt auch den Herausgebern für die Mühe bei der Durchsicht des Manuskripts und für viele wertvolle Ratschläge und Hinweise zur Gestaltung des Buches. Nicht zuletzt gilt sein Dank auch dem Verlag, der wie bei Teil 1 auch hier wieder verständnisvoll auf die Wünsche des Verfassers einging und das Buch hervorragend ausstattete.

Hamburg, im Herbst 1977　　　　　　　　　　　　　　　　　　　　　　　Herbert Tholl

Inhalt

1 Transistoren mit besonderen Eigenschaften

1.1 Feldeffekt-Transistoren 1
   1.1.1 Einführung und Übersicht 1
   1.1.2 Sperrschicht-FET 2
      1.1.2.1 Aufbau. 1.1.2.2 Wirkungsweise und Kennlinien. 1.1.2.3 Kenngrößen. 1.1.2.4 Berechnung der Kennlinien
   1.1.3 MOS-FET 11
      1.1.3.1 MOS-FET vom Verarmungstyp. 1.1.3.2 MOS-FET vom Anreicherungstyp. 1.1.3.3 Kennlinien
   1.1.4 Temperaturverhalten 19
      1.1.4.1 Temperaturabhängigkeit des Gate-Stroms. 1.1.4.2 Temperaturabhängigkeit des Drain-Stroms
   1.1.5 Durchbruchspannungen 22
      1.1.5.1 Gate-Durchbruchspannung. 1.1.5.2 Drain-Source-Durchbruchspannung
   1.1.6 Kapazitäten und Hochfrequenzverhalten 24
      1.1.6.1 Ersatzschaltung. 1.1.6.2 Frequenzabhängige Leitwertparameter. 1.1.6.3 Schaltverhalten
   1.1.7 Rauschen 31
      1.1.7.1 Rauschquellen im FET. 1.1.7.2 Rauschzahl und Rauschspannung
   1.1.8 Doppel-Gate-FET 34
   1.1.9 Anwendungen 35
      1.1.9.1 Kleinsignalverstärkung. 1.1.9.2 Konstantstromquellen. 1.1.9.3 Gesteuerte Widerstände. 1.1.9.4 Digitale Schaltungen. 1.1.9.5 Hochfrequenz-Schaltungen

1.2 Unijunction-Transistoren 67
   1.2.1 Aufbau 67
   1.2.2 Wirkungsweise, Kennlinien und Kenngrößen 67
   1.2.3 Temperaturverhalten 70
   1.2.4 Temperaturstabilisierung der Höckerspannung 72
   1.2.5 Anwendungen 73
      1.2.5.1 Sägezahngenerator. 1.2.5.2 Triggerimpulsgenerator. 1.2.5.3 Zeitverzögerungsschaltung

1.3 Lawinen-Transistoren 80
   1.3.1 Durchbruchverhalten bipolarer Transistoren 80
   1.3.2 Betrieb als Lawinen-Transistor 82
   1.3.3 Anwendung als Impulsgenerator 86

VIII Inhalt

2 Thyristoren
- 2.1 Allgemeine Übersicht 89
- 2.2 Trigger-Dioden 91
  - 2.2.1 Rückwärts sperrende Trigger-Diode 91
    - 2.2.1.1 Wirkungsweise, Kennlinien und Kenngrößen. 2.2.1.2 Anwendung als Triggerimpuls-Generator
  - 2.2.2 Bidirektionale Trigger-Diode (DIAC) 95
- 2.3 Thyristor-Dioden 96
  - 2.3.1 Rückwärts sperrende Thyristor-Diode (Vierschicht-Diode) 96
    - 2.3.1.1 Wirkungsweise. 2.3.1.2 Kennlinie und Kenngrößen. 2.3.1.3 Anwendungen
  - 2.3.2 Bidirektionale Thyristor-Diode (Fünfschicht-Diode) 101
- 2.4 Thyristor-Trioden 102
  - 2.4.1 Rückwärts sperrende Thyristor-Triode (Thyristor) 102
    - 2.4.1.1 Wirkungsweise. 2.4.1.2 Kennlinie. 2.4.1.3 Kenngrößen der Anoden-Kathoden-Strecke. 2.4.1.4 Kennlinien und Kenngrößen der Gate-Kathoden-Strecke. 2.4.1.5 Schaltverhalten. 2.4.1.6 Technischer Aufbau und Kühlung. 2.4.1.7 Anwendungen
  - 2.4.2 Bidirektionale Thyristor-Trioden (TRIAC) 135
    - 2.4.2.1 Kennlinie. 2.4.2.2 Triggerung in den vier Betriebszuständen. 2.4.2.3 Kenngrößen. 2.4.2.4 Technologischer Aufbau. 2.4.2.5 Anwendungen
- 2.5 Thyristor-Tetroden 153
  - 2.5.1 Aufbau und Wirkungsweise 153
  - 2.5.2 Kennwerte 154
  - 2.5.3 Anwendungsbeispiel 155

3 Optoelektronische Bauelemente
- 3.1 Grundlagen der Optoelektronik 157
  - 3.1.1 Eigenschaften optischer Strahlung 157
    - 3.1.1.1 Wellencharakter des Lichts. 3.1.1.2 Teilchencharakter des Lichts
  - 3.1.2 Thermische Strahlungsquellen 161
    - 3.1.2.1 Absorption und Emission. 3.1.2.2 Raumwinkelabhängige Strahlung. 3.1.2.3 Spektrale Energieverteilung des schwarzen Strahlers
  - 3.1.3 Radiometrische und photometrische Größen 166
    - 3.1.3.1 Photometrische Größen. 3.1.3.2 Umrechnung radiometrischer in photometrische Größen. 3.1.3.3 Farbtemperatur und Normlicht-A
  - 3.1.4 Wechselwirkung von Licht mit Halbleitern 170
    - 3.1.4.1 Photoleiter. 3.1.4.2 Photoemitter
- 3.2 Photowiderstände als Strahlungsempfänger 172
  - 3.2.1 Aufbau und Wirkungsweise 173
  - 3.2.2 Kennlinien und Kenngrößen 175
    - 3.2.2.1 Empfindlichkeit. 3.2.2.2 Dynamische Eigenschaften. 3.2.2.3 Grenzwerte
  - 3.2.3 Anwendungen 179
    - 3.2.3.1 Dämmerungsschalter. 3.2.3.2 Helligkeitssteuerung von Lampen
- 3.3 Photodioden als Strahlungsempfänger 181
  - 3.3.1 PN-Übergang unter Lichteinwirkung 181

Inhalt IX

    3.3.2 Aufbau und Kennlinien. 184
        3.3.2.1 Kennlinienfeld. 3.3.2.2 Photoelement. 3.3.2.3 Solarzelle
    3.3.3 Kenngrößen. 188
        3.3.3.1 Statische Kenngrößen. 3.3.3.2 Dynamische Kenngrößen. 3.3.3.3 Richtcharakteristik
    3.3.4 Photo-PIN-Dioden. 193
    3.3.5 Photo-Lawinen-Dioden 193
        3.3.5.1 Wirkungsweise und Kennlinien. 3.3.5.2 Verstärkung-Bandbreite-Produkt
    3.3.6 Photo-Duo-Dioden. 197
        3.3.6.1 Aufbau und Wirkungsweise. 3.3.6.2 Kennwerte und Kennlinien
    3.3.7 Schaltung mit Photodioden 199

3.4 Phototransistoren als Strahlungsempfänger 202
    3.4.1 Aufbau und Wirkungsweise 202
    3.4.2 Statische Kennlinien und Kenngrößen 203
    3.4.3 Dynamisches Verhalten. 206
        3.4.3.1 Ersatzschaltung. 3.4.3.2 Kurzschlußgrenzfrequenz. 3.4.3.3 Grenzfrequenz bei Belastung. 3.4.3.4 Schaltzeiten. 3.4.3.5 Verbesserung des Schalt- und Frequenzverhaltens
    3.4.4 Anwendungen. 215
        3.4.4.1 Einfaches optisches Relais. 3.4.4.2 Optisches Relais mit Schmitt-Trigger

3.5 Photothyristoren als Strahlungsempfänger 218
    3.5.1 Aufbau und Wirkungsweise 219
    3.5.2 Kennwerte 220
    3.5.3 Anwendung. 220

3.6 Photo-FET als Strahlungsempfänger 221

3.7 Lumineszenz-Dioden als Strahlungssender 222
    3.7.1 Lichterzeugung in Halbleitern 222
        3.7.1.1 Direkte und indirekte Halbleiter. 3.7.1.2 PN-Übergang als Lichtemitter
    3.7.2 GaAs-Lumineszenz-Dioden 226
        3.7.2.1 Herstellung und Aufbau. 3.7.2.2 Abgestrahltes Spektrum. 3.7.2.3 Wirkungsgrad und Quantenausbeute. 3.7.2.4 Statische Kennlinien. 3.7.2.5 Schaltverhalten
    3.7.3 GaP-Lumineszenz-Dioden. 233
        3.7.3.1 Herstellung und Dotierung. 3.7.3.2 Abgestrahlte Leistung, Quantenausbeute und Lichtstärke. 3.7.3.3 Weitere Kennwerte
    3.7.4 GaAsP-Lumineszenz-Dioden 239
        3.7.4.1 Strahlungserzeugung im Mischkristall aus GaAs und GaP. 3.7.4.2 Herstellung und Aufbau. 3.7.4.3 Abgestrahlte Leistung, Quantenausbeute und Lichtstärke. 3.7.4.4 Weitere Kennwerte
    3.7.5 Lumineszenz-Dioden als Anzeigeelemente 243
        3.7.5.1 Sieben-Segment-Anzeige. 3.7.5.2 Anzeige mit 7 · 5-Diodenmatrix

3.8 Optoelektronische Koppler 247
    3.8.1 Optokoppler aus Lumineszenz-Diode und Photodiode 247
    3.8.2 Optokoppler aus Lumineszenz-Diode und Phototransistor 248
        3.8.2.1 Kennwerte. 3.8.2.2 Photo-Darlington-Optokoppler

X Inhalt

 3.8.3 Photothyristor-Optokoppler 249
 3.8.4 Optokoppler-Strahlschranken 250
  3.8.4.1 Strahlschranken ohne Schwellwertschalter. 3.8.4.2 Strahlschranke mit Schwellwertschalter
 3.8.5 Optokoppler-Gleichstromrelais 252
 3.8.6 Optokoppler-Wechselstromrelais 253
3.9 Laser-Dioden 254
 3.9.1 Strahlungserzeugung durch stimulierte Emission 254
 3.9.2 Resonator und Laser-Bedingung 255
  3.9.2.1 Resonator. 3.9.2.2 Laser-Bedingung
 3.9.3 Aufbau und Kennwerte 257
  3.9.3.1 Aufbau. 3.9.3.2 Kennwerte
 3.9.4 Informationsübertragung 260

4 Magnetoelektronische Bauelemente

4.1 Hall-Generatoren 263
 4.1.1 Hall-Effekt 263
 4.1.2 Aufbau und Kennwerte 265
  4.1.2.1 Aufbau. 4.1.2.2 Kennwerte
 4.1.3 Anwendungen 268
  4.1.3.1 Messung von Magnetfeldstärken. 4.1.3.2 Kontaktlose Schalter. 4.1.3.3 Hall-Multiplikator
4.2 Feldplatten 272
 4.2.1 Magneto-Widerstand 272
 4.2.2 Aufbau und Kennwerte 273
 4.2.3 Anwendungen 274
4.3 Magnet-Dioden 277
 4.3.1 Aufbau und Kennwerte 277
 4.3.2 Anwendungen 279

5 Spannungsabhängige Widerstände

5.1 Aufbau und Kennwerte 281
 5.1.1 Kennlinie 281
 5.1.2 Gleichstromwiderstand und differentieller Widerstand 282
 5.1.3 Verlustleistung 283
5.2 Anwendungen 284

6 Temperaturabhängige Widerstände

6.1 Heißleiter 287
 6.1.1 Aufbau und Kennwerte 287
  6.1.1.1 Aufbau. 6.1.1.2 Heißleiter-Widerstand. 6.1.1.3 Strom-Spannungs-Kennlinie. 6.1.1.4 Erholzeit
 6.1.2 Anwendungen 293
  6.1.2.1 Temperaturmessung. 6.1.2.2 Kompensationsschaltungen. 6.1.2.3 Verzögerungsschaltungen

6.2 Kaltleiter. 297
   6.2.1 Aufbau und Kennwerte 297
      6.2.1.1 Aufbau. 6.2.1.2 Kaltleiter-Widerstand. 6.2.1.3 Strom-Spannungskennlinie. 6.2.1.4 Verlustleistung
   6.2.2 Anwendungen 302
      6.2.2.1 Überstromsicherung. 6.2.2.2 Temperaturstabilisierung. 6.2.2.3 Flüssigkeits-Niveaufühler

Anhang
1 Weiterführende Bücher und Literatur 305
2 Normblätter 306
3 Schaltzeichen 306
4 Übersichtstafel 308
5 Formelzeichen 310

Sachverzeichnis 317

Hinweise auf DIN-Normen in diesem Werk entsprechen dem Stand der Normung bei Abschluß des Manuskriptes. Maßgebend sind die jeweils neuesten Ausgaben der Normblätter des DIN Deutsches Institut für Normung e. V. im Format A 4, die durch die Beuth-Verlag GmbH, Berlin und Köln zu beziehen sind. – Sinngemäß gilt das gleiche für alle in diesem Buch angezogenen amtlichen Richtlinien, Bestimmungen, Verordnungen usw.

1 Transistoren mit besonderen Eigenschaften

1.1 Feldeffekt-Transistoren

1.1.1 Einführung und Übersicht

Im Gegensatz zu den in Band III, Teil 1 behandelten bipolaren Transistoren sind Feldeffekt-Transistoren unipolare Transistoren. Für ihre Eigenschaften und ihre Arbeitsweise sind nur Ladungsträger einer Polarität (Elektronen oder positive Löcher) erforderlich. Aus den Anfangsbuchstaben der englischen Bezeichnung Field Effekt Transistor wurde die abgekürzte Bezeichnung FET für Feldeffekt-Transistoren gebildet. Diese Abkürzung hat sich heute weitgehend durchgesetzt, so daß auch wir im folgenden diese Bezeichnung verwenden wollen.

Beim FET wird der Widerstand eines halbleitenden Kanals, der N-dotiert (N-Kanal) oder P-dotiert (P-Kanal) sein kann, durch einen etwa in Kanalmitte befindlichen Elektrodenanschluß, das Gate (Tor), gesteuert. Die an den Kanalenden angebrachten Elektroden werden als Source (Quelle) und als Drain (Abfluß oder Senke) bezeichnet. Der von der Source zum Drain fließende Strom ist beim N-Kanal-FET ein Elektronen- und beim P-Kanal-FET ein Löcherstrom. Dieser Strom wird durch das Gate kapazitiv gesteuert.

Beim Sperrschicht-FET, oder kürzer PN-FET bzw. J-FET (Junction), wird zur Steuerung die Sperrschichtkapazität des in Sperrichtung gepolten Gate-PN-Übergangs ausgenutzt. Bei den als MIS-FET (Metal Isolator Semiconductor) oder als MOS-FET (Metal Oxid Semiconductor) bezeichneten FETs ist dagegen der Gate-Anschluß durch eine Isolation (beim MOS-FET besteht sie aus SiO_2, also aus Quarz) galvanisch vom halbleitenden Kanal getrennt, und die durch den Gateanschluß gebildete Kapazität steuert elektrostatisch den Kanalstrom. MIS- und MOS-FET führen auch die gemeinsame Bezeichnung IG-FET (Isolated Gate), die auf die galvanische Trennung zwischen Gate und Kanal hinweist.

Der ausgereiften Technologie wegen hat insbesondere der MOS-FET eine große Bedeutung erlangt. Von ihm werden zwei Typen mit verschiedenen Eigenschaften hergestellt. Der Verarmungs-Typ (depletion typ) hat bei der Gate-Spannung null einen leitenden Kanal, dessen Ladungsträgerdichte durch Anlegen einer Gate-Spannung verringert wird. Der Kanal verarmt also an Ladungsträgern. Dieser Verarmungs-MOS-FET wird auch als selbstleitender MOS-FET bezeichnet. Der Anreicherungs-Typ (enhancement typ) entwickelt erst bei angelegter Gate-Spannung einen durchgehend leitenden Kanal. Er wird deshalb auch selbstsperrender MOS-FET genannt. Tafel 2.1 gibt einen Überblick über die verschiedenen Feldeffekt-Transistoren und zeigt dabei die verwendeten Schaltzeichen, wie sie in DIN 40700 festgelegt sind.

Tafel 2.1 Einteilung und Schaltzeichen der Feldeffekt-Transistoren; es bedeuten D Drain, S Source, G Gate und B Bulk (Substrat-Anschluß)

FET					
PN-FET		MOS-FET			
		Verarmungstyp		Anreicherungstyp	
P-Kanal	N-Kanal	P-Kanal	N-Kanal	P-Kanal	N-Kanal

Zu den Schaltzeichen der FETs ist anzumerken: Der den Kanal symbolisierende Strich zwischen Drain D und Source S wird beim PN-FET und beim MOS-FET vom Verarmungs-Typ durchgezeichnet, da diese ohne Gate-Spannung einen durchgehenden Kanal aufweisen. Der MOS-FET vom Anreicherungstyp hat ohne Gate-Spannung keinen durchgehenden Kanal; deshalb wird der den Kanal darstellende Strich gestrichelt gezeichnet. MOS-FETs haben häufig noch einen vierten Anschluß, den Bulk B. Er ist mit dem Substrat verbunden, in das der halbleitende Kanal eingebettet ist. Beim P-Kanal-FET ist das Substrat N-dotiert, und der Pfeil auf dem Bulk-Anschluß zeigt deshalb vom Kanal weg; der N-Kanal-FET dagegen hat ein P-dotiertes Substrat, und der Pfeil zeigt zum Kanal hin. Beim P-Kanal-PN-FET ist der Gate-Anschluß mit einer N-dotierten Insel verbunden, und der Pfeil auf dem Gate-Anschluß G weist deshalb vom Kanal weg. Beim N-Kanal-PN-FET ist dies gerade umgekehrt. Die Pfeilrichtungen sind ebenso festgelegt wie bei den bipolaren Transistoren, bei denen der Emitterpfeil beim PNP-Transistor zum P-dotierten Emitter hin- und beim NPN-Transistor vom N-dotierten Emitter wegweist.

Vergleicht man Feldeffekt-Transistor und bipolaren Transistor, so entspricht in ihrer Wirkung die Source dem Emitter, das Gate der Basis und der Drain dem Kollektor.

Für den Aufbau von FETs sind prinzipiell alle halbleitenden Stoffe geeignet, wie z.B. Si, Ge, CdS, CdSe, jedoch dominiert bei weitem Silizium, und dies besonders bei den MOS-FETs, da es durch Oxydation die Möglichkeit der Erzeugung von SiO_2, einer hochwertigen Isolierschicht, bietet.

1.1.2 Sperrschicht-FET

1.1.2.1 Aufbau. Nach Abschn. 1.1.1 kann man N- und P-Kanal-Sperrschicht-FETs herstellen. Für das Verständnis reicht es aus, einen der zwei Typen zu behandeln. Wir wählen hierfür den N-Kanal-FET und weisen darauf hin, daß bei der Behandlung des P-Kanal-FET lediglich die Polaritäten der Spannungen und der Dotierungen vertauscht werden müssen. Der prinzipielle Aufbau eines N-Kanal-Sperrschicht-FET besteht nach Bild 3.1 aus einem schwach N-dotierten Siliziumplättchen an dessen Enden Drain- und Source-Anschluß angebracht sind [5]. Auf beiden Seiten des Kanals werden hoch P^+-dotierte Inseln eindiffundiert, die miteinander verbunden das Gate darstellen. Der Übersichtlichkeit halber werden wir für die weitere Diskussion stets diesen vereinfacht dargestellten Aufbau verwenden [13], [14], [31].

Bei der technischen Herstellung eines solchen FET bevorzugt man jedoch die Planar-Technologie (s. Band III, Teil I, Abschn. Bipolare Transistoren). In diesem Fall sind alle Elektroden des FET von einer Seite des Silizium-Kristalls aus zugänglich. Dies ist besonders dann wichtig, wenn FETs in integrierte Schaltkreise eingebaut sind. Bei der Herstellung geht man dann von einem höher P^+-dotierten Substrat aus, auf das man eine N-dotierte Siliziumschicht epitaktisch aufwachsen läßt (s. Band III, Teil I, Epitaxie).

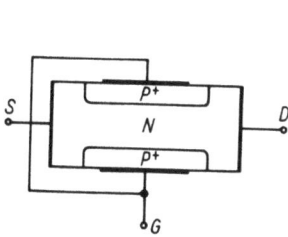 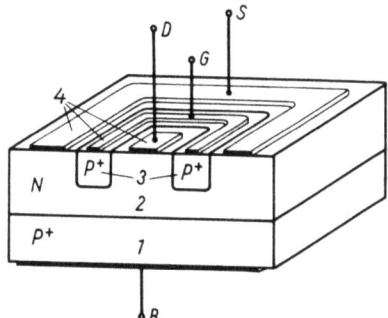

3.1 Prinzipieller Aufbau eines N-Kanal-Sperrschicht-FET
S Source, D Drain, G Gate, N N-dotierter Kanal, P^+ hoch dotierte P-Gate-Inseln

3.2 Schnitt durch einen in Planar-Technik hergestellten Sperrschicht-FET
S Source-, G Gate-, D Drain- und B Bulk-(Substrat-)Anschluß; 1 P^+-Substrat, 2 N-Kanal, 3 ringförmige P^+-Gate-Insel, 4 Metallisierung der Anschlüsse

In diese N-Schicht, die den Kanal liefert, diffundiert man wie in Bild 3.2 eine ringförmige, P^+-dotierte Gate-Insel ein. Man erhält dann einen koaxial aufgebauten FET, dessen Source-Anschluß durch Metallisierung der außerhalb des Gate-Rings liegenden Fläche erzeugt, und dessen Drain-Anschluß auf der metallisierten Ringinnenfläche angebracht wird. Meist sind Substrat und Source miteinander intern verbunden. Ist der Substrat-Anschluß als Bulk B gesondert herausgeführt, so kann dieser auch mit der negativsten Stelle der Schaltung – meist ist dies die Source – verbunden werden. Hierdurch wird sichergestellt, daß der Substrat-Kanal-PN-Übergang stets gesperrt ist.

Der Transistor-Kristall wird meist in Kunststoff- oder Metallgehäuse der Jedec-TO-Reihe, z. B. TO-72 oder TO-92 (s. Bipolare Transistoren, Band III, Teil I), eingebaut.

1.1.2.2 Wirkungsweise und Kennlinien. Wir wollen zunächst annehmen, daß wie in Bild 4.1 zwischen Gate und Source ein Kurzschluß besteht, daß also die Spannung $U_{GS} = 0$ ist. Ist nun auch die Drain-Source-Spannung $U_{DS} = 0$, so ist der PN-Übergang zwischen Gate und Kanal spannungslos, und eine Sperrschicht ist nicht ausgebildet. Wird jetzt an den Drain eine zunächst noch kleine positive Spannung (etwa 1 V) gelegt, fließt durch den N-leitenden Kanal ein Elektronenstrom, und die Drain-Source-Spannung fällt längs des Kanals ab. Zwischen Gate und Kanal liegt nun in Drain-Nähe eine größere Sperrspannung als in Source-Nähe. Da die Breite d der Sperrschicht wegen $d \sim U_R^{1/2}$ (s. Band III, Teil 1) von der wirksamen Sperrspannung U_R abhängt, bildet sich am drainseitigen Ende des Kanals eine breitere, ladungsträgerfreie Sperrschicht als am sourceseitigen Ende. Durch diese in den Kanal eindringenden Sperrschichten (schraffiert in

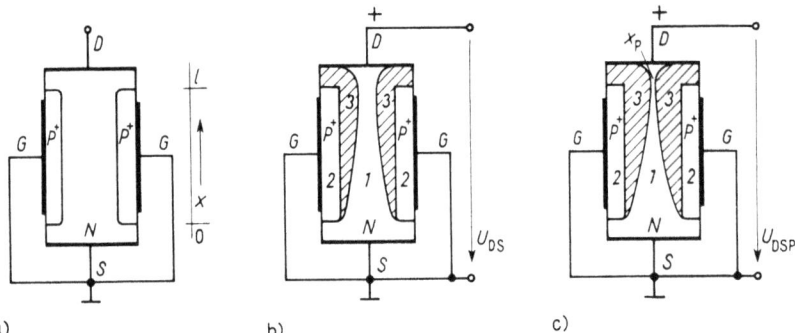

4.1 Kanaleinschnürung bei drei verschiedenen Drain-Source-Spannungen U_{DS} und bei der Gate-Source-Spannung $U_{GS} = 0$
a) Drain-Source-Spannung $U_{DS} = 0$
b) Drain-Source-Spannung $0 < U_{DS} < U_{DSP}$
c) Drain-Source-Spannung $U_{DS} = U_{DSP}$
1 N-Kanal, *2* P$^+$-Gate-Inseln, *3* ladungsträgerverarmte Sperrschichten, x_P Ort der beginnenden Kanalabschnürung

Bild **4.1** b, c) wird der wirksame Kanalquerschnitt zunehmend eingeengt. Wird mit der Drain-Source-Spannung eine kritische Spannung U_{DSP} erreicht, ist die Einschnürung des Kanals in Drain-Nähe soweit fortgeschritten, daß sich der Kanalquerschnitt auf nahezu null reduziert. Diese **Kanalabschnürung** wird als **Pinch off** bezeichnet, und die hierfür erforderliche Drain-Source-Spannung U_{DSP} ist die zugehörige **Pinch-off-Spannung**, die auch als **Kniespannung** bezeichnet wird.

Im abgeschnürten Bereich des Kanals zwischen dem Ort x_P und dem Drain steigt bei konstantem Drain-Strom I_D die Stromdichte S und somit die elektrische Feldstärke E. Die Elektronen erreichen eine immer größere Geschwindigkeit, da bei konstanter Beweglichkeit b_n die Driftgeschwindigkeit v_n proportional zur Feldstärke E steigt. Dies gilt jedoch nur bis zu einer maximalen Geschwindigkeit, der Sättigungsgeschwindigkeit $v_{nm} \approx 10^7$ cm/s, so daß bei sehr großen Feldstärken E die Driftgeschwindigkeit der Elektronen den konstanten Wert v_{nm} beibehält und ihre Beweglichkeit b_n also kleiner wird. Dies ist auch die Ursache dafür, daß eine totale Abschnürung nicht auftreten kann.

Diese Überlegungen gestatten es uns, die Abhängigkeit des Drain-Stroms I_D von der Drain-Source-Spannung U_{DS} als Kennlinie in Bild **5.1** aufzutragen, wobei als Parameter die Gate-Source-Spannung $U_{GS} = 0$ ist [11], [37], [38]. Ist die Drain-Source-Spannung U_{DS} kleiner als die Pinch-off-Spannung, ist der Kanal noch nicht abgeschnürt, und der Drain-Strom I_D steigt zunächst nach dem Ohmschen Gesetz linear mit der Spannung U_{DS}. Wegen der zunehmenden Kanalverengung ergibt sich jedoch mit wachsender Spannung U_{DS} bald eine schwächere Zunahme des Drain-Stroms, bis schließlich beim Erreichen der Pinch-off-Spannung U_{DSP} die Kanalabschnürung am Drain erreicht ist und der nun fließende Strom $I_D \approx I_{DSS}$ nahezu konstant bleibt, da im abgeschnürten Teil des Kanals die Elektronen unabhängig von der Feldstärke mit konstanter Geschwindigkeit driften. Eine weitere Erhöhung der Drain-Source-Spannung verursacht nur noch eine geringfügige Zunahme des Drain-Stroms I_D, weil bei weiter steigender Spannung U_{DS} der Ort x_P, bei dem die Einschnürung beginnt, geringfügig in Source-Richtung verschoben wird. Dadurch erhöht sich die Feldstärke E im noch nicht abgeschnürten Teil des Kanals etwas, und der Drain-Strom I_D steigt etwas über den Wert I_{DSS} an.

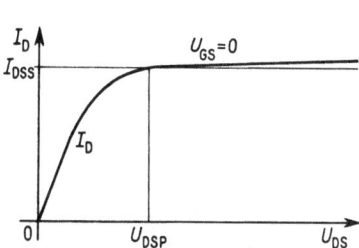
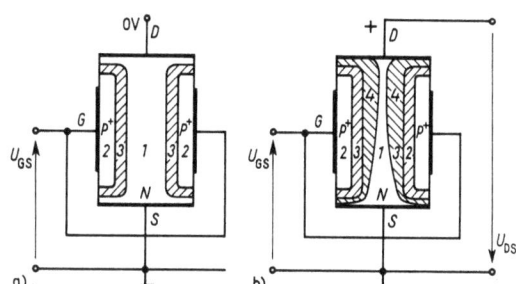

5.1 Abhängigkeit des Drain-Stroms I_D von der Drain-Source-Spannung U_{DS} bei der Gate-Source-Spannung $U_{GS} = 0$
U_{DSP} Pinch-off-Spannung, I_{DSS} Drain-Strom bei der Drain-Source-Pinch-off-Spannung U_{DSP} und bei der Gate-Source-Spannung $U_{GS} = 0$

5.2 Sperrschichten im N-Kanal-Sperrschicht-FET
a) bei negativer Gate-Source-Spannung $U_{GS} < 0$ und bei der Drain-Source-Spannung $U_{DS} = 0$
b) wie in a) aber mit der Drain-Source-Spannung $U_{DS} \approx U_{DSP}$
1 N-Kanal, *2* P^+-Gate-Inseln; *3* Sperrschicht, erzeugt durch die Gate-Source-Spannung U_{GS}; *4* Sperrschicht, verursacht durch die Drain-Source-Spannung U_{DS}

Legt man nun wie in Bild **5.**2a an das Gate eine negative Spannung U_{GS}, so bilden sich auch bei $U_{DS} = 0$ schon trägerverarmte Sperrschichten (schraffierte Bereiche *3*) aus, die den Kanalquerschnitt von vornherein verringern. Wird jetzt noch eine positive Drain-Source-Spannung U_{DS} angelegt, so überlagern sich wie in Bild **5.**2b zusätzlich die charakteristischen Sperrschichtprofile (schraffierte Bereiche *4*), die schließlich bei hinreichend hoher Spannung U_{DS} wieder zur Abschnürung führen. Diese Abschnürung tritt jetzt aber gegenüber dem Fall mit $U_{GS} = 0$ schon bei einer niedrigeren Drain-Source-Spannung U_{DS} und somit bei einem niedrigeren Drain-Strom I_D auf, da der Kanal durch die negative Gate-Spannung bereits eingeengt ist. Mit diesen Überlegungen können wir nun die Kennlinien $I_D = f(U_{DS})$ mit der Gate-Source-Spannung U_{GS} als Parameter, also das Ausgangskennlinienfeld des N-Kanal-Sperrschicht-FET, zeichnen (Bild **5.**3a).

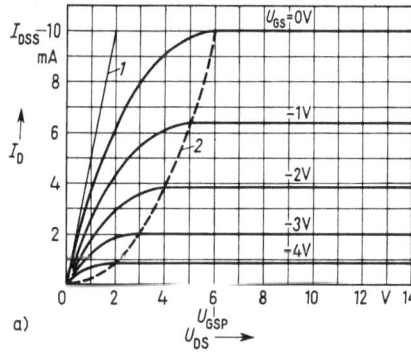
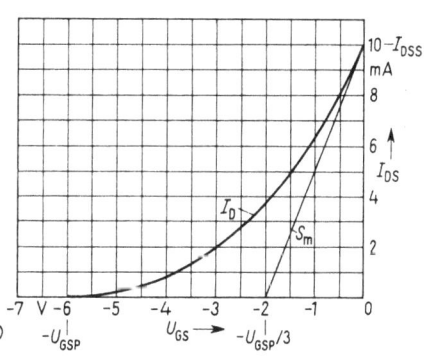

5.3 Kennlinien des Sperrschicht-FET, berechnet nach Beispiel 1, S. 10
a) Ausgangskennlinien $I_D = f(U_{DS})$ mit der Gate-Source-Spannung U_{GS} als Parameter
b) Übertragungskennlinie $I_{DS} = f(U_{GS})$
1 Gerade mit der Steigung $1/r_{DS(ON)} = 5$ mA/V (s. Beispiel 1), *2* Verlauf von $I_{DS} = f(U_{DSP})$ (s. Beispiel 1), S_m Gerade mit der Steigung $S_m = 5$ mA/V (s. Beispiel 1), U_{GSP} Gate-Source-Pinch-off-Spannung

1.1 Feldeffekt-Transistoren

Tragen wir die beim einsetzenden Pinch off bei den verschiedenen Gate-Source-Spannungen U_{GS} fließenden Ströme I_{DS} über der Spannung U_{GS} auf (Bild **5.3**b), erhalten wir die Übertragungskennlinie des FET. Die Kennlinien werden in Abschn. 1.1.2.4 und im Beispiel 1, S. 10, genau berechnet.

1.1.2.3 Kenngrößen. Beziehen wir die Spannungen U_{GS} und U_{DS} auf die geerdete Source als für Eingang und Ausgang gemeinsame Bezugselektrode, so sprechen wir beim FET von der Source-Schaltung, die analog ist zur Emitter-Schaltung beim bipolaren Transistor (s. Band III, Teil 1). Im Gegensatz zum bipolaren Transistor wird beim Sperrschicht-FET die Eingangsdiode zwischen Gate und Source im gesperrten Zustand betrieben. Daher ist der Eingangswiderstand r_{GS} sehr groß ($> 1\,\text{G}\Omega$), denn es fließt nur der sehr kleine Minoritätsträger-Sperrstrom. Deshalb wird zur Steuerung des Drain-Stroms I_D eine verschwindend kleine Eingangsleistung benötigt. Aus den Kennlinien können wir ferner, wie in Bild **6.1** gezeigt, den differentiellen Ausgangswiderstand

$$r_{DS} = \left.\frac{\Delta U_{DS}}{\Delta I_D}\right|_{U_{GS}\,=\,\text{const}} \tag{6.1}$$

und die differentielle Vorwärtssteilheit

$$S = \left.\frac{\Delta I_D}{\Delta U_{GS}}\right|_{U_{DS}\,=\,\text{const}} \tag{6.2}$$

entnehmen. Wird der FET im Abschnürungsbereich, also mit $U_{DS} > U_{DSP}$, betrieben, ist der Ausgangswiderstand r_{DS} groß und liegt im Bereich von $10\,\text{k}\Omega$ bis $100\,\text{k}\Omega$. Bei kleinen Drain-Source-Spannungen $U_{DS} < U_{DSP}$ fällt der Ausgangswiderstand schnell auf Werte von einigen $100\,\Omega$. Die Vorwärtssteilheit S von FETs liegt i. allg. im Bereich von $1\,\text{mA/V}$ bis $10\,\text{mA/V}$ und ist somit merklich kleiner als die Steilheit β/r_{BE} von bipolaren Transistoren (s. Band III, Teil 1), die im Kleinsignalbereich bei etwa $50\,\text{mA/V}$ liegt.

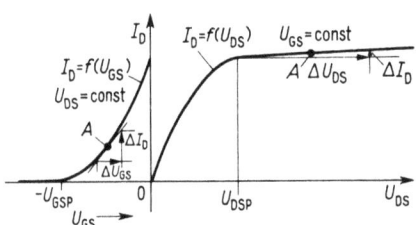

6.1 Ermittlung von Steilheit S und Ausgangswiderstand r_{DS} im Arbeitspunkt A

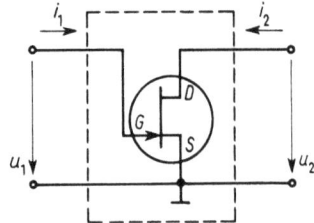

6.2 Vierpoldarstellung der Source-Schaltung des Sperrschicht-FET

Kleinsignalgrößen. Wie bei den bipolaren Transistoren (s. Band III, Teil 1) betrachten wir den FET als Vierpol, der in Bild **6.2** in Source-Schaltung dargestellt ist.
Für die Beschreibung des FET mit den Vierpolgleichungen verwendet man jetzt mit den Ein- und Ausgangsströmen i_1 und i_2 sowie den Ein- und Ausgangsspannungen u_1 und u_2 zweckmäßigerweise die Leitwertgleichungen

1.1.2 Sperrschicht-FET

$$i_1 = y_{11s} u_1 + y_{12s} u_2 \tag{7.1}$$

$$i_2 = y_{21s} u_1 + y_{22s} u_2 \tag{7.2}$$

wobei der Index s auf die Source-Schaltung hinweist, für die diese Parameter gelten sollen. Da wir zunächst alle beim FET auftretenden Kapazitäten und Induktivitäten vernachlässigen, sind jetzt die y-Parameter reelle Größen und brauchen nicht komplex geschrieben zu werden.

Setzen wir jeweils die Scheitelwerte u_{1m} oder u_{2m} der Eingangs- oder Ausgangswechselspannung u_1 bzw. u_2 null, erhalten wir wie schon beim bipolaren Transistor (s. Band III, Teil 1) aus Gl. (7.1) für den differentiellen Eingangsleitwert

$$y_{11s} = \left.\frac{i_1}{u_1}\right|_{u_{2m} = 0} \tag{7.3}$$

der auch als Kurzschlußleitwert bezeichnet wird, und die differentielle Rückwärtssteilheit

$$y_{12s} = \left.\frac{i_1}{u_2}\right|_{u_{1m} = 0} \tag{7.4}$$

Da nun beim Sperrschicht-FET die Eingangsdiode gesperrt ist, wird der Eingangsstrom $i_1 = 0$ und somit auch der Eingangsleitwert $y_{11s} = 0$. Wenn schon der Eingangsstrom $i_1 = 0$ ist, kann es auch keine Rückwirkung der Ausgangsspannung u_2, also der Drain-Source-Spannung u_{DS}, auf den Eingangsstrom geben. Deshalb ist jedoch auch die Rückwärtssteilheit $y_{12s} = 0$, die diese Rückwirkung beschreibt. Im Gegensatz zum bipolaren Transistor ist also der Sperrschicht-FET bei Gleichspannungen ein rückwirkungsfreies Bauelement. Wegen $y_{11s} = 0$ und $y_{12s} = 0$ entfällt daher die erste Vierpolgleichung (7.1).

Aus der verbleibenden Gl. (7.2) erhalten wir die differentielle Vorwärtssteilheit oder Kurzschlußsteilheit

$$y_{21s} = \left.\frac{i_2}{u_1}\right|_{u_{2m} = 0} \tag{7.5}$$

und es ist wegen $\Delta U_{GS} = u_{1m}$ und $\Delta I_D = i_{2m}$ nach Gl. (6.2)

$$y_{21s} = S \tag{7.6}$$

Ferner wird der Ausgangsleitwert

$$y_{22s} = \left.\frac{i_2}{u_2}\right|_{u_{1m} = 0} \tag{7.7}$$

der auch als Kurzschluß-Ausgangsleitwert bezeichnet wird und für den nach Gl. (6.1) gilt

$$y_{22s} = 1/r_{DS} \tag{7.8}$$

Nach DIN 41785 kann für die Vorwärtssteilheit, die auch Transmittanz genannt wird, auch die Bezeichnung $y_{fs} = y_{21s}$ verwendet werden, wobei der Index f auf vorwärts (forward) hinweist. Gelegentlich wird y_{21s} auch mit g_{fs} bezeichnet. Der Ausgangsleitwert wird nach DIN 41785 auch mit $y_{os} = y_{22s}$ gekennzeichnet, und der Index o weist auf den Ausgang (output) hin. Auch hier wird gelegentlich $g_{os} = y_{22s}$ verwendet.

1.1 Feldeffekt-Transistoren

1.1.2.4 Berechnung der Kennlinien. Für die Berechnung nehmen wir nach Bild 8.1 einen N-dotierten Kanal an, dessen im Bereich der beidseitig P-dotierten Gate-Inseln liegende Länge l ist, der eine Breite b und eine Dicke c aufweist. Durch die zwischen N-Kanal und P-Gate-Inseln sich ausbildenden Sperrschichten, deren Dicke d_x vom Ort x abhängt, wird die Kanaldicke auf

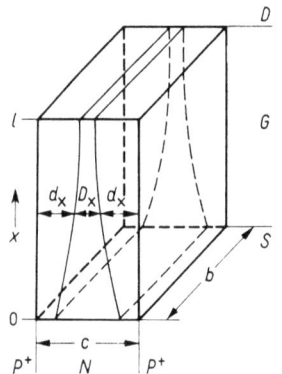

$$D_x = c - 2 d_x \tag{8.1}$$

und der wirksame Kanalquerschnitt auf

$$A_x = b D_x = b c - 2 b d_x \tag{8.2}$$

eingeengt. Mit der Elementarladung e, der Elektronendichte n im Kanal und der Driftgeschwindigkeit v_n der Elektronen ergibt sich für den Drain-Strom

$$I_D = e n v_n A_x \tag{8.3}$$

8.1 Modell für die Berechnung der Kennlinien des Sperrschicht-FET
D Drain-Bereich, G Gate-Bereich, S Source-Bereich, N N-dotierter Kanal, P^+ P-dotierte Gate-Bereiche, d_x ortsabhängige Dicke der Sperrschichten und D_x des Kanals

Mit der Beweglichkeit der Elektronen b_n und der elektrischen Feldstärke E_x, die vom Ort x abhängig ist, schreiben wir für die Driftgeschwindigkeit

$$v_n = b_n E_x \tag{8.4}$$

Hiermit erhalten wir mit $E_x = dU_x/dx$ für den Drain-Strom

$$I_D = e n b_n A_x (dU_x/dx) \tag{8.5}$$

Setzen wir Gl. (8.2) in Gl. (8.5) ein, ergibt sich schließlich der Drain-Strom

$$I_D = e n b_n (b c - 2 b d_x) (dU_x/dx) \tag{8.6}$$

Ist U_x der von der Drain-Source-Spannung U_{DS} herrührende, im Kanal am Ort x wirksame Spannungsanteil und U_{GS} die Gate-Source-Spannung, beträgt die am Ort x im Kanal an der Sperrschicht wirksame Spannung $U_x - U_{GS}$ (U_{GS} ist negativ und U_x positiv beim N-Kanal). Die Sperrschichtdicke

$$d_x = \sqrt{2 \varepsilon_r \varepsilon_0/e} \cdot \sqrt{(U_x - U_{GS})/n} \tag{8.7}$$

hängt von dieser wirksamen Spannung ab (s. Band III, Teil 1, Abschn. Halbleiter-Dioden), wobei ε_r die relative und ε_0 die absolute Dielektrizitätskonstante des Halbleitermaterials sind. Führen wir Gl. (8.7) in Gl. (8.6) ein und integrieren dann zwischen den Grenzen $x = 0$ und $x = l$ mit den zugehörigen Spannungsgrenzwerten $U_x = 0$ für $x = 0$ und $U_x = U_{DS}$ für $x = l$, so erhalten wir für den Drain-Strom

$$I_D = \frac{e b_n b c}{l} \left\{ c U_{DS} - \frac{4}{3 c} \sqrt{\frac{2 \varepsilon_r \varepsilon_0}{e n}} [(U_{DS} - U_{GS})^{3/2} - (- U_{GS})^{3/2}] \right\} \tag{8.8}$$

Führen wir mit

$$U_{GSP} = c^2 e n/(8 \varepsilon_r \varepsilon_0) \tag{8.9}$$

diejenige Gate-Source-Spannung $|U_{GS}|$ ein, bei der bei $U_{DS} = 0$ der Kanal abgeschnürt wird (Gate-Pinch-off-Spannung), und mit

$$I_{DSS} = e^2 n^2 b_n b c^3 / (24 l \varepsilon \varepsilon_0) \tag{9.1}$$

den Sättigungs-Drain-Strom bei $U_{GS} = 0$ (Kurzschluß-Sättigungs-Drain-Strom) ein, können wir Gl. (8.8) umformen und erhalten die Ausgangskennlinie des Sperrschicht-FET

$$I_D = I_{DSS} \left\{ 3 \frac{U_{DS}}{U_{GSP}} - 2 \left[\left(\frac{U_{DS} - U_{GS}}{U_{GSP}} \right)^{3/2} - \left(\frac{-U_{GS}}{U_{GSP}} \right)^{3/2} \right] \right\} \tag{9.2}$$

Durch Differentiation von Gl. (9.2)

$$\frac{dI_D}{dU_{DS}} = \frac{3 I_{DSS}}{U_{GSP}} \left(1 - \sqrt{\frac{U_{DS} - U_{GS}}{U_{GSP}}} \right) \tag{9.3}$$

wollen wir jetzt den maximalen Drain-Strom, also den Sättigungs-Drain-Strom I_{DS} bei konstanter Gate-Source-Spannung U_{GS}, ermitteln.
Setzen wir Gl. (9.3) gleich Null, lösen nach der Drain-Source-Spannung U_{DS} auf, erhalten wir die Drain-Source-Pinch-off-Spannung,

$$U_{DSP} = U_{GSP} + U_{GS} \tag{9.4}$$

Ersetzen wir nun in Gl. (9.2) die Drain-Source-Spannung U_{DS} nach Gl. (9.4) durch U_{DSP}, ergibt sich die Kennlinie

$$I_{DS} = I_{DSS} [1 + 3 (U_{GS}/U_{GSP}) + 2 (-U_{GS}/U_{GSP})^{3/2}] \tag{9.5}$$

Da die durch Gl. (9.5) beschriebene Kennlinie die Eingangsspannung U_{GS} mit dem im Ausgangskreis fließenden Strom I_{DS} verknüpft, wird sie als Übertragungskennlinie oder Transmittanz-Kennlinie bezeichnet. Durch Differentiation der Übertragungskennlinie erhalten wir die Steilheit

$$S = \frac{dI_{DS}}{dU_{GS}} = (3 I_{DSS}/U_{GSP}) \left(1 - \sqrt{-U_{GS}/U_{GSP}} \right) \tag{9.6}$$

und für $U_{GS} = 0$ hat die Steilheit den maximalen Wert

$$S_m = 3 I_{DSS}/U_{GSP} \tag{9.7}$$

Gl. (9.3) liefert den differentiellen Ausgangsleitwert

$$y_{22s} = 1/r_{DS} = (3 I_{DSS}/U_{GSP}) \left(1 - \sqrt{(U_{DS} - U_{GS})/U_{GSP}} \right) \tag{9.8}$$

der bei $U_{DS} = 0$ den größten Wert $y_{22sm} = 1/r_{DSs} = S$ hat, da dann Gl. (9.6) und (9.8) identisch sind. Den größtmöglichen Ausgangsleitwert y_{22sms} erhält man, wenn auch $U_{GS} = 0$ ist, und dieser ist wiederum mit der maximalen Steilheit

$$y_{22sms} = S_m \tag{9.9}$$

identisch. Der reziproke Wert dieses größten Ausgangsleitwerts wird differentieller Einschaltwiderstand

$$r_{DS(ON)} = 1/y_{22sms} \tag{9.10}$$

genannt und spielt beim Schaltverhalten des FET (s. Bild 5.3a und Abschn. 1.1.6.3) eine große Rolle.

Die berechnete Kennlinie Gl. (9.2) gilt nur, solange $U_{DS} < U_{DSP}$ ist. Für größere Drain-Source-Spannungen ist der Kanal abgeschnürt, und es fließt der konstante Sättigungsstrom I_{DSS}. Der Kanal schnürt sich zuerst am Drain, also bei $d_x = d_l$ ab. Wird bei der Drain-Source-Spannung U_{DSP} der Kanal am Drain abgeschnürt, so muß die Kanaldicke am Drain nach Gl. (8.1)

$$D_l = c - 2 d_l = 0 \qquad (10.1)$$

werden. Um dies zu zeigen, ersetzen wir in Gl. (8.7) die Spannung U_x durch die Drain-Source-Spannung U_{DS}, führen für die Naturkonstanten die Spannung U_{GSP} nach Gl. (8.9) ein und erhalten für die Kanaldicke am Drain

$$D_l = c \left[1 - \sqrt{(U_{DS} - U_{GS})/U_{GSP}}\right] \qquad (10.2)$$

Setzen wir nun für die Drain-Source-Spannung die Pinch-off-Spannung U_{DSP} nach Gl. (9.4) ein, ergibt sich $D_l = c (1 - 1) = 0$.

Beispiel 1. Ein Sperrschicht-FET hat die geometrischen Abmessungen: Kanaldicke ohne Einschnürung $c = 0{,}57\,\mu m$, Kanalbreite $b = 27{,}7\,\mu m$, Kanallänge im Gate-Bereich $l = 10\,\mu m$. Der Kanal ist mit $n = 10^{17}\,cm^{-3}$ dotiert, die Elektronenbeweglichkeit beträgt $b_n = 2000\,cm^2/Vs$ und der Silizium-Halbleiter hat die relative Dielektrizitätskonstante $\varepsilon_r = 12$.

Man berechne die Gate-Source-Pinch-off-Spannung U_{GSP}, den Sättigungs-Drain-Strom I_{DSS}, die maximale Steilheit S_m und den differentiellen Einschaltwiderstand $r_{DS(ON)}$.

Mit der Elementarladung $e = 1{,}6 \cdot 10^{-19}$ As und der absoluten Dielektrizitätskonstanten $\varepsilon_0 = 8{,}9 \cdot 10^{-14}$ As/Vcm erhalten wir für die Pinch-off-Spannung aus Gl. (8.9)

$$U_{GSP} = \frac{c^2 e n}{8 \varepsilon_r \varepsilon_0} = \frac{(0{,}57\,\mu m)^2 \cdot 1{,}6 \cdot 10^{-19}\,As \cdot 10^{17}\,cm^{-3}}{8 \cdot 12 \cdot 8{,}9 \cdot 10^{-14}\,As/Vcm} = 6{,}08\,V$$

Gl. (9.1) liefert den Sättigungs-Drain-Strom

$$I_{DSS} = e^2 n^2 b_n b c^3/(24 l \varepsilon_r \varepsilon_0)$$
$$= \frac{(1{,}6 \cdot 10^{-19}\,As)^2 \cdot (10^{17}\,cm^{-3})^2 \cdot (2000\,cm^2/Vs) \cdot 27{,}7\,\mu m \cdot (0{,}57\,\mu m)^3}{24 \cdot 10\,\mu m \cdot 12 \cdot 8{,}9 \cdot 10^{-14}\,As/Vcm} = 10{,}25\,mA$$

Mit diesen Werten erhalten wir aus Gl. (9.7) die maximale Steilheit $S_m = 3\,I_{DSS}/U_{GSP} = 3 \cdot 10{,}25\,mA/(6{,}08\,V) = 5{,}06\,mA/V$. Somit wird bei $U_{DS} = U_{GS} = 0$ nach Gl. (9.9) und (9.10) der differentielle Einschaltwiderstand $r_{DS(ON)} = 1/S_m = 1/(5{,}06\,mA/V) = 198\,\Omega$.

Mit diesen Werten sind in Bild 5.3b die Übertragungskennlinie nach Gl. (9.5) und in Bild 5.3a die Ausgangskennlinien nach Gl. (9.2) gezeichnet. Als Steigung eingetragen sind die Größen S_m und $1/r_{DS(ON)}$ (Gerade 1 in Bild 5.3a). Die gestrichelte Kurve 2 in Bild 5.3a gibt die Abhängigkeit des Sättigungs-Drain-Stroms $I_{DS} = f(U_{DSP})$ von der Drain-Source-Pinch-off-Spannung wieder. Als Gleichung erhält man diese Kennlinie, wenn in Gl. (9.2) $U_{DS} = U_{DSP}$ gesetzt wird und die Gate-Source-Spannung U_{GS} aus Gl. (9.4) ersetzt wird.

Die Berechnung der Kennlinien führt für $U_{DS} = U_{DSP}$ zur totalen Abschnürung des Kanals bei $x = l$, also am Drain, und somit zu einem maximalen Drain-Strom I_{DSS}. Für Drain-Source-Spannungen $U_{DS} > U_{DSP}$ würde nach diesem Modell der Drain-Strom $I_D = $ const bleiben und wäre deshalb unabhängig von der Spannung U_{DS}. In Wirklichkeit tritt eine vollkommene Abschnürung nicht auf, und infolge des Durchgriffs des elektrischen Feldes durch die Abschnürungsstelle in den nicht abgeschnürten Teil des Kanals zeigt sich bei wachsender Drain-Source-Spannung U_{DS} noch eine geringfügige Zunahme des Drain-Stroms I_D (s. Bild 6.1).

Die Übertragungskennlinie nach Gl. (9.5) ist beim N-Kanal-Sperrschicht-FET nur für negative Gate-Source-Spannungen definiert. Bei positiven Spannungen U_{GS} wird die Gate-Kanal-Diode im Source-Bereich in leitende Richtung gepolt. Es würde ein großer Eingangsstrom fließen, und eine Steuerung des Drain-Stroms mit der Gate-Source-Spannung wäre nicht mehr möglich.

Bei zu großer Drain-Source-Spannung wird schließlich in Drain-Nähe die Gate-Kanal-Sperrspannung überschritten. Es entsteht zwischen Drain und Gate in der Sperrschicht ein Lawinendurchbruch (s. Band III, Teil 1, Abschn. Z-Dioden) der bei nicht hinreichender Strombegrenzung zur Zerstörung des FET führt. Dieser Durchbruch tritt bei Drain-Source-Spannungen von $U_{DS} = 20$ V bis 50 V auf.

Abschließend sei nochmals darauf hingewiesen, daß beim P-Kanal-Sperrschicht-FET die Polarität der Spannungen umgekehrt werden muß. Der P-Kanal-FET wird also mit positiver Gate-Source-Spannung U_{GS} und mit negativer Drain-Source-Spannung U_{DS} betrieben. Sein Drain-Strom ist wegen des P-dotierten Kanals ein Löcherstrom. Der typische Kennlinienverlauf ist der gleiche wie beim N-Kanal-Sperrschicht-FET.

1.1.3 MOS-FET

1.1.3.1 MOS-FET vom Verarmungstyp. Da beim MOS-FET vom Verarmungstyp (depletion typ) auch bei $U_{GS} = 0$ ein Drain-Strom fließt, wird dieser auch als selbstleitender MOS-FET (normally on) bezeichnet.

Aufbau. Selbstleitende MOS-FETs sind meist N-Kanal-FETs. Wir wollen für die Beschreibung deshalb einen selbstleitenden N-Kanal-MOS-FET betrachten. Bei der Herstellung geht man von einem P-dotierten Substrat aus, in das für Drain und Source zwei hoch N-dotierte Inseln eindiffundiert werden. Die hohe Dotierung ist nötig, damit zwischen den Metallelektroden von Drain und Source und dem Halbleiter kein sperrender Metall-Halbleiter-Übergang entsteht (s. Band III, Teil 1, Abschn. Hot-carrier-Dioden). Im Bereich des Gates ist ein schwächer dotierter N-Kanal eindiffundiert (Bild 11.1).

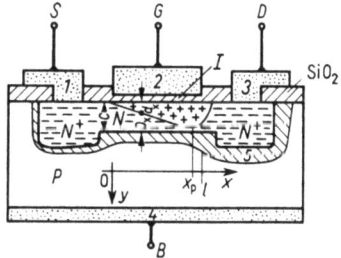

11.1 Schnitt durch einen in Planartechnik hergestellten MOS-FET vom Verarmungstyp
S Source-, G Gate-, D Drain- und B Substrat-Anschluß; 1, 2, 3, 4 metallisierte Schichten dieser Anschlüsse; I Gate-Isolation, N^+ hoch N-dotierte Source- und Drain-Inseln, N schwächer dotierter Kanal, P P-dotiertes Substrat, 5 isolierende Sperrschicht zwischen Substrat und Kanal

Durch Oxydation der Kristalloberfläche ist eine Schutz- und Isolationsschicht aus SiO_2 erzeugt, die im Bereich von Drain und Source wieder weggeätzt wird. Im Gate-Bereich dagegen ist die SiO_2-Schicht auf eine Dicke von etwa 0,1 μm verringert. Danach sind die Anschlußinseln aus Aluminium (1, 2, 3 in Bild 11.1) für Source, Gate und Drain aufgedampft. Die Rückseite des P-Substrats wird ebenfalls metallisiert und kontaktiert als Bulk-Anschluß herausgeführt. Im Gegensatz zum Sperrschicht FET ist nun das Gate durch die SiO_2-Schicht gegenüber dem Kanal völlig isoliert und bildet mit dem Substrat eine kleine Kapazität [5], [6], [9], [37], [38].

Da die SiO_2-Schutz- und Isolationsschicht besonders durch Aufnahme von Natriumionen eine relativ schlechte Langzeitstabilität aufweist, die zu einer Änderung der Transistorparameter führt, wird häufig auf die SiO_2-Schicht noch eine zweite Schicht aus Siliziumnitrid Si_3N_4 aufgebracht, die gegenüber der beschriebenen Verunreinigung immun ist. Dieses Verfahren wird auch **MNOS(Metall-Nitrid-Oxid-Semiconductor)-Technologie** genannt.

Wirkungsweise. Die an irgendeinem Ort x im Kanal zwischen Gate und Kanal herrschende Spannung setzt sich wie auch beim Sperrschicht-FET aus dem von der Drain-Source-Spannung U_{DS} herrührenden Anteil U_x und aus der Gate-Source-Spannung U_{GS} zusammen und ist daher $U_{GS} - U_x = U_{GK}$. Dabei ist beim N-Kanal-FET U_x positiv und U_{GS} i. allg. negativ. Wird der Substrat-Anschluß B mit der negativsten Elektrode, der Source, verbunden, ist der zwischen N-Kanal und P-Substrat auftretende PN-Übergang gesperrt, und es bildet sich die in Bild 11.1 schraffierte trägerverarmte Sperrschicht 5. Hierdurch wird verhindert, daß Strom vom Drain über das Substrat zur Source fließen kann.

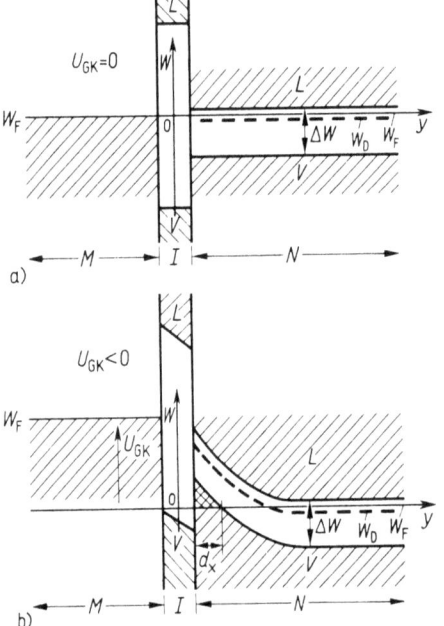

12.1
Bändermodell des Metall-Isolator-Halbleiter-Übergangs
a) spannungslos (Gate-Kanal-Spannung $U_{GK} = 0$)
b) mit negativer Gate-Kanal-Spannung U_{GK}
M Metall, I Isolator, N N-Halbleiter, L Leitungsband, V Valenzband, W_F Fermi-Energie, W_D Donatoren-Energieniveaus, ΔW Bandabstand (verbotene Zone), d_x Dicke der Inversionsschicht

Die zwischen Gate und Kanal herrschende Spannung U_{GK} verdrängt nun unmittelbar unter der Gate-Elektrode die Elektronen aus dem Kanal, so daß der Kanal dort in P-Dotierung umschlägt. Es bildet sich eine **Inversionsschicht**. Ihr Entstehen wollen wir an Bild 12.1 verfolgen. Dort haben wir über der senkrecht zur Kanalachse stehenden Koordinate y das Energieband-Schema des Systems Metall-Isolator-N-Halbleiter

1.1.3 MOS-FET

(M, I, N) aufgetragen. Im N-Halbleiter liegt das Fermi-Niveau W_F zwischen der Unterkante des Leitungsbandes L und den dicht darunter liegenden Donatoren-Niveaus W_D (s. hierzu a. Band III, Teil 1) [10]. Diese Lage des Fermi-Niveaus führt schließlich dazu, daß schon bei Zimmertemperatur (300 K) nahezu alle Donatoren ionisiert sind und je ein Elektron in das Leitungsband abgegeben haben (N-Leitung). Ist die Spannung $U_{GK} = 0$, liegen die Fermi-Niveaus des Metalls und des Halbleiters auf gleicher Höhe (Bild 12.1 a). Liegt dagegen eine negative Spannung U_{GK} zwischen Gate und Kanal, verschieben sich die Fermi-Niveaus wie in Bild 12.1 b, und die Energiebänder des Halbleiters werden verbogen. Dadurch liegt das Fermi-Niveau des Halbleiters an der Grenze zwischen Halbleiter und Isolator im Valenzband. Im doppelt schraffierten Energiebereich entstehen nun oberhalb der Fermi-Energie W_F freie, nicht mit Elektronen besetzte Zustände. Dies sind im Valenzband positive Löcher. Es entsteht am Isolator eine P-leitende Schicht der Dicke d_x, die die ursprüngliche Kanaldicke c auf $D_x = c - d_x$ verringert. Da die Spannung U_{GK} in Drain-Nähe am größten ist, wird auch die Inversionsschicht dort am breitesten und die Kanaldicke D_x am geringsten. Bei hinreichend großer Gate-Source- oder Drain-Source-Spannung ist wieder eine Abschnürung des Kanals möglich (Pinch off). Wird die Abschnürung bei $U_{DS} = 0$ nur durch die negative Gate-Source-Spannung U_{GS} erzeugt, ist die Dicke der Inversionsschicht d_x ortsunabhängig, und der Kanal wird über die gesamte Länge gleichmäßig verengt. Wird der Kanal bei $U_{GS} = $ const durch Vergrößerung der Drain-Source-Spannung U_{DS} eingeengt, schnürt er sich wie schon beim Sperrschicht-FET in Drain-Nähe ab. Dieser Fall ist in Bild 11.1 eingezeichnet, und die Abschnürungsstelle liegt dort bei $x = x_P$.

Im Gegensatz zum Sperrschicht-N-Kanal-FET kann der selbstleitende N-Kanal-MOS-FET wegen der Isolation zwischen Gate und Kanal auch mit positiver Gate-Source-Spannung betrieben werden. Während bei negativer Gate-Source-Spannung U_{GS} ein Verarmungsbetrieb vorliegt, denn der N-Kanal verarmt an Elektronen mit wachsender negativer Spannung U_{GS}, tritt mit zunehmender positiver Spannung U_{GS} eine Anreicherung von Elektronen im Kanal unmittelbar unter der Gate-Elektrode auf. Gegenüber Bild 12.1 b werden nämlich bei positiver Gate-Source-Spannung die Energiebänder des Halbleiters in umgekehrter Richtung verbogen, so daß dann unmittelbar am Isolator das Fermi-Niveau im Leitungsband des Halbleiters liegt. Die unterhalb des Fermi-Niveaus im Leitungsband des Halbleiters befindlichen Energiezustände sind jetzt mit freien Leitungselektronen besetzt. Die Elektronenanzahl im Kanal wird erhöht, und der Drain-Strom steigt. Der selbstleitende MOS-FET kann also sowohl im **Verarmungs-** als auch im **Anreicherungsbetrieb** arbeiten.

1.1.3.2 MOS-FET vom Anreicherungstyp. Mit den selbstsperrenden MOS-FETs ist nur Anreicherungsbetrieb möglich. Bei diesen MOS-FETs fließt kein Drain-Strom, wenn die Gate-Source-Spannung $U_{GS} = 0$ ist. Die englischen Bezeichnungen für die Eigenschaften dieses Typs sind deshalb **normally off** (für selbstsperrend) und **enhancement** (für Anreicherung).

Aufbau. Zwar sind selbstsperrende MOS-FETs meist P-Kanal-FETs, der Übersichtlichkeit halber verwenden wir jedoch auch hier für die Beschreibung einen N-Kanal-FET. Bei der Herstellung geht man wie beim selbstleitenden FET von einem P-dotierten Substrat aus, in das für Drain und Source zwei hoch N-dotierte Inseln eindiffundiert werden (Bild 14.1). Diese beiden Inseln sind jedoch jetzt nicht durch einen N-leitenden Kanal verbunden, vielmehr reicht das P-dotierte Substrat bis an die SiO_2-Gate-Isolation heran.

14 1.1 Feldeffekt-Transistoren

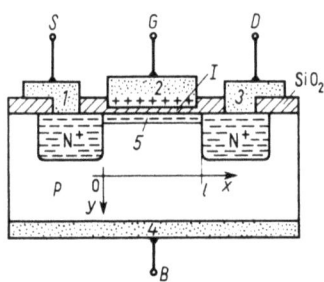

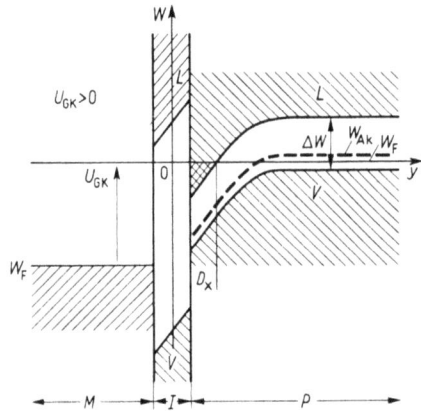

14.1 Schnitt durch einen in Planartechnik hergestellten MOS-FET vom Anreicherungstyp
S Source-, G Gate-, D Drain- und B Substrat-Anschluß; *1, 2, 3, 4* metallisierte Schichten dieser Anschlüsse; *I* Gate-Isolation, N^+ hoch N-dotierte Source- und Drain-Inseln, *P* P-dotiertes Substrat, *5* durch Elektronenanreicherung entstandener N-leitender Kanal

14.2 Bändermodell des Metall-Isolator-Halbleiterübergangs bei positiver Gate-Kanal-Spannung U_{GK}
M Metall, *I* Isolator, *P* P-dotierter Halbleiter, *L* Leitungsband, *V* Valenzband, W_F Fermi-Energie, W_{Ak} Akzeptoren-Energieniveaus, ΔW Bandabstand, D_x Dicke der Inversionsschicht (hier Kanaldicke)

Drain und Source sind voneinander getrennt, wenn auch Drain-Substrat- und Source-Substrat-PN-Übergang gesperrt sind. Dies wird durch Anlegen einer negativen Sperrspannung an den Substrat-Anschluß *B* erreicht. Der weitere Aufbau gleicht dem des selbstleitenden MOS-FET.

Wirkungsweise. Ist die Gate-Source-Spannung $U_{GS} = 0$, fließt beim Anlegen einer positiven Drain-Source-Spannung U_{DS} kein Drain-Strom I_D; denn zwischen den beiden N^+-Inseln besteht keine durchgehende N-leitende Verbindung. Voraussetzung ist jedoch, daß die Substrat-Source-Spannung $U_{BS} \leq 0$ ist, damit auch über das Substrat kein Strom fließen kann. Das Anlegen einer positiven Gate-Source-Spannung U_{GS} verursacht nun durch **Influenzwirkung** eine **Elektronenanreicherung** direkt unter der Gate-Elektrode. Wird die positive Spannung U_{GS} hinreichend groß, wird die Elektronenanreicherung so groß, daß das ursprünglich P-dotierte Substrat in N-Dotierung umschlägt. Es bildet sich als **Inversionsschicht** ein N-leitender, sehr dünner Kanal.

Das Entstehen dieser Inversionsschicht wollen wir in Bild **14.2** verfolgen. Dazu haben wir ähnlich wie in Bild **12.1** das Bändermodell des Systems Metall – Isolator – P-Halbleiter dargestellt. Die positive Gate-Source-Spannung U_{GS} verursacht eine positive Spannung U_{GK} zwischen Gate und Kanal. Diese Spannung verbiegt wieder das Valenz- und Leitungsband des P-Halbleiters in Isolatornähe. Das Fermi-Niveau, das im P-Halbleiter dicht über dem Valenzband liegt, wird dadurch in Isolatornähe in das Leitungsband verlagert. Die Zustände unterhalb des Fermi-Niveaus (doppelt schraffierter Bereich) sind nun mit Leitungselektronen besetzt. Es entsteht die mit Elektronen angereicherte Inversionsschicht der Breite D_x.

Wird jetzt zusätzlich eine positive Drain-Source-Spannung U_{DS} angelegt, fließt Drain-Strom I_D; die Drain-Source-Spannung fällt längs des Kanals ab, und die entstehende ortsabhängige Spannung U_x verringert, da sie ebenfalls positiv ist, die wirkende Gate-Kanal-Spannung $U_{GK} = U_{GS} - U_x$. Dadurch verkleinert sich wieder die Breite der

Inversionsschicht, die hier gleich der Kanaldicke D_x ist. Da die Spannung U_x in Drain-Nähe am größten ist, wird die Kanalabschnürung am Drain wieder am stärksten. Allerdings kann es auch hier nicht zu einem totalen Pinch off kommen, da ja dann auf der Source-Seite des Pinch-off-Ortes x_P die Spannung $U_x = 0$ würde und somit wieder die volle Spannung U_{GS} als Gate-Kanal-Spannung U_{GK} wirken und zu einer Verbreiterung des Kanals führen würde. Diese Drain-Source-Pinch-off-Spannung U_{DSP} wird in etwa dann erreicht sein, wenn die Gate-Kanal-Spannung $U_{GK} = 0$ ist. Dies wird am Drain erzielt, wenn $U_x = U_{DSP} = U_{GS}$ ist.

Besonderheiten. In dem als Gate-Isolator dienenden SiO_2 treten meist positive Ladungen auf (z.B. durch Eindringen von Na^+-Ionen) [9]. Diese verursachen auch bei $U_{GS} = 0$ schon eine Elektronenanreicherung, die dazu führen kann, daß der FET vom selbstsperrenden in den selbstleitenden Betrieb übergeht. Selbstsperrende N-Kanal-MOS-FET sind deshalb schwierig herzustellen. Um das Umkippen in den selbstleitenden Betrieb zu verhindern, muß das P-Substrat hoch dotiert und das Eindringen von Oxid-Ladungen verhindert werden. Dies kann mit der Doppelschicht-Technologie ($Si_3N_4 - SiO_2$) erreicht werden.
Bei selbstsperrenden P-Kanal-MOS-FETs verhindern gerade diese positiven Oxid-Ladungen, daß schon bei geringen Gate-Source-Spannungen U_{GS} (negativ beim P-Kanal-FET) Drain-Strom I_D fließt. Es muß hier erst durch Anlegen einer negativen Gate-Source-Schwellenspannung $U_{GS} = U_{GS(TO)}$, der Gate-Source-turn-on-Spannung (Einschaltspannung), die Wirkung der positiven Oxid-Ladungen kompensiert werden. Erst dann entsteht eine Inversionsschicht und somit ein P-Kanal.
Bei den selbstleitenden N-Kanal-MOS-FETs verbessern die Oxid-Ladungen lediglich die Leitfähigkeit des Kanals und stören deshalb nicht weiter. Bei selbstleitenden P-Kanal-MOS-FETs dagegen erzeugen die positiven Oxid-Ladungen eine an Löchern verarmte Zone direkt unter dem Isolator, und nur durch eine sehr hohe P-Dotierung des Kanals kann eine ausreichende Leitfähigkeit im Kanal erzeugt werden. Selbstleitende P-Kanal-MOS-FETs sind deshalb schwieriger herzustellen.

1.1.3.3 Kennlinien. Bedingt durch das ähnliche Verhalten, insbesondere was die Kanalabschnürung betrifft, verlaufen die Kennlinien von MOS-FETs ähnlich wie die der Sperrschicht-FETs.

Berechnung der Kennlinien. Mit einem einfachen Modell wollen wir die Ausgangskennlinien $I_D = f(U_{DS}, U_{GS})$ und die Übertragungskennlinie $I_{DS} = f(U_{GS})$ für einen N-Kanal-MOS-FET vom Anreicherungstyp berechnen [5], [6]. Wenn C_{GK} die Gate-Kanal-Kapazität und l die Länge des Kanals ist, ergibt sich für die Kapazität des Kanalstücks dx

$$dC = C_{GK}\,dx/l \tag{15.1}$$

Die Ladung im Kanalstück mit der Länge dx ist dann

$$dQ = dC\,(U_{GS} - U_x) = C_{GK}\,(U_{GS} - U_x)\,dx/l \tag{15.2}$$

wenn U_{GS} wieder die Gate-Source-Spannung und U_x der ortsabhängige Anteil der Drain-Source-Spannung U_{DS} sind. Mit der Driftgeschwindigkeit v_n der Elektronen im Kanal können wir für den Drain-Strom schreiben

$$I_D = v_n\,dQ/dx \tag{15.3}$$

1.1 Feldeffekt-Transistoren

Mit Gl. (8.4) und der elektrischen Feldstärke $E_x = dU_x/dx$ sowie Gl. (15.2) erhalten wir aus Gl. (15.3) für den Drain-Strom

$$I_D = b_n \frac{dU_x}{dx} \cdot \frac{C_{GK}}{l} (U_{GS} - U_x) \tag{16.1}$$

Integrieren wir diese Gleichung von $x = 0$ bis $x = l$ mit den Randbedingungen $U_x = 0$ bei $x = 0$ und $U_x = U_{DS}$ bei $x = l$, erhalten wir die **Ausgangskennlinie**

$$I_D = b_n \frac{C_{GK}}{l^2} \left(U_{GS} U_{DS} - \frac{U_{DS}^2}{2} \right) \tag{16.2}$$

Gl. (16.2) stellt in Abhängigkeit von U_{DS} eine Parabel dar, deren Scheitel durch Differenzieren von Gl. (16.2) und Nullsetzen zu berechnen ist

$$\frac{dI_D}{dU_{DS}} = b_n \frac{C_{GK}}{l^2} (U_{GS} - U_{DS}) = 0 \tag{16.3}$$

Gl. (16.3) liefert den Scheitel bei $U_{DS} = U_{GS}$ und den **Sättigungs-Drain-Strom**

$$I_{DS} = b_n C_{GK} U_{GS}^2 / (2 l^2) \tag{16.4}$$

was man leicht zeigen kann, wenn in Gl. (16.2) $U_{DS} = U_{GS}$ gesetzt wird. Mit Gl. (16.4) haben wir auch die Übertragungskennlinie $I_{DS} = f(U_{GS})$ gewonnen. Bei der Drain-Source-Spannung $U_{DS} = U_{DSP} = U_{GS}$ wird hier der Sättigungs-Drain-Strom I_{DS} und somit der Pinch off erreicht. Daraus ergibt sich, daß Gl. (16.2) nur für Drain-Source-Spannungen $U_{DS} \leq U_{DSP} = U_{GS}$ anwendbar ist. Für größere Spannungen $U_{DS} > U_{DSP}$ bleibt der Drain-Strom $I_D = I_{DS} =$ const. Im Gegensatz zum Sperrschicht-FET liefert Gl. (16.4) für den MOS-FET eine quadratische Übertragungskennlinie.

Beispiel 2. Ein MOS-FET hat die Gate-Kanal-Kapazität $C_{GK} = 1$ pF und die Kanallänge $l = 15\,\mu\text{m}$. Die Beweglichkeit der Elektronen beträgt $b_n = 7000$ cm²/Vs. Man berechne den beim Pinch-off fließenden Sättigungs-Drain-Strom I_{DS}, wenn die Drain-Source-Spannung $U_{DSP} = 5$ V beträgt.
Da beim Pinch off $U_{DSP} = U_{GS}$ ist, erhalten wir aus Gl. (16.4) den Drain-Strom

$$I_{DS} = \frac{b_n C_{GK} U_{GS}^2}{2 l^2} = \frac{2000\,(\text{cm}^2/\text{Vs})\,1\,\text{pF}\,(5\,\text{V})^2}{2\,(15\,\mu\text{m})^2} = 11{,}11\text{ mA}$$

Mit den Zahlenwerten des Beispiels 2 sind die Kennlinien von Bild **16.1** gezeichnet. Da bei $U_{DS} = U_{GS}$ die Kanalabschnürung eintritt, darf Gl. (16.2) nur bis zum Maximalwert

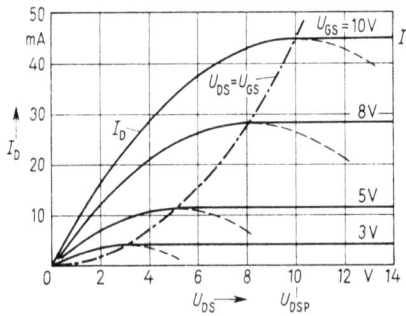

16.1
Ausgangskennlinien $I_D = f(U_{DS})$ mit der Gate-Source-Spannung U_{GS} als Parameter berechnet nach Beispiel 2. Strichpunktiert der Verlauf der Übertragungskennlinie $I_{DS} = f(U_{GS} = U_{DS})$ nach Gl. (16.4)
U_{DSP} Drain-Source-Pinch-off-Spannung bei $U_{GS} = 10$ V
I_{DS} Sättigungs-Drain-Strom bei $U_{DS} = U_{GS} = 10$ V

I_{DS} benutzt werden. Für $U_{DS} > U_{GS}$ würde sich der gestrichelte (nicht mehr gültige) Verlauf ergeben. Strichpunktiert eingetragen ist noch die Übertragungskennlinie nach Gl. (16.4), für die $U_{DS} = U_{GS}$ gilt.

Durch Differentiation von Gl. (16.4) erhalten wir die **Steilheit**

$$S = dI_{DS}/dU_{GS} = b_n\, C_{GK}\, U_{GS}/l^2 \tag{17.1}$$

Diese steigt nach Gl. (17.1) linear mit der Gate-Source-Spannung U_{GS}. Aus Gl. (16.3) finden wir noch den **differentiellen Ausgangswiderstand**

$$r_{DS} = \frac{dU_{DS}}{dI_D} = \frac{l^2}{b_n\, C_{GK}\, (U_{GS} - U_{DS})} \tag{17.2}$$

Dieser wird für $U_{DS} = 0$ minimal und ist dann

$$r_{DSs} = l^2/(b_n\, C_{GK}\, U_{GS}) = 1/S \tag{17.3}$$

Er fällt somit mit wachsender Gate-Source-Spannung U_{GS}.

Beispiel 3. Mit den Zahlenwerten des Beispiel 2, S. 16, berechne man bei $U_{DS} = 0$ die Steilheit S und den Ausgangswiderstand r_{DSs} eines selbstsperrenden N-Kanal-MOS-FET.
Aus Gl. (17.1) ergibt sich für die Steilheit

$$S = \frac{b_n\, C_{GK}\, U_{GS}}{l^2} = \frac{2000\,(\text{cm}^2/\text{Vs})\, 1\,\text{pF} \cdot 5\,\text{V}}{(15\,\mu\text{m})^2} = 4{,}44\,\text{mA/V}$$

Hiermit erhalten wir nach Gl. (17.3) bei $U_{DS} = 0$ für den differentiellen Ausgangswiderstand $r_{DSs} = 1/S = 1/(4{,}44\,\text{mA/V}) = 225{,}0\,\Omega$.

Existiert z. B. durch das Auftreten von Oxid-Ladungen eine **Gate-Source-Schwellspannung** $U_{GS(TO)}$, wird die wirksame Gate-Source-Spannung verringert auf $U_{GS} - U_{GS(TO)}$, und wir erhalten für die Ausgangskennlinien aus Gl. (16.2)

$$I_D = b_n\, \frac{C_{GK}}{l^2}\left[(U_{GS} - U_{GS(TO)})\, U_{DS} - \frac{U_{DS}^2}{2}\right] \tag{17.4}$$

und mit $U_{DS} = U_{GS} - U_{GS(TO)}$ für die Übertragungskennlinie nach Gl. (16.4)

$$I_{DS} = b_n\, C_{GK}\, (U_{GS} - U_{GS(TO)})^2/(2\,l^2) \tag{17.5}$$

Gl. (17.4) und (17.5) gelten sowohl für den N-Kanal-Anreicherungs-MOS-FET (U_{GS}, $U_{GS(TO)}$ und U_{DS} positiv) als auch für den entsprechenden P-Kanal-MOS-FET (U_{GS}, $U_{GS(TO)}$ und U_{DS} negativ), wenn die Beweglichkeit der Elektronen b_n durch die negative Beweglichkeit b_p der Löcher ersetzt wird. Auch die Kennlinien von Verarmungs-MOS-FETs lassen sich durch Gl. (17.4) und (17.5) beschreiben, wenn die Schwellspannung $U_{GS(TO)}$ durch die Gate-Source-Pinch-off-Spannung U_{GSP} ersetzt wird. Diese ist dann beim N-Kanal-FET negativ und beim P-Kanal-FET positiv.

In Tafel **18.1** sind zur Übersicht die Übertragungs- und die Ausgangskennlinien aller bekannten Sperrschicht- und MOS-FETs zusammengestellt worden. Ihnen können wie in Abschn. 1.1.2.3 der differentielle Ausgangswiderstand r_{DS} und die Vorwärtssteilheit S entnommen werden. Ist wie beim realen FET der Drain-Strom I_D nach dem Erreichen des Pinch off nicht konstant, sondern steigt er mit wachsender Drain-Source-Spannung U_{DS} noch geringfügig an, so fächert die Übertragungskennlinie zu einer Kennlinienschar auf,

18 1.1 Feldeffekt-Transistoren

Tafel 18.1 Übertragungs- und Ausgangskennlinien von Sperrschicht-(PN-) und MOS-Feldeffekt-Transistoren

		Symbol	Übertragungs-Kennlinie	Ausgangs-Kennlinien
PN-FET	N-Kanal			
	P-Kanal			
MOS-FET	N-Kanal	Verarmungstyp (depletion)		
		Anreicherungstyp (enhancement)		
	P-Kanal	Verarmungstyp (depletion)		
		Anreicherungstyp (enhancement)		

1.1.3 MOS-FET

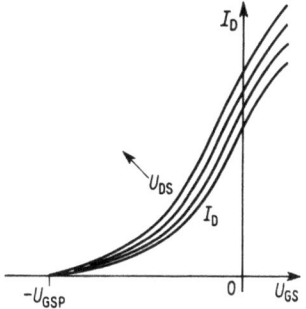

19.1 Übertragungskennlinien $I_D = f(U_{GS})$ mit der Drain-Source-Spannung U_{DS} als Parameter

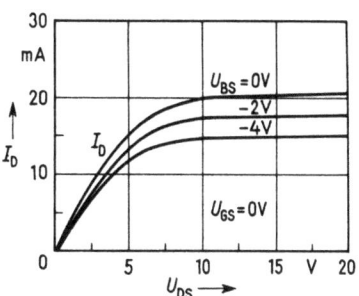

19.2 Ausgangskennlinien $I_D = f(U_{DS})$ mit der Substrat-Source-Spannung U_{BS} als Parameter und bei der Gate-Source-Spannung $U_{GS} = 0$ für einen N-Kanal-MOS-FET vom Verarmungstyp

die durch die Drain-Source-Spannung U_{DS} als Parameter gekennzeichnet ist (Bild 19.1). Die Steilheit, definiert durch Gl. (6.2), ist dann auch geringfügig von der Drain-Source-Spannung abhängig.

Einfluß der Substratspannung. Nach Abschn. 1.1.3.2 muß beim MOS-FET das Substrat mit der Source verbunden werden, damit Substrat-Drain- und Substrat-Source-PN-Übergang gesperrt sind und kein Drain-Strom über das Substrat abfließen kann. Ist der Substrat-Anschluß B, wie bei MOS-FETs üblich, aus dem Gehäuse herausgeführt, kann das Substrat auch auf eine gegenüber der Source negativere (N-Kanal) oder positivere (P-Kanal) Spannung gelegt werden. Allerdings bleibt dies, wie Bild 19.2 zeigt, nicht ohne Einfluß auf den Drain-Strom I_D. Je negativer beim N-Kanal-FET die Substrat-Source-Spannung U_{BS} wird, um so breiter wird die trägerverarmte Sperrschicht des Kanal-Substrat-PN-Übergangs und um so schmaler wird der Kanal selbst. Die Folge ist, daß bei gleicher Gate-Source-Spannung U_{GS} die Kanalabschnürung schon bei einer kleineren Drain-Source-Spannung U_{DS} auftritt und daher ein kleinerer Sättigungs-Drain-Strom I_{DS} fließt. Der gleiche Effekt tritt beim P-Kanal-FET bei positiver Substrat-Source-Spannung U_{BS} auf. Prinzipiell besteht also die Möglichkeit, den Drain-Strom sowohl mit der Gate-Source-Spannung U_{GS} als auch mit der Substrat-Source-Spannung U_{BS} zu steuern. In der Praxis wird jedoch kaum hiervon Gebrauch gemacht, da die Steuerwirkung des Substrats zu gering ist.

1.1.4 Temperaturverhalten

1.1.4.1 Temperaturabhängigkeit des Gate-Stroms. Beim Sperrschicht-FET wird der Gatestrom durch den temperaturabhängigen Sperrstrom der Gate-Kanal-Diode bestimmt. Dieser Minoritätsträgerstrom wird durch die thermische Eigenleitung verursacht und nimmt deshalb exponentiell mit der Temperatur zu (s. Band III, Teil 1, Abschn. Halbleiterdioden). Bei Silizium-Sperrschicht-FETs ist dieser Sperrstrom jedoch sehr klein und beträgt bei der Temperatur $T = 300$ K (Zimmertemperatur) etwa 0,1 nA bis 1 nA. Gemessen wird dieser Gatestrom bei gleichspannungsmäßigem Kurzschluß der Drain-Source-Spannung, also bei $U_{DS} = 0$; er wird deshalb als Gate-Kurzschluß-Reststrom I_{GSS} bezeichnet. In Bild 20.1 ist der Verlauf des Stroms I_{GSS} in Abhängigkeit von der Temperatur T für einen typischen P-Kanal-Sperrschicht-FET dargestellt. Der lineare Verlauf in der halblogarithmischen Auftragung bestätigt die exponentielle Abhängigkeit des Reststroms I_{GSS} von der Temperatur T. Wie Bild 20.1 zeigt, verdoppelt sich in etwa der Strom I_{GSS} bei einer Temperaturerhöhung um 10 K. Wegen dieser starken Zunahme des Sperrstroms I_{GSS} werden Sperrschicht-FETs bei Temperaturen oberhalb 450 K unbrauchbar. Solange die Gate-Source-Spannung U_{GS} kleiner als die Durchbruchspannung der Gate-Diode bleibt, nimmt der Reststrom I_{GSS}, wie Bild 20.1 zeigt, nicht allzu stark mit der Spannung U_{GS} zu.

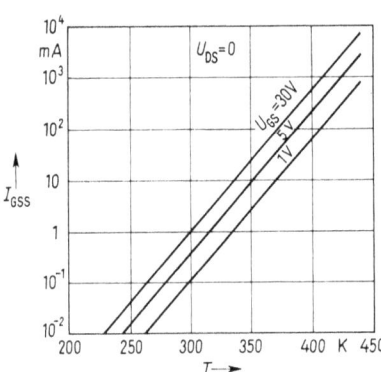

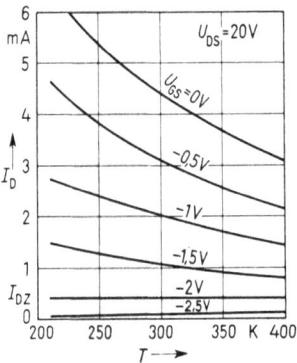

20.1 Temperaturabhängigkeit des Gate-Kurzschluß-Reststroms I_{GSS} mit der Gate-Source-Spannung U_{GS} als Parameter und bei der Drain-Source-Spannung $U_{DS} = 0$ für einen typischen P-Kanal-Sperrschicht-FET

20.2 Temperaturabhängigkeit des Drain-Stroms I_D mit der Gate-Source-Spannung U_{GS} als Parameter und bei der Drain-Source-Spannung $U_{DS} = 20$ V für einen N-Kanal-Sperrschicht-FET
I_{DZ} temperaturunabhängiger Drain-Strom

MOS-FETs haben einen wesentlich kleineren Gate-Kurzschluß-Reststrom I_{GSS} als Sperrschicht-FETs. Wegen des isolierten Gates ist dieser Strom bei MOS-FETs meist ein durch Oberflächenverunreinigungen verursachter **Leckstrom**, für den keine derart ausgeprägte Temperaturabhängigkeit besteht. Der Gate-Kurzschluß-Reststrom I_{GSS} von MOS-FETs ist stets kleiner als 0,1 nA und liegt meist im Bereich von 1 pA.

1.1.4.2 Temperaturabhängigkeit des Drain-Stroms. In N- oder P-Kanal-FETs wird die Elektronen- bzw. Löcherdichte des Kanals nur durch die Dotierung bestimmt. Die durch die Eigenleitung zusätzlich erzeugten Elektron-Loch-Paare sind dagegen zu vernachlässigen (s. Band III, Teil 1, Abschn. Störstellen-Halbleitung). Deshalb spielt auch eine temperaturbedingte zusätzliche Trägererzeugung im Kanal keine besondere Rolle. Mit zunehmender Temperatur wird jedoch die Schwingungsamplitude der Atome des Halbleiterkristalls größer, und die freien Ladungsträger werden bei ihrer Wanderung (Drift) im elektrischen Feld E mehr und mehr behindert. Nimmt aber die Driftgeschwindigkeit v_n der Elektronen bzw. v_p der Löcher ab, so fällt nach Gl. (8.3) auch der Drain-Strom I_D. Eine Verringerung der Driftgeschwindigkeiten v_n oder v_p bei konstant bleibender elektrischer Feldstärke E kann nach Gl. (8.4) auch als eine Verkleinerung der Beweglichkeiten b_n bzw. b_p aufgefaßt werden. Wegen dieser Abnahme der Beweglichkeit nimmt bei konstanter Drain-Source-Spannung U_{DS} und Gate-Source-Spannung U_{GS} der Drain-Strom I_D mit wachsender Temperatur T ab. Dieses Verhalten gilt sowohl für Sperrschicht- als auch für MOS-FETs und ist in Bild 20.2 für einen N-Kanal-Sperrschicht-FET dargestellt.

1.1.4 Temperaturverhalten

Bei Sperrschicht-FETs beobachtet man jedoch, daß bei kleinen Drain-Strömen die temperaturbedingte Stromänderung immer kleiner wird und schließlich bei dem in Bild 20.2 mit I_{DZ} gekennzeichneten Strom null ist [32]. Bei noch kleineren Drain-Strömen nimmt nun der Strom mit wachsender Temperatur sogar zu, d. h., die Drain-Stromänderung wird positiv. Die Ursache für dieses Verhalten ist der negative Temperaturkoeffizient der zwischen Gate und Kanal wirkenden Potentialschwelle von etwa -2 mV/K. Mit wachsender Temperatur nimmt deshalb die Höhe der Potentialschwelle und somit nach Gl. (8.7) auch die Breite der Sperrschicht ab. Ist nun die Gate-Source-Spannung U_{GS} näherungsweise gleich der Gate-Source-Pinch-off-Spannung U_{GSP}, fließt also nur noch ein relativ kleiner Drain-Strom I_D, so ist der Kanal am drainseitigen Ende des Gates schon durch die Gate-Source-Spannung nahezu abgeschnürt. Verringert sich mit wachsender Temperatur die Sperrschichtbreite geringfügig, öffnet sich entsprechend der Kanal, und es kann mehr Drain-Strom fließen. Bei einer bestimmten Gate-Source-Spannung U_{GSZ} kompensiert diese Drain-Stromvergrößerung gerade die Drain-Stromabnahme, die durch die mit wachsender Temperatur eintretende Verkleinerung der Beweglichkeit verursacht wird.

In Bild 21.1 ist die Übertragungskennlinie eines Sperrschicht-FET für drei verschiedene Temperaturen T aufgetragen. Die drei Kennlinien kreuzen sich bei der Gate-Source-Spannung U_{GSZ} im Punkt A. Wird ein Sperrschicht-FET in diesem Arbeitspunkt A, also mit der Gate-Source-Spannung U_{GSZ} und dem Drain-Strom I_{DZ}, betrieben, dann ist sein Drain-Strom weitgehend von der Temperatur unabhängig. Allerdings ist dieser Drain-Strom relativ klein und beträgt in Bild 21.1 nur $I_{DZ} = 0{,}4$ mA. Hinzu kommt, daß im Arbeitspunkt A auch die Steilheit S des FET relativ klein ist und außerdem von der Temperatur abhängt. Die Temperaturabhängigkeit der Steilheit S ist in Bild 21.2 für den Arbeitspunkt A aufgetragen. Steigt die Temperatur T von 200 K auf 400 K, verringert sich die Steilheit S von 1,65 mA/V auf 0,75 mA/V. Experimentell wurde ermittelt, daß sich die Gate-Source-Spannung U_{GSZ} für konstanten Drain-Strom I_{DZ} aus der Gate-

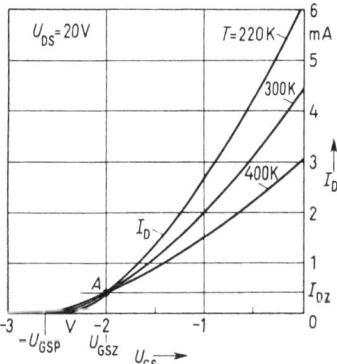

21.1 Übertragungskennlinien $I_D = f(U_{GS})$ mit der Temperatur T als Parameter und bei der Drain-Source-Spannung $U_{DS} = 20$ V für einen N-Kanal-Sperrschicht-FET
$-U_{GSP}$ negative Gate-Source-Pinch-off-Spannung, U_{GSZ} Gate-Source-Spannung für temperaturunabhängigen Drain-Strom I_{DZ}

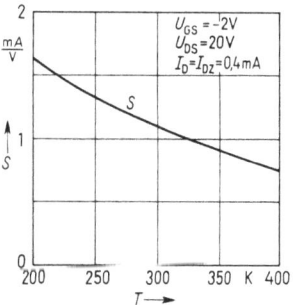

21.2 Temperaturabhängigkeit der Steilheit S bei der Gate-Source-Spannung $U_{GS} = -2$ V, der Drain-Source-Spannung $U_{DS} = 20$ V und dem temperaturunabhängigen Drain-Strom $I_{DZ} = 0{,}4$ mA für einen N-Kanal-Sperrschicht-FET

1.1 Feldeffekt-Transistoren

Source-Pinch-off-Spannung U_{GSP} näherungsweise mit der Gleichung

$$U_{GSZ} \approx \pm (U_{GSP} - 0{,}63\ \text{V}) \tag{22.1}$$

berechnen läßt. Das positive Vorzeichen gilt für P-Kanal und das negative für N-Kanal-Sperrschicht-FETs (U_{GSP} ist stets positiv). Für eine genaue Drain-Strom-Konstanthaltung ist jedoch eine experimentelle Ermittlung der Spannung U_{GSZ} für jeden verwendeten FET unerläßlich.

1.1.5 Durchbruchspannungen

1.1.5.1 Gate-Durchbruchspannung. Beim Sperrschicht-FET wird die Gate-Kanal-Diode in Sperrichtung betrieben. Über diese Diode liegt am drainseitigen Ende der Gate-Insel die Spannung $U_{GS} - U_{DS}$, wobei beim N-Kanal-FET die Spannungen U_{DS} positiv und U_{GS} negativ sind. Beim P-Kanal-FET sind die Polaritäten gerade umgekehrt. Als Sperrspannung wirkt also stets die Summe von Drain-Source- und Gate-Source-Spannung. Erreicht diese Spannung die Durchbruchspannung der Gate-Drain-Diode

$$U_{(BR)GD} = U_{GS} - U_{DS} \tag{22.2}$$

setzt in der Sperrschicht eine lawinenartige Trägervermehrung ein (s. Band III, Teil 1, Abschn. Z-Dioden), die zu einem steilen Stromanstieg und ohne Strombegrenzung im äußeren Kreis zur Zerstörung der Diode führt.

Da nach Gl. (22.2) die Durchbruchspannung $U_{(BR)GD}$ sowohl von der Drain- als auch von der Gate-Source-Spannung abhängt, wird die Gate-Source-Durchbruchspannung $U_{(BR)GSS}$ bei kurzgeschlossener Drain-Source-Spannung, also bei $U_{DS} = 0$, angegeben. Die Durchbruchspannung $U_{(BR)GSS}$ liegt für Sperrschicht-FETs i. allg. zwischen 20 V und 50 V.

Bei MOS-FETs wird die Gate-Source-Durchbruchspannung $U_{(BR)GSS}$ durch die Spannungsfestigkeit der Gate-Isolationsschicht bestimmt. Da die SiO_2-Isolationsschicht zwischen Gate und Kanal die Durchbruchsfeldstärke $E_{(BR)} \approx 10^6$ V/cm aufweist, ergibt sich bei einer Isolierschichtdicke von etwa 0,1 µm die Durchbruchspannung $U_{(BR)GSS} \approx 10$ V. Für N-Kanal-MOS-FETs vom Verarmungstyp, die mit positiver und negativer Gate-Source-Spannung betrieben werden können, muß die Gate-Source-Spannung meist im Bereich von -8 V bis $+1$ V liegen. Bei Überschreitung der negativen Spannung wird durch einen Durchbruch die Isolierschicht zerstört und bei zu großer positiver Spannung wird wegen des zu großen Drain-Stroms die zulässige Verlustleistung überschritten.

Wegen der einerseits relativ kleinen Durchbruchspannung $U_{(BR)GSS}$ und dem andererseits sehr großen Widerstand der Isolierschicht sind MOS-FETs mit großer Vorsicht zu behandeln. Bei der Handhabung oder der Verpackung in Plastikbeuteln kann nämlich durch Reibungselektrizität die sehr kleine Gate-Kapazität (einige pF) aufgeladen werden. Der große Widerstand der Isolierschicht verhindert ein hinreichend schnelles Abfließen der Ladungen, so daß sehr leicht die Durchbruchspannung überschritten wird. Die Gate-Kapazität wird dann über einen Durchbruch zum Kanal hin entladen und die Isolierschicht irreversibel zerstört. Im Handel werden deshalb MOS-FETs stets mit kurzgeschlossener Gate-Source- und Gate-Drain-Strecke geliefert.

1.1.5 Durchbruchspannungen

Gate-Schutz. Die Durchbruchempfindlichkeit des Gates ist für MOS-FETs ein großer Nachteil. Besonders in der Digitaltechnik, wo MOS-FETs in sehr großer Anzahl in integrierten Schaltkreisen verwendet werden, stellt man jedoch große Anforderungen an die Betriebssicherheit dieser Bauelemente. Um die unkontrollierbaren Aufladungen der Gate-Kapazität zu vermeiden, schaltet man deshalb, wie in Bild **23.**1 gezeigt, Z-Dioden parallel zur Gate-Source-Strecke [14]. In Bild **23.**1a begrenzt die Z-Diode negative Gate-Source-Spannungen, wenn sie größer als ihre Zener-Spannung U_z werden. Durch geeignete Dotierung der Diode wird die Zener-Spannung $U_z \approx -10$ V eingestellt, so daß ein sicherer Schutz der Gate-Source-Strecke erreicht wird. Positive Gate-Source-Spannungen werden dagegen schon bei der Schwellspannung $U_S \approx 0{,}7$ V der Siliziumdiode begrenzt. Soll eine symmetrische Begrenzung der Gate-Source-Spannung U_{GS} erreicht werden, schaltet man wie in Bild **23.**1b zwei Z-Dioden gegeneinander in Reihe. Dadurch wird jetzt die Gate-Source-Spannung bei $\pm (U_z + U_S)$ begrenzt, denn bei jeder Polarität der Gate-Source-Spannung wirkt eine Diode als Z-Diode und die andere als normale in Durchlaßrichtung gepolte Siliziumdiode. Bei der Herstellung von solchen Gategeschützten MOS-FETs werden die Begrenzerdioden in integrierter Technik gemeinsam mit dem MOS-FET auf demselben Halbleiterkristall hergestellt.

Als Nachteil muß bei geschützten MOS-FETs in Kauf genommen werden, daß der Gate-Strom I_{GSS} auf Werte wie beim Sperrschicht-FET vergrößert und der Eingangswiderstand dadurch verkleinert wird.

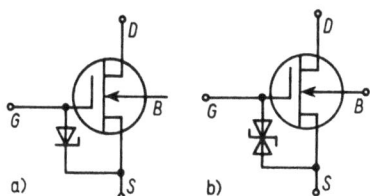

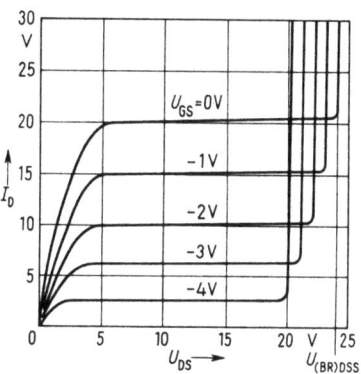

23.1 Gate-Schutzschaltungen eines MOS-FET
a) Begrenzung mit einer Z-Diode
b) Begrenzung mit gegeneinander geschalteten Z-Dioden

23.2 Ausgangskennlinien eines N-Kanal-Sperrschicht-FET im Durchbruchbereich
$U_{(BR)DSS}$ Durchbruchspannung der Drain-Source-Strecke bei kurzgeschlossenem Gate ($U_{GS} = 0$)

1.1.5.2 Drain-Source-Durchbruchspannung. Ist $U_{(BR)DSS}$ diejenige Drain-Source-Spannung U_{DS}, bei der mit $U_{GS} = 0$ der Durchbruch der Gate-Diode erfolgt, so gilt nach Gl. (22.2) $U_{(BR)DSS} = U_{(BR)GD}$. Wird nun mit $U_{(BR)DSX}$ die Durchbruchsspannung der Drain-Source-Strecke bei beliebiger Gate-Source-Spannung U_{GS} bezeichnet, erhalten wir aus Gl. (22.2)

$$U_{(BR)DSX} = U_{(BR)DSS} + U_{GS} \qquad (23.1)$$

Da die Durchbruchspannung $U_{(BR)DSS}$ konstant und nur vom Aufbau des FET abhängig ist, fällt z.B. die Durchbruchspannung $U_{(BR)DSX}$ beim N-Kanal-Sperrschicht-FET mit wachsender negativer Gate-Source-Spannung U_{GS}. Dieses Verhalten kann im Ausgangskennlinienfeld des FET nach Bild **23.**2 verfolgt werden. Der bei der Durchbruchspannung

24 1.1 Feldeffekt-Transistoren

$U_{(BR)DSX}$ schnell wachsende Drain-Strom I_D fließt dann allerdings nicht über den Source-Anschluß sondern als Gate-Strom über den Gate-Anschluß ab. Wird der durch den Lawinenprozeß vergrößerte Drain-Strom durch einen Widerstand im äußeren Kreis begrenzt, so übersteht i. allg. der Sperrschicht-FET diesen Durchbruch. Bei MOS-FETs ist dies nicht der Fall; denn wird in der SiO_2-Isolierschicht ein Durchbruch eingeleitet, wird schon durch die Entladung der Gate-Kapazität die sehr dünne Isolierschicht zerstört. Während bei MOS-FETs die Durchbruchspannung $U_{(BR)DSS}$ i. allg. kleiner als 30 V ist, kann sie bei Sperrschicht-FETs auf über 50 V gesteigert werden.

1.1.6 Kapazitäten und Hochfrequenzverhalten

1.1.6.1 Ersatzschaltung. In Abschn. 1.1.2.3 haben wir bei der Definition der Kenngrößen die im FET auftretenden Kapazitäten vernachlässigt. Dies ist zulässig, solange der FET mit Gleichspannungen oder Wechselspannungen niedriger Frequenz (bis zu einigen 10 kHz) betrieben wird. Im Hochfrequenzbereich müssen die frequenzabhängigen Widerstände mit in die Schaltungsberechnung einbezogen werden. In Bild **24.**1a ist ein selbstleitender MOS-FET dargestellt, bei dem die im FET wirkenden Kapazitäten, die Drain-Source-Kapazität C_{DS}, die Gate-Source-Kapazität C_{GS} und die Gate-Drain-Kapazität C_{GD} eingezeichnet sind. In Bild **24.**1b ist für die Source-Schaltung des FET die physikalische Ersatzschaltung dargestellt [5], [6], [39]. Die Source-Schaltung entspricht der Emitter-Schaltung des bipolaren Transistors (s. Band III, Teil 1, Abschn. Bipolare Transistoren). In der Ersatzschaltung haben die Bauelemente folgende Bedeutung: Gate-Source-Leitwert g_{GS}, Drain-Gate-Leitwert g_{DG}, Drain-Source-Leitwert g_{DS}, Quellenstrom $i'_D = S u_{GS}$ des Stromgenerators, der die Steuerung des Drain-Stroms i_D durch die Eingangsspannung u_{GS} mit der Steilheit S berücksichtigt.

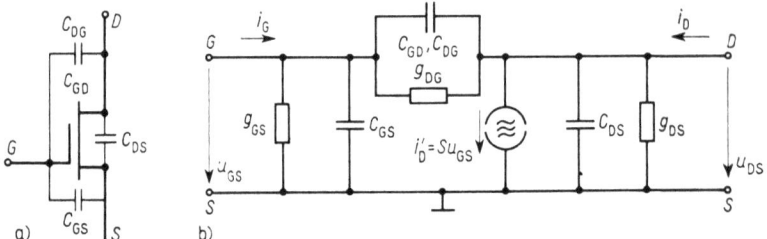

24.1 Kapazitäten (a) und Ersatzschaltung (b) eines MOS-FET

1.1.6.2 Frequenzabhängige Leitwertparameter. Durch die im FET auftretenden Eingangs-, Ausgangs- und Rückwirkungskapazitäten werden die nach Gl. (7.3) bis (7.7) definierten y-Parameter komplexe Größen, die Real- und Imaginärteil aufweisen. Wir schreiben deshalb für die komplexen y-Parameter der Source-Schaltung

$$\underline{y}_{11s} = g_{11s} + jb_{11s} \tag{24.1}$$

$$\underline{y}_{12s} = g_{12s} + jb_{12s} \tag{24.2}$$

$$\underline{y}_{21s} = g_{21s} + jb_{21s} \tag{24.3}$$

$$\underline{y}_{22s} = g_{22s} + jb_{22s} \tag{24.4}$$

1.1.6 Kapazitäten und Hochfrequenzverhalten

Mit den Definitionsgl. (7.3) bis (7.7) und mit den Strömen $i_1 = i_G$, $i_2 = i_D$, sowie den Spannungen $u_1 = u_{GS}$ und $u_2 = u_{DS}$ lassen sich die y-Parameter aus der Ersatzschaltung von Bild **24.**1 b entnehmen

$$\underline{y}_{11s} = g_{GS} + g_{DG} + j\omega\,(C_{GS} + C_{GD}) \tag{25.1}$$

$$\underline{y}_{12s} = -g_{DG} - j\omega\,C_{DG} \tag{25.2}$$

$$\underline{y}_{21s} = S - g_{DG} - j\omega\,C_{GD} \tag{25.3}$$

$$\underline{y}_{22s} = g_{DS} + g_{DG} + j\omega\,(C_{DS} + C_{DG}) \tag{25.4}$$

Durch Vergleich von Gl. (24.1) bis (24.4) und (25.1) bis (25.4) können wir nun die Real- und Imaginärteile der y-Parameter bestimmen. Wir erhalten
für den Eingangsleitwert bei kurzgeschlossenem Ausgang

Wirkleitwert $\qquad g_{11s} = g_{GS} + g_{DG} \approx g_{GS}$ (25.5)

Blindleitwert $\qquad b_{11s} = \omega\,(C_{GS} + C_{GD}) = \omega\,C_{iss}$ (25.6)

für die Rückwärtssteilheit bei kurzgeschlossenem Eingang

Wirkanteil $\qquad g_{12s} = -g_{DG} \approx 0$ (25.7)

Blindanteil $\qquad b_{12s} = -\omega\,C_{DG} = -\omega\,C_{rss}$ (25.8)

für die Vorwärtssteilheit bei kurzgeschlossenem Ausgang

Wirkanteil $\qquad g_{21s} = S - g_{DG} \approx S$ (25.9)

Blindanteil $\qquad b_{21s} = -\omega\,C_{GD}$ (25.10)

für den Ausgangsleitwert bei kurzgeschlossenem Eingang

Wirkleitwert $\qquad g_{22s} = g_{DS} + g_{DG} \approx g_{DS}$ (25.11)

Blindleitwert $\qquad b_{22s} = \omega\,(C_{DS} + C_{DG}) = \omega\,C_{oss}$ (25.12)

Die Ausgangskapazität C_{oss} (o für output, ss für source und Kurzschluß) und die Rückwirkungskapazität C_{rss} (r für reverse) sind also bei kurzgeschlossenem Eingang definiert. Die Eingangskapazität C_{iss} (i für input) wird dagegen bei wechselspannungsmäßig kurzgeschlossenem Ausgang angegeben. Sowohl für Sperrschicht- als auch für MOS-FETs beträgt die Eingangskapazität $C_{iss} \approx 5$ pF, die Ausgangskapazität $C_{oss} \approx 1{,}5$ pF und die Rückwirkungskapazität $C_{rss} \approx 0{,}1$ pF bis 1 pF.

Diskussion der Parameter. Für einen MOS-FET vom Verarmungstyp (3N142 von RCA) ist in Bild **26.**1 die Frequenzabhängigkeit von Wirk- und Blindanteil der y-Parameter aufgetragen.

Für den Eingangsleitwert $\underline{y}_{11s}$ wächst nicht nur der Blindleitwert $b_{11s} = \omega\,C_{iss}$ mit der Frequenz, sondern nach Bild **26.**1a steigt auch der Wirkleitwert mit der Frequenz an. Bei sehr tiefen Frequenzen ist der Eingangsleitwert $\underline{y}_{11s} = y_{11s} = g_{11s} < 10^{-6}$ mA/V reell und sehr klein. Dies liegt bei Sperrschicht-FETs an der gesperrten Gate-Diode und bei MOS-FETs an dem isolierten Gate. Mit wachsender Frequenz steigt nun nicht nur der kapazitive, sondern auch der Wirkanteil der Sperr- und Leckströme. Dies führt dazu,

26 1.1 Feldeffekt-Transistoren

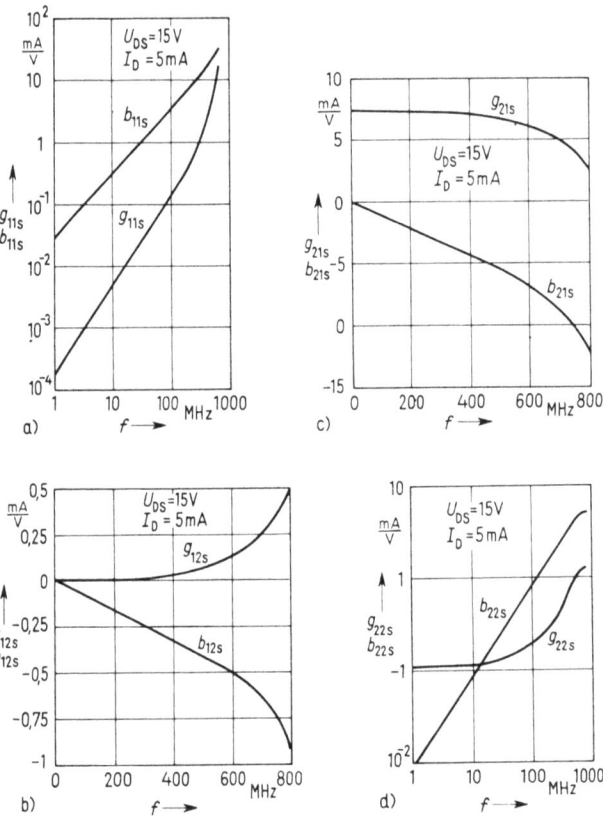

26.1
Frequenzabhängigkeit von Wirk- und Blindanteil der y-Parameter (Leitwertparameter) für einen MOS-FET vom Verarmungstyp
a) für den Eingangsleitwert $\underline{y}_{11}$ (g_{11s}, b_{11s})
b) für die Rückwärtssteilheit $\underline{y}_{12}$ (g_{12s}, b_{12s})
c) für die Vorwärtssteilheit $\underline{y}_{21}$ (g_{21s}, b_{21s})
d) für den Ausgangsleitwert $\underline{y}_{22}$ (g_{22s}, b_{22s})

daß bei Frequenzen über 100 MHz der Wirkanteil g_{11s} des Eingangsleitwerts $\underline{y}_{11s}$ über 0,1 mA/V ansteigt und der Wirkanteil des differentiellen Eingangswiderstands auf $r_{GS} < 10\,\mathrm{k\Omega}$ fällt. Deshalb ist eine leistungslose Steuerung von FETs bei Eingangsspannungen hoher Frequenz nicht mehr möglich.

Wie schon in Abschn. 1.1.2.3 festgestellt, ist beim Betrieb mit Gleichspannungen oder Spannungen tiefer Frequenz der FET ein rückwirkungsfreies Bauelement. Es gilt dann also $\underline{y}_{12s} = y_{12s} = 0$. Bild 26.1 b zeigt, daß der Wirkanteil g_{12s} der Rückwärtssteilheit $\underline{y}_{12s}$ bis zu Frequenzen $f < 400$ MHz näherungsweise null ist. Allerdings ist dann der kapazitive Anteil $b_{12s} = -\omega C_{DG}$ nicht mehr zu vernachlässigen. Der FET zeigt dann über die Drain-Gate-Kapazität C_{DG} eine rein kapazitive Rückwirkung der Drain-Spannung u_{DS} auf den Gate-Strom i_G. Oberhalb 400 MHz ist auch der Wirkleitwert g_{12s} nicht mehr zu vernachlässigen.

Bei tiefen Frequenzen ist die Vorwärtssteilheit $\underline{y}_{21s} = y_{21s} = g_{21s} = S$ ebenfalls reell und liegt in der Größenordnung von einigen mA/V. Bei höheren Frequenzen kommt nach Bild 26.1c und Gl. (25.10) ein negativer kapazitiver Anteil $b_{21s} = -\omega C_{GD}$ hinzu. Bei sehr hohen Frequenzen nimmt schließlich auch der Wirkanteil g_{21s} der Vorwärtssteilheit ab. Hierbei ist die Drain-Gate-Kapazität $C_{DG} = C_{rss}$, die bei kurzgeschlossenem

1.1.6 Kapazitäten und Hochfrequenzverhalten

Gate und einer hochfrequenten Drain-Source-Spannungsänderung wirkt, etwa zehnmal kleiner als die Gate-Drain-Kapazität C_{GD}, die bei kurzgeschlossenem Drain und Gateseitiger Ansteuerung wirksam ist.

Bis zu einigen 10 MHz ist nach Bild **26.1**d der Wirkanteil $g_{22s} = y_{22s} = 1/r_{DS} \approx 10^{-1}$ mA/V und konstant. Bei Frequenzen über 100 MHz steigt der Wirkleitwert g_{22s} stark an. Gemäß Gl. (25.12) steigt der kapazitive Blindleitwert $b_{22s} = \omega C_{oss}$ linear mit der Frequenz $f = \omega/(2\pi)$ an. Dieses Verhalten zeigt auch Bild **26.1**d.

Bei den in Bild **26.1** angegebenen frequenzabhängigen y-Parametern wird der Transistor mit der Drain-Source-Spannung $U_{DS} = 15$ V und dem Drain-Strom $I_D = 5$ mA betrieben. Ändert sich dieser Arbeitspunkt, verändern sich auch die y-Parameter. Ähnlich wie für die h-Parameter des bipolaren Transistors (s. Band III, Teil 1) müssen die y-Parameter des FET für jeden Arbeitspunkt aus den vom Hersteller angegebenen Kennverläufen $y = f(U_{DS}, I_D)$ erneut ermittelt werden.

Beispiel 4. Für die Frequenz $f = 200$ MHz und den Arbeitspunkt $U_{DS} = 15$ V, $I_D = 5$ mA entnimmt man den Kennkurven von Bild **26.1** die komplexen y-Parameter

$$\underline{y}_{11s} = (0{,}4 + j7{,}5) \text{ mS}, \quad \underline{y}_{12s} = (0 - j0{,}15) \text{ mS}$$

$$\underline{y}_{21s} = (7 - j2{,}0) \text{ mS}, \quad \underline{y}_{22s} = (0{,}3 + j1{,}8) \text{ mS}$$

Man berechne hieraus die Wirkanteile von Ein- und Ausgangsleitwert bzw. Ein- und Ausgangswiderstand sowie der Vorwärtssteilheit. Ferner ermittle man die Kapazitäten C_{GS}, C_{DS}, C_{DG} und C_{GD}.

Wegen $g_{12s} = 0$ erhalten wir aus Gl. (25.5) und den angegebenen y-Parametern den Wirkanteil des Eingangsleitwerts $g_{11s} = g_{GS} = 0{,}4$ mS und somit den Wirkanteil des Eingangswiderstands $r_{GS} = 1/g_{GS} = 2{,}5$ kΩ. Der Wirkanteil des Ausgangsleitwerts wird nach Gl. (25.11) $g_{22s} = g_{DS} = 0{,}3$ mS und deshalb der Ausgangswiderstand $r_{DS} = 1/g_{DS} = 3{,}33$ kΩ. Aus Gl. (25.9) ergibt sich schließlich der Wirkanteil der Vorwärtssteilheit $g_{21s} = S = 7$ mS. Für die Bestimmung der Kapazitäten berechnen wir zunächst die Kreisfrequenz $\omega = 2\pi f = 2\pi \cdot 200$ MHz $= 1{,}256 \cdot 10^9$ s^{-1}. Hiermit erhalten wir aus den y-Parametern und (Gl. 25.8) die vom Drain her gesehene Rückwirkungskapazität $C_{DG} = C_{rss} = b_{12s}/(-\omega) = -0{,}15$ mS/$(-1{,}256 \cdot 10^9 \text{ s}^{-1}) = 0{,}12$ pF. Aus Gl. (25.10) ergibt sich die Gate-Drain-Kapazität $C_{GD} = b_{21s}/(-\omega) = -2{,}0$ mS/$(-1{,}256 \cdot 10^9 \text{ s}^{-1}) = 1{,}59$ pF. Aus Gl. (25.6) berechnen wir zunächst die Eingangskapazität $C_{iss} = b_{11s}/\omega = 7{,}5$ mS/$(1{,}256 \cdot 10^9 \text{ s}^{-1}) = 5{,}97$ pF und erhalten dann mit $C_{GD} = 1{,}59$ pF für die Gate-Source-Kapazität $C_{GS} = C_{iss} - C_{GD} = 5{,}97$ pF $- 1{,}59$ pF $= 4{,}38$ pF. Gl. (25.12) liefert noch die Ausgangskapazität $C_{oss} = b_{22s}/\omega = 1{,}8$ mS/$(1{,}256 \cdot 10^9 \text{ s}^{-1}) = 1{,}43$ pF, und wir erhalten schließlich mit $C_{DG} = 0{,}12$ pF die Drain-Source-Kapazität $C_{DS} = C_{oss} - C_{DG} = 1{,}43$ pF $- 0{,}12$ pF $= 1{,}31$ pF.

Die größte Kapazität des FET ist offensichtlich die Eingangskapazität C_{iss}, die kleinste dagegen die Rückwirkungskapazität C_{rss}. Die Rechnung zeigt ferner, daß die Gate-Drain-Kapazität C_{GD} bedeutend größer als die Rückwirkungskapazität $C_{rss} = C_{DG}$ ist, wie dies schon bei der Diskussion der y-Parameter festgestellt wurde. Wegen der geringen Kapazitäten sind FETs für die Verstärkung von Spannungen mit Frequenzen bis zu 1 GHz noch geeignet. Allerdings machen sich bei derart hohen Frequenzen die Zuleitungsinduktivitäten zunehmend bemerkbar. Der Einbau des Halbleiterkristalls in übliche Gehäuse wie z. B. TO-72 oder TO-104 (s. Band III, Teil 1) ist dann nicht mehr sinnvoll. In diesem Fall verwendet man Stripline-Gehäuse, die besonders induktivitätsarm sind (Bild **28.1**).

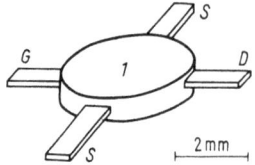

28.1 Strip-line-Gehäuse für einen Hochfrequenz-FET
G Gate, S Source- und D Drain-Anschluß (vergoldet); 1 Gehäusekörper aus Keramik

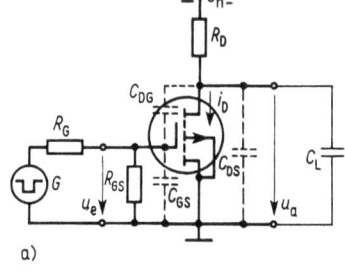

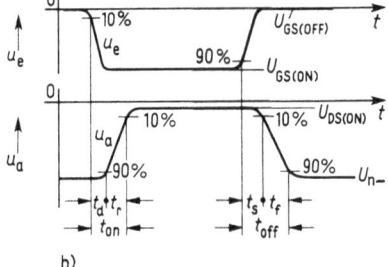

28.2 P-Kanal-MOS-FET vom Anreicherungstyp im Testschaltkreis (a) und zeitliche Verläufe der impulsförmigen Ein- und Ausgangsspannungen u_e und u_a (b)
t_d Verzögerungs-, t_r Anstiegs-, t_s Speicher- und t_f Abfallzeit; t_{on} Ein- und t_{off} Ausschaltzeit

1.1.6.3 Schaltverhalten. Als Schalter werden FETs meist in der Source-Schaltung betrieben. Bild 28.2a zeigt einen P-Kanal-MOS-FET vom Anreicherungstyp in einem solchen Schalt-Testkreis. Ein Generator G erzeugt nahezu rechteckförmige Eingangsimpulse mit der Anstiegszeit $t_r = 1$ ns bei dem Ausgangswiderstand $R_G = 50\ \Omega$. Ist die Eingangsspannung $u_e = U_{GS(OFF)} = 0$, ist der FET gesperrt, und es gilt für seine Ausgangsspannung $u_a = U_{n-}$ (s. Bild 28.2b). Schaltet der Generator G die negative Eingangsspannung $u_e = U_{GS(ON)}$ an das Gate, wird der FET leitend, und die Ausgangsspannung sinkt auf $u_a = U_{DS(ON)}$ ab.

Zeitkonstanten. Beim Ein- und Ausschalten müssen nun die Kapazitäten C_{GS}, C_{DG}, C_{DS} ge- und entladen werden. Hinzu kommen in der Praxis noch Schalt- und Lastkapazitäten C_L nachfolgender Stufen. Am Eingang wirkt die Gate-Source-Kapazität C_{GS} und die um die Spannungsverstärkung V_u vergrößerte Drain-Gate-Kapazität $C_{DG} V_u$ (s. Band III, Teil 1, Miller-Kapazität). Die Parallelschaltung dieser Kapazitäten $C_{GS} + V_u C_{DG}$ muß über den Widerstand $R'_G = (R_G R_{GS})/(R_G + R_{GS})$ auf- und entladen werden. Man erhält deshalb eine Eingangszeitkonstante

$$\tau_e = \frac{(C_{GS} + V_u C_{DG}) R_G R_{GS}}{R_G + R_{GS}} \tag{28.1}$$

Am Ausgang muß beim Einschalten die Kapazität $C_{DS} + C_L$ über den FET entladen werden.

Es wirkt also die Zeitkonstante

$$\tau_{a(on)} \approx (C_{DS} + C_L)\, r_{DS(ON)} \tag{28.2}$$

1.1.6 Kapazitäten und Hochfrequenzverhalten

wobei $r_{DS(ON)}$ der Drain-Source-Widerstand des eingeschalteten FET ist. Beim Ausschalten dagegen muß die Ausgangskapazität $C_{DS} + C_L$ über den Drain-Widerstand R_D aufgeladen werden. Man erhält die **Zeitkonstante**

$$\tau_{a(off)} \approx (C_{DS} + C_L) R_D \qquad (29.1)$$

Die Zeitkonstanten τ_e und $\tau_{a(on)}$ bestimmen die Einschaltzeit t_{on}, die Zeitkonstanten τ_e und $\tau_{a(off)}$ sind dagegen für die Ausschaltzeit t_{off} maßgebend. Die Zeiten t_{on} und t_{off} bestehen nach Bild **28.**2b aus den Verzögerungszeiten t_d bzw. t_s und den Anstiegs- und Abfallzeiten t_r bzw. t_f. Da z. B. beim Einschalten eines selbstsperrenden MOS-FET erst dann Drain-Strom fließt, wenn die Gate-Source-Schwellspannung $U_{GS(TO)}$ überschritten wird, ist das Auftreten von Schaltverzögerungen verständlich [6].

Ein- und Ausschaltwiderstand. Der differentielle Ausgangswiderstand r_{DS} fällt unterhalb der Drain-Source-Pinch-off-Spannung U_{DSP} auf sehr kleine Werte ab. Dies gilt sowohl für Sperrschicht- als auch für MOS-FETs. Z. B. berechneten wir in Beispiel 1, S. 10, den Einschaltwiderstand $r_{DS(ON)} = 200\,\Omega$. Im Pinch-off-Bereich der Spannung U_{DS} dagegen steigt der Drain-Strom I_D nur noch schwach an, und der Ausgangswiderstand r_{DS} ist wie bei den bipolaren Transistoren (r_{GE}) relativ groß und liegt im Bereich von 5 kΩ bis 50 kΩ.

Wird ein FET als Schalter betrieben, so ist es wichtig zu wissen, in welchem Bereich der Drain-Source-Widerstand r_{DS} durch Schalten der Gate-Source-Spannung verändert werden kann. Ist z. B. bei einem Sperrschicht- oder einem MOS-FET vom Verarmungstyp bei der Gate-Source-Spannung $U_{GS} = 0$ der FET eingeschaltet, ist sein Drain-Source-Widerstand r_{DS} klein, wenn außerdem die Drain-Source-Spannung $U_{DS} \ll U_{DSP}$ ist. Dieser Widerstand $r_{DS(ON)}$ wird dann als differentieller Drain-Source-Widerstand im eingeschalteten Zustand bezeichnet. Erreicht jedoch die Gate-Source-Spannung U_{GS} die Pinch-off-Spannung U_{GSP}, wird der FET gesperrt, und unabhängig von der Drain-Source-Spannung U_{DS} fließt nur noch der Drain-Rest-Strom $I_{D(OFF)}$. Der FET hat dann einen sehr großen differentiellen Drain-Source-Widerstand $r_{DS(OFF)}$, der auch als differentieller Drain-Source-Widerstand im ausgeschalteten Zustand bezeichnet wird.

Bild **29**.1 zeigt den Verlauf des differentiellen Drain-Source-Widerstands r_{DS} in Abhängigkeit von der Gate-Source-Spannung U_{GS} für einen N-Kanal-MOS-FET vom Verarmungstyp. Man erkennt, daß im eingeschalteten Zustand der Widerstand auf $r_{DS(ON)} \approx 200\,\Omega$ absinkt, dagegen im ausgeschalteten (gesperrten) Zustand auf $r_{DS(OFF)} \approx 10\,G\Omega$ ansteigt. Schon bei der Spannung $U_{GS} = -3{,}5\,V$ steigt der Widerstand auf $r_{DS} = 1\,M\Omega$, und der FET ist praktisch gesperrt. Das Anlegen einer positiven Gate-Source-Spannung verringert dagegen den Widerstand r_{DS} nur unwesentlich gegenüber dem Wert bei $U_{GS} = 0$. Da die Ausgangskennlinien der FETs durch den Nullpunkt gehen und für kleine Drain-Source-Spannungen nahezu linear verlau-

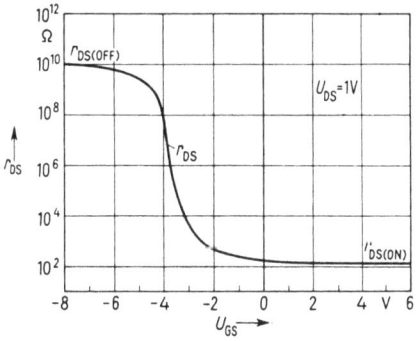

29.1 Abhängigkeit des differentiellen Drain-Source-Widerstands r_{DS} von der Gate-Source-Spannung U_{GS} bei der Drain-Source-Spannung $U_{DS} = 1\,V$ für einen N-Kanal-MOS-FET vom Verarmungstyp
$r_{DS(OFF)}$ differentieller Aus- und $r_{DS(ON)}$ Einschaltwiderstand

1.1 Feldeffekt-Transistoren

fen, ist der differentielle Widerstand $r_{DS(ON)}$ dem Gleichwert $R_{DS(ON)}$ des Drain-Source-Widerstands näherungsweise gleich. Ebenso gilt für den gesperrten FET $r_{DS(OFF)} \approx R_{DS(OFF)}$.

Für Schaltzwecke entwickelte FETs müssen im eingeschalteten Zustand einen sehr kleinen Drain-Source-Widerstand $r_{DS(ON)}$ und eine geringe Drain-Source-Sättigungsspannung $U_{DS(ON)}$ aufweisen. Sind sie gesperrt, muß der Drain-Reststrom $I_{D(OFF)}$ möglichst klein sein. Will man die Forderung nach einem niedrigen Einschaltwiderstand $r_{DS(ON)}$ erfüllen, muß man relativ große Kanalquerschnitte verwenden. Hierdurch entstehen jedoch als Nachteil große FET-Kapazitäten. In Tafel 30.1 sind die Kapazitäten und Schaltzeiten für einen Sperrschicht-Schalter- und einen MOS-FET zusammengestellt.

Tafel 30.1 Kenngrößen, die das Schaltverhalten von FETs bestimmen (U_{p-}, U_{n-} positive bzw. negative Versorgungs-Gleichspannung)

Kenngrößen			Sperrschicht-FET U 290 von Siliconix (N-Kanal-Schalter-FET)		MOS-FET 3 N 167 von Siliconix (P-Kanal, Anreicherungstyp)	
				Testbedingungen		Testbedingungen
Gate-Source-Kapazität	C_{GS} in pF		30	$U_{GS} = -15$ V	23	$U_{GS} = 0$
Drain-Gate-Kapazität	C_{DG} in pF		30	$U_{DS} = 0$ V	12	$U_{DS} = 0$
Drain-Source-Kapazität	C_{DS} in pF		15		0,3	
Einschalt-Verzögerungszeit	t_d in ns		15	$U_{p-} = 1,5$ V	8	$U_{n-} = -1,5$ V
Anstiegszeit	t_r in ns		20	$U_{GS(ON)} = 0$	6	$U_{GS(ON)} = -20$ V
Ausschalt-Verzögerungszeit	t_s in ns		15	$U_{GS(OFF)} = -12$ V	12	$U_{GS(OFF)} = 0$
Abfallzeit	t_f in ns		20	$I_{D(ON)} = 30$ mA	9	$I_{D(ON)} = -1$ mA
Einschaltwiderstand	$r_{DS(ON)}$ in Ω		2	$U_{GS} = 0$, $I_D = 0$	20	$U_{GS} = -20$ V, $I_D = 0$
Drain-Source-Spannung im eingeschalteten Zustand	$U_{DS(ON)}$ in mV		25	$U_{GS} = 0$, $I_D = 10$ mA	−20	$U_{GS} = -20$ V, $I_D = -1$ mA
Drain-Strom im ausgeschalteten Zustand	$I_{D(OFF)}$ in nA		1	$U_{GS} = -10$ V, $U_{DS} = 5$ V	−0,5	$U_{GS} = 0$, $U_{DS} = -20$ V

Wie Tafel 30.1 zeigt, haben Schalter-FETs extrem kleine Einschaltwiderstände $r_{DS(ON)} \approx 2$ Ω bis 20 Ω. Ihre Kapazitäten sind jedoch gegenüber normalen Kleinsignal-FETs um etwa das zehnfache größer. Die Schaltzeiten sind vergleichbar mit denen von bipolaren Schalttransistoren. Allerdings können bipolare Transistoren noch kleinere Einschaltwiderstände $r_{CE(ON)}$ haben. In ihrem Sperrverhalten sind FETs den bipolaren Transistoren überlegen. Auch die Einschaltspannung $U_{DS(ON)}$ von solchen Schalter-FETs ist kleiner als die entsprechende Kollektor-Emitter-Sättigungsspannung U_{CEsat} der bipolaren Transistoren.

1.1.7 Rauschen

1.1.7.1 Rauschquellen in FETs. Bei der Untersuchung des Rauschverhaltens betrachten wir den FET selbst als rauschfrei und stellen nach Bild 31.1 die im FET erzeugte Rauschspannung mit dem Effektivwert $\tilde{u}_r$ durch einen Rauschspannungsgenerator am Eingang des FET dar. Rauschstromquellen im FET werden durch einen Rauschstromgenerator mit dem Effektivwert des Quellenstroms $\tilde{i}_r$ am FET-Eingang ersetzt. Der ansteuernde Generator G und sein Ausgangswiderstand R_G sollen ebenfalls rauschfrei sein. Die im Widerstand R_G erzeugte Rauschspannung wird durch den Rauschspannungsgenerator mit dem Effektivwert der Quellenspannung $\tilde{u}_{rG}$ in den Eingangskreis gespeist.

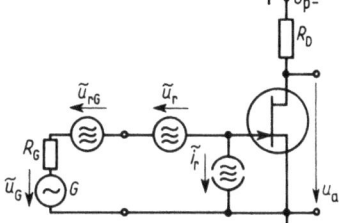

31.1 Sperrschicht-FET mit an den Eingang gelegten Rauschquellen $\tilde{u}_r$ und $\tilde{i}_r$ sowie mit der Rauschspannungsquelle $\tilde{u}_{rG}$ des als rauschfrei gedachten Generatorwiderstands R_G

Ähnlich wie bei den bipolaren Transistoren (s. Band III, Teil 1) enthält die Rauschspannung $\tilde{u}_r$ das Widerstandsrauschen (Johnson-noise) (s. Band III, Teil 1) des differentiellen Drain-Source-Widerstands r_{DS} und einen bei wachsender Frequenz f mit $1/f$ fallenden Anteil, der das durch Oberflächenrekombinationen verursachte Rauschen (flicker noise, $1/f$-noise) wiedergibt. Dieser flicker noise ist jedoch bei Frequenzen oberhalb von 1 kHz schon vernachlässigbar gering.

Der Rauschgenerator mit dem Effektivwert des Quellenstroms $\tilde{i}_r$ führt das stromabhängige Rekombinationsrauschen (Schottky-Rauschen oder shot noise) ein, das insbesondere beim Sperrschicht-FET durch den Sperrstrom der Gate-Diode verursacht wird [6].

1.1.7.2 Rauschzahl und Rauschspannung. Ist P_r die gesamte am Eingang des FET auftretende, durch Generator G und FET erzeugte Rauschleistung und P_{rG} der nur vom Generator G verursachte Rauschleistungsanteil, so definiert man wie schon bei den bipolaren Transistoren (s. Band III, Teil 1) die Rauschzahl

$$F = P_r / P_{rG} \tag{31.1}$$

Das Rauschmaß

$$F_{dB} = 10 \lg F \quad dB \tag{31.2}$$

ist der mit 10 multiplizierte Logarithmus zur Basis 10 der Rauschzahl F und wird in dB (Dezibel) angegeben.

Mit der Rauschleistung des Generators

$$P_{rG} = \tilde{u}_G^2 / R_G = 4 k T \Delta f \tag{31.3}$$

und der Rauschleistung des FET

$$P_{rT} = (\tilde{u}_r^2 / R_G) + \tilde{i}_r^2 R_G \tag{31.4}$$

1.1 Feldeffekt-Transistoren

die sich aus dem Anteil von Rauschspannung $\tilde{u}_r$ und Rauschstrom $\tilde{i}_r$ zusammensetzt, erhalten wir nach Gl. (31.1) die Rauschzahl

$$F = \frac{P_{rG} + P_{rT}}{P_{rG}} = 1 + \frac{(\tilde{u}_r^2/R_G) + \tilde{i}_r^2 R_G}{4kT\Delta f} \tag{32.1}$$

Mit der Temperaturspannung $U_T = kT/e$ (s. Band III, Teil 1) ergibt sich schließlich die Rauschzahl

$$F = 1 + \frac{1}{4U_T e}\left(\frac{1}{R_G}\cdot\frac{\tilde{u}_r^2}{\Delta f} + R_G\frac{\tilde{i}_r^2}{\Delta f}\right) \tag{32.2}$$

Die Rauschzahl F hängt nach Gl. (32.2) vom Ausgangswiderstand R_G des ansteuernden Signalgenerators G und von den Rauscheigenschaften des FET ab. Bezieht man die Bandbreite Δf, über die das Rauschen gemessen wird, mit in die zu messenden Rauschgrößen $\tilde{u}_r$, $\tilde{i}_r$ des FET ein, arbeitet man also mit den Größen $\tilde{u}_r^2/\Delta f$, $\tilde{i}_r^2/\Delta f$, so erhält man die auf die Wurzel der Bandbreite Δf bezogene Rauschspannung $\tilde{u}_r/\sqrt{\Delta f}$ und ebenso den entsprechenden Rauschstrom $\tilde{i}_r/\sqrt{\Delta f}$, die in nV$/\sqrt{\text{Hz}}$ bzw. pA$/\sqrt{\text{Hz}}$ angegeben werden und für einen Sperrschicht-FET in Bild **32.1** in Abhängigkeit von der Frequenz f aufgetragen sind. Das Ansteigen der Rauschspannung $\tilde{u}_r$ bei Frequenzen unter 1 Hkz ist auf den schon erwähnten flicker noise zurückzuführen.

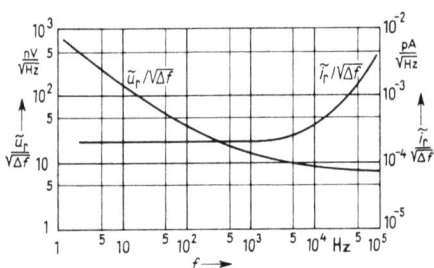

32.1 Auf die Wurzel der Bandbreite $\sqrt{\Delta f}$ bezogene Rauschspannung $\tilde{u}_r/\sqrt{\Delta f}$ und Rauschstrom $\tilde{i}_r/\sqrt{\Delta f}$ als Funktion der Frequenz f

Differenziert man Gl. (32.2) nach dem Generatorwiderstand R_G und setzt den Differentialquotienten null, erhält man denjenigen Generatorwiderstand, bei dem die Rauschzahl $F = F_{\min}$ minimal wird

$$R_{G(F=F_{\min})} = \sqrt{(\tilde{u}_r^2/\Delta f)/(\tilde{i}_r^2/\Delta f)} = \tilde{u}_r/\tilde{i}_r \tag{32.3}$$

Setzen wir Gl. (32.3) in Gl. (32.2) ein, erhalten wir die minimale Rauschzahl

$$F_{\min} = 1 + \frac{\tilde{u}_r \tilde{i}_r}{4 U_T e \Delta f} \tag{32.4}$$

Beispiel 5. Für einen Sperrschicht-FET, dessen Rauschverhalten durch die frequenzabhängigen Verläufe der auf $\sqrt{\Delta f}$ bezogenen Rauschspannung $\tilde{u}_r/\sqrt{\Delta f}$ und des ebenso bezogenen Rauschstroms $\tilde{i}_r/\sqrt{\Delta f}$ von Bild **32.1** charakterisiert wird, berechne man für die Frequenz $f = 1$ kHz denjenigen Generatorwiderstand $R_{G(F=F_{\min})}$, für den die Rauschzahl F minimal wird.
Aus Gl. (32.3) und Bild **32.1** erhalten wir für $f = 1$ kHz den Generatorwiderstand für minimale Rauschzahl

$$R_{G(F=F_{\min})} = (\tilde{u}_r/\sqrt{\Delta f})/(\tilde{i}_r/\sqrt{\Delta f}) = (14 \text{ nV}/\sqrt{\text{Hz}})/(2{,}2\cdot 10^{-4} \text{ pA}/\sqrt{\text{Hz}}) = 63{,}6 \text{ M}\Omega$$

1.1.7 Rauschen

Der Generatorwiderstand für minimale Rauschzahl ist also sehr groß und wird bei üblicher Schaltungstechnik von keinem Signalgenerator erreicht. Hier unterscheidet sich der FET vom bipolaren Transistor, der bei Generatorwiderständen im kΩ-Bereich die kleinste Rauschzahl aufweist.

Schon für Generatorwiderstände $R_G < 10$ MΩ kann in Gl. (32.2) der Rauschstrom-Term vernachlässigt und das Rauschen des FET nur durch seine Rauschspannung $\tilde{u}_r$ beschrieben werden. Die Rauschzahl vereinfacht sich dann zu

$$F = 1 + \frac{1}{4 U_T e R_G} \cdot \frac{\tilde{u}_r^2}{\Delta f} = 1 + \frac{1}{4 U_T e R_G} \cdot \left(\frac{\tilde{u}_r}{\sqrt{\Delta f}}\right)^2 \quad (33.1)$$

Um die Rauschangaben für den FET unabhängig vom Generatorwiderstand R_G zu machen, wird in Datenbüchern häufig statt der Rauschzahl F die auf die Wurzel der Bandbreite $\sqrt{\Delta f}$ bezogene Rauschspannung $\tilde{u}_r/\sqrt{\Delta f}$ angegeben, die dann mit Gl. (33.1) bei gegebenen Generatorwiderstand R_G in die Rauschzahl umgerechnet werden kann.

Beispiel 6. Für einen Sperrschicht-FET, dessen auf die Wurzel der Bandbreite $\sqrt{\Delta f}$ bezogene Rauschspannung $\tilde{u}_r/\sqrt{\Delta f}$ nach Bild 32.1 gegeben ist, berechne man für die Frequenz $f = 1$ kHz und den Generatorwiderstand $R_G = 5$ kΩ die Rauschzahl F.

Mit dem Effektivwert der bezogenen Rauschspannung $\tilde{u}_r/\sqrt{\Delta f} = 14$ nV/$\sqrt{\text{Hz}}$ für $f = 1$ kHz aus Bild 32.1, mit der Temperaturspannung $U_T = 26$ mV für die Temperatur $T = 300$ K und mit der Elementarladung $e = 1{,}6 \cdot 10^{-19}$ As erhalten wir nach Gl. (33.1) für die Rauschzahl

$$F = 1 + \frac{(\tilde{u}_r/\sqrt{\Delta f})^2}{4 U_T e R_G} = 1 + \frac{(14 \text{ nV}/\sqrt{\text{Hz}})^2}{4 \cdot 26 \text{ mV} \cdot 1{,}6 \cdot 10^{-19} \text{ As} \cdot 5 \text{ k}\Omega} = 3{,}36$$

Meist wird die Rauschzahl in dB angegeben, so daß wir nach Gl. (31.2) das Rauschmaß

$$F_{dB} = 10 \lg F = 10 \lg 3{,}36 = 5{,}26 \text{ dB}$$

erhalten.

In Bild 33.1 ist das Rauschmaß F_{dB} nach Gl. (31.2) und (33.1) in Abhängigkeit des auf $\sqrt{\Delta f}$ bezogenen Effektivwerts der Rauschspannung $\tilde{u}_r$ mit dem Generatorwiderstand R_G als Parameter aufgetragen. Bei für FETs üblichen Rauschspannungen von etwa 10 nV/$\sqrt{\text{Hz}}$ erreicht man bei Generatorwiderständen von 1 kΩ bis 10 kΩ Rauschmaße von etwa 10 dB bis 2 dB. Mit diesen Werten liegt das Rauschen von FETs etwa in der gleichen Größenordnung wie bei bipolaren Transistoren. Bei größeren Generatorwiderständen $R_G > 100$ kΩ sind die Rauschzahlen von FETs jedoch wesentlich kleiner als die bipolarer Transistoren.

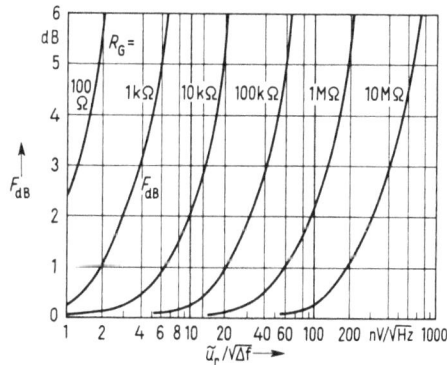

33.1 Rauschmaß F_{dB} in Abhängigkeit von der auf die Wurzel der Bandbreite $\sqrt{\Delta f}$ bezogenen Rauschspannung $\tilde{u}_r/\sqrt{\Delta f}$ mit dem Generator-Ausgangswiderstand R_G als Parameter

Berechnung von Rauschspannung und Rauschzahl. Vernachlässigen wir den Rauschstrom $\tilde{i}_r$ des FET, wie dies bei Generatorwiderständen $R_G < 10$ MΩ möglich ist, und berücksichtigen bei der Rauschspannung $\tilde{u}_r$ den Anteil des flicker noise nicht, dann bleibt bei Frequenzen oberhalb $f = 1$ kHz nur noch das Widerstandsrauschen des differentiellen Drain-Source-Widerstands r_{DS}. Dieses Widerstandsrauschen liefert das **Rauschspannungsquadrat**

$$\tilde{u}_r^2 = 4kT\Delta f r_{DS} = 4 U_T e \Delta f r_{DS} \tag{34.1}$$

Wir erhalten hieraus den auf $\sqrt{\Delta f}$ bezogenen Effektivwert der **Rauschspannung**

$$\tilde{u}_r/\sqrt{\Delta f} = \sqrt{4 U_T e r_{DS}} \tag{34.2}$$

Setzen wir noch Gl. (34.1) in Gl. (33.1) ein, ergibt sich die **Rauschzahl**

$$F = 1 + (r_{DS}/R_G) \tag{34.3}$$

die somit vom Verhältnis Drain-Source-Widerstand zu Generatorwiderstand abhängt.

Beispiel 7. Ein FET hat im gewählten Arbeitspunkt den differentiellen Drain-Source-Widerstand $r_{DS} = 5$ kΩ und wird von einem Generator mit dem Ausgangswiderstand $R_G = 2$ kΩ angesteuert. Man berechne seinen auf $\sqrt{\Delta f}$ bezogenen Effektivwert der Rauschspannung $\tilde{u}_r/\sqrt{\Delta f}$ und seine Rauschzahl F bzw. F_{dB}.
Mit der Temperaturspannung $U_T = 26$ mV für die Temperatur $T = 300$ K und der Elementarladung $e = 1{,}6 \cdot 10^{-19}$ As erhalten wir aus Gl. (34.2) die auf $\sqrt{\Delta f}$ bezogene Rauschspannung

$$\tilde{u}_r/\sqrt{\Delta f} = \sqrt{4 U_T e r_{DS}} = \sqrt{4 \cdot 26 \text{ mV} \cdot 1{,}6 \cdot 10^{-19} \text{ As} \cdot 5 \text{ kΩ}} = 9{,}1 \text{ nV}/\sqrt{\text{Hz}}$$

Aus Gl. (34.3) berechnen wir die Rauschzahl $F = 1 + (r_{DS}/R_G) = 1 + (5 \text{ kΩ}/2 \text{ kΩ}) = 3{,}5$. Das Rauschmaß ergibt sich aus Gl. (31.2) $F_{dB} = 10 \lg F = 10 \lg 3{,}5 = 5{,}44$ dB. Diese berechneten Werte sind typisch für FETs und zeigen, daß die verwendeten Näherungen zulässig sind.

Beispiel 8. Ein FET hat die auf $\sqrt{\Delta f}$ bezogene Rauschspannung $u_r/\sqrt{\Delta f} = 8$ nV/$\sqrt{\text{Hz}}$ und wird in einer Verstärkerschaltung mit der Bandbreite $\Delta f = 1$ MHz betrieben. Man berechne den Effektivwert $\tilde{u}_r$ der an seinem Eingang liegenden Rauschspannung.
Aus $\tilde{u}_r/\sqrt{\Delta f} = 8$ nV/$\sqrt{\text{Hz}}$ erhalten wir $\tilde{u}_r = \left(8 \text{ nV}/\sqrt{\text{Hz}}\right)\sqrt{1 \text{ MHz}} = 8$ μV.

1.1.8 Doppel-Gate-FET

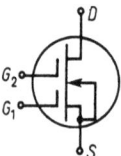

34.1
Schaltzeichen eines N-Kanal-Doppel-Gate-FET vom Verarmungstyp
D Drain-, B Bulk- und S Source-Anschluß; G_1 erstes und G_2 zweites Gate

Häufig werden im Bereich des FET-Kanals zwischen Drain und Source zwei Gates angebracht, so daß der Drain-Strom I_D mit zwei unabhängigen Spannungen gesteuert werden kann. Derartige Doppel-Gate-FETs (Dual-Gate-FET) werden besonders in MOS-FET-Technologie hergestellt. Auch bei normalen MOS-FETs kann der Drain-Strom schon über eine zweite Elektrode, den Bulk (Substrat), gesteuert werden. Allerdings wird wegen der großen Substrat-Source-Kapazität hiervon kaum Gebrauch gemacht. Bild **34.1** zeigt das Schaltzeichen eines N-Kanal-Doppel-Gate-FET vom Verarmungstyp.

Bei Doppel-Gate-FETs hängt der Drain-Strom für konstante Drain-Source-Spannung von den Gate-Source-Spannungen U_{G1S} und U_{G2S} der beiden Gates ab. Die Übertragungskennlinie $I_D = f(U_{G1S}, U_{G2S})$ wird deshalb wie in Bild **35.1** zu einem Kennlinienfeld aufgefächert. In Bild **35.1**a ist der Drain-Strom I_D in Abhängigkeit von der Gate-1-Source-Spannung U_{G1S} mit der Gate-2-Source-Spannung U_{G2S} als Parameter aufgetragen. In Bild **35.1**b sind die Spannungen U_{G1S} und U_{G2S} vertauscht. Liegt demnach wie in Bild **35.1**a das drainseitige Gate 2 auf einer hinreichend positiven Spannung $U_{G2S} > 4$ V bei $U_{DS} = 15$ V, so erhält man die Übertragungskennlinie eines normalen, vom Gate 1 her steuerbaren, selbstleitenden N-Kanal-MOS-FET. Bei kleineren Gate-2-Source-Spannungen sinkt der Drain-Strom, das Gate 2 steuert dann also auch den Drain-Strom I_D. Den größten Einfluß hat das Gate 2 auf den Drain-Strom im Spannungsbereich $-1,5$ V $< U_{G2S} < +2$ V; dies geht auch aus den Kennlinien von Bild **35.1**b hervor.

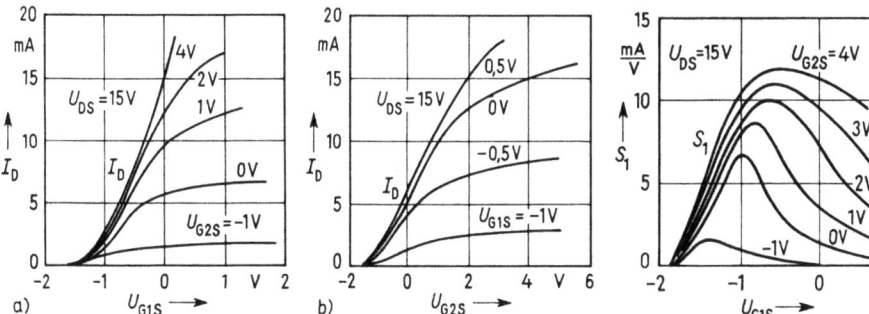

35.1 Drain-Strom I_D in Abhängigkeit von der Gate-1-Spannung mit der Gate-2-Spannung als Parameter (a) und in Abhängigkeit von der Gate-2-Spannung mit der Gate-1-Spannung als Parameter (b) bei der Drain-Source-Spannung $U_{DS} = 15$ V für einen N-Kanal-Doppel-Gate-MOS-FET vom Verarmungstyp

35.2 Abhängigkeit der Steilheit S_1 von Gate 1 von der Gate-1-Spannung mit der Gate-2-Spannung als Parameter für einen N-Kanal-Doppel-Gate-MOS-FET vom Verarmungstyp

Liegt das Gate 1 auf einer kleinen positiven Spannung $U_{G1S} \approx 0,5$ V bis 1 V, stört es den Drain-Strom nicht, und der FET ist ausschließlich vom Gate 2 steuerbar. Seine größte Steuerwirkung hat Gate 1 wie beim einfachen FET im Bereich $-1,5$ V $< U_{G1S} < 0$ V. Allerdings wird die Vorwärtssteilheit $S_1 = (\Delta I_D / \Delta U_{G1S})$ des Gate 1 bei U_{DS} und $U_{G2S} = $ const mit fallender Gate-2-Source-Spannung verringert. Diese Verhalten ist in Bild **35.2** aufgetragen.

Doppel-Gate-FETs werden meist für die Anwendung im Hochfrequenzbereich hergestellt. Dort dienen sie z. B. der Mischung von zwei Hochfrequenzspannungen in Überlagerungsempfängern.

1.1.9 Anwendungen

1.1.9.1 Kleinsignalverstärkung. Werden die im Arbeitspunkt A eingestellten Ruhewerte von Drain-Strom I_D und Drain-Spannung U_D durch Ansteuerung mit Wechselspannungssignalen kleiner Amplitude so geringfügig geändert, daß die Schwankungen $\Delta I_D \ll I_D$ und $\Delta U_D \ll U_D$ sind, spricht man von Kleinsignalansteuerung. Die Kennlinien des FET können dann wegen der kleinen Aussteuerung in der Umgebung des Arbeitspunktes als linear betrachtet werden.

Arbeitspunkteinstellung. Die Arbeitspunkteinstellung im Eingangskennlinienfeld soll an den Schaltungen von Bild 36.1 und den zugehörigen Kennlinien von Bild 36.2 behandelt werden [14]. Zu diesem Zweck ist in Bild 36.1a ein N-Kanal-Sperrschicht-FET in Source-Schaltung gezeichnet. Wegen der Ähnlichkeit der Kennlinien können die folgenden Betrachtungen auch auf einen N-Kanal-MOS-FET vom Verarmungstyp angewendet werden. Bei P-Kanal-Transistoren sind die Spannungen in ihrer Polarität zu vertauschen. Der FET erhält über den Widerstand R die negative Gate-Source-Spannung $U_{GS} = U_{GS0}$ zugeführt; zeigt er die durchgezogene typische Übertragungskennlinie 1 von Bild 36.1, so fließt im Arbeitspunkt A der Drain-Ruhestrom I_{D0}. Bei der Fertigung von FETs treten jedoch relativ große Exemplarstreuungen auf, die in Bild 36.2 durch die gestrichelten Übertragungskennlinien 2 und 3 gekennzeichnet sind. Infolge dieser Streuung kann in der Schaltung von Bild 36.1a die in Bild 36.2 gezeichnete relativ große Schwankung ΔI_{Da} des Drain-Ruhestroms I_{D0} von Exemplar zu Exemplar auftreten. Auch durch Temperaturänderung wird nach Bild 21.1 die Übertragungskennlinie verschoben, was dann eine Änderung des Ruhestroms I_{D0} zur Folge hat.

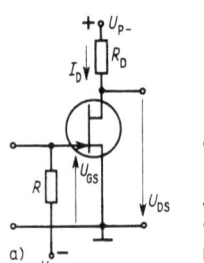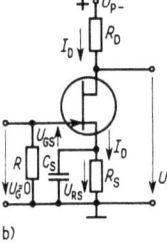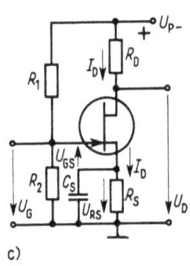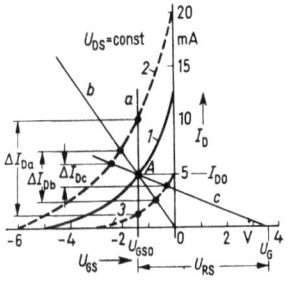

36.1 Arbeitspunkteinstellung für einen N-Kanal-Sperrschicht-FET oder einen N-Kanal-MOS-FET vom Verarmungstyp
a) durch Zuführung einer negativen Gate-Source-Vorspannung U_{GS0}
b) durch Spannungsabfall am Source-Widerstand R_S (automatische Gate-Vorspannungserzeugung)
c) durch Gate-Spannungsteiler R_1, R_2 und Source-Widerstand R_S

36.2 Arbeitspunkteinstellung in der Übertragungskennlinie 1 mit Widerstandsgeraden a, b, c für die Schaltungen von Bild 36.1a, b, c
A Arbeitspunkt, 2 obere und 3 untere Toleranz der Eingangskennlinie

Die durch Exemplarstreuungen oder Temperaturänderungen verursachten Ruhestromschwankungen können verringert werden, wenn wie in Bild 36.1b das Gate über den Widerstand R an Masse gelegt und in den Source-Zweig ein Widerstand R_S geschaltet wird. In diesem Fall gilt mit $U_{RS} = I_D R_S$ die Spannungsgleichung

$$U_G = U_{GS} + I_D R_S = 0 \tag{36.1}$$

und man erhält die Gate-Source-Spannung

$$U_{GS} = -I_D R_S \tag{36.2}$$

In Bild 36.2 ist die aus Gl. (36.2) sich ergebende **Widerstandsgerade b** eingetragen. Der Widerstand $R_S = 280\,\Omega$ ist so gewählt, daß die Gerade wieder im Arbeitspunkt A die Übertragungskennlinie 1 schneidet. Die Schnittpunkte mit den Kennlinien 2 und 3 liefern nun eine wesentlich kleinere Schwankung ΔI_{Db} des Ruhestroms I_{D0}. Um eine

Verringerung der Spannungsverstärkung zu vermeiden, muß der Widerstand R_S kapazitiv überbrückt werden (s. Kleinsignalverstärkung der Source-Schaltung, S. 38).

Offensichtlich wird die Schwankung des Drain-Stroms um so kleiner, je geringer die Neigung der Widerstandsgeraden, je größer also der Source-Widerstand R_S wird. Allerdings verringert sich dann auch zunehmend der Drain-Ruhestrom; der Arbeitspunkt A verschiebt sich. Soll der Arbeitspunkt A erhalten bleiben, kann wie in Bild 36.1c das Gate über den Spannungsteiler R_1, R_2 eine positive Vorspannung U_G erhalten. Es ergibt sich dann aus der Gate-Spannung

$$U_G = U_{GS} + I_D R_S \qquad (37.1)$$

die Widerstandsgerade (c in Bild 36.2)

$$I_D = (U_G - U_{GS})/R_S \qquad (37.2)$$

die jetzt über die Gate-Spannung U_G und den Source-Widerstand R_S so gewählt werden kann, daß sie wieder im Arbeitspunkt A die Übertragungskennlinie 1 schneidet. Die Schwankung ΔI_{Dc} des Drain-Ruhestroms I_{D0} wird dann noch geringer.

Beispiel 9. Für einen N-Kanal-Sperrschicht-FET beträgt im Arbeitspunkt A die Gate-Source-Spannung $U_{GS} = U_{GS0} = -1{,}4$ V und der Drain-Strom $I_D = I_{D0} = 5$ mA. Man berechne die erforderliche Gate-Vorspannung U_G, wenn der Source-Widerstand $R_S = 1$ kΩ nach Bild 36.1c eingebaut wird.

Aus Gl. (37.1) erhalten wir die Gate-Spannung

$$U_G = U_{GS0} + I_{D0} R_S = -1{,}4\,\text{V} + 5\,\text{mA} \cdot 1\,\text{k}\Omega = 3{,}6\,\text{V}$$

Mit diesen Werten ist die Widerstandsgerade in Bild 36.2 gezeichnet.

Eine Arbeitspunkteinstellung nach Bild 36.1b, die auch **automatische Gate-Vorspannungserzeugung** genannt wird, ist bei selbstsperrenden MOS-FETs (Anreicherungstyp) nicht möglich, da diese eine positive Vorspannung (N-Kanal) benötigen. Die Vorspannung kann jedoch nach Bild 36.1c erzeugt werden; sie führt zu der Arbeitspunkteinstellung nach Bild 37.1.

37.1 Arbeitspunkteinstellung nach Bild 36.1c in der Übertragungskennlinie eines N-Kanal-MOS-FET vom Anreicherungstyp
A Arbeitspunkt, c Widerstandsgerade nach Gl. (37.2), U_{GS0} Gate-Source-Ruhespannung, I_{D0} Drain-Ruhestrom, $U_{GS(TO)}$ Gate-Source-Schwellspannung

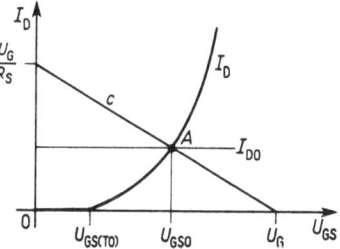

Wird eine besonders geringe **Temperaturdrift** des Drain-Stroms gefordert, so empfiehlt sich, als Drain-Ruhestrom I_{D0} den Drain-Strom I_{DZ} nach Bild 21.1 einzustellen, der dann allerdings relativ klein ist.

Verwendet man die Schaltung von Bild 36.1b oder c, so muß bei der **Arbeitspunkteinstellung im Ausgangskennlinienfeld** berücksichtigt werden, daß die Source-Spannung U_{RS} bei Wechselspannungssteuerung durch den Kondensator C_S konstant gehalten wird. Erhält man bei $R_S = 0$ mit der positiven Versorgungs-Gleichspannung

38 1.1 Feldeffekt-Transistoren

U_{p-} und dem Drain-Widerstand R_D im Ausgangskennlinienfeld von Bild **38.1** die **Widerstandsgerade** *1*

$$I_D = (U_{p-} - U_{DS})/R_D \qquad (38.1)$$

so wird bei eingeschaltetem Source-Widerstand R_S die **Widerstandsgerade** *2*

$$I_D = (U_{p-} - U_{RS} - U_{DS})/R_D \qquad (38.2)$$

gegenüber der Geraden mit $R_S = 0$ um die Source-Spannung U_{RS} zu kleineren Spannungen verschoben. Der Arbeitspunkt A muß so gewählt werden, daß eine möglichst symmetrische Aussteuerung der Drain-Source-Spannung erfolgt. In Bild **38.1** ist im Arbeitspunkt A bei der Drain-Spannung $U_D = U_{DS0} + U_{RS} = 10\,\text{V} + 5\,\text{V} = 15\,\text{V}$ eine Aussteuerung um $\pm 5\,\text{V}$ möglich. Die gegen Masse gemessene Ausgangsspannung schwankt dann zwischen $U_{Dmax} = U_{p-} = 20\,\text{V}$ und $U_{Dmin} = 10\,\text{V}$.

Soll der FET als Verstärker betrieben werden, so muß nicht nur wegen der größeren Aussteuerbarkeit sondern auch wegen des großen Drain-Source-Widerstands r_{DS} der Arbeitspunkt A zu Drain-Source-Spannungen $U_{DS} > U_{DSP}$, also in den **Pinch-off-Bereich**, gelegt werden.

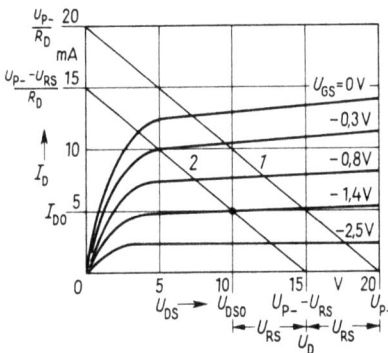

38.1 Arbeitspunkteinstellung im Ausgangskennlinienfeld eines N-Kanal-Sperrschicht-FET
1 Widerstandsgerade des Drain-Widerstandes R_D für $R_S = 0$ nach Gl. (38.1), *2* Widerstandsgerade des Drain-Widerstands R_D für $R_S = 1\,\text{k}\Omega$ nach Gl. (38.2)

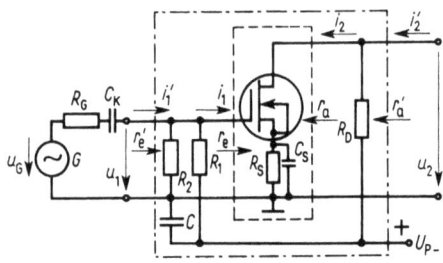

38.2 Source-Schaltung eines N-Kanal-MOS-FET vom Verarmungstyp zur Kleinsignalverstärkung der Eingangsspannung u_1
gestrichelter Kasten: Bestimmung der Kleinsignalgrößen für den Transistor allein; strichpunktierter Kasten: Bestimmung der Kleinsignalparameter für die gesamte Schaltung

Kleinsignalverstärkung der Source-Schaltung. Der Source-Schaltung des FET entspricht beim bipolaren Transistor die **Emitter-Schaltung** (s. Band III, Teil 1). Bei der in Bild **38.2** dargestellten Source-Schaltung wird der selbstleitende N-Kanal-MOS-FET von dem Generator G mit dem Ausgangswiderstand R_G über den Koppelkondensator C_K angesteuert. Der Arbeitspunkt des FET wird wie in Bild **36.1c** mit dem Spannungsteiler R_1, R_2 und dem Source-Widerstand R_S eingestellt. Der Kondensator C_S überbrückt den Widerstand R_S, legt also die Source wechselspannungsmäßig an Masse. Die Versorgungsspannung U_{p-} wird dem Drain über den Widerstand R_D zugeführt.

Die folgenden Berechnungen sollen für einen Frequenzbereich gelten, in dem bei tiefen Frequenzen die Blindwiderstände der Kapazitäten C_K, C_S zu vernachlässigen sind und bei

1.1.9 Anwendungen

hohen Frequenzen die Ein- und Ausgangskapazitäten C_{iss} und C_{oss} sowie die Rückwirkungskapazität C_{rss} des FET noch nicht berücksichtigt werden.

Für die Berechnung der Spannungsverstärkung V_u benutzen wir die Leitwertgleichung (7.2)

$$i_2 = y_{21s} u_1 + y_{22s} u_2 \qquad (39.1)$$

für die wir mit Gl. (7.6) und (7.8) und mit der Steilheit S sowie dem differentiellen Drain-Source-Widerstand r_{DS}

$$i_2 = S u_1 + (u_2/r_{DS}) \qquad (39.2)$$

schreiben. Da wachsender Ausgangsstrom i_2 wegen des Spannungsabfalls am Drain-Widerstand R_D eine Verringerung der Ausgangsspannung u_2 zur Folge hat, gilt mit $i'_2 = 0$ (keine äußere Belastung) ferner die Gleichung

$$u_2 = -i_2 R_D \qquad (39.3)$$

Durch Eliminieren des Ausgangsstroms erhalten wir aus Gl. (39.2) und (39.3) die Spannungsverstärkung

$$V_u = -\frac{u_2}{u_1} = S \frac{R_D r_{DS}}{R_D + r_{DS}} \qquad (39.4)$$

Wie bei der Emitter-Schaltung des bipolaren Transistors sind auch hier die Ein- und Ausgangsspannung gegenphasig. Ist der Drain-Widerstand $R_D \ll r_{DS}$, was etwa für Widerstände $R_D < 1 \text{ k}\Omega$ gilt, ergibt sich für die Spannungsverstärkung

$$V_u \approx S R_D \qquad (39.5)$$

Wird dagegen der Widerstand $R_D \gg r_{DS}$, erreicht man als die maximal mögliche Spannungsverstärkung den Verstärkungsfaktor

$$\mu = V_{u\,max} = S r_{DS} \qquad (39.6)$$

Dies ist bei Drain-Widerständen $R_D > 100 \text{ k}\Omega$ etwa der Fall. Soll bei wachsendem Widerstand R_D die Drain-Source-Gleichspannung $U_{DS0} = $ const bleiben, muß in zunehmendem Maße der Drain-Ruhestrom I_{D0} reduziert werden. Dadurch verringert sich jedoch auch die Steilheit S.

Der Eingangswiderstand $r_e = u_1/i_1$ ist bei Frequenzen $f < 1$ MHz nahezu unendlich groß, so daß der Gesamteingangswiderstand der Schaltung

$$r'_e = R_1 R_2/(R_1 + R_2) \qquad (39.7)$$

nur durch den für die Arbeitspunkteinstellung erforderlichen Spannungsteiler aus den Wirkwiderständen R_1 und R_2 bestimmt wird.

Der Ausgangswiderstand $r_a = u_2/i_2 = r_{DS}$ des FET allein (gestrichelter Kasten in Bild 38.2) ist gleich dem differentiellen Drain-Source-Widerstand r_{DS}. Um den Gesamtausgangswiderstand

$$r'_a = R_D r_{DS}/(R_D + r_{DS}) \qquad (39.8)$$

der Schaltung zu erhalten, muß noch der Drain-Widerstand R_D zum Drain-Source-Widerstand r_{DS} parallel geschaltet werden.

Wird in der Schaltung von Bild **38.**2 der Source-Widerstand R_S nicht kapazitiv überbrückt, so wirkt über die Gate-Source-Strecke nicht mehr die Eingangsspannung u_1. Die wirksame Steuerspannung ist dann $u_{GS} = u_1 - i_2 R_S$ und somit kleiner als die Spannung u_1. Dadurch verringert sich jedoch die Spannungsverstärkung auf

$$V'_u = S \frac{R_D \, r_{DS}}{R_D + r_{DS} + R_S (S \, r_{DS} + 1)} \qquad (40.1)$$

Für $r_{DS} \gg R_D$ und $S \gg 1/r_{DS}$ erhält man näherungsweise

$$V'_u \approx \frac{R_D}{R_S} \cdot \frac{S R_S}{1 + S R_S} \qquad (40.2)$$

Bei großem Source-Widerstand R_S und großer Steilheit S ist $S R_S \gg 1$, und die Spannungsverstärkung $V'_u \approx R_D/R_S$ wird näherungsweise gleich dem Widerstandsverhältnis von Drain- zu Source-Widerstand. Wegen der dann wirkenden starken **Stromgegenkopplung** bestimmen nicht mehr die Eigenschaften des FET die Spannungsverstärkung.

Beispiel 10. Ein in Source-Schaltung betriebener selbstleitender N-Kanal-MOS-FET hat im eingestellten Arbeitspunkt den differentiellen Drain-Source-Widerstand $r_{DS} = 10 \text{ k}\Omega$ und die Steilheit $S = 7 \text{ mA/V}$. Sein Drain-Widerstand beträgt $R_D = 5 \text{ k}\Omega$. Zur Vorspannungserzeugung wird der Source-Widerstand $R_S = 1 \text{ k}\Omega$ verwendet. Man berechne die Spannungsverstärkung V_u bei kapazitiv überbrücktem sowie die Verstärkung V'_u bei nicht überbrücktem Source-Widerstand R_S.

Aus Gl. (39.4) berechnen wir zunächst die Spannungsverstärkung bei überbrücktem Source-Widerstand

$$V_u = S \frac{R_D \, r_{DS}}{R_D + r_{DS}} = 7 \text{ (mA/V)} \cdot \frac{5 \text{ k}\Omega \cdot 10 \text{ k}\Omega}{5 \text{ k}\Omega + 10 \text{ k}\Omega} = 23{,}3$$

Bei nicht überbrücktem Source-Widerstand erhalten wir aus Gl. (40.1) die Spannungsverstärkung

$$V'_u = S \frac{R_D \, r_{DS}}{R_D + r_{DS} + R_S (S r_{DS} + 1)}$$
$$= \frac{7 \text{ (mA/V)} \, 10 \text{ k}\Omega \cdot 5 \text{ k}\Omega}{5 \text{ k}\Omega + 10 \text{ k}\Omega + 1 \text{ k}\Omega \cdot [7 \text{ (mA/V)} \, 10 \text{ k}\Omega + 1]} = 4{,}07$$

Wird also der Source-Widerstand nicht überbrückt, verringert sich die Verstärkung um etwa das sechsfache. Aus dem Widerstandsverhältnis läßt sich die Verstärkung $V'_u \approx R_D/R_S = 5 \text{ k}\Omega/1 \text{ k}\Omega = 5$ näherungsweise berechnen. Dieser Wert weicht um etwa 25% vom genauen Wert ab.

Der Vergleich der Spannungsverstärkung V_u der Source-Schaltung mit der der Emitter-Schaltung des bipolaren Transistors (s. Band III, Teil 1) zeigt, daß wegen der kleineren Steilheit des FET die Verstärkung der Source-Schaltung etwa zehnmal kleiner ist. In der Regel ist es deshalb nötig, mehrstufige FET-Verstärker aufzubauen.

Kleinsignalverstärkung der Drain-Schaltung. Die Drain-Schaltung des FET entspricht der **Kollektor-Schaltung** des bipolaren Transistors. Die Kollektor-Schaltung wird auch als **Emitter-Folger** bezeichnet, da die Emitter-Spannung der Basis-Spannung gleichphasig folgt (s. Band III, Teil 1). Da die Drain-Schaltung ein sehr ähnliches Verhalten aufweist, wird sie auch als **Source-Folger** bezeichnet. Bei der Drain-Schaltung ist der Drain die wechselspannungsmäßig geerdete Elektrode und wie in Bild **41.**1 wird das Eingangssignal u_1 dem Gate zugeführt und das Ausgangssignal u_2 an der Source abgenommen. Die Kombination R_S, C_S dient wieder gemeinsam mit dem Gate-Widerstand R zur automatischen Vorspannungserzeugung und somit zur Arbeitspunkteinstellung. Es handelt sich hierbei um die Vorspannungserzeugung gemäß Bild **36.**1 b, jedoch mit der Besonderheit, daß der gemeinsame Verbindungspunkt von R, R_S, C_S nicht wie in Bild **36.**1 b an Masse sondern am Ausgang A liegt.

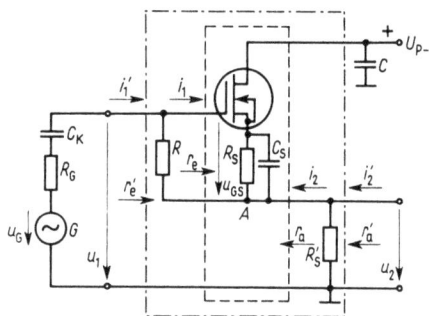

41.1 Drain-Schaltung eines MOS-FET vom Verarmungstyp zur Kleinsignalverstärkung der Eingangsspannung u_1

Für die Berechnung der **Spannungsverstärkung** V_u benutzen wir die Leitwertgleichung (7.2), Gl. (7.6) und (7.8) und erhalten

$$i_2 = S u_{GS} + (u_{DS}/r_{DS}) \tag{41.1}$$

Ein- und Ausgangsspannung u_1, u_2 der Source-Schaltung sind jetzt nicht mehr identisch mit der Gate-Source- und der Drain-Source-Wechselspannung u_{GS} und u_{DS}; vielmehr gilt für die **Drain-Source-Wechselspannung**

$$u_{DS} = -u_2 \tag{41.2}$$

und bei wechselspannungsmäßig kurzgeschlossenem Widerstand R_S für die **Gate-Source-Wechselspannung**

$$u_{GS} = u_1 - u_2 \tag{41.3}$$

Die **Ausgangs-Wechselspannung**

$$u_2 = i_2 R'_S \tag{41.4}$$

fällt bei $i'_2 = 0$ (keine äußere Belastung) direkt am Widerstand R'_S ab und ist deshalb gleichphasig mit dem Ausgangs-Wechselstrom i_2.
Eliminieren wir aus Gl. (41.1) bis (41.4) die Größen u_{GS}, u_{DS} und i_2, erhalten wir die **Spannungsverstärkung**

$$V_u = u_2/u_1 = S R_p/(1 + S R_p) \tag{41.5}$$

mit

$$R_p = R'_S r_{DS}/(R'_S + r_{DS}) \tag{41.6}$$

Ist der Drain-Source-Widerstand $r_{DS} \gg R'_S$, wird die **Spannungsverstärkung**

$$V_u \approx S R'_S/(1 + S R'_S) \tag{41.7}$$

Wie Gl. (41.5) zeigt, sind bei der Drain-Schaltung Ein- und Ausgangsspannung **gleichphasig**. Da der Quotient $S R_p/(1 + S R_p) < 1$ ist, wird wie schon bei der Kollektorschaltung auch hier die Spannungsverstärkung $V_u < 1$.
Wegen $i_1 = 0$ wird der **Gesamteingangswiderstand** der Schaltung

$$r'_e = \frac{u_1}{i'_1} = \frac{u_1}{(u_1 - u_2)/R} = \frac{R}{1 - V_u} \tag{41.8}$$

Setzen wir noch die Spannungsverstärkung V_u aus Gl. (41.5) in Gl. (41.8) ein, erhalten wir für den **Gesamteingangswiderstand**

$$r'_e = R(1 + SR_p) \tag{42.1}$$

Da i. allg. $SR_p \gg 1$ gilt, wird der Gesamteingangswiderstand r'_e wesentlich größer als der Gate-Widerstand R.

Mit Gl. (41.1), (41.2) und (41.3) ergibt sich für den **Ausgangswiderstand** des Transistors (ohne Source-Widerstand R_S)

$$r_a = -\frac{u_2}{i_2} = \frac{-u_2}{S(u_1 - u_2) - (u_2/r_{DS})} \tag{42.2}$$

Das negative Vorzeichen zeigt an, daß mit wachsendem Ausgangsstrom i_2 die Ausgangsspannung u_2 abnimmt.

Mit der Generatorspannung u_G erhalten wir aus den Gleichungen $u_1 = u_G - i'_1 R_G$ und $i'_1 = (u_1 - u_2)/R$ die **Eingangsspannung**

$$u_1 = u_2 R_G/(R + R_G) \tag{42.3}$$

wenn wir wegen der Kleinsignalansteuerung $u_G = 0$ setzen. Aus Gl. (42.2) und (42.3) berechnet sich jetzt der **Ausgangswiderstand**

$$r_a = \frac{r_{DS}}{1 + SRr_{DS}/(R + R_G)} \ll r_{DS} \tag{42.4}$$

Ist der Generatorwiderstand $R_G \ll R$, wird der **Ausgangswiderstand**

$$r_a \approx r_{DS}/(1 + Sr_{DS}) \tag{42.5}$$

und wegen $Sr_{DS} \gg 1$ ergibt sich in weiterer Näherung für den **Ausgangswiderstand**

$$r_a \approx 1/S \tag{42.6}$$

Nach Gl. (42.4) bis (42.6) ist der Ausgangswiderstand der Drain-Schaltung wesentlich kleiner als der Ausgangswiderstand r_{DS} der Source-Schaltung und liegt im Bereich von einigen 100 Ω.

Für die Berechnung des **Gesamtausgangswiderstands** der Schaltung haben wir zu bilden

$$r'_a = \frac{u_2}{i'_2} = \frac{u_2}{i_2 + (u_2/R'_S)} = \frac{r_a R'_S}{r_a + R'_S} \tag{42.7}$$

Ist der Source-Widerstand R'_S merklich größer als der Ausgangswiderstand r_a, verkleinert er den Gesamtausgangswiderstand nur unwesentlich.

Wird der Source-Widerstand R_S wechselspannungsmäßig nicht überbrückt, verringert sich die **Spannungsverstärkung** auf

$$V'_u = V_u \frac{R'_S}{R'_S + R_S} \tag{42.8}$$

sinkt der Eingangswiderstand der Schaltung auf

$$r_e'' = r_e' \frac{R_S' + R_S}{R_S' + R_S/(1 - V_u)} \qquad (43.1)$$

und steigt der Ausgangswiderstand der Schaltung auf

$$r_a'' = \frac{(r_a + R_S) R_S'}{r_a + R_S + R_S'} \qquad (43.2)$$

Hierdurch verschlechtern sich alle Eigenschaften der Drain-Schaltung.

Beispiel 11. Ein selbstleitender N-Kanal-MOS-FET wird in Drain-Schaltung nach Bild **41.**1 betrieben. Die Source-Widerstände betragen $R_S' = 1\,\text{k}\Omega$, $R_S = 280\,\Omega$. Es wird ein Gate-Widerstand $R = 1\,\text{M}\Omega \gg R_G$ verwendet, und der FET hat die Steilheit $S = 7\,\text{mA/V}$ und den differentiellen Drain-Source-Widerstand $r_{DS} = 10\,\text{k}\Omega$. Man berechne Spannungsverstärkung, Ein- und Ausgangswiderstand bei kapazitiv überbrücktem (a) sowie bei nicht überbrücktem Source-Widerstand R_S (b).

Zu a): Mit dem Widerstand $R_p = R_R' r_{DS}/(R_S' + r_{DS}) = 1\,\text{k}\Omega \cdot 10\,\text{k}\Omega/(1\,\text{k}\Omega + 10\,\text{k}\Omega) = 0{,}91\,\text{k}\Omega$ erhalten wir aus Gl. (41.5) die Spannungsverstärkung

$$V_u = SR_p/(1 + SR_p) = 7\,(\text{mA/V})\,0{,}91\,\text{k}\Omega/[1 + 7\,(\text{mA/V})\,0{,}91\,\text{k}\Omega] = 0{,}86 < 1$$

Der Eingangswiderstand wird nach Gl. (41.8)

$$r_e' = R/(1 - V_u) = 1\,\text{M}\Omega/(1 - 0{,}86) = 7{,}37\,\text{M}\Omega$$

und ist damit wesentlich größer als der Gate-Widerstand R. Mit $R \gg R_G$ ergibt sich aus Gl. (42.5) der Ausgangswiderstand des Transistors

$$r_a = r_{DS}/(1 + Sr_{DS}) = 10\,\text{k}\Omega/[1 + 7\,(\text{mA/V})\,10\,\text{k}\Omega] = 141\,\Omega$$

Die Näherung von Gl. (42.6) liefert $r_a \approx 1/S = 1/(7\,\text{mA/V}) = 143\,\Omega$, was nur gering vom genauen Wert abweicht. Aus Gl. (42.7) berechnen wir noch den Gesamtausgangswiderstand

$$r_a' = \frac{r_a R_S'}{r_a + R_S'} = \frac{141\,\Omega \cdot 1\,\text{k}\Omega}{141\,\Omega + 1\,\text{k}\Omega} = 124\,\Omega$$

Zu b): Für nicht überbrückten Source-Widerstand R_S berechnen wir nach Gl. (42.8) die Spannungsverstärkung

$$V_u' = V_u R_S'/(R_S' + R_S) = 0{,}86 \cdot 1\,\text{k}\Omega/(1\,\text{k}\Omega + 280\,\Omega) = 0{,}67$$

Den Eingangswiderstand erhalten wir aus Gl. (43.1)

$$r_e'' = r_e \frac{R_S' + R_S}{R_S' + R_S/(1 - V_u)} = 7{,}37\,\text{M}\Omega \cdot \frac{1\,\text{k}\Omega + 280\,\Omega}{1\,\text{k}\Omega + 280\,\Omega\,(1 - 0{,}86)} = 3{,}14\,\text{M}\Omega$$

Nach Gl. (43.2) ergibt sich der Ausgangswiderstand

$$r_a'' = \frac{(r_a + R_S) R_S'}{r_a + R_S + R_S'} = \frac{(141\,\Omega + 280\,\Omega)\,1\,\text{k}\Omega}{141\,\Omega + 280\,\Omega + 1\,\text{k}\Omega} = 296{,}3\,\Omega$$

Die Ergebnisse zeigen, daß sich ein nicht überbrückter Widerstand R_S beim Ein- und Ausgangswiderstand besonders stark auswirkt. Dagegen ist der Einfluß bei der Spannungsverstärkung nicht ganz so groß. Beim Vergleich der Drain-Schaltung mit einer Kollektor-Schaltung (s. Band III, Teil 1) ergibt sich wegen der kleineren Steilheit für die Drain-Schaltung eine geringere Verstärkung und ein größerer Ausgangswiderstand, aber auch ein wesentlich größerer Eingangswiderstand.

1.1 Feldeffekt-Transistoren

Kleinsignalverstärkung der Gate-Schaltung. Die Gate-Schaltung des FET entspricht der Basis-Schaltung des bipolaren Transistors. Das Gate ist nach Bild **44**.1 die geerdete Elektrode. Die Eingangsspannung u_1 wird der Source zugeführt und die Ausgangsspannung u_2 am Drain abgenommen. Der von der Versorgungsspannung U_{p-} über den Drain-Widerstand R_D fließende Drain-Gleichstrom I_D erzeugt am Source-Widerstand R_S eine positive Vorspannung und erzeugt hiermit also die für den selbstleitenden N-Kanal-MOS-FET erforderliche negative Gate-Spannung.

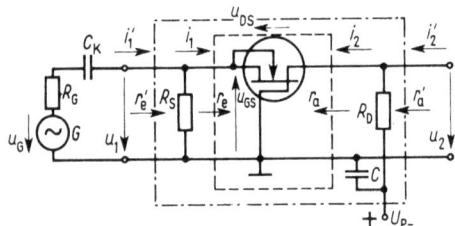

44.1
Gate-Schaltung eines MOS-FET vom Verarmungstyp zur Kleinsignalverstärkung der Eingangsspannung u_1

Aus Gl. (41.1) und mit der Gate-Source-Wechselspannung

$$u_{GS} = -u_1 \qquad (44.1)$$

der Drain-Source-Wechselspannung

$$u_{DS} = u_2 - u_1 \qquad (44.2)$$

und mit Gl. (39.3) erhalten wir durch Eliminieren von i_2, u_{GS} und u_{DS} die Spannungsverstärkung

$$V_u = \frac{u_2}{u_1} = \left(S + \frac{1}{r_{DS}}\right)\frac{R_D\, r_{DS}}{R_D + r_{DS}} \approx S\,\frac{R_D\, r_{DS}}{R_D + r_{DS}} \qquad (44.3)$$

Die Näherung gilt, da i. allg. die Steilheit $S \gg 1/r_{DS}$ ist. Wie schon beim bipolaren Transistor ergibt sich auch hier, daß die Gate-Schaltung die gleiche Spannungsverstärkung V_u wie die Source-Schaltung nach Gl. (39.4) aufweist. Allerdings sind bei der Gate-Schaltung Ein- und Ausgangssignal **gleichphasig**.
Aus Gl. (41.1), (44.1), (44.2), (44.3) und mit $i_1 = -i_2$ ergibt sich der **Eingangswiderstand des Transistors**

$$r_e = u_1/i_1 = (r_{DS} + R_D)/(1 + Sr_{DS}) \approx 1/S \qquad (44.4)$$

Die Näherung gilt wegen $Sr_{DS} \gg 1$ und wenn der Drain-Widerstand $R_D \ll r_{DS}$ ist. Nach Gl. (44.4) hat die Gate-Schaltung einen sehr **kleinen** Eingangswiderstand, der in etwa identisch mit dem ebenfalls sehr kleinen Ausgangswiderstand der Drain-Schaltung nach Gl. (42.6) ist.
Für die Berechnung des **Gesamteingangswiderstands**

$$r'_e = u_1/i'_1 = r_e R_S/(r_e + R_S) \qquad (44.5)$$

muß zum Eingangswiderstand r_e des Transistors noch der Source-Widerstand R_S parallel geschaltet werden.
Ist der Widerstand $R_p = R_S R_G/(R_S + R_G)$, ergibt sich mit der Eingangsspannung $u_1 = i_2 R_p$ und mit Gl. (44.1), (44.2) und der Leitwertgleichung $i_2 = Su_{GS} + (u_{DS}/r_{DS})$

für den Ausgangswiderstand des Transistors (ohne Drain-Widerstand R_D)

$$r_a = u_2/i_2 = r_{DS}(1 + SR_p) + R_p \approx r_{DS}(1 + SR_p) \tag{45.1}$$

Die Näherung gilt, weil i. allg. der Source-Widerstand R_S und somit auch der Widerstand $R_p \ll r_{DS}$ ist. Der Ausgangswiderstand r_a des Transistors in Gate-Schaltung ist nach Gl. (45.1) größer als der Ausgangswiderstand r_{DS} der Source-Schaltung.

Der Gesamtausgangswiderstand der Gate-Schaltung

$$r_a' = u_2/i_2' = r_a R_D/(r_a + R_D) \tag{45.2}$$

berechnet sich aus der Parallelschaltung von Ausgangswiderstand r_a und Drain-Widerstand R_D. Dieser wird dann hauptsächlich durch den Drain-Widerstand R_D bestimmt.

Beispiel 12. Ein selbstleitender N-Kanal-MOS-FET wird nach Bild 44.1 in Gate-Schaltung mit dem Drain-Widerstand $R_D = 5\,\text{k}\Omega$ und dem Source-Widerstand $R_S = 280\,\Omega$ betrieben. Die Schaltung wird von einem Generator mit dem Ausgangswiderstand $R_G = 1\,\text{k}\Omega$ angesteuert. Der Blindwiderstand des Koppelkondensators C_K ist zu vernachlässigen. Im eingestellten Arbeitspunkt hat der FET die Steilheit $S = 7\,\text{mA/V}$ und den Drain-Source-Widerstand $r_{DS} = 10\,\text{k}\Omega$. Man berechne die Spannungsverstärkung V_u, die Eingangswiderstände r_e und r_e' sowie die Ausgangswiderstände r_a und r_a' der Schaltung.

Für die Spannungsverstärkung ergibt sich nach Gl. (44.3)

$$V_u = \left(S + \frac{1}{r_{DS}}\right)\frac{R_D r_{DS}}{R_D + r_{DS}} = \frac{[7\,(\text{mA/V}) + 10^{-4}\,\Omega^{-1}]\,5\,\text{k}\Omega \cdot 10\,\text{k}\Omega}{5\,\text{k}\Omega + 10\,\text{k}\Omega} = 23{,}7$$

Nach Gl. (44.4) wird der Eingangswiderstand des Transistors

$$r_e = \frac{r_{DS} + R_D}{1 + S r_{DS}} = \frac{10\,\text{k}\Omega + 5\,\text{k}\Omega}{1 + 7\,(\text{mA/V})\,10\,\text{k}\Omega} = 211{,}3\,\Omega$$

Die Näherung liefert hier den stark abweichenden Wert $r_e \approx 1/S = 1/(7\,\text{mA/V}) = 142{,}8\,\Omega$. Mit Gl. (44.5) berechnen wir den Gesamteingangswiderstand der Schaltung

$$r_e' = r_e R_S/(r_e + R_S) = 211{,}3\,\Omega \cdot 280\,\Omega/(211{,}3\,\Omega + 280\,\Omega) = 120{,}4\,\Omega$$

Mit dem Widerstand $R_p = R_S R_G/(R_S + R_G) = 218{,}75\,\Omega$ ergibt sich aus Gl. (45.1) der Ausgangswiderstand des Transistors

$$r_a = r_{DS}(1 + SR_p) + R_p = 10\,\text{k}\Omega\,[1 + 7\,(\text{mA/V})\,218{,}75\,\Omega] + 218{,}75\,\Omega = 25{,}53\,\text{k}\Omega$$

Schließlich berechnen wir noch nach Gl. (45.2) den Gesamtausgangswiderstand der Schaltung

$$r_a' = r_a R_D/(r_a + R_D) = 25{,}53\,\text{k}\Omega \cdot 5\,\text{k}\Omega/(25{,}53\,\text{k}\Omega + 5\,\text{k}\Omega) = 4{,}18\,\text{k}\Omega$$

Ein Vergleich der berechneten Größen der Gate-Schaltung mit den Eigenschaften der Basis-Schaltung des bipolaren Transistors zeigt (s. Band III, Teil 1), daß die Spannungsverstärkung V_u wesentlich kleiner, der Eingangswiderstand r_e merklich größer und der Ausgangswiderstand r_a erheblich kleiner sind.

1.1.9.2. Konstantstromquellen. Wegen ihres relativ großen differentiellen Ausgangswiderstands r_{DS} sind FETs als Konstantstromquellen gut geeignet. Eine Konstantstromquelle soll ja unabhängig von ihrer Ausgangsspannung U_a einen konstanten Ausgangsstrom I_a liefern. Wird ein FET als Konstantstromquelle betrieben, muß seine Drain-Source-Spannung $U_{DS} = U_a$ größer als die Drain-Source-Pinch-off-Spannung U_{DSP} sein, da nur dann der Drain-Strom $I_D = I_a$ nahezu konstant und unabhängig von der Drain-Source-Spannung U_{DS} ist.

FET-Diode. Von den Herstellern [33], [12] sind für den Einsatz als Konstantstromquelle besonders geeignete FETs entwickelt worden. Bei ihnen wird das Gate mit der Source zusammengeschaltet, so daß nach Anlegen einer Drain-Source-Spannung $U_{DS} > U_{DSP}$ der Drain-Strom I_{DSS} fließt (Bild **46.**1a). Durch Erzeugung eines relativ langen Kanals und entsprechend langen Gates wird bei diesen Sperrschicht-FETs der Durchgriff der Drain-Source-Spannung durch den abgeschnürten Kanal in den Source-Bereich sehr klein gehalten. Dadurch ist auch die **Drain-Stromänderung** ΔI_D bei einer **Drain-Source-Spannungsänderung** ΔU_{DS} sehr klein und nach Gl. (6.1) der differentielle **Ausgangswiderstand** r_{DS} sehr groß. Auf diese Weise können Ausgangswiderstände $r_{DS} > 1\,M\Omega$ erzielt werden. Wegen der zwei verbleibenden Anschlüsse werden solche FETs als **FET-Dioden** bezeichnet, und in Schaltungen wird häufig für sie das in Bild **46.**1b gezeigte Symbol verwendet.

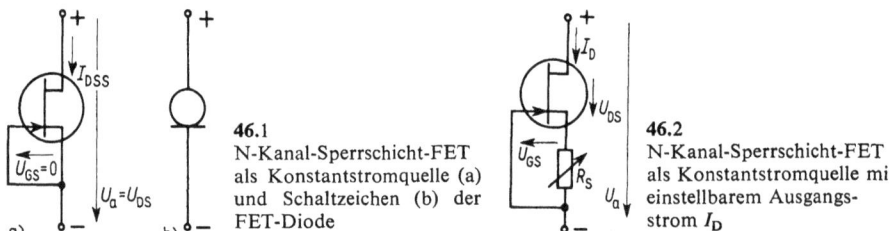

46.1
N-Kanal-Sperrschicht-FET als Konstantstromquelle (a) und Schaltzeichen (b) der FET-Diode

46.2
N-Kanal-Sperrschicht-FET als Konstantstromquelle mit einstellbarem Ausgangsstrom I_D

Nachteilig ist, daß bei der FET-Diode der Ausgangsstrom nicht verändert werden kann. Dies ist jedoch bei der Schaltung nach Bild **46.**2 möglich. Hier handelt es sich wieder um eine automatische **Gate-Vorspannungserzeugung** nach Bild **36.**1b, und durch Änderung des Source-Widerstands R_S kann der Arbeitspunkt A in Bild **36.**2 verschoben und somit der Drain-Strom I_D verändert werden. Als weiterer Vorteil kommt hinzu, daß der Ausgangswiderstand der Schaltung von Bild **46.**2 wesentlich größer als der Ausgangswiderstand r_{DS} des FETs ist. Für seine Berechnung benutzen wir die Stromgleichung

$$\Delta I_D = S\Delta U_{DS} + \Delta U_{DS}/r_{DS} \tag{46.1}$$

die der Schaltung entnehmbaren Spannungsgleichungen

$$\Delta U_{GS} = -R_S \Delta I_D \tag{46.2}$$

$$\Delta U_a = \Delta U_{DS} + R_S \Delta I_D \tag{46.3}$$

und erhalten, wenn wir die Spannungsänderungen ΔU_{DS} und ΔU_{GS} eliminieren, den differentiellen **Ausgangswiderstand**

$$r_a = \Delta U_a/\Delta I_D = r_{DS}\,[1 + R_S(S + 1/r_{DS})] \tag{46.4}$$

Da i. allg. die Steilheit $S \gg 1/r_{DS}$ ist, ergibt sich als Näherung für den Ausgangswiderstand

$$r_a \approx r_{DS}\,(1 + SR_S) \tag{46.5}$$

Beispiel 13. Ein für Konstantstromquellen entwickelter Sperrschicht-FET wird nach Bild **46.**2 mit einem Source-Widerstand $R_S = 1\,k\Omega$ betrieben. Dadurch stellt sich der Drain-Strom $I_D = 1\,mA$ ein. Bei diesem Strom und bei der Drain-Source-Spannung $U_{DS} = 15\,V$ hat der FET den Drain-Source-Widerstand $r_{DS} = 250\,k\Omega$ und die Steilheit $S = 5\,mA/V$. Man berechne den differentiellen Ausgangswiderstand r_a der Konstantstromquelle.

Nach Gl. (46.4) erhalten wir mit diesen Werten für den Ausgangswiderstand

$$r_a = r_{DS}[1 + R_S(S + 1/r_{DS})] = 250\,\text{k}\Omega\,\{1 + 1\,\text{k}\Omega\,[5\,(\text{mA/V}) + (1/250\,\text{k}\Omega)]\} = 1{,}5\,\text{M}\Omega$$

In der Schaltung nach Bild 46.2 hat demnach der FET einen gegenüber seinem Drain-Source-Widerstand r_{DS} sechsmal größeren Ausgangswiderstand.

Kaskaden-Schaltung. Eine weitere Vergrößerung des Ausgangswiderstands r_a einer Konstantstromquelle ist durch die in Bild 47.1a gezeigte Kaskaden-Schaltung von zwei Sperrschicht-FETs möglich [33]. In dieser Schaltung wird der Transistor T_1 wie in Bild 46.2 betrieben, so daß sein Drain-Strom I_D über den Widerstand R_S regelbar ist. Mit seiner Drain-Source-Spannung U_{DS1} steuert er nun die Source-Gate-Spannung U_{GS2} des Transistors T_2. Der Drain-Strom I_D durchfließt beide Transistoren. Mit Bild 47.1b untersuchen wir zunächst die Arbeitspunkteinstellung. Dort sind die Übertragungskennlinien *1* und *2*, also $I_D = f(U_{GS1})$ und $I_D = f(U_{GS2})$, beider Transistoren T_1 und T_2 aufgetragen. Wegen der Beziehung $U_{GS2} = -U_{DS1}$ können auch die Ausgangskennlinien *3* des Transistors T_1 mit eingetragen werden. Zunächst ergibt sich der Arbeitspunkt A von Transistor T_1 als Schnittpunkt zwischen der Widerstandsgeraden R_S und der Übertragungskennlinie *1* und somit der Drain-Strom I_{D0} und die Gate-Source-Spannung U_{GS10} des Transistors T_1. Der Schnittpunkt B_0 zwischen der Übertragungskennlinie *2* des Transistors T_2 und der Ausgangskennlinie *3* des Transistors T_1 mit U_{GS10} als Parameter liefert nun die sich einstellende Gate-Source-Spannung $U_{GS20} = -U_{DS10}$ des Transistors T_2.

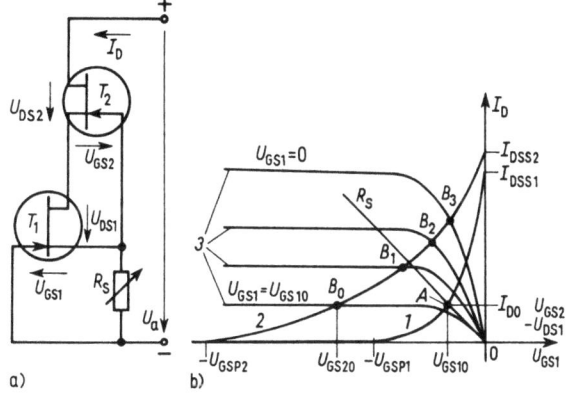

47.1
Kaskaden-Schaltung von zwei N-Kanal-Sperrschicht-FETs zur Erzeugung einer Konstantstromquelle mit sehr großem Ausgangswiderstand r_a (a) und Arbeitspunkteinstellung im Kennlinienfeld (b)
1, 2 Übertragungskennlinien von Transistor T_1 und T_2; *3* Ausgangskennlinien von Transistor T_1, R_S Widerstandsgerade $U_{GS1} = -I_D R_S$; A Arbeitspunkt von Transistor T_1; B_0 Arbeitspunkt von Transistor T_2 bei $U_{GS1} = U_{GS10}$; B_1, B_2, B_3 weitere mögliche Arbeitspunkte von Transistor T_2 bei geringerer negativer Spannung U_{GS1}

Soll der Ausgangswiderstand r_a der Schaltung möglichst groß werden, muß der Arbeitspunkt B im Pinch-off-Bereich der Drain-Source-Spannung U_{DS1} des Transistors T_1 liegen, wie dies bei dem Arbeitspunkt B_0 der Fall ist. Bei den weiteren markierten Arbeitspunkten B_1, B_2, B_3, die sich bei größeren Drain-Strömen ergeben würden, ist diese Bedingung zunehmend schlechter erfüllt. Für eine gute Funktion der Schaltung müssen deshalb die Transistoren so ausgewählt werden, daß der Transistor T_1 eine möglichst kleine und der Transistor T_2 eine möglichst große negative Gate-Source-Pinch-off-Spannung $-U_{GSP1}$ bzw. $-U_{GSP2}$ aufweisen.

1.1 Feldeffekt-Transistoren

Für die Berechnung des Ausgangswiderstands r_a benutzen wir für die Transistoren T_1 und T_2 die Stromgleichungen

$$\Delta I_D = S_1 \Delta U_{GS1} + \Delta U_{DS1}/r_{DS1} \tag{48.1}$$

$$\Delta I_D = S_2 \Delta U_{GS2} + \Delta U_{DS2}/r_{DS2} \tag{48.2}$$

und entnehmen ferner der Schaltung von Bild **47.1**a die Spannungsänderungen

$$\Delta U_{GS1} = - R_S \Delta I_D \tag{48.3}$$

$$\Delta U_a = \Delta U_{DS1} + \Delta U_{DS2} + R_S \Delta I_D \tag{48.4}$$

$$\Delta U_{GS2} = - \Delta U_{DS1} \tag{48.5}$$

Eliminieren wir nun aus Gl. (48.1) bis (48.5) die Spannungsänderungen ΔU_{GS1}, ΔU_{GS2}, ΔU_{DS1}, ΔU_{DS2}, erhalten wir den differentiellen Ausgangswiderstand der Kaskaden-Schaltung

$$r_a = \Delta U_a/\Delta I_D = r_{DS1}\left[1 + S_1 R_S (1 + S_2 r_{DS2}) + r_{DS2}(S_2 + 1/r_{DS1})\right] \tag{48.6}$$

I. allg. wird $S_2 r_{DS2} \gg 1$ und auch $S_2 r_{DS1} \gg 1$ sein, so daß sich näherungsweise für den Ausgangswiderstand

$$r_a \approx r_{DS1}\left[1 + r_{DS2} S_2 (1 + S_1 R_S)\right] \tag{48.7}$$

ergibt. Ist auch das Produkt $S_1 R_S \gg 1$, läßt sich in weiterer Näherung für den Ausgangswiderstand

$$r_a \approx r_{DS1} r_{DS2} S_1 S_2 R_S \tag{48.8}$$

schreiben.

Beispiel 14. Zwei Sperrschicht-FETs werden in der in Bild **47.1**a gezeigten Kaskaden-Schaltung als Konstantstromquelle betrieben. Bei dem Source-Widerstand $R_S = 1\,\mathrm{k}\Omega$ stellen sich der Drain-Strom $I_D = 1\,\mathrm{mA}$ und die Drain-Source-Spannung $U_{DS1} = 4\,\mathrm{V}$ ein. In diesem Arbeitspunkt hat der FET T_1 den Drain-Source-Widerstand $r_{DS1} = 50\,\mathrm{k}\Omega$ und die Steilheit $S_1 = 5\,\mathrm{mA/V}$. Der FET T_2 zeigt bei der negativen Gate-Source-Spannung $U_{GS20} = -4\,\mathrm{V}$ die Steilheit $S_2 = 2\,\mathrm{mA/V}$. Bei $U_{DS2} = 10\,\mathrm{V}$ beträgt sein Ausgangswiderstand $r_{DS2} = 120\,\mathrm{k}\Omega$. Man berechne den differentiellen Ausgangswiderstand r_a der Kaskaden-Schaltung.
Mit der Näherung nach Gl. (48.7), die bei obigen Werten hinreichend genau ist, erhalten wir für den Ausgangswiderstand

$$r_a = r_{DS1}\left[1 + r_{DS2} S_2 (1 + S_1 R_S)\right]$$
$$= 50\,\mathrm{k}\Omega\left\{1 + 120\,\mathrm{k}\Omega \cdot 2\,(\mathrm{mA/V})\left[1 + 5\,(\mathrm{mA/V})\,1\,\mathrm{k}\Omega\right]\right\} = 72{,}05\,\mathrm{M}\Omega$$

Selbst bei relativ niedrigen Ausgangswiderständen r_{DS1}, r_{DS2} der einzelnen FETs wird mit dieser Schaltung ein extrem großer Ausgangswiderstand r_a erzielt.

Soll der Ausgangsstrom von Konstantstromquellen auch noch weitgehend temperaturunabhängig sein, so empfiehlt es sich, den Ausgangsstrom $I_D = I_{DZ}$ nach Bild **21.1** zu wählen.

Kombiniert man wie in Bild **49.1** eine FET-Konstantstromquelle mit einer Z-Diode, läßt sich eine gegenüber Eingangsspannungsschwankungen ΔU_e sehr stabile Ausgangsspannung $U_a = U_Z$ erzeugen. Wird eine solche Spannungsreferenzquelle stets mit konstantem Ausgangsstrom I_a belastet, ist wegen $I_e = I_D = \mathrm{const}$ auch der Strom I_Z

durch die Z-Diode konstant. Dadurch wird die Z-Diode stets im selben Arbeitspunkt betrieben, und ihre Zener-Spannung $U_z = U_a$ ändert sich praktisch nicht. Das Verhältnis von Ausgangs- zu Eingangsspannungsschwankung

$$\Delta U_a / \Delta U_e = r_z / r_a \tag{49.1}$$

ist also gleich dem Verhältnis der differentiellen Widerstände von Z-Diode zu FET-Konstantstromquelle (s. hierzu auch die genaueren Berechnungen in Band III, Teil 1).

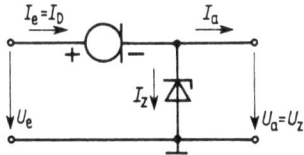

49.1 Spannungsstabilisierung mit FET-Diode und Z-Diode

Beispiel 15. Eine FET-Konstantstromquelle nach Beispiel 13, S. 46 und Bild **46**.2 mit dem Ausgangswiderstand $r_a = 1{,}5\,\text{M}\Omega$ wird nach Bild **49**.1 mit einer 6-V-Z-Diode zu einer Spannungsreferenzquelle geschaltet. Im unbelasteten Fall, also bei $I_a = 0$ und $I_z = I_D = 1\,\text{mA}$, beträgt der differentielle Innenwiderstand der Diode $r_z = 12\,\Omega$. Man berechne die Schwankung ΔU_a der Ausgangsspannung bei der Eingangsspannungsschwankung $\Delta U_e = \pm 2{,}5\,\text{V}$.
Nach Gl. (49.1) erhalten wir für die Ausgangsspannungsschwankung $\Delta U_a = (r_z/r_a)\,\Delta U_e$ $= (12\,\Omega/1{,}5\,\text{M}\Omega)\,(\pm 2{,}5\,\text{V}) = \pm 20\,\mu\text{V}$. Die Spannungsschwankungen werden also etwa um den Faktor 10^{-5} reduziert.

1.1.9.3 Gesteuerte Widerstände. Beim Einsatz zur Kleinsignalverstärkung oder als Konstantstromquelle werden FETs im Pinch-off-Bereich betrieben, um den dann wirksamen großen differentiellen Ausgangswiderstand r_{DS} auszunutzen. In diesem Fall muß die Drain-Source-Spannung $U_{DS} > U_{DSP}$, also größer als die Drain-Source-Pinch-off-Spannung sein. Durch Änderung der Gate-Source-Spannung U_{GS} ist in diesem Bereich der Drain-Source-Widerstand nur geringfügig beeinflußbar.
Bei kleinen Drain-Source-Spannungen $U_{DS} \ll U_{DSP}$ hängt jedoch die Steigung der Ausgangskennlinien (s. z.B. Bild **5**.3a) und somit der Ausgangswiderstand r_{DS} sehr stark von der Gate-Source-Spannung U_{GS} ab. In diesem Betriebsbereich wirkt der noch nicht abgeschnürte Kanal des FET näherungsweise wie ein Wirkwiderstand, der durch die Gate-Source-Spannung U_{GS} gesteuert werden kann. Gl. (9.8) liefert für $U_{DS} = 0$ die Steigung der Ausgangskennlinien im Nullpunkt des Kennlinienfelds und somit den für kleine Drain-Source-Spannungen wirksamen Ausgangswiderstand

$$r_{DS} = \frac{U_{GSP}}{3\,I_{DSS}\left(1 - \sqrt{-U_{GS}/U_{GSP}}\right)} \tag{49.2}$$

eines N-Kanal-Sperrschicht-FET. Man beachte, daß in Gl. (49.2) der Zahlenwert der Gate-Source-Spannung U_{GS} negativ, jedoch der Zahlenwert der nach Gl. (8.9) aus Naturkonstanten zu berechnenden Gate-Source-Pinch-off-Spannung U_{GSP} positiv ist. Ist deshalb $-U_{GS} = U_{GSP}$, wird der Ausgangswiderstand $r_{DS} = \infty$, und der FET-Kanal ist vollkommen abgeschnürt. Dagegen erreicht bei $U_{GS} = 0$ der Ausgangswiderstand $r_{DS} = r_{DS(ON)}$ seinen kleinsten Wert und ist gleich dem differentiellen Einschaltwiderstand.

Spannungsteiler. Schaltet man einen FET, der mit kleiner Drain-Source-Spannung betrieben wird, wie in Bild **50**.1 in Reihe mit einem Vorwiderstand R_V, erhält man einen

50   1.1 Feldeffekt-Transistoren

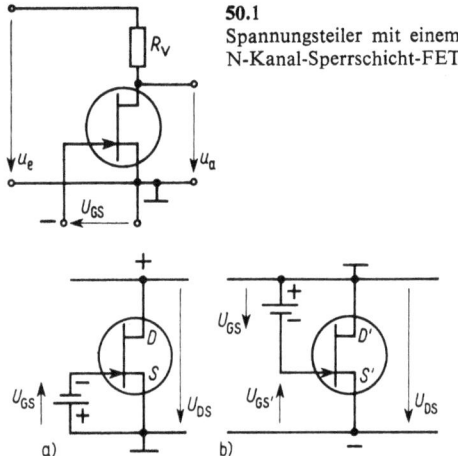

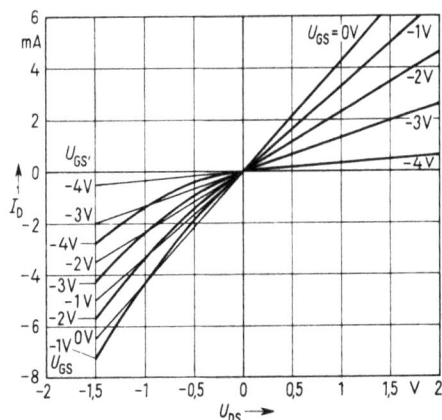

50.1 Spannungsteiler mit einem N-Kanal-Sperrschicht-FET

50.2 Betrieb des N-Kanal-Sperrschicht-FET mit positiver (a) und negativer (b) Drainspannung U_{DS} zur Erklärung der Kennlinien von Bild **50.3**

50.3 Ausgangskennlinien eines N-Kanal-FET im Bereich kleiner positiver und negativer Drain-Source-Spannungen U_{DS} mit der Gate-Source-Spannung U_{GS} als Parameter
Dünne Geraden bei U'_{GS} = const, dicke Kurven bei U'_{GS} ≠ const

Spannungsteiler mit dem Teilerverhältnis

$$u_a/u_e = r_{DS}/(r_{DS} + R_V) \tag{50.1}$$

das durch die negative Gate-Source-Spannung U_{GS} gesteuert werden kann [7].

Das Besondere ist nun, daß bei dem in Bild **50.1** verwendeten N-Kanal-Sperrschicht-FET die Eingangsspannung u_e nicht nur eine positive Gleichspannung $U_e \ll U_{DSP}$ zu sein braucht, sondern eine Wechselspannung sein kann, deren Scheitelwert $u_{em} \ll U_{DSP}$ sein muß.

Liegt am Spannungsteiler die positive Halbschwingung der Eingangsspannung u_e, ist die Drain-Source-Spannung des FET positiv (Bild **50.2**a), und der FET arbeitet mit konstanter negativer Gate-Source-Spannung U_{GS} im 1. Quadranten des Ausgangskennlinienfeldes, das in Bild **50.3** bei stark gedehnter Drain-Source-Spannungs-Achse aufgetragen ist. Dabei ist zur Vereinfachung der Verlauf der Kennlinien im 1. Quadranten linearisiert. Ist nun die Eingangsspannung u_e negativ, vertauschen sich für den FET spannungsmäßig Drain und Source, und es gilt in Bild **50.2**b für die Anschlüsse $D' = S$ und $S' = D$. Wegen der Spannungsgleichung

$$U_{GS'} = U_{GS} - U_{DS} \tag{50.2}$$

und U_{GS} = const verringert sich bei wachsender negativer Drain-Source-Spannung U_{DS} die jetzt wirksame negative Gate-Source-Spannung $U_{GS'}$. Im 3. Quadranten des Ausgangskennlinienfeldes wird also der FET nicht mehr mit konstanter Gate-Source-Spannung $U_{GS'}$ betrieben, und es ergeben sich die dick gezeichneten, gekrümmten Kennlinien, die von den dünn eingetragenen Kennliniengeraden für $U_{GS'}$ = const erheblich abweichen. Die gekrümmten Kennlinien können mit Gl. (50.2) gefunden werden. Z.B. ist bei $U_{DS} = -1$ V und $U_{GS} = -3$ V die wirksame Gate-Source-Spannung $U_{GS'} = U_{GS} - U_{DS} = -3$ V $- (-1$ V$) = -2$ V, und die Kennlinie für $U_{GS} = -3$ V schneidet die Kennlinie mit $U_{GS'} = -2$ V bei $U_{DS} = -1$ V.

Die in der Praxis auch im 1. Quadranten vorhandene und die zusätzliche Nichtlinearität der Kennlinien im 3. Quadranten verursachen eine Verzerrung der Ausgangsspannung u_a des Spannungsteilers von Bild 50.1, die jedoch durch die in der Schaltung von Bild 51.1 verwendete Spannungsgegenkopplung über die Widerstände R_1, R_2 verringert werden kann. Mit der Parallelschaltung der Widerstände

$$R_p = \frac{r_{DS}(R_1 + R_2)}{r_{DS} + R_1 + R_2} \qquad (51.1)$$

liefert die Durchrechnung für den gegengekoppelten Teiler das Teilerverhältnis

$$u_a/u_e = R_p/(R_p + R_v) \qquad (51.2)$$

Bei nichtlinearen Kennlinien ist der Ausgangswiderstand r_{DS} von der Drain-Source-Spannung, also von der Ausgangsspannung u_a, abhängig. In der gegengekoppelten Schaltung geht jedoch der Widerstand r_{DS} nur noch in der Parallelschaltung mit den Teilerwiderständen $R_1 + R_2$ ein, und sein nichtlineares Verhalten beeinflußt die Ausgangsspannung u_a geringer. Dies gilt jedoch nicht mehr, wenn $R_1 + R_2 \gg r_{DS}$ ist. Ferner dürfen die Teilerwiderstände $R_1 + R_2$ auch nicht zu klein werden, da sonst selbst bei $r_{DS} = \infty$ wegen des kleinen Widerstands R_p die Ausgangsspannung u_a wesentlich kleiner als die Eingangsspannung u_e ist. Dadurch wird der Regelungsbereich des Teilers stark eingeengt.

51.1
Verbesserter Spannungsteiler mit über die Widerstände R_1, R_2 gegengekoppeltem N-Kanal-Sperrschicht-FET (Spannungsgegenkopplung)

Beispiel 16. An einen gegengekoppelten Spannungsteiler nach Bild 51.1 mit $R_1 = R_2 = R/2$ wird eine Eingangswechselspannung u_e gelegt, deren Scheitelwert $u_{em} = 1$ V beträgt. Bei gesperrtem FET ($r_{DS} = \infty$) soll die Ausgangsspannung $u_a = 0,9$ V und bei leitendem FET ($r_{DS} = 200\ \Omega$) $u_a = 0,1$ V betragen. Man berechne die Widerstände R_v und R_1, R_2.
Bei $r_{DS} = \infty$ wird nach Gl. (51.1) $R_p = R_1 + R_2 = R$, und aus Gl. (51.2) ergibt sich die erste Bestimmungsgleichung

$$0,9 = R/(R + R_v)$$

und daraus $R = 10\ R_v$. Setzen wir Gl. (51.1) in Gl. (51.2) ein, erhalten wir mit $R = R_1 + R_2$ die zweite Bestimmungsgleichung aus der Bedingung $u_a/u_e = 0,1$ bei $r_{DS} = 200\ \Omega$

$$0,1 = \left(\frac{R\, r_{DS}}{R + r_{DS}}\right) \bigg/ \left(\frac{R\, r_{DS}}{R + r_{DS}} + R_v\right)$$

Einsetzen von $R = 10\ R_v$ und Auflösen liefert den Vorwiderstand

$$R_v = 8,9\ r_{DS} = 8,9 \cdot 200\ \Omega = 1,78\ \text{k}\Omega$$

und den Widerstand $R = 10\ R_v = 10 \cdot 1,78\ \text{k}\Omega = 17,8\ \text{k}\Omega$. Daraus ergeben sich die Widerstände $R_1 = R_2 = R/2 = 17,8\ \text{k}\Omega/2 = 8,9\ \text{k}\Omega$.

1.1 Feldeffekt-Transistoren

Übertragungs-Gatter. In der Digitaltechnik [s. Band X[1])] werden Gatterschaltungen in großer Vielzahl als UND-, ODER-, NAND- oder NOR-Gatter verwendet. Diese verknüpfen entsprechend ihrer logischen Funktion zwei oder mehrere **binäre Variable**. Werden solche zweiwertige Variable durch Spannungen dargestellt, dürfen diese nur zwei Zustände annehmen, den **High-** und den **Low-Zustand**. Dazwischen liegende Spannungswerte müssen sprungartig in möglichst kurzer Zeit durchlaufen werden.

Handelt es sich dagegen um Spannungen, die kontinuierlich in einem bestimmten Bereich jeden Wert annehmen können (analoge Spannungen), so können diese mit Gatterschaltungen der Digitaltechnik nicht übertragen werden. Mit FETs lassen sich nun Übertragungs-Gatter (transmission gate, analog gate) aufbauen, die analoge Spannungen übertragen können. In Bild **52.1**a ist der FET als Schalter dargestellt, der Eingang E und Ausgang A niederohmig verbindet und somit die Eingangsspannung u_e auf den Lastwiderstand R_L schaltet. Gesteuert wird der FET-Schalter durch die Treiberschaltung T (driver) mit der am Steuereingang S liegenden Spannung u_S.

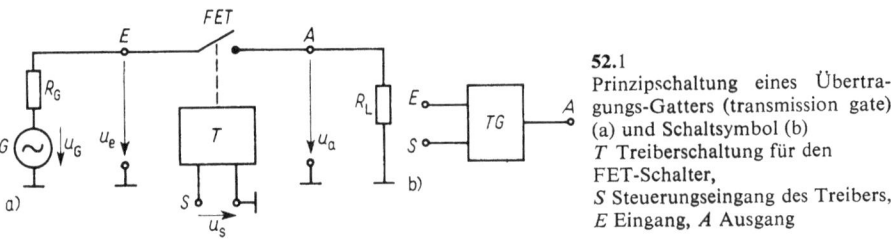

52.1
Prinzipschaltung eines Übertragungs-Gatters (transmission gate) (a) und Schaltsymbol (b)
T Treiberschaltung für den FET-Schalter,
S Steuerungseingang des Treibers,
E Eingang, A Ausgang

Wegen ihres kleinen Einschaltwiderstands $r_{DS(ON)}$ und ihres großen Ausschaltwiderstands $r_{DS(OFF)}$ (s. Abschn. 1.1.6.3) und ihrer kleinen Schaltkapazitäten sind FETs als Schalter besonders geeignet. Ferner durchlaufen alle Ausgangskennlinien genau den Nullpunkt des Ausgangskennlinienfelds, d.h. bei kleinen Drain-Source-Spannungen und Drain-Strömen verhält sich der FET wie ein reiner Wirkwiderstand.

Benutzt man wie in Bild **53.1** einen N-Kanal-PN-FET als Schalter, so muß die Treiberschaltung T so ausgelegt werden, daß bei allen zulässigen Eingangsspannungen u_e im eingeschalteten Zustand die Gate-Source-Spannung $u_{GS} = 0$ ist. Andererseits muß im ausgeschalteten Zustand bei allen zulässigen Eingangsspannungen u_e die Gate-Source-Spannung $u_{GS} \ll -U_{GSP}$, also kleiner als die Gate-Source-Pinch-off-Spannung sein, damit der FET stets sicher gesperrt bleibt. Die in Bild **53.1** verwendete und aus den beiden bipolaren Transistoren T_2 (NPN) und T_3 (PNP) bestehende Treiberschaltung erfüllt diese Eigenschaften.

Um eine leichte Anpassung an Schaltungen der Digitaltechnik zu ermöglichen, springt die Steuerspannung u_S wie in Bild **53.2**a zwischen den Spannungen $U_{SH} = 5$ V und $U_{SL} = 0$ V (TTL-Pegel). Wir untersuchen das Verhalten der Schaltung in den beiden Schaltzuständen.

1. Schaltzustand $u_S = u_{SL} = 0$: In diesem Fall ist der Transistor T_3 gesperrt; es gilt für seine Emitterspannung $u_{E3} = 0$ (Bild **53.2**b) und seine Kollektorspannung $u_{C3} = U_{n-} = -16,8$ V (Bild **53.2**c). Da sein Kollektorstrom $i_{C3} = 0$ ist, erhält Transistor T_2 keinen

---
[1]) Verzeichnis der Leitfadenbände am Schluß dieses Buches

1.1.9 Anwendungen 53

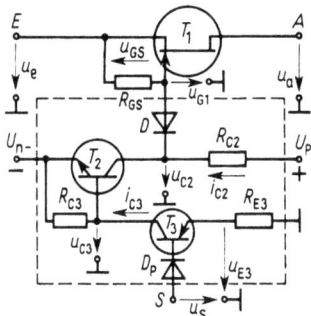

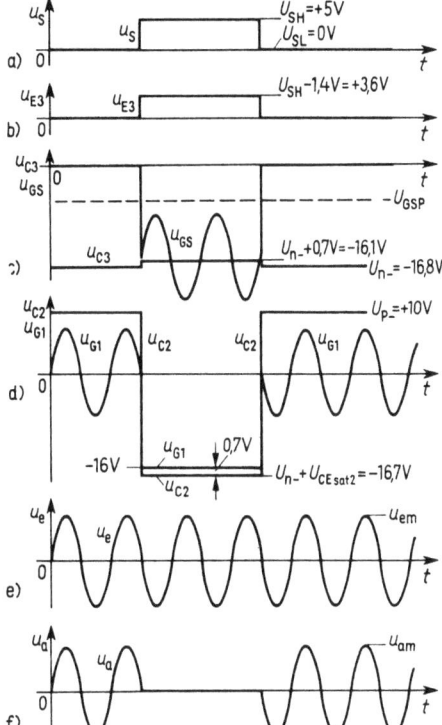

53.1
Schaltung eines Übertragungs-Gatters mit N-Kanal-Sperrschicht-FET T_1 als Schalter.
Der gestrichelte eingerahmte Kasten enthält die Treiberschaltung für den FET T_1. E Signaleingang, A Signalausgang, S Steuerungseingang, $R_{C2} = 10\,\text{k}\Omega$, $R_{C3} = 560\,\Omega$, $R_{E3} = 2{,}7\,\text{k}\Omega$, $U_{p-} = 10\,\text{V}$, $U_{n-} = -16{,}8\,\text{V}$; D_p Potentialverschiebediode; bei diesem Gatter können Eingang E und Ausgang A vertauscht werden

53.2 Impulsdiagramme zur Erklärung der Schaltung von Bild **53.**1 mit zeitlichem Verlauf
a) der Steuerungsspannung u_S
b) der Emitterspannung u_{E3} von Transistor T_3
c) der Kollektorspannung u_{C3} von Transistor T_3 und der Gate-Source-Spannung u_{GS} von FET T_1
d) der Kollektorspannung u_{C2} von Transistor T_2 und der Gate-Spannung u_{G1} von FET T_1 (gemessen gegen Masse)
e) der Eingangsspannung u_e
f) der Ausgangsspannung u_a

Basisstrom und ist ebenfalls gesperrt, und seine Kollektorspannung ist $u_{C2} = U_{p-} = +10\,\text{V}$ (Bild **53.**2d). Ist nun die Schwankung der Eingangsspannung u_e maximal $\pm 10\,\text{V}$, so ist auch bei $u_e = +10\,\text{V}$ die Diode D noch gesperrt, und da nun das Gate des FET T_1 über den Widerstand R_{GS} mit der Source verbunden ist, wird der Transistor T_1 mit $u_{GS} = 0$ (Bild **53.**2c) betrieben und ist deshalb leitend. Nach Bild **53.**2d, e, f sind Gate-Spannung u_{G1}, Eingangsspannung u_e und Ausgangsspannung u_a näherungsweise gleich in ihrem zeitlichen Verlauf. Der FET-Schalter ist geschlossen.

2. Schaltzustand $u_S = U_{SH} = 5\,\text{V}$: Jetzt ist Transistor T_3 leitend, und es fließt mit dem Emitterwiderstand $R_{E3} = 2{,}7\,\text{k}\Omega$ der Strom $i_{C3} \approx i_{E3} = u_{E3}/R_{E3} = (U_{SH} - 1{,}4\,\text{V})/R_{E3} = 3{,}6\,\text{V}/2{,}7\,\text{k}\Omega = 1{,}33\,\text{mA}$. Mit $R_{C3} = 560\,\Omega$ erhält der Transistor T_2 ausreichend Basisstrom und ist gesättigt leitend. Mit dem Kollektorwiderstand $R_{C2} = 10\,\text{k}\Omega$ beträgt sein Kollektorstrom $i_{C2} = (U_{p-} - U_{n-} - U_{CE\,sat2})/R_{C2} = (10\,\text{V} + 16{,}8\,\text{V} - 0{,}1\,\text{V})/10\,\text{k}\Omega = 2{,}67\,\text{mA}$. Wie in Bild **53.**2d gezeigt, ist jetzt mit der Sättigungsspannung $U_{CE\,sat2} = 0{,}1\,\text{V}$ die Kollektorspannung $u_{C2} = U_{n-} + U_{CE\,sat2}$

$= -16,8\text{ V} + 0,1\text{ V} = -16,7\text{ V}$, und die Diode D ist ebenfalls leitend. Transistor T_1 erhält somit die Gate-Spannung $u_{G1} = u_{C2} + 0,7\text{ V} = -16,7\text{ V} + 0,7\text{ V} = -16\text{ V}$. Die Gate-Source-Spannung u_{GS} des FET T_1 ist die Differenz zwischen Gate-Spannung u_{G1} und Eingangsspannung u_e. Der FET ist nun sicher gesperrt, wenn die Gate-Source-Spannung $u_{GS} = u_{G1} - u_e \leq -U_{GSP}$, also kleiner als die Gate-Source-Pinch-off-Spannung ist (Zahlenwert von U_{GSP} positiv!). Der Verlauf der Spannung u_{GS} ist in Bild **53.**2c aufgetragen, und dort dürfen die in den positiven Scheitelwerten der Eingangsspannung u_e auftretenden positiven Spannungsspitzen die gestrichelt eingetragene Gate-Source-Pinch-off-Spannung $-U_{GSP}$ nicht erreichen. Beträgt die Gate-Source-Pinch-off-Spannung $U_{GSP} = 6\text{ V}$, ergibt sich mit dieser Bedingung die minimal zulässige Eingangsspannung $u_{e\min} = u_{G1} + U_{GSP} = -16\text{ V} + 6\text{ V} = -10\text{ V}$. In der positiven Halbschwingung ist die Gate-Source-Diode des FET T_1 sicher gesperrt, und es ist nur darauf zu achten, daß ihre maximal zulässige Sperrspannung durch die Summe der Spannungen $u_{G1} + u_{em}$ nicht überschritten wird. Ist dies gewährleistet, überträgt das Gatter Eingangswechselspannungen u_e mit dem maximal zulässigen Scheitelwert $u_{em} = 10\text{ V}$. In der ausgeschalteten Phase ist dabei der FET-Widerstand $r_{DS(OFF)} \gg R_L$, so daß die am Lastwiderstand R_L auftretende Spannung näherungsweise null ist (Bild **53.**2f).

Multiplexer. Benutzen wir zur Abkürzung das in Bild **52.**1b dargestellte Symbol für ein Übertragungs-Gatter und schalten wie in Bild **54.**1 auf der Senderseite die 4 oder mehr Ausgänge A_1 bis A_4 der Gatter zusammen auf eine Übertragungsleitung $\ddot{U}$, so kann man auf dieser Leitung mehrere Eingangsspannungen zeitlich verschachtelt übertragen, wenn die Steuerungseingänge S_1 bis S_4 entsprechend zeitlich versetzt mit Impulsen angesteuert werden und die Übertragungs-Gatter zeitlich nacheinander öffnen. Werden die Steue-

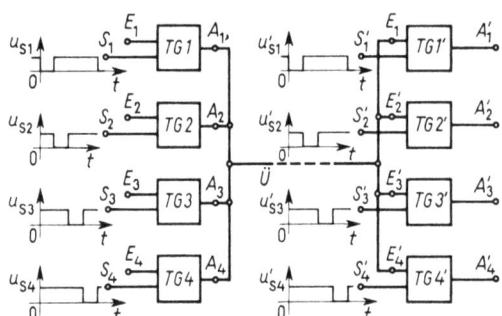

54.1
Zeitmultiplex-Schaltung mit vier Übertragungs-Gattern
$\ddot{U}$ gemeinsame Übertragungsleitung

rungseingänge S_1' bis S_4' auf der Empfängerseite synchron mit den Eingängen S_1 bis S_4 geschaltet, wird die Information vom Eingang E_1 auf den Ausgang A_1' weitergeleitet usw. Werden die Ausgänge A_2' bis A_4' bedient, ist das Gatter $TG\,1'$ gesperrt und der Ausgang A_1' spannungslos. Entsprechendes gilt für die anderen Ausgänge. Diese zeitlich verschachtelte Informationsübertragung wird als Zeit-Multiplexing bezeichnet und hat den Vorteil, daß zur Übertragung mehrerer Informationssignale nur eine Leitung $\ddot{U}$ benötigt wird. Auch das zur Synchronisation der Steuerungseingänge S_1 bis S_2 und S_1' bis S_2' erforderliche Synchronisierungssignal kann in einer Informationspause auf derselben Leitung $\ddot{U}$ mit übertragen werden.

Chopper. Ein häufig auftretendes Problem ist die Umformung (Zerhacken) einer Gleichspannung in eine Wechselspannung [14], [31], [32]. Öffnet und schließt man ein Übertragungs-Gatter periodisch, kann man die Generatorspannung u_G nach Bild **55.**1a über das Gatter TG periodisch auf den Lastwiderstand R_L schalten. Bei diesem **Serien-Chopper** kann die zu unterbrechende Spannung u_G sowohl eine Gleich- als auch eine Wechselspannung sein. Die am Lastwiderstand R_L auftretende Spannung

$$u_a = \frac{R_L}{R_L + r_{DS} + R_G} u_G \tag{55.1}$$

ist null, wenn der Widerstand des Übertragungs-Gatters $r_{DS} = r_{DS(OFF)} \gg R_L + R_G$, das Gatter also gesperrt ist. Ist im leitenden Zustand des Gatters sein Widerstand $r_{DS} = r_{DS(ON)} \ll R_L + R_G$, tritt am Lastwiderstand die im Verhältnis $R_L/(R_L + R_G)$ geteilte Generatorspannung auf.

55.1
Serien-Chopper (a) und Parallel-Chopper (b) mit Übertragungs-Gatter TG

Bei dem in Bild **55.**1b gezeigten **Parallel-Chopper** wird die am Lastwiderstand R_L liegende Spannung periodisch kurzgeschlossen. Mit dem Gesamtwiderstand der Parallelschaltung der Widerstände r_{DS} und R_L

$$R_p = r_{DS} R_L/(r_{DS} + R_L) \tag{55.2}$$

ergibt sich die Ausgangsspannung

$$u_a = \frac{R_p}{R_p + R_G} u_G \tag{55.3}$$

Diese ist näherungsweise null, wenn im durchgeschalteten Fall der Widerstand des Gatters $r_{DS} = r_{DS(ON)} \ll R_G$ ist. Wird bei gesperrtem Gatter $r_{DS} = r_{DS(OFF)} \gg R_L$, erhält man wieder die gleiche Spannungsteilung zwischen Ausgangs- und Generatorspannung wie beim Serien-Chopper. Nachteilig ist beim Parallel-Chopper, daß der Generatorausgang bei durchgeschaltetem Gatter nahezu kurzgeschlossen und dadurch stark belastet wird. Beim Serien-Chopper dagegen hat bei gesperrten Gatter der Gatterausgang keine niederohmige Verbindung nach Masse und ist somit gegenüber der Einstreuung von Störimpulsen sehr empfindlich.

Diese Nachteile vermeidet man mit der in Bild **55.**2 gezeigten **Kombination aus Serien- und Parallel-Chopper**. Durch das Zwischenschalten des Inverters I ist das Gatter $TG2$ gesperrt, wenn das Gatter $TG1$ geöffnet ist, und umgekehrt wird bei ge-

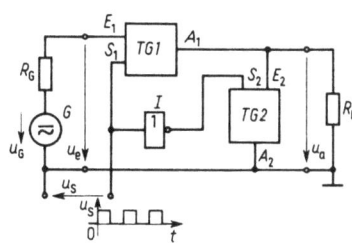

55.2
Serien-Parallel-Chopper mit zwei Übertragungs-Gattern $TG1$ und $TG2$

56   1.1 Feldeffekt-Transistoren

sperrtem Gatter *TG1* das Gatter *TG2* geöffnet. Mit der Parallelschaltung

$$R_{p2} = r_{DS2} R_L/(r_{DS2} + R_L) \tag{56.1}$$

des Widerstands r_{DS2} von Gatter *TG2* zum Lastwiderstand R_L wird mit dem Widerstand r_{DS1} von Gatter *TG1* die Ausgangsspannung

$$u_a = \frac{R_{p2}}{R_{p2} + r_{DS1} + R_G} u_G \tag{56.2}$$

Daraus ergibt sich bei gesperrtem Gatter *TG1* und leitendem Gatter *TG2* näherungsweise die Ausgangsspannung

$$u_a \approx (r_{DS(ON)2}/r_{DS(OFF)1}) u_G \approx 0 \tag{56.3}$$

und bei leitendem Gatter *TG1* und gesperrtem Gatter *TG2* wieder wie beim Serien- oder Parallel-Chopper

$$u_a = u_D R_L/(R_L + R_G) \tag{56.4}$$

Hier ist nun der Lastwiderstand entweder niederohmig mit dem Generator *G* oder mit Masse verbunden.

Bei einem idealen Schalter dürfen die auf den Steuereingang *S* geschalteten Spannungssprünge nicht in den zu schaltenden Kreis gekoppelt werden. Durch die Gate-Kanal-Kapazität C_{GK} ist beim FET-Schalter eine solche Durchkopplung von Gate-Spannungssprüngen in den Schaltkreis unvermeidlich. Werden z. B. bei $u_e = 0$ an den Steuereingang *S* des Übertragungs-Gatters von Bild 53.1 Spannungssprünge nach Bild 56.1a gelegt, springt die Gate-Spannung u_{G1} des FET T_1 wie in Bild 56.1b, und am Ausgang entstehen die differenzierten Spannungsimpulse von Bild 56.1c. Die Differentiationszeitkonstante ergibt sich dabei aus der spannungsabhängigen Gate-Kanal-Kapazität C_{GK} und den im Schaltkreis liegenden Widerständen R_L, R_G und r_{DS}. Durch die im Treiberkreis liegenden bipolaren Transistoren tritt zusätzlich eine Schaltverzögerung t_d auf, die in der Größenordnung von $t_d \approx 50$ ns liegt. Ist die Eingangsspannung $u_e \neq 0$, überlagern sich die Schaltimpulse (spikes) als Störungen der Ausgangsspannung u_a.

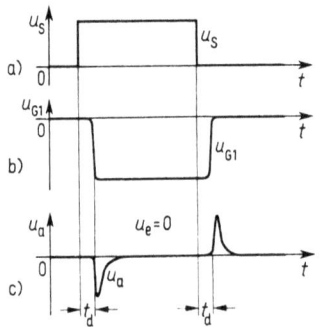

56.1
Impulsdiagramme zum Überkoppeln vom Steuerungseingang *S* auf den Signalausgang *A* der Schaltung von Bild 53.1
a) Steuerungsimpuls u_S
b) negativer Impuls u_{G1} am Gate von Transistor T_1
c) kapazitiv durchgekoppelte, differenzierte Impulsflanken u_a

1.1.9.4 Digitale Schaltungen. Für den Aufbau digitaler Schaltkreise [34], [35] werden meist selbstsperrende MOS-FETs verwendet. Dies hat den Vorteil, daß zum Sperren der FETs keine negativen (N-Kanal-Typ) bzw. positiven (P-Kanal-Typ) Gate-Vorspannungen benötigt werden.

Inverter. Die Invertierung (Umkehrung) eines Signals ist die einfachste logische Operation. Wir betrachten die Verhältnisse an Bild 57.1a. Ist dort die Eingangsspannung $U_e = 0$ (Low), ist der Transistor T gesperrt, und die Ausgangsspannung $U_Q \approx U_{p-}$ (High). Legt man andererseits an den Eingang E die Spannung $U_e = U_{p-}$ (High), so ist der FET T leitend, und die Ausgangsspannung $U_Q \approx 0$ (Low). Führen wir für das Eingangssignal das Symbol E und für das Ausgangssignal das Symbol Q ein, so gilt in der Schreibweise der Logik $Q = \bar{E}$ (Q ist gleich E nicht!).

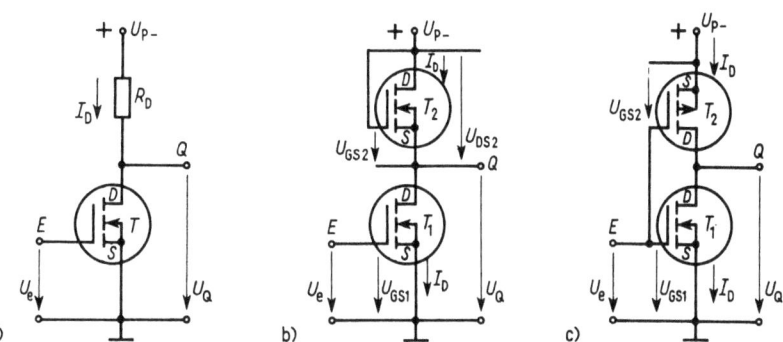

57.1 Entwicklung eines FET-Inverters
a) mit Drain-Widerstand R_D
b) mit als FET-Diode geschaltetem N-Kanal-MOS-FET anstelle von Widerstand R_D
c) mit komplementärem P-Kanal-MOS-FET anstelle von Widerstand R_D (CMOS-Technik)

In Bild 57.2a sind die Ausgangskennlinien des Transistors T für $U_e = U_{GS} = U_{p-}$ und für $U_e = U_{GS} = 0$ sowie die Gerade des Drain-Widerstands R_D eingetragen. Aus den Schnittpunkten ergibt sich im gesperrten Zustand der Arbeitspunkt A_H (H für High) und im leitenden Zustand der Arbeitspunkt A_L (L für Low). Bei gesperrtem Transistor, also im Arbeitspunkt A_H, ist die Ausgangsspannung $U_Q = U_{HQ} \approx U_{p-}$; denn der in Bild 57.2a übertrieben groß gezeichnete Reststrom für $U_{GS} = 0$ ist in Wirklichkeit sehr klein (einige nA) und deshalb zu vernachlässigen. Im Arbeitspunkt A_L bei leitendem Transistor weicht dagegen die Ausgangsspannung U_{QL} erheblich von 0 ab. Für einen idealen Inverter sollte sie jedoch nahezu 0 sein. Als weiterer Nachteil kommt der relativ große, nur durch den Widerstand R_D begrenzte Drain-Strom I_D des leitenden Transistors hinzu.

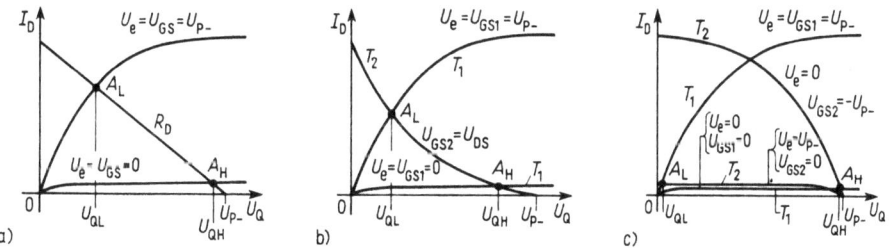

57.2 Arbeitspunkte A_L (Low) und A_H (High) im Ausgangskennlinienfeld für die Schaltungen nach Bild 57.1
a) für Bild 57.1a
b) für Bild 57.1b
c) für Bild 57.1c

Werden solche Schaltkreise als integrierte Schaltungen hergestellt, so wird für die Erzeugung des Widerstands R_D als diffundierte Halbleiterbahn im Vergleich zum Transistor T relativ viel Platz auf dem Silizium-Kristall benötigt.

Aus diesem Grund verwendet man besser die Schaltung nach Bild 57.1b, in der der Widerstand R_D durch den N-Kanal-MOS-FET T_2 ersetzt wird. Für diese Schaltung wird in Bild 57.2b anstelle der Widerstandsgeraden $I_D = (U_{p-} - U_Q)/R_D$ die Kennlinie $I_D = f(U_{DS2})$ mit $U_{DS2} = U_{GS2} = U_{p-} - U_Q$ eingetragen (s.a. die strichpunktierte Kennlinie von Bild 16.1). Die sich nun ergebenden Arbeitspunkte A_H und A_L liegen zwar auch nicht wesentlich günstiger als in Bild 57.2a, jedoch ist der mit kurzgeschlossenem Gate-Drain betriebene Transistor T_2 von Bild 57.1b technologisch günstiger und mit geringerem Platzbedarf herstellbar.

CMOS-Inverter. Eine wesentliche Verbesserung der Schaltungseigenschaften erreicht man, wenn der Transistor T_2 wie in Bild 57.1c durch einen zum Transistor T_1 komplementären Typ (das C in CMOS steht für komplementär), also durch einen P-Kanal-MOS-FET ersetzt wird [34]. Allerdings muß nun die Source des Transistors T_2 an die positive Versorgungsspannung U_{p-} gelegt werden. Durch die Zusammenschaltung der beiden Gates wird bei $U_e = 0$ der Transistor T_1 gesperrt, der P-Kanal-FET T_2 dagegen leitend sein, denn er erhält die gegen Source gemessene negative Gate-Source-Spannung $U_{GS2} = -U_{p-}$. Durch den niederohmig leitenden Transistor T_2 wird der Ausgang Q mit der Versorgungsspannung U_{p-} verbunden, und es gilt $U_Q = U_{QH} \approx U_{p-}$. Ist dagegen $U_e = U_{p-}$, so ist der N-Kanal-FET T_1 leitend und der P-Kanal-FET T_2 gesperrt; denn an diesem liegt jetzt die Gate-Source-Spannung $U_{GS2} = 0$. Durch den leitenden Transistor T_1 wird jetzt der Ausgang Q an Masse gelegt, und die Ausgangsspannung ist $U_Q = U_{QL} \approx 0$.

Um die Lage der Arbeitspunkte A_H und A_L zu ermitteln, sind im Kennlinienfeld von Bild 57.2c außer den Kennlinien des FET T_1, die wie in Bild 57.2a, b verlaufen, noch die Kennlinien des Transistors T_2 eingetragen. Da jedoch für Transistor T_2 die Drain-Source-Spannung $U_{DS2} = U_{p-} - U_Q$ ist, liegt der Nullpunkt dieser Kennlinien bei $U_Q = U_{p-}$. Ist der Eingang im Low-Zustand, also $U_e = 0$, ergibt sich für den Ausgang der Arbeitspunkt A_H. Ebenso erhält man für den Ausgang den Arbeitspunkt A_L, wenn der Eingang im High-Zustand, also $U_e = U_{p-}$ ist. In beiden Fällen fließt ein vernachlässigbar kleiner Strom I_D durch das Gatter, da stets nur ein Transistor leitend ist. Die Spannungen U_{QH} und U_{QL} weichen nur unwesentlich von der Versorgungsspannung U_{p-} bzw. von Masse (0 V) ab. Querstrom I_D durch den Inverter kann nur fließen, wenn beim Umschalten von einem Zustand in den anderen beide Transistoren zum Teil leitend sind.

Dieses Umschaltverhalten wird durch die in Bild 59.1 gezeigte Übertragungskennlinie $U_Q = f(U_e)$ des Inverters erklärt. Sie gibt die Abhängigkeit der Ausgangsspannung U_Q von der Eingangsspannung U_e wieder und beginnt für $U_e = 0$ bei $U_Q = U_{p-}$; im Umschaltbereich $4\text{ V} < U_e < 6\text{ V}$ sinkt die Ausgangsspannung U_Q sehr stark ab, und schließlich endet die Übertragungskennlinie für $U_e = U_{p-}$ bei $U_Q = 0$. Der Umschaltbereich wird durch die Schwellspannung $U_{GS(T0)}$ der Transistoren (s. Abschn. 1.1.3.2) bestimmt. Er läßt sich durch unterschiedliche technologische Verfahren in gewissen Grenzen verschieben.

Der in Bild 59.1 noch eingezeichnete Drain-Strom I_D des Inverters erreicht im Umschaltbereich, wenn beide Transistoren z.T. leitend sind, sein Maximum und fällt außerhalb des Umschaltbereichs sehr schnell auf nahezu null ab.

Befindet sich ein solcher CMOS-Inverter in einem der beiden Schaltzustände (High oder Low), ist sein Leistungsverbrauch sehr gering und liegt im Bereich von nW bis μW. In CMOS-Technik aufgebaute Digitalschaltkreise werden deshalb häufig als **Mikrowatt-Logik** bezeichnet. Ein Leistungsverbrauch findet in CMOS-Schaltkreisen nur beim Umschalten statt. Es kommt also darauf an, diese Umschaltphasen zeitlich möglichst kurz zu halten, den Umschaltbereich also möglichst sprungartig zu durchlaufen – eine Forderung, die an alle digitalen Systeme gestellt wird.

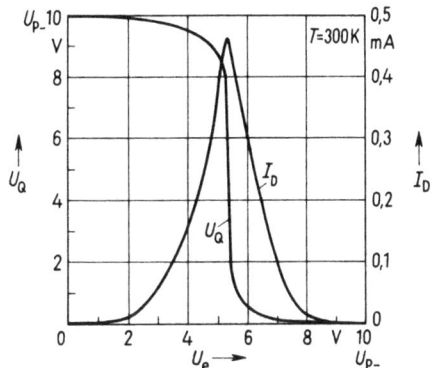

59.1 Übertragungskennlinie $U_Q = f(U_e)$ eines CMOS-FET-Inverters und Abhängigkeit des Drain-Stroms $I_D = f(U_e)$ von der Eingangsspannung U_e beim Umschalten des Inverters

CMOS-NOR-Gatter. Für die logische Verknüpfung (s. Band X) von z. B. zwei Eingangsvariablen E_1 und E_2, die nur zwei logische Zustände 0 oder 1 annehmen können (binäre Variable), verwendet man die Funktionen

UND-Funktion E_1 und E_2: $\qquad Q_1 = E_1 \wedge E_2$ $\hfill$ (59.1)

ODER-Funktion E_1 oder E_2: $\qquad Q_2 = E_1 \vee E_2$ $\hfill$ (59.2)

Nicht-UND- bzw. NAND-Funktion: $Q_3 = \overline{E_1 \wedge E_2}$ $\hfill$ (59.3)

Nicht-ODER- bzw. NOR-Funktion: $Q_4 = \overline{E_1 \vee E_2}$ $\hfill$ (59.4)

Diese Funktionen werden durch die in Tafel **59.2** dargestellten Wertetabellen definiert. Dabei wird jeder Kombination der Eingangsvariablen E_1, E_2 ein bestimmter Zustand der Ausgangsvariablen Q zugeordnet (s. Band X).

In der Technik werden nun den Werten 0 und 1 der logischen Variablen Spannungen zugeordnet. Ordnet man dem Wert 1 die positivere Spannung zu, so spricht man von **positiver Logik**. Stellt man dagegen den Wert 0 durch die positivere Spannung dar,

Tafel **59.2** Wertetabellen der UND-, ODER-, NAND- und NOR-Funktion für zwei Eingangsvariable E_1, E_2

Eingangsvariable		Ausgangsvariable			
		UND	ODER	NAND	NOR
E_1	E_2	Q_1	Q_2	Q_3	Q_4
0	0	0	0	1	1
0	1	0	1	1	0
1	0	0	1	1	0
1	1	1	1	0	0

erhält man eine **negative Logik**. Die meist verwendete Zuordnung ist die positive Logik. Wendet man sie auf unsere Schaltkreise an, erhält man

für $E = 0$ die Spannung $U_e = 0$ V und den Zustand Low

für $E = 1$ die Spannung $U_e = U_{p-}$ und den Zustand High

1.1 Feldeffekt-Transistoren

Wir wollen nun entsprechend dieser Zuordnung das in Bild **60.1** gezeigte CMOS-NOR-Gatter untersuchen. Dazu benutzen wir die in Tafel **60.2** wiedergegebene Zusammenstellung der Eingangsvariablen und Eingangsspannungen sowie der Ausgangsvariablen und der Ausgangsspannung. In den letzten 4 Spalten sind die Zustände der 4 Transistoren T_1 bis T_4 angegeben, wobei g für gesperrt und l für leitend steht.

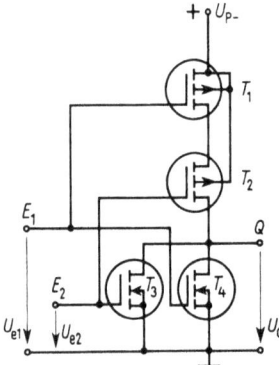

60.1 Grundschaltung eines CMOS-NOR-Gatters

Tafel 60.2 Wertetafel des CMOS-NOR-Gatters nach Bild **60.1**

Eingang				Ausgang		Transistoren			
E_1	U_{e1}	E_2	U_{e2}	U_Q	Q	T_1	T_2	T_3	T_4
0	0 V	0	0 V	$U_{QH} \approx U_{p-}$	1	l	l	g	g
0	0 V	1	U_{p-}	$U_{QL} \approx 0$ V	0	l	g	l	g
1	U_{p-}	0	0 V	$U_{QL} \approx 0$ V	0	g	l	g	l
1	U_{p-}	1	U_{p-}	$U_{QL} \approx 0$ V	0	g	g	l	l

Der Ausgang Q kann nur dann die Spannung $U_{QH} \approx U_{p-}$ führen, wenn beide Transistoren T_3 und T_4 gesperrt und die Transistoren T_1 und T_2 leitend sind. Dies ist nur in der 1. Zeile von Tafel **60.1**, wenn die Eingangsspannungen $U_{e1} = U_{e2} = 0$ sind, der Fall. In allen anderen drei Zeilen schließen stets einer der Transistoren T_3, T_4 oder alle beide den Ausgang Q gegen Masse kurz und einer der Transistoren T_1, T_2 oder alle beide unterbrechen die Zuführung der Spannung U_{p-} zum Ausgang Q. Der Ausgang liegt somit in den letzten drei Zeilen auf der Spannung $U_{QL} \approx 0$. Vergleicht man die Spalten E_1, E_2 und Q mit den entsprechenden Spalten E_1, E_2 und Q_4 der Tafel **59.2**, so erkennt man, daß das CMOS-Gatter die NOR-Verknüpfung zwischen den beiden Eingangsvariablen E_1 und E_2 erzeugt.

Wird einer der Eingänge, z. B. E_2, an Masse geschaltet, so ist Transistor T_3 stets gesperrt und Transistor T_2 stets leitend. Das Gatter arbeitet dann vom Eingang E_1 zum Ausgang Q hin mit den Transistoren T_1 und T_4 als CMOS-Inverter. Eine Erweiterung auf mehr als zwei Eingänge ist möglich, wenn entsprechend mehr Transistoren in Reihe bzw. parallel geschaltet werden. In der Schaltung von Bild **60.1** sind die Substrat-Anschlüsse der P-Kanal-FETs T_1 und T_2 an die positivste Spannung U_{p-} des Schaltkreises gelegt, die Substrat-Anschlüsse der N-Kanal-Transistoren T_3 und T_4 dagegen sind an Masse, also an die negativste Spannung der Schaltung geschaltet. Dadurch wird sichergestellt, daß die Kanal-Substrat-Dioden der FETs in allen Schaltzuständen gesperrt sind.

CMOS-Übertragungs-Gatter. In der Digitaltechnik werden auch Übertragungs-Gatter (transmission gate) zur Kopplung und Entkopplung von Schaltungsteilen benötigt (s. a. Abschn. 1.1.9.3). Der Aufbau ist mit selbstsperrenden N-Kanal und P-Kanal-MOS-FETs nach Bild **61.1** möglich [34]. Das eigentliche Übertragungs-Gatter besteht aus dem N-Kanal-FET T_1 und dem P-Kanal-FET T_2, die drain- und sourceseitig parallel geschaltet sind. Die Transistoren T_3 und T_4 stellen einen CMOS-Inverter nach Bild **57.1**c dar. Die Steuerspannung u_S springt zwischen den zwei Spannungen 0 V und U_{p-}. Die beiden Gates G_1 und G_2 werden durch den Inverter antivalent angesteuert. Wir wollen im folgenden die zwei Fälle des leitenden und des gesperrten Gatters betrachten.

1.1.9 Anwendungen 61

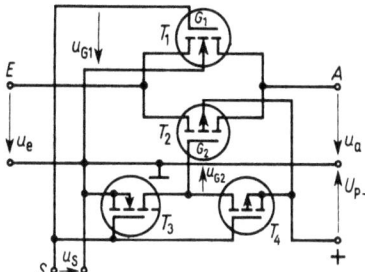

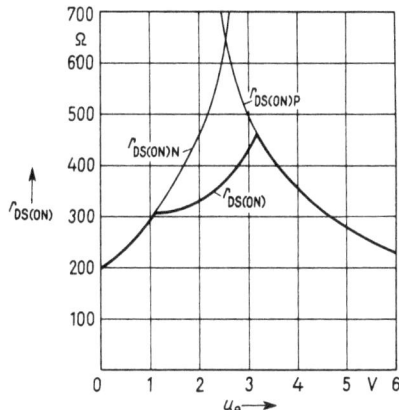

61.1 CMOS-Übertragungs-Gatter
T_1, T_2 CMOS-FET-Schalter;
T_3, T_4 CMOS-Taktinverter

61.2 Einschaltwiderstand $r_{DS(ON)} = f(u_e)$ in Abhängigkeit von der Eingangsspannung u_e für ein CMOS-Übertragungs-Gatter (CD 4016)
$r_{DS(ON)N}$ Widerstandsverlauf des N-Kanal- und $r_{DS(ON)P}$ des P-Kanal-FET

1. Leitendes Gatter: Es muß $u_S = u_{G1} = U_{p-}$ und $u_{G2} = 0$ sein. Hat jetzt die Eingangsspannung u_e den maximal zulässigen Wert U_{p-}, so ist der N-Kanal-FET T_1 gesperrt (seine Gate-Source-Spannung ist null) und der P-Kanal-FET T_2 leitend; denn seine Gate-Source-Spannung ist $-U_{p-}$. Überschreitet die Eingangsspannung u_e die positive Spannung U_{p-}, wird die Kanal-Substrat-Diode des Transistors T_2 leitend und verbindet den Eingang E niederohmig mit der Versorgungsspannung U_{p-}. Ist die Eingangsspannung u_e auf dem minimal zulässigen Wert 0 V, ist der N-Kanal-FET T_1 leitend; denn seine Gate-Source-Spannung beträgt U_{p-}, und der P-Kanal-FET T_2 ist gesperrt, da seine Gate-Source-Spannung jetzt null ist. Die Eingangsspannung u_e darf nicht negativ werden, da sonst die Kanal-Substrat-Diode des Transistors T_1 leitend wird und den Eingang E niederohmig mit Masse verbindet. Dies ist ein Nachteil gegenüber dem mit PN-FETs aufgebauten Übertragungs-Gatter nach Bild 53.1. Gilt für die Eingangsspannung $0 < u_e < U_{p-}$, so sind beide Transistoren T_1 und T_2 mehr oder weniger geöffnet. Trägt man deshalb den aus der Parallelschaltung der Durchlaßwiderstände $r_{DS(ON)N}$ von N-Kanal- und $r_{DS(ON)P}$ von P-Kanal-Transistor sich ergebenden Durchlaßwiderstand

$$r_{DS(ON)} = r_{DS(ON)N}\, r_{DS(ON)P}/(r_{DS(ON)N} + r_{DS(ON)P}) \qquad (61.1)$$

des CMOS-Gatters über der Eingangsspannung u_e auf, erhält man wie in Bild 61.2 für $u_e = 0$ zunächst den relativ kleinen Durchlaßwiderstand $r_{DS(ON)N} = 200\,\Omega$ des leitenden N-Kanal-Transistors T_1. Mit zunehmender Spannung u_e wird der FET T_1 immer mehr gesperrt, der P-Kanal-FET T_2 jedoch noch nicht hinreichend leitend, so daß bei der Eingangsspannung $u_e = 3{,}2$ V der Gatter-Durchlaßwiderstand auf $r_{DS(ON)} = 460\,\Omega$ ansteigt. Bei noch größerer Eingangsspannung u_e wird dann der P-Kanal-FET T_2 in zunehmendem Maße leitend, und der Durchlaßwiderstand sinkt wieder auf $r_{DS(ON)P} = 230\,\Omega$ bei $u_e = U_{p-} = 6$ V.

Ein weiterer Nachteil des CMOS-Gatters ist also der veränderliche Durchlaßwiderstand, so daß ein CMOS-Übertragungs-Gatter für Anwendungen in der linearen Elektronik weniger geeignet ist. Hinzu kommt, daß die Eingangsspannung u_e zwar eine kontinuierlich sich ändernde Spannung (analoge Spannung) sein kann, die aber stets im positiven Bereich liegen muß, so daß echte Wechselspannungen nicht übertragen werden können. Wechselspannungen können nur dann übertragen werden, wenn ihnen am Eingang eine positive Gleichspannung überlagert wird und somit die resultierende Spannung im zulässigen Eingangsspannungsintervall $0 \leq u_e \leq U_{p-}$ liegt.

2. **Gesperrtes Gatter:** Es muß $u_S = U_{G1} = 0$ und $U_{G2} = U_{p-}$ sein. Gleichgültig, ob jetzt die Eingangsspannung $u_e = 0$ oder $u_e = U_{p-}$ ist, sind beide Transistoren T_1 und T_2 stets gesperrt, denn für den N-Kanal-FET T_1 ist immer die Gate-Source-Spannung $u_{GS1} \leq 0$, und für den P-Kanal-FET T_2 gilt stets $u_{GS2} \geq 0$. Das Zusammenschalten von Invertern, NOR-Gattern und Übertragungs-Gattern ermöglicht den Aufbau komplizierterer Digitalschaltungen wie Flipflops, Zähler, Register usw. (s. Band X).

1.1.9.5 Hochfrequenz-Schaltungen. MOS-FETs sind für den Aufbau von rauscharmen Hochfrequenz-Kleinsignalverstärkern sehr gut geeignet. Besonders günstig ist ihr Einsatz in den Eingangsschaltungen von Rundfunk- und Fernsehempfängern (Tuner) [14]. Hier wirkt sich der nach Gl. (16.4) und (17.5) quadratische Verlauf der Übertragungskennlinie $I_{DS} = f(U_{GS})$ vorteilhaft aus. An den Eingang einer Empfängerschaltung werden über die Antenne amplituden- oder frequenzmodulierte Hochfrequenzsignale mit verschiedenen Kreisfrequenzen ω_H gelegt. Wird nun z.B. der Empfänger auf einen schwachen Sender mit der Kreisfrequenz ω_{H1} abgestimmt, so kann ein sehr starkes Hochfrequenzsignal mit der Kreisfrequenz ω_{H2} (Ortssender) an der nichtlinearen Kennlinie der Eingangsschaltung zu einer **Kreuzmodulation** des empfangenen Eingangssignals der Kreisfrequenz ω_{H1} führen.

Kreuzmodulation. In Bild 63.1 erzeugt der Hochfrequenzgenerator G_{H1} die gewünschte Signalspannung $u_{H1} = u_{H1m} \cos(\omega_{H1} t)$ und der Generator G_{H2} die hochfrequente Störspannung $u_{H2} = u_{H2m} \cos(\omega_{H2} t)$. In den Modulatoren M_1 und M_2 werden die Signalspannungen mit den von den Generatoren G_{N1} und G_{N2} gelieferten niederfrequenten Wechselspannungen $u_{N1} = u_{N1} \cos(\omega_{N1} t)$ und $u_{N2} = u_{N2m} \cos(\omega_{N2} t)$ amplitudenmoduliert. Am Ausgang der Modulatoren ergeben sich daher die Spannungen

$$u_1 = u_{H1m} [1 + m_1 \cos(\omega_{N1} t)] \cos(\omega_{H1} t) \tag{62.1}$$

$$u_2 = u_{H2m} [1 + m_2 \cos(\omega_{N2} t)] \cos(\omega_{H2} t) \tag{62.2}$$

wobei $m_1 = u_{N1m}/u_{H1m}$ und $m_2 = u_{N2m}/u_{H2m}$ die Modulationsgrade der beiden Schwingungen sind (s. Band VI, Teil 1 u. Band XI). Über die Anpassungsschaltung A werden die beiden Spannungen an den Eingang des in Source-Schaltung arbeitenden FET gelegt, so daß dieser mit der Spannung

$$u_e = u_1 + u_2 = u_{GS} \tag{62.3}$$

als Gate-Source-Wechselspannung angesteuert wird. Die Abhängigkeit des Drain-Wechselstroms i_D von der Gate-Source-Wechselspannung u_{GS} ergibt sich aus der Übertragungskennlinie (Eingangskennlinie)

$$i_D = a u_{GS} + b u_{GS}^2 + c u_{GS}^3 + \cdots \tag{62.4}$$

die wir hier als Reihe in Potenzen von u_{GS} darstellen. Dabei ist der Koeffizient $a = S$ die **Steilheit** im Arbeitspunkt, und die Koeffizienten b und c beschreiben die **Krümmung**

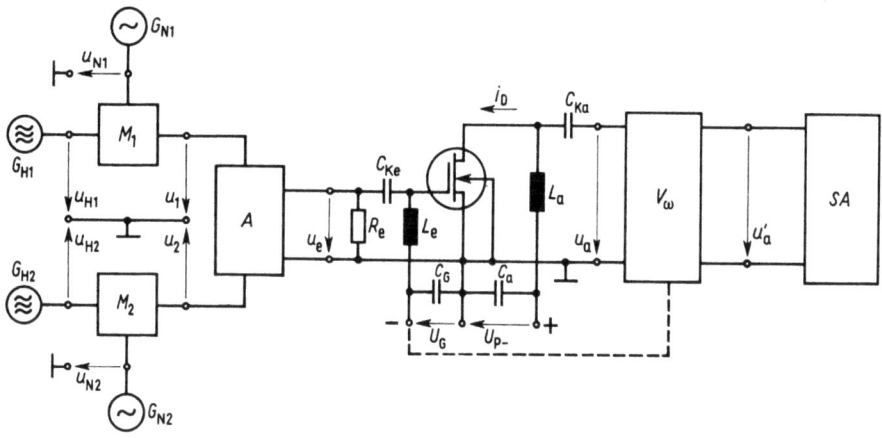

63.1 Schaltung zur Untersuchung des Kreuzmodulationsverhaltens einer FET-Empfänger-Eingangsschaltung
G_{H1} Hoch- und G_{N1} Niederfrequenzgeneratoren für das gewünschte amplitudenmodulierte Empfangssignal, G_{H2} Hoch- und G_{N2} Niederfrequenzgeneratoren für das Störsignal, M_1 und M_2 Amplitudenmodulatoren, A Anpassungsschaltnetz, V_ω Resonanzverstärker abgestimmt auf die Kreisfrequenz ω_1 von Generator G_{H1}, SA Spektrumanalysator, $C_{Ke} = C_{Ka} = 5$ nF Koppelkondensatoren, $C_G = C_a = 20$ nF Abblockkondensatoren, $R_e = 50\ \Omega$ Eingangswiderstand, L_e und L_a Drosselinduktivitäten für die Zuführung der Gleichspannungen U_G und U_{p-}

der Kennlinie in diesem Punkt. Glieder höherer Ordnung werden vernachlässigt. Setzt man Gl. (62.1) und (62.2) in Gl. (62.3) und diese dann in Gl. (62.4) ein und berücksichtigt ferner, daß der nachgeschaltete selektive Verstärker V_ω nur die Signalspannung mit der Kreisfrequenz ω_{H1} verstärkt, so erhält man, wenn man nur die Glieder mit $\cos(\omega_{H1} t)$ berücksichtigt, für den Drain-Strom

$$i_D = a u_{H1m} [1 + m_1 \cos(\omega_{N1} t)] \qquad (63.1)$$
$$\cdot \left\{ 1 + \frac{3c}{4a} u_{H1m}^2 [1 + m_1 \cos(\omega_{N1} t)]^2 + \frac{3c}{2a} u_{H2m}^2 [1 + m_2 \cos(\omega_{N2} t)] \right\} \cos(\omega_{H1} t)$$

Ist der Koeffizient $c = 0$ (kein Glied dritter Ordnung in der Übertragungskennlinie), schrumpft Gl. (63.1) zu

$$i_D = a u_{H1m} [1 + m_1 \cos(\omega_{N1} t)] \cos(\omega_{H1} t) \qquad (63.2)$$

und es treten keine Störterme mit der Modulations-Kreisfrequenz ω_{N2} des Störgenerators G_{N2} auf. Der Drain-Strom ist dann ohne jede Störung mit der Kreisfrequenz ω_{N1} amplitudenmoduliert.
Ist der Koeffizient $c \neq 0$, ferner die Hochfrequenzamplitude $u_{H1m} \ll u_{H2m}$ (starke Störung, Ortssender!) und der Modulationsgrad des empfangenen Senders $m_1 = 0$, so vereinfacht sich Gl. (63.1)

$$i_D = a \left[1 + \frac{3c}{2a} u_{H2m}^2 \left(1 + \frac{1}{2} m_2^2\right) \right] [1 + m_K \cos(\omega_{N2} t)] \cos(\omega_{H1} t) \qquad (63.3)$$

1.1 Feldeffekt-Transistoren

mit dem **Kreuzmodulationsgrad**

$$m_K = \frac{3c}{a} m_2 u_{H2m}^2 \bigg/ \left[1 + \frac{3c}{2a} u_{H2m}^2 \left(1 + \frac{1}{2} m_2^2\right) \right] \qquad (64.1)$$

Ist die Amplitude u_{H2m} der Störspannung u_{H2} nicht zu groß, kann man näherungsweise für den **Kreuzmodulationsgrad**

$$m_K \approx 3\, c m_2\, u_{H2m}^2 / a = K m_2 \qquad (64.2)$$

schreiben, wobei

$$K = 3\, c u_{H2m}^2 / a \qquad (64.3)$$

der **Kreuzmodulationsfaktor** ist. Er wächst also näherungsweise quadratisch mit der Amplitude u_{H2m} der störenden Hochfrequenzspannung u_{H2}.

Gl. (63.3) liefert das Ergebnis, daß der mit der Kreisfrequenz ω_{N2} und dem Modulationsgrad m_2 modulierte Störträger u_2 seine Modulations-Kreisfrequenz ω_{N2} dem unmodulierten ($m_1 = 0$) empfangenen Träger u_1 mit dem Kreuzmodulationsgrad m_K aufmoduliert. Man empfängt dann also auf der eingestellten Kreisfrequenz ω_{H1} die Modulation des Störsenders, dessen Kreisfrequenz ω_{H2} wesentlich größer oder kleiner als die Kreisfrequenz ω_{H1} sein kann. Durch nachgeschaltete frequenzselektierende Resonanzverstärker kann dann selbst bei bester Trennschärfe die Störung nicht mehr beseitigt werden.

Der Vorteil von MOS-FETs gegenüber bipolaren Transistoren ist ihre weitgehend quadratische Übertragungskennlinie, so daß wegen des kleinen Koeffizienten c die Kreuzmodulationsstörungen etwa **zehnmal kleiner** als beim bipolaren Transistor sind. In den meisten Empfängerschaltungen arbeitet man mit der automatischen Verstärkungsregelung (AGC, automatic gain control). Zu diesem Zweck wird durch Gleichrichtung des verstärkten Hochfrequenzsignals am Ausgang des Resonanzverstärkers V_ω eine Regelungs-Gleichspannung U_G gewonnen, die wie in Bild 63.1 als Gate-Vorspannung der Eingangsschaltung verwendet wird. Wird das gleichgerichtete Signal größer, vergrößert sich auch die negative Vorspannung U_G, der Arbeitspunkt des FET verschiebt sich zu negativeren Spannungen hin, und die Steilheit S nimmt ab. Die Verstärkung der Source-Schaltung sinkt, und die Spannung am Verstärkerausgang fällt wieder.

Wichtig ist deshalb, das Kreuzmodulationsverhalten während dieser Verstärkungsregelung zu kennen. Bezeichnen wir mit u'_{a0} die Ausgangsspannung des Verstärkers V_ω, wenn der FET wie in Bild 63.1 ohne Abschwächung mit optimaler Verstärkung arbeitet, und mit $u'_a < u'_{a0}$ die Ausgangsspannung bei verringerter Verstärkung, so können wir das **Abschwächungsmaß**

$$A_{dB} = 20 \lg (u'_{a0}/u'_a) \qquad (64.4)$$

definieren. In Bild **65.1** ist es in Abhängigkeit vom Effektivwert $\tilde{u}_{H2}$ der Störspannung bei konstantem Modulationsgrad $m_K = 0{,}01$ aufgetragen. Hierbei gilt Kurve *1* für den FET in **Source-Schaltung** nach Bild 63.1, Kurve *2* für einen **Doppelgate-FET** (s. Abschn. 1.1.8), dessen Steilheit durch Regelung der Gate-2-Spannung U_{G2} verringert wird, und Kurve *3* für eine **Kaskode-Schaltung** aus zwei FETs nach Bild **65.2**, (s. Band III, Teil 1), deren Verstärkung ebenfalls durch Verkleinerung der Gate-Spannung U_{G2} von Transistor T_2 verringert wird. Je größer demnach wie z.B. in den Kurven *2* und *3* bei konstantem Kreuzmodulationsgrad m_K der Effektivwert der Stör-Hochfrequenzspannung $\tilde{u}_{H2}$ selbst bei großer Abschwächung A_{dB} sein darf, um so besser verhält

1.1.9 Anwendungen

65.1
Abschwächungsmaß $A_{dB} = 20 \lg (u'_{a0}/u'_a)$ und Spannungsverhältnis u'_{a0}/u'_a in Abhängigkeit vom Effektivwert u_{H2} der störenden Generatorspannung u_{H0} bei konstantem Kreuzmodulationsgrad $m_K = 0{,}01$
Kurve *1*: für einfache FET-Source-Schaltung nach Bild 63.1,
Kurve *2*: für Doppelgate-Source-Schaltung und Verstärkungsregelung an Gate 2,
Kurve *3*: für Kaskode-Schaltung nach Bild 65.2
Frequenz und Modulationsgrad des gewünschten Generators $f_{H1} = 200$ MHz und $m_1 = 0{,}3$ sowie des Störgenerators $f_{H2} = 150$ MHz und $m_2 = 0{,}3$; am Eingang der Schaltung befindet sich wie in Bild 63.1 und 65.2 kein abstimmbarer Resonanzkreis.

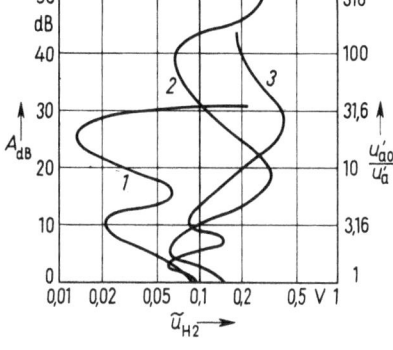

65.2
Hochfrequenz-Kaskode-Eingangsschaltung aus zwei selbstleitenden MOS-FETs für automatische Verstärkungsregelung durch die Gate-Spannung U_{G2} von Transistor T_2
$R_{G1} = R_{G2} = 100$ kΩ Gate-Vorwiderstände,
$C_{G1} = C_{G2} = C_a = 10$ nF Abblockkondensatoren,
$C_{Ke} = 20$ nF Koppelkondensator, $R_e = 50$ Ω Eingangswiderstand, L_a Drosselinduktivität für die Zuführung der Gleichspannung $U_{p-} = 20$ V

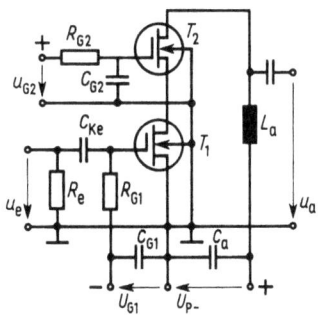

sich die entsprechende Schaltung gegenüber Kreuzmodulationsstörungen. Doppelgate-FET und Kaskode-Schaltung weisen bei Verstärkungsabschwächung wesentlich kleinere Kreuzmodulationsstörungen auf als die einfache Source-Schaltung. Außerdem sind in diesen Schaltungen wegen der geringeren Rückwirkungskapazität wesentlich größere Abschwächungen erreichbar, als mit der einfachen Source-Schaltung, bei der bei Frequenzen oberhalb 100 MHz wegen des kapazitiven Durchkoppelns vom Gate-Eingang zum Drain-Ausgang nur Abschwächungen $A_{dB} < 30$ dB erreichbar sind. In Empfänger-Eingangsschaltungen werden deshalb am günstigsten Kaskode-Schaltungen nach Bild **65.2** verwendet.

Die Kreuzmodulationsstörungen lassen sich noch weiter verringern, wenn vor das erste verstärkende Bauelement, in unserem Fall die FET-Schaltung, ein auf die gewünschte Kreisfrequenz ω_{H1} abstimmbarer Schwingkreis geschaltet wird, so daß bereits in der Eingangsspannung u_e die Amplitude u_{H2m} der Störspannung reduziert wird.

Mischung. Weitaus die meisten verwendeten Rundfunk- und Fernsehempfänger sind Superheterodyne-Empfänger, kurz Super- oder auch Überlagerungs-Empfänger genannt. In diesen Geräten wird dem empfangenen Hochfrequenzsignal mit der Kreisfrequenz ω_{H1} ein zweites Hochfrequenzsignal mit der Kreisfrequenz ω_{H2} überlagert, das durch einen im Gerät eingebauten lokalen Oszillator erzeugt wird. Die Überlagerung wird an der nichtlinearen Kennlinie eines Transistors oder FET durchgeführt, wobei als Ergebnis dieser Mischung auch die als Zwischenfrequenz ZF bezeichnete Differenzfrequenz $f_{H1} - f_{H2}$ bzw. Zwischen-Kreisfrequenz $\omega_{H1} - \omega_{H2}$ auftritt. Unterscheiden sich die Frequenzen f_{H1} und f_{H2} nur wenig, ist die Zwischenfrequenz niedrig im Vergleich zu den meist sehr hochfrequenten (87 MHz bis 100 MHz im UKW-Bereich) Eingangs- und Oszillatorsignalen. Sie kann dann in einem Zwischenfrequenzverstärker ohne großen Aufwand weiter verstärkt werden.

Für die Mischung ist eine quadratische Übertragungskennlinie, also z. B. die eines MOS-FET ideal, denn die gewünschte Zwischenfrequenz wird durch das quadratische Glied in Gl. (62.4) erzeugt. Die Glieder höheren Grades verursachen die bereits behandelten Kreuzmodulationsstörungen.

Für unsere Betrachtungen benutzen wir wieder Bild 63.1. Dort erzeugen jetzt die Generatoren G_{H1} und G_{N1} das nach Gl. (62.1) amplitudenmodulierte empfangene Eingangssignal u_1. Generator G_{H2} ist der lokale Oszillator und liefert die Oszillatorspannung $u_2 = u_{H2} \cos(\omega_{H2} t)$, die nicht moduliert ist (s. a. Gl. (62.2) bei $m_2 = 0$). Die FET-Source-Schaltung dient jetzt als Mischer, und der Verstärker V_ω ist als Zwischenfrequenzverstärker auf die Zwischen-Kreisfrequenz $\omega_{H1} - \omega_{H2}$ abgestimmt.

Setzen wir wieder Gl. (62.1) und (62.2) mit $m_2 = 0$ in Gl. (62.3) und diese in die Übertragungskennlinie Gl. (62.4) ein und berücksichtigen jedoch jetzt nur diejenigen Glieder, die den Term $\cos(\omega_{H1} t - \omega_{H2} t)$ enthalten, so ergibt sich für den Drain-Wechselstrom

$$i_D = b u_{H1m} u_{H2m} [1 + m_1 \cos(\omega_{N1} t)] \cos[(\omega_{H1} - \omega_{H2}) t] \qquad (66.1)$$

Die Zwischen-Kreisfrequenz $\omega_{ZF} = \omega_{H1} - \omega_{H2}$ ist also ebenfalls mit der Nieder-Kreisfrequenz ω_{N1} amplitudenmoduliert. Um die Wirksamkeit dieser Mischung zu untersuchen, arbeiten wir mit einem unmodulierten Eingangssignal ($m_1 = 0$) und definieren die Mischsteilheit

$$S_M = i_{Dm}/u_{H1m} \qquad (66.2)$$

als das Verhältnis der Scheitelwerte von Drain-Wechselstrom i_D und am Eingang der FET-Schaltung liegender, empfangener Wechselspannung u_{H1}. Aus Gl. (66.1) erhalten wir nun mit $\cos[(\omega_{H1} - \omega_{H2}) t] = 1$ die Mischsteilheit

$$S_M = b u_{H2m} \qquad (66.3)$$

Sie ist also um so größer je größer die Amplitude der Hochfrequenzspannung des lokalen Oszillators u_{H2m} und je größer der Koeffizient b des quadratischen Gliedes der Kennlinie ist. Durch Anpassung der Übertragungskennlinie des FET mit einer Parabel lassen sich die Koeffizienten a und b von Gl. (62.4) bestimmen. Als typische Werte erhält man für einen selbstleitenden MOS-FET für die Steilheit $S = a = 7$ mA/V und für den Koeffizienten $b = 3$ mA/V^2 und somit bei der Oszillatoramplitude $u_{H2m} = 0,5$ V die Mischsteilheit $S_M = b u_{H2m} = 3$ (mA/V^2) 0,5 V $= 1,5$ mA/V. Die Mischsteilheit S_M ist also merklich kleiner als die Steilheit S. Zwar kann theoretisch die Mischsteilheit durch Vergrößerung der Oszillatoramplitude erhöht werden, jedoch sind dem in der Praxis wegen der Übersteuerung des FET Grenzen gesetzt, so daß die Oszillatoramplitude nicht über $u_{H2m} = 1$ V gesteigert werden kann.

Eine weitere Art der Mischung ist mit Doppelgate-FETs möglich. Bei diesen Schaltungen [14] wird die Eingangsspannung mit der Kreisfrequenz ω_{H1} dem Gate 1 des FET zugeführt. Die Oszillatorspannung mit der Kreisfrequenz ω_{H2} steuert am Gate 2 den Drain-Strom I_D. Mit diesen Doppelgate-Mischstufen werden Mischsteilheiten $S_M = 2$ mA/V bei der Oszillatorspannungsamplitude $u_{H2m} = 0,5$ V erreicht. Vorteil dieser Methode ist, daß das Ankopplungsschaltnetz A von Bild 63.1 wegen der getrennten Gates entfallen kann.

1.2 Unijunction-Transistoren

1.2.1 Aufbau

Nach dem in Bild 67.1a dargestellten vereinfachten physikalischen Modell besteht der Unijunction-Transistor aus einem mit zwei Anschlüssen B_1 und B_2 versehenen schwach N-dotierten Silizium-Plättchen, in das etwa in der Mitte eine P-dotierte Insel eindiffundiert ist. Im Gegensatz zum bipolaren Transistor enthält der Unijunction-Transistor also nur einen PN-Übergang (unijunction). Vom prinzipiellen Aufbau her gesehen, kann der Unijunction-Transistor auch als eine Diode mit zwei Basis-Anschlüssen B_1, B_2 aufgefaßt werden. Er wird deshalb häufig als Doppelbasis-Diode bezeichnet. Da die eindiffundierte P-Insel wesentlich höher dotiert ist als das schwach N-dotierte Silizium-Plättchen, wird dieser P-Anschluß Emitter E genannt.

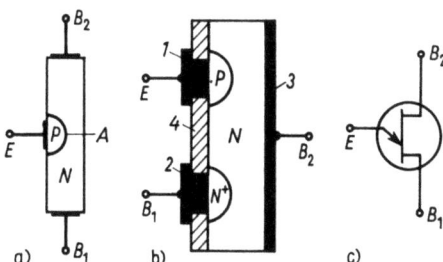

67.1
Unijunction-Transistor
a) vereinfachtes physikalisches Modell
b) Schnitt durch einen in Planartechnik hergestellten Unijunction-Transistor
c) Schaltzeichen

E Emitter; B_1, B_2 Basis 1 und 2; N N-dotierter Kanal, P P-dotierte Emitter-Insel, N^+ hoch N-dotierte Basis-1-Insel; *1, 2, 3* aufgedampfte Kontaktierungsschichten; *4* SiO_2-Schutzschicht

Die technologische Herstellung erfolgt in mehreren Schritten und führt zu dem in Bild 67.1b gezeigten Aufbau. Dort ist die Oberfläche des Silizium-Plättchens durch eine SiO_2-Schicht *4* geschützt, in die zur Kontaktierung Löcher geätzt sind. Für diesen Zweck werden in die Löcher von Emitter E und Basis B_1 Aluminium-Schichten (*1, 2*) gedampft, auf denen dann mit der Thermokompression (s. Band III, Teil 1) die Anschlußdrähte befestigt werden. Um für den Anschluß der Basis B_1 einen sperrfreien Metall-Halbleiter-Kontakt zu erzeugen, wird vor den B_1-Anschluß eine hochdotierte N^+-Insel eindiffundiert. Auf die Rückseite des Silizium-Kristalls dampft man eine dünne Goldschicht *3* auf, an der der Anschluß für die Basis B_2 durch Thermokompression befestigt wird.

Das in Bild 67.1c wiedergegebene Schaltzeichen ähnelt dem Schaltsymbol eines N-Kanal-Sperrschicht-FET, jedoch ist zu beachten, daß beim Unijunction-Transistor der Emitter-Anschluß in einem Winkel von etwa 45° an den den Kanal darstellenden Längsstrich herangeführt wird.

1.2.2 Wirkungsweise, Kennlinien und Kenngrößen

Für die Erläuterung der Wirkungsweise des Unijunction-Transistors verwenden wir die in Bild 68.1 dargestellte Ersatzschaltung [16], [17]. Dort fassen wir das zwischen den Basen B_1 und B_2 befindliche Silizium-Stäbchen als Halbleiterwiderstand R_{BB} auf, der in die zwei Anteile R_{B2} (Widerstand zwischen Basis B_2 und dem in Höhe des Emitters E liegenden Punkt A) und R_{B1} (Widerstand zwischen Punkt A und Basis B_1) zerfällt. Für den PN-Übergang des Emitters führen wir in der Ersatzschaltung die Diode D ein. Ist

68   1.2 Unijunction-Transistoren

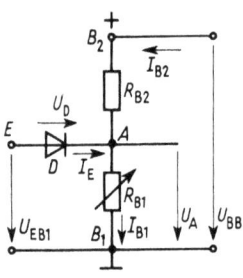

68.1
Ersatzschaltung eines
Unijunction-Transistors

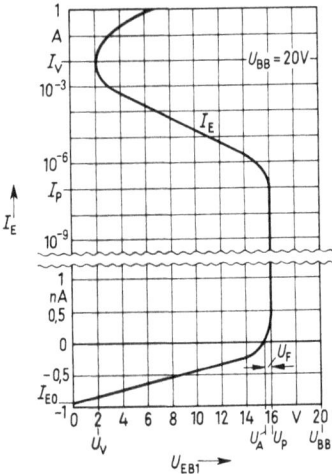

68.2
Kennlinie $I_E = f(U_{EB1})$ eines Unijunction-Transistors
Der Emitterstrom I_E ist unterhalb der Unterbrechungslinien linear und oberhalb logarithmisch aufgetragen.
U_V Tal- und U_P Höckerspannung

nun die Spannung $U_{EB1} < U_A$, ist die Diode D gesperrt, und am Punkt A liegt die Spannung

$$U_A = \frac{R_{B1}}{R_{B1} + R_{B2}} U_{BB} = \frac{R_{B1}}{R_{BB}} U_{BB} = \eta U_{BB} \tag{68.1}$$

Das Widerstandsverhältnis

$$\eta = R_{B1}/R_{BB} \tag{68.2}$$

wird als inneres Widerstandsverhältnis (intrinsic stand-off ratio) bezeichnet und hat i. allg. Werte 0,4 bis 0,8. Unijunction-Transistoren haben Interbasis-Widerstände $R_{BB} \approx 5\,\text{k}\Omega$ bis $10\,\text{k}\Omega$. Hiermit beträgt der bei gesperrter Diode D fließende Interbasis-Strom $I_{B2} \approx I_{B1}$ einige mA, wenn die Spannung $U_{BB} = 10\,\text{V}$ bis $20\,\text{V}$ ausmacht.

Wir wollen nun das Verhalten des Unijunction-Transistors mit der Ersatzschaltung von Bild 68.1 und der Kennlinie in Bild 68.2 verfolgen, wenn seine Emitter-Spannung U_{EB1} von null an zu positiven Werten gesteigert wird. Ist die Emitterspannung $U_{EB1} = 0$, fließt nach Bild 68.2 der sehr kleine Sperrstrom $I_{E0} \approx -1\,\text{nA}$ durch die Diode und somit aus dem Emitter E heraus. Mit wachsender Emitter-Spannung nimmt der negative Emitter-Strom ab und bei $U_{EB1} = U_A$ wird schließlich $I_E = 0$, da dann die Dioden-Spannung $U_D = 0$ ist. Steigt die Emitter-Spannung weiter, wird die Diode D in Durchlaßrichtung gepolt, und es fließt ein Strom $I_E > 0$ in den Emitter hinein. Erreicht die Emitterspannung die Höckerspannung

$$U_P = U_F + U_A = U_F + \eta U_{BB} \tag{68.3}$$

so steigt nach Bild 68.2 der Strom I_E um Größenordnungen aus dem nA- in den µA-Bereich an, ohne daß die Emitter-Spannung U_{EB1} weiter wächst.

Die Ursache hierfür ist die bei positivem Emitter-Strom einsetzende Emission von positiven Löchern aus dem P-Bereich des Emitters in den schwach N-dotierten ($n_{no} \approx 10^{14}\,\text{cm}^{-3}$) Halbleiterkristall. Da in dem leitfähigen Kristall ein Ladungsungleichgewicht nur kurzzeitig bestehen kann, werden entsprechend gleich viele Elektronen von der Basis B_1 in den N-Halbleiter injiziert, so daß sowohl Löcherdichte p_{no} als auch Elektronendichte n_{no} im N-Halbleiter zwischen Emitter E und Basis B_1 steigen (p_{no}, n_{no} sind Minoritäts- bzw. Majoritätsträgerdichte im N-Bereich in hinreichend großer Entfernung vom PN-Übergang und vom B_1-Anschluß (s. Band III, Teil 1).

Dadurch verringert sich der Halbleiter-Bahnwiderstand R_{B1}; denn für diesen kann man mit Querschnitt A und Länge l der Halbleiterbahn und mit den Beweglichkeiten b_n und b_p von Elektronen und Löchern sowie mit der Elementarladung e schreiben

$$R_{B1} = l/[Ae(b_n n_{no} + b_p p_{no})] \tag{69.1}$$

Nach Gl. (69.1) fällt also der Widerstand R_{B1} mit wachsender Elektronen- und Löcherdichte. Hierdurch sinkt jedoch auch die Spannung U_A, und die Durchlaßspannung $U_F = U_P - U_A$ steigt. Die Diode wird trotz konstanter Spannung U_P stärker in Durchlaßrichtung gepolt und emittiert entsprechend verstärkt positive Löcher, wodurch der Bahnwiderstand R_{B1} und somit die Spannung U_A noch stärker fallen. Dieser Prozeß enthält also eine **positive Rückkopplung** und führt zu dem steilen Stromanstieg in der Kennlinie von Bild **68.2** bei $U_{EB1} = U_P$.

Steigt der Emitter-Strom I_E über 1 µA hinaus, so wird der Bahnwiderstand R_{B1} schließlich so klein, daß die Emitterspannung bei weiter wachsendem Strom sinkt. Der Unijunction-Transistor erreicht jetzt einen Bereich **negativen differentiellen Widerstands**. Dieser Teil der Kennlinie kann nur gemessen werden, wenn eine Meßschaltung mit Stromeinspeisung und Strombegrenzung verwendet wird.

Der Bahnwiderstand R_{B1} kann jedoch einen minimalen Wert, den **Sättigungswiderstand** $R_{B1\,sat}$, nicht unterschreiten; denn mit steigender Löcher- und Elektronenkonzentration p_{no} und n_{no} steigt auch die **Rekombinationsrate** w (s. Band III, Teil 1), und die **Lebensdauer** τ der Ladungsträger sinkt. Mit fallender Lebensdauer τ fallen jedoch auch die Beweglichkeiten b_n und b_p der Ladungsträger, was nach Gl. (69.1) wieder zu einer Vergrößerung des Bahnwiderstands führt. Deshalb bleibt bei Emitterströmen $I_E > 100$ mA der Bahnwiderstand R_{B1} nahezu konstant, und mit weiter wachsendem Strom I_E steigt auch U_A und somit ebenso $U_{EB1} = U_A + U_F$ für $I_E > I_V$ weiter an. Der Unijunction-Transistor befindet sich jetzt in der **Sättigung**.

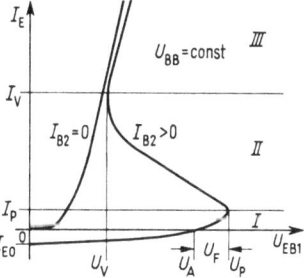

69.1
Emitterstrom $I_E = f(U_{EB1})$ eines Unijunction-Transistors in Abhängigkeit von der Emitter-Basis-1-Spannung U_{EB1} für den Basis-2-Strom $I_{B2} = 0$ und für $I_{B2} > 0$
I gesperrter Bereich, *II* Bereich negativen Widerstands, *III* Durchlaßbereich

In Bild **69.1** ist die Emitter-Kennlinie des Unijunction-Transistors in einem gröberen und linearen Strommaßstab aufgetragen. Der Höckerstrom I_P ist dabei übertrieben groß dargestellt. Mit eingetragen ist die Kennlinie für $I_{B2} = 0$, also für offene Basis B_2. Unter diesen Bedingungen stellt der Unijunction-Transistor eine einfache Silizium-Diode dar, die jedoch einen relativ großen Bahnwiderstand $R_{B1} = R_{B1\,sat} \approx 5\,\Omega$ bis $30\,\Omega$ auf-

1.2 Unijunction-Transistoren

weist. Deshalb ergibt sich für $I_{B2} = 0$ die exponentielle Kennlinie einer Halbleiter-Diode, die jedoch bei größeren Durchlaßströmen $I_E > I_V$ in einen linear ansteigenden Strombereich übergeht. Die Kennlinie des Unijunction-Transistors bei $I_{B2} > 0$, also mit angelegter Spannung U_{BB}, nähert sich im Sättigungsbereich *III* dieser Dioden-Kennlinie, und der Transistor verhält sich im durchgeschalteten Zustand wie die soeben beschriebene Silizium-Diode.

Der Kennlinienverlauf des Unijunction-Transistors ist nach Bild 69.1 durch drei Bereiche gekennzeichnet: Im Bereich *I* ist die Emitter-Basis-1-Strecke des Transistors gesperrt; im Bereich *II* zeigt sie einen negativen differentiellen Widerstand; der Bereich *III* gibt das Verhalten der durchgeschalteten, gesättigt leitenden Emitter-Basis-1-Strecke wieder.

Kenngrößen. Die wichtigste Kenngröße ist die Höckerspannung U_P, die nach Gl. (68.3) sowohl von der Durchlaßspannung U_F und dem inneren Widerstandsverhältnis η als auch von der angelegten Interbasis-Spannung U_{BB} abhängt. Da diese vom Anwender bestimmt werden kann, besteht die Möglichkeit, die Höckerspannung U_P, also die Schaltspannung, zu verändern. Man erhält wie in Bild 70.1 ein Kennlinienfeld, in dem als Parameter an den Kurven die Spannung U_{BB} steht. Dabei ist in Kurve *1* die Spannung $U_{BB} = 0$ und wächst in den Kurven *2* bis *6* zu positiven Werten hin an.

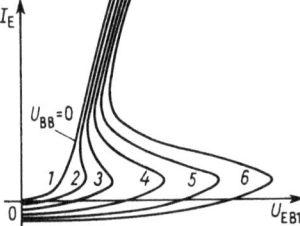

70.1
Kennlinien $I_E = f(U_{EB1})$ eines Unijunction-Transistors mit der Interbasis-Spannung U_{BB} als Parameter
1, 2, 3, 4, 5, 6 Kurven mit wachsender positiver Interbasis-Spannung U_{BB}

Der Höckerstrom I_P liegt je nach technologischem Aufbau des Transistors im Bereich von 0,1 µA bis 10 µA und ist somit sehr klein im Vergleich zum Talstrom I_V, der etwa 5 mA bis 20 mA beträgt.

Die Talspannung U_V hängt sowohl vom technischen Aufbau als auch von der Interbasis-Spannung U_{BB} ab; sie nähert sich bei kleiner Spannung U_{BB} der Dioden-Durchlaßspannung U_F, liegt dann also im Bereich von 0,7 V bis 1 V, und steigt mit wachsender Spannung U_{BB} schließlich auf 2 V bis 3 V an.

1.2.3 Temperaturverhalten

Die Kenngrößen des Unijunction-Transistors sind temperaturabhängig [17]. Die Höckerspannung U_P wird durch zwei temperaturabhängige Größen beeinflußt, die Dioden-Durchlaßspannung U_F und das innere Widerstandsverhältnis η. Wie in Band III, Teil 1 gezeigt, fällt die Durchlaßspannung U_F einer Silizium-Halbleiterdiode mit wachsender Temperatur T mit $\Delta U_F/\Delta T \approx -2$ mV/K. I. allg. ist auch das Widerstandsverhältnis $\eta = R_{B1}/R_{BB}$ temperaturunabhängig. Dies liegt an dem nicht immer konstanten Temperaturkoeffizienten des Halbleitermaterials längs der Basis-1-Basis-2-Strecke und der meist ungleichförmigen Temperaturverteilung im Halbleiter. Insgesamt ergibt sich auch hier ein negativer Temperaturkoeffizient

$$K_\eta = \frac{\eta - \eta_o}{T - T_o} = \frac{\Delta\eta}{\Delta T} \tag{71.1}$$

wobei η_o das innere Widerstandsverhältnis bei der Temperatur $T = T_o = 300$ K ist. Aus Gl. (68.3) ergibt sich für die Änderung der Höckerspannung mit der Temperatur

$$\frac{\Delta U_P}{\Delta T} = \frac{\Delta U_F}{\Delta T} + \frac{\Delta\eta}{\Delta T} U_{BB} = \frac{\Delta U_F}{\Delta T} + K_\eta U_{BB} \tag{71.2}$$

Bild **71.**1 gibt den Verlauf des auf das innere Widerstandsverhältnis η_o bei der Temperatur $T = 300$ K bezogenen relativen inneren Widerstandsverhältnisses η/η_o in Abhängigkeit von der Temperatur T wieder.

Beispiel 17. Ein Unijunction-Transistor hat bei der Temperatur $T_o = 300$ K das innere Widerstandsverhältnis $\eta_o = 0{,}7$ und wird mit der Interbasis-Spannung $U_{BB} = 20$ V betrieben. Unter Verwendung von Bild **71.**1 und mit $\Delta U_F/\Delta T = -2$ mV/K berechne man die Änderung der Höckerspannung mit der Temperatur $\Delta U_P/\Delta T$ und gebe die Verringerung der Höckerspannung U_{Po} bei einem Temperaturanstieg von $T_o = 300$ K auf $T = 310$ K an.
Aus Bild **71.**1 entnehmen wir zunächst

$$\frac{\Delta\eta/\eta_o}{\Delta T} = K_\eta/\eta_o = -6 \cdot 10^{-4}\, \text{K}^{-1}$$

Mit $\eta_o = 0{,}7$ erhalten wir hieraus den Temperaturkoeffizienten $K_\eta = \eta_o(-6 \cdot 10^{-4}\, \text{K}^{-1})$ $= 0{,}7 \cdot (-6 \cdot 10^{-4}\, \text{K}^{-1}) = -4{,}2 \cdot 10^{-4}\, \text{K}^{-1}$. Aus Gl. (71.2) ergibt sich nun die Änderung der Höckerspannung $\Delta U_P/\Delta T = (\Delta U_F/\Delta T) + K_\eta U_{BB} = -2\,(\text{mV/K}) - 4{,}2 \cdot 10^{-4}\, \text{K}^{-1} \cdot 20$ V $= -10{,}4$ mV/K. Die Höckerspannung $U_{Po} = \eta_o U_{BB} + U_F = 0{,}7 \cdot 20$ V $+ 0{,}7$ V $= 14{,}7$ V fällt bei der geforderten Temperatursteigerung von $T_o = 300$ K auf $T = 310$ K auf $U_P = U_{Po} + (\Delta U_P/\Delta T)(T - T_o) = 14{,}7$ V $- 10{,}4\,(\text{mV/K})\,10$ K $= 14{,}596$ V.

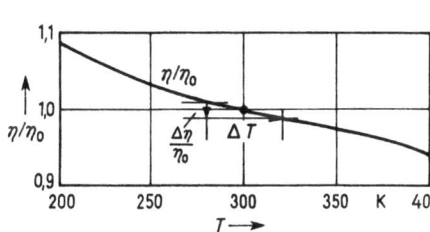
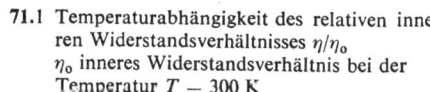

71.1 Temperaturabhängigkeit des relativen inneren Widerstandsverhältnisses η/η_o
η_o inneres Widerstandsverhältnis bei der Temperatur $T = 300$ K

71.2 Temperaturabhängigkeit des Interbasis-Widerstands R_{BB}

Der Interbasis-Widerstand R_{BB} steigt mit wachsender Temperatur T zunächst an und fällt für $T > 400$ K wieder ab. Die Ursache für dieses in Bild **71.**2 wiedergegebene Verhalten ist die mit wachsender Temperatur ansteigende Streuung der Elektronen des N-Halbleiters an den Gitteratomen, was zu einer Verringerung der Elektronenbeweglichkeit b_n und somit zu einer Vergrößerung des Widerstands R_{BB} führt. Bei Temperaturen oberhalb von 400 K macht sich jedoch in zunehmendem Maß die Eigenleitung bemerkbar, und die Elektronen- und Löcherdichte im N-Leiter steigt stark an. Nach Gl. (69.1) fällt dann der Widerstand wieder ab. Oberhalb von 450 K wird schließlich der Transistor unbrauchbar.

Während die Talspannung U_V nur sehr gering von der Temperatur abhängt, fällt der Talstrom I_V auf etwa ein Drittel, wenn die Temperatur von $T = 200$ K auf 400 K ansteigt. Die Ursache hierfür ist wiederum der Anstieg des Sättigungswiderstands $R_{B1\,sat}$ mit wachsender Temperatur.

Der bei gesperrtem Transistor aus der Emitter-Diode herausfließende Sperrstrom I_{E0} ist ein Minoritätsträger-Strom, der wie in Band III, Teil 1 gezeigt, mit wachsender Temperatur exponentiell ansteigt. Für einen Unijunction-Transistor ist $I_{E0} \approx 1$ nA bei $T = 300$ K und steigt auf $I_{E0} \approx 1$ µA bei $T = 400$ K.

1.2.4 Temperaturstabilisierung der Höckerspannung

Die Höckerspannung U_P ist für die Anwendung des Unijunction-Transistors als Schalter die wichtigste Kenngröße. Sie bestimmt beim Steigern der Emitter-Spannung U_{EB1} die Schaltschwelle des Transistors. Die Anwendungen in Abschn. 1.2.5 zeigen, daß durch sie wichtige Schaltungseigenschaften, wie z.B. die Frequenz von Impulsgeneratoren, festgelegt werden. Eine weitgehende Konstanthaltung der Höckerspannung U_P, insbesondere gegen Temperaturschwankungen, ist deshalb erforderlich [16].

Nach Gl. (71.2) hängt die temperaturbedingte Höckerspannungsänderung $\Delta U_P/\Delta T$ von der Temperaturabhängigkeit der Dioden-Durchlaßspannung U_F und des inneren Widerstandsverhältnisses η ab. Beide weisen einen negativen Temperaturkoeffizienten auf (s. Beispiel 17, S. 71 und Bild **71.1**). Eine Möglichkeit der Konstanthaltung der Höckerspannung U_P ergibt sich, wenn mit wachsender Temperatur T die Interbasis-Spannung U_{BB} vergrößert wird.

Wir differenzieren Gl. (68.3) nach der Temperatur, gehen also von den Differenzen Δ zu den differentiellen (unendlich kleinen) Größen über, halten ferner im Gegensatz zu Gl. (71.2) die Spannung U_{BB} nicht konstant und finden

$$\frac{dU_P}{dT} = \frac{dU_F}{dT} + \frac{d\eta}{dT} U_{BB} + \eta \frac{dU_{BB}}{dT} = 0 \qquad (72.1)$$

Wegen der Forderung $U_P = $ const haben wir Gl. (72.1) null gesetzt. Aus ihrer Auflösung ergibt sich für die temperaturabhängige Interbasis-Spannungsänderung

$$\frac{dU_{BB}}{dT} = -\frac{1}{\eta} \cdot \frac{dU_F}{dT} - \frac{U_{BB}}{\eta} \cdot \frac{d\eta}{dT} \qquad (72.2)$$

Da sowohl dU_F/dT als auch $d\eta/dT$ negativ sind, muß dU_{BB}/dT positiv sein.

Schaltet man nun nach Bild **73.1** in die Zuleitung zur Basis B_2 einen Widerstand R, so ergibt sich für die Interbasis-Spannung

$$U_{BB} = U_{P-} R_{BB}/(R + R_{BB}) \qquad (72.3)$$

wobei R_{BB} der Interbasis-Widerstand und U_{P-} die konstante positive Versorgungs-Gleichspannung sind.

Da mit wachsender Temperatur T der Interbasis-Widerstand R_{BB} wächst (s. Bild **71.2**), steigt, wie gefordert, auch die Interbasis-Spannung U_{BB}, wenn der Widerstand R und die Versorgungsspannung U_{p-} temperaturunabhängig und konstant sind. Für die Berechnung des erforderlichen Widerstands R differenzieren wir Gl. (72.3) und erhalten

$$\frac{dU_{BB}}{dT} = \frac{U_{p-} R}{(R + R_{BB})^2} \cdot \frac{dR_{BB}}{dT} \quad (73.1)$$

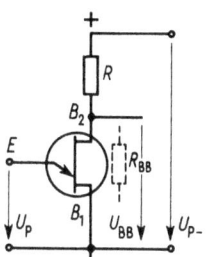

73.1
Schaltung zur Temperaturstabilisierung der Höckerspannung U_P eines Unijunction-Transistors

Lösen wir Gl. (73.1) nach dem Widerstand R auf, ergibt sich mit

$$R' = \frac{U_{p-} \, dR_{BB}/dT}{2 \, dU_{BB}/dT} \quad (73.2)$$

für den Kompensationswiderstand

$$R = R' - R_{BB} - \sqrt{R'(R' - 2R_{BB})} \quad (73.3)$$

Dieser Widerstand liegt i. allg. im Bereich von einigen 100 Ω, wie das folgende Beispiel 18 zeigt.

Beispiel 18. Zur Kompensation der Höckerspannung U_P wird ein Unijunction-Transistor in der Schaltung nach Bild **73.**1 mit der Versorgungsspannung $U_{p-} = 22$ V betrieben. Bei der Temperatur $T = 300$ K beträgt sein Interbasis-Widerstand $R_{BB} = 6$ kΩ und sein inneres Widerstandsverhältnis $\eta = 0{,}7$. Wie in Beispiel 17, S. 71 sei $dU_F/dT = -2$ mV/K und $d\eta/dT = K_\eta = -4{,}2 \cdot 10^{-4}$ K^{-1}. Die Temperaturabhängigkeit des Interbasis-Widerstands ist nach Bild **71.**2 $dR_{BB}/dT = 56$ Ω/K. Da sich der genaue Wert der Interbasis-Spannung U_{BB} erst aus dem noch zu berechnenden Widerstand R ergibt, verwende man zunächst wie in Beispiel 17, S. 71 näherungsweise $U_{BB} = 20$ V. Man berechne den erforderlichen Kompensationswiderstand R.

Aus Gl. (72.2) ermitteln wir zunächst

$$\frac{dU_{BB}}{dT} = -\frac{1}{\eta} \cdot \frac{dU_F}{dT} - \frac{U_{BB}}{\eta} \cdot \frac{d\eta}{dT} = \frac{2 \text{ mV/K}}{0{,}7} + \frac{20 \text{ V} \cdot 4{,}2 \cdot 10^{-4} \text{ K}^{-1}}{0{,}7} = 14{,}84 \text{ mV/K}$$

Somit ergibt sich nun nach Gl. (73.2) der Widerstand

$$R' = \frac{U_{p-} \, dR_{BB}/dT}{2 \, dU_{BB}/dT} = \frac{22 \text{ V} \cdot 56 \text{ Ω/K}}{2 \cdot 14{,}84 \text{ mV/K}} = 41{,}5 \text{ kΩ}$$

Schließlich liefert Gl. (73.3) den Kompensationswiderstand

$$R = R' - R_{BB} - \sqrt{R'(R' - 2R_{BB})}$$
$$= 41{,}5 \text{ kΩ} - 6 \text{ kΩ} - \sqrt{41{,}5 \text{ kΩ} (41{,}5 \text{ kΩ} - 2 \cdot 6 \text{ kΩ})} = 0{,}51 \text{ kΩ}$$

Mit diesem Wert berechnen wir jetzt nach Gl. (72.3) die Interbasis-Spannung U_{BB} und vergleichen dieses Ergebnis mit der Annahme $U_{BB} = 20$ V. Wir erhalten

$$U_{BB} = U_{p-} R_{BB}/(R + R_{BB}) = 22 \text{ V} \cdot 6 \text{ kΩ}/(0{,}51 \text{ kΩ} + 6 \text{ kΩ}) = 20{,}28 \text{ V}$$

und finden somit eine hinreichend gute Übereinstimmung mit der Näherungsannahme.

1.2.5 Anwendungen

1.2.5.1 Sägezahngenerator. Ähnlich wie die Tunnel-Diode (s. Band III, Teil 1) eignet sich auch der Unijunction-Transistor wegen seines Kennlinienzweigs mit negativem differentiellem Widerstand gut für den Aufbau von Impulsgeneratoren [16]. In Bild **74.**1 ist die

1.2 Unijunction-Transistoren

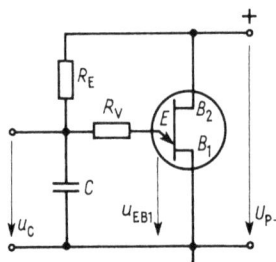

74.1 Unijunction-Transistor-Schaltung zur Erzeugung von sägezahnförmigen Spannungsimpulsen

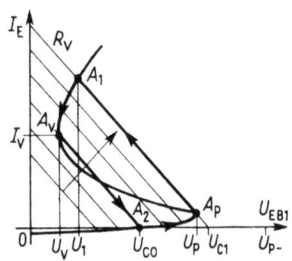

74.2 Darstellung der Spannungssprünge in der Emitter-Kennlinie $I_E = f(U_{EB1})$ des Unijunction-Transistors der Schaltung von Bild **74.1**

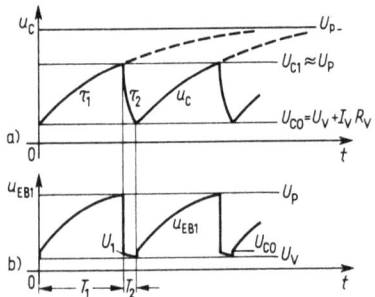

74.3 Impulsdiagramme des Sägezahngenerators von Bild **74.1**
a) Kondensatorspannung u_C in Abhängigkeit von der Zeit t
b) Emitter-Basis-1-Spannung u_{EB1} in Abhängigkeit von der Zeit t
Die Bezeichnungen der Spannungen stimmen mit denen in Bild **74.2** überein.

Schaltung eines einfachen Sägezahngenerators wiedergegeben. Wird die Versorgungs-Gleichspannung U_{p-} angelegt, lädt sich wie in Bild **74.3**a der Kondensator C über den Widerstand R_E exponentiell mit der Zeitkonstanten

$$\tau_1 = R_E C \tag{74.1}$$

auf. Steigt die Spannung u_{EB1}, verschiebt sich in Bild **74.2** die Widerstandsgerade $R_V = (u_C - U_{EB1})/I_E$ nach rechts. Wird schließlich $u_C = U_{C1} \approx U_P$, wird also in Bild **74.2** der Arbeitspunkt A_P erreicht, schaltet die Emitter-Basis-1-Strecke durch und geht in den Arbeitspunkt A_1 über. Dieser Übergang erfolgt sehr schnell in einer Zeit von etwa 0,5 µs und ist deshalb in Bild **74.3**b als steile Flanke gezeichnet. Nach diesem Sprung liegt am Emitter E die Spannung U_1. Der Kondensator C entlädt sich jetzt wie in Bild **74.3**a mit der Zeitkonstanten

$$\tau_2 = (R_V + R_{B1\,sat}) C \tag{74.2}$$

Während dieser Entladung nimmt der Emitterstrom i_E exponentiell mit der Zeit ab, und in Bild **74.2** wird schließlich bei $i_E = I_V$ der Arbeitspunkt A_V erreicht, so daß nach der Zeit T_2 am Emitter E die Talspannung U_V liegt (s. a. Bild **74.3**b). Wird der Talstrom I_V unterschritten, sperrt die Emitter-Basis-1-Strecke wieder. Dieser Sperrprozeß benötigt i. allg. etwa 5 µs. Zum Zeitpunkt des Sperrens liegt am Emitter die Spannung U_V und am Kondensator C die Spannung

$$U_{C0} = U_V + I_V R_V \tag{74.3}$$

1.2.5 Anwendungen

Da der Kondensator C während des Sperrens seine Ladespannung U_{C0} kaum ändert, springt nach dem Sperren, wenn $I_E = I_V \approx 0$ ist, die Emitter-Spannung u_{EB1} von U_V auf U_{C0} (s. Bild 74.3b). In Bild 74.2 wird dabei der Arbeitspunkt A_2 erreicht. Von $u_C = U_{C0}$ aus wird jetzt der Kondensator C erneut aufgeladen, und der nächste Zyklus beginnt.

Bei der Dimensionierung der Widerstände R_E und R_V ist folgendes zu beachten: Wird der Widerstand R_E zu klein gewählt, ist bei durchgeschaltetem Transistor der Emitterstrom

$$I_E = (U_{p-} - U_V)/(R_E + R_V) \tag{75.1}$$

größer als der Talstrom I_V, und der Transistor bleibt ständig im durchgeschalteten Zustand. Mit $R_V \ll R_E$ ergibt sich deshalb nach Gl. (75.1) für den Widerstand

$$R_E > (U_{p-} - U_V)/I_V \tag{75.2}$$

Seine genaue Dimensionierung ergibt sich dann aus der geforderten Zeitkonstanten τ_1 bzw. aus der Zeit T_1 in Bild 74.3.

Der Vorwiderstand R_V begrenzt den bei der Entladung fließenden maximal zulässigen Emitterstrom auf

$$I_{E\,max} = U_P/(R_{B1\,sat} + R_V) \tag{75.3}$$

Mit Gl. (75.3) muß der Vorwiderstand

$$R_V > (U_P/I_{E\,max}) - R_{B1\,sat} \tag{75.4}$$

sein. Er darf jedoch nicht zu groß gewählt werden; denn es muß mindestens der Talstrom I_V fließen können, d.h., in Bild 74.2 muß der Arbeitspunkt A_1 oberhalb des Arbeitspunktes A_V liegen. Ist dies nicht der Fall, schaltet der Transistor nicht durch. Der Vorwiderstand muß also die Bedingung erfüllen

$$R_V < (U_{C1} - U_V)/I_V \approx (U_P - U_V)/I_V \tag{75.5}$$

Berechnung von Periodendauer und Frequenz. Bei der Aufladung gilt für die Kondensatorspannung

$$u_C = U_{p-} + (U_{C0} - U_{p-})\,e^{-t/\tau_1} \tag{75.6}$$

Nach der Zeit $t = T_1$ ist $u_C = U_{C1}$. Setzen wir diese Bedingungen in Gl. (75.6) ein und lösen nach T_1 auf, erhalten wir die Dauer der Aufladeperiode

$$T_1 = \tau_1 \ln\left[(U_{p-} - U_{C0})/(U_{p-} - U_{C1})\right] \tag{75.7}$$

Bei der Entladung ist die Kondensatorspannung

$$u_C = U_{C1}\,e^{-t/\tau_2} \tag{75.8}$$

und nach der Zeit $t = T_2$ wird jetzt $u_C = U_{C0}$. Gehen wir mit diesen Bedingungen in Gl. (75.8), erhalten wir für die Dauer der Entladeperiode

$$T_2 = \tau_2 \ln(U_{C1}/U_{C0}) \tag{75.9}$$

Die Frequenz des Generators wird schließlich

$$f = 1/(T_1 + T_2) = 1/T \tag{75.10}$$

Als Nachteil muß bei dieser einfachen Schaltung der exponentielle (nichtlineare) Anstieg der Sägezahn-Ausgangsspannung u_C in Kauf genommen werden.

76 1.2 Unijunction-Transistoren

Beispiel 19. Ein Unijunction-Transistor mit dem inneren Widerstandsverhältnis $\eta = 0{,}7$, dem Höckerstrom $I_P = 0{,}1\ \mu\text{A}$, dem Talstrom $I_V = 10\ \text{mA}$, der Talspannung $U_V = 2\ \text{V}$, dem maximal zulässigen Emitterstrom $I_{E\max} = 100\ \text{mA}$ und dem Basis-1-Sättigungswiderstand $R_{B1\text{sat}} = 15\ \Omega$ wird in der Schaltung nach Bild **74**.1 als Sägezahngenerator betrieben. Die Versorgungsspannung beträgt $U_{P-} = 20\ \text{V}$. Die Dauer des Anstiegs soll $T_1 = 1\ \text{ms}$ sein, und für die Abfallzeit soll $T_2 \ll T_1$ gelten. Man dimensioniere die Schaltung.

Mit $U_F = 0{,}7\ \text{V}$ und $U_{BB} = U_{P-}$ berechnen wir zunächst die Höckerspannung $U_P = U_F + \eta U_{P-} = 0{,}7\ \text{V} + 0{,}7 \cdot 20\ \text{V} = 14{,}7\ \text{V}$. Nach Gl. (75.2) muß der Widerstand $R_E > (U_{P-} - U_V)/I_V = (20\ \text{V} - 2\ \text{V})/10\ \text{mA} = 1{,}8\ \text{k}\Omega$ sein. Wir wählen $R_E = 10\ \text{k}\Omega$. Aus Gl. (75.4) berechnen wir den Vorwiderstand $R_V = (U_P/I_{E\max}) - R_{B1\text{sat}} = (14{,}7\ \text{V}/0{,}1\ \text{A}) - 15\ \Omega = 132\ \Omega$. Da dies der kleinste erlaubte Widerstand ist, wird auch die Entladezeit T_2 so klein wie möglich. Wegen des sehr kleinen Höckerstroms I_P gilt für die Schaltschwelle $U_{C1} = U_P = 14{,}7\ \text{V}$, und nach Gl. (74.3) ist die Schaltschwelle $U_{C0} = U_V + I_V R_V = 2\ \text{V} + 10\ \text{mA} \cdot 132\ \Omega = 3{,}32\ \text{V}$. Durch Umstellen von Gl. (75.7) und mit Gl. (74.1) berechnen wir den erforderlichen Kondensator

$$C = T_1 \bigg/ \left[R_E \ln\left(\frac{U_{P-} - U_{C0}}{U_{P-} - U_{C1}}\right) \right] = 1\ \text{ms} \bigg/ \left[10\ \text{k}\Omega \cdot \ln\left(\frac{20\ \text{V} - 3{,}32\ \text{V}}{20\ \text{V} - 14{,}7\ \text{V}}\right) \right] = 87{,}2\ \text{nF}$$

Mit Gl. (74.2) erhalten wir die Zeitkonstante $\tau_2 = (R_V + R_{B1\text{sat}})C = (132\ \Omega + 15\ \Omega)\,87{,}2\ \text{nF} = 12{,}8\ \mu\text{s}$. Nach Gl. (75.9) ergibt sich die Entladedauer $T_2 = \tau_2 \ln(U_{C1}/U_{C0}) = 12{,}8\ \mu\text{s}\,\ln(14{,}7\ \text{V}/3{,}32\ \text{V}) = 19{,}0\ \mu\text{s}$. Hiermit wird nach Gl. (75.10) die Frequenz $f = 1/(T_1 + T_2) = 1/(1\ \text{ms} + 12{,}8\ \mu\text{s}) = 987\ \text{Hz}$.

1.2.5.2 Triggerimpulsgenerator. Wird wie in der Schaltung von Bild **76**.1 der Widerstand R_V in die Basis-1-Zuleitung gelegt, können an diesem zusätzlich nadelförmige Spannungsimpulse abgegriffen werden (s. Bild **76**.2c). Diese Impulse sind dann geeignet, um z.B. Thyristoren (s. Abschn. 2) zu **triggern**, d.h., im gewünschten Augenblick durchzuschalten [36]. Auch in dieser Schaltung wird der Kondensator C über den Widerstand R_E exponentiell mit der Zeitkonstanten $\tau_1 = R_E C$ aufgeladen (Bild **76**.2a). Ist R der Kompensations-, R_{BB} der Interbasis- und R_V der Basis-1-Vorwiderstand und liegt

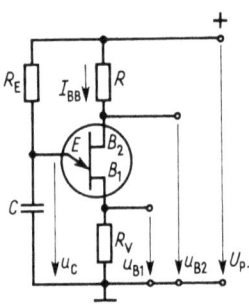

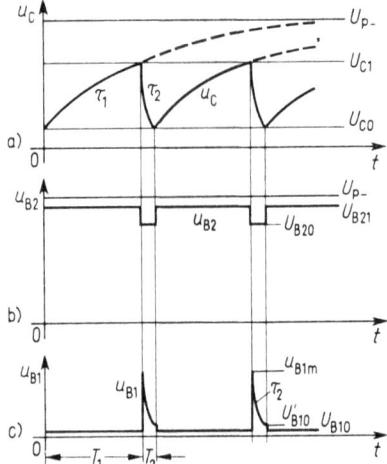

76.1
Triggerimpulsgenerator mit Unijunction-Transistor

76.2
Impulsdiagramme des Triggerimpulsgenerators nach Bild 76.1
a) Kondensatorspannung u_C als Funktion der Zeit t
b) Basis-2-Spannung u_{B2} als Funktion der Zeit t
c) Ausgangs-Triggerimpulse u_{B1}

schließlich über der Emitter-Basis-1-Strecke die Höckerspannung U_P, so fällt mit dem Interbasis-Strom

$$I_{BB} = U_{p-}/(R + R_{BB} + R_V) \tag{77.1}$$

und der Interbasis-Spannung

$$U_{BB} = I_{BB} R_{BB} \tag{77.2}$$

am Kondensator C die Spannung

$$U_{C1} = U_P + I_{BB} R_V = U_F + \eta U_{BB} + I_{BB} R_V \tag{77.3}$$

ab, und der Transistor schaltet durch. Der Entladestrom des Kondensators C, der über die Emitter-Basis-1-Diode fließt, erzeugt am Widerstand R_V einen positiven Spannungsimpuls, dessen Anstiegszeit von der Schaltzeit des Transistors (etwa 0,5 µs) und dessen Abfallzeit von der Entladezeitkonstanten τ_2 nach Gl. (74.2) abhängt. Beim Erreichen des Talstroms I_V sperrt der Transistor wieder, und die Spannung u_{B1} springt wie in Bild **76.2**c von

$$U'_{B10} = I_V R_V \tag{77.4}$$

auf $\quad U_{B10} = I_{BB} R_V \tag{77.5}$

Ist U_1 wie in Bild **74.2** die am durchgeschalteten Transistor liegende Emitter-Basis-1-Spannung, so ergibt sich für die Amplitude der Spannungsimpulse u_{B1}

$$u_{B1m} = U_{C1} - U_1 \tag{77.6}$$

Ist der Transistor wieder gesperrt, fließt nur noch der Interbasis-Strom I_{BB} und erzeugt nach Gl. (77.5) am Vorwiderstand R_V die Spannung U_{B10}.
Zusammen mit dem Vorwiderstand R_V sorgt der Kompensationswiderstand R für eine Stabilisierung der Höckerspannung U_P (s. Abschn. 1.2.4) und stabilisiert somit die Frequenz des Generators gegenüber Temperaturschwankungen. Am Kompensationswiderstand R ergibt sich der in Bild **76.2**b gezeigte Spannungsverlauf. Ist der Transistor gesperrt, liegt, bedingt durch das Teilerverhältnis der Widerstände R_V, R_{BB} und R, an der Basis 2 die Spannung

$$U_{B21} = U_{p-}(R_{BB} + R_V)/(R_{BB} + R_V + R) \tag{77.7}$$

Schaltet der Transistor durch, sinkt der Widerstand R_{B1} des Interbasis-Widerstands $R_{BB} = R_{B1} + R_{B2}$ auf den Sättigungswiderstand $R_{B1\,sat}$, und die Spannung an der Basis 2 fällt auf

$$U_{B20} = U_{p-}(R_{B1\,sat} + R_{B2} + R_V)/(R_{B2\,sat} + R_{B2} + R_V + R) \tag{77.8}$$

Bei der Schaltung nach Bild **76.1** ermöglicht der Anschluß B_2, die Frequenz des Triggergenerators mit der Frequenz (z. B. 50 Hz) einer von außen angelegten Spannung zu synchronisieren. Wird nämlich an den B_2-Anschluß kapazitiv eine Wechselspannung mit dem Scheitelwert von etwa 1 V und einer Frequenz, die geringfügig höher als die Eigenfrequenz des Generators ist, gelegt, so wird in der negativen Halbschwingung die Interbasis-Spannung U_{BB} erniedrigt. Nach Gl. (68.3) ist dann auch die Höckerspannung U_P niedriger, und der Transistor schaltet bei kleinerer Spannung u_C durch. Dadurch erhöht der Generator geringfügig seine Frequenz und paßt sie der Frequenz des synchronisierenden Generators an. Diese Synchronisationsmöglichkeit ist ein wesentlicher Vorteil eines Unijunction-Transistor-Generators.

1.2 Unijunction-Transistoren

Beispiel 20. Ein Unijunction-Transistor mit den Kenndaten von Beispiel 19, S. 76 und dem Interbasis-Widerstand $R_{BB} = 6\text{ k}\Omega$ wird in der Schaltung von Bild **76.**1 mit der Versorgungsspannung $U_{p-} = 20\text{ V}$, dem Emitter-Vorwiderstand $R_E = 10\text{ k}\Omega$, dem Kompensationswiderstand $R = 500\text{ }\Omega$, dem Basis-1-Vorwiderstand $R_V = 132\text{ }\Omega$ und dem Kondensator $C = 87{,}6\text{ nF}$ als Triggerimpulsgenerator betrieben. Man berechne die in der Schaltung von Bild **76.**1 auftretenden und in Bild **76.**2 eingezeichneten Spannungen U_{C1}, U_{B0}, U_{B21}, U_{B20}, U'_{B10} und U_{B10} sowie die Amplitude u_{B1m} der Ausgangs-Triggerimpulse u_{B1}. Ferner ermittle man die Frequenz f der vom Generator gelieferten Triggerimpulse.

Aus Gl. (77.1) berechnen wir zunächst den Interbasis-Strom $I_{BB} = U_{p-}/(R + R_{BB} + R_V) =$ 20 V/(500 Ω + 6 kΩ + 132 Ω) = 3,02 mA und hiermit die Interbasis-Spannung $U_{BB} = I_{BB} R_{BB}$ = 3,02 mA · 6 kΩ = 18,1 V. Mit $U_F = 0{,}7$ V und $\eta = 0{,}7$ erhalten wir nun nach Gl. (77.3) die maximale Kondensator-Ladespannung $U_{C1} = U_F + \eta U_{BB} + I_{BB} R_V = 0{,}7\text{ V} + 0{,}7 \cdot 18{,}1\text{ V} +$ 3,02 mA · 132 Ω = 13,77 V. Wie in Beispiel 19 wird die minimale Kondensatorspannung $U_{C0} = U_V + I_V R_V = 2\text{ V} + 10\text{ mA} \cdot 132\text{ }\Omega = 3{,}32\text{ V}$. Die Spannung U_1 ist etwas größer als die Talspannung $U_V = 2\text{ V}$ (s. Bild **74.**2 und **74.**3 b) und mit der Annahme $U_1 = 3{,}5\text{ V}$ ergibt sich aus Gl. (77.6) der Scheitelwert der Basis-1-Spannung $u_{B1m} = U_{C1} - U_1 = 13{,}78\text{ V} - 3{,}5\text{ V} =$ 10,28 V.

Aus Gl. (77.4) und (77.5) finden wir die Basis-1-Restspannungen $U'_{B10} = I_V R_V = 10\text{ mA} \cdot 132\text{ }\Omega$ = 1,32 V und $U_{B10} = I_{BB} R_V = 3{,}02\text{ mA} \cdot 132\text{ }\Omega = 0{,}4\text{ V}$. Schließlich erhalten wir noch aus Gl. (77.7) die größte Basis-2-Spannung

$$U_{B21} = \frac{(R_{BB} + R_V) U_{p-}}{R_{BB} + R_V + R} = \frac{(6\text{ k}\Omega + 132\text{ }\Omega)\, 20\text{ V}}{6\text{ k}\Omega + 132\text{ }\Omega + 500\text{ }\Omega} = 18{,}5\text{ V}$$

Mit $\eta = R_{B1}/R_{BB} = 0{,}7$ wird der innere Basis-1-Widerstand $R_{B1} = 0{,}7 \cdot 6\text{ k}\Omega = 4{,}2\text{ k}\Omega$ und somit der innere Basis-2-Widerstand $R_{B2} = R_{BB} - R_{B1} = 6\text{ k}\Omega - 4{,}2\text{ k}\Omega = 1{,}8\text{ k}\Omega$. Hiermit wird nach Gl. (77.8) die kleinste Basis-2-Spannung

$$U_{B20} = \frac{(R_{B1\,sat} + R_{B2} + R_V) U_{p-}}{R_{B1\,sat} + R_{B2} + R_V + R} = \frac{(15\text{ }\Omega + 1{,}8\text{ k}\Omega + 132\text{ }\Omega)\, 20\text{ V}}{15\text{ }\Omega + 1{,}8\text{ k}\Omega + 132\text{ }\Omega + 500\text{ }\Omega} = 15{,}9\text{ V}$$

Mit der Zeitkonstanten $\tau_1 = R_E C = 10\text{ k}\Omega \cdot 87{,}6\text{ nF} = 0{,}876\text{ ms}$ ergibt sich nach Gl. (75.7) die Dauer der Ladeperiode

$$T_1 = \tau_1 \ln\left(\frac{U_{p-} - U_{C0}}{U_{p-} - U_{C1}}\right) = 0{,}876\text{ ms} \cdot \ln\left(\frac{20\text{ V} - 3{,}32\text{ V}}{20\text{ V} - 13{,}78\text{ V}}\right) = 0{,}86\text{ ms}$$

Mit $\tau_2 = 12{,}8\text{ }\mu\text{s}$ (s. Beispiel 19, S. 76) wird nach Gl. (75.9) die Entladedauer $T_2 = \tau_2 \ln (U_{C1}/U_{C0})$ = 12,8 μs · ln (13,78 V/3,32 V) = 18,2 μs. Somit erhalten wir schließlich nach Gl. (75.10) die Frequenz $f = 1/(T_1 + T_2) = 1/(0{,}86\text{ ms} + 18{,}2\text{ }\mu\text{s}) = 1135\text{ Hz}$. Wegen der geringeren Periodendauer T_1 ist die Frequenz f etwas größer als in Beispiel 19.

1.2.5.3 Zeitverzögerungsschaltung.
Häufig tritt in der Technik das Problem auf, daß beim Einschalten einer elektrischen Anlage gewisse Schaltgruppen erst verzögert nach dem dem Einschalten in Betrieb gesetzt werden dürfen. Hat diese Zeitverzögerung stets den gleichen Wert, kann sie mit einer elektronischen Schaltung erzeugt werden. Ein Beispiel zeigt die in Bild **79.**1 wiedergegebene Schaltung. Wird der Schalter S geschlossen, lädt sich der Kondensator C über den Widerstand R_E exponentiell mit der Zeitkonstanten $\tau_1 = R_E C$ auf. Wird die kritische Ladespannung U_{C1} nach Gl. (77.1) bis Gl. (77.3) erreicht, schaltet der Transistor durch, und der Kondensator C entlädt sich über das Relais A. In Gl. (77.1) bis Gl. (77.3) ist der Widerstand R_V dann der Wirkwiderstand des Relais. Während der Interbasis-Strom I_{BB} noch nicht ausreichte, um das Relais zu schalten, zieht durch den verzögert auftretenden Entladungsstromstoß das Relais an, und

über den Umschalt-Selbsthalte-Kontakt a_1 und den Vorwiderstand R_1 wird dem Relais ein hinreichender Haltestrom

$$I_H = U_{p-}/(R_1 + R_V) \quad (79.1)$$

zugeführt. Gleichzeitig wird dem Unijunction-Transistor die Spannung U_{p-} abgeschaltet. Beim Umschalten des Relaiskontaktes a_1 springt die Spannung an der Basis B_1 auf

$$U_{B11} = U_{p-} R_V/(R_V + R_1) \quad (79.2)$$

die Emitter-Basis-1-Diode sperrt wieder, und über den Interbasis-Widerstand R_{BB}, den Temperaturkompensationswiderstand R und über den Ladewiderstand R_E stellt sich am Kondensator C schließlich ebenfalls die Spannung U_{B11} ein.

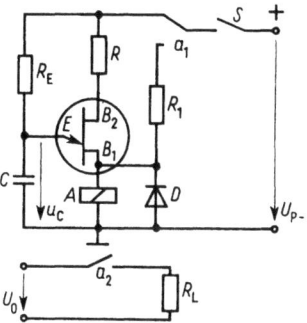

79.1 Zeitverzögerungsschaltung mit Unijunction-Transistor

Wird der Schalter S wieder geöffnet, fällt das Relais A ab, und der Kondensator C entlädt sich über R_E, R, R_{BB} und den Relaiswiderstand R_V bis auf 0 V. Die Diode D verhindert das Auftreten einer hohen Induktionsspannung beim Abschalten des Relais, die den Transistor zerstören könnte. Wird der Schalter S wieder geschlossen, zieht das Relais erneut nach der entsprechenden Verzögerungszeit T an und schließt dabei auch den Kontakt a_2. Die Spannung U_0 wird also um die Zeit T verzögert auf den Lastwiderstand R_L geschaltet. Mit der Zeitkonstanten $\tau_1 = R_E C$ und der kritischen Kondensatorspannung U_{C1} nach Gl. (77.3) sowie mit $U_{C0} = 0$ ergibt sich nach Gl. (75.7) die Verzögerungszeit

$$T = \tau_1 \ln[U_{p-}/(U_{p-} - U_{C1})] \quad (79.3)$$

Wird die Zeitkonstante τ_1 hinreichend groß gewählt, können sehr lange Verzögerungszeiten im s-Bereich erzielt werden.

Beispiel 21. Ein Unijunction-Transistor mit den Kenngrößen von Beispiel 19 und 20, S. 76 und 78 wird in der Verzögerungsschaltung nach Bild 79.1 mit dem Kompensationswiderstand $R = 500 \, \Omega$ und der Versorgungsspannung $U_{p-} = 20$ V betrieben. Das Relais hat den Wirkwiderstand $R_V = 132 \, \Omega$ und benötigt den Haltestrom $I_H = 45$ mA. Das Relais A soll nach der Zeit $T = 20$ s anziehen und die Spannung U_0 auf den Lastwiderstand R_L schalten. Man dimensioniere die Schaltung.

Durch Auflösen von Gl. (79.1) berechnen wir zunächst den Widerstand $R_1 = (U_{p-}/I_H) - R_V$ = (20 V/45 mA) − 132 Ω = 312 Ω. Hiermit wird nach Gl. (79.2) die Spannung $U_{B11} = U_{p-} R_V/(R_V + R_1) = 20$ V · 132 Ω/(132 Ω + 312 Ω) = 5,95 V. Die Spannung $U_{C1} = 13,77$ V entnehmen wir wegen der gleichen Kenngrößen Beispiel 20 (S. 78). Wegen der großen Verzögerungszeit muß die Kapazität C im μF-Bereich liegen. Wir wählen $C = 20$ μF und finden durch Umstellen von Gl. (79.3) den Ladewiderstand

$$R_E = \frac{T}{C \ln[U_{p-}/(U_{p-} - U_{C1})]} = \frac{20 \text{ s}}{20 \, \mu\text{F} \ln[20 \text{ V}/(20 \text{ V} - 13,77 \text{ V})]} = 857,4 \text{ k}\Omega$$

Weitere Anwendungen des Unijunction-Transistors werden wir im Zusammenhang mit dem Thyristor-Schaltungen in Abschn. 2 behandeln. Dort wird der Unijunction-Transistor hauptsächlich zum Zünden von Thyristoren, also als Triggerschaltung, verwendet.

1.3 Lawinen-Transistoren

Lawinen-Transistoren (avalanche transistors) sind bipolare Transistoren, die im Durchbruchsbereich der Kollektor-Basis-Diode betrieben werden. Die in diesem Bereich auftretenden Ausgangskennlinien mit negativem differentiellem Widerstand werden in Impulsschaltungen zur Erzeugung sehr steiler Spannungsimpulse (ns-Bereich) mit großer Amplitude (bis zu 100 V) ausgenutzt.

1.3.1 Durchbruchverhalten bipolarer Transistoren

Das Durchbruchverhalten bipolarer Transistoren wird ausführlich in Band III, Teil 1 behandelt und soll deshalb hier nur zusammenfassend diskutiert werden. Je nach Betriebsbedingungen treten beim bipolaren Transistor zwei sehr stark voneinander abweichende Durchbruchspannungen auf.
Ist der Emitterstrom $I_E = 0$ (offener Emitter), fließt bei positiver Kollektor-Basisspannung U_{CB} (NPN-Transistor) nur der Sperrstrom I_{CBO} der Basis-Kollektordiode als negativer Basisstrom I_B aus dem Basisanschluß heraus. Es gilt also für den Kollektorstrom

$$I_C = I_B = I_{CBO} \tag{80.1}$$

Wird die Kollektor-Basisspannung weiter erhöht, kommt die Basis-Kollektor-Diode in den Lawinen-Durchbruchbereich (s. a. Band III, Teil 1, Abschn. Z-Dioden). Durch die Stoßionisierung in der Sperrschicht erhöht sich der Kollektorstrom um den Durchbruchfaktor M. Im Lawinenbereich ergibt sich deshalb bei offenem Emitter ($I_E = 0$) der Kollektorstrom

$$I_C = I_B = M I_{CBO} = I_{CBO}/[1 - (U_{CB}/U_{CBO})^m] \tag{80.2}$$

wobei nach Band III, Teil 1 der Durchbruchfaktor

$$M = 1/[1 - (U_R/U_{(BR)})^m] = 1/[1 - (U_{CB}/U_{CBO})^m] \tag{80.3}$$

ist und die Sperrspannung U_R durch die Kollektor-Basisspannung U_{CB} sowie die Durchbruchspannung $U_{(BR)}$ durch die Durchbruchspannung U_{CBO} der Kollektor-Basis-Diode bei offenen Emitter zu ersetzen sind. Wird also $U_{CB} = U_{CBO}$, strebt der Kollektorstrom I_C gegen unendlich, und der Exponent m gibt an, wie steil dieser Anstieg ist.
Ist dagegen der Basisstrom $I_B = 0$ (Betrieb mit offener Basis), ergeben sich andere Verhältnisse. Der Sperrstrom I_{CBO} muß nun über die Basis-Emitter-Diode abfließen und wirkt in dieser wie ein von außen zugeführter Basisstrom I_B. Er wird also um den Stromverstärkungsfaktor B verstärkt, so daß zu dem Strom I_{CBO} noch der durch Stromverstärkung erzeugte Anteil BI_{CBO} hinzukommt. Somit ergibt sich der bei offener Basis ($I_B = 0$) fließende Kollektor-Emitter-Reststrom

$$I_{CEO} = (B + 1) I_{CBO} \tag{80.4}$$

Er ist wesentlich größer als der bei offenem Emitter ($I_E = 0$) fließende Reststrom I_{CBO}. Muß bei offenem Emitter die Kollektor-Basisspannung $U_{CB} = U_{CBO}$ werden, um den Kollektorstrom gegen unendlich wachsen zu lassen, so ist dies bei offener Basis nicht erforderlich. Für $I_B = 0$ ergibt sich nämlich im Lawinenbereich mit dem Kollektor-Emitter-Reststrom nach Gl. (80.4) (s. a. Band III, Teil 1) der Kollektorstrom

$$I_C = \frac{I_{CE0}}{1 - (B+1)(U_{CE}/U_{CB0})^m} \qquad (81.1)$$

der für $U_{CE} \ll U_{CB0}$ in den Reststrom I_{CE0} übergeht. Wird jedoch

$$U_{CE} = U_{CE0} = U_{CB0}/\sqrt[m]{B+1} \qquad (81.2)$$

strebt nach Gl. (81.1) der Kollektorstrom I_C gegen unendlich, da der Nenner von Gl. (81.1) null wird. Die Kollektor-Emitter-Durchbruchspannung U_{CE0} bei offener Basis ($I_B = 0$) ist nun nach Gl. (81.2) wesentlich kleiner als die Durchbruchspannung U_{CB0}. Diese beiden Durchbruchspannungen sind in dem Ausgangskennlinienfeld eines NPN-Transistors von Bild 81.1 eingetragen. Für positive Basisströme ($I_B > 0$) ergeben sich die bekannten Ausgangskennlinien, in denen bei $U_{CE} = U_{CE0}$ der Kollektorstrom $I_C \to \infty$ strebt. Gestrichelt eingetragen ist die Kennlinie mit $I_B = 0$ nach Gl. (81.1).

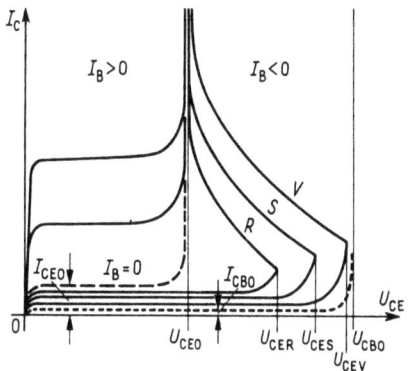

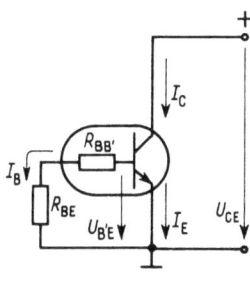

81.1 Fallende Ausgangskennlinien eines bipolaren Transistors
R bei mit Widerstand R_{BE} überbrückter, S bei kurzgeschlossener, V bei mit negativer Vorspannung betriebener Basis-Emitter-Diode

81.2 Bipolarer Transistor mit durch Widerstand R_{BE} überbrückter Basis-Emitter-Diode zur Erklärung der fallenden Ausgangskennlinien

Wird an die Basis keine positive Spannung gelegt, sondern wird die Basis-Emitter-Diode mit einem Widerstand R_{BE} überbrückt, so fließt ein negativer Basisstrom ($I_B < 0$) aus der Basis heraus. In diesem Fall ergibt sich die mit R gekennzeichnete Kennlinie, die einen Ast negativen differentiellen Widerstands aufweist. Wird die Basis-Emitter-Diode kurzgeschlossen (shorted emitter), wirkt nur noch der Basis-Bahnwiderstand $R_{BB'}$ als Kurzschlußwiderstand, und es ergibt sich die Kennlinie S. Wird an die Basis eine negative Spannung angelegt, erhält man die Kennlinie V.

Für das Verständnis der Kennlinien mit negativem Ast betrachten wir den Fall der mit dem Widerstand R_{BE} überbrückten Basis-Emitter-Diode nach Bild 81.2. Dort stellt der Widerstand $R_{BB'}$ den Halbleiter-Bahnwiderstand zwischen Basisanschluß und PN-Übergang dar. Erhöht man nun die Kollektor-Emitterspannung bis in den Lawinenbereich hinein, so fließt der durch Stoßionisation verstärkte Kollektorstrom I_C z.T. über die Basis und z.T. über den Emitter ab. Solange die Basisspannung $U_{B'E} < 0.6$ V ist, ist die Basis-Emitter-Diode nur sehr schwach leitend und der Emitterstrom $I_E \approx 0$. Mit

82 1.3 Lawinen-Transistoren

$I_E \approx 0$ liegen jedoch die Verhältnisse des offenen Emitters vor, und die Durchbruchspannung ist U_{CB0}. Die Spannung U_{CE} kann also über die Durchbruchspannung U_{CE0} hinaus gesteigert werden. Mit zunehmender Spannung U_{CE} wächst aber auch der durch Stoßionisation verstärkte Strom $I_C \approx I_B$. Wird schließlich der Spannungsabfall über die Basis-Emitter-Diode

$$U_{B'E} = (R_{BE} + R_{BB'}) I_B \approx 0{,}6 \text{ V} \qquad (82.1)$$

dann wird auch die Emitter-Diode stark leitend. Der Strom I_E steigt und wird in der Kollektor-Basis-Sperrschicht durch Stoßionisation verstärkt, wodurch Basisstrom I_B und somit Spannung $U_{B'E}$ weiter wachsen. Hierdurch wird die Basis-Emitter-Diode noch weiter in Durchlaßrichtung gepolt, und der Emitterstrom I_E steigt immer stärker an. Schließlich ist die Basis-Emitter-Diode so stark leitend, daß der gesamte Kollektorstrom nur noch über diese fließt und der Basisstrom I_B gegenüber dem Emitterstrom vernachlässigbar gering ist. Mit $I_B \approx 0$ ist der Fall der offenen Basis mit der zugehörigen niedrigeren Durchbruchspannung U_{CE0} erreicht. Während des beschriebenen Anstiegs des Emitter- und Kollektorstroms, der nach Überschreiten der Schwellspannung $U_{B'E} \approx 0{,}6$ V durch die beschriebene positive Rückkopplung immer weiter verstärkt wird, sinkt die Kollektor-Emitter-Spannung U_{CE} von dem maximal erreichbaren Wert U_{CER} (s. Bild 81.1) auf die kleinere Spannung U_{CE0} ab. Es entsteht also ein fallender Kennlinienast.

Die Spannung U_{CER} hängt vom Widerstand R_{BE} ab. Ist der Widerstand R_{BE} groß, genügen schon kleine Durchbruchströme, um die Spannung $U_{B'E} \approx 0{,}6$ V zu erreichen. Bei kleinen Widerständen R_{BE}, insbesondere aber bei $R_{BE} = 0$, muß der über den Bahnwiderstand $R_{BB'}$ abfließende Durchbruchstrom $I_C \approx I_B$ die Größenordnung von mA erreichen, um die beschriebene positive Rückkopplung einzuleiten. Die maximale Spannung U_{CER} ist dann nahezu gleich der Durchbruchspannung U_{CB0}.

Der Betrieb eines bipolaren Transistors im Durchbruchbereich ist in jedem Fall kritisch. Durch Strombegrenzung im Kollektorzweig ist stets dafür Sorge zu tragen, daß der Durchbruch-Kollektorstrom in zulässigen Grenzen bleibt. Anderenfalls besteht die Gefahr der Zerstörung des Transistors durch Überschreiten der zulässigen Verlustleistung oder durch den Durchbruch 2. Art (second breakdown, s. Band III, Teil 1).

1.3.2 Betrieb als Lawinen-Transistor

Für die Untersuchung des Schaltverhaltens des Lawinen-Transistors benutzen wir die Schaltung von Bild 83.1. Erhöhen wir dort die positive Versorgungs-Gleichspannung U_{p-}, beginnt beim Annähern an die Durchbruchspannung U_{CER} ein durch Stoßionisation vergrößerter Sperrstrom durch die Kollektor-Basis-Diode und über den Widerstand R_{BE} abzufließen. Ist der Kollektorwiderstand R_C groß (einige 10 kΩ bis 100 kΩ) und der Basiswiderstand R_{BE} klein (einige 100 Ω), so ist der Basisstrom noch klein und die Basis-Emitterdiode gesperrt. Erhöht man jetzt die Spannung U_{p-} noch weiter über die Durchbruchspannung U_{CB0} hinaus, so steigt die Kollektor-Emitter-Spannung U_{CE} nur noch geringfügig. Es stellt sich nach Bild 83.2 der Arbeitspunkt A_1 ein; am Transistor liegt die Kollektor-Emitter-Spannung U_{CE1}, und es fließt der Durchbruch-Kollektorstrom

$$I_{C(BR)} = (U_{p-} - U_{CE1})/R_C \qquad (82.2)$$

1.3.2 Betrieb als Lawinen-Transistor

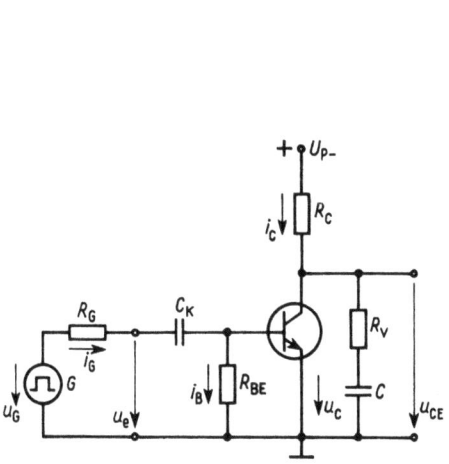

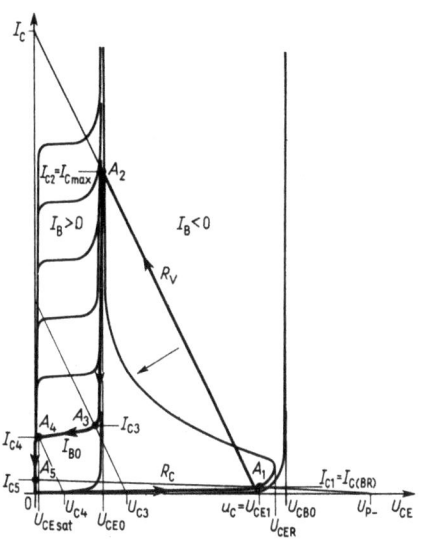

83.1 Grundschaltung zur Untersuchung des Schaltverhaltens eines Lawinen-Transistors
Für Ausgangsspannung u_G und -strom i_G des Generators G gilt bei $t < 0$: $u_G = 0$, $i_G = 0$; bei $t > 0$: $u_G = U_G = $ const, $i_G = I_G = $ const

83.2 Spannungssprünge im Ausgangskennlinienfeld des Lawinen-Transistors der Schaltung von Bild 83.1
Die Arbeitspunkte A_1 bis A_5 sind ebenfalls in die Impulsdiagramme von Bild 84.1 eingetragen.

Am Basiswiderstand fällt dann die Spannung

$$U_{BE} = I_{C(BR)} R_{BE} = (U_{p-} - U_{CE1}) R_{BE}/R_C \qquad (83.1)$$

ab, wenn bei noch nahezu gesperrter Basis-Emitter-Diode $I_{C(BR)} = i_B$ gilt. Die Spannung U_{CE1} ist nach Bild 83.2 nur wenig kleiner als die Durchbruchspannung U_{CB0}. Durch Wahl des Widerstands R_{BE} und besonders des Kollektorwiderstands R_C muß natürlich sicher gestellt sein, daß der Arbeitspunkt A_1 wie in Bild 83.2 noch auf dem ansteigenden Ast der Kennlinie liegt. Unter diesen stationären Bedingungen ist die Kapazität C über den Vorwiderstand R_V auf die Spannung U_{CE1} aufgeladen.

Schaltet nun zum Zeitpunkt t_0 (s. Bild 84.1) der Generator G von Bild 83.1 über seinen Ausgangswiderstand R_G und den Koppelkondensator C_K einen positiven Spannungsimpuls an die Basis des Lawinen-Transistors, so wird bei hinreichender Impulshöhe die Basis-Emitter-Diode leitend, und der in Abschn. 1.3.1 beschriebene positive Rückkopplungsvorgang wird in Gang gesetzt. Die Kollektor-Emitter-Spannung U_{CE} springt schlagartig von dem großen Wert U_{CE1} auf die kleine Durchbruchspannung U_{CE0}. In Bild 83.2 erfolgt dieser Sprung längs der Widerstandsgeraden R_V vom Arbeitspunkt A_1 zum Punkt A_2. Schlagartig fließt der sehr viel größere Kollektorstrom

$$I_{C\max} = (U_{CE1} - U_{CE0})/R_V \qquad (83.2)$$

der durch den Vorwiderstand R_V begrenzt wird. Während des Schaltvorgangs behält die Kondensator-Ladespannung U_{CE1} ihren Wert bei.

Der Schaltvorgang selbst erfolgt in einer Zeit von etwa 1 ns, und in der kurzen Zeit springt unter diesen Bedingungen der Kollektorstrom i_C von einigen mA auf einige A.

1.3 Lawinen-Transistoren

Bei einem nicht im Durchbruchbereich betriebenen Transistor ist dies durch basisseitiges Auftasten nicht möglich, da in dieser kurzen Zeit der Basis nicht die notwendige Speicherladung zugeführt werden kann (s. Band III, Teil 1, Schaltverhalten). Beim Lawinen-Transistor sorgt jedoch die lawinenartige Stromvervielfachung in der Kollektor-Basis-Sperrschicht für eine hinreichend schnelle Zuführung der Basisladung.

In Bild 84.1a ist der sich ergebende zeitliche Verlauf des Kollektorstroms i_C und in Bild 84.1b der Kollektorspannung u_{CE} sowie der Kondensatorspannung u_C wiedergegeben. Während bei der Zeit $t = t_0$ der Strom i_C von dem kleinen Durchbruchstrom $I_{C(BR)}$ auf dem maximalen Strom I_{Cmax} springt, sinkt die Spannung u_{CE} plötzlich von $U_{CE1} \approx U_{CBO}$ auf U_{CEO}, so daß ein Spannungssprung $\Delta U \approx U_{CBO} - U_{CEO}$ entsteht. Danach entlädt sich der Kondensator C über den leitenden Transistor.

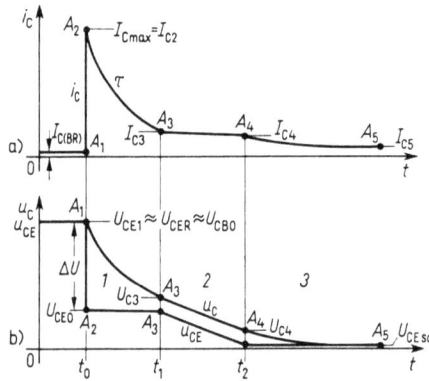

84.1
Impulsdiagramme der Lawinen-Transistorschaltung nach Bild 83.1
a) Kollektorstrom i_C als Funktion der Zeit t
b) zeitlicher Verlauf von Kollektorspannung u_{CE} und Kondensatorspannung u_C
Die eingezeichneten Arbeitspunkte A_1 bis A_5 stimmen mit den Arbeitspunkten von Bild 83.2 überein; Bereich 1: Transistor arbeitet als Lawinen-Transistor mit nahezu konstanter Kollektor-Emitter-Durchbruchspannung U_{CEO}; Bereich 2: Transistor arbeitet im aktiven Bereich mit nahezu konstantem Kollektorstrom $I_C = I_{C3} \approx I_{C4}$; Bereich 3: Transistor ist gesättigt leitend und arbeitet mit der niedrigen Kollektor-Emitter-Sättigungsspannung $U_{CE} = U_{CEsat}$.

Sinkt die Kondensatorspannung u_C exponentiell mit der Zeitkonstanten $\tau = R_V C$, so verschiebt sich in Bild 83.2 die Widerstandsgerade R_V nach links, und ihr Schnittpunkt mit der Geraden $U_{CEO} = $ const rutscht von dem Arbeitspunkt A_2 zum Arbeitspunkt A_3. Während der Zeit t_0 bis t_1 (Bereich 1 in Bild 84.1b) bleibt deshalb in Bild 84.1 die Kollektorspannung nahezu konstant. Der Kondensator entlädt sich in diesem Zeitintervall mit dem Spannungsverlauf

$$u_C = U_{CEO} + (U_{CE1} - U_{CEO})\,e^{-(t-t_0)/\tau} \tag{84.1}$$

Wird von dem ansteuernden Generator G der Basisstrom I_{B0} eingespeist, verläuft in Bild 83.2 die weitere Entladung vom Punkt A_3 zum Punkt A_4 entlang der Kollektorstromkennlinie mit I_{B0} als Parameter. Während dieser Zeit t_1 bis t_2 (also Bereich 2 in Bild 84.1) ist der Entladestrom nahezu konstant $i_C \approx I_{C3} \approx I_{C4}$, und die Kondensatorspannung u_C fällt ebenso wie die Kollektorspannung u_{CE} näherungsweise linear mit der Zeit ab. Mit der Stromverstärkung B des Transistors ergibt sich der Kollektorstrom $I_{C3} \approx I_{C4} = BI_{B0}$, und man erhält für den Abfall der Kondensatorspannung

$$u_C = U_{C3} - (BI_{B0}/C)\,(t - t_1) \tag{84.2}$$

Im Bereich 3 von Bild 84.1, also für die Zeit $t > t_2$, ist die Kollektorspannung $u_{CE} = U_{CEsat}$ gleich der Sättigungsspannung des Transistors geworden. Der Kollektorstrom sinkt auf den Sättigungsstrom I_{C5}, der nur noch durch den Kollektorwiderstand R_C bestimmt wird. Im Arbeitspunkt A_5 fließt dann mit $U_{p-} \gg U_{CEsat}$ der Sättigungsstrom

$$I_{C5} = (U_{p-} - U_{CEsat})/R_C \approx U_{p-}/R_C \tag{84.3}$$

1.3.2 Betrieb als Lawinen-Transistor

Die Kondensatorspannung u_C sinkt schließlich ebenfalls auf die Sättigungsspannung $U_{CE\,sat}$.

Ist nach einer gewissen, in Bild 84.1 nicht mehr eingezeichneten Zeit der Basis-Stromimpuls beendet, sperrt der Transistor wieder. Der Kondensator C wird jetzt über den Kollektorwiderstand R_C und den Vorwiderstand R_V mit der Zeitkonstanten $\tau_C = (R_C + R_V)\,C \approx R_C\,C$ aufgeladen. Beginnen wir die Zeitzählung mit dem Sperren des Transistors, so ist nach der Zeit

$$T = \tau_C \ln\left[U_{p-}/(U_{p-} - U_{CE1})\right] \tag{85.1}$$

wieder die Ausgangsspannung U_{CE1} erreicht. Der Transistor befindet sich dann wieder im Arbeitspunkt A_1, und es fließt der Lawinendurchbruchstrom $I_{C(BR)}$ über die Kollektor-Basis-Diode und den Widerstand R_{BE} nach Masse ab. Bei erneutem Triggern durch den Generator G wiederholt sich der gleiche Vorgang.

Für den Einsatz als Lawinen-Transistor müssen solche bipolaren Transistoren ausgewählt werden, die eine möglichst hohe Durchbruchspannung U_{CB0} und eine kleine Kollektor-Emitter-Durchbruchspannung U_{CE0} aufweisen. Nur dann entsteht beim Durchschalten ein hinreichend großer Spannungssprung $\Delta U \approx U_{CB0} - U_{CE0}$. Meist ist es deshalb erforderlich, aus einer bestimmten Typenreihe geeignete Exemplare auszuwählen. Z. B. werden für den Schalttransistor BSY 34 (Siemens) Durchbruchspannungen $U_{CB0} = 60$ V und $U_{CE0} = 40$ V als Grenzwerte angegeben. Da die Durchbruchspannung U_{CB0} von Exemplar zu Exemplar stark streut, ist es jedoch möglich, auch solche Transistoren zu finden, deren Durchbruchspannung U_{CB0} im Bereich von 100 V bis 200 V liegt. Auch in der Typenreihe des Niederfrequenz-Kleinsignal-Transistors BC 107 sind durch Aussuchen geeignete Exemplare mit Durchbruchspannungen $U_{CB0} > 100$ V zu finden.

Beispiel 22. Ein Lawinen-Transistor wird in der Schaltung nach Bild 83.1 mit der Versorgungsspannung $U_{p-} = 200$ V, dem Kollektorwiderstand $R_C = 100$ kΩ, dem Vorwiderstand $R_V = 50$ Ω und der Kapazität $C = 1$ nF betrieben und von einem Generator mit dem Ausgangswiderstand $R_G = 1$ kΩ angesteuert. Der Transistor hat die Durchbruchspannungen $U_{CB0} = 130$ V und $U_{CE0} = 50$ V, die Stromverstärkung $B = 30$ sowie die Kollektor-Emitter-Sättigungsspannung $U_{CE\,sat} = 0,1$ V. Die Koppelkapazität C_K sei so groß, daß ihr Einfluß bei den Berechnungen vernachlässigbar ist. Man dimensioniere den Basis-Emitter-Widerstand R_{BE} und berechne die in Bild 83.2 und 84.1 eingetragenen Spannungen, Ströme und Zeiten.

Wir ermitteln zuerst nach Gl. (82.2) und mit $U_{CE1} = U_{CB0}$ den Durchbruchstrom $I_{C(BR)} = (U_{p-} - U_{CB0})/R_C = (200\text{ V} - 130\text{ V})/100\text{ kΩ} = 0,7$ mA. Für ein sicheres Sperren fordern wir nach Gl. (83.1) für die Basis-Emitter-Spannung $U_{BE} = I_{C(BR)}\,R_{BE} < 0,3$ V. Hiermit erhalten wir für den Widerstand $R_{BE} < 0,3\text{ V}/I_{C(BR)} = 0,3\text{ V}/0,7\text{ mA} = 429$ Ω. Wir wählen $R_{BE} = 330$ Ω.

Mit $U_{CE1} = U_{CB0}$ berechnen wir nach Gl. (83.2) den maximalen Kollektorstrom $I_{C\,max} = (U_{CB0} - U_{CE0})/R_V = (130\text{ V} - 50\text{ V})/50\text{ Ω} = 1,6$ A. Ist der Transistor vollkommen durchgeschaltet, fließt nach Gl. (84.3) der Sättigungsstrom $I_{C5} \approx U_{p-}/R_C = 200\text{ V}/100\text{ kΩ} = 2$ mA. Fordern wir, daß der Kollektorstrom im aktiven Bereich $I_{C3} \approx I_{C4} = 10\,I_{C5} = 10 \cdot 2$ mA $= 20$ mA ist, so ergibt sich mit $I_{C3} = B I_{B1}$ und $B = 30$ der von dem Generator G zu liefernde Basisstrom $I_{B0} = 10\,I_{C5}/B = 10 \cdot 2\text{ mA}/30 = 0,67$ mA.

Mit der Öffnungsspannung $U_{BE} = 0,7$ V fließt über den Widerstand R_{BE} der Strom $I_R = 0,7\text{ V}/R_{BE} = 0,7\text{ V}/330\text{ Ω} = 2,12$ mA ab, so daß der Generator G sprungartig den Strom $I_G = I_R + I_{B0} = 2,12\text{ mA} + 0,67\text{ mA} = 2,79$ mA liefern muß. Hierfür ist die Sprungamplitude der Generatorspannung $U_G = I_G\,R_G + 0,7\text{ V} = 2,79\text{ mA} \cdot 1\text{ kΩ} + 0,7\text{ V} = 3,49$ V erforderlich.

1.3 Lawinen-Transistoren

Nehmen wir zur Vereinfachung an, daß der Arbeitspunkt A_3 in Bild 83.2 noch auf der Geraden mit U_{CE0} = const liegt, so hat sich nach der Zeit $t_1 - t_0$ die Kapazität C auf die Spannung $U_{C3} = I_{C3} R_V + U_{CE0} = 20\,\text{mA} \cdot 50\,\Omega + 50\,\text{V} = 51\,\text{V}$, also nahezu auf U_{CE0} entladen. Nach der Zeit $t_2 - t_0$ ist schließlich die Kondensatorspannung auf $U_{C4} = I_{C4} R_V + U_{CE\,sat} = 20\,\text{mA} \cdot 50\,\Omega + 0{,}1\,\text{V} = 1{,}1\,\text{V}$, also fast auf die Sättigungsspannung $U_{CE\,sat}$ gefallen. Setzen wir in Gl. (84.1) $u_C = U_{C3}$ und $t = t_1$ und lösen dann nach $t_1 - t_0$ auf, so erhalten wir mit der Zeitkonstanten $\tau = R_V C = 50\,\Omega \cdot 1\,\text{nF} = 50\,\text{ns}$ und mit der Kollektor-Emitterspannung $U_{CE1} = U_{CB0}$ die Dauer der ersten Entladephase (1 in Bild 84.1) $t_1 - t_0 = \tau \ln[(U_{CB0} - U_{CE0})/(U_{C3} - U_{CE0})] = 50\,\text{ns} \ln[(130\,\text{V} - 50\,\text{V})/(51\,\text{V} - 50\,\text{V})] = 219\,\text{ns}$.
Wird jetzt in Gl. (84.2) $u_C = U_{C4}$ und $t = t_2$ gesetzt, so ergibt die Auflösung nach $t_2 - t_1$ die Dauer der zweiten Entladephase (Bereich 2 in Bild 84.1) $t_2 - t_1 = (U_{C3} - U_{C4})/(BI_{B0}/C) = (51\,\text{V} - 1{,}1\,\text{V})/(30 \cdot 0{,}67\,\text{mA}/1\,\text{nF}) = 24{,}82\,\mu\text{s}$. Die zweite Entladephase dauert also wegen des kleineren Entladestroms wesentlich länger.
Der Generator G sollte für dieses Beispiel einen positiven Triggerimpuls der Amplitude U_G und einer Dauer von etwa 30 μs liefern, damit alle Entladevorgänge abgeschlossen sind. Sperrt danach der Transistor wieder, wird mit der Zeitkonstanten $\tau_C = R_C C = 100\,\text{k}\Omega \cdot 1\,\text{nF} = 100\,\mu\text{s}$ und mit $U_{CE1} = U_{CB0}$ der Kondensator C nach der Zeit $T = \tau_C \ln[U_{P-}/(U_{P-} - U_{CB0})] = 100\,\mu\text{s} \ln[200\,\text{V}/(200\,\text{V} - 130\,\text{V})] = 105\,\mu\text{s}$ wieder auf U_{CB0} aufgeladen. Der zum Zeitpunkt t_0 erzeugte Spannungssprung hat die Amplitude $\Delta U = U_{CB0} - U_{CE0} = 130\,\text{V} - 50\,\text{V} = 80\,\text{V}$ und eine Abfallzeit von etwa 1 ns.

1.3.3 Anwendung als Impulsgenerator

Sehr steile Spannungsimpulse können mit verschiedenen Halbleiter-Bauelementen erzeugt werden. Tunnel-Dioden (s. Band III, Teil 1) geben in geeigneten Schaltungen sehr steile Impulse ab (< 1 ns), jedoch ist die erreichbare Spannungsamplitude kleiner als 1 V, so daß diese Generatoren für viele Zwecke ungeeignet sind. Benutzt man Step-recovery-Dioden zur Impulsaufteilung, so ist es von Vorteil, wenn der Eingangsimpuls schon möglichst steil ist (s. Band III, Teil 1). Der Lawinen-Transistor gestattet es nun, Impulse zu erzeugen, die sowohl eine kurze Anstiegszeit als auch eine große Spannungsamplitude aufweisen.

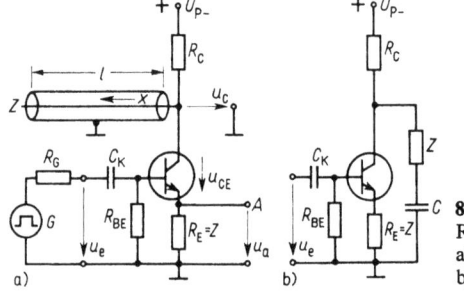

86.1 Rechteckimpulsgenerator mit Lawinen-Transistor
a) Schaltung mit Koaxialkabel zur Impulsformung
b) Ersatzschaltung

Den Aufbau eines Impulsgenerators mit einem Lawinen-Transistor wollen wir an der Schaltung von Bild 86.1a untersuchen. Wie in Bild 83.1 wird der Transistor im Durchbruchbereich der Kollektor-Basis-Diode betrieben. Wegen des geringen Spannungsabfalls, den der Durchbruchstrom am Basis-Emitter-Widerstand R_{BE} erzeugt, ist die

1.3.3 Anwendung als Impulsgenerator

Kollektor-Emitter-Strecke noch gesperrt. Über den Emitter fließt kein Strom, und die Ausgangsspannung ist $u_a = 0$. Am Kollektor ist jetzt an Stelle der Reihenschaltung des Widerstands R_V mit dem Kondensator C ein am Ende offenes Koaxialkabel mit dem Wellenwiderstand Z angeschlossen. Wird der Transistor mit der positiven Gleichspannung U_{p-} versorgt, ist das Kabel auf die Durchbruchspannung U_{CB0} aufgeladen. Steuert nun zum Zeitpunkt t_0 der Generator G die Basis mit einem positiven Spannungsimpuls an, so bricht die Kollektor-Emitter-Spannung u_{CE} innerhalb von 1 ns von dem Wert U_{CB0} auf U_{CE0} zusammen. Durch die Spannungsteilung zwischen dem Wellenwiderstand des Kabels Z und dem Emitterwiderstand $R_E = Z$ (s. a. die Ersatzschaltung von Bild 86.1 b) entsteht am Ausgang A ein Spannungssprung

$$u_{am} = (U_{CB0} - U_{CE0}) R_E/(R_E + Z) = (U_{CB0} - U_{CE0})/2 \qquad (87.1)$$

Für die Ladespannung des Kabels gilt nach dem Schaltsprung mit Gl. (87.1)

$$u_C = u_{CE} + u_a = U_{CE0} + u_{am} = (U_{CB0} + U_{CE0})/2 = U_{C1} \qquad (87.2)$$

Vom Kabelanfang läuft jetzt eine rechteckförmige Spannungswelle u_{Cxt} (s. Bild 87.1 a) mit der Geschwindigkeit $v \approx 20$ cm/ns in das Kabel hinein und entlädt dieses von der Spannung U_{CB0} auf U_{C1}. Am offenen Kabelende wird die Welle mit gleichem Vorzeichen reflektiert und entlädt nun beim Rücklauf das Kabel bis auf die Spannung U_{CE0}. Während der Laufzeit $T = 2l/v$ fließt durch den Widerstand R_E der konstante Entladestrom des Kabels

$$I_E = u_{am}/R_E = (U_{CB0} - U_{CE0})/(2 R_E) \qquad (87.3)$$

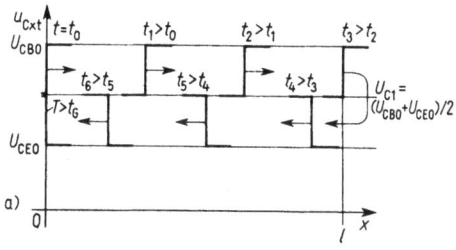

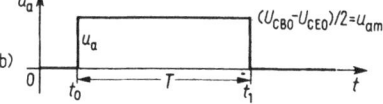

87.1 Zeitlicher und örtlicher Verlauf der Spannung im Koaxialkabel (a) und am Ausgang A der Schaltung von Bild 86.1a erzeugter Spannungsimpuls u_a (b)

und am Ausgang steht die konstante Spannung u_{am}. Erreicht die Welle wieder den Kabelanfang, bricht die Spannung u_C auf U_{CE0} zusammen, und die Ausgangsspannung wird

$$u_a = u_C - u_{CE} = U_{CE0} - U_{CE0} = 0 \qquad (87.4)$$

Es entsteht also der in Bild 87.1 b gezeigte rechteckförmige Spannungsimpuls der Dauer T und der Höhe u_{am}.

Nehmen wir an, daß nach der Zeit T der Triggerimpuls des Generators G bereits beendet ist, so sperrt danach der Transistor wieder, und das Kabel wird über den Kollektorwiderstand R_C langsam auf die Durchbruchspannung U_{CB0} aufgeladen. Der Transistor kommt erneut in den Lawinenbereich und ist bereit für einen Triggerimpuls.

1.3 Lawinen-Transistoren

Beispiel 23. Ein Lawinen-Transistor mit den Durchbruchspannungen $U_{CBO} = 130$ V und $U_{CE0} = 50$ V wird in der Schaltung von Bild 86.1a mit dem Emitterwiderstand $R_E = Z = 50\ \Omega$ betrieben. Die Signalgeschwindigkeit in dem Kabel beträgt $v = 20$ cm/ns. Man berechne a) die erforderliche Kabellänge, wenn der Ausgangsimpuls die Dauer $T = 100$ ns hat. Ferner gebe man b) die Spannungen u_{am}, U_{C1} und den Entladestrom I_E an.

Zu a): Mit $T = 2\,l/v$ erhalten wir die Kabellänge $l = vT/2 = 20$ (cm/ns) 100 ns/2 = 10 m.

Zu b): Nach Gl. (87.1) ergibt sich der Scheitelwert der Ausgangsspannung $u_{am} = (U_{CBO} - U_{CE0})/2$ = (130 V − 50 V)/2 = 40 V. Mit Gl. (87.2) wird die Spannung $U_{C1} = (U_{CBO} + U_{CE0})/2 =$ (130 V + 50 V)/2 = 90 V. Aus Gl. (87.3) erhalten wir den über den Emitter fließenden Entladestrom $I_E = u_{am}/R_E = 40$ V/50 Ω = 0,8 A.

Durch den Strom I_E wird das Kabel entladen. In der Zeit $T = 100$ ns wird dem Kabel die Ladung $Q = I_E T = 0,8$ A · 100 ns $= 8 \cdot 10^{-8}$ As entnommen. Ist $\Delta U = U_{CBO} - U_{CE0} = 130$ V − 50 V = 80 V der gesamte über das Kabel auftretende Spannungssprung, so ergibt sich die Kabelkapazität $C_{Ka} = Q/\Delta U = 8 \cdot 10^{-8}$ As/80 V = 1 nF. Bei der Kabellänge $l = 10$ m entspricht dies dem Kapazitätsbelag $C = 100$ pF/m.

In diesem Beispiel fließt während der Zeit $T = 100$ ns der Kollektor-Emitter-Strom $I_E = 0,8$ A. Dabei liegt gleichzeitig die Durchbruchspannung $U_{CE0} = 50$ V an der Kollektor-Emitter-Strecke. Die Verlustleistung des Transistors beträgt also während dieser Zeit $P_V = I_E U_{CE0} = 0,8$ A · 50 V = 40 W. Eine beliebige Verlängerung der Impulsdauer T ist deshalb nicht möglich, da sonst die im Transistor umgesetzte Impulsenergie zu groß und der Transistor zerstört würde. An Hand der Transistor-Kennlinien (s. Band III, Teil 1, Abschn. Absolute Grenzwerte von Kollektorstrom und Kollektorspannung) ist deshalb in jedem Fall zu prüfen, welche Impulslängen T möglich sind.

2 Thyristor-Bauelemente

2.1 Allgemeine Übersicht

Die Strom-Spannungs-Kennlinien aller Thyristor-Arten weisen einen Ast mit negativem differentiellem Widerstand auf. Sie sind deshalb als Schalter von Strömen und Spannungen geeignet [20]. Der Name **Thyristor** ist aus **Thyra**tron und Trans**istor** gebildet worden. Einerseits haben nämlich die Thyristoren sehr ähnliche Schalteigenschaften wie die früher benutzten Thyratrons und andererseits sind diese aus Silizium hergestellten Mehrschicht-Halbleiter-Bauelemente den Transistoren verwandt. Thyratrons sind gasgefüllte Elektronenröhren (z.B. Quecksilberdampf, Edelgase oder Wasserstoff), die früher in der Leistungselektronik zum Schalten großer Ströme und Leistungen verwendet wurden. Für Sonderzwecke, wie z.B. in der Hochspannungstechnik, werden sie heute noch verwendet.

Tafel **90**.1 gibt einen Überblick über die wichtigsten Thyristorarten. Nach der Anzahl ihrer Anschlüsse werden Thyristor-Dioden und Thyristor-Trioden unterschieden. Entsprechend ihrem Schaltverhalten, das in den Kennlinien von Tafel **90**.1 zum Ausdruck kommt, kennt man bei den Thyristor-Dioden die vorwärts schaltende und rückwärts sperrende Thyristor-Diode, d.i. eine Vierschicht-Diode, auch silicon unilateral switch (SUS) genannt, ferner die vorwärts schaltende und rückwärts leitende Thyristor-Diode sowie die in beide Richtungen (bidirektional) schaltende Thyristor-Diode [Fünfschicht-Diode oder silicon bilateral switch (SBS)].

Die gleiche Unterteilung wird bei den Thyristor-Trioden benutzt. Thyristor-Trioden können durch Einspeisen eines Stromimpulses in ihren dritten Anschluß (Gate) getriggert, d.h., im gewünschten Zeitpunkt durchgeschaltet werden. Von großer Bedeutung ist die vorwärts schaltende und rückwärts sperrende Thyristor-Triode, die in Deutschland einfach als Thyristor und im angelsächsischen Raum als SCR (silicon controlled rectifier) bezeichnet wird. Ebenfalls wichtig ist die bidirektional schaltende Thyristor-Triode die allgemein die Bezeichnung TRIAC (**Tri**ode für **AC**, also für Wechselstrom) führt. Von geringer Bedeutung ist die rückwärts leitende und vorwärts schaltende Thyristor-Triode.

Eine Sonderstellung nehmen die Trigger-Dioden ein. Die bisher erwähnten Thyristorarten weisen alle mehr als 3 aufeinanderfolgende P- und N-Schichten auf. Im durchgeschalteten Zustand bricht ihre Anoden-Kathoden-Spannung auf etwa 1 V zusammen, so daß ein großer Gleichstrom durch sie fließen kann, ohne daß die zulässige Verlustleistung überschritten wird. Trigger-Dioden dagegen sind dem Transistor ähnliche Dreischicht-Bauelemente, bei denen auch im durchgeschalteten Zustand eine relativ große Anoden-Kathodenspannung von 25 V bis 30 V anliegt. Um die zulässige Verlustleistung nicht zu überschreiten, dürfen sie daher nur kurzzeitig einen großen Stromimpuls liefern.

2.1 Allgemeine Übersicht

Tafel 90.1 Übersicht der wichtigsten Thyristor-Arten

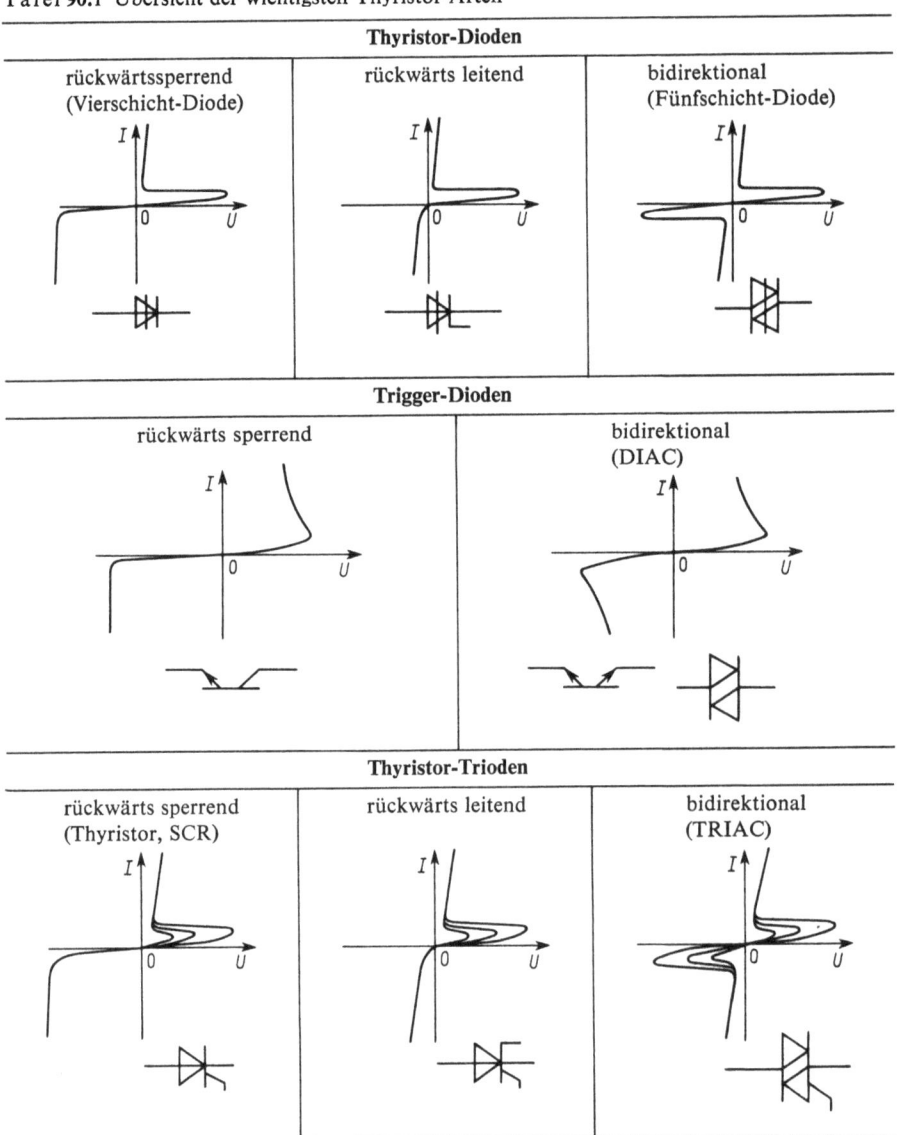

Sie sind deshalb zum Triggern von Thyristor-Trioden sehr gut geeignet und werden meist gemeinsam mit diesen verwendet. Aus diesem Grund haben wir sie auch den Thyristoren zugeordnet. Von den Trigger-Dioden hat der **DIAC** (**Di**ode für **AC**) als bidirektional schaltende Trigger-Diode zum Triggern von TRIACs eine große Bedeutung erlangt.

Tafel 90.1 zeigt schließlich noch die nach DIN 40700 Blatt 8 verwendeten Schaltzeichen, wobei bei den Trigger-Dioden auch das Transistorsymbol (ohne Basisanschluß) häufiger verwendet wird.

In der Leistungselektronik haben die Thyristor-Bauelemente eine außerordentlich große Bedeutung und Verbreitung erlangt: Thyristoren (SCR) werden als **gesteuerte Gleichrichter** (controlled rectifier) zur Drehzahl- und Leistungsregelung von Gleichstrom- und Drehstrommotoren eingesetzt. Auch in strom- oder spannungsgeregelten Gleichstrom-Versorgungsanlagen oder Batterie-Ladegeräten werden sie verwendet. TRIACs sind für die Steuerung von Wechselstromverbrauchern sehr gut geeignet. Sie werden deshalb in Lichtregelungsschaltungen (Dimmer), bei der Steuerung von elektrischen Heizanlagen u. ä. benutzt. Mit Thyristoren und TRIACs sind in diesen Schaltungen Schaltleistungen bis zu einigen 100 kW je Bauelement möglich.

2.2 Trigger-Dioden

2.2.1 Rückwärts sperrende Trigger-Diode

2.2.1.1 Wirkungsweise, Kennlinien und Kenngrößen. Trigger-Dioden werden zum Zünden von Thyristoren verwendet. (s. Abschn. 2.4.2.5). Nach Abschn. 2.4.1.4 muß hierfür der Scheitelwert der Impulsspannung größer als 1 V sein, und es müssen Impulsströme von einigen 100 mA für eine Impulsdauer von einigen µs zur Verfügung gestellt werden. Diese Bedingungen werden von Unijunction-Transistoren erfüllt (Abschn. 1.2). Auch Lawinen-Transistoren sind hierfür geeignet, allerdings braucht die zu erzeugende Impulsspannung nicht so groß zu sein wie in den in Abschn. 1.3 behandelten Schaltungen. Da Impulsspannungen von wenigen V genügen, kann der Unterschied zwischen den Durchbruchspannungen U_{CER} und U_{CE0} entsprechend klein sein.

Die rückwärts sperrende Trigger-Diode verhält sich nun ähnlich wie ein im Lawinenbereich betriebener NPN-Transistor (auch PNP-Strukturen sind möglich), dessen Basis-Emitter-Diode über einen schon als Halbleiterbahn erzeugten Widerstand R_{BE} überbrückt und dessen Basisanschluß nicht herausgeführt ist. Wir können für diese Trigger-Diode die in Bild 91.1a gezeigte Ersatzschaltung angeben, in der die Diode D für das Sperren in Rückwärtsrichtung sorgt. Liegt am Kollektor C die positive Spannung, verhält sich der Transistor wie ein Lawinen-Transistor und die Diode D ist in Durchlaßrichtung gepolt. Kehrt sich die Spannung um, so daß am Anschluß E die positive Spannung liegt, sperrt die Diode D, und ihr geringer Sperrstrom I_R kann über den Widerstand R_{BE} und die leitende Basis-Kollektor-Diode fließen. Beim Erreichen der Durchbruchspannung $U_{(BR)}$ beginnt dann der Lawinendurchbruch in der Diode D, und der Sperrstrom I_R steigt schnell an. Aus

91.1
Rückwärts sperrende Trigger-Diode
a) Transistor-Ersatzschaltung
b) Schaltzeichen

diesen Betrachtungen ergibt sich die in Bild 92.1 gezeigte Strom-Spannungs-Kennlinie. Als Schaltzeichen wird häufig das in Bild 91.1 b dargestellte Transistorsymbol verwendet.

Für die im 1. Quadranten auftretende Durchbruchspannung (auch Kippspannung genannt) verwenden wir jetzt nach DIN 41 785 die Bezeichnung $U_{(BO)}$, wobei der Index

2.2 Trigger-Dioden

von break over herrührt. Ein weiterer wichtiger Kennwert ist die **Rücklauf-Differenzspannung** ΔU (s. Bild **92.1**), denn in Impulsschaltungen bestimmt sie den Scheitelwert der von der Trigger-Diode abgegebenen Spannungsimpulse. Wegen der weiter fallenden Kennlinie wird sie bei einem definierten Durchlaßstrom I_F angegeben. Die Kennwerte einer typischen Trigger-Diode sind in Tafel **92.2** angegeben

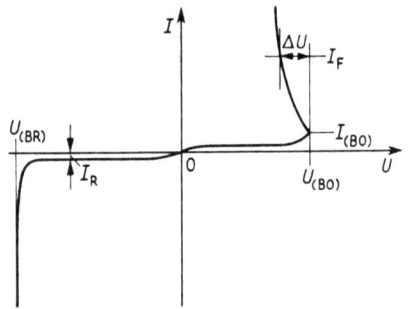

92.1 Strom-Spannungs-Kennlinie $I = f(U)$ der rückwärts sperrenden Trigger-Diode
$U_{(BO)}$ Kippspannung (break over voltage)

Tafel 92.2 Kenngrößen einer rückwärts sperrenden Trigger-Diode bei der Temperatur $T = 300$ K

$U_{(BO)}$ in V	$I_{(BO)}$ in μA	ΔU in V bei $I_F = 10$ mA	$U_{(BR)}$ in V
32 ± 4	< 100	8	> 200

Einmaliger Spitzenstrom $I_S = 1$ A für die Zeit $t = 10$ μs.

Da die Kippspannung $U_{(BO)}$ wesentlich vom temperaturabhängigen Sperrstrom bestimmt wird, fällt sie nach Bild **92.3** mit wachsender Temperatur stark ab. Die **Anstiegssteilheit** du/dt der an die Trigger-Diode gelegten Spannung u beeinflußt ebenfalls sehr wesentlich die Kippspannung $U_{(BO)}$. Diese als **Rate-Effekt** bezeichnete Erscheinung hat folgende Ursachen: Durch den Spannungsanstieg entsteht in der Sperrschichtkapazität C_S des gesperrten Kollektor-Basisübergangs ein kapazitiver Verschiebungsstrom $i = C_S \, du/dt$. Er vergrößert den Sperrstrom und führt deshalb dazu, daß der Transistor in der Ersatzschaltung von Bild **91.1a** schon bei kleinerer Kollektor-Emitter-Spannung durchbricht. Dadurch fällt also mit wachsender Spannungssteilheit du/dt die Kippspannung $U_{(BO)}$ (s. Bild **92.4**).

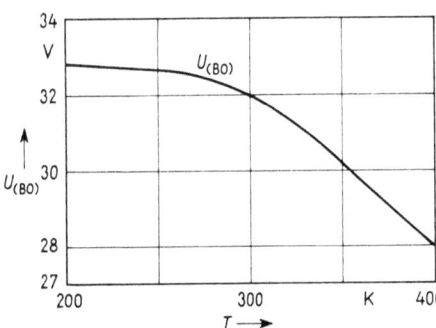

92.3 Temperaturabhängigkeit der Kippspannung $U_{(BO)}$ einer rückwärts sperrenden Trigger-Diode

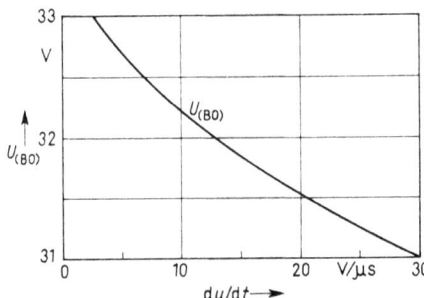

92.4 Abhängigkeit der Kippspannung $U_{(BO)}$ von der Anstiegssteilheit du/dt der an eine Trigger-Diode gelegten Spannung u (Rate-Effekt)

2.2.1.2 Anwendung als Triggerimpuls-Generator. Ähnlich wie in der mit einem Unijunction-Transistor aufgebauten Schaltung von Bild 76.1 wird auch in der Schaltung nach Bild 93.1 ein Kondensator C über den Widerstand R aufgeladen. Erreicht der Kondensator die Ladespannung $U_{C1} \approx U_{(BO)}$, bricht die Trigger-Diode durch, und im Kennlinienfeld von Bild 93.2 entsteht über dieser der Spannungssprung ΔU vom Arbeitspunkt A_1 zum Arbeitspunkt A_2 hin. Wir nehmen dabei an, daß während der kurzen Sprungzeit die Kondensatorspannung U_{C1} konstant bleibt. Die Kapazität wird mit der Zeitkonstanten $\tau_2 = R_V C$ entladen, wenn wir den sehr kleine differentiellen Innenwiderstand der Trigger-Diode vernachlässigen. Bei der Entladung verschiebt sich in Bild 93.1 die Widerstandsgerade R_V nach links und der Schnittpunkt mit der Kennlinie wandert vom Arbeitspunkt A_2 zum Punkt A_3.

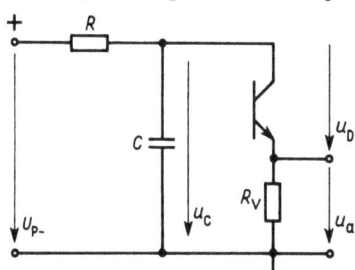

93.1 Triggerimpuls-Generator mit rückwärts sperrender Trigger-Diode

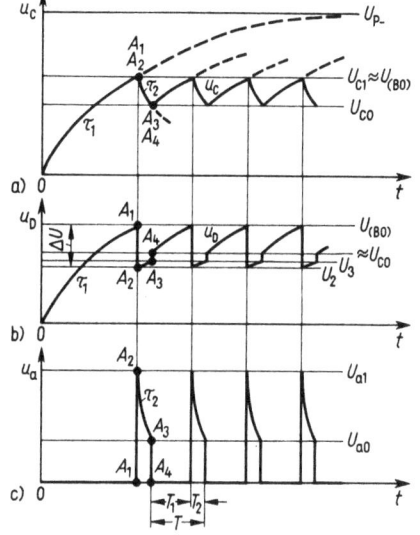

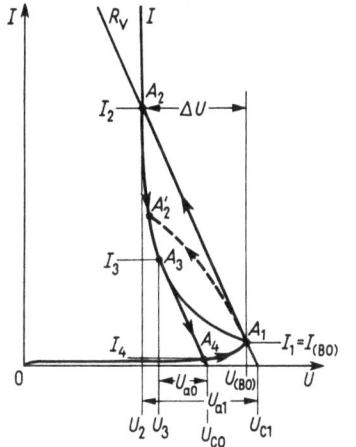

93.2 Spannungssprünge in der Kennlinie der rückwärts sperrenden Trigger-Diode der Schaltung nach Bild 93.1

93.3 Impulsdiagramme des Triggerimpuls-Generators nach Bild 93.1 mit zeitlichem Verlauf
a) der Kondensatorspannung u_C
b) der über die Trigger-Diode abfallenden Spannung u_D
c) Ausgangs-Triggerimpulse u_a
Die Bezeichnungen der eingetragenen Arbeitspunkte A_1 bis A_4 stimmen mit den in Bild 93.2 überein.

Jetzt ist kein Schnittpunkt auf dem fallenden Ast der Kennlinie mehr möglich. Sinkt deshalb die Kondensatorspannung nur geringfügig unter den Wert U_{C0}, sperrt die Trigger-Diode wieder, und es tritt der Rücksprung zum Arbeitspunkt A_4 ein.

Aus diesem Verhalten ergibt sich, daß an dem Widerstand R_V die in Bild 93.3c gezeigten Ausgangsspannungsimpulse u_a auftreten. Jeweils im Augenblick des Schaltens der Trigger-

Diode sinkt die Diodenspannung u_D in Bild **93.3b** um die Sprungspannung ΔU, und am Widerstand R_V tritt der Spannungssprung

$$U_{a1} = U_{C1} - U_2 \approx U_{(BO)} - U_2 = \Delta U \qquad (94.1)$$

auf. Entlädt sich nun der Kondensator C mit der Zeitkonstanten τ_2 wie in Bild **93.3a**, sinkt auch die Ausgangsspannung u_a wegen des mit fallender Kondensatorspannung u_C kleiner werdenden Entladestroms, und beim Erreichen der Spannung U_{a0} sperrt die Trigger-Diode wieder. Die Ausgangsspannung fällt dadurch sprungartig wieder auf null. Am Kondensator liegt in diesem Augenblick die Spannung U_{C0}, und von diesem Wert aus beginnt der neue Ladezyklus mit der Zeitkonstanten $\tau_1 = RC$.

Die in der Kennlinie von Bild **93.2** und im Impulsdiagramm von Bild **93.3** angegebenen Spannungen und Arbeitspunkte stimmen in ihrer Bezeichnung überein, so daß mit diesen Bildern ein unmittelbarer Vergleich der einzelnen Schaltphasen durchgeführt werden kann. Berücksichtigt man bei den Betrachtungen die endliche Durchschaltzeit (≈ 100 ns) der Trigger-Diode, ergeben sich im Impulsdiagramm von Bild **93.3b, c** nicht die gezeichneten, unendlich steilen Spannungssprünge, und auch in Bild **93.2** erfolgt der Übergang vom Arbeitspunkt A_1 nicht auf der Geraden zum Punkt A_2. Wegen der während des Durchschaltens bereits beginnenen Entladung des Kondensators C bleibt nämlich die Spannung U_{C1} im Schaltintervall nicht konstant, und die Widerstandsgerade R_V verschiebt sich nach links. Daraus ergibt sich ein Übergang vom Arbeitspunkt A_1 längs der gestrichelten und gekrümmten Bahn zum Arbeitspunkt A_2'. Dies führt auch zu einer kleineren Amplitude U_{a1} der Ausgangsimpulse.

Beim Aufbau des Generators nach Bild **93.1** muß der Widerstand R_V stets kleiner als der negative differentielle Widerstand r der Trigger-Diode sein, da sonst in Bild **93.2** nur ein Schnittpunkt der Widerstandsgeraden mit der Kennlinie entsteht. Die beschriebenen Spannungssprünge sind dann nicht mehr möglich. Ist der Widerstand $R_V < 100\,\Omega$, so wird die Bedingung $R_V < r$ stets eingehalten.

Beispiel 24. Eine Trigger-Diode mit den Kennwerten $U_{(BO)} = 32$ V und $\Delta U = 8$ V entlädt in der Schaltung nach Bild **93.1** den Kondensator zwischen den Spannungen $U_{C1} = 32$ V und $U_{C0} = 28$ V über den Widerstand $R_V = 100\,\Omega$. Der Generator soll nach Bild **93.3c** Triggerimpulse der Dauer $T_2 = 5\,\mu\text{s}$ bei der Periodendauer $T \approx T_1 = 20$ ms erzeugen, wenn die Versorgungsgleichspannung $U_{p-} = 50$ V beträgt. Man berechne Kapazität C und Widerstand R sowie die Ausgangsspannungswerte U_{a1} und U_{a0} und die bei diesen Spannungen fließenden Dioden-Entladeströme I_{D1} und I_{D0}.

Da wie beim Sägezahngenerator nach Bild **76.1** für die Kondensatorspannung u_C der gleiche mathematische Zusammenhang gilt (s. Bild **76.2a**), erhalten wir aus der Zeitkonstanten $\tau_2 = R_V C$ mit Gl. (75.9) für den Kondensator

$$C = \frac{\tau_2}{R_V} = \frac{T_2}{R_V \ln(U_{C1}/U_{C0})} = \frac{5\,\mu\text{s}}{100\,\Omega \ln(32\,\text{V}/28\,\text{V})} = 0{,}37\,\mu\text{F}$$

Nun ergibt sich aus der Zeitkonstanten τ_1 und mit Gl. (75.7) der Widerstand

$$R = \frac{\tau_1}{C} = \frac{T_1}{C \ln[(U_{p-} - U_{C0})/(U_{p-} - U_{C1})]}$$

$$= \frac{20\,\text{ms}}{0{,}38\,\mu\text{F} \ln[(50\,\text{V} - 28\,\text{V})/(50\,\text{V} - 32\,\text{V})]} = 262\,\text{k}\Omega$$

Die Amplitude der Ausgangsspannung beträgt nach Gl. (94.1) $U_{a1} \approx \Delta U = 8$ V. Es fließt deshalb der maximale Strom $I_{D1} = U_{a1}/R_V = 8$ V/100 Ω = 80 mA durch die Trigger-Diode. Wegen $U_a + U_D = U_C$ gilt im Zeitpunkt des Sperrens $U_{a0} + U_3 = U_{C0}$ (s. Bild 93.1 und 93.3), und wenn wir näherungsweise $U_3 \approx U_2 = U_{(BO)} - \Delta U = 32$ V $- 8$ V $= 24$ V setzen, erhalten wir die Ausgangsspannung zum Zeitpunkt des Sperrens $U_{a0} = U_{C0} - U_3 = 28$ V $- 24$ V $= 4$ V. Zu diesem Zeitpunkt fließt der Strom $I_{D0} = U_{a0}/R_V = 4$ V/100 Ω = 40 mA durch die Trigger-Diode.

2.2.2 Bidirektionale Trigger-Diode (DIAC)

Wirkungsweise, Kennlinie und Kenngrößen. Gegenüber der rückwärts sperrenden Trigger-Diode weist der DIAC (diode for alternating current) eine vollkommen symmetrische Strom-Spannungs-Kennlinie auf, zeigt also auch im III. Quadranten einen fallenden Kennlinienast. Wir können das Verhalten durch die in Bild 95.1a wiedergegebene Ersatzschaltung beschreiben. Sie stellt zwei antiparallel geschaltete rückwärts sperrende Trigger-Dioden dar. Ist der Anschluß K_1 positiv gegenüber K_2, wird beim Erreichen der positiven Kippspannung $U_{(BO)+}$ der Transistor T_1 leitend, und der Lawinendurchbruchstrom fließt über diesen und die Diode D_1. Die Diode D_2 sperrt den Strompfad über den Widerstand R_{BE2} und die leitende Kollektor-Basis-Diode des Transistors T_2. Ist der Anschluß K_2 positiv gegen K_1, sind die Verhältnisse umgekehrt, und beim Erreichen der negativen Kippspannung $U_{(BO)-}$ fließt der Durchbruchstrom über den Transistor T_2 und die Diode D_2. Die Diode D_1 dagegen verhindert den Stromfluß über den Widerstand R_{BE1} und die Basis-Kollektor-Diode des Transistors T_1.

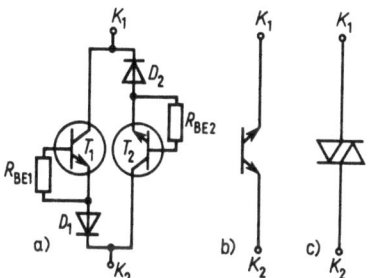
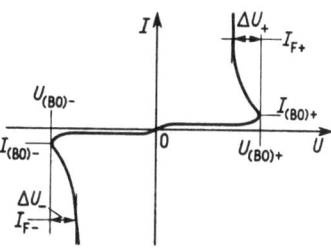

95.1 Bidirektionale Trigger-Diode (DIAC)
a) Transistor-Ersatzschaltung
b), c) Schaltzeichen

95.2 Strom-Spannungs-Kennlinie $I = f(U)$ der bidirektionalen Trigger-Diode

Im technischen Aufbau besteht der DIAC allerdings nur aus einem symmetrisch dotierten NPN-Transistor, bei dem also Emitter und Kollektor vertauschbar sind und dessen Basis keinen Anschluß aufweist. Als Schaltzeichen wird deshalb oft das Symbol von Bild 95.1b verwendet, wogegen das Schaltzeichen von Bild 95.1c am häufigsten benutzt wird. Trotz dieses einfachen Aufbaus und der nahezu offen betriebenen Basis erreicht man durch geeignete Dotierung einen bei beiden Polaritäten auftretenden Kennlinienzweig mit negativem differentiellem Widerstand r, so daß sich die Kennlinie nach Bild 95.2 ergibt. Die folgende Tafel 96.1 gibt die wichtigsten Kennwerte für zwei typische DIACs wieder.

2.3 Thyristor-Dioden

Tafel 96.1 Kennwerte der DIAC 1N 5411 und BR 100

Typ	$U_{(BO)}$ in V	$I_{(BO)}$ in µA	ΔU in V bei $I_F = 10$ mA	$U_{(BO)+} - |U_{(BO)-}|$ in V
1N 5411 (RCA)	32	< 50	5	± 3
BR 100 (Valvo)	32	< 100	6	± 3

Die Kippspannungsdifferenz $U_{(BO)+} - |U_{(BO)-}|$ ist ein Maß für die Symmetrie der Kennlinie. Aus der Verlustleistung P_V ergibt sich der zulässige Dauerstrom $I_F = P_V/U$ und, da im durchgeschalteten Zustand $U \approx U_{(BO)} - \Delta U$ ist, wird für den DIAC 1N 5411 von RCA der Dauerstrom $I_F = P_V/(U_{(BO)} - \Delta U) = 0{,}5 \text{ W}/(32 \text{ V} - 5 \text{ V}) = 18{,}5$ mA. Dieser ist somit wesentlich kleiner als der zulässige Impuls-Spitzenstrom $I_S = 2$ A und nur über einen entsprechend großen Vorwiderstand einstellbar.

Wie bei der rückwärts sperrenden Trigger-Diode hängen auch beim DIAC die Durchbruchspannungen $U_{(BO)+}$ und $U_{(BO)-}$ von der Temperatur (Bild 92.3) und von der Spannungssteilheit (Bild 92.4) ab. Die Gründe hierfür sind schon in Abschn. 2.2.1.1 behandelt.

Der DIAC dient als bidirektionale Trigger-Diode hauptsächlich zum Zünden von TRIACs (bidirektionale Thyristor-Triode). Seine Anwendungen werden wir deshalb im Zusammenhang mit TRIAC-Schaltungen behandeln (Abschn. 2.4.2.5).

2.3 Thyristor-Dioden

2.3.1 Rückwärts sperrende Thyristor-Diode (Vierschicht-Diode)

Wie die Strom-Spannungs-Kennlinien von Tafel 90.1 zeigen, weisen die Thyristor-Dioden wegen des fallenden Kennlinienastes ebenfalls ein ausgeprägtes Schaltverhalten auf. Allerdings besteht gegenüber den Trigger-Dioden der wesentliche Unterschied, daß nach Überschreiten der Kippspannung $U_{(BO)}$ die Anoden-Kathoden-Spannung auf etwa 1 V zusammenbricht, so daß wegen dieser kleinen Durchlaßspannung große Durchlaßströme erlaubt sind, ohne dabei die zulässige Verlustleistung zu überschreiten.

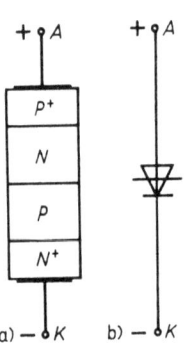

Die Vierschicht-Diode besteht aus einem Siliziumkristall, der vier abwechselnd N- und P-dotierte Schichten enthält. Sie unterscheidet sich dadurch wesentlich von einer normalen Diode oder einer Trigger-Diode; denn durch die Vierschicht-Anordnung entstehen drei PN-Übergänge. Wie in Bild 96.2a gezeigt, beginnt die Schichtenfolge an der Anode A mit einer hochdotierten P^+-Schicht,

96.2 Prinzipieller Aufbau (a) und Schaltzeichen (b) der Vierschicht-Diode
A Anode, K Kathode

2.3.1 Rückwärts sperrende Thyristor-Diode (Vierschicht-Diode)

dem P-Emitter. Darauf folgen eine schwächer dotierte N- und P-Schicht, die N- und P-Basis. Die Schichtenfolge schließt auf der Kathodenseite mit einer hochdotierten N⁺-Schicht, dem N-Emitter ab. Als Schaltzeichen wird nach DIN 40700 das in Bild 96.2b wiedergegebene Symbol verwendet.

2.3.1.1 Wirkungsweise. Um die Wirkungsweise der Vierschicht-Diode zu untersuchen, zerlegen wir die Vierschichtfolge von Bild 97.1a in einem Gedankenexperiment in die Anordnung von Bild 97.1b. Hierbei erkennen wir nun, daß die Vierschicht-Diode aus

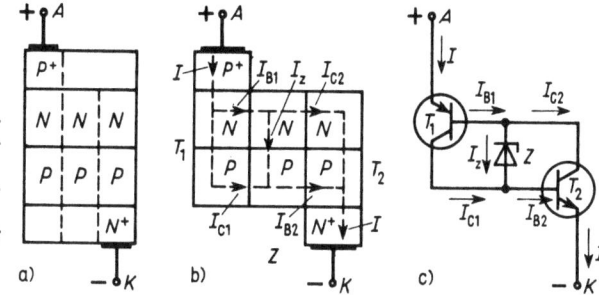

97.1 Entwicklung der Transistor-Ersatzschaltung einer Vierschicht-Diode
a) vereinfacht dargestellte Schichtstruktur
b) Zerlegung der Schichtstruktur mit eingezeichneten Strömen
c) Transistor-Ersatzschaltung

einem PNP-Transistor T_1, einer Z-Diode Z und einem NPN-Transistor T_2 aufgebaut werden kann. Wir gelangen auf diese Weise zu der in Bild 97.1c dargestellten Transistor-Ersatzschaltung, die sich wesentlich von der Ersatzschaltung der Trigger-Diode unterscheidet. Mit den eingezeichneten Strömen I, I_{B1}, I_{C1}, I_{B2}, I_{C2} und I_z können wir nun mit der Ersatzschaltung von Bild 97.1c die Stromgleichungen

$$I = I_{B1} + I_{C1} = I_{B2} + I_{C2} \tag{97.1}$$

$$I_{B1} = I_z + I_{C2} \tag{97.2}$$

$$I_{B2} = I_z + I_{C1} \tag{97.3}$$

angeben. Verwenden wir noch mit den Stromverstärkungen B_1 und B_2 der Transistoren T_1 und T_2 die Gleichungen

$$I_{C1} = B_1 I_{B1} \tag{97.4}$$

$$I_{C2} = B_2 I_{B2} \tag{97.5}$$

so ergibt sich, wenn wir die Ströme I_{B1}, I_{C1}, I_{B2} und I_{C2} aus Gl. (97.1) bis (97.5) eliminieren, der Strom durch die Vierschicht-Diode

$$I = \frac{(B_1 + 1)(B_2 + 1)}{1 - B_1 B_2} I_z \tag{97.6}$$

oder einfacher, wenn $B_1 = B_2 = B$ ist,

$$I = [(1 + B)/(1 - B)] I_z \tag{97.7}$$

In Gl. (97.6) strebt der Diodenstrom I gegen unendlich, wenn der Nenner null wird. Dies ist der Fall, wenn das Produkt der Stromverstärkungen $B_1 B_2 = 1$ wird. Wir können diese Gleichung als **Durchbruchsbedingung** der Vierschicht-Diode auffassen.

2.3 Thyristor-Dioden

Polung in Vorwärtsrichtung. Mit Gl. (97.6) und Bild 97.1 läßt sich der Durchschaltvorgang der Vierschicht-Diode beschreiben: Legen wir an die Anode A eine gegenüber der Kathode K positive Spannung U, so ist der mittlere PN-Übergang, der durch die Z-Diode der Ersatzschaltung dargestellt wird, gesperrt, und die beiden äußeren PN-Übergänge sind leitend. Die angelegte Spannung U fällt also fast vollständig am mittleren PN-Übergang ab. Durch diesen fließt ein sehr geringer Sperrstrom $I_D < 10\,\mu A$. Wird nun die Spannung U erhöht, steigt in der Nähe der Durchbruchspannung des mittleren PN-Übergangs, also in der Nähe der Zener-Spannung U_z der Z-Diode, der Sperrstrom I_D und geht durch den Lawineneffekt in den Zener-Strom I_z über. Der Zener-Strom I_z fließt durch die äußeren P^+N- und N^+P-Übergänge und wirkt in der Ersatzschaltung als Basisstrom I_{B1} und I_{B2} der Transistoren T_1 und T_2.

Die Injektion dieses Stroms I_z in die N-Basis des Transistors T_1 und in die P-Basis von Transistor T_2 bewirkt eine Emission von Löchern durch den P^+-Emitter und von Elektronen durch den N^+-Emitter. Die emittierten Ströme sind in der Ersatzschaltung die Kollektorströme I_{C1} und I_{C2}, die um die Stromverstärkungen B_1 bzw. B_2 größer sind als der sie hervorrufende Zener-Strom I_z. Für diese Ströme, die ja Minoritätsträger-Ströme sind, ist natürlich der mittlere PN-Übergang in Durchlaßrichtung gepolt. Sie können also ungehindert den N^+- und den P^+-Emitter erreichen und dort eine weitere Emission von Elektronen und Löchern erzielen. In der Ersatzschaltung bedeutet dies, daß die Basisströme der Transistoren I_{B1} und I_{B2} durch die Kollektorströme I_{C2} und I_{C1} vergrößert werden. Hierdurch werden wiederum die Kollektorströme vergrößert usw. Der mittlere, bislang gesperrte PN-Übergang wird mit Ladungsträgern (Löcher vom P^+-Emitter und Elektronen vom N^+-Emitter) überschwemmt und dadurch niederohmig leitend. Da die äußeren PN-Übergänge ohnehin leitend sind, wird die gesamte Vierschicht-Diode stark leitend, und die an sie gelegte Anoden-Kathoden-Spannung U bricht zusammen. Die Diode schaltet durch, geht also aus dem sehr hochohmigen Sperrzustand, dem blockierten Zustand, in den sehr niederohmigen, leitenden Zustand über.

Diese positive Rückkopplung drückt sich auch in Gl. (97.6) aus. Bei sehr kleinem Zener-Strom I_z sind die Stromverstärkungen B_1, B_2 wesentlich kleiner als 1, denn wegen der relativ dicken P- und N-Basis rekombinieren die meisten Ladungsträger, erreichen also nicht den mittleren (Kollektor) Übergang. Der Strom I ist dann, solange $B_1 B_2 < 1$ ist, zwar etwas größer als der Strom I_z, hat aber noch einen endlichen Wert. Steigt nun durch Erhöhung der Spannung U der Zener-Strom etwas an, wachsen auch die Stromverstärkungen B_1, B_2, und wird schließlich das Produkt $B_1 B_2 = 1$, steigt der Strom I gegen unendlich, unabhängig von der Größe des Zener-Stroms. Das Erreichen eines kritischen Zener-Stroms $I_z = I_{(BO)}$, der die Bedingung $B_1 B_2 = 1$ erzeugt, dient somit als Auslösung des Durchschaltvorgangs. Dieser Strom $I_{(BO)}$ wird bei der Kippspannung $U_{(BO)}$ erreicht.

Polung in Sperrichtung. Ist die Anode A negativ gegenüber der Kathode K, sperren die beiden äußeren P^+N- und PN^+-Übergänge; dagegen ist der mittlere PN-Übergang leitend. Es fließt der Sperrstrom I_R der äußeren PN-Übergänge durch die Diode. Wird die Sperrspannung weiter bis in die Nähe der Durchbruchspannung $U_{(BR)}$ erhöht, beginnt schließlich der Lawinendurchbruch in den äußeren beiden PN-Übergängen, und der Sperrstrom steigt steil an. In der Ersatzschaltung sind es jetzt die Basis-Emitter-Dioden der Transistoren T_1 und T_2, die in den Durchbruchbereich gelangen. Dagegen sind die parallel liegenden Kollektor-Basis-Dioden und die Z-Diode leitend. Bei dieser Polarität fehlt jetzt aber die Wirkung der P^+- und N^+-Emitter. Der Sperrstrom wird

2.3.1 Rückwärts sperrende Thyristor-Diode (Vierschicht-Diode) 99

nicht verstärkt, sondern fließt über die in Durchlaß gepolte Z-Diode ab. Die Diode schaltet nicht durch, und wird die Sperrspannung wieder erniedrigt, sinkt auch der Strom sofort wieder.

2.3.1.2 Kennlinie und Kenngrößen. Dieses beschriebene Verhalten der Vierschicht-Diode führt zu der in Bild **99**.1 aufgetragenen Kennlinie. Die Kippspannung $U_{(BO)}$ kann über einen weiten Bereich von einigen 10 V bis zu einigen 100 V durch geeignete Dotierung der Diode verändert werden. Die Durchbruchspannung in Rückwärtsrichtung $U_{(BR)}$ liegt in der Größenordnung der Kippspannung $U_{(BO)}$.

Der Ersatzschaltung von Bild **97**.1c können wir die Durchlaßspannung U_T der durchgeschalteten Diode entnehmen. (Bei Thyristoren werden Durchlaßwerte nach DIN 41785 mit dem Index T versehen). Im durchgeschalteten Zustand sind beide Transistoren T_1 und T_2 gesättigt leitend. Hieraus ergibt sich die Durchlaßspannung als Summe der Spannungen $U_T = U_{CE\,sat\,1} + U_{BE\,2} = U_{CE\,sat\,2} + U_{BE\,1}$. Beträgt die Basis-Emitterspannung des gesättigt leitenden Transistors T_2 etwa $U_{BE\,2} \approx 0{,}7$ V und die Kollektor-Emitter-Sättigungsspannung von Transistor T_1 näherungsweise $U_{CE\,sat\,1} \approx 0{,}1$ V, so ergibt sich die Durchlaßspannung $U_T \approx 0{,}8$ V. Diese ist somit wesentlich kleiner als die Durchlaßspannung einer durchgeschalteten Trigger-Diode. Der differentielle Innenwiderstand $r_T = \Delta U_T / \Delta I_T$ ist sehr klein und beträgt nur wenige 0,1 Ω. Auch bei größeren Strömen steigt deshalb die Durchlaßspannung U_T nicht wesentlich an.

Beim Durchschalten der Vierschicht-Diode muß im Stromkreis ein den Strom begrenzender Widerstand, der Lastwiderstand R_L, liegen. Dieser muß jedoch so bemessen sein, daß unmittelbar nach dem Durchschalten der in der Kennlinie von Bild **99**.1 eingetragene Einraststrom I_{HT} fließen kann, da nur dann die Diode im durchgeschalteten Zustand verbleibt. Ist der Durchlaßstrom I_T größer als dieser Einraststrom I_{HT}, kann jetzt beim Verringern des Stroms I_T der Einraststrom unterschritten werden, und erst beim Unterschreiten des Haltestroms I_H sperrt die Diode wieder. Bei diesem Strom gehen in der Thyristor-Diode durch Rekombination mehr Elektronen und Löcher verloren, als durch den Strom I_H von den Elektroden her neu zugeführt werden. Der mittlere PN-Übergang verarmt an Ladungsträgern und gewinnt seine sperrende Eigenschaft wieder. Die Diode sperrt (blockiert) erneut in Vorwärtsrichtung.

Die Kennwerte einer Vierschicht-Diode sind in Tafel **99**.2 zusammengestellt. In der Typenbezeichnung gibt die Zahl 4 die Anzahl der Schichten, der Buchstabe D die Toleranz ($\pm 10\%$) der Kippspannung und die Zahl 200 die Kippspannung selbst an.

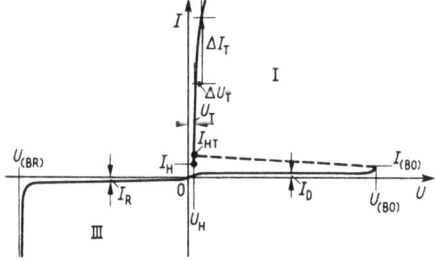

99.1 Strom-Spannungs-Kennlinie $I = f(U)$ der Vierschicht-Diode
I erster und III dritter Quadrant

Tafel **99**.2 Kennwerte der Vierschicht-Diode 4 D 200-3 bei $T = 300$ K

$U_{(BO)}$ in V	I_D in μA	U_H in V	I_H in mA	$I_{T\,max}$ in A	r_T in Ω
200 ± 20	< 15	< 1	1 bis 6	2	0,3

2.3 Thyristor-Dioden

Aus den gleichen Gründen wie bei den Trigger-Dioden sinkt auch bei den Thyristor-Dioden die Kippspannung $U_{(BO)}$ mit wachsender Temperatur T und Spannungssteilheit du/dt.

2.3.1.3 Anwendungen. Als Bauelement mit einer definierten Kippspannung kann die Vierschicht-Diode als Sägezahngenerator in ähnlichen Schaltungen wie der Unijunction-Transistor (s. Bild **74.**1 und **74.**3) betrieben werden. Ebenso ist sie zur Erzeugung von Triggerimpulsen in einer Schaltung nach Bild **93.**1 geeignet.

Vierschicht-Diode im Wechselstromkreis. Ein Wechselspannungsgenerator G (z. B. ein Transformator) mit vernachlässigbarem Ausgangswiderstand R_G steuert über den Lastwiderstand R_L nach Bild **100.**1 die Vierschicht-Diode D an. Ist die Generatorspannung $u_G = u_{Gm} \sin(\omega t)$, so wird in Bild **100.**2 die Widerstandsgerade R_L um den Scheitelwert $\pm u_{Gm}$ der Wechselspannung in Abszissenrichtung hin und her verschoben. Es tritt eine Aussteuerung der Kennlinie vom Nullpunkt über die Arbeitspunkte A_1, Sprung nach A_2, A_3, A_2, A_4, Sprung nach A_5, A_6 und wieder zurück zum Nullpunkt auf. Daraus ergibt sich der in Bild **100.**3 gezeigte zeitliche Verlauf von Generatorspannung u_G,

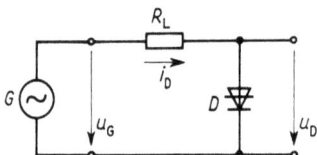

100.1 Vierschicht-Diode im Wechselstromkreis

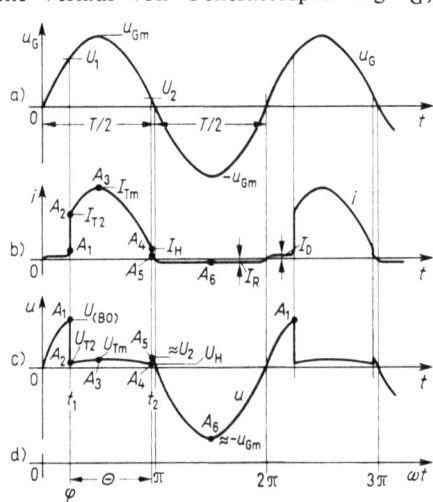

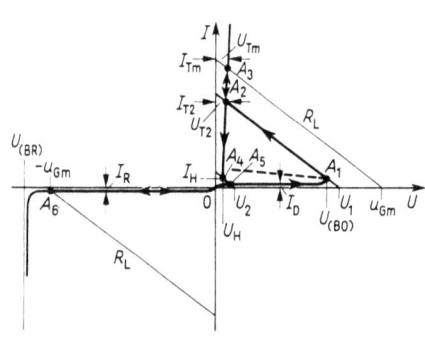

100.2 Spannungssprünge im Kennlinienverlauf der Vierschicht-Diode beim Arbeiten der Diode in der Schaltung nach Bild **100.**1

100.3 Zeitliche Spannungsverläufe in der Schaltung nach Bild **100.**1
a) Eingangswechselspannung bzw. Ausgangsspannung u_G des Generators G
b) zeitlicher Verlauf des Dioden- bzw. Laststroms i und
c) der über die Vierschicht-Diode abfallenden Spannung u
d) zugehörige Winkelskala ωt
φ Zündwinkel, Θ Stromflußwinkel

Dioden- bzw. Laststrom i und Diodenspannung u. In Bild **100.**3 d ist die zu den Zeitachsen gehörende Winkelskala ωt angegeben. Erreicht demnach die Diodenspannung u die Kippspannung $U_{(BO)}$, bricht sie zur Zeit t_1 auf die kleine Durchlaßspannung U_{T2} zusammen, steigt im Strommaximum I_{Tm} geringfügig auf U_{Tm} an und fällt danach bis auf die Haltespannung U_H beim Strom I_H ab. Zum Zeitpunkt t_2 sperrt deshalb die Diode wieder, der Strom fällt vom Haltestrom I_H auf den viel kleineren Vorwärts-Sperrstrom I_D, die Diodenspannung u springt von der Haltespannung auf die geringfügig größere Spannung U_2 (Übergang vom Arbeitspunkt A_4 zu A_5). Wird die Generatorspannung negativ, sperrt die Diode; es gilt näherungsweise $u_G = u$, und es fließt der sehr kleine Sperrstrom $I_R < 10\ \mu\text{A}$. Die Arbeitspunkte A_1 bis A_6 sind sowohl in Bild **100.**2 als auch in Bild **100.**3 eingetragen, so daß ein unmittelbarer Vergleich der einzelnen Schaltphasen möglich ist.

Da die Vierschicht-Diode erst beim Erreichen ihrer Kippspannung $U_{(BO)}$ durchschaltet, kann nicht der volle positive Halbschwingungs-Stromimpuls durch den Lastwiderstand fließen. Es fließt nur während der Zeit $t_2 - t_1 \approx (T/2) - t_1$ Strom durch Diode und Lastwiderstand R_L, und es läßt sich ein **Stromflußwinkel**

$$\Theta = \frac{2\pi}{T}\left(\frac{T}{2} - t_1\right) = \pi\left(1 - \frac{t_1}{T/2}\right) \tag{101.1}$$

definieren. Da erst beim Phasenwinkel $\varphi = \omega t_1$ der Laststrom i eingeschaltet wird und dann nur während des Stromflußwinkels $\Theta \approx \pi - \varphi$ fließt, spricht man hier von einer **Phasenanschnittschaltung**. Diese hat allerdings noch den Nachteil, daß der Stromflußwinkel Θ nicht geändert werden kann, da er durch die Kippspannung $U_{(BO)}$ der Diode festgelegt ist. Er kann auch maximal den Wert $\pi/2$ erreichen, wenn eine Diode verwendet wird, deren Kippspannung geringfügig kleiner als der Scheitelwert u_{Gm} der Generatorspannung ist. Diese Nachteile werden mit den steuerbaren Thyristor-Trioden (s. Abschn. 2.4.1.7) beseitigt.

Beispiel 25. In der Schaltung nach Bild **100.**1 wird eine Vierschicht-Diode mit der Kippspannung $U_{(BO)} = 200\ \text{V}$ von einem Netz-Wechselspannungsgenerator mit der Wechselspannung $u_G = u_{Gm} \sin(2\pi f t) = \sqrt{2} \cdot 220\ \text{V} \sin(2\pi \cdot 50\ \text{Hz} \cdot t)$ angesteuert. Man berechne den Stromflußwinkel Θ.

Nach Bild **100.**2 beträgt zum Zeitpunkt t_1 der Augenblickswert der Generatorspannung $u_G = U_1 \approx U_{(BO)}$. Hiermit ergibt sich der Spannungswert $U_{(BO)} = u_{Gm} \sin(2\pi f t_1)$. Die Auflösung nach der Zeit liefert $t_1 = [1/(2\pi f)] \arcsin(U_{(BO)}/u_{Gm})$
Setzen wir jetzt t_1 in Gl. (101.1) ein, erhalten wir mit der Frequenz $f = 1/T$ den Stromflußwinkel

$$\Theta = \pi - \arcsin(U_{(BO)}/u_{Gm}) = 3{,}1416 - \arcsin[200\ \text{V}/(\sqrt{2} \cdot 220\ \text{V})] = 2{,}44 \triangleq 140°$$

2.3.2 Bidirektionale Thyristor-Diode (Fünfschicht-Diode)

Der Aufbau einer **Fünfschicht-Diode** ist durch die Antiparallelschaltung von zwei Vierschicht-Dioden nach Bild **102.**1a möglich. Durch den Übergang zu einer Fünfschicht-Anordnung lassen sich die beiden Dioden D_1 und D_2 vereinen (Bild **102.**1b). Dadurch entstehen jetzt vier hintereinander geschaltete PN-Übergänge (*1* bis *4*). Als Schaltzeichen ist nach DIN 40700 das Symbol von Bild **102.**1c vorgeschrieben.

Ist der Anschluß K_1 positiv, arbeitet Diode D_1 in Vorwärtsrichtung, schaltet also beim Überschreiten ihrer positiven Kippspannung $U_{(BO)+}$, und Diode D_2 sperrt. Ist der Anschluß K_2 positiv, liegen die Verhältnisse umgekehrt, und Diode D_2 schaltet bei der negativen Kippspannung $U_{(BO)-}$; Diode D_1 sperrt dagegen. Voraussetzung ist allerdings, daß die Rückwärts-Durchbruchspannungen $U_{(BR)1}$ und $U_{(BR)2}$ der Dioden D_1 und D_2 größer als die Kippspannungen $U_{(BO)+}$ und $U_{(BO)-}$ sind. Andernfalls würde die jeweils antiparallel geschaltete Diode vor Erreichen der Kippspannung durchbrechen.

2.4 Thyristor-Trioden

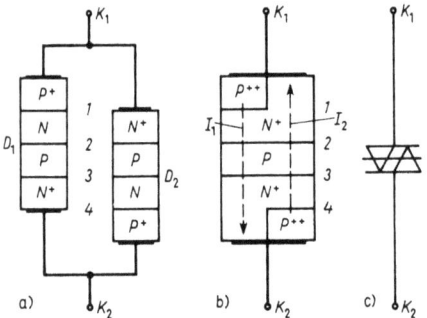
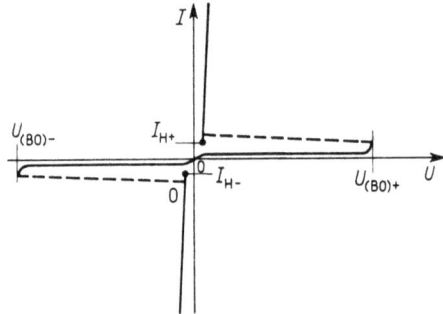

102.1 Fünfschicht-Diode
a) Aufbau aus zwei Vierschicht-Dioden
b) Schichtenfolge der Fünfschicht-Diode
c) Schaltzeichen

102.2 Strom-Spannungs-Kennlinie $I = f(U)$ der Fünfschicht-Diode

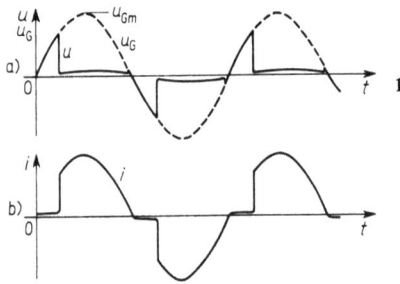

102.3 Spannungs- und Stromverlauf der Fünfschicht-Diode, wenn diese in der Schaltung nach Bild 100.1 arbeitet
a) Generator-Wechselspannung u_G und zeitlicher Verlauf der über die Fünfschicht-Diode abfallenden Spannung u
b) zeitlicher Verlauf des Stroms i durch die Fünfschicht-Diode

In der Fünfschicht-Anordnung fließt bei positivem Anschluß K_1 der Strom I_1, wenn der PN-Übergang 2 durchschaltet. Ist dagegen der Anschluß K_2 positiv, bricht beim Erreichen der Kippspannung der PN-Übergang 3 durch, und es fließt der Durchlaßstrom I_2. Bei der Fünfschicht-Diode gibt es nach Bild 102.1b zwei sehr hochdotierte P^{++}- und zwei weniger stark dotierte N^+-Emitter, dagegen nur eine P-Basis. Die Fünfschicht-Diode weist somit sowohl im ersten als auch im dritten Quadranten das gleiche Schaltverhalten auf und zeigt deshalb die in Bild 102.2 dargestellte symmetrische Strom-Spannungs-Kennlinie.

Wird in die Schaltung von Bild 100.1 eine Fünfschicht-Diode eingebaut, erhält man in Bild 100.3 auch in der negativen Halbschwingung der Generatorspannung u_G die gleichen Diodenstrom- und -spannungsimpulse i, u wie in der positiven Halbschwingung. Diese sind in Bild 102.3 wiedergegeben.

2.4 Thyristor-Trioden

2.4.1 Rückwärts sperrende Thyristor-Triode (Thyristor)

Rückwärts sperrende Thyristor-Trioden sind aus Silizium hergestellte, in vier Schichten unterschiedlich P- und N-dotierte Bauelemente, die im deutschen Sprachraum einfach als Thyristor bezeichnet werden. Im Unterschied zur schon in Abschn. 2.3.1 behandelten Vierschicht-Diode weisen sie zusätzlich zur Anode A und Kathode K noch einen

2.4.1 Rückwärts sperrende Thyristor-Triode (Thyristor)

dritten Anschluß G, die Steuerelektrode (gate), auf, die ein kontrolliertes Durchschalten des Thyristors ermöglicht. Thyristoren werden deshalb als gesteuerte Gleichrichter eingesetzt und aus diesem Grunde im angelsächsischen Sprachraum als silicon controlled rectifier oder kürzer mit den Initialen der drei Wörter als SCR bezeichnet.

2.4.1.1 Wirkungsweise. Das Durchschalten (Zünden) des Thyristors kann nach Bild **103.1** kathodenseitig oder wie in Bild **103.2** von der Anodenseite her gesteuert werden.

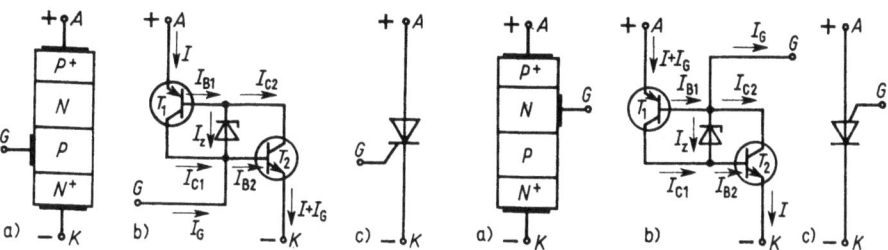

103.1 Kathodengesteuerter Thyristor
a) prinzipielle Schichtstruktur
b) Transistor-Ersatzschaltung
c) Schaltzeichen
A Anode, K Kathode, G Gate

103.2 Anodengesteuerter Thyristor
a) prinzipielle Schichtstruktur
b) Transistor-Ersatzschaltung
c) Schaltzeichen
A Anode, K Kathode, G Gate

Kathodenseitige Steuerung. Zu diesem Zweck wird wie in Bild **103.1**a an die auf der Kathodenseite liegende P-Basis der Steueranschluß G, den wir künftig mit Gate bezeichnen wollen, angebracht. Wegen des sonst gleichen Aufbaus können wir die Ersatzschaltung der Vierschicht-Diode nach Bild **97.1**c übernehmen, die wir in Bild **103.1**b noch durch den Gate-Anschluß G vervollständigen. Bild **103.1**c zeigt das nach DIN 40700 vorgeschriebene Schaltsymbol der kathodenseitig gesteuerten rückwärts sperrenden Thyristor-Triode.

Bild **103.1**b können wir ähnlich wie schon bei der Vierschicht-Diode die Stromgleichungen

$$I = I_{B1} + I_{C1} \tag{103.1}$$

$$I + I_G = I_{B2} + I_{C2} \tag{103.2}$$

$$I_{B1} = I_z + I_{C2} \tag{103.3}$$

$$I_{B2} = I_z + I_{C1} + I_G \tag{103.4}$$

entnehmen. Benutzen wir noch Gl. (97.4) und (97.5), und eliminieren wir die Ströme I_{B1}, I_{C1}, I_{B2} und I_{C2}, erhalten wir für den Anodenstrom des Thyristors

$$I = (B_1 + 1) \frac{(B_2 + 1) I_z + B_2 I_G}{1 - B_1 B_2} \tag{103.5}$$

Bei gleichen Stromverstärkungen $B_1 = B_2 = B$ vereinfacht sich Gl. (103.5)

$$I = [(B + 1) I_z + B I_G]/(1 - B) \tag{103.6}$$

Vergleichen wir Gl. (103.5) und (103.6) mit den entsprechenden Gl. (97.6) und (97.7) der Vierschicht-Diode, erkennen wir, daß auch hier wieder bei $B_1 B_2 = 1$ bzw. $B = 1$ der Anodenstrom I gegen unendlich strebt. Ist der Gate-Strom $I_G = 0$, gehen Gl. (103.5) und (103.6) in Gl. (97.6) und (97.7) über. Daher weist ein mit offenem Gate betriebener Thyristor das gleiche Durchbruchsverhalten wie eine Vierschicht-Diode auf. Beim Erreichen der Kippspannung, die wegen des offenen Gates ($I_G = 0$) jetzt **Nullkippspannung** $U_{(BO)null}$ (Formelzeichen nach DIN 41 875) genannt wird, steigt der Zener-Strom I_z schnell an, und der Durchbruch läuft in der in Abschn. 2.3.1.1 beschriebenen Weise wie bei der Vierschicht-Diode ab.

Wird ein positiver Strom I_G in das Gate eingespeist, hat er nach Gl. (103.5) oder (103.6) fast die gleiche Wirkung wie der Zener-Strom I_z. Ist die Anoden-Kathoden-Spannung U noch wesentlich kleiner als die Nullkippspannung $U_{(BO)null}$, ist der Zener-Strom I_z noch vernachlässigbar klein. In der Ersatzschaltung von Bild **103.1**b wird der Basisstrom $I_{B2} \approx I_G$. Erreicht der Gate-Strom I_G einen gewissen kritischen Wert, steigt der Kollektorstrom I_{C2} von Transistor T_2 und somit auch der Kollektorstrom I_{C1} und erzeugt dadurch eine weitere Vergrößerung des Basisstroms I_{B2}. Die in der Schaltung wirkende positive Rückkopplung vergrößert die Kollektorströme so lange, bis die Transistoren T_1 und T_2 gesättigt leitend sind. Wie bei der Vierschicht-Diode ist dann die Anoden-Kathoden-Spannung auf etwa 1 V zusammengebrochen.

Soll also ein Thyristor zu einem definiertem Zeitpunkt gezündet werden, muß in diesem Augenblick ein hinreichend großer Stromimpuls in sein Gate gespeist werden. Das Erreichen seiner Nullkippspannung ist dann nicht mehr erforderlich, sondern ein unkontrollierter Durchbruch durch Überschreiten der Nullkippspannung muß in diesem gesteuerten Betrieb unbedingt vermieden werden.

Anodenseitige Steuerung. Wird wie in Bild **103.2**a der Gateanschluß an der anodenseitigen N-Basis angebracht, ergibt sich die Ersatzschaltung von Bild **103.2**b, und es gilt das Schaltzeichen in Bild **103.2**c. Der Gate-Strom I_G fließt beim anodenseitig gesteuerten Thyristor aus dem Gate heraus, ist also negativ. Ist er hinreichend groß, leitet er durch Vergrößerung des Basisstroms I_{B1} das Durchschalten der beiden Transistoren T_1 und T_2 ein. Der weitere Schaltvorgang verläuft wie beim kathodenseitig gesteuerten Thyristor, und es ergeben sich auch dieselben Stromgleichungen wie in Gl. (103.5) und (103.6)

Während der kathodenseitig gesteuerte Thyristor gegenüber der Kathode K positive Gate-Spannungsimpulse zum Zünden benötigt, müssen beim anodenseitig gesteuerten Thyristor gegenüber der Anode A negative Gate-Spannungsimpulse angelegt werden.

2.4.1.2 Kennlinie. Ein Thyristor mit offenem Gate ($I_G = 0$) verhält sich wie eine Vierschicht-Diode. Seine Kennlinie stimmt deshalb in ihrem prinzipiellen Verlauf mit der Kennlinie der Vierschicht-Diode nach Bild **99.1** überein. Die Strom-Spannungs-Kennlinie von Bild **105.1** für $I_G = 0$ zeigt diesen Verlauf. Die Kippspannung $U_{(BO)}$ der Vierschicht-Diode ist jetzt identisch mit der Nullkippspannung $U_{(BO)null}$ des Thyristors.

Ist der Gate-Strom $I_G \neq 0$, so fällt mit wachsendem Gate-Strom I_G nach Bild **105.1** die Kippspannung $U_{(BO)}$. Für das Durchschalten des Thyristors ist wie bei der Vierschicht-Diode das Erreichen eines kritischen Stroms $I_{(BO)}$ erforderlich. Während beim Thyristor mit offenem Gate dieser Strom erst bei der Nullkippspannung durch den Lawinendurchbruch des mittleren PN-Übergangs und den hiermit verbundenen Zener-Strom I_z erzeugt wird, fließt bei $I_G \neq 0$ dieser Strom $I_{(BO)} = I_z + I_G$ schon bei einer kleineren Anoden-Kathoden-Spannung U, weil ein gewisser Anteil des kritischen Strom $I_{(BO)}$ bereits durch den Gatestrom I_G verursacht wird. Der Zener-Strom kann dann entsprechend kleiner sein und fließt schon bei einer kleineren Kippspannung $U_{(BO)}$.

2.4.1 Rückwärts sperrende Thyristor-Triode (Thyristor) 105

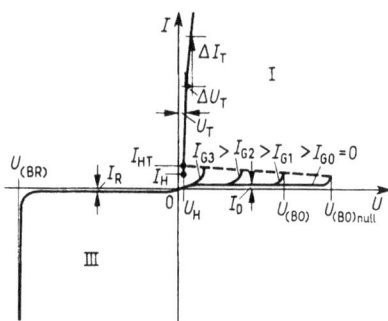

105.1 Strom-Spannungs-Kennlinienfeld des Thyristors mit dem Gate-Strom I_G als Parameter

$U_{(BO)null}$ Nullkippspannung bei dem Gate-Strom $I_G = 0$, $U_{(BR)}$ Rückwärts-Durchbruchspannung, I_T Durchlaßstrom, U_T Durchlaßspannung, I_D positiver Sperrstrom, I_R negativer Sperrstrom, I_H Haltestrom, I_{HT} Einraststrom

2.4.1.3 Kenngrößen der Anoden-Kathoden-Strecke. Meist werden Thyristoren als gesteuerte Gleichrichter in Schaltungen der Leistungselektronik mit Netzwechselspannungen (50 Hz) betrieben. Die Anoden-Kathoden-Strecke (Hauptstrecke) liegt dann in Reihe mit dem Lastwiderstand im Leistungskreis und schaltet – getriggert durch Gate-Stromimpulse – den Strom durch den Lastwiderstand ein. Die Hauptstrecke muß deshalb auch bei den Scheitelwerten der Wechselspannung (z. B. 311 V) noch sicher sperren, denn sie soll ja nur getriggert durch das Gate durchschalten. Im durchgeschalteten Zustand muß sie die sehr großen Lastströme aufnehmen können. Hohe Sperrspannungen im **blockierten Zustand** (nicht durchgeschalteter Bereich bei Polung in Vorwärtsrichtung, I. Quadrant im Kennlinienfeld von Bild **105.1**) und ebenso hohe Sperrspannungen im **gesperrten Zustand** (III. Quadrant des Kennlinienfeldes) sind deshalb typisch für Thyristoren der Leistungselektronik. Im durchgeschalteten Zustand werden große Durchlaßströme gefordert. Kleine Durchlaßspannungen sind also wichtig, um die Verlustleistung im Thyristor klein zu halten.

In den folgenden Tafeln **105.2**, **106.1** und **107.3**, wollen wir die Kenngrößen der Hauptstrecke von zwei Thyristoren vergleichen. Der Typ 40657 (RCA) ist für kleinere und der Thyristor 2N 3873 für große Leistungen entwickelt worden.

Tafel 105.2 Kenngrößen der Thyristoren 40657 und 2N 3873 im blockierten Zustand (Vorwärtspolung, I. Quadrant des Kennlinienfeldes von Bild **105.1**)

Kenngröße und Bedingungen	Formelzeichen und Einheit	Typ 40657	2N 3873
Nullkippspannung	$U_{(BO)null}$ in V	> 500	> 600
Stoßspitzensperrspannung bei $I_G = 0$	U_{DSM0} in V	500	600
Periodische Spitzensperrspannung bei $I_G = 0$	U_{DRM0} in V	400	600
Positiver Sperrstrom bei $I_G = 0$ und $T = 375$ K	I_{D0} in mA	0,2	0,35

Die hohen **Nullkippspannungen** beider Thyristoren sorgen dafür, daß auch in den Scheitelwerten der Wechselspannung ein **Selbstzünden** vermieden wird. Da die angegebenen Werte in Tafel **105.2** Minimalwerte der Nullkippspannung sind, ist die **Stoß-**

2.4 Thyristor-Trioden

spitzensperrspannung U_{DSMO}, die für eine Halbschwingung der Wechselspannung auftreten darf, genau so groß wie die Nullkippspannung. Die periodische Spitzensperrspannung, also der maximal zulässige Scheitelwert der positiven Halbschwingung der Wechselspannung, ist meist kleiner als die Nullkippspannung. Die Ursache hierfür ist die nicht vollständige Räumung der Basiszonen des Thyristors von injizierten Ladungsträgern in der negativen Halbschwingung der Wechselspannung. In der folgenden positiven Halbschwingung genügt dann ein kleinerer kritischer Strom $I_{(BO)}$ und deshalb auch eine kleinere Spannung, um das Durchschalten zu bewirken. Unter solchen Verhältnissen sinkt also die Nullkippspannung ab.

Der Sperrstrom I_{DO} (bei offenem Gate) wird meist bei den relativ hohen Arbeitstemperaturen $T = 375$ K bis 425 K angegeben. Man erhält dann größere Werte, die jedoch gegenüber den sehr großen Durchlaßströmen immer noch vernachlässigbar klein sind.

Tafel 106.1 Kenngrößen der Thyristoren 40657 und 2N 3873 im durchgeschalteten Zustand (Vorwärtspolung, I. Quadrant des Kennlinienfeldes von Bild 105.1)

Kenngröße	Formelzeichen und Einheit	Typ 40657	2N 3873
Durchlaßstrom (Mittelwert)	I_{TAV} in A	4,5	22
Durchlaßstrom (Effektivwert)	I_{TEFF} in A	7	35
Durchlaßspannung	U_T in V	1,9	1,7
Stoßstrom	I_{TSM} in A	80	350
Haltestrom	I_{H0} in mA	9	20

Der Mittelwert des Durchlaßstroms I_{TAV} ist der Halbperioden-Gleichrichtwert (s. Band I), denn in der negativen Halbschwingung sperrt der Thyristor. Allerdings gilt der in Tafel 106.1 angegebene Wert nur für den Stromflußwinkel $\Theta = 180° = \pi$, d.h., die gesamte positive Stromhalbschwingung muß durchgelassen werden. Ist dies nicht der Fall, weil der Thyristor erst zu einem späteren Zeitpunkt getriggert wird (s. z.B. in Bild 100.3 Zeitpunkt t_1), muß ein wesentlich größerer Spitzenstrom fließen, wenn der gleiche mittlere Durchlaßstrom erzeugt werden soll.

Auch der Effektivwert des Durchlaßstroms I_{TEFF} (Formelzeichen nach DIN 41785) ist für einen Stromflußwinkel von $\Theta = 180°$ festgelegt. Als weiterer Parameter wird bei den Durchlaßströmen noch die Gehäusetemperatur T_G angegeben. Die Werte für den Thyristor 40657 gelten für $T_G = 300$ K und für den Thyristor 2N 3873 für $T_G = 340$ K. Durch geeignete Kühlbleche (s. Band III, Teil 1) ist dafür zu sorgen, daß ein Überschreiten dieser Temperaturen vermieden wird, anderenfalls sinkt der zulässige Durchlaßstrom.

Der nichtperiodische Stoßstrom I_{TSM} wird als Scheitelwert angegeben und darf für eine Halbschwingung einer angelegten 60-Hz-Wechselspannung fließen. Stoßströme treten häufig bei Gleichrichterschaltungen mit Ladekondensator auf (s. Band III, Teil 1).

Der Haltestrom I_{H0} wird meist bei offenem Gate angegeben und hängt nach Bild 107.1 von der Temperatur T ab. Sinkt die Temperatur, steigt der erforderliche Haltestrom I_{H0}, da mit fallender Temperatur T die Rekombination in den Thyristor-Basen steigt. Es ist

2.4.1 Rückwärts sperrende Thyristor-Triode (Thyristor) 107

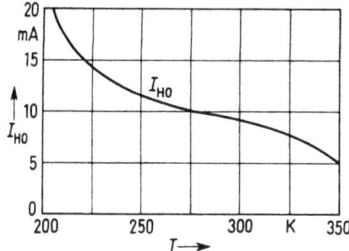

107.1 Temperaturabhängigkeit des Haltestroms I_{HO} bei offenem Gate (Gate-Strom $I_G = 0$)

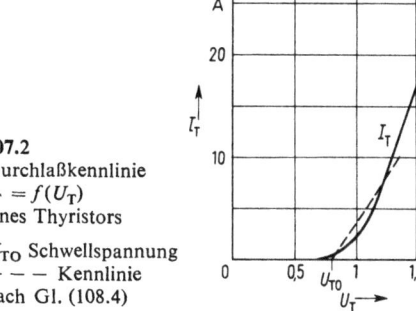

107.2 Durchlaßkennlinie $I_T = f(U_T)$ eines Thyristors
U_{TO} Schwellspannung
– – – Kennlinie nach Gl. (108.4)

deshalb ein größerer Strom I_{HO} erforderlich, um das Ladungsträger-Gleichgewicht aufrechtzuerhalten.

Nach der Ersatzschaltung von Bild 103.1b oder 103.2b setzt sich die Durchlaßspannung U_T aus der Sättigungsspannung $U_{CE\,sat} \approx 0{,}1$ V und der Basis-Emitter-Spannung $U_{BE} \approx 0{,}7$ V eines Transistors zusammen. Daraus ergibt sich der Wert $U_T \approx 0{,}8$ V. Da der differentielle Durchlaßwiderstand

$$r_T = \Delta U_T / \Delta I_T \qquad (107.1)$$

sehr klein ist und in der Größenordnung $r_T = 0{,}1$ Ω bis $0{,}01$ Ω liegt, steigt mit größer werdendem Durchlaßstrom I_T die Durchlaßspannung nur gering an. Bild 107.2 zeigt den Zusammenhang zwischen Durchlaßstrom I_T und Durchlaßspannung U_T, die im Impulsbetrieb an den Thyristor 40657 gelegt werden. Gemäß der Exponentialkennlinie der Basis-Emitter-Diode von Transistor T_2 in der Ersatzschaltung von Bild 103.1b erhält man bei kleinen Strömen ein exponentielles Wachsen des Stroms I_T mit der Spannung U_T, das bei größeren Strömen in einen durch die Halbleiterbahnwiderstände bedingten linearen Anstieg übergeht. Die in Tafel 106.1 angegebenen Durchlaßspannungen U_T sind im Impulsbetrieb bei Strömen von $I_T = 30$ A (40657) bzw. $I_T = 100$ A (2N 3873) gemessen worden.

Tafel 107.3 Kenngrößen der Thyristoren 40657 und 2N 3873 im gesperrten Zustand (Rückwärtspolung, III. Quadrant des Kennlinienfeldes von Bild 105.1)

Kenngröße	Formelzeichen und Einheit	Typ 40657	2N 3873
Negative Spitzensperrspannung	U_{RSM} in V	400	700
Negative periodische Spitzensperrspannung	U_{RRM} in V	400	600
Negativer Sperrstrom	I_{RO} in mA	0,1	< 3

Die negative Stoßspitzensperrspannung U_{RSM} darf einmalig (z. B. für eine negative Halbschwingung) am Thyristor liegen und ist identisch mit der Durchbruchspannung $U_{(BR)}$ in Bild 105.1.

2.4 Thyristor-Trioden

Die **negative periodische Spitzensperrspannung** U_{RRM} ist der maximal zulässige Scheitelwert der negativen Halbschwingung einer periodischen Netzwechselspannung (50 Hz oder 60 Hz) und meist etwas kleiner als die Stoßspitzenspannung.

Der **negative Sperrstrom** I_{R0} wird bei offenem Gate ($I_G = 0$) und einer Gehäusetemperatur $T_G = 375$ K angegeben. Bei niedrigeren Temperaturen ist der Sperrstrom wesentlich geringer (Sperrströme von Silizium-Bauelementen verdoppeln sich etwa bei einer Temperaturerhöhung um 10 K, s. Band III, Teil 1).

Verlustleistung der Anoden-Kathoden-Strecke. Da der Thyristor i. allg. als gesteuerter Gleichrichter in einem Wechselstromkreis arbeitet, ergibt sich der **Zeitwert der Verlustleistung**

$$P_{Tt} = u_T \, i_T \tag{108.1}$$

aus dem Produkt der Zeitwerte von Durchlaßspannung und -strom. Von Interesse für den Wärmeumsatz ist jedoch nur die über eine Periode 2π gemittelte **mittlere Verlustleistung**

$$P_{TAV} = \frac{1}{2\pi} \int_{\pi-\Theta}^{\pi} P_{Tt} \, d(\omega t) = \frac{1}{2\pi} \int_{\pi-\Theta}^{\pi} u_T \, i_T \, d(\omega t) \tag{108.2}$$

Da der Thyristor während der negativen Halbschwingung ganz sperrt und in der positiven Halbschwingung nur während des **Stromflußwinkels** Θ durchgeschaltet ist (s. Bild **108.1**), ergeben sich in Gl. (108.2) als obere Integrationsgrenze π und als untere $\pi - \Theta$. Dabei gilt für den Stromflußwinkel $0 \leq \Theta \leq \pi$.

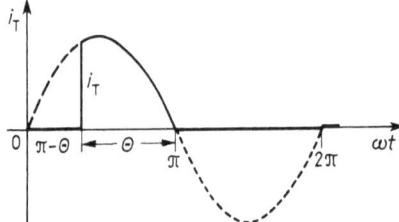

108.1
Durchlaßstrom i_T eines Thyristors in Abhängigkeit vom Winkel ωt
Θ Stromflußwinkel, – – – Wechselstrom, wenn der Thyristor ständig eingeschaltet sein würde

Im durchgeschalteten Zustand fließt durch den Thyristor der sinusförmige Strom

$$i_T = i_{Tm} \sin(\omega t) \tag{108.3}$$

Für den Zusammenhang zwischen Durchlaßstrom i_T und Durchlaßspannung u_T muß die Durchlaßkennlinie (s. z. B. Bild **107.2**) herangezogen werden. Allerdings führt der bei kleineren Strömen nichtlineare Verlauf zu einer elementar nicht integrierbaren Gleichung. Wir nähern deshalb mit der **Schwellspannung** U_{T0} und dem **differentiellen Widerstand** r_T der Anoden-Kathoden-Strecke die Durchlaßkennlinie durch den Spannungsverlauf

$$u_T = U_{T0} + r_T \, i_T \tag{108.4}$$

an; er ist in Bild **107.2** durch die gestrichelte Gerade dargestellt. Setzen wir Gl. (108.3) und (108.4) in Gl. (108.2) ein und führen die Integration aus, erhalten wir die mittlere

2.4.1 Rückwärts sperrende Thyristor-Triode (Thyristor)

Verlustleistung

$$P_{TAV} = \frac{U_{T0} i_{Tm}}{2\pi} [1 + \cos(\pi - \Theta)] + \frac{r_T i_{Tm}^2}{2\pi} \left\{ \frac{\Theta}{2} + \frac{1}{4} \sin[2(\pi - \Theta)] \right\} \quad (109.1)$$

Für den Stromflußwinkel $\Theta = 0$ wird die Verlustleistung $P_{TAV} = 0$, und für den Stromflußwinkel $\Theta = \pi$ ergibt sich aus Gl. (109.1) die mittlere Verlustleistung

$$P_{TAV} = (U_{T0} i_{Tm}/\pi) + r_T i_{Tm}/4 \quad (109.2)$$

Im letzteren Fall ist der Thyristor während der ganzen positiven Halbschwingung eingeschaltet.

Der lineare Mittelwert, d.i. der über eine Periode gemittelte Durchlaßstrom

$$I_{TAV} = \frac{1}{2\pi} \int_{\pi-\Theta}^{\pi} i_T \, d(\omega t) \quad (109.3)$$

berechnet sich mit Gl. (108.3) und Gl. (109.3)

$$I_{TAV} = \frac{i_{Tm}}{2\pi} \int_{\pi-\Theta}^{\pi} \sin(\omega t) \, d(\omega t) = \frac{i_{Tm}}{2\pi} (1 - \cos\Theta) \quad (109.4)$$

Er geht für $\Theta = \pi$ in den Gleichrichtwert

$$I_{TAV} = \overline{|i_T|} = i_{Tm}/\pi \quad (109.5)$$

über, der schon in Band III, Teil 1 bei den Gleichrichterschaltungen eingeführt wurde. Mit Gl. (108.3) und aus der Definitionsgleichung

$$I_{TEFF}^2 = \frac{1}{2\pi} \int_{\pi-\Theta}^{\pi} i_T^2 \, d(\omega t) = \frac{i_{Tm}^2}{2\pi} \int_{\pi-\Theta}^{\pi} \sin^2(\omega t) \, d(\omega t) \quad (109.6)$$

berechnen wir durch Integration von Gl. (109.6) den Effektivwert des Durchlaßstroms

$$I_{TEFF} = \frac{i_{Tm}}{2} \sqrt{\frac{1}{\pi} \left[\Theta - \frac{1}{2} \sin(2\Theta) \right]} \quad (109.7)$$

der für $\Theta = \pi$ den Wert $I_{TEFF} = i_{Tm}/2$ annimmt, wie dies von den Einweg-Gleichrichterschaltungen her schon bekannt ist.

Als das Verhältnis von Effektivwert zu Mittelwert definiert man mit Gl. (109.7) und (109.4) den Formfaktor

$$F = \frac{I_{TEFF}}{I_{TAV}} = \frac{\sqrt{\pi\Theta - (\pi/2)\sin(2\Theta)}}{1 - \cos\Theta} \quad (109.8)$$

Für $\Theta = \pi$ wird der Formfaktor wie bei der Einweggleichrichtung $F = \pi/2$ (s. Band III, Teil 1).

Beispiel 26. Ein Thyristor wird als Einweg-Gleichrichter bei dem Stromflußwinkel $\Theta_1 = \pi$ mit dem Effektivwert des Durchlaßstroms $I_{TEFF} = 7{,}85$ A entsprechend dem linearen Mittelwert des Durchlaßstroms $I_{TAV} = 5$ A betrieben. Man berechne den Scheitelwert i_{Tm1} des Durchlaßstroms

2.4 Thyristor-Trioden

$i_{T1} = i_{Tm1} \sin(\omega t)$ und die Scheitelwerte i_{Tm2} und i_{Tm3}, wenn der Thyristor bei gleichem Effektivwert des Durchlaßstroms $I_{TEFF} = 7{,}85$ A mit den Stromflußwinkeln $\Theta_2 = \pi/2$ und $\Theta_3 = \pi/4$ arbeitet. Wir stellen Gl. (109.7) nach dem Scheitelwert um und erhalten

$$i_{Tm} = 2\,I_{TEFF}/\sqrt{[\Theta - 0{,}5\sin(2\Theta)]/\pi} \tag{110.1}$$

Für $\Theta_1 = \pi$ erhalten wir aus Gl. (110.1) den Scheitelwert $i_{Tm1} = 2\,I_{TEFF} = 2 \cdot 7{,}85$ A $= 15{,}7$ A.
Für $\Theta_2 = \pi/2$ ergibt sich aus Gl. (110.1) der Scheitelwert $i_{Tm2} = 2\sqrt{2}\,I_{TEFF} = 2\sqrt{2} \cdot 7{,}85$ A $= 22{,}2$ A.

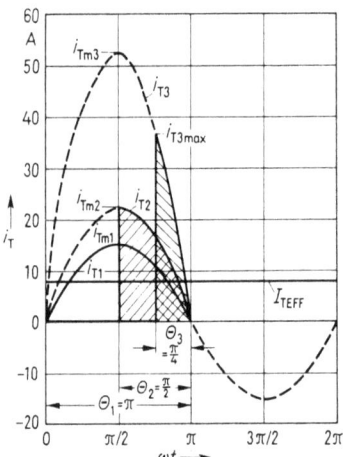

Setzen wir in Gl. (110.1) den Stromflußwinkel $\Theta_3 = \pi/4$ ein, finden wir den Scheitelwert

$$i_{Tm3} = 2\,I_{TEFF}/\sqrt{(1/4)-(1/2\pi)} = 2 \cdot 7{,}85 \text{ A}/0{,}301 = 52{,}1 \text{ A}$$

Diese drei Stromimpulse i_{T1}, i_{T2} und i_{T3} sind in Bild 110.1 über dem Winkel ωt aufgetragen. Wenn der Durchlaßstrom $i_{T3} = i_{Tm3} \sin(\omega t)$ während des Stromflußwinkels $\Theta_3 = \pi/4$ fließt, wird der Thyristor erst beim Winkel $(3/4)\pi$ eingeschaltet, so daß der Scheitelwert i_{Tm3} nicht auftritt. Für den dann beim Winkel $(3/4)\pi$ fließenden Spitzen-Durchlaßstrom ergibt sich $i_{T3\,\text{max}} = i_{Tm3}\sin(3\pi/4)$ $= i_{Tm3}/\sqrt{2} = 36{,}8$ A.

110.1
Stromimpulse i_{T1}, i_{T2}, i_{T3} mit den Stromflußwinkeln $\Theta_1 = \pi$, $\Theta_2 = \pi/2$ und $\Theta_3 = \pi/4$ durch einen Thyristor, die den gleichen Effektivwert des Durchlaßstroms $I_{TEFF} = 7{,}85$ A liefern (s. Beispiel 26, S. 109).

In Datenbüchern wird meist die Verlustleistung P_{TAV} in Abhängigkeit vom linearen Mittelwert des Durchlaßstroms I_{TAV} und nicht wie in Gl. (109.1) in Abhängigkeit vom Scheitelwert i_{Tm} angegeben. Um die Umrechnung vorzunehmen, eliminieren wir den Scheitelwert i_{Tm} aus Gl. (109.4) und setzen ihn in Gl. (109.1) ein. Wir erhalten dann die mittlere Verlustleistung

$$P_{TAV} = U_{T0}I_{TAV} + r_T I_{TAV}^2\,\pi\,\frac{\Theta - (1/2)\sin(2\Theta)}{(1-\cos\Theta)^2} \tag{110.2}$$

Wird die gesamte positive Halbschwingung durchgelassen ($\Theta = \pi$), ergibt sich aus Gl. (110.2) die mittlere Verlustleistung

$$P_{TAV} = U_{T0}I_{TAV} + r_T I_{TAV}^2\,(\pi/2)^2 \tag{110.3}$$

Wir wollen noch einen Vergleich mit dem reinen Gleichstrombetrieb durchführen. Fließt der Durchlaß-Gleichstrom $I_T = I_{TAV}$, so ergibt sich mit der Durchlaßspannung nach Gl. (108.4) die Gleichstrom-Verlustleistung

$$P_{TDC} = u_T I_{TAV} = U_{T0}I_{TAV} + r_T I_{TAV}^2 \tag{110.4}$$

Der zweite Summand in Gl. (110.2) und (110.3) ist größer als in Gl. (110.4). Wir schließen daraus, daß ein Thyristor, der mit dem mittleren Durchlaßstrom I_{TAV} als gesteuerter Einweggleichrichter betrieben wird, eine größere Verlustleistung P_{TAV} verarbeiten muß als ein Thyristor, der mit dem gleichen Durchlaß-Gleichstrom I_{TAV} ständig durchgeschaltet in Betrieb ist.

2.4.1 Rückwärts sperrende Thyristor-Trioden (Thyristor) 111

Dies erscheint zunächst merkwürdig, da der Thyristor im Wechselstromkreis doch nur maximal eine Halbperiode eingeschaltet sein kann, also im Vergleich mit dem Gleichstromfall nur die halbe Zeit in Betrieb ist. Um jedoch im Betrieb als gesteuerter Einweggleichrichter einen gleich großen mittleren Durchlaßstrom I_{TAV} zu erzeugen, ist ein um so größerer Scheitelwert i_{Tm} erforderlich je kleiner der Stromflußwinkel Θ ist. Diese großen Stromspitzen erzeugen aber an dem differentiellen Widerstand r_T sehr große Verlustleistungen, da jene ja quadratisch in die Berechnung eingehen. In Bild 111.1 ist der Verlauf der Verlustleistung P_{TAV} in Abhängigkeit vom Strom I_{TAV} mit dem Stromflußwinkel Θ als Parameter aufgetragen. Für die Berechnung der Kurven ist die Kennlinie in Bild 107.2 über Gl. (108.4) angenähert, und es sind für die Schwellspannung $U_{T0} = 0{,}8$ V und für den differentiellen Widerstand $r_T = 0{,}056$ Ω (gestrichelte Gerade) eingesetzt worden. Der Verlauf der Kurven bestätigt das eben beschriebene Verhalten.

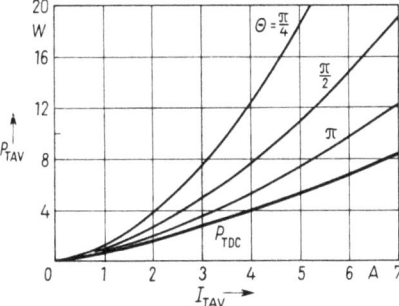

111.1
Abhängigkeit der über eine Periode gemittelten, im Thyristor umgesetzten Verlustleistung P_{TAV} und Gleichstrom-Verlustleistung P_{TDC} vom mittleren Durchlaßstrom I_{TAV} mit dem Stromflußwinkel Θ als Parameter, berechnet nach Gl. (110.2) und (110.4)

Beispiel 27. Man berechne die über eine Periode gemittelte Verlustleistung P_{TAV} eines Thyristors, der mit dem mittleren Durchlaßstrom $I_{TAV} = 5$ A bei den Stromflußwinkeln $\Theta = \pi$, $\pi/2$, $\pi/4$ als gesteuerter Einweggleichrichter betrieben wird und vergleiche sie mit der Gleichstrom-Leistung P_{TDC}, die bei dem Durchlaß-Gleichstrom $I_T = I_{TAV} = 5$ A erzeugt wird. Für die Durchlaßkennlinie benutze man die Näherungsgl. (108.4) mit der Schwellspannung $U_{T0} = 0{,}8$ V und dem differentiellen Widerstand $r_T = 0{,}056$ Ω.
Beim Stromflußwinkel $\Theta = \pi$ ergibt sich aus Gl. (110.3) die mittlere Verlustleistung $P_{TAV} = U_{T0} I_{TAV} + r_T I_{TAV}^2 (\pi/2)^2 = 0{,}8$ V · 5 A + 0{,}056 Ω (5 A)² $(\pi/2)^2 = 7{,}45$ W. Für den Stromflußwinkel $\Theta = \pi/2$ erhalten wir aus Gl. (110.2) $P_{TAV} = U_{T0} I_{TAV} + r_T I_{TAV}^2 \pi^2/2 = 0{,}8$ V · 5 A + 0{,}056 Ω(5 A)²$\pi^2/2 = 10{,}91$ W. Setzen wir in Gl. (110.2) den Stromflußwinkel $\Theta = \pi/4$ ein, wird nach einer Umrechnung die mittlere Verlustleistung

$$P_{TAV} = U_{T0} I_{TAV} + r_T I_{TAV}^2 \frac{\pi}{2} \cdot \frac{\pi - 2}{3 - 2\sqrt{2}} = 0{,}8 \text{ V} \cdot 5 \text{ A} + 0{,}056 \text{ Ω} (5 \text{ A})^2 \cdot 10{,}45 = 18{,}63 \text{ W}$$

Schließlich ergibt sich noch aus Gl. (110.4) die Gleichstrom-Verlustleistung $P_{TDC} = U_{T0} I_{TAV} + r_T I_{TAV}^2 = 0{,}8$ V · 5 A + 0{,}056 Ω (5 A)² = 5{,}4 W, die also wesentlich kleiner als die Verlustleistung P_{TAV} ist.

Die erzeugte Verlustleistung P_{TAV} muß durch geeignete Kühlungsvorrichtungen (Kühlbleche, Kühlkörper, s. Band III, Teil 1) abgeführt werden. Die erreichbaren mittleren Durchlaßströme I_{TAV} oder Effektivwerte I_{TEFF} hängen sehr stark davon ab, auf welcher Temperatur T_G das Thyristor-Gehäuse durch Kühlung gehalten werden kann. Für den Thyristor 2N 3873 (RCA) zeigt Bild 112.1 den maximal zulässigen Durchlaßstrom I_{TAVmax} in Abhängigkeit von der Gehäusetemperatur T_G mit dem Stromflußwinkel Θ als Parameter. Danach darf im Gleichstrombetrieb bis zu der Gehäusetemperatur

2.4 Thyristor-Trioden

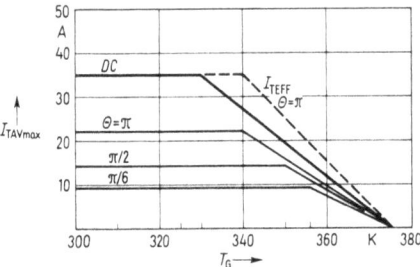

112.1
Maximal zulässiger gemittelter Durchlaßstrom I_{TAVmax} in Abhängigkeit von der Gehäusetemperatur T_G mit dem Stromflußwinkel Θ als Parameter für den Thyristor 2N 3873 (RCA)
DC Gleichstrombetrieb, d. h. ständig durchgeschalteter Thyristor

$T_G = 330$ K der maximale Durchlaßstrom $I_{TAVmax} = 35$ A fließen. Bei größeren Gehäusetemperaturen muß der zulässige Durchlaßstrom herabgesetzt werden und wird null bei der Temperatur $T_G = 375$ K. Bei dieser Gehäusetemperatur ist jedoch die Kristalltemperatur T_K weit größer und nähert sich der für Silizium kritischen Grenze $T_{Kmax} = 450$ K. Im Betrieb als gesteuerter Einweggleichrichter wird die maximal zulässige Verlustleistung P_{TAVmax} bei kleineren Durchlaßströmen I_{TAVmax} erzeugt (s. a. Bild **111.1**). Da jedoch mit fallendem Stromflußwinkel Θ die Verlustenergie in immer kürzeren Zeitintervallen freigesetzt wird, für die Abführung der Verlustenergie also mehr Zeit verbleibt, können diese Ströme noch bis zu etwas größeren Gehäusetemperaturen T_G hin fließen.

Stoßstrombelastbarkeit der Anoden-Kathoden-Strecke. Für die Dauer einer Halbschwingung darf ein sinusförmiger Stromimpuls (Stoßstrom) mit dem Scheitelwert I_{TSM} (s. Tafel **106.1**) die Anoden-Kathoden-Strecke passieren. Besonders beim Aufladen größerer Ladekapazitäten in Netzteilen treten für mehrere Halbschwingungen sinusförmige Stromimpulse auf, deren Scheitelwerte I_{TS} zwar kleiner als der Scheitelwert I_{TSM} der ersten Halbschwingung, aber noch größer als die Scheitelwerte i_{Tm} der stationär sich einstellenden Stromimpulse sind, wobei wir mit stationär meinen, daß der Aufladevorgang abgeklungen ist, und nur noch der normale Ladestrom $i_T = i_{Tm} \sin(\omega t)$ fließt. Hat das Thyristor-Gehäuse eine hinreichend große Wärmekapazität, kann es die beim Ladevorgang frei werdende größere Verlustenergie vorübergehend speichern, so daß die Thyristor-Kristall-Temperatur T_K in zulässigen Grenzen bleibt. Die zusätzliche Wärmemenge wird dann nach Beendigung der Aufladung allmählich an die Umgebung abgeführt. In Datenbüchern wird deshalb angegeben, welcher Stoßstrom I_{TS} für wie viele Halb- bzw. Vollschwingungen n fließen darf. Da beim Thyristor nur in der positiven Halbschwingung Strom fließt, ist die Anzahl n der Halb- und Vollschwingungen gleich. Bild **112.2** zeigt diesen Zusammenhang für den Thyristor 40657, wenn eine Wechselspannungsfrequenz von 60 Hz bzw. 50 Hz verwendet wird.

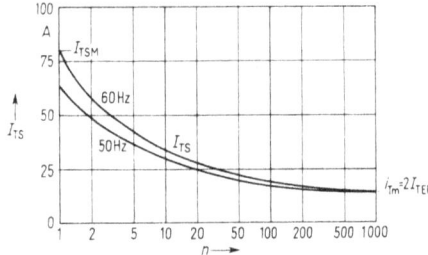

112.2
Scheitelwert I_{TS} der Stoßstromimpulse mit dem Stromflußwinkel $\Theta = \pi$ durch den Thyristor 40657 in Abhängigkeit von der Anzahl n der Vollschwingungen der Netzwechselspannung
I_{TSM} maximaler Scheitelwert eines für eine Halbschwingung ($n = 1$) fließenden Stromimpulses, i_{Tm} Scheitelwert der Stromimpulse, die für beliebig viele Halbschwingungen fließen dürfen

2.4.1 Rückwärts sperrende Thyristor-Triode (Thyristor) 113

Bei einer Halbschwingung geht der Stoßstrom I_{TS} in den maximalen Stoßstrom I_{TSM} über, der wegen der größeren Periodendauer T bei der Frequenz $f = 50$ Hz ($T/2 = 10$ ms) etwas kleiner ist als bei der Frequenz $f = 60$ Hz ($T/2 = 8{,}33$ ms). Mit wachsender Anzahl n der Halbschwingungen fällt der zulässige Stoßstrom I_{TSM} und geht nach etwa $n = 200$ Halbschwingungen, also nach der Zeit $t_L = nT = 200 \cdot 20$ ms $= 4$ s in den Scheitelwert i_{Tm} der im Dauerbetrieb zulässigen Stromimpulse über. Da für die Stoßströme stets der Stromflußwinkel $\Theta = \pi$ gefordert wird, ist in diesem Einweggleichrichterbetrieb nach Gl. (109.7) der Scheitelwert der Stromimpulse $i_{Tm} = 2 I_{TEFF}$. Nach Bild 112.2 dürfen z. B. $n = 10$ Stromimpulse mit der Frequenz $f = 50$ Hz und dem Scheitelwert $I_{TS} = 29{,}5$ A den Thyristor passieren, ohne daß er thermisch überlastet wird.

2.4.1.4 Kennlinie und Kenngrößen der Gate-Kathoden-Strecke. Um die Eigenschaften der Gate-Kathoden-Strecke genauer zu untersuchen, müssen wir die Ersatzschaltung von Bild 103.1b noch durch die in der Ersatzschaltung von Bild 113.1 eingezeichneten Widerstände ergänzen. Dabei stellt der Widerstand $R_{GG'}$ den Zuleitungs- und Bahnwiderstand vom Gate-Anschluß G zum kathodenseitigen PN-Übergang G' dar. Der Widerstand $R_{G'K}$ ist ein parallel zum kathodenseitigen PN-Übergang liegender Halbleiter-Bahnwiderstand (s. a. Abschnitt 2.4.1.6). Der Widerstand $R_{G'K}$ liegt im Bereich von 100 Ω bis 1 kΩ und ist etwa um eine Größenordnung größer als der Bahnwiderstand $R_{GG'}$.

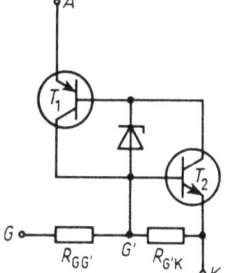

113.1
Transistor-Ersatzschaltung mit eingezeichnetem Gate-Bahnwiderstand $R_{GG'}$ und Parallelwiderstand $R_{G'K}$

Durch den Einbau des Parallelwiderstands $R_{G'K}$ wird der Thyristor mit teilweise kurzgeschlossener Basis-Emitter-Diode (shorted emitter) betrieben. Ebenso wie ein Transistor wird hierdurch auch der Thyristor wesentlich spannungsfester. Der Sperr- bzw. Zener-Strom der Z-Diode fließt nämlich bei Erhöhung der positiven Anoden-Kathoden-Spannung zunächst nahezu vollständig über den niederohmigen Widerstand $R_{G'K}$ ab und kann deshalb den Zündvorgang nicht einleiten. Erst wenn der Strom so groß wird, daß über den Widerstand $R_{G'K}$ eine Spannung von etwa 0,6 V abfällt, wird die Basis-Emitter-Diode des Transistors T_2 der Ersatzschaltung hinreichend leitend und leitet den Zündvorgang ein. Auch kleine Störströme des Gates werden über den Widerstand $R_{G'K}$ abgeleitet und können nicht zum unkontrollierten Durchschalten des Thyristors führen. Erst definierte und hinreichend große Gate-Ströme führen zur Zündung.

Kennlinie. Den Verlauf der Gate-Kennlinie $I_G = f(U_{GK})$ von Bild 114.1 wollen wir mit den Ersatzschaltungen in Bild 114.2 untersuchen. Dort stellt die Diode D die Basis-Emitter-Diode des Transistors T_2 von Bild 113.1 dar. Ist die Gate-Kathoden-Spannung U_{GK} positiv, aber noch wesentlich kleiner als die Schwellspannung $U_S \approx 0{,}7$ V der Diode, ist der Strom durch die Diode noch klein und kann gegenüber dem Strom durch den Widerstand $R_{G'K}$ vernachlässigt werden. Es ergibt sich die Ersatzschaltung von Bild 114.2b, und der Gatestrom wird

$$I_G = U_{GK}/(R_{GG'} + R_{G'K}) \approx U_{GK}/R_{G'K} \qquad (113.1)$$

2.4 Thyristor-Trioden

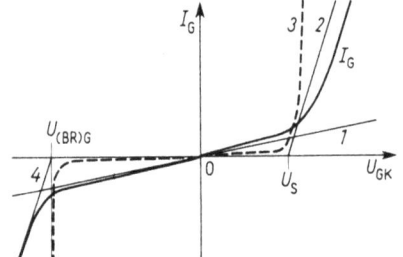

114.1
Gate-Kennlinie $I_G = f(U_{GK})$ bei positiver und negativer Gate-Kathoden-Spannung U_{GK}
1, 2 Näherungsgeraden nach Gl. (113.1) und (114.1); *3* Kennlinie der Gate-Diode, *4* Näherungsgerade nach Gl. (114.2), $U_{(BR)G}$ Durchbruchspannung der Gate-Diode, U_S Schwellspannung der Gate-Diode

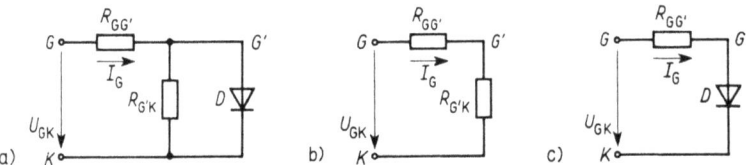

114.2 Ersatzschaltungen zur Erklärung der Gate-Kennlinie
a) vollständige Ersatzschaltung
b) Ersatzschaltung für kleine Gate-Kathoden-Spannung $U_{GK} < U_S$
c) Ersatzschaltung für große Gate-Kathoden-Spannungen $U_{GK} > U_S$

Gl. (113.1) liefert die in Bild **114.1** mit kleiner Steigung eingetragene Gerade *1*. Wird die Gate-Kathoden-Spannung größer als die Schwellspannung U_S, steigt der Strom durch die Diode stark an, und der Strom durch den Widerstand $R_{G'K}$ ist vernachlässigbar. Dieses Verhalten können wir mit der Ersatzschaltung von Bild **114.2**c für $U_{GK} > U_S$ durch den Stromverlauf

$$I_G = (U_{GK} - U_S)/R_{GG'} \tag{114.1}$$

beschreiben (Gerade *2* in Bild **114.1**). Den genauen Kennlinienverlauf $I_G = f(U_{GK})$ erhält man, wenn man noch die (gestrichelte) Diodenkennlinie *3* einführt und zunächst die Kennlinien *1* und *3* strommäßig (vertikal) und die so erhaltene Hilfskennlinie noch spannungsmäßig (horizontal) mit der Geraden *2* addiert.

Bei Polung in Rückwärtsrichtung wirkt die Diode D als Z-Diode mit der Durchbruchspannung $U_{(BR)G}$. Allerdings wird auch hier beim Überschreiten der Durchbruchspannung der Gate-Strom durch den Bahnwiderstand $R_{GG'}$ begrenzt. Für $|U_{GK}| > |U_{(BR)G}|$ können wir die Kennlinie *4* in Bild **114.1** durch den Stromverlauf

$$I_G = (U_{GK} - U_{(BR)G})/R_{GG'} \tag{114.2}$$

beschreiben. Mit dem gleichen Additionsverfahren wie im I. Quadranten erhält man auch hier den genauen Verlauf der Kennlinie aus den Kennlinien *1*, *3* und *4*.

Gezündet wird der Thyristor, wenn bei der Schwellspannung U_S ein merklicher Anteil des Gatestroms durch die Diode D fließt. Wegen des Parallelschlusses durch den Widerstand $R_{G'K}$ fließt dann jedoch schon ein wesentlich größerer Gatestrom I_G, der in der Größenordnung von mA liegt. In der Tafel **115.1** sind die wichtigsten Gate-Kennwerte der Thyristoren 40657 und 2N 3873 zusammengestellt.

2.4.1 Rückwärts sperrende Thyristor-Triode (Thyristor)

Tafel 115.1 Gate-Kennwerte der Thyristoren 40657 und 2 N 3873

Kenngröße und Bedingungen	Formelzeichen und Einheit	Typ 40657	2 N 3873
Gate-Triggerstrom bei $T = 300$ K	I_{GT} in mA	6	25
Gate-Triggerspannung bei $T = 300$ K	U_{GT} in V	0,65	1,1
Über eine Periode gemittelte Gate-Verlustleistung	P_{GAV} in W	0,5	0,5
Gate-Spitzenverlustleistung für $t = 10$ µs	P_{GM} in W	40	40

Der angegebene Gate-Triggerstrom I_{GT} ist ein mittlerer Wert, der von Exemplar zu Exemplar großen Schwankungen unterworfen ist (z.B. beim Thyristor 2 N 3873 von 1 mA bis 40 mA). Er ist derjenige Gate-Gleichstrom, bei dem der Thyristor zündet. Gemäß der Kennlinie des jeweiligen Exemplars gehört zu diesem Triggerstrom I_{GT} eine entsprechende Triggerspannung U_{GT}, die bedingt durch den steilen Anstieg der Kennlinie (s. Bild 114.1) wesentlich geringere Schwankungen aufweist. Die mittlere Gate-Verlustleistung P_{GAV} kann als Dauerleistung in der Gate-Kathoden-Strecke umgesetzt werden. Sie ist verglichen mit der zulässigen Gate-Spitzenverlustleistung P_{GM}, die impulsmäßig für die Zeit $t = 10$ µs wirken kann, sehr klein.

Grenzwerte der Gate-Kenngrößen. Der wirksame Gate-Kathoden-Widerstand $R_{GK} = U_{GK}/I_G$ eines Thyristors ist nicht konstant. Für kleine Gate-Kathoden-Spannungen ergibt sich aus der Ersatzschaltung von Bild 114.2b und aus Gl. (113.1) der Gate-Widerstand

$$R_{GK} = R_{GG'} + R_{G'K} \qquad (115.1)$$

Für Gate-Kathoden-Spannungen $U_{GK} > U_S$ erhalten wir aus Gl. (114.1) den Gate-Widerstand

$$R_{GK} = R_{GG'}/[1 - (U_S/U_{GK})] \qquad (115.2)$$

der wie in Kurve *1* von Bild 115.2 mit wachsender Gate-Kathoden-Spannung U_{GK} gegen den Bahnwiderstand $R_{GG'}$ abfällt. In der Umgebung der Schwellspannung U_S der Gate-Diode ist die Berechnung des Gate-Widerstands R_{GK} schwierig, jedoch ergibt sich qualitativ der Verlauf der gestrichelten Kurve *3*, die bei kleiner Gate-Kathoden Spannung U_{GK} in die Gerade *2* für $R_{G'G} + R_{G'K} = $ const einmündet und bei größerer Gate-Kathoden-Spannung in die Kurve *1* übergeht.

Bei der Fertigung von Thyristoren sind die Widerstände $R_{GG'}$ und $R_{G'K}$ größeren Schwankungen unterworfen. Dies führt auch zu größeren Schwankungen des wirk-

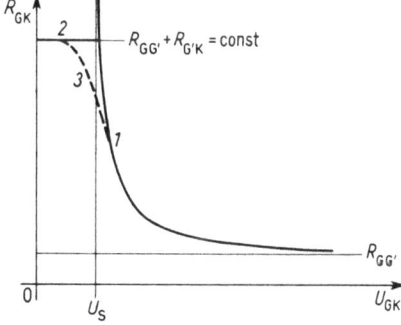

115.2
Abhängigkeit des Gate-Kathoden-Widerstands R_{GK} von der Gate-Kathoden-Spannung U_{GK}
1 Verlauf von R_{GK} nach Gl. (115.2) für $U_{GK} > U_S$, *2* konstanter Widerstand R_{GK} nach Gl. (115.1) für $U_{GK} < U_S$, *3* qualitativer Verlauf des Widerstands R_{GK} für $U_{GK} \approx U_S$

2.4 Thyristor-Trioden

samen Gate-Widerstands R_{GK} und deshalb zu unterschiedlichem Strom- und Spannungsbedarf für die Triggerung. In Bild **116**.1 sind die Gate-Kennlinien [hier im Gegensatz zu Bild **114**.1 $U_{GK} = f(I_G)$] für Thyristoren 2N 3873 mit maximalem und minimalem wirksamen Gate-Widerstand $R_{GK\,max}$ und $R_{GK\,min}$ aufgetragen. Die Gate-Kennlinie eines Thyristors mit dem typischen Gate-Widerstand $R_{GK\,typ}$ liegt also wie in Bild **116**.1 zwischen den beiden Grenzkennlinien mit $R_{GK\,max}$ und $R_{GK\,min}$. Mit Strom-Spannungswerten, die auf dem Kennlinienteil im rechteckförmigen Kasten *1* liegen, ist bei der Temperatur $T = 230$ K eine sichere Triggerung eines Thyristors dieser Serie nicht möglich. Mit wachsender Temperatur verringert sich dieser Bereich auf die Fläche *2* bei $T = 375$ K.

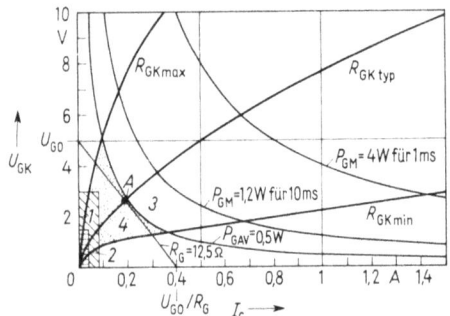
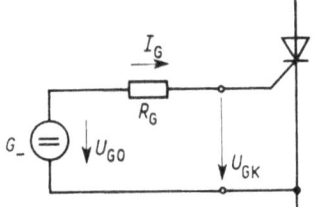

116.2 Ansteuerung des Thyristor-Gates mit Gleichspannungsgenerator G

116.1 Gate-Kennlinien $U_{GK} = f(I_G)$ von Thyristoren des Typs 2N 3873 mit typischem Gate-Widerstand $R_{GK\,typ}$ und mit durch Exemplarsteuerung bedingtem maximalem und minimalem Gate-Widerstand $R_{GK\,max}$ und $R_{GK\,min}$.

1, 2 Thyristoren dieses Typs werden bei der Temperatur $T = 230$ K bzw. 375 K nicht sicher getriggert, wenn ihre Ansteuerung mit U_{GK}, I_G in den schraffierten Bereichen liegt;

3 Bereich, in dem die zulässige mittlere Gate-Verlustleistung P_{GAV} überschritten wird;

4 Bereich zulässiger Gleichstrom-Triggerung (punktiert);

P_{GAV} Gate-Verlustleistungshyperbeln für Gleichstrom- und P_{GM} für Impulsbetrieb, R_G Widerstandsgerade des Generatorwiderstands nach Bild **116**.2; *A* Arbeitspunkt

Wird mit Gleichstrom getriggert, darf die maximal zulässige Gleichstrom-Verlustleistung P_{GAV} des Gates nicht überschritten werden. Gleichströme I_G und Gleichspannungen U_{GK}, die auf einem Kennlinienteil oberhalb der in Bild **116**.1 eingetragenen Verlusthyperbel $P_{GAV} = U_{GK} I_G$ liegen (Bereich *3*), dürfen deshalb zur Triggerung nicht verwendet werden. Wird also ein Thyristor wie in Bild **116**.2 von einem Gleichspannungsgenerator G_- mit dem Ausgangswiderstand R_G angesteuert, so muß die Widerstandsgerade $U_{GK} = U_{G0} - R_G I_G$ in Bild **116**.1 so liegen, daß sie nicht durch die verbotenen Bereiche *1* und *3* führt. Nur dann ist eine sichere Triggerung aller Thyristoren dieses Typs von der Temperatur $T = 230$ K an möglich, ohne die mittlere Verlustleistung des Gates zu überschreiten. Günstig ist es, den Arbeitspunkt *A* in dem für die Triggerung mit Gleichstrom erlaubten punktierten Bereich *4* in die Nähe der Verlusthyperbel P_{GAV} zu legen.

Wird mit Impulsen getriggert, sind kurzzeitig größere Verlustleistungen zulässig (z. B. $P_{GM} = 1{,}2$ W für 10 ms und 4 W für 1 ms). Abhängig von der Dauer der Triggerimpulse legt man dann die Widerstandsgerade R_G in die Nähe der entsprechenden Verlusthyperbel. Für ein sicheres Durchschalten des Thyristors ist ein impulsförmiges Triggern mit großen Gate-Strömen von Vorteil.

2.4.1 Rückwärts sperrende Thyristor-Triode (Thyristor)

Verhalten des Gates während und nach dem Triggern. Um das Verhalten des Gates beim Durchschalten des Thyristors zu untersuchen, betrachten wir die Ersatzschaltung von Bild **117.1** und die Kennlinien in Bild **117.2**. Erhöhen wir in Bild **117.1** die Generator-Quellenspannung U_{G0}, verschiebt sich in Bild **117.2** die Widerstandsgerade $U_{GK} = U_{G0} - R_G I_G$ nach rechts. Etwa beim Punkt A_0 auf der Gate-Kennlinie 1 beginnt Strom I durch die Anoden-Kathoden-Strecke zu fließen. Dadurch vergrößert sich der Spannungsabfall $U_{G'K}$ über den Gate-Kathoden-PN-Übergang. Gegenüber dem Fall mit offener Anode ($I = 0$) wächst jetzt der Gatestrom I_G langsamer mit steigender Gate-Kathoden-Spannung und erreicht schließlich den Maximalwert $I_{G\,max}$. Ein weiteres Steigern der Generator-Quellenspannung U_{G0} läßt den Gate-Strom I_G wieder fallen, weil die Spannung $U_{G'K}$, verursacht durch den schnell steigenden Anodenstrom I, stärker wächst. Der Gate-Widerstand wird negativ, und beim Erreichen des Arbeitspunkts A_1 springt der Gate-Strom in den Punkt A_2 (Pfeilrichtung) der Gate-Kennlinie 2 des eingeschalteten Thyristors. Die Gate-Diode D wirkt jetzt als eine Spannungsquelle mit der Ausgangsspannung $U_{G'K} \approx 0,7$ V, die unabhängig vom Gatestrom I_G durch den Anodenstrom I aufrechterhalten wird.

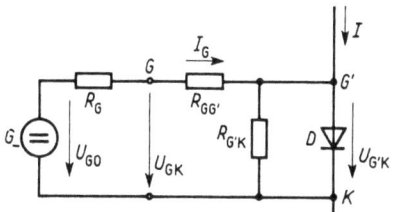
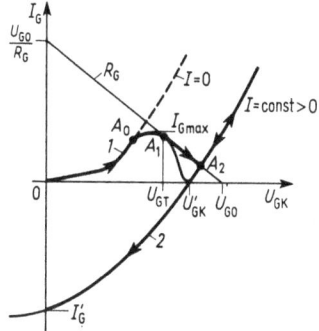

117.1 Gate-Ansteuerung mit Gleichspannungsgenerator G_- und Gate-Ersatzschaltung zur Erklärung der Kennlinie von Bild **117.2**

117.2 Verhalten der Gate-Kennlinie $I_G = f(U_{GK})$ beim Durchschalten des Thyristors
1 Gate-Kennlinie bei ausgeschaltetem Thyristor (Hauptstrom $I = 0$), 2 Gate-Kennlinie bei durchgeschaltetem Thyristor, R_G Widerstandsgerade des Generatorwiderstands, A_0, A_1, A_2 Arbeitspunkte beim Übergang vom gesperrten in den leitenden Zustand der Anoden-Kathoden-Strecke

Erhöht sich nun die Generatorspannung U_{G0} noch weiter, wandert der Schnittpunkt A_2 nach rechts, und der positive in das Gate hineinfließende Strom I_G steigt wieder. Wird dagegen die Generator-Quellenspannung erniedrigt, sinkt der Gatestrom I_G und wird für $U_{G0} < U'_{GK}$ negativ, d.h., er fließt aus dem Gate heraus. Der PN-Übergang wirkt jetzt als Spannungsquelle. Die Steigung der Kennlinie 2 des eingeschalteten Thyristors wird hauptsächlich durch den Bahnwiderstand $R_{GG'}$ bestimmt, der sich, wie die Praxis zeigt, nichtlinear verhält. Soll die Gate-Kathoden-Spannung $U_{GK} = 0$ werden, so daß der negative Gatestrom I'_G aus dem Gate heraus in den Generator hineinfließt, muß eine negative Generator-Quellenspannung $U_{G0} = I'_G R_G$ angelegt werden. Dadurch wird jedoch der Thyristor nicht zum Löschen gebracht; er bleibt eingeschaltet, denn die über den kathodenseitigen PN-Übergang abfallende Spannung $U_{G'K}$ wird ja durch den Anodenstrom I aufrechterhalten. Erst ein Absenken der Anoden-Kathoden-Spannung U_{AK} unter die Haltespannung U_H und somit ein Absenken des Anodenstroms I unter den Haltestrom I_H setzt den Sperrvorgang der Hauptstrecke in Gang.

118 2.4 Thyristor-Trioden

2.4.1.5 Schaltverhalten. Bei der Untersuchung des Schaltverhaltens von Thyristoren müssen wir zwischen dem Einschalt- und dem Ausschaltverhalten unterscheiden. Während das Durchschalten durch einen Gate-Stromimpuls eingeleitet wird, ist für das Ausschalten dagegen die Absenkung des Durchlaßstroms unter den Haltestrom erforderlich.

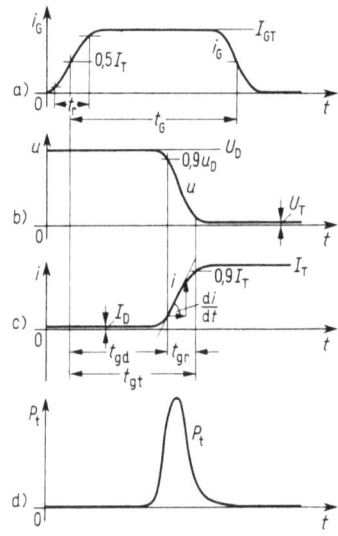

118.1
Einschaltverhalten des Thyristors
a) steuernder Gate-Stromimpuls i_G
b), c) zeitliche Verläufe von Anodenspannung u und Anodenstrom i
d) Einschaltleistung P_t als Funktion der Zeit t
t_{gd} Zündverzugs-, t_{gr} Durchschalt- und t_{gt} Zündzeit der Anoden-Kathoden-Strecke

Einschaltverhalten. Das Durchschalten eines Thyristors ist in Bild **118.1** dargestellt. Wird der Thyristor durch einer Gate-Stromimpuls i_G angesteuert, beginnt der Durchschaltvorgang der Hauptstrecke erst nach einer gewissen Zündverzugszeit t_{gd}. Sie ist die Zeitdifferenz zwischen den Zeitpunkten, in denen der Gatestrom i_G auf 50% seines Maximalwerts angestiegen und die Anodenspannung u um 10% abgefallen ist. Gelegentlich wird für die Definition des Zündverzugs t_{gd} auch der Zeitpunkt verwendet, an dem der Gatestrom i_G auf 10% angestiegen ist. Die Durchschaltzeit t_{gr} wird vom Zeitpunkt des 10%-Abfalls der Anodenspannung u bis zu dem Zeitpunkt gezählt, in dem der Anodenstrom i auf 90% des maximalen Durchlaßstroms I_T angestiegen ist. Aus der Zündverzugszeit t_{gd} und der Durchschaltzeit t_{gr} ergibt sich die gesamte Zündzeit, auch Einschaltzeit oder turn on time genannt,

$$t_{gt} = t_{gd} + t_{gr} \qquad (118.1)$$

Arbeitet der Thyristor auf eine reine Wirklast, stimmt der Zeitpunkt des 10%-Abfalls der Spannung u mit dem Zeitpunkt des 10%-Anstiegs des Stroms i überein. Das gleiche gilt für die Zeitpunkte des 90%-Abfalls der Spannung u und des 90%-Anstiegs des Stroms i. Die Definition der Durchschaltzeit kann dann an einer der beiden Größen vorgenommen werden.

Enthält der Lastwiderstand eine induktive Komponente, wie dies z. B. bei der Steuerung von Motoren der Fall ist, steigt der Anodenstrom gegenüber dem Abfall der Spannung u langsamer an und erreicht erst später den 90%-Wert des Durchlaßstroms. Dann muß die oben benutzte und in Bild **118.1** eingetragene Definition der Zeiten benutzt werden. Während der Zündverzugszeit t_{gd} muß in der P-Basis des Thyristors eine hinreichend große kritische Ladungskonzentration aufgebaut werden, die für die Einleitung des Durchschaltvorgangs erforderlich ist. Deshalb hängt die Zündverzugszeit t_{gd} auch sehr stark von den Eigenschaften des Gate-Stromimpulses ab. Sie fällt sowohl mit wachsendem Triggerstrom I_{GT} als auch mit abnehmender Anstiegszeit t_r des Gate-Stromimpulses. Auch mit steigender (positiver) Anoden-Kathoden-Gleichspannung U_D fällt die Zündverzugszeit t_{gd}.

In der Durchschaltzeit t_{gr} muß durch die positive Rückkopplung über die N$^+$- und P$^+$-Emitter (s. Abschn. 2.3.1.1 und 2.4.1.1) der mittlere PN-Übergang des Thyristors mit Ladungsträgern überschwemmt werden. Die hierfür erforderliche Zeit t_{gr} ist kürzer als die Zündverzugszeit t_{gd}.

2.4.1 Rückwärts sperrende Thyristor-Triode (Thyristor) 119

Auch die Durchschaltzeit t_{gr} verkürzt sich mit wachsendem Triggerstrom I_{GT}. Sie steigt jedoch mit wachsendem Durchlaßstrom I_T. Bei der Angabe der Zündzeit t_{gt} muß deshalb in Datenbüchern genau aufgeführt werden, unter welchen Bedingungen der Thyristor durchgeschaltet wird. Bild 119.1 zeigt die Abhängigkeit der Zündzeit t_{gt} vom Gate-Triggerstrom I_{GT}, wobei $t_{gt\,max}$ und $t_{gt\,min}$ die durch Exemplarstreuungen verursachten Grenzwerte sind. Dabei wird für den Thyristor 2N 3873 die Gleichsperrspannung $U_D = U_{(BO)} = 600$ V bei dem anschließenden Durchlaßstrom $I_T = 30$ A und der Gehäusetemperatur $T_G = 300$ K mit einem Triggerimpuls der Anstiegszeit $t_r = 100$ ns geschaltet. Mit wachsendem Triggerstrom I_{GT} fällt die typische Zündzeit von $t_{gt} \approx 2$ μs bei $I_{GT} = 100$ mA auf $t_{gt} \approx 0,6$ μs bei $I_{GT} = 1$ A. Für sicheres und schnelles Durchschalten sind große Gate-Triggerimpulse I_{GT} günstig; allerdings muß stets geprüft werden, ob die zulässige Gate-Spitzenverlustleistung P_{GM} nicht überschritten wird (s. Bild 116.1)

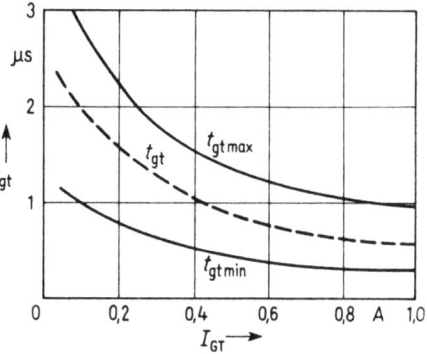

119.1
Maximale Zündzeit t_{gtmax}, minimale t_{gtmin} und typische (gestrichelt) Zündzeit t_{gt} in Abhängigkeit vom Gate-Triggerstrom I_{GT} für Thyristoren vom Typ 2N 3873
Eingeschalteter Durchlaßstrom $I_T = 30$ A, geschaltete Spannung $U_D = 600$ V, Anstiegszeit der Triggerstromimpulse $t_r = 0,1$ μs, Gehäusetemperatur $T_G = 300$ K

Die Dauer der Gate-Triggerimpulse t_G muß so bemessen werden, daß während dieser Zeit der Thyristor soweit durchgeschaltet ist, daß schon sein Einraststrom (latch current) I_{HT}, der etwas größer als der Haltestrom I_H ist, fließt. Es genügt also eine Impulsdauer t_G, die etwas größer als die Zündverzugszeit t_{gd} ist. Für ein sicheres Durchschalten des Thyristors sollte jedoch die Impulsdauer t_G wie in Bild 118.1 etwas größer als die gesamte Zündzeit t_{gt} gewählt werden.

Kritische Einschaltstromsteilheit. Durch den Gate-Stromimpuls wird der Durchschaltvorgang zunächst nur in der unmittelbaren Umgebung der Gate-Elektrode eingeleitet. Erst während der Durchschaltzeit t_{gr} und noch merkliche Zeit danach breitet sich die Entladung über den gesamten Kristallquerschnitt aus. Um diese Ausbreitung zu beschleunigen, wird die Gate-Elektrode konzentrisch auf dem pillenförmigen Thyristor-Kristall angeordnet (s. hierzu Abschn. 2.4.1.6). Steigt nun der Durchlaßstrom i steil an, ist also die Stromsteilheit di/dt groß, fließt schon bei noch nicht über den gesamten Querschnitt ausgebreiteter Entladung ein großer Strom i, der sich auf einen engen Bereich in der Mitte der Thyristor-Pille konzentriert. Es bildet sich infolge der großen Stromdichte und der noch nicht ganz zusammengebrochenen Spannung u ein heißer Stromfaden (hot spot), in dem ähnlich wie beim Durchbruch 2. Art (s. Band III, Teil 1) der Kristall thermisch zerstört werden kann. Diese Einschaltverlustleistung P_t, deren zeitlicher Verlauf in Bild 118.1 wiedergegeben ist, verteilt sich bei langsamerem Stromanstieg di/dt auf einen größeren Querschnitt und kann dann nicht mehr zur Zerstörung des Thyristors führen.

120   2.4 Thyristor-Trioden

Die Hersteller von Thyristoren geben deshalb eine kritische **Einschaltstromsteilheit** $(di/dt)_{krit}$ an, die beim Durchschalten des Thyristor möglichst nicht überschritten werden sollte. Besonders kritisch ist es, wenn bei einem Leistungsthyristor eine große positive Gleichsperrspannung (Blockierspannung) U_D auf eine niederohmige reine Wirklast geschaltet wird. Der Durchlaßstrom i steigt dann sehr schnell auf sehr große Werte und wegen der noch hohen Anoden-Kathoden-Spannung u wird die Einschaltverlustleistung im Stromfaden sehr groß. Liegt im Lastkreis ein Verbraucher mit induktiver Komponente, so wird der Stromanstieg durch die Induktivität gebremst, und die Entladung im Thyristor hat Zeit, sich über den gesamten Kristallquerschnitt auszubreiten. Eine Zerstörung ist dann nicht mehr zu befürchten.

Die kritische Einschaltstromsteilheit wird meist nur bei Leistungsthyristoren angegeben, denn nur diese schalten hinreichend große Durchlaßströme. Für den Thyristor 2N 3873 beträgt sie $(di/dt)_{krit} = 200$ A/µs, so daß der für ihn zugelassene Dauergleichstrom $I_T = 35$ A in der Zeit $t = I_T/[(di/dt)_{krit}] = 35$ A$/(200$ A/µs$) = 0{,}175$ µs eingeschaltet werden könnte. Dies ist jedoch wegen der meist größeren Durchschaltzeit $t_{gr} = 0{,}5$ µs kaum möglich. Vorsicht ist jedoch beim Durchschalten von Stoßströmen I_{TS} geboten, denn dann kann bei reiner Wirklast die kritische Stromsteilheit $(di/dt)_{krit}$ überschritten werden.

Ausschaltverhalten. Nach Abschn. 2.4.1.5 läßt sich der eingeschaltete Thyristor durch Gate-Spannungen oder Gate-Stromimpulse nicht mehr beeinflussen. Um ihn wieder zu sperren, muß der Haltestrom I_H der Hauptstrecke unterschritten werden. Aber auch dann ist es nicht möglich, sofort wieder die positive Gleichsperrspannung U_D an die Hauptstrecke anzulegen. Der Thyristor benötigt eine **Freiwerdezeit** t_q, auch **Erholzeit** oder **turn off time** genannt.

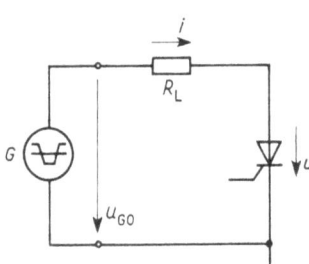

120.1 Ansteuerschaltung zur Erklärung des Ausschaltverhaltens des Thyristors nach Bild **121.1**

Um das Verhalten des Thyristors beim Ausschalten zu untersuchen, schalten wir nach Bild **120.1** mit dem Generator G eine trapezförmige Wechselspannung u_{G0} über den Lastwiderstand R_L an den Thyristor. Die sich ergebenden Strom- und Spannungsverläufe sind in Bild **121.1** aufgetragen. Dabei gehen wir von der Annahme aus, daß der Thyristor zum Zeitpunkt $t = 0$ bereits eingeschaltet ist. Es fließt deshalb in der positiven Halbschwingung der Durchlaßstrom $I_T = (U_{Gp} - U_T)/R_L \approx U_{Gp}/R_L$, wenn U_{Gp} wie in Bild **121.1**a der positive Scheitelwert der Wechselspannung und U_T die Durchlaßspannung des Thyristors sind. Fällt jetzt die Generatorspannung u_{G0} zur Zeit t_1 von der positiven Spannung U_{Gp} auf die negative Spannung U_{Gn}, so sperrt der Thyristor nach dem Nulldurchgang nicht sofort.

In Rückwärtspolung sind der mittlere PN-Übergang auf Durchlaß und die beiden äußeren PN-Übergänge in Sperrichtung gepolt. Der Thyristor kann jedoch noch keine Rückwärtssperrspannung U_R aufnehmen, denn zunächst müssen die beiden äußeren PN-Übergänge von Ladungsträgern geräumt werden, ehe sie ihre Sperrfähigkeit wiedergewinnen. Mit fallender Generatorspannung u_{G0} nimmt also der Durchlaßstrom i ab, und nach dem Nulldurchgang fließt wegen des noch leitenden Thyristors ein negativer Strom, der **Ausräumstrom** i_{rr}, im Laststromkreis (Bild **121.1**b). Während dieser Zeit t_{rr}, der **Sperr**-

verzugs- oder Ausräumzeit, entladen sich die als Diffusionskapazitäten (s. Band III, Teil 1) wirkenden äußeren PN-Übergänge über den leitenden inneren PN-Übergang und den Lastwiderstand R_L zum Generator G hin. So ist in dieser Ausräumphase die Anoden-Kathoden-Strecke noch niederohmig, und an ihr liegt weiterhin die Durchlaßspannung $u = U_T$. Erst wenn der Ausräumvorgang seinem Ende zustrebt und der Ausräumstrom i_{rr} abnimmt, werden die äußeren beiden PN-Übergänge wieder hochohmig, und die negative Sperrspannung U_R kann sich aufbauen (Bild 121.1 c).

Der jetzt in Rückwärtsrichtung gepolte Thyristor (Anode negativ gegen Kathode) darf jedoch noch nicht sofort erneut in Vorwärtsrichtung gepolt werden, denn, da der mittlere PN-Übergang noch leitend ist, wäre er nicht in der Lage, die positive Gleichsperrspannung U_D aufzunehmen. Während der in Bild 121.1 eingetrageneen Durchlaßverzugszeit t_{fr} rekombinieren Elektronen und positive Löcher in der mittleren Sperrschicht, die Ladungsträgerdichte im PN-Übergang sinkt, und schließlich wird seine Sperrfähigkeit wieder hergestellt. Die Durchlaßverzugszeit t_{fr} ist wesentlich größer als die Sperrverzugszeit t_{rr}.

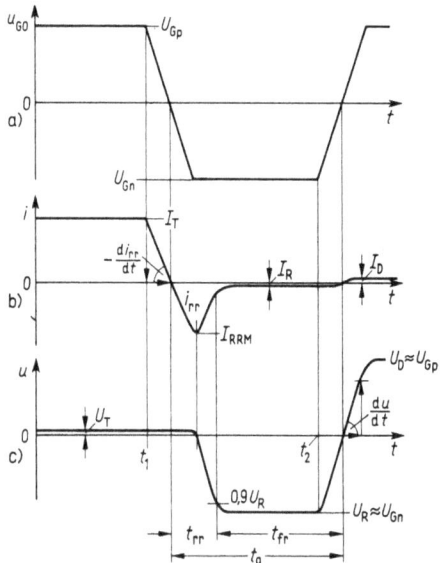

121.1 Ausschaltverhalten des Thyristors
a) zeitlicher Verlauf der die Anoden-Kathoden-Strecke steuernden Generatorspannung u_{GO}
b) zeitlicher Verlauf des Anodenstroms i während des Ausschaltens
c) zeitlicher Verlauf der Anodenspannung u während des Ausschaltens und beim Wiederanlegen der positiven Anodenspannung
t_{rr} Sperrverzugs-, t_{fr} Durchlaßverzugs- und t_q Freiwerdezeit

Während nämlich in der Sperrverzugszeit t_{rr} die beiden äußeren PN-Übergänge durch den großen Ausräumstrom i_{rr} von ihren überschüssigen Ladungsträgern geräumt werden, können in der Durchlaßverzugszeit t_{fr} wegen der gesperrten äußeren Übergänge die Ladungsträger im inneren Übergang nur durch Rekombination verschwinden. Als Summe von Sperrverzugs- und Durchlaßverzugszeit definiert man die Freiwerdezeit

$$t_q = t_{rr} + t_{fr} \tag{121.1}$$

Sie ist somit die minimal zulässige Zeit zwischen zwei, die negative Halbschwingung einschließenden Nulldurchgängen der Generatorspannung u_{G0}. Wird sie unterschritten, zündet der Thyristor beim Auftreten der nächsten positiven Halbschwingung sofort wieder. Ein über das Gate gesteuerter Betrieb ist dann nicht mehr möglich.

Die Freiwerdezeit t_q ist wesentlich größer als die Zündzeit t_{gt} und liegt in der Größenordnung $t_q = 10\,\mu s$ bis $100\,\mu s$; sie hängt von mehreren Parametern ab und steigt mit

a) steigender Sperrschichttemperatur T_K,
b) vorangegangenem steigendem Durchlaßstrom I_T,
c) steigender Ausschaltstromsteilheit $|di_{rr}/dt|$,

2.4 Thyristor-Trioden

d) fallendem Scheitelwert I_{RRM} des Ausräumstroms i_{rr},

e) fallender Rückwärts-Sperrspannung $|U_R|$,

f) steigender Spannungssteilheit du/dt beim Wiederanlegen der Vorwärts-Sperrspannung U_D,

g) steigender Vorwärts-Sperrspannung U_D (Blockierspannung),

h) steigender positiver Gate-Kathoden-Vorspannung U_{GK}.

In Datenbüchern muß deshalb bei Angaben der Freiwerdezeit t_q genau mitgeteilt werden, unter welchen Bedingungen sie gemessen ist.

Kritische Spannungssteilheit. Die Spannungssteilheit du/dt (s. Bild 121.1) der wiederansteigenden positiven Sperrspannung beeinflußt nicht nur die Freiwerdezeit t_q, sondern erniedrigt auch die Nullkippspannung $U_{(BO)null}$ des Thyristors. Diese Erscheinung (rate effect) tritt auch bei den in Abschn. 2.2.1 beschriebenen Trigger-Dioden (Bild 92.4) und bei den in Abschn. 2.3 behandelten Thyristor-Dioden auf. Auch beim Thyristor erzeugt ein zu steiler Anstieg der Vorwärts-Sperrspannung im mittleren sperrenden PN-Übergang einen kapazitiven Verschiebungsstrom $i_C = C_S \, du/dt$, wobei C_S die Sperrschichtkapazität des mittleren PN-Übergangs ist. Dieser beim Ansteigen der Spannung u entstehende Verschiebungsstromimpuls wirkt wie ein von außen zugeführter Gate-Stromimpuls und kann bei hinreichender Größe zum Zünden des Thyristors führen.

Von den Herstellern wird deshalb für jeden Thyristor eine kritische Spannungssteilheit $(du/dt)_{krit}$ angegeben, die beim Anlegen der Vorwärts-Sperrspannung U_D nicht überschritten werden darf. Ein Überschreiten dieser kritischen Steilheit führt zum Selbstzünden des Thyristors, und ein gate-gesteuerter Betrieb ist nicht mehr möglich. Tafel 122.1 gibt einen Überblick über die dynamischen Parameter und ihre Streubereiche (minimale, typische und maximale Werte) für den Thyristor 2N 3873.

Die maximal zulässige Vorwärts-Sperrspannung $U_D = U_{DSM} = 600$ V (s. Tafel 105.2) kann also nach Tafel 122.1 für ein typisches Exemplar in der Zeit $t = U_D/(du/dt)_{krit} = 600$ V/(100 V/µs) = 6 µs an den Thyristor angelegt werden. Bei einzelnen (wesentlich schlechteren) Exemplaren kann jedoch eine erheblich größere Zeit (maximal 60 µs) er-

Tafel 122.1 Minimale, typische und maximale Werte der dynamischen Kenngrößen des Thyristors 2N 3873

Kenngröße und Bedingungen	Formelzeichen und Einheit	min	typ	max
Zündzeit bei $T_G = 300$ K, $U_D = 600$ V, $I_T = 30$ A und $I_{GT} = 0,2$ A	t_{gt} in µs	0,75	1,25	2,0
Freiwerdezeit bei $T_G = 350$ K, $I_T = 18$ A, $di_{rr}/dt = 30$ A/µs, $du/dt = 20$ V/µs und $I_{GT} = 0,2$ A	t_q in µs	15	20	40
Kritische Einschaltstromsteilheit bei $U_D = 600$ V und $I_{GT} = 0,2$ A	$(di/dt)_{krit}$ in A/µs	—	200	—
Kritische Spannungssteilheit bei $T_G = 375$ K und $U_D = 600$ V	$(du/dt)_{krit}$ in V/µs	10	100	—

2.4.1 Rückwärts sperrende Thyristor-Triode (Thyristor) 123

forderlich sein, um Selbstzündungen zu vermeiden. Bei der Dimensionierung von Schaltungen muß selbstverständlich mit der größten Zeit gerechnet werden.

2.4.1.6 Technischer Aufbau und Kühlung. Bild 123.1a zeigt den technologischen Aufbau eines Thyristor-Kristalls [15], [22]. Seiner Form wegen wird er häufig als **Thyristor-Tablette** oder **Thyristor-Pille** bezeichnet. Bei der Herstellung geht man von einem N-dotierten Silizium-Substrat aus, das beidseitig aus der Gasphase durch **Diffusion** P-dotiert wird (s. Band III, Teil 1). Man erhält somit die Dreischicht-Struktur PNP^+. In die schwächer dotierte P-Schicht wird anschließend mit Hilfe der **Maskentechnik** ein hoch N^+-dotierter Kreisring, der Kathoden-Emitter, eindiffundiert. Im Zentrum dieses Kreisrings erhält die P-Basis einen metallischen Anschluß, das Gate G. Der kathodenseitige N^+-Emitter wird mit einer kreisringförmigen Metallschicht, dem Kathodenanschluß K, bedampft. Dabei wird der äußere Durchmesser der kreisringförmigen Metallschicht etwas größer gewählt als der Außendurchmesser des N^+-Emitter-Kreisrings. Dadurch kontaktiert der Kathodenanschluß K, z.T. auch die P-dotierte Gate-Basis-Schicht. Es entsteht ein zum PN^+-Übergang parallel geschalteter Halbleiter-Bahnwiderstand $R_{G'K}$ (s. Bild 123.1a), dessen Funktion in Abschn. 2.4.1.4 (Bild 113.1) beschrieben ist. Der P^+-Emitter wird ebenfalls mit einer Metallschicht, dem Anodenanschluß A, beschichtet.

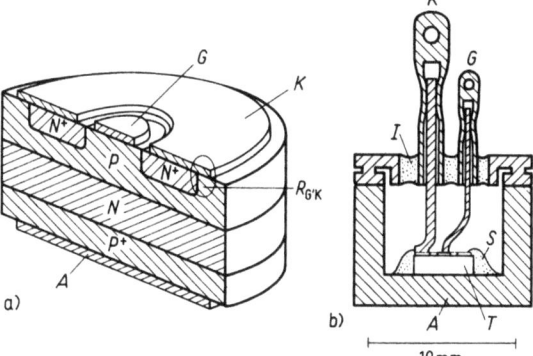

123.1
Technischer Aufbau eines Thyristors
a) Schnitt durch eine Thyristor-Tablette
b) Einbau der Thyristor-Tablette in ein Press-fit-Gehäuse
A Anode, G Gate, K Kathode; N^+ ringförmige, hoch N-dotierte Kathodeninsel, $R_{G'K}$ Halbleiter-Parallelwiderstand zwischen Gate und Kathode, I Keramikisolation, S Schutzschicht für Thyristor-Tablette, T Thyristor-Tablette

Diese Thyristor-Tablette wird in Gehäuse eingebaut, deren Form der jeweils zulässigen Verlustleistung und dem geforderten Wärmewiderstand angepaßt ist. Bild 123.1b zeigt den Querschnitt durch ein **Press-fit-Gehäuse** mit eingebauter Thyristor-Tablette T. Anodenseitig wird sie auf den Gehäuseboden gelötet. Dabei werden häufig, wie beim Einbau von Leistungstransistoren (s. Band III, Teil 1), Anpassungsscheiben aus Molybdän zwischen Kristall und Gehäuseblock angeordnet, um eine thermische Ermüdung, die sich durch Risse im Siliziumkristall äußert, zu vermeiden. Kathoden-Anschluß K und Gate-Anschluß G werden durch eine Isolationsschicht I im Gehäusedeckel herausgeführt. Die Oberfläche der Thyristor-Tablette ist im Gehäuse durch eine isolierende Schutzschicht S bedeckt.

Weitere häufig verwendete Gehäusetypen sind die Transistorgehäuse TO-5 bei kleineren Leistungen, TO-3 bzw. TO-66 bei mittleren Leistungen. Für größere Verlustleistungen werden das gezeigte Press-fit-Gehäuse, das Thyristorgehäuse Jedec TO-48 oder Spezialanfertigungen verwendet.

2.4 Thyristor-Trioden

Kühlung. Wie bei Leistungstransistoren werden auch bei Thyristoren kleiner und mittlerer Verlustleistung die Wärmewiderstände R_{thJG} zwischen Sperrschicht und Gehäuse und R_{thJU} zwischen Sperrschicht und Umgebung angegeben. Dabei ist der Wärmewiderstand R_{thJU} wesentlich größer als der Wärmewiderstand R_{thJG}. Im übrigen gelten die gleichen Betrachtungen und Berechnungen, wie sie in Band III, Teil 1 bei der Kühlung von Transistoren durchgeführt werden.

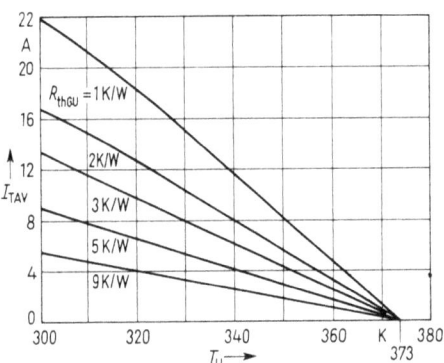

124.1 Zulässiger mittlerer Durchlaßstrom I_{TAV} in Abhängigkeit von der Umgebungstemperatur T_U mit dem Wärmewiderstand R_{thGU} zwischen Gehäuse und Umgebung als Parameter für den Thyristor 2N 3873

Bei Thyristoren größerer Verlustleistung gibt man häufig wie in Bild 124.1 den zulässigen mittleren Durchlaßstrom I_{TAV} in Abhängigkeit von der Umgebungstemperatur T_U mit dem dafür erforderlichen Wärmewiderstand R_{thGU} zwischen Gehäuse und Umgebung als Parameter an. Wird z.B. bei der Umgebungstemperatur $T_U = 320\,\text{K}$ der Durchlaßstrom $I_{TAV} = 18\,\text{A}$ gefordert, so darf der thermische Widerstand R_{thGU} zwischen Gehäuse und Umgebung nicht größer als 1 K/W sein. Anderenfalls würde die zulässig Gehäuse- und Sperrschichttemperatur überschritten. Durch Verwendung geeigneter Kühlbleche oder Kühlkörper muß dafür gesorgt werden, daß dieser thermische Widerstand $R_{thGU} = 1\,\text{K/W}$ eingehalten wird.

In den thermischen Widerstand R_{thGU} geht ganz wesentlich die Art der Befestigung des Thyristors auf dem Kühlblech oder Kühlkörper ein. So beträgt z.B. der thermische Widerstand zwischen Press-fit-Thyristor-Gehäuse nach Bild 123.1 b und Kühlblech (Chassis) $R_{thGC} = 0.5\,\text{K/W}$, wenn das Gehäuse auf das Kühlblech gepreßt wird. Wird es dagegen aufgelötet, sinkt wegen der besseren Wärmeleitung der Wärmewiderstand auf $R_{thGC} = 0.35\,\text{K/W}$.

Beispiel 28. Ein Thyristor vom Typ 2N 3873 soll mit dem mittleren Durchlaßstrom $I_{TAV} = 10\,\text{A}$ bei der Umgebungstemperatur $T_U = 320\,\text{K}$ betrieben werden. Das Thyristor-Gehäuse nach Bild 123.1 b wird mit dem Anodenflansch A auf das Kühlblech aufgelötet, wodurch der Wärmeübergangswiderstand zwischen Gehäuse und Kühlblech $R_{thGC} = 0.35\,\text{K/W}$ entsteht. Man berechne den erforderlichen thermischen Widerstand R_{thC} zwischen Kühlblech und Umgebung und die erforderliche Fläche A des Kühlblechs, wenn es aus $d = 3\,\text{mm}$ dickem Kupferblech besteht, senkrecht montiert und geschwärzt ist.

Bild 124.1 entnehmen wir für den Strom $I_{TAV} = 10\,\text{A}$ und die Temperatur $T_U = 320\,\text{K}$ den erforderlichen Wärmewiderstand zwischen Gehäuse und Umgebung $R_{thGU} = 3\,\text{K/W}$. Dieser ist die Summe der Wärmewiderstände $R_{thGC} + R_{thC}$. Somit ergibt sich der Wärmewiderstand des Kühlblechs $R_{thC} = R_{thGU} - R_{thGC} = (3\,\text{K/W}) - 0.35\,\text{K/W} = 2.65\,\text{K/W}$

Für die Berechnung der Kühlblechfläche A benutzen wir die in Band III, Teil 1 angegebene zugeschnittene Größengleichung für den Wärmewiderstand eines Kühlblechs

$$R_{thC} = \frac{3.3\,\text{K/W}}{\sqrt{[\lambda/(\text{W/Kcm})]\,(d/\text{mm})}}\sqrt[4]{K_{th}} + \frac{650\,\text{K/W}}{A/\text{cm}^2} K_{th} \qquad (124.1)$$

mit $\lambda = 3{,}8$ W/Kcm als Wärmeleitwert von Kupfer und Lagefaktor $K_{th} = 0{,}43$ für senkrechte Lage und geschwärzte Oberfläche. Die Umstellung von Gl. (124.1) liefert die erforderliche Kühlblechfläche

$$A = \frac{650 \text{ (K/W) } K_{th} \text{ cm}^2}{R_{thC} - (3{,}3 \text{ K/W}) \sqrt[4]{K_{th}}/\sqrt{[\lambda/(\text{W/Kcm})]} (d/\text{mm})}$$

$$= \frac{650 \text{ (K/W) } 0{,}43 \text{ cm}^2}{(2{,}65 \text{ K/W}) - (3{,}3 \text{ K/W}) \sqrt[4]{0{,}43}/\sqrt{3{,}8} \cdot 3} = 150{,}4 \text{ cm}^2$$

Somit reicht also ein Kühlblech von 10 cm Breite und 15 cm Länge aus für die Kühlung des Thyristors unter den geforderten Arbeitsbedingungen.

2.4.1.7 Anwendungen. Thyristoren werden heute in fast allen Bereichen der Elektronik eingesetzt. Die größte Bedeutung haben sie jedoch in der Leistungselektronik erlangt [15], [18], [19], [21], [22], [23]. Dort arbeiten sie z.B. als gesteuerte Gleichrichter in Stromrichterschaltungen für Gleichstromverbraucher. So werden Gleichstrommotoren bis zu sehr großen Leistungen (Schiffsantriebe) über Thyristoren gesteuert. Durch Antiparallelschaltung der Thyristoren ist auch eine Leistungssteuerung von reinen Wechselstromverbrauchern möglich. In modernen Fernsehgeräten werden die Impulse für die Horizontal- und Vertikalablenkung des Elektronenstrahls der Bildröhre mit Thyristor-Schaltungen erzeugt. Der Aufbau von Netzteilen für regelbare Gleich- und Wechselspannungen ist mit Thyristoren ebenso möglich wie die Entwicklung verbesserter Zündschaltungen in Kraftfahrzeug-Ottomotoren (Thyristor-Zündung). Umfang und Zielsetzung dieses Buches gestatten es nicht, Beispiele aus allen Anwendungsgebieten darzustellen. Wir wollen deshalb einige typische Anwendungen behandeln und diese dann um so eingehender untersuchen.

Gesteuerte Einwegschaltung. In der Schaltung von Bild **125.**1 liefert die Sekundärwicklung des Transformators die Eingangswechselspannung $u_e = u_{em} \sin(\omega t)$, die über die Reihenschaltung von Lastwiderstand R_L und Thyristor T abfällt. Liegt an Klemme a die negative Halbschwingung, sind Thyristor T und Diode D_1 gesperrt sowie Kondensator C

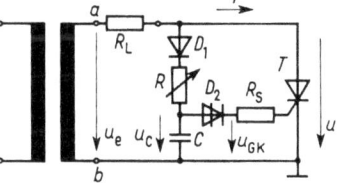

125.1
Thyristor-gesteuerte Einwegschaltung (Phasenanschnittsteuerung) mit Vierschicht-Dioden-Triggerung

entladen. Beginnt jetzt die positive Halbschwingung (Bild **126.**1a), steigt wie in Bild **126.**1b durch die Aufladung des Kondensators C über die Diode D_1 und den einstellbaren Widerstand R die Spannung u_C phasenverschoben gegenüber der Eingangsspannung u_e an. Erreicht die Kondensatorspannung u_C die Kippspannung $U_{(BO)}$ der Vierschicht-Diode D_2, schaltet diese durch und entlädt die Kapazität C über die Gate-Kathoden-Strecke des Thyristors T. Am Gate entsteht ein positiver Spannungsimpuls u_{GK} (Bild **126.**1c). Der Thyristor schaltet durch, und seine Anoden-Kathoden-Spannung u, die vor der Zündung gleich der Eingangsspannung u_e war, bricht auf die Durchlaßspannung $U_T \approx 1$ V zusammen (Bild **126.**1d). Über den Lastwiderstand R_L und den Thyristor T fließt jetzt für den Rest der Halbschwingung, also während des Stromflußwinkels Θ, ein

126 2.4 Thyristor-Trioden

sinusförmiger Durchlaßstrom $i_T = i_{Tm} \sin(\omega t)$ (Bild **126.**1 e). Da die Spannung über den Thyristor nach dem Durchschalten nahezu null ist, kann der Kondensator C während dieser Zeit nicht erneut über die Diode D_1 und den Widerstand R aufgeladen werden. Während der anschließenden negativen Halbschwingung sperrt die Diode D_1, so daß der Kondensator C entladen bleibt. Erst bei der nächsten positiven Halbschwingung beginnt erneut die Aufladung, und der Thyristor wird wieder entsprechend verzögert getriggert. Durch Veränderung des Ladewiderstands R kann der Zündzeitpunkt t_z in einem weiten Bereich innerhalb der positiven Halbschwingung verschoben werden. Wegen dieser möglichen Phasenverschiebung des Zündwinkels ωt_z wird eine solche Schaltung auch Phasenanschnittschaltung genannt. Bei diesen Schaltungen wird also der über eine Periode gemittelte Durchlaßstrom durch den Stromflußwinkel Θ und nicht wie z. B. bei einem Stelltransformator durch seinen Scheitelwert geregelt.

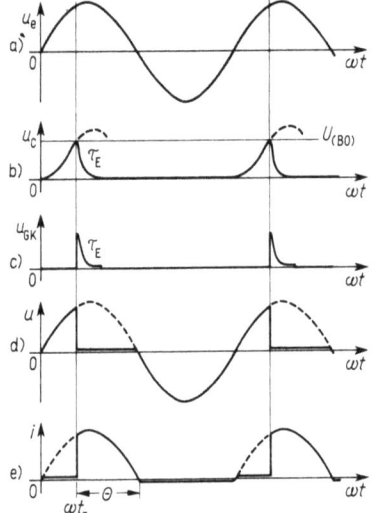
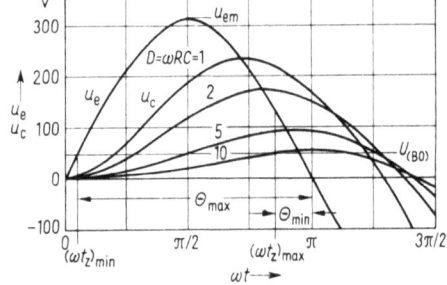

126.1 Spannungs- und Stromverläufe der Schaltung von Bild **125.**1 in Abhängigkeit vom Winkel ωt
a) Eingangswechselspannung u_e
b) Kondensatorspannung u_C
c) Thyristor-Triggerimpulse u_{GK}
d) Anodenspannung u des Thyristors T
e) Strom i durch Lastwiderstand R_L und Thyristor T
ωt_z Zündwinkel, Θ Stromflußwinkel

126.2 Eingangswechselspannung u_e und nach Gl. (127.1) berechnete Kondensatorspannung u_C der Schaltung nach Bild **125.**1 in Abhängigkeit vom Winkel ωt mit $D = \omega RC$ als Parameter
Θ_{max} maximaler Stromflußwinkel bei $D = 0$,
Θ_{min} minimaler Stromflußwinkel bei $D \approx 10$

Bei jeder positiven Halbschwingung beginnt die Kondensatoraufladung erneut von der Spannung $u_C = 0$ aus. Zur genauen Berechnung des zeitlichen Verlaufs der Kondensatorspannung u_C muß die lineare, inhomogene Differentialgleichung 1. Ordnung

$$RC\,(du_C/dt) + u_C = u_{em} \sin(\omega t) \tag{126.1}$$

gelöst werden. Mit der Anfangsbedingung $u_C = 0$ für die Zeit $t = 0$ und mit der dimen-

2.4.1 Rückwärts sperrende Thyristor-Triode (Thyristor)

sionslosen Konstanten $D = \omega RC$ lautet die Lösung

$$u_\text{C} = \frac{u_\text{em}}{1 + D^2}[D\,e^{-\omega t/D} - D\cos(\omega t) + \sin(\omega t)] \qquad (127.1)$$

Für den Scheitelwert der Eingangsspannung $u_\text{em} = 311$ V entsprechend dem Effektivwert $U_\text{e} = 220$ V ist in Bild **126.**2 der Verlauf der Kondensatorspannung u_C in Abhängigkeit vom Winkel ωt mit der Konstanten $D = \omega RC$ als Parameter aufgetragen. Mit wachsendem Parameter D sinkt einerseits der Scheitelwert der Kondensatorspannung u_Cm und verschiebt sich andererseits das Maximum zunehmend zu dem Winkel $\omega t = \pi$, der schließlich bei $D = \infty$ erreicht wird. Für Winkel $\omega t > \pi$ geht die Kondensatorspannung u_C mehr und mehr in den eingeschwungenen Zustand über. Dann gilt für den Scheitelwert der Kondensatorspannung

$$u_\text{Cm} = u_\text{em}/(1 + D^2) \qquad (127.2)$$

und für den Phasenwinkel gegenüber der Eingangsspannung u_e

$$\tan \varphi = -D \qquad (127.3)$$

Der eingeschwungene Zustand ist jedoch uninteressant, denn er wird nie erreicht. Bei jedem Zündvorgang wird ja der Kondensator entladen und bleibt in diesem Zustand bis zur folgenden positiven Halbschwingung, so daß zu Beginn jeder positiven Halbschwingung der in Bild **126.**2 dargestellte, von $D = \omega RC$ abhängige Anstieg der Kondensatorspannung (Einschwingvorgang) beginnt.

Soll der Zündzeitpunkt des Thyristors über einen möglichst großen Bereich der positiven Halbschwingung verschiebbar sein, muß ein Triggerelement, im vorliegenden Fall eine Vierschicht-Diode, mit niedriger Kippspannung $U_\text{(BO)}$ verwendet werden, da sonst bei größerer Verzögerung (z. B. bei $D = 10$ in Bild **126.**2) der Scheitelwert der Kondensatorspannung u_Cm die Kippspannung der Vierschicht-Diode $U_\text{(BO)}$ nicht erreicht. Der Thyristor wird dann nicht mehr gezündet. Die Dimensionierung der Schaltung von Bild **125.**1 wollen wir im folgenden Beispiel 29 durchführen.

Beispiel 29. Mit einem Thyristor soll wie in der Schaltung von Bild **125.**1 der Strom durch den Lastwiderstand $R_\text{L} = 100\,\Omega$ und somit die im Lastwiderstand umgesetzte Nutzleistung P_L gesteuert werden. Scheitelwert und Frequenz der Eingangswechselspannung betragen $u_\text{em} = 311$ V und $f = 50$ Hz. Zur Verfügung steht eine Vierschicht-Diode mit der Kippspannung $U_\text{(BO)} = 50$ V. Man dimensioniere Widerstand R und Kondensator C und berechne die minimal und maximal fließenden mittleren Ströme $I_\text{TAV min}$, $I_\text{TAV max}$ und die Effektivwerte $I_\text{TEFF min}$, $I_\text{TEFF max}$ sowie die minimal und maximal im Widerstand R_L umsetzbare, über eine Periode gemittelte Nutzleistung $P_\text{LAV min}$ und $P_\text{LAV max}$. Ferner ermittle man die bei maximalem Durchlaßstrom $I_\text{TAV max}$ im Thyristor verbrauchte mittlere Verlustleistung $P_\text{TAV max}$, wenn seine Schwellspannung $U_\text{T0} = 0{,}8$ V und sein differentieller Durchlaßwiderstand $r_\text{T} = 0{,}056\,\Omega$ betragen.

Bild **126.**2 entnehmen wir, daß bei der Konstanten $D = \omega RC = 10$ die Kippspannung $U_\text{(BO)} = 50$ V der Vierschicht-Diode gerade noch erreicht wird. Bei geringer Vergrößerung der Konstanten D würde diese nicht mehr erreicht, und Vierschicht-Diode sowie Thyristor würden nicht mehr gezündet. Hieraus ergibt sich nach Bild **126.**2 für den spätesten Zündwinkel $(\omega t_\text{z})_\text{max} = 0{,}85\pi$, entsprechend einem minimalen Stromflußwinkel $\Theta_\text{min} = 0{,}15\,\pi$. Wird der Widerstand R in Bild **125.**1 ganz herausgenommen, lädt sich der Kondensator über den sehr kleinen Widerstand R_L auf, und seine Spannung folgt nahezu phasengleich der Eingangsspannung. Daraus ergibt sich der früheste Zündwinkel $(\omega t_\text{z})_\text{min} = 0{,}05\,\pi$ und der größte Stromflußwinkel $\Theta_\text{max} = 0{,}95\,\pi$.

Wir dimensionieren aus der Konstanten $D = \omega RC = 10$ mit $\omega = 2\pi f$ und $f = 50$ Hz den Widerstand R und Kondensator C. Wählen wir $C = 0{,}33\,\mu\text{F}$, erhalten wir $R = 10/(2\pi fC) = 10/(2\pi \cdot 50\,\text{Hz} \cdot 0{,}33\,\mu\text{F}) = 96{,}5\,\text{k}\Omega$. Somit ist für den Widerstand R ein 100 kΩ-Potentiometer geeignet.

2.4 Thyristor-Trioden

Die minimalen Ströme $I_{TAV\,min}$ und $I_{TEFF\,min}$ erhalten wir aus Gl. (109.4) und (109.7), wenn wir als Stromflußwinkel $\Theta_{min} = 0{,}15\,\pi$ einsetzen. Es ergibt sich mit dem Scheitelwert des Durchlaßstroms $i_{Tm} = u_{em}/R_L = 311\,\text{V}/100\,\Omega = 3{,}11\,\text{A}$ der über eine Periode gemittelte minimale Durchlaßstrom

$$I_{TAV\,min} = \frac{i_{Tm}}{2\pi}(1 - \cos\Theta_{min}) = \frac{3{,}11\,\text{A}}{2\pi}[1 - \cos(0{,}15\,\pi)] = 54\,\text{mA}$$

und der Effektivwert des Durchlaßstroms

$$I_{TEFF\,min} = \frac{i_{Tm}}{2}\sqrt{\frac{1}{\pi}\left[\Theta_{min} - \frac{1}{2}\sin(2\Theta_{min})\right]}$$

$$= \frac{3{,}11\,\text{A}}{2}\sqrt{\frac{1}{\pi}\left[0{,}15\,\pi - \frac{1}{2}\sin(2 \cdot 0{,}15\,\pi)\right]} = 0{,}23\,\text{A}$$

Setzen wir in gleicher Weise für die Berechnung der maximalen Ströme den maximalen Stromflußwinkel $\Theta_{max} = 0{,}95\,\pi$ ein, erhalten wir den maximalen mittleren Durchlaßstrom $I_{TAV\,max} = 0{,}98\,\text{A}$ und maximalen Effektivwert $I_{EFF\,max} = 1{,}55\,\text{A}$. Die über eine Periode gemittelte minimale und maximale Nutzleistung sind $P_{LAV\,min} = I^2_{TEFF\,min}\,R_L = (0{,}23\,\text{A})^2\,100\,\Omega = 5{,}29\,\text{W}$ und $P_{LAV\,max} = I^2_{TEFF\,max}\,R_L = (1{,}55\,\text{A})^2\,100\,\Omega = 240\,\text{W}$.

Da beim maximalen, über eine Periode gemittelten Durchlaßstrom $I_{TAV\,max} = 0{,}98\,\text{A}$ der Stromflußwinkel Θ_{max} nahezu gleich π ist, schätzen wir die maximal im Thyristor umgesetzte Verlustleistung nach Gl. (109.2) ab und erhalten mit der Schwellspannung $U_{T0} = 0{,}8\,\text{V}$, dem differentiellen Durchlaßwiderstand $r_T = 0{,}056\,\Omega$ und dem Scheitelwert $i_{Tm} = 3{,}11\,\text{A}$ die Verlustleistung $P_{TAV\,max} = (U_{T0}\,i_{Tm}/\pi) + r_T\,i^2_{Tm}/4 = (0{,}8\,\text{V} \cdot 3{,}11\,\text{A}/\pi) + 0{,}056\,\Omega\,(3{,}11\,\text{A})^2/4 = 0{,}93\,\text{W}$. Diese ist klein im Vergleich zur im Widerstand umgesetzten Nutzleistung $P_{LAV\,max} = 240\,\text{W}$.

Bei der Dimensionierung der Schaltung muß ferner untersucht werden, ob beim Durchschalten der Vierschicht-Diode der maximal zulässige Spitzenstrom von Diode D_2 und Thyristor-Gate nicht überschritten wird. Der Strom wird in der Schaltung von Bild **125.**1 nur durch den effektiven Gate-Widerstand R_{GK} begrenzt, der nach Gl. (115.2) für große Gate-Kathoden-Spannungen in den Bahnwiderstand $R_{GG'}$ übergeht. Dieser beträgt jedoch nur $R_{GG'} \approx 10\,\Omega$, so daß zur Sicherheit ein Widerstand $R_S \approx 100\,\Omega$ in Reihe mit der Vierschicht-Diode D_2 geschaltet werden sollte. Der maximale Gatestrom wird dann auf $i_{GT\,max} = U_{(BO)}/(R_S + R_{GG'}) = 50\,\text{V}/(100\,\Omega + 10\,\Omega) = 455\,\text{mA}$ begrenzt. Die Triggerimpulse fallen mit der Zeitkonstanten $\tau_E = (R_S + R_{GG'})\,C = (100\,\Omega + 10\,\Omega)\,0{,}33\,\mu\text{F} = 36\,\mu\text{s}$ ab, haben also eine hinreichende Breite, um den Thyristor zu triggern.

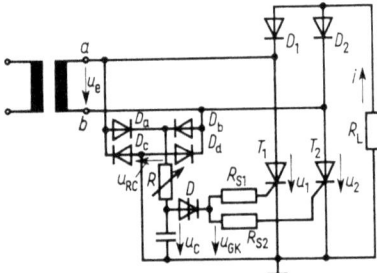

128.1 Thyristor-gesteuerte Zweiwegschaltung mit Vierschicht-Dioden-Triggerung

Gesteuerte Zweiwegschaltung. Für den Aufbau einer gesteuerten Zweiwegschaltung wird in Bild **128.**1 eine aus den Dioden D_1, D_2 und den Thyristoren T_1, T_2 bestehende Gleichrichterbrücke benutzt. Die aus den Dioden D_a bis D_d bestehende Brücke dient zur Gleichspannungsversorgung der Triggerschaltung. Sind beide Thyristoren T_1, T_2 gesperrt, kann kein Strom i über den Lastwiderstand R_L fließen. Ist die Transformatorklemme a positiv und wird Thyristor T_1 durchgeschaltet, fließt der Strom i über Thyristor T_1,

2.4.1 Rückwärts sperrende Thyristor-Triode (Thyristor)

Lastwiderstand R_L und Diode D_2 zur Klemme b zurück. Ist Klemme b positiv, verläuft bei eingeschaltetem Thyristor T_2 der Strompfad über Thyristor T_2, Lastwiderstand R_L und Diode D_1 zur Klemme a.

Die in der Schaltung auftretenden Spannungs- und Stromimpulse sind in Bild 129.1 aufgetragen. Im Gegensatz zur Schaltung von Bild 125.1 tritt infolge der Gleichrichtung durch die Diodenbrücke D_a bis D_d in jeder Spannungshalbschwingung über das RC-Glied eine positive Halbschwingung u_{RC} auf (Bild 129.1b). Der Kondensator C wird über den Widerstand R verzögert aufgeladen, und seine Ladespannung u_C erreicht je nach Zeitkonstante $\tau = RC$ oder Konstante $D = \omega RC$ (s. Bild 126.2) früher oder später die Kippspannung $U_{(BO)}$ der Vierschicht-Diode D. Die Vierschicht-Diode schaltet durch, und triggert mit der Spannung u_{GK} (Bild 129.1c) denjenigen Thyristor, dessen Anodenspannung u_1 bzw. u_2 gerade positiv ist. Dieser schaltet durch (als erster z.B. der Thyristor T_1 in Bild 129.1d), und seine Anoden-Kathoden-Spannung u_1 und somit auch die Spannung u_{RC} brechen zusammen. Der Kondensator C entlädt sich über den Schutzwiderstand R_{S1} und den effektiven Gate-Widerstand R_{GK1} von Thyristor T_1 mit der Zeitkonstanten $\tau_E = (R_{S1} + R_{GK1})C$ (Bild 129.1b). Da die treibende Spannung u_{RC} bis zur nächsten Halbschwingung nahezu null bleibt, kann der Kondensator C erst mit Beginn der nächsten Halbschwingung wieder aufgeladen werden. Da dann der Thyristor T_2 positive Anodenspannung führt, wiederholen sich die gleichen Schaltvorgänge mit ihm.

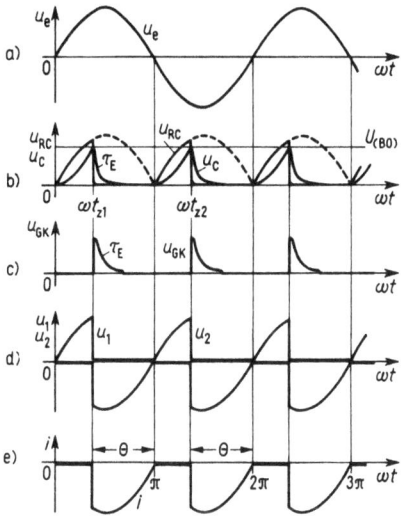

129.1
Spannungs- und Stromverläufe der Schaltung von Bild 128.1 in Abhängigkeit vom Winkel ωt
a) Eingangswechselspannung u_e
b) Spannung am RC-Glied u_{RC} und Kondensatorspannung u_C
c) Triggerimpulse u_{GK}
d) Anodenspannungen u_1, u_2 der Thyristoren T_1 und T_2
e) Strom i durch den Lastwiderstand R_L
ωt_{z1} Zündwinkel von Thyristor T_1 und ωt_{z2} von Thyristor T_2; Θ Stromflußwinkel der beiden Thyristoren

Obwohl in jeder Halbschwingung die Vierschicht-Diode D beide Thyristoren T_1 und T_2 triggert, schaltet jedoch nur jeweils derjenige durch, dessen Anodenspannung gerade positiv ist. So ist z.B. zum Zündwinkel ωt_{z1} in Bild 129.1d die Anodenspannung u_1 des Thyristors T_1 positiv, dagegen wird die Anodenspannung des Thyristors T_2 durch die auf Durchlaß gepolte Diode D_2 auf $u_2 \approx 0$ V gehalten. Schaltet nun der Thyristor T_1 durch, fällt die zum Zündzeitpunkt t_{z1} zwischen den Klemmen a, b liegende Eingangsspannung u_e über den Lastwiderstand R_L ab, und die Anodenspannung u_2 von Thyristor T_2 springt um den gleichen Spannungssprung der Spannung u_1 zu negativen Spannungen hin. Während des folgenden Stromflußintervalls (Stromflußwinkel Θ in Bild 129.1e) ist der

2.4 Thyristor-Trioden

Thyristor T_2 also sicher gesperrt. Die gleichen Betrachtungen gelten mit vertauschten Thyristoren für den Zündwinkel ωt_{z2}.

Der Vorteil der Zweiwegschaltung gegenüber der Einwegschaltung ist der größere Durchlaßstrom. Würde bei ständig an die Spannung u_e angeschaltetem Lastwiderstand R_L der Strom $i_T = i_{Tm} \sin(\omega t)$ durch diesen fließen, dann wird bei der Zweiwegschaltung der mittlere Durchlaßstrom (Gleichrichtwert)

$$I_{TAV} = \frac{1}{2\pi} \left\{ \int_{\pi-\Theta}^{\pi} i_T \, d(\omega t) + \int_{2\pi-\Theta}^{2\pi} |i_T| \, d(\omega t) \right\} = \frac{1}{2\pi} \cdot 2 \int_{\pi-\Theta}^{\pi} i_T \, d(\omega t) = \frac{i_{Tm}}{\pi} (1 - \cos\Theta) \tag{130.1}$$

Er ist somit doppelt so groß wie der mittlere Durchlaßstrom der Einwegschaltung [Halbschwingungs-Gleichrichtwert, s. Gl. (109.4)].

Entsprechend berechnen wir aus der Definitionsgleichung

$$I_{TEFF}^2 = \frac{1}{2\pi} \cdot 2 \int_{\pi-\Theta}^{\pi} i_T^2 \, d(\omega t) \tag{130.2}$$

wie in Gl. (109.6) und (109.7) den Effektivwert des Durchlaß-Gleichstroms

$$I_{TEFF} = \frac{i_{Tm}}{\sqrt{2}} \sqrt{\frac{1}{\pi} \left[\Theta - \frac{1}{2} \sin(2\Theta) \right]} \tag{130.3}$$

Dieser ist um den Faktor $\sqrt{2}$ größer als der Effektivwert des Durchlaßstroms der Einwegschaltung (Gl. 109.7).

Für den Stromflußwinkel $\Theta = \pi$ wird nach Gl. (130.1) der mittlere Durchlaßstrom $I_{TAV} = 2 i_{Tm}/\pi$ und nach Gl. (130.3) der Effektivwert des Stroms $I_{TEFF} = i_{Tm}/\sqrt{2}$.

Beispiel 30. Mit den Zahlenwerten von Beispiel 29, S. 127 berechne man für den maximalen Stromflußwinkel $\Theta_{max} = 0{,}95\,\pi$ und den minimalen Stromflußwinkel $\Theta_{min} = 0{,}15\,\pi$ den linearen Mittelwert I_{TAV} und den Effektivwert I_{TEFF} des Durchlaßstroms i_T.

Mit $i_{Tm} = u_{em}/R_L = 311\,\text{V}/100\,\Omega = 3{,}11\,\text{A}$ erhalten wir aus Gl. (130.1) den maximalen mittleren Durchlaßstrom

$$I_{TAV\,max} = \frac{i_{Tm}}{\pi} (1 - \cos\Theta_{max}) = \frac{3{,}11\,\text{A}}{\pi} [1 - \cos(0{,}95\,\pi)] = 1{,}97\,\text{A}$$

und aus Gl. (130.3) den Effektivwert des Durchlaßstroms

$$I_{TEFF} = \frac{i_{Tm}}{\sqrt{2}} \sqrt{\frac{1}{\pi} \left[\Theta_{max} - \frac{1}{2} \sin(2\Theta_{max}) \right]}$$

$$= \frac{3{,}11\,\text{A}}{\sqrt{2}} \sqrt{\frac{1}{\pi} \left[0{,}95\,\pi - \frac{1}{2} \sin(2 \cdot 0{,}95\,\pi) \right]} = 2{,}2\,\text{A}$$

Setzen wir entsprechend für die Berechnung der minimalen Ströme den minimalen Stromflußwinkel $\Theta_{min} = 0{,}15\,\pi$ ein, ergibt sich für den minimalen mittleren Durchlaßstrom $I_{TAV\,min} = 108\,\text{mA}$ und für den minimalen Effektivstrom $I_{TEFF\,min} = 0{,}32\,\text{A}$.

Jeder Thyristor hat dabei die gleiche in Beispiel 28, S. 124 berechnete maximale Verlustleistung $P_{TAV\,max} = 0{,}93\,\text{W}$ zu verarbeiten.

Wechselstromsteller. Bei reinen Wechselstromverbrauchern wie Glühlampen, Heizgeräten und Wechselstrommotoren ist eine Gleichrichtung des Wechselstroms nicht erforderlich. Zur Helligkeitssteuerung (Dimmung), Temperaturregelung oder Drehzahländerung ist jedoch auch hier eine Steuerung des Wechselstroms zweckmäßig. Bei diesen Phasenanschnittschaltungen von Wechselstromstellern werden beide Halbschwingungen des Wechselstroms, ohne sie gleichzurichten, ausgenutzt. Bild 131.1a, b zeigt zwei Schaltungsmöglichkeiten. Die für die Triggerung der Thyristoren notwendige Schaltung ist hier der

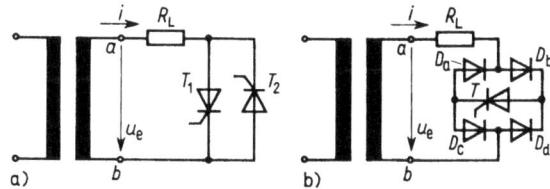

131.1
Thyristor-gesteuerter Wechselstromsteller
a) mit antiparallel geschalteten Thyristoren
b) mit Thyristor-gesteuerter Diodenbrücke

Übersichtlichkeit wegen noch nicht eingezeichnet. In der Schaltung von Bild 131.1a sind die beiden Thyristoren T_1 und T_2 antiparallel geschaltet. In der positiven Halbschwingung (Klemme a positiv) fließt nach Triggerung der Strom i über den Lastwiderstand R_L und den Thyristor T_1. In der negativen Halbschwingung (Klemme b positiv) nimmt der Strom i den Weg über Thyristor T_2 und Lastwiderstand R_L und kehrt dabei sein Vorzeichen um. Die Schaltung von Bild 131.1b benötigt nur einen Thyristor T, jedoch zusätzlich eine Diodenbrücke D_a bis D_d. In der positiven Halbschwingung fließt hier der Strom i über Lastwiderstand R_L, Diode D_b, Thyristor T und Diode D_c zur Klemme b. In der negativen Halbschwingung führt der Stromweg von Klemme b über Diode D_d, Thyristor T, Diode D_a und Lastwiderstand R_L zur Klemme a. Dabei wird in beiden Fällen, wie erforderlich, der Thyristor T in derselben Richtung vom Strom durchflossen.

In Bild 131.2 haben wir die Schaltung von Bild 131.1a durch eine Triggerschaltung mit einem Unijunction-Transistor UT ergänzt. Wegen der Antiparallelschaltung liegen die Kathoden der Thyristoren T_1 und T_2 auf verschiedenen Potentialen. Sollen diese von einem gemeinsamen Triggerimpulsgenerator angesteuert werden, muß durch den Impulstransformator TR eine galvanische Trennung zwischen Triggergenerator und Gate-Kathoden-Strecken der Thyristoren vorgenommen werden. Mit der Diodenbrücke D_a bis D_d wird die in jeder Halbschwingung pulsierende Gleichspannung für die Versorgung des Unijunction-Transistors erzeugt. Über die Widerstände R_V und R wird der Kondensator C verzögert aufgeladen.

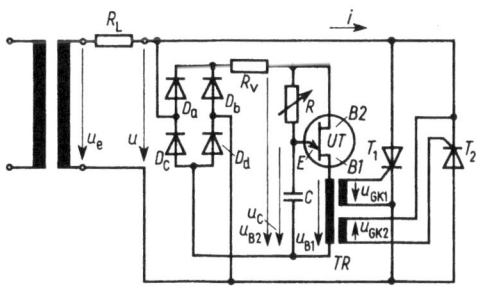

131.2
Thyristor-gesteuerter Wechselstromsteller mit Unijunction-Transistor-Triggerung

2.4 Thyristor-Trioden

Gegenüber den Triggerschaltungen mit Vierschicht-Diode, die eine konstante Kippspannung $U_{(BO)}$ aufweist, liegen die Verhältnisse beim Unijunction-Transistor komplizierter. Nach Gl. (68.3) hängt seine Kippspannung, die **Höckerspannung**

$$U_P = \eta\, U_{BB} + U_F \approx \eta\, U_{BB} \tag{132.1}$$

von der Interbasisspannung U_{BB}, dem nahezu konstanten inneren Widerstandsverhältnis η nach Gl. (68.2) und der ebenfalls fast konstanten Durchlaßspannung U_F der Emitter-Diode ab. Gilt $\eta\, U_{BB} \gg U_F$, kann die Diodenspannung U_F vernachlässigt werden. In der Triggerschaltung von Bild **131.2** ist jedoch die Interbasisspannung u_{BB} nicht mehr konstant, sondern folgt näherungsweise sinusförmig der sinusförmig sich ändernden Eingangsspannung. Dadurch ist jedoch auch die Kippspannung u_P eine **zeitabhängige Größe**. Der Unijunction-Transistor schaltet durch, wenn die am Emitter liegende zeitlich ansteigende Kondensatorspannung u_C gleich der Kippspannung $u_P \approx \eta\, u_{BB}$ ist. Er entlädt dann über die niederohmige Emitter-Basis-1-Strecke den Kondensator C in den Impulstransformator TR, der diesen Impuls mit richtiger Polarität an die Gate-Kathoden-Strecken der Thyristoren T_1, T_2 überträgt. Es schaltet dann jeweils derjenige Thyristor durch, dessen Anoden-Kathoden-Spannung gerade positiv ist.

Für eine genauere Untersuchung der Triggerschaltung muß das aus dem Kondensator C, den Widerständen R_V, R und dem Interbasiswiderstand R_{BB} des Unijunction-Transistors bestehende Schaltnetz, das in Bild **132.1** herausgezeichnet ist, betrachtet werden. Dabei kann für die Netzspannung der Frequenz $f = 50$ Hz der Wechselstromwiderstand des Impulstransformators TR vernachlässigt werden. Als Eingangsspannung treten wegen der Gleichrichtung durch die Diodenbrücke am Schaltnetz nur die positiven Halbschwingungen

$$|u_e| = u_{em}\,|\sin(\omega t)| \tag{132.2}$$

der Eingangsspannung auf. Es genügt also, die Betrachtung auf eine Halbschwingung zu beschränken. Mit dem Gesamtwiderstand der Parallelschaltung der Widerstände R_V und R_{BB}

$$R_p = R_V R_{BB}/(R_V + R_{BB}) \tag{132.3}$$

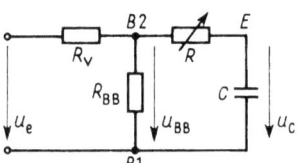

132.1 Ersatzschaltung des Triggerkreises von Bild **131.2** zur Berechnung von Gl. (132.6) und Bild **133.1**

und mit den Zeitkonstanten

$$\tau_g = \tau + \tau_p \qquad \tau = RC \qquad \tau_p = R_p C \tag{132.4}$$

sowie mit Gl. (132.2) läßt sich für die Spannung u_C der Ersatzschaltung von Bild **132.1** die Differentialgleichung

$$\frac{du_C}{dt} + \frac{1}{\tau_g} u_C = \frac{R_p}{R_V \tau_g} u_e = \frac{R_p}{R_V \tau_g} u_{em} \sin(\omega t) \tag{132.5}$$

aufstellen. Im Intervall $0 \leq \omega t \leq \pi$ und mit der Anfangsbedingung $u_C = 0$ für die Zeit $t = 0$ liefert Gl. (132.5) als Lösung die **Kondensatorspannung**

$$u_C = \frac{u_{em} R_p/R_V}{1 + (\omega \tau_g)^2}\{\omega \tau_g [e^{-t/\tau_g} - \cos(\omega t)] + \sin(\omega t)\} \tag{132.6}$$

2.4.1 Rückwärts sperrende Thyristor-Triode (Thyristor)

Mit dem Kondensatorstrom $i_C = C du_C/dt$ ergibt sich für die **Interbasisspannung**

$$u_{BB} = u_C + i_C R = u_C + \tau\, du_C/dt \qquad (133.1)$$

Differenzieren wir und setzen wir Gl. (132.6) in Gl. (133.1) ein, erhalten wir für die Interbasisspannung

$$u_{BB} = \frac{u_{em} R_p/R_V}{1 + (\omega \tau_g)^2} \{\omega \tau_p\, [e^{-t/\tau_s} - \cos(\omega t)] + (1 + \tau \tau_g \omega^2) \sin(\omega t)\} \qquad (133.2)$$

Sowohl Kondensatorspannung u_C als auch Interbasisspannung u_{BB} und somit auch die Kippspannung $u_P = \eta u_{BB}$ hängen nach Gl. (132.6) und (133.2) in komplizierter Weise von der Zeit t ab. Um einen Überblick über den Verlauf von Kondensatorspannung u_C und Kippspannung $u_P = \eta u_{BB}$ in Abhängigkeit vom Winkel ωt zu schaffen, sind in Bild 133.1 diese Spannungen über dem Winkel ωt für drei verschiedene Widerstandseinstellungen $R = 5\,\text{k}\Omega$, $50\,\text{k}\Omega$ und $100\,\text{k}\Omega$ aufgetragen. Den Kurven liegen folgende weiteren Parameter zu Grunde:

Interbasiswiderstand $R_{BB} = 10\,\text{k}\Omega$,
Vorwiderstand $R_V = 68\,\text{k}\Omega$,
Kondensator $C = 0{,}1\,\mu\text{F}$,
Scheitelwert der Eingangsspannung
$\quad u_{em} = 311\,\text{V}\ (U_e = 220\,\text{V})$,
inneres Widerstandsverhältnis $\eta = 0{,}7$,
Frequenz der Eingangsspannung
$\quad f = 50\,\text{Hz}\ (\omega = 314\,\text{s}^{-1})$.

Der Unijunction-Transistor schaltet, wenn beim Zündwinkel ωt_z die Bedingung $u_C = u_P$ erfüllt ist. Durch Verstellen des Widerstands R läßt sich der Zündwinkel von $\omega t_{z1} = 0{,}21\,\pi$ bei $R = 5\,\text{k}\Omega$ auf $\omega t_{z3} = 0{,}79\,\pi$ bei $R = 100\,\text{k}\Omega$ verschieben. Schaltet der Unijunction-Transistor, wird einer der Thyristoren T_1 oder T_2 getriggert, und die Spannung u, die zuvor $u = u_e$ war, bricht auf die Durchlaßspannung des Thyristors, also auf nahezu 0 V, zusammen. Somit sinken auch Kondensatorspannung u_C und Interbasisspannung u_{BB} auf nahezu 0 V ab, und die Kurven in Bild 133.1 sind deshalb für $\omega t > \omega t_z$ gestrichelt gezeichnet.

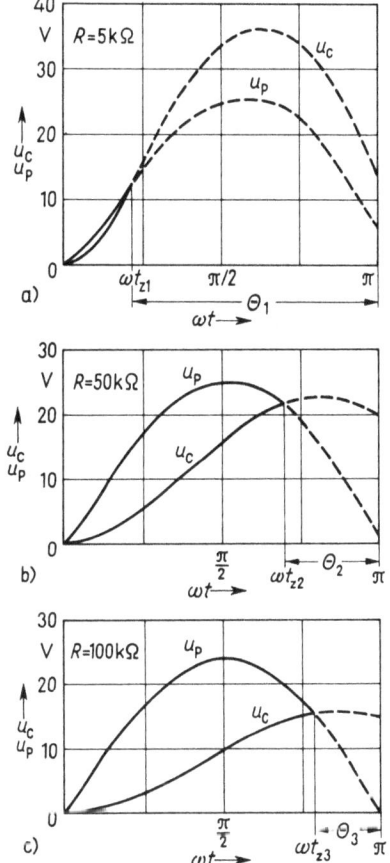

133.1 Abhängigkeit von Kondensatorspannung u_C und Höckerspannung u_P des Unijunction-Transistors der Schaltung nach Bild 131.2 vom Winkel ωt mit den Ladewiderständen $R = 5\,\text{k}\Omega$ (a), $R = 50\,\text{k}\Omega$ (b) und $R = 100\,\text{k}\Omega$ (c) als Parameter
ωt_{z1} bis ωt_{z3} Zündwinkel, Θ_1 bis Θ_3 Stromflußwinkel der Thyristoren

2.4 Thyristor-Trioden

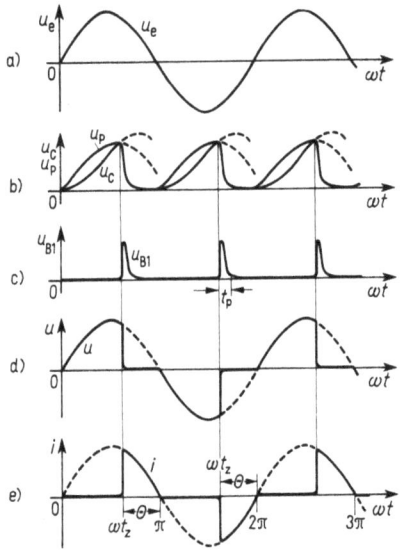

134.1
Spannungs- und Stromverläufe der Schaltung von Bild **131.2** in Abhängigkeit vom Winkel ωt
a) Eingangswechselspannung u_e
b) Kondensatorspannung u_C und Unijunction-Transistor-Höckerspannung u_P (s. a. Bild 133.1)
c) an der Primärseite des Übertragers TR auftretende Triggerimpulse u_{B1}
d) Anodenspannung u der antiparallel geschalteten Thyristoren T_1 und T_2
e) Strom i durch den Lastwiderstand R_L

In Bild **134.1** sind die in der Schaltung von Bild **131.2** auftretenden Impulsspannungen und der sich ergebende Wechselstrom i über dem Winkel ωt aufgetragen. Die Breite der Triggerimpulse t_p hängt von Kapazität C und Induktivität L des Impulstransformators TR ab. Schaltet die Emitter-Basis-1-Strecke des Unijunction-Transistors durch, ergibt sich ein Schwingkreis, der aus Induktivität L und Kapazität C besteht und durch den Sättigungswiderstand $R_{B1\,sat}$ der Emitter-Basis-1-Strecke und durch die auf die Primärseite transformierten Gate-Widerstände R_{GK} der Thyristoren T_1 und T_2 gedämpft wird. Wir setzen näherungsweise die **Impulsdauer**

$$t_p = T/2 = \pi\sqrt{LC} = \pi/\omega_0 \tag{134.1}$$

also gleich der halben Periodendauer $T/2$ des Schwingkreises, und berechnen hieraus die **Induktivität**

$$L = t_p^2/(\pi^2 C) \tag{134.2}$$

Für ein sicheres Durchschalten der Thyristoren muß die Impulsbreite t_p merklich größer als die Zündzeit t_{gt} der Thyristoren sein. Entsprechend groß muß die Induktivität L des Impulstransformators gewählt werden.
Im Augenblick des Durchschaltens des Unijunction-Transistors, also zum Zeitpunkt des Anstoßens des Schwingkreises, ist die Ladespannung des Kondensators $u_C = u_P$. Ist der Kreis nicht zu stark gedämpft, wird der Scheitelwert des Entladestroms (s. Band I, Abschn. Schwingkreise)

$$i_{Gm} = u_P/(\omega_0 L) \tag{134.3}$$

Mit Gl. (134.1) erhalten wir für den Scheitelwert

$$i_{Gm} = u_P t_p/(\pi L) \tag{134.4}$$

Hat der Impulstransformator das Übersetzungsverhältnis $N_1/N_2 = 1$, wird jedem Thyristor ein Triggerimpuls mit dem Scheitelwert $i_{Gm}/2$ zugeführt. Wegen der Nichtlinearität der Widerstände $R_{B1\,sat}$ und R_{GK} ist eine genauere Rechnung sehr kompliziert und deshalb weniger sinnvoll.

Beispiel 31. In der Schaltung von Bild 131.2 werden Thyristoren mit der Zündzeit $t_{gt} = 1{,}25\,\mu s$ verwendet. Durch den Unijunction-Transistor wird der Kondensator $C = 0{,}1\,\mu F$ in den Impulstransformator TR zur Triggerung der Thyristoren entladen. Man berechne die Induktivität L des Impulstransformators und gebe den Scheitelwert i_{Gm} des Stromimpulses an, wenn zum Zeitpunkt der Triggerung der Kondensator auf die Spannung $u_C = u_P = 15\,V$ aufgeladen ist.

Um die Bedingung $t_p \gg t_{gt}$ einzuhalten, wählen wir $t_p = 10\,\mu s$. Damit erhalten wir aus Gl. (134.2) für die Induktivität $L = t_p^2/(\pi^2 C) = (10\,\mu s)^2/(\pi^2 \cdot 0{,}1\,\mu F) = 101\,\mu H$. Mit diesem Wert ergibt sich aus Gl. (134.4) der Scheitelwert des Stromimpulses

$$i_{Gm} = u_P\, t_p/(\pi\, L) = 15\,V \cdot 10\,\mu s/(\pi \cdot 101\,\mu H) = 0{,}47\,A.$$

Für jeden Thyristor steht also bei dem Übersetzungsverhältnis $N_1/N_2 = 1$ ein Stromimpuls mit $i_{Gm}/2 = 0{,}235\,A$ zur Verfügung, ein Wert, der nach Bild **119.1** und Tafel **115.1** für eine sichere Triggerung völlig ausreicht.

Für den Aufbau des Impulstransformators verwendet man zweckmäßigerweise Ferroxcube-Schalenkerne, bei denen zur Erzeugung der geforderten Induktivität L je nach Kernmaterial und -größe etwa $N = 10$ bis 20 Windungen erforderlich sind.

2.4.2 Bidirektionale Thyristor-Trioden (TRIAC)

Wie die als bidirektionale Thyristor-Diode arbeitende Fünfschicht-Diode (s. Abschn. 2.3.2) weist auch die bidirektionale Thyristor-Triode eine Fünfschicht-Struktur auf. Da sie, gesteuert durch ein Gate, in beiden Polaritäten der Hauptspannung durchgeschaltet werden kann, wird sie als TRIAC (**Tri**ode für Wechselstrom **AC**) bezeichnet. Als solche dient sie hauptsächlich zur Leistungssteuerung von reinen Wechselstrom-Verbrauchern (z. B. Glühlampen oder Heizgeräte).

135.1
Vereinfachte Darstellung der Schichtenfolge (a) und Schaltzeichen (b) des TRIAC
MT1, MT2 Hauptanschluß 1 und 2; G Gate

In Bild **135.1**a ist der prinzipielle Aufbau des TRIAC dargestellt. Bild **135.1**b zeigt sein Schaltzeichen. Zusätzlich zu den fünf Schichten der Hauptstrecke N_1, P_1, N_3, P_2 und N_2 ist am Gate-Anschluß G noch eine weitere N-leitende Schicht N_G eindiffundiert. Den Grund hierfür werden wir in Abschn. 2.4.2.2 kennenlernen. Die Anschlüsse $MT2$ und $MT1$ (main terminal, Hauptanschluß) können jetzt positive und negative Polarität führen und werden deshalb nicht mehr als Anode und Kathode bezeichnet. Ist Anschluß $MT2$ positiv und Anschluß $MT1$ negativ, dann entspricht dies der Polarität, in der der in Abschn. 2.4.1 behandelte kathodengesteuerte Thyristor betrieben wird. Wir haben deshalb in Bild **135.**1 in Klammern die für diesen Betriebszustand wirksame Anode (A) und Kathode (K) gekennzeichnet. Bei positivem Hauptanschluß $MT2$ fließt der Strom I_1 im durchgeschaltetem TRIAC durch die Schichtenfolge $P_2\,N_3\,P_1\,N_1$ zum Anschluß $MT1$. Ist dagegen der Anschluß $MT1$ positiv, benutzt der Strom I_2 den Weg über die Schichtenfolge $P_1\,N_3\,P_2\,N_2$.

2.4.2.1 Kennlinie. Dieses symmetrischen Aufbaus wegen zeigt die in Bild **136.**1 dargestellte Strom-Spannungs-Kennlinie des TRIAC im I. und III. Quadranten einen spiegelsymmetrischen Verlauf. Die bei offenem Gate ($I_G = 0$) im I. Quadrant ($MT2$ positiv!) auftretende Nullkippspannung $+U_{(BO)null}$ wird von der Durchbruchspannung des gesperrten Übergangs $N_3 P_1$ bestimmt. Die Nullkippspannung $-U_{(BO)null}$ des III. Quadranten ($MT2$ negativ!) ist durch die Durchbruchspannung des dann gesperrten Übergangs $N_3 P_2$ festgelegt. Positive und negative Nullkippspannung sind etwa gleich groß und liegen je nach Typ im Bereich von 100 V bis 1000 V.

Die im blockierten Zustand des TRIAC fließenden positiven oder negativen Sperrströme $+I_{D0}$ oder $-I_{D0}$ sind ebenfalls etwa gleich groß und liegen in dem auch für Thyristoren typischen Bereich von etwa 0,1 mA bis 1 mA.

Der TRIAC kann nicht nur bei positiver oder negativer Hauptspannung U_{M2M1} betrieben werden, sondern er kann außerdem auch mit positiver oder negativer Gate-$MT1$-Spannung U_{GM1} gezündet werden. Damit ergeben sich die in Tafel **136.**2 zusammengestellten Betriebsmöglichkeiten des TRIAC.

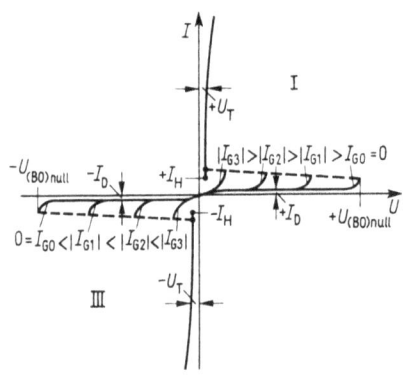

136.1 Strom-Spannungs-Kennlinienfeld $I = f(U)$ des TRIAC mit dem Gate-Strom I_G als Parameter
$U_{(BO)null}$ Nullkippspannung bei $I_G = I_{G0} = 0$, U_T Durchlaßspannung, I_H Haltestrom, I_D Sperrstrom

Tafel **136.**2 Betriebszustände des TRIAC

Polarität der Hauptspannung U_{M2M1}	Polarität der Gate-$MT1$-Spannung U_{GM1}	Arbeitsquadrant in der Strom-Spannungskennlinie	Bezeichnung des Betriebszustands
+	+	I	I (+)
+	−	I	I (−)
−	+	III	III (+)
−	−	III	III (−)

Da der TRIAC sowohl mit positiven als auch negativen Gate-Strömen getriggert werden kann, sind in Bild **136.**1 die Beträge der als Parameter angegebenen Gate-Ströme $|I_G|$ verwendet worden. Wie beim Thyristor fällt auch beim TRIAC die Kippspannung $U_{(BO)}$ mit wachsendem Gate-Strom $|I_G|$. Die Ursache hierfür ist in Abschn. 2.4.1.2 beschrieben.

2.4.2.2 Triggerung in den vier Betriebszuständen.
Ebenso wie wir beim Thyristor eine Ersatzschaltung (Bild **103**.1 und **113**.1) für das Schaltverhalten finden konnten, so ist es auch beim TRIAC möglich, die vier verschiedenen Betriebszustände durch Transistor-Ersatzschaltungen nachzubilden.

Betriebszustand I(+). Zwischen den Anschlüssen *MT2* und *MT1* liegt nach Bild **137**.1 die positive Hauptspannung U_{M2M1}, und das Gate G wird mit ebenfalls positiven Triggerimpulsen angesteuert. Bei dieser Polarität der Hauptspannung sind die PN-Übergänge N_2P_2 und N_3P_1 gesperrt. Der Hauptstrom I fließt, wenn der Übergang N_3P_1 durchbricht über die Schichtenfolge $P_2N_3P_1N_1$ und z.T. auch über den zum Übergang P_1N_1 parallel liegenden Bahnwiderstand $R_{G'K}$, der in Bild **137**.1a gestrichelt eingezeichnet ist.

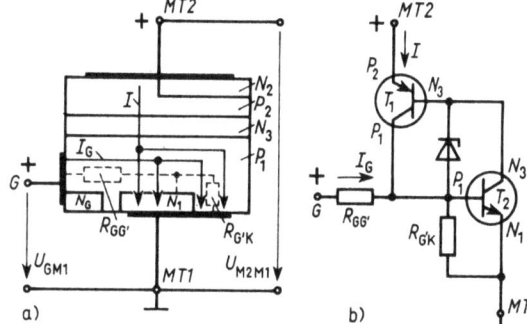

137.1
Schichtenfolge (a) mit eingezeichneten Halbleiter-Bahnwiderständen und Strömen sowie Transistor-Ersatzschaltung (b) beim Arbeiten des TRIAC im Betriebszustand I(+)

Wegen der positiven Polarität der Gate-Spannung U_{GM1} ist auch der gegenüber dem Thyristor zusätzlich vorhandene Gate-Übergang N_GP_1 gesperrt. Sowohl die Schicht N_G als auch die in der Hauptstrecke liegende Schicht N_2 sind deshalb im Betriebszustand I(+) am Durchschalten des TRIAC nicht beteiligt und brauchen in der Ersatzschaltung von Bild **137**.1b nicht berücksichtigt werden. Diese Ersatzschaltung entspricht deshalb vollkommen der in Bild **113**.1 gezeigten Ersatzschaltung des Thyristors, der mit dem durch den Widerstand $R_{G'K}$ teilweise kurzgeschlossenen N_1-Emitter arbeitet (s. Abschn. 2.4.1.4). Sein Verhalten beim Durchschalten ist in den Abschn. 2.4.1.1 und 2.3.1.1 eingehend beschrieben.

Betriebszustand I(−). Der TRIAC arbeitet ebenfalls mit positiver Hauptspannung U_{M2M1}, wird jedoch mit negativen Gate-Impulsen gezündet. Der Übergang N_2P_2 ist wegen der positiven Hauptspannung wieder gesperrt, und die Schicht N_2 braucht nicht berücksichtigt zu werden. Wegen der negativen Gate-Spannung U_{GM1} ist jetzt jedoch der Gate-Übergang P_1N_G leitend, so daß ein Teil des Hauptstroms I auch über ihn fließen kann. Unter diesen Bedingungen können wir aus dem Kristallquerschnitt von Bild **138**.1a mit den dort gestrichelt eingetragenen Bahnwiderständen R_{G1}, R_{G2} und $R_{G'K}$ die in Bild **138**.1b dargestellte Ersatzschaltung ableiten. Zusätzlich zu den Transistoren T_1 und T_2, die in üblicher Weise das Durchschalten der Hauptstrecke $MT_2 - MT_1$ bewirken, entsteht aus der Schichtenfolge $N_GP_1N_3$ der zum Zünden der Hauptstrecke erforderliche Gate-Transistor T_3.

Das Zünden des TRIAC wird unter diesen Bedingungen in folgender Weise eingeleitet: Wegen der negativen Gate-Spannung U_{GM1} fließt der Gate-Strom I_G vom Anschluß *MT1* über die Widerstände $R_{G'K}$, R_{G2} und R_{G1} zum Gate-Anschluß G. Fällt über den parallel zum Gate-Emitterübergang P_1N_G liegenden Widerstand R_{G1} eine Spannung von etwa

138   2.4 Thyristor-Trioden

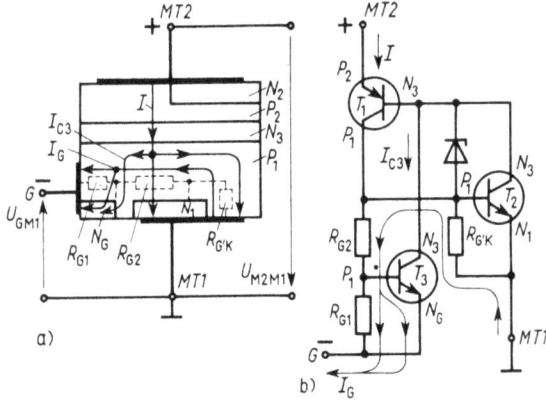

138.1
Schichtenfolge (a) mit eingezeichneten Strömen und Bahnwiderständen sowie Transistor-Ersatzschaltung (b) für den TRIAC im Betriebszustand I(−)

0,6 V bis 0,7 V ab, wird dieser stark leitend und emittiert Elektronen in die P_1-Schicht. Diese diffundieren zum Kollektor N_3, und es fließt Kollektorstrom I_{C3}. Dieser Kollektorstrom fließt über die leitende Schicht $P_2 N_3$, also über die Basis-Emitter-Diode von Transistor T_1. Der Basisstrom von Transistor T_1 hat einen um die Stromverstärkung B_1 größeren Kollektorstrom zur Folge, der als Basis-Strom für Transistor T_2 wirkt und wiederum dessen Kollektorstrom erzeugt. Da dieser erneut den Basisstrom von Transistor T_1 vergrößert, schaltet nun wegen der positiven Rückkopplung zwischen den Transistoren T_1 und T_2 die Hauptstrecke $MT2 - MT1$ durch.

Die Zündung der Hauptstrecke wird also im Betriebszustand I(−) durch den Gate-Transistor T_3 eingeleitet, wobei das Emittieren von Elektronen durch den N_G-Emitter besonders wichtig ist. Da die Zündung letztlich durch den $P_1 N_G$-Übergang verursacht wird, bezeichnet man diesen Betrieb auch als **junction gate thyristor** [22].

Betriebszustand III(+). In diesem Zustand arbeitet der TRIAC mit negativer Hauptspannung U_{M2M1} und wird mit positiven Gate-Impulsen getriggert. Bei dieser Polarität der Hauptspannung ist der Übergang $N_3 P_2$ gesperrt und wird in der Ersatzschaltung von Bild **138.2**b durch die Z-Diode wiedergegeben. Ebenfalls gesperrt ist der Übergang $N_1 P_1$,

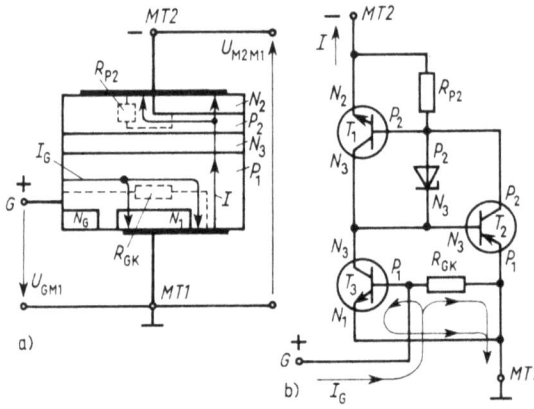

138.2
Schichtenfolge (a) mit eingezeichneten Strömen und Bahnwiderständen sowie Transistor-Ersatzschaltung (b) für den TRIAC im Betriebszustand III(+)

so daß beim Durchbruch des N_3P_2- Übergangs der Hauptstrom I über die Schichten $P_1N_3P_2N_2$ und z.T. über den zum P_2N_2-Übergang parallel liegenden, in Bild **138.**2 a gestrichelt gezeichneten Widerstand R_{P2} fließt.

Wegen der positiven Gate-Spannung U_{GM1} ist der Übergang N_GP_1 gesperrt, und der Gate-Strom I_G fließt zunächst über den in Bild **138.**2 a gestrichelt gezeichneten Bahnwiderstand $R_{GK} \approx R_{G1} + R_{G2} + R_{G'K}$ (s. Bild **138.**1 a) zum Anschluß *MT1*. Fällt über diesen Widerstand bei Erhöhung des Gate-Stroms I_G schließlich eine Spannung von etwa 0,6 V bis 0,7 V ab, wird der Übergang P_1N_1 leitend und emittiert Elektronen in die P_1-Schicht. In der Ersatzschaltung von Bild **138.**2 b fließt jetzt Basisstrom in den aus den Schichten $N_3P_1N_1$ gebildeten Transistor T_3. Die in die P_1-Schicht emittierten Elektronen diffundieren durch diese und erreichen z.T. die Schicht N_3, den Kollektor von Transistor T_3 bzw. die Basis des Transistors T_2. Die Injektion von Elektronen in die N_3-Basis von Transistor T_2 wirkt als Basisstrom für diesen, so daß verstärkt Löcher vom P_1-Emitter in die Basis emittiert werden. Diese Löcher diffundieren zum P_2-Kollektor von Transistor T_2, erreichen also die P_2-Basis-Schicht von Transistor T_1. Damit erhält der $N_2P_2N_3$-Transistor T_1 Basisstrom und erzeugt somit wieder Kollektorstrom, der erneut als Basisstrom für Transistor T_2 wirkt. Die Transistoren T_1 und T_2 schalten sich wegen der positiven Rückkopplung gegenseitig durch, und die Hauptspannung U_{M2M1} bricht zusammen.

Eigentlich müßte bei negativer Hauptspannung der TRIAC durch einen Gate-Anschluß an der P_2-Basis gezündet werden. Würde dies durch einen gegenüber dem Anschluß *MT2* positiven Gate-Impuls erfolgen, befände sich der TRIAC wieder im normalen Thyristor-Betrieb – allerdings mit vertauschter Anode und Kathode. Die Triggerung wird jedoch von dem der P_2-Basis fern und an der P_1-Basis liegenden Gate-Anschluß *G* durchgeführt. Deshalb wird dieser Betriebszustand oft als **remote gate thyristor** [22] (remote = fern) bezeichnet.

Die Schwierigkeit bei diesem Betrieb ist, daß die vom Emitter N_1 emittierten Elektronen, nachdem sie die P_1-Schicht durch Diffusion überquert haben, am P_1N_3-Übergang, also am Kollektor des Transistors T_3, keine positive, sie „aufsammelnde" Feldstärke vorfinden. Im Gegenteil, sie müssen gegen eine gering negative Spannung ($<0,1$ V) „anlaufen", um in die N_3-Basis (Kollektor von Transistor T_3 bzw. Basis von Transistor T_2) eindringen zu können. Dazu sind sie jedoch wegen ihrer thermischen Energie in der Lage. Einmal in die N_3-Basis von Transistor T_3 eingedrungen, leiten sie den Durchschaltvorgang ein. Ihre Anzahl vergrößert sich dann sprungartig, wenn vom Emitter N_2 über die Basis P_2 infolge der positiven Rückkopplung zwischen den Transistoren T_2 und T_1 weitere Elektronen die N_3-Schicht (Kollektor von Transistor T_1 bzw. Basis von Transistor T_2) erreichen.

Unbefriedigend bei der Beschreibung des Betriebszustands III(+) mit der Ersatzschaltung nach Bild **138.**2 b ist, daß der zur Zündung erforderliche Hilfstransistor T_3 mit gering negativer Kollektorspannung vor Beginn der Zündung der Hauptstrecke betrieben wird. Eine wirkliche, so aufgebaute Schaltung könnte deshalb nicht arbeiten. Infolge der engen Kopplung in einem Kristall ist jedoch durch die thermische Diffusion der Übergang der vom N_1-Emitter emittierten Elektronen zur N_3-Basis möglich.

Betriebszustand III(−). Wieder arbeitet der TRIAC mit negativer Hauptspannung U_{M2M1}, wird jedoch mit negativen Gate-Impulsen getriggert. Bricht der gesperrte N_3P_2-Übergang durch, fließt der Hauptstrom I ebenfalls über die Schichtenfolge $P_1N_3P_2N_2$

und z.T. über den Widerstand R_{P2}. Der Emitter-Übergang $N_1 P_1$ ist gesperrt und wird auch zur Triggerung nicht benötigt. Die Schicht N_1 braucht also nicht berücksichtigt zu werden.

Wird wie in Bild **140.**1a die negative Gate-Spannung U_{GM1} angelegt, fließt der Gate-Strom I_G vom Anschluß $MT1$ über die Widerstände R'_{G2} und R_{G1} ($R'_{G2} = R_{G'K} + R_{G2}$) zum Gate-Anschluß G hin (Bild **140.**1b). Fällt nach hinreichender Vergrößerung des Gate-Stroms I_G am Bahnwiderstand R_{G1} eine Spannung von etwa 0,6 V bis 0,7 V ab, wird der Basis-Übergang $P_1 N_G$ des aus der Schichtenfolge $N_3 P_1 N_G$ bestehenden Gate-Transistors T_3 leitend, und der Emitter N_G emittiert Elektronen in die P_1-Basis. Diese erreichen durch Diffusion die N_3-Schicht und somit die Basis von Transistor T_2. Mit dem beginnenden Basis-Strom von Transistor T_2 wird jedoch wieder das Durchschalten der beiden rückgekoppelten Transistoren T_1 und T_2 eingeleitet.

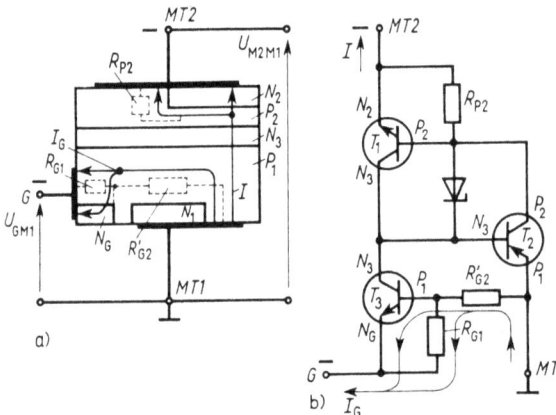

140.1
Schichtenfolge (a) mit eingezeichneten Strömen und wirksamen Bahnwiderständen sowie Transistor-Ersatzschaltung (b) für den TRIAC im Betriebszustand III($-$)

Auch hier wird wie im Betriebszustand III($+$) der fern vom Gate-Anschluß liegende Emitter N_2 durch den Gate-Strom I_G indirekt zur Emission von Elektronen angeregt. Der TRIAC arbeitet deshalb ebenfalls als remote gate thyristor [22]. Die beim Betriebszustand III($+$) bestehende Schwierigkeit bezüglich der Kollektorspannung von Transistor T_3 tritt jetzt nicht auf. Bei gesperrtem $N_3 P_2$-Übergang, also vor dem Zünden der Hauptstrecke, liegt die N_3-Schicht (Kollektor von Transistor T_3 bzw. Basis von Transistor T_2) auf etwa 0 V. Unter der Annahme, daß die Widerstände R'_{G2} und R_{G1} etwa gleich groß sind, befindet sich im Zündmoment die Basis des Transistors T_3 auf der Spannung $-0,7$ V, und sein Emitter N_G führt die Spannung $-1,4$ V. Die vom N_G-Emitter in die P_1-Basis emittierten Elektronen finden nach Durchquerung der P_1-Basis am $P_1 N_3$-Übergang, also am Kollektor-Übergang von Transistor T_3, ein sie beschleunigendes Potentialgefälle vor. Transistor T_3 ist damit richtig gepolt, und die Ersatzschaltung von Bild **140.**1b kann auch als reale Schaltung aufgebaut und betrieben werden.

Ohne Triggerung durch das Gate wird der TRIAC in allen vier Betriebszuständen beim Überschreiten der Nullkippspannung $U_{(BO)null}$ von selbst zünden. In den Betriebszuständen I($+$) und I($-$) leitet der Lawinendurchbruch der Sperrschicht $N_3 P_1$, der durch die Z-Diode in den Ersatzschaltungen von Bild **137.**1b und **138.**1b simuliert wird, den Schaltvorgang ein. In den Betriebszuständen III($+$) und III($-$) wird das Durchschalten durch den Lawinendurchbruch der Sperrschicht $N_3 P_2$ eingeleitet, die ebenfalls durch eine Z-Diode in den Ersatzschaltungen von Bild **138.**2b und **140.**1b dargestellt ist.

2.4.2.3 Kenngrößen.
Die Kenngrößen des TRIAC ähneln weitgehend denen des Thyristors, die in den Tafeln **105.2**, **106.1**, **115.1** und **122.1** zusammengestellt sind. Wegen des bidirektionalen Schaltverhaltens entfallen die Kenngrößen des gesperrten Zustands, die für den Thyristor in Tafel **107.3** zu finden sind. Bei den Gate-Triggerströmen I_{GT} muß jedoch zusätzlich mitgeteilt werden, in welchem Betriebszustand I(+), I(−), III(+) oder III(−) der TRIAC arbeitet. Bei den dynamischen Kenngrößen muß außerdem die kritische Steilheit von Kommutierungsspannung und -strom angegeben werden, auf die wir noch im folgenden genauer eingehen werden.

In den Tafeln **141.1**, **141.2**, **143.1** und **143.2** sind die Kenngrößen eines typischen TRIAC (40689 von RCA) zusammengestellt, der in Leistungsregelungsschaltungen zur Helligkeitssteuerung von Glühlampen, zur Temperaturregelung von Heizgeräten oder zur Drehzahlregelung von Wechselstrommotoren verwendet werden kann.

Tafel 141.1 Typische Kenngrößen des TRIAC 40689 (RCA) im blockierten Zustand

Kenngröße und Bedingungen	Formelzeichen und Einheit	Zahlenwert
Nullkippspannung	$U_{(BO)null}$ in V	> 400
Periodische Spitzensperrspannung bei $I_G = 0$	U_{DRM0} in V	400
Sperrstrom bei $I_G = 0$, $T = 383$ K und $U_{DRM0} = 400$ V in beiden Polaritäten der Hauptspannung	I_{D0} in mA	0,2

Zu den in Tafel **141.1** angegebenen Kenngrößen des TRIAC gelten sinngemäß die gleichen Bemerkungen, die im Anschluß an Tafel **105.2** zu den Kenngrößen von Thyristoren im blockierten Zustand angeführt werden.

Tafel 141.2 Typische Kenngrößen des TRIAC 40689 (RCA) im durchgeschalteten Zustand

Kenngröße und Bedingungen	Formelzeichen und Einheit	Zahlenwert
Durchlaßstrom (Effektivwert) bei $\Theta_g = 2\pi$ und $T_G = 360$ K	I_{TEFF} in A	40
Durchlaßspannung bei $I_T = 40$ A	U_T in V	1,4
Stoßstrom für eine Vollschwingung der 50-Hz-Netzspannung	I_{TSM} in A	265
Haltestrom bei $T_G = 300$ K und $I_G = 0$	I_{H0} in mA	25

Wie beim Thyristor bestimmt nach Gl. (108.1) das Produkt der Zeitwerte von Durchlaßspannung u_T und Durchlaßstrom i_T den Zeitwert der Verlustleistung P_{Tt}. Bei der Berechnung der mittleren Verlustleistung P_{TAV} muß jedoch berücksichtigt werden, daß der TRIAC auch in der negativen Halbschwingung leitet. Sind die Stromflußwinkel Θ in der positiven und in der negativen Halbschwingung gleich groß, vergrößert

2.4 Thyristor-Trioden

sich die in den Gl. (108.2), (109.1) und (109.2) angegebene, über eine Periode gemittelte Verlustleistung P_{TAV} um den Faktor 2. Der in diesen Gleichungen verwendete **Stromflußwinkel** Θ bezieht sich dann jeweils auf eine Stromhalbschwingung, so daß z. B. bei $\Theta = \pi$ der TRIAC während der gesamten positiven und negativen Halbschwingung, also dauernd, durchgeschaltet ist und der gesamte **Stromflußwinkel** $\Theta_g = 2\Theta = 2\pi$ beträgt. Entsprechend vergrößert sich der in Gl. (109.7) für den Thyristor angegebene **Effektivwert des Durchlaßstroms** I_{TEFF} beim TRIAC um den Faktor $\sqrt{2}$.

Zulässige Durchlaßströme von TRIACs werden stets bei dem Gesamtstromflußwinkel $\Theta_g = 2\pi$ angegeben. Soll bei kleinerem Stromflußwinkel der gleiche Effektivstrom I_{TEFF} erzeugt werden, muß ein wesentlich größerer Scheitelwert des Durchlaßstroms i_{Tm} gewählt werden, bei dem dann bald die zulässige Verlustleistung P_{TAV} überschritten wird.

Beispiel 32. Bei dem Gesamtstromflußwinkel $\Theta_{g1} = 2\pi$ wird ein TRIAC mit dem Effektivwert des Durchlaßstroms $I_{TEFF} = 40$ A betrieben. Man berechne den Scheitelwert i_{Tm1} des Durchlaßstroms $i_{T1} = i_{Tm1} \sin(\omega t)$. Ferner bestimme man die Scheitelwerte i_{Tm2} und i_{Tm3} der Durchlaßströme i_{T2} und i_{T3}, wenn der TRIAC bei gleichem Durchlaßstrom $I_{TEFF} = 40$ A mit den Gesamtstromflußwinkeln $\Theta_{g2} = \pi$ und $\Theta_{g3} = \pi/2$ betrieben wird.

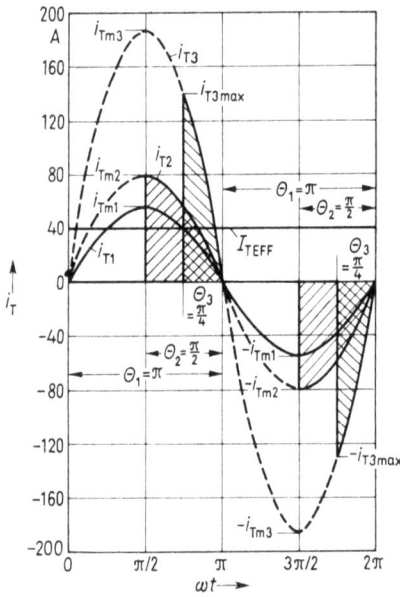

142.1 Stromimpulse i_{T1}, i_{T2} und i_{T3} durch einen TRIAC mit den Stromflußwinkeln π, $\pi/2$ und $\pi/4$ pro Halbschwingung, die den gleichen Effektivwert des Durchlaßstroms $I_{TEFF} = 40$ A (s. Beispiel 32) liefern

Indem wir Gl. (109.7) mit $\sqrt{2}$ multiplizieren und nach dem Scheitelwert i_{Tm} umstellen, erhalten wir

$$i_{Tm} = \sqrt{2}\, I_{TEFF}/\sqrt{[\Theta - 0{,}5 \sin(2\Theta)]/\pi} \quad (142.1)$$

Für den Stromflußwinkel $\Theta_1 = \Theta_{g1}/2 = 2\pi/2 = \pi$ finden wir aus Gl. (142.1) den Scheitelwert $i_{Tm1} = \sqrt{2}\, I_{TEFF} = \sqrt{2} \cdot 40$ A $= 56{,}6$ A. Für den Stromflußwinkel $\Theta_2 = \Theta_{g2}/2 = \pi/2$ ergibt sich aus Gl. (142.1) der Scheitelwert $i_{Tm2} = 2\, I_{TEFF} = 2 \cdot 40$ A $= 80$ A. Setzen wir in Gl. (142.1) den Stromflußwinkel $\Theta_3 = \Theta_{g3}/2 = \pi/4$ ein, erhalten wir den Scheitelwert

$$i_{Tm3} = \sqrt{2}\, I_{TEFF}/\sqrt{(1/4) - (1/2\pi)}$$
$$= \sqrt{2} \cdot 40 \text{ A}/0{,}301 = 187{,}7 \text{ A}$$

Diese drei Wechselströme i_{T1}, i_{T2} und i_{T3} sind in Bild 142.1 aufgetragen. Fließt der Durchlaßstrom $i_{T3} = i_{Tm3} \sin(\omega t)$ nur während des Stromflußwinkels $\Theta_3 = \pi/4$, wird der Scheitelwert i_{Tm3} nicht erreicht, da der TRIAC erst später durchschaltet. Für den dann auftretenden Spitzen-Durchlaßstrom gilt $i_{T3\,max} = i_{Tm3} \sin(3\pi/4) = i_{Tm3}/\sqrt{2} = 187{,}5 \text{ A}/\sqrt{2} = 132{,}7$ A.

Der nichtperiodische Stoßstrom I_{TSM} ist der Scheitelwert einer Stromschwingung, die nur während einer **Vollschwingung** den TRIAC passieren darf. Dabei tritt im Gegensatz zum Thyristor in dieser Vollschwingung der Scheitelwert I_{TSM} zweimal auf. Ähnlich wie beim Thyristor (s. Bild 112.2) sinkt mit wachsender Anzahl n der durchgelassenen Vollschwingungen der zulässige Stoßstrom I_{TS} schließlich bis auf denjenigen

2.4.2 Bidirektionale Thyristor-Trioden (TRIAC)

Scheitelwert $i_{Tm} = \sqrt{2}\, I_{TEFF}$ ab, der zum maximal zulässigen Effektivwert I_{TEFF} des Durchlaßstroms gehört.

Für den Haltestrom I_{H0} gelten die im Anschluß an Tafel **106.**1 aufgeführten Bemerkungen, und es ist die in Bild **107.**1 aufgetragene Temperaturabhängigkeit zu beachten.

Tafel **143.**1 Typische Gate-Kenngrößen des TRIAC 40689

Kenngröße und Bedingungen	Betriebszustand	Formelzeichen und Einheit	Zahlenwert
Gate-Triggerstrom bei $T_G = 300$ K und der Hauptspannung $U_{M2M1} = U_D = 12$ V	I(+) I(−) III(+) III(−)	I_{GT} in mA	15 30 40 20
Gate-Triggerspannung bei $T_G = 300$ K und $U_{M2M1} = U_D = 12$ V	in allen Betriebszuständen	U_{GT} in V	1,35
Mittlere Gate-Verlustleistung		P_{GAV} in W	0,75
Gate-Spitzenverlustleistung für $t = 1$ µs		P_{GM} in W	40

Abhängig vom Betriebszustand benötigt der TRIAC unterschiedlich große Gate-Triggerströme I_{GT}. Wie aus den Ersatzschaltungen der Bilder **137.**1, **138.**1, **138.**2 und **140.**1 hervorgeht, sind die im Gate-Bereich auftretenden Bahnwiderstände in den verschiedenen Betriebszuständen unterschiedlich wirksam. Dies erklärt auch den unterschiedlichen Triggerstrombedarf. Meist sind jedoch in den am häufigsten verwendeten Betriebszuständen I(+) und III(−) die erforderlichen Triggerströme nahezu gleich groß. Zu den übrigen in Tafel **143.**1 auftretenden Kenngrößen gelten die Bemerkungen, die im Anschluß an Tafel **115.**1 zu den entsprechenden Thyristor-Kenngrößen gemacht werden. Insbesondere werden auch für den TRIAC zur Dimensionierung der Triggerschaltung Gate-Grenzkennlinien-Diagramme geliefert und wie das in Bild **116.**1 für den Thyristor wiedergegebene benutzt.

Tafel **143.**2 Dynamische Kenngrößen des TRIAC 40689

Kenngröße und Bedingungen	Formelzeichen und Einheit	Zahlenwert
Zündzeit bei $T_G = 300$ K, $U_{M2M1} = U_D = 400$ V, $I_T = 60$ A, und $I_{GT} = 0,2$ A	t_{gt} in µs	1,7
Durchschaltzeit unter gleichen Bedingungen	t_{gr} in µs	0,1
Kritische Einschaltstromsteilheit bei $U_D = 400$ V, $I_{GT} = 0,2$ A und $t_{gr} = 0,1$ µs	$(di/dt)_{krit}$ in A/µs	100
Kritische Spannungssteilheit bei $T_G = 375$ K und $U_D = 400$ V	$(du/dt)_{krit}$ in V/µs	150
Kritische Steilheit der Kommutierungsspannung bei $T_G = 335$ K, $U_D = 400$ V, $I_{TEFF} = 40$ A, $I_G = 0$ und der Kommutierungssteilheit des Hauptstroms $(di/dt)_K = 22$ A/µs	$(du/dt)_{Kkrit}$ in V/µs	30

2.4 Thyristor-Trioden

Das Schaltverhalten von TRIACs entspricht weitgehend dem von Thyristoren, das in Abschn. 2.4.1.5 eingehend behandelt ist. Auch die Werte der dynamischen Kenngrößen, wie Zündzeit t_{gt}, Freiwerdezeit t_q, kritische Einschaltstromsteilheit $(di/dt)_{krit}$ und kritische Spannungssteilheit $(du/dt)_{krit}$ liegen in der gleichen Größenordnung wie beim Thyristor. Als wesentliche, neue dynamische Kenngröße kommt beim TRIAC noch die **kritische Steilheit der Kommutierungsspannung** $(du/dt)_{Kkrit}$ hinzu, die wir im folgenden genauer betrachten wollen.

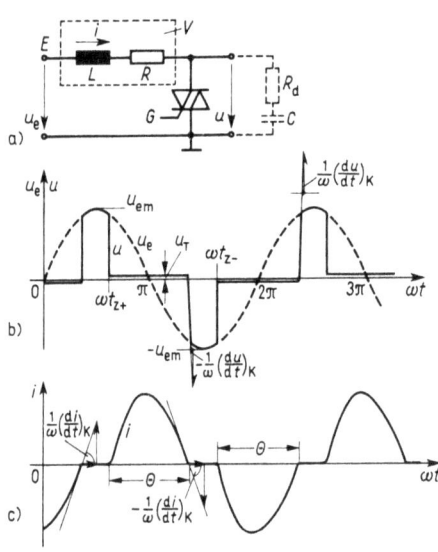

144.1 Impulsdiagramme zur Erklärung der kritischen Steilheit der Kommutierungsspannung
a) Testschaltkreis für das Arbeiten des TRIAC auf teilweise induktive Last
b) Eingangswechselspannung u_e (gestrichelt) und über den TRIAC abfallende Spannung u bei teilweise induktiver Last
c) Strom i durch den aus Induktivität L und Widerstand R bestehenden Verbraucher V

Kritische Steilheit der Kommutierungsspannung. Als Wechselstrom-Leistungssteller muß der TRIAC sehr häufig den Strom durch teilweise induktive Lasten in Phasenanschnittschaltungen steuern. In Bild **144.**1a arbeitet der TRIAC auf die aus der Induktivität L und dem Widerstand R bestehende Last. Dabei kann z.B. der Widerstand R der Verlustwiderstand der Induktivität L sein. Am Eingang der Schaltung liegt die in Bild **144.**1b gestrichelt gezeichnete Wechselspannung

$$u_e = u_{em} \sin(\omega t) \qquad (144.1)$$

Ist der TRIAC ständig durchgeschaltet, fließt im Kreis der Wechselstrom

$$i = i_m \sin(\omega t + \varphi) \qquad (144.2)$$

wobei der Scheitelwert

$$i_m = u_{em}/\sqrt{R^2 + (\omega L)^2} \qquad (144.3)$$

ist und für den Phasenwinkel

$$\tan \varphi = -\omega L/R \qquad (144.4)$$

gilt. Der Strom i eilt also der Spannung u_e um den Phasenwinkel φ nach.

Wird wie in Bild **144.**1b der TRIAC in der positiven Halbschwingung erst beim Zündwinkel ωt_{z+} durchgeschaltet, bricht in diesem Augenblick die am TRIAC liegende Spannung u auf die Durchlaßspannung $u_T \approx 1,4$ V zusammen. Wegen der Induktivität L setzt der Stromfluß verzögert ein, und es ergibt sich ein Stromimpuls, dessen Verlauf in Bild **144.**1c für $\omega L = 2R$ dargestellt ist. (Die Stromimpulse werden bei den Anwendungen in Abschn. 2.4.2.5 berechnet.) Beim Nulldurchgang der Eingangsspannung u_e fließt durch den TRIAC noch nahezu der maximale Strom i. Er bleibt deshalb weiter leitend, und über seine Hauptstrecke fällt weiterhin die sehr kleine Durchlaßspannung u_T ab. Erst wenn der Strom i den sehr kleinen Haltestrom I_{H0} unterschreitet, also fast null wird, beginnt die Hauptstrecke $MT2 - MT1$ wieder zu sperren. Zu diesem Zeitpunkt liegt wegen der Phasenverschiebung des Stromimpulses gegenüber der Eingangsspannung schon wieder nahezu der negative Scheitelwert $-u_{em}$ der Eingangsspannung an der Eingangsklemme E.

Sperrt jetzt der TRIAC, springt seine Hauptspannung u in sehr kurzer Zeit auf diese große Eingangsspannung. Ähnliche Verhältnisse ergeben sich, wenn der TRIAC in der negativen Halbschwingung der Eingangsspannung u_e beim Zündwinkel ωt_{z-} getriggert wird.

Diese sehr schnellen, durch die Kommutierung der Eingangsspannung verursachten Spannungsanstiege $(du/dt)_K$ bzw. $-(du/dt)_K$ können, wenn sie zu steil sind, zu einer **sofortigen erneuten Zündung** des TRIAC führen. Die Ursache hierfür ist der in Abschn. 2.4.1.5 behandelte **rate effect**.

Allerdings liegen bei der Kommutierung des TRIAC wesentlich kritischere Bedingungen vor als beim Wiederanlegen der positiven Hauptspannung an einen mindestens seit seiner Freiwerdezeit t_q gesperrten Thyristor (Bild **121.**1). Bei diesem sind nach der Zeit t_q die PN-Übergänge wieder ladungsträgerfrei und haben ihre Sperrfähigkeit erreicht. Seine positive Hauptspannung kann dann mit der großen kritischen Spannungssteilheit $(du/dt)_{krit} \approx 100$ V/μs wieder angelegt werden.

Bei der Kommutierung des TRIAC dagegen steigt die Hauptspannung u während seines Übergangs aus dem leitenden in den gesperrten Zustand bereits zu großen Werten an. Seine PN-Übergänge sind noch nicht ladungsträgerfrei, und ein Anstieg der Kommutierungsspannung kann schon bei wesentlich kleinerer Steilheit über den rate effect zur erneuten Zündung führen. Das **Freiwerden des TRIAC** wird deshalb auch nicht durch seine Freiwerdezeit t_q angegeben, denn unter diesen Bedingungen hat er diese Zeit zum Freiwerden gar nicht, sondern man gibt die **maximal zulässige Steilheit der Kommutierungsspannung** $(du/dt)_{Kkrit}$ an. Wie die Werte in Tafel **143.**2 zeigen, ist diese wesentlich kleiner als die kritische Spannungssteilheit $(du/dt)_{krit}$.

Die kritische Steilheit der Kommutierungsspannung $(du/dt)_{Kkrit}$ **sinkt**

a) mit wachsender Gehäusetemperatur T_G,
b) mit wachsender Hauptspannung $U_{M2M1} = U_D$,
c) mit wachsendem Effektivwert des Durchlaßstroms I_{TEFF},
d) mit wachsender Kommutierungssteilheit des Hauptstroms $(di/dt)_K$ (s. Bild **144.**1c und Tafel **143.**2).

Wird der Anstieg der kommutierten Spannung zu steil, da über die Induktivität L und den Widerstand R nur die sehr kleinen Streukapazitäten und Sperrschichtkapazitäten des TRIAC, aufgeladen werden müssen, empfiehlt es sich, parallel zum TRIAC ein (in Bild **144.**1a gestricheltes) RC-Glied zu schalten. Durch die Aufladung der Kapazität C wird dann der Spannungsanstieg verlangsamt. Der Widerstand R_d hat die Aufgabe, den aus Induktivität L und Kapazität C gebildeten Schwingkreis aperiodisch zu dämpfen. In den meisten Fällen sind eine Kapazität $C = 0{,}1$ μF und ein Dämpfungswiderstand $R_d = 100$ Ω ausreichend.

Wird von dem TRIAC der Wechselstrom in reinen Wirkwiderständen gesteuert, bestehen diese Schwierigkeiten nicht, denn Strom und Spannung sind in Phase, und es tritt keine hohe Kommutierungsspannung auf. Das aus Kapazität C und Dämpfungswiderstand R_d bestehende RC-Glied braucht dann nicht parallel zum TRIAC geschaltet zu werden.

2.4.2.4 Technologischer Aufbau. Wie der Thyristor wird auch der TRIAC meist als kreisrunde Tablette hergestellt [15], [22]. Bild **146.**1 zeigt einen Schnitt durch diese TRIAC-Tablette. In ein N-dotiertes Silizium-Substrat (Schicht N_3) werden durch beidseitige Diffusion aus der Gasphase die P-dotierten Schichten P_1 und P_2 erzeugt. In diesen PNP-dotierten Kristall diffundiert man mit der Photomaskentechnik die beiden Emitter N_1,

2.4 Thyristor-Trioden

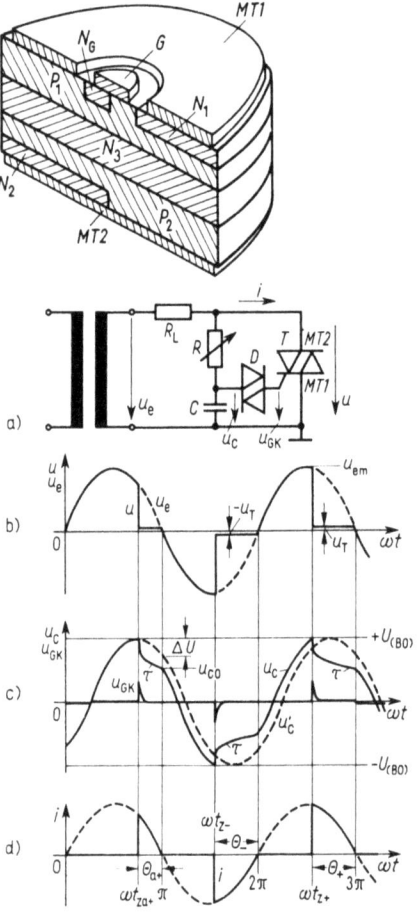

146.1
Technologischer Aufbau der TRIAC-Tablette
$MT1, MT2$ Hauptanschlüsse; G Gate, N_G N-dotierte Gate-Emitterinsel, N_1 halbringförmiger N-dotierter Kathoden-Emitter, N_2 halbringförmiger N-dotierter Anoden-Emitter

146.2
Nicht hysteresefreier Wechselstromsteller mit TRIAC und DIAC-Triggerung
a) Schaltung mit $R = 500 \, \text{k}\Omega$ und $C = 0{,}1 \, \mu\text{F}$ bei einer Eingangsspannung u_e mit dem Effektivwert der Spannung $U_e = 220 \, \text{V}$ und der Frequenz $f = 50 \, \text{Hz}$
b) Eingangswechselspannung u_e und Spannung u über den TRIAC T
c) Kondensatorspannung u_C und TRIAC-Triggerimpulse u_{GK}
d) Strom i durch TRIAC T und Lastwiderstand R_L

ωt_{za+} Anfangszündwinkel beim ersten Zünden in der positiven Halbschwingung der Eingangsspannung, ωt_{z-} weitere Zündwinkel in negativen und ωt_{z+} in positiven Halbschwingungen, Θ_{a+} Stromflußwinkel nach erstem Zünden, Θ_- Stromflußwinkel in den folgenden negativen und Θ_+ in positiven Halbschwingungen

N_2 und den Gate-Emitter N_G. Anschließend werden als Metallschicht der kreisringförmige Hauptanschluß $MT1$ (Kathode), der zentrale Gate-Anschluß G und auf der Rückseite der kreisförmige Hauptanschluß $MT2$ (Anode) aufgedampft.
Die TRIAC-Tablette wird wie die Thyristor-Pille in Press-fit-Gehäuse (s. Bild **123.**1b) oder bei kleineren Verlustleistungen in Transistor-Gehäuse vom Typ TO-5, TO-3 oder TO-66 eingebaut. Für die Kühlung der TRIAC-Tablette gelten die Ausführungen, die in Abschn. 2.4.1.6 zur Kühlung von Thyristoren gemacht werden.

2.4.2.5 Anwendungen. Mit dem TRIAC läßt sich die Phasenanschnittsteuerung von Wechselströmen wesentlich einfacher durchführen als mit Schaltungen, die wie in Bild **131.**1 und **131.**2 antiparallel geschaltete Thyristoren enthalten. Die Schaltungen werden besonders dann sehr einfach, wenn zur Triggerung des TRIAC der in Abschn. 2.2.2 beschriebene DIAC benutzt wird.

TRIAC-Wechselstromsteller für Wirklasten. In Bild **146.**2a steuert der TRIAC T den durch den Lastwiderstand R_L fließenden Wechselstrom i. Er wird getriggert durch den

2.4.2 Bidirektionale Thyristor-Trioden (TRIAC)

DIAC D. In der positiven Halbschwingung der Eingangsspannung u_e führt der Hauptanschluß MT2 positive Spannung. Die über den Kondensator C liegende Spannung u_C ist ebenfalls positiv, so daß der DIAC beim Durchschalten einen positiven Triggerimpuls u_{GK} erzeugt (s. Bild **146.**2c). Der TRIAC arbeitet also im I(+)-Betriebszustand. In der negativen Halbschwingung der Eingangsspannung u_e führt der Hauptanschluß MT2 negative Spannung, und, da die Kondensatorspannung u_C ebenfalls negativ ist, erzeugt der DIAC beim Durchbruch einen negativen Triggerimpuls, so daß der TRIAC jetzt im III(−)-Zustand betrieben wird.

Gegenüber der Zündung von Thyristoren oder TRIACs mit Vier- oder Fünfschicht-Dioden hat die Triggerung mit Trigger-Dioden den Nachteil, daß diese den Kondensator C nicht bis auf nahezu 0 V entladen. Beim Erreichen der Durchbruchspannung $U_{(BO)} = $ 30 V bis 35 V bricht die Spannung über die Trigger-Diode nur um die Rücklaufspannung $\Delta U = 5$ V zusammen. Der Kondensator C wird also nur um etwa 5 V entladen. Daraus ergeben sich die in Bild **146.**2b, c, d aufgetragenen Spannungs- und Stromverläufe.

Wird durch Verkleinerung des Widerstands R die Kondensatorspannung u_C soweit vergrößert, daß ihre positiven und negativen Scheitelwerte u_{Cm} und $-u_{Cm}$ die positive und negative Kippspannung $U_{(BO)}$ und $-U_{(BO)}$ des DIAC gerade noch nicht erreichen, so ergibt sich der in Bild **146.**2c gestrichelt gezeichnete, gegenüber der Eingangsspannung u_e von Bild **146.**2b phasenverschobene Spannungsverlauf u'_C. Wird nun die Kondensatorspannung u_C geringfügig erhöht, schaltet der DIAC beim Zündwinkel ωt_{za+} zum ersten Mal durch. Die Kondensatorspannung sinkt vom Scheitelwert $u_{Cm} = U_{(BO)}$ um die Spannung ΔU, und es ergibt sich jetzt der in Bild **146.**2c durchgezogene Verlauf u_C der Kondensatorspannung. Das Schalten des DIAC erzeugt den in Bild **146.**2c dargestellten positiven Triggerimpuls u_{GK}; dieser zündet den TRIAC, die Spannung u bricht auf die Durchlaßspannung u_T zusammen (Bild **146.**2b), und es entsteht der in Bild **146.**2d gezeigte Stromimpuls. Der Stromflußwinkel dieses ersten Stromimpulses Θ_{a+} ist kleiner als die Stromflußwinkel Θ_- und Θ_+ der dann folgenden Impulse.

Während des Stromflußwinkels Θ_{a+} ist der TRIAC leitend, und der Kondensator C entlädt sich exponentiell mit der Zeitkonstanten $\tau = RC$ über den Widerstand R und den TRIAC. Nach dem Nulldurchgang der Eingangsspannung u_e sperrt der TRIAC wieder, und die Kondensatorspannung u_C folgt nun wieder phasenverschoben der zur negativen Halbschwingung abfallenden Eingangsspannung u_e und erreicht jetzt schon beim Zündwinkel ωt_{z-} die negative Kippspannung $-U_{(BO)}$ des DIAC. Dieser zündet deshalb in dieser und in allen folgenden Halbschwingungen früher und vergrößert dadurch auch die Stromflußwinkel Θ_-, Θ_+ aller folgenden Stromimpulse.

Zündet also der TRIAC, so fließt wegen der relativ großen, sich einstellenden Stromflußwinkel Θ_- und Θ_+ gleich ein relativ großer Durchlaßstrom I_{TEFF}, der erst durch Vergrößerung des Widerstands R wieder verringert werden kann. Da in dieser Schaltung der TRIAC bei einem kleineren Widerstandswert R zum erstenmal einschaltet, dann jedoch gleich ein größerer Strom fließt, und erst bei einem größeren Widerstandswert R wieder ganz ausschaltet, weist diese Schaltung eine Ein-Ausschalt-Hysterese auf. Die Ursache hierfür ist die nicht vollständige Entladung des Kondensators C durch den DIAC.

Bedingt durch dieses Verhalten der Schaltung wird die Berechnung der Stromflußwinkel Θ_- und Θ_+ in Abhängigkeit von der Zeitkonstanten $\tau = RC$ schwierig. So muß zu seiner Berechnung der Zündwinkel ωt_{z-} ermittelt werden. Hierzu ist es notwendig, zunächst bis zum Winkel π die sprunghafte und anschließend exponentielle Entladung mit der Zeitkonstanten τ zu verfolgen und hieraus die Spannung u_{C0} (s. Bild **146.**2c) zu ermitteln.

148 2.4 Thyristor-Trioden

Mit dieser Spannung u_{C0} als Anfangswert ist dann die Differentialgleichung (126.1) für die anschließende negative Halbschwingung der Eingangsspannung u_e zu lösen und die Lösungsfunktion $u_C = f(RC)$, die Gl. (127.1) ähnelt, mit der negativen Kippspannung $-U_{(BO)}$ des DIAC gleichzusetzen. Die Auflösung dieser dann transzendenten Gleichung nach dem Winkel $\omega t = \omega t_{z-}$ liefert den Zündwinkel ωt_{z-} und somit den Stromflußwinkel $\Theta_- = 2\pi - \omega t_{z-}$ als Funktion der Zeitkonstanten τ. Auf diese Rechnung soll hier verzichtet werden. Mit den Werten $C = 0{,}1$ μF und $R = 500$ kΩ arbeitet die Schaltung bei einer 220-V-Wechselspannung der Frequenz $f = 50$ Hz zufriedenstellend. [15].

Hysteresefreie TRIAC-Wechselstromsteller. Die Hysterese läßt sich beseitigen, wenn der Kondensator C in der Schaltung von Bild **146.**2a während einer Periode der Eingangs-Wechselspannung einmal bis auf 0 V entladen wird. Dies ist mit der in Bild **148.**1a gezeigten Schaltung möglich. Hat der TRIAC in der positiven Halbschwingung der Eingangsspannung u_e noch nicht gezündet, lädt sich der Kondensator C über den Widerstand R_1 verzögert zur Eingangsspannung auf. Die Dioden D_1 und D_2 sind gesperrt und stören den Ladevorgang nicht.

Erreicht beim Zündwinkel ωt_{z+} die Kondensatorspannung u_C die positive Durchbruchspannung $+U_{(BO)}$ (Bild **148.**1c) des DIAC, schaltet dieser, die Kondensatorspannung sinkt fast sprungartig um ΔU, der TRIAC zündet, und auch die Spannung u bricht auf nahezu 0 V zusammen (Bild **148.**1b). Da die Kondensatorspannung u_C nach dem Sprung weiter positiv ist, entlädt sich jetzt der Kondensator C über die leitende Diode D_1 und den Widerstand R_2 näherungsweise exponentiell mit der Zeitkonstanten $\tau_2 = R_2 C$. Die Diode D_2 ist weiter gesperrt. Ist die Zeitkonstante τ_2 hinreichend klein, ist der Kondensator C schon beim Nulldurchgang der Eingangsspannung u_e auf fast 0 V entladen.

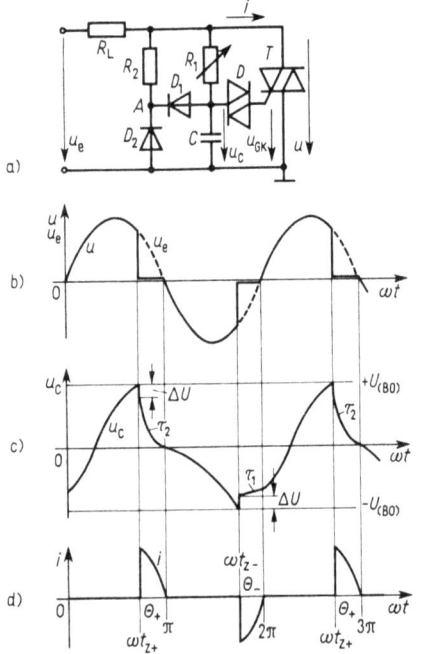

148.1
Hysteresefreier Wechselstromsteller mit TRIAC und DIAC-Triggerung
a) Schaltung mit $R_1 = 500$ kΩ, $R_2 = 10$ kΩ und $C = 0{,}1$ μF bei einer Eingangswechselspannung u_e mit dem Effektivwert der Spannung $U_e = 220$ V und der Frequenz $f = 50$ Hz
b) Eingangswechselspannung u_e und Spannung u über den TRIAC T
c) Verlauf der Kondensatorspannung u_C
d) Stromimpulse i durch TRIAC T und Lastwiderstand R_L

ωt_{z+} Zündwinkel in positiver und ωt_{z-} in negativer Halbschwingung, Θ_+ Stromflußwinkel in positiver und Θ_- in negativer Halbschwingung der Eingangsspannung u_e

2.4.2 Bidirektionale Thyristor-Trioden (TRIAC)

In der nun folgenden negativen Halbschwingung ist die Diode D_2 leitend und hält den Punkt A in Bild **148.**1a auf $-0,7$ V. Dadurch ist auch in der negativen Halbschwingung die Diode D_1 gesperrt, und der Kondensator C wird wieder über den Widerstand R_1 in negative Richtung aufgeladen. Die Kondensatorspannung u_C folgt bis zum Erreichen der negativen Kippspannung $-U_{(BO)}$ des DIAC mit negativem Vorzeichen der Funktion von Gl. (127.1) und Bild **126.**2. Schaltet nun bei $u_C = -U_{(BO)}$ der DIAC wieder, ändert sich zunächst beim Zündwinkel ωt_{z-} die Kondensatorspannung u_C um ΔU in positive Richtung; dann entlädt sich jedoch der Kondensator C wegen der gesperrten Diode D_1 langsamer mit der Zeitkonstanten $\tau_1 = R_1 C$. Sperrt der DIAC beim Nulldurchgang wieder, wird der Kondensator C erneut zur positiven Kippspannung $+U_{(BO)}$ hin umgeladen. Zwar sind die Stromflußwinkel Θ_+ und Θ_- in der positiven und negativen Halbschwingung nicht exakt gleich (Bild **148.**1d), jedoch entfällt wegen der in jeder negativen Halbschwingung bei 0 V beginnenden Kondensatoraufladung die Hysterese.

Wegen des nichtlinearen Verlaufs der Dioden-Kennlinien ist die genaue Berechnung des zeitlichen Verlaufs der Kondensatorspannung u_C und somit der Stromflußwinkel Θ_+ und Θ_- schwierig. Wir wollen hier darauf verzichten; die Schaltung arbeitet zufriedenstellend mit den Werten $R_1 = 500$ kΩ, $R_2 = 10$ kΩ und $C = 0,1$ µF bei einer 220-V-Eingangswechselspannung u_e der Frequenz $f = 50$ Hz.

Auch mit der in Bild **149.**1a gezeigten Schaltung läßt sich die Hysterese weitgehend beseitigen. Wird in dieser Schaltung beim Zünden des DIAC der Kondensator C_2 um ΔU entladen, so wird der Spannungsverlust des Kondensators C_2 durch Nachladung aus dem Kondensator C_1 über den Widerstand R_2 wieder weitgehend ausgeglichen (Bild **149.**1c), und der in Bild **146.**1c auftretende, die Hysterese verursachende Vorlauf der Kondensatorspannung u_C wird vermieden. Bei einer 220-V-Wechselspannung u_e der Frequenz $f = 50$ Hz arbeitet die Schaltung mit den Werten $R_1 = 250$ kΩ, $R_2 = 15$ kΩ und $C_1 = C_2 = 0,1$ µF zufriedenstellend.

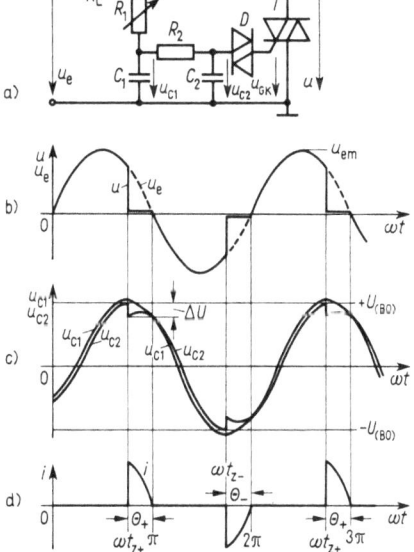

149.1
Hysteresefreier Wechselstromsteller mit TRIAC und DIAC-Triggerung
a) Schaltung mit $R_1 = 250$ kΩ, $R_2 = 15$ kΩ und $C_1 = C_2 = 0,1$ µF bei einer Eingangswechselspannung u_e mit dem Effektivwert der Spannung $U_e = 220$ V und der Frequenz $f = 50$ Hz
b) Eingangswechselspannung u_e und Spannung u über den TRIAC T
c) Verlauf der Kondensatorspannungen u_{C1} und u_{C2}
d) Stromimpulse durch TRIAC T und Lastwiderstand R_L

ωt_{z+} Zünd- und Θ_+ Stromflußwinkel in den positiven und ωt_{z-} sowie Θ_- in den negativen Halbschwingungen

2.4 Thyristor-Trioden

TRIAC-Wechselstromsteller für teilweise induktive Last. In der Schaltung von Bild **150.**1 arbeitet der TRIAC T auf einen Verbraucher V, der aus Induktivität L und Widerstand R besteht. Zwischen Verbraucher V und TRIAC-Schaltung ist ein Entstörfilter F geschaltet, das aus der Induktivität $L_F = 200\,\mu\text{H}$ und der Kapazität $C_F = 0{,}1\,\mu\text{F}$ besteht. Es hält die sehr steilen, vom TRIAC erzeugten Spannungssprünge vom Verbraucher V und vom Spannungsnetz fern und verhindert hierdurch Störimpulse im Netz, die sich besonders beim Rundfunkempfang im Mittel- und Langwellenbereich bemerkbar machen. Derartige Entstörfilter sollen in alle Thyristor- oder TRIAC-Schaltungen eingefügt werden. Das RC-Glied parallel zum TRIAC, bestehend aus dem Dämpfungswiderstand $R_d = 100\,\Omega$ und dem Kondensator $C = 0{,}1\,\mu\text{F}$, dient wie in Bild **144.**1a der Verringerung der Kommutierungssteilheit und ist nur bei induktiver Last erforderlich. Die Wirkungsweise der weiteren Schaltung ist die gleiche wie die der Schaltung von Bild **149.**1a.

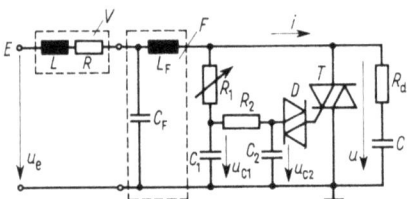
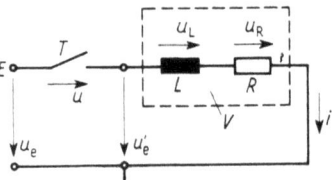

150.1 Hysteresefreier TRIAC-Wechselstromsteller mit DIAC-Triggerung und teilweise induktiver Last

V Verbraucher aus Induktivität L und Wirkwiderstand R; F Entstörfilter mit Induktivität $L_F = 200\,\mu\text{H}$ und Kapazität $C_F = 0{,}1\,\mu\text{F}$; R_d und C Dämpfungsglied zur Verringerung der Kommutierungssteilheit

150.2 Ersatzschaltung für Bild **150.**1 zur Berechnung der Strom- und Spannungsverläufe von Bild **151.**1

T TRIAC-Schalter, V Verbraucher (Last) aus Induktivität L und Wirkwiderstand R

Für die Berechnung der im Verbraucher V und im TRIAC auftretenden Stromimpulse i vernachlässigen wir das Entstörfilter, dessen Induktivität L_F klein ist, und das RC-Glied zur Verringerung der Kommutierungssteilheit und erhalten so die vereinfachte Schaltung von Bild **150.**2, in der wir den TRIAC T durch einen Schalter ersetzt haben, der im geforderten Zündwinkel ωt_z geschlossen wird. Wir wollen im folgenden die Berechnung für die positive Halbschwingung der Eingangsspannung $u_e = u_{em}\sin(\omega t)$ durchführen und den TRIAC beim gewünschten, in der positiven Halbschwingung liegenden Zündwinkel ωt_{z+} zum ersten Mal durchschalten. Dann ergibt sich für die an der Reihenschaltung von Induktivität L und Widerstand R liegende Eingangsspannung

$$\begin{aligned} u_e' &= 0 & \text{für} & \quad 0 \leqq \omega t < \omega t_{z+} \\ u_e' &= u_{em}\sin(\omega t) & \text{für} & \quad \omega t_{z+} \leqq \omega t \leqq \omega t_0 \\ u_e' &= 0 & \text{für} & \quad \omega t_0 < \omega t \leqq \omega t_{z-} \end{aligned} \qquad (150.1)$$

Beim Winkel ωt_0 wird wie in Bild **151.**1 der Strom i durch TRIAC T, Induktivität L und Widerstand R wieder null, der TRIAC sperrt, und der Schalter T in Bild **150.**2 wird wieder geöffnet. Die erneute Triggerung wird dann beim Zündwinkel ωt_{z-} in der negativen Halbschwingung durchgeführt und der Schalter T wieder geschlossen. Ferner ist in Bild **150.**2 der TRIAC-Schalter T zwischen Eingang E und Verbraucher V geschaltet. In

2.4.2 Bidirektionale Thyristor-Trioden (TRIAC)

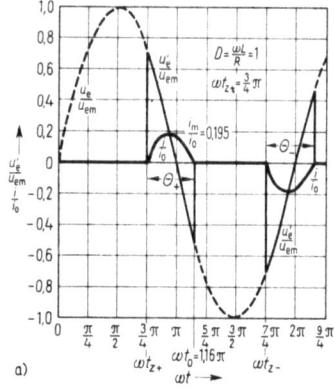

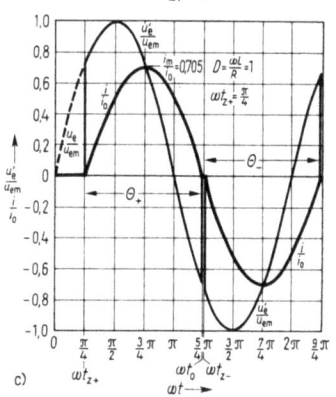

151.1
Auf den Scheitelwert u_{em} bezogene Eingangsspannung u_e/u_{em} (gestrichelt) und über den Verbraucher V abfallende Spannung u'_e/u_{em} sowie auf den Strom $i_0 = u_{em}/R$ bezogener Strom i/i_0 durch Verbraucher V und TRIAC T der Schaltung nach Bild **150.2** in Abhängigkeit vom Winkel ωt bei den Zündwinkeln
a) $\omega t_{z+} = (3/4)\pi$ und $\omega t_{z-} = (7/4)\pi$
b) $\omega t_{z+} = \pi/2$ und $\omega t_{z-} = (3/2)\pi$
c) $\omega t_{z+} = \pi/4$ und $\omega t_{z-} = (5/4)\pi$
Θ_+ Stromflußwinkel in positiver und Θ_- in negativer Halbschwingung der Eingangswechselspannung u_e

den bisher behandelten Schaltungen, insbesondere auch in Bild **150.1**, liegt er dagegen zwischen Verbraucher V und Masse. Für die Stromimpulse i durch den Verbraucher V ist dies bedeutungslos. Die Spannung u über den TRIAC, die z. B. in Bild **144.1** b aufgetragen ist, ergibt sich jetzt zu $u = u_e - u'_e$, kann also in Bild **151.1** a, b, c aus der Differenz der dort aufgetragenen, auf den Scheitelwert u_{em} normierten Spannungen u_e/u_{em} und u'_e/u_{em} ermittelt werden.

Mit den Spannungen $u_L = L\,di/dt$ und $u_R = iR$ an Induktivität L und Widerstand R erhält man aus Bild **150.2** für $\omega t_{z+} \leq \omega t \leq \omega t_0$, also während des Stromflußwinkels $\Theta_+ = \omega t_0 - \omega t_{z+}$, für den Strom i die Differentialgleichung

$$L\frac{di}{dt} + iR = u'_e = u_{em}\sin(\omega t) \tag{151.1}$$

Mit den Konstanten

$$D = \omega L/R \tag{151.2}$$

$$K_0 = 1/(1 + D^2) \tag{151.3}$$

$$K_1 = -D\cos(\omega t_{z+}) + \sin(\omega t_{z+}) \tag{151.4}$$

$$K_2 = D\sin(\omega t_{z+}) + \cos(\omega t_{z+}) \tag{151.5}$$

$$i_0 = u_{em}/R \tag{151.6}$$

2.4 Thyristor-Trioden

erhält man in diesem Winkelintervall für den auf i_0 bezogenen Strom die Lösung

$$\frac{i}{i_0} = K_0 \left\{ K_1 \left[\cos(\omega t - \omega t_{z+}) - \exp\left(-\frac{\omega t - \omega t_{z+}}{D}\right) \right] + K_2 \sin(\omega t - \omega t_{z+}) \right\} \quad (152.1)$$

In Bild **151.**1 a, b, c ist der zeitliche Verlauf des auf i_0 bezogenen Stroms i für die Zündwinkel $\omega t_{z+} = (3/4)\pi, \pi/2$ und $\pi/4$ bei $D = \omega L/R = 1$, also bei gleich großem induktivem Blindwiderstand und Wirkwiderstand $\omega L = R$, aufgetragen. Beim Zündwinkel ωt_{z+} wird der TRIAC zum ersten Mal gezündet und legt die Spannung u'_e an die Reihenschaltung von Induktivität L und Widerstand R. Während die Spannung u'_e beim Winkel π durch null geht, erreicht der Strom i erst später beim Winkel ωt_0 den Wert Null. Der sich ergebende Stromflußwinkel $\Theta_+ = \omega t_0 - \omega t_{z+}$ ist größer als der bei reiner Wirklast R vorliegende Stromflußwinkel $\Theta' = \pi - \omega t_{z+}$.

In der negativen Halbschwingung wird der TRIAC beim Zündwinkel ωt_{z-} getriggert, und man erhält dann bis auf das Vorzeichen die gleichen Strom- und Spannungsverläufe sowie für die Stromflußwinkel $\Theta_- = \Theta_+$.

Wird wie in Bild **151.**1 c der TRIAC schon beim Winkel $\omega t_{z+} = \pi/4$ bzw. $\omega t_{z-} = 5\pi/4$ gezündet, so ist dieser vom Winkel ωt_{z+} an während aller folgenden Halbschwingungen fast durchgehend eingeschaltet. Der Wechselstrom i kann ihn also ungehindert passieren. Die Zündwinkel ωt_{z+} und ωt_{z-} dürfen dann nicht weiter verkleinert werden. Bei rein induktiver Last verschiebt sich das erste Strommaximum zum Winkel π und ist damit um $\pi/2$ gegen das Spannungsmaximum verschoben. Der TRIAC ist dann schon bei den Zündwinkeln $\omega t_{z+} = \pi/2$ bzw. $\omega t_{z-} = 3\pi/2$ ständig eingeschaltet.

Beispiel 33. In der Schaltung nach Bild **150.**1 wird ein TRIAC mit der Eingangsspannung $u_e = u_{em} \sin(\omega t)$ betrieben, deren Scheitelwert $u_{em} = 311{,}13$ V (Effektivwert $U_e = 220$ V) und deren Kreisfrequenz $\omega = 314\,\mathrm{s^{-1}}$ (Frequenz $f = 50$ Hz) ist. Der Verbraucher V besteht aus der Induktivität $L = 0{,}1$ H und dem Widerstand $R = 31{,}4\,\Omega$. Man berechne für die Zündwinkel a) $\omega t_{z+} = \pi/4$, b) $\omega t_{z+} = \pi/2$ und c) $\omega t_{z+} = 3\pi/4$ den Scheitelwert i_m des Stroms i durch den Verbraucher V und den Stromflußwinkel Θ_+.

Aus Gl. (151.2) und (151.6) ergeben sich die Konstante $D = \omega L/R = 314\,\mathrm{s^{-1}} \cdot 0{,}1\,\mathrm{H}/31{,}4\,\Omega = 1$ und der Strom $i_0 = u_{em}/R = 311{,}13\,\mathrm{V}/31{,}4\,\Omega = 9{,}91$ A.

Zu a): Für den Zündwinkel $\omega t_{z+} = 3\pi/4$ entnehmen wir aus Bild **151.**1 a für $D = 1$ den auf i_0 bezogenen Scheitelwert $i_m/i_0 = 0{,}195$. Daraus ergibt sich mit $i_0 = 9{,}91$ A für den Scheitelwert $i_m = 0{,}195\,i_0 = 0{,}195 \cdot 9{,}91$ A $= 1{,}93$ A. Für den Stromflußwinkel Θ_+ finden wir aus Bild **151.**1 a $\Theta_+ = \omega t_0 - \omega t_{z+} = 1{,}16\,\pi - 0{,}75\,\pi = 0{,}41\,\pi = 73{,}8°$.

Zu b): Für den Zündwinkel $\omega t_{z+} = \pi/2$ berechnen wir in gleicher Weise unter Verwendung von Bild **151.**1 b für den Scheitelwert $i'_m = 5{,}02$ A und für den Stromflußwinkel $\Theta_+ = 0{,}75\,\pi = 135{,}0°$.

Zu c): Mit den Werten von Bild **151.**1 c wird beim Zündwinkel $\omega t_{z+} = \pi/4$ der Scheitelwert $i_m = 6{,}99$ A und der Stromflußwinkel $\Theta_+ = \pi = 180°$.

Soll der Scheitelwert i_m und der Stromflußwinkel Θ_+ für Verbraucher mit anderer Induktivität L und anderem Widerstand R berechnet werden, muß zunächst aus Gl. (152.1) der Scheitelwert i_m/i_0 des auf i_0 bezogenen Stroms i und die erste Nullstelle ωt_0 ermittelt werden. Mit diesen Werten kann dann wie in diesem Beispiel weiter gerechnet werden.

2.5 Thyristor-Tetroden

2.5.1 Aufbau und Wirkungsweise

Die Thyristor-Tetrode ist ein Thyristor, bei dem sowohl die anodenseitige N-Basis als auch die kathodenseitige P-Basis mit einem Gate-Anschluß GA bzw. GK versehen ist. Bild 153.1a, b, c zeigt den prinzipiellen Aufbau, die hieraus sich ergebende Transistor-Ersatzschaltung und das für dieses Bauelement verwendete Schaltzeichen. Die Thyristor-Tetrode kann wie der normale kathodenseitig gesteuerte Thyristor durch einen positiven Spannungsimpuls am Gate GK getriggert werden. Zusätzlich besteht jedoch auch die Möglichkeit der Triggerung durch das anodenseitige Gate GA. Während bei der

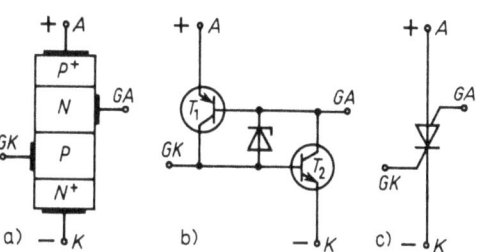

153.1
Thyristor-Tetrode
a) vereinfachte Darstellung der Schichtenfolge
b) Transistor-Ersatzschaltung
c) Schaltzeichen
A Anode, K Kathode, GA anodenseitiges und GK kathodenseitiges Gate

Triggerung über das Gate GK der Transistor T_2 durch einen in das Gate hineinfließenden Basis-Strom leitend gemacht wird und mit seinem Kollektorstrom dann auch den Transistor T_1 durchschaltet, fließt bei der anodenseitigen Triggerung der Basis-Strom des PNP-Transistors T_1 aus dem Gate GA heraus. Um dies zu erreichen, muß an das Gate GA ein gegenüber der Anode A negativer Spannungsimpuls gelegt werden. Da bei der Thyristor-Tetrode keine Widerstände parallel zu den Basis-Emitter-Strecken liegen, sind die erforderlichen Triggerströme I_{GAT} und I_{GKT} relativ klein (10 µA bis 1 mA) gegenüber den Triggerströmen von Leistungs-Thyristoren. Nach Gl. (103.5) zündet der Thyristor, wenn das Produkt der Stromverstärkungen der Transistoren $B_1 B_2 = 1$ wird. Bei üblichen Thyristor-Tetroden (z. B. BRY 20 von Siemens) ist die Stromverstärkung B_2 des NPN-Transistors T_2 meist größer als die Stromverstärkung B_1 des PNP-Transistors T_1, so daß der Zündstrom I_{GKT} bei kathodenseitiger Triggerung kleiner ist als bei anodenseitiger Triggerung.

Gegenüber Thyristoren haben Thyristor-Tetroden jedoch noch eine weitere wichtige Eigenschaft. Durch Anlegen eines negativen Spannungsimpulses an das Gate GK bzw. eines positiven Impulses an Gate GA kann die durchgeschaltete Hauptstrecke $A-K$ wieder gesperrt werden. Prinzipiell ist dies auch bei Thyristoren möglich. Die hierfür erforderlichen negativen Gate-Ströme liegen jedoch in der Größenordnung der Anodenströme und überschreiten deshalb meist die zulässige Gate-Verlustleistung. Thyristor-Tetroden werden mit Anodenströmen bis 500 mA, also mit wesentlich kleineren Strömen als Leistungs-Thyristoren, betrieben, und, da außerdem der kathodenseitige Ersatztransistor T_2 die Stromverstärkung $B_2 \approx 5$ bis 10 hat, kann man mit einem kathodenseitigen Gate-Strom I_{GKQ}, der etwa fünf- bis zehnmal kleiner als der Anodenstrom I_T ist, die Thyristor-Tetrode wieder ausschalten.

154 2.5 Thyristor-Tetroden

In Bild **154.**1a sind der kathodenseitige Gate-Triggerstrom I_{GKT} und der Betrag des negativen anodenseitigen Gate-Triggerstroms $|I_{GAT}|$ in Abhängigkeit von der Temperatur T_U der Umgebung aufgetragen. Beide Ströme fallen mit wachsender Temperatur T_U, und bei Temperaturen oberhalb 400 K besteht die Gefahr, daß die Thyristor-Tetrode durch den vergrößerten Sperrstrom des mittleren PN-Übergangs, der in der Ersatzschaltung von Bild **153.**1b durch die Z-Diode dargestellt wird, von selbst zündet. Ein Triggerstrom ist dann nicht mehr erforderlich. Der in Bild **154.**1b in Abhängigkeit von der Umgebungstemperatur T_U aufgetragene Betrag des negativen kathodenseitigen Abschaltstroms $|I_{GKQ}|$ weist dagegen eine relativ geringe Temperaturabhängigkeit auf. Jedoch steigt der Abschaltstrom I_{GKQ} etwa proportional mit dem als Parameter angegebenen Durchlaßstrom I_T der Thyristor-Tetrode. Das Verhältnis von vorangehendem Durchlaßstrom I_T zu nachfolgendem Abschaltstrom I_{GKQ} ist für die Thyristor-Tetrode BRY 20 näherungsweise $I_T/|I_{GKQ}| \approx 5$ bis 8, d.h., die Tetrode kann mit einem gegenüber dem Durchlaßstrom 5- bis 8mal kleineren kathodenseitigen Abschaltstroms I_{GKQ} gesperrt werden.

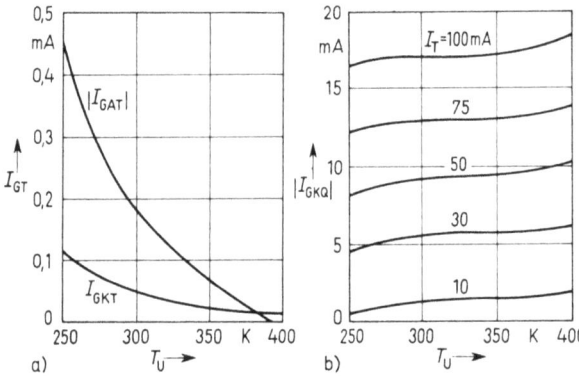

154.1
Anodenseitiger Gate-Triggerstrom I_{GAT} und kathodenseitiger Gate-Triggerstrom I_{GKT} (a) sowie kathodenseitiger Abschaltstrom I_{GKQ} mit dem Durchlaßstrom I_T als Parameter (b) in Abhängigkeit von der Umgebungstemperatur T_U

2.5.2 Kennwerte

Wegen der geforderten Abschaltbarkeit des Durchlaßstroms I_T durch einen negativen kathodenseitigen Gate-Strom I_{GKQ} können Thyristor-Tetroden nur mit kleineren Durchlaßströmen betrieben werden. Da sie meist in Steuerschaltungen mit Versorgungsspannungen von einigen 10 V arbeiten, braucht auch ihre Nullkippspannung $U_{(BO)null}$ nicht so groß wie die von Leistungs-Thyristoren zu sein. In der nachfolgenden Tafel **155.**1 sind die wichtigsten Kennwerte einer typischen Kleinleistungs-Thyristor-Tetrode (BRY 20) zusammengestellt.

Ist das anodenseitige Gate GA über einen Widerstand $R_{GA} < 200 \text{ k}\Omega$ mit der Anode A verbunden, kann die Spannungssteilheit du/dt beim Wiederanlegen der positiven Anoden-Kathoden-Spannung u wesentlich größer als die kritische Spannungssteilheit $(du/dt)_{krit} = 50 \text{ V}/\mu\text{s}$ werden.

Tafel 155.1 Kennwerte der Thyristor-Tetrode BRY 20 (U_D positive und U_R negative Anoden-Kathoden-Spannung, R_{GK} Gate-Kathoden-Widerstand)

Kenngröße und Bedingungen	Formelzeichen und Einheit	Zahlenwert
Nullkippspannung bei $I_{GA} = 0$ und $R_{GK} = 5\,\text{k}\Omega$	$U_{(BO)\text{null}}$ in V	> 40
Negative Sperrspannung	U_{RM} in V	-40
Positiver Sperrstrom bei $U_D = 40\,\text{V}$, $I_{GA} = 0$, $R_{GK} = 5\,\text{k}\Omega$ und $T_U = 300\,\text{K}$	I_D in nA	3 bis 200
Negativer Sperrstrom bei gleichen Bedingungen aber $U_R = -40\,\text{V}$	I_R in nA	-1 bis -200
Maximaler Dauergleichstrom	I_T in mA	500
Spitzendurchlaßstrom für die Zeit $t = 1\,\mu\text{s}$	I_{TSM} in A	5
Durchlaßspannung bei $I_T = 100\,\text{mA}$	U_T in V	1 bis 1,5
Haltestrom bei $T_U = 300\,\text{K}$ und $R_{GK} = 5\,\text{k}\Omega$	I_{HO} in mA	4
Kathoden-Gate-Triggerstrom bei $U_D = 15\,\text{V}$, $I_{GA} = 0$ und $T_U = 300\,\text{K}$	I_{GKT} in mA	0,05 bis 0,1
Kathoden-Gate-Triggerspannung	U_{GKT} in V	0,5 bis 0,8
Kathoden-Gate-Abschaltstrom bei $I_T = 150\,\text{mA}$ und $I_{GA} = 0$	I_{GKQ} in mA	2,5 bis 5
Anoden-Gate-Triggerstrom bei $U_D = 15\,\text{V}$, $R_{GK} = 5\,\text{k}\Omega$ und $T_U = 300\,\text{K}$	I_{GAT} in mA	-1 bis -3
Anoden-Gate-Triggerspannung	U_{GAT} in V	$-0,5$ bis $-0,8$
Zündzeit bei $U_D = 15\,\text{V}$, $I_T = 15\,\text{mA}$, $I_{GKT} = 5\,\text{mA}$ und $R_{GK} = 5\,\text{k}\Omega$	t_{gt} in μs	0,1
Freiwerdezeit bei $I_T = 15\,\text{mA}$, $I_{GKQ} = 5\,\text{mA}$ und $T_U = 300\,\text{K}$	t_q in μs	< 5
Kritische Spannungssteilheit	$(du/dt)_{krit}$ in V/μs	50
Thermischer Widerstand zwischen Sperrschicht und Gehäuse	R_{thJG} in K/W	60
Thermischer Widerstand zwischen Sperrschicht und Umgebung	R_{thJU} in K/W	220

2.5.3 Anwendungsbeispiel

In der Schaltung von Bild 156.1 soll die Thyristor-Tetrode T einen Ausgangsimpuls u_a erzeugen, dessen Dauer T_d gleich der zeitlichen Verzögerung $t_2 - t_1$ des Eingangsimpulses u_{e2} gegenüber dem Eingangsimpuls u_{e1} ist. In Bild 156.2a, b sind die beiden Eingangsimpulse u_{e1} und u_{e2} aufgetragen. Der Impuls u_{e1} wird differenziert, wobei die Zeit-

2.5 Thyristor-Tetroden

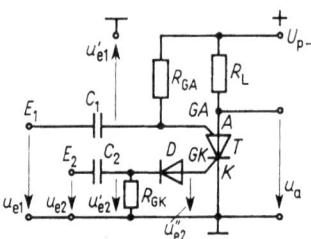

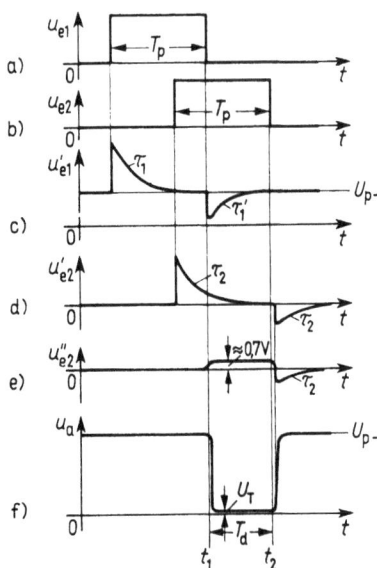

156.1
Thyristor-Tetrodenschaltung zur Erzeugung eines Ausgangsimpulses u_a, dessen Dauer gleich der Verzögerung des Eingangsimpulses u_{e2} gegenüber dem Eingangsimpuls u_{e1} ist

156.2
Impulsdiagramme der Schaltung nach Bild **156.**1
a), b) Eingangsimpulse u_{e1} und u_{e2}
c), d) differenzierte Eingangsimpulse u'_{e1} und u'_{e2}
e) Impuls u''_{e2} am kathodenseitigen Gate
f) Ausgangsspannungsimpuls u_a

konstante $\tau_1 = R_{GA} C_1$ wirkt, und es entsteht der in Bild **156.**2c aufgetragene positive Spannungsimpuls u'_{e1}. Die Eingangsspannung u_{e2} wird mit der Zeitkonstanten $\tau_2 = R_{GK} C_2$ differenziert, und es ergibt sich bei seiner positiven Flanke der positive Impuls u'_{e2} von Bild **156.**2d. Während der positive Impuls von u'_{e1} das anodenseitige Gate sperrt und deshalb nicht stört, muß der positive Impuls der Spannung u'_{e2} durch die Diode D vom kathodenseitigen Gate der Thyristor-Tetrode ferngehalten werden (Bild **156.**2e), um ein vorzeitiges Durchschalten der Thyristor-Tetrode zu verhindern.

Mit der negativen Flanke des Impulses u_{e1} wird nun zum Zeitpunkt t_1 der Thyristor über das anodenseitige Gate eingeschaltet. Durch die dann zwischen den Anschlüssen A und GA liegende leitende Diode (in Bild **153.**1b die Emitter-Basis-Diode von Transistor T_1) wird der Lastwiderstand R_L parallel zum Widerstand R_{GA} geschaltet, so daß sich für den differenzierten Impuls u'_{e1} näherungsweise die Zeitkonstante $\tau'_1 \approx C_1 R_{GK} R_L / (R_{GK} + R_L)$ ergibt. In Bild **156.**2f bricht beim Einschalten die Anodenspannung u_a verzögert um die Zündzeit t_{gt} auf die sehr kleine Durchlaßspannung U_T zusammen. Da auch die kathodenseitige Gate-Diode jetzt leitend ist, baut sich an dieser die Durchlaßspannung $u''_{e2} = U_F \approx +0{,}7$ V (Bild **156.**2e) auf.

Die negative Flanke des Eingangsimpulses u_{e2} erzeugt nun zum Zeitpunkt t_2 einen negativen Spannungsimpuls u'_{e2}, und über die jetzt leitende Diode D wird die Diode des kathodenseitigen Gates (in Bild **153.**1b die Basis-Emitter-Diode von Transistor T_2) von Ladungsträgern geräumt. Der negative Ausräumstrom fließt dabei in den Kondensator C_2. Nach der Freiwerdezeit t_q sperrt die Thyristor-Tetrode, und die Ausgangsspannung steigt wieder auf die Versorgungsspannung U_{p-}. Vernachlässigt man die Schaltzeiten t_{gt} und t_q, ist die Dauer des Ausgangsimpulses u_a gleich der Verzögerung $T_d = t_2 - t_1$ des Impulses u_{e2} gegenüber dem Impuls u_{e1}. Ist die Verzögerung $T_d > 100$ µs, so können die Schaltzeiten stets vernachlässigt werden.

Die Zeitkonstanten τ_1 und τ_2 sollten etwa 3- bis 5mal kleiner als die Dauer T_p der Eingangsimpulse gewählt werden.

3 Optoelektronische Bauelemente

Optische Strahlung wird von optoelektronischen Empfängerbauelementen in elektrischen Strom umgewandelt und von Senderbauelementen durch Zuführung elektrischer Energie erzeugt. Für die Beschreibung optoelektronischer Bauelemente und für die Kennzeichnung ihrer Eigenschaften müssen deshalb zusätzlich zu den elektrischen Kenngrößen, wie z. B. Strom und Spannung, noch die Kenngrößen der optischen Strahlung eingeführt werden. Im Abschn. 3.1 werden deshalb zunächst die grundlegenden Eigenschaften und die Maßeinheiten optischer Strahlung sowie die Wechselwirkung von Strahlung mit Halbleitern behandelt.

3.1 Grundlagen der Optoelektronik

3.1.1 Eigenschaften optischer Strahlung

Optische Strahlung ist elektromagnetische Energie, die sich im Vakuum mit der Lichtgeschwindigkeit $c = 3 \cdot 10^8$ m/s ausbreitet. Als elektromagnetische Welle unterscheidet sie sich von den Rundfunk- und Fernsehwellen hauptsächlich durch ihre wesentlich höhere Frequenz f und ihre dadurch kürzere Wellenlänge

$$\lambda = c/f \tag{157.1}$$

Nicht alle im Zusammenhang mit Licht auftretenden Erscheinungen lassen sich mit dieser Wellentheorie des Lichts beschreiben. Insbesondere bei der Wechselwirkung von Licht mit Materie ist es vorteilhafter, das Licht als eine aus Teilchen (Photonen, Lichtquanten) bestehende Strahlung aufzufassen. Von dieser Betrachtungsweise macht die Quantentheorie des Lichts Gebrauch.

3.1.1.1 Wellencharakter des Lichts. Als elektromagnetische Welle ordnet sich Licht in das Gesamtspektrum der elektromagnetischen Wellen ein, und der Bereich optischer Strahlung liegt dabei, wie Tafel 158.1 zeigt, zwischen den Wellenlängen $\lambda = 100$ μm (fernes Infrarot) und $\lambda = 10$ nm (fernes Ultraviolett). Der Bereich des sichtbaren Lichts macht nur einen kleinen Teil der optischen Strahlung aus und liegt zwischen den Wellenlängen $\lambda = 700$ nm (Rot) und $\lambda = 400$ nm (Violett).

Nach der Wellentheorie ist die Farbe des Lichts von der Frequenz f der atomaren Lichtoszillatoren bzw. von der zugehörigen Vakuum-Wellenlänge λ nach Gl. (157.1) der emittierten Strahlung abhängig.

Die Wellentheorie ordnet das Licht gleichberechtigt in das elektromagnetische Spektrum ein. Allerdings besteht gegenüber den elektromagnetischen Oszillatoren (Sendern) im Rundfunk- und Mikrowellenbereich noch ein wesentlicher Unterschied. Während diese

158 3.1 Grundlagen der Optoelektronik

Tafel 158.1 Spektrum der elektromagnetischen Wellen in Abhängigkeit von Frequenz f und Wellenlänge λ (gedehnt der Bereich des infraroten, sichtbaren und ultravioletten Lichts)

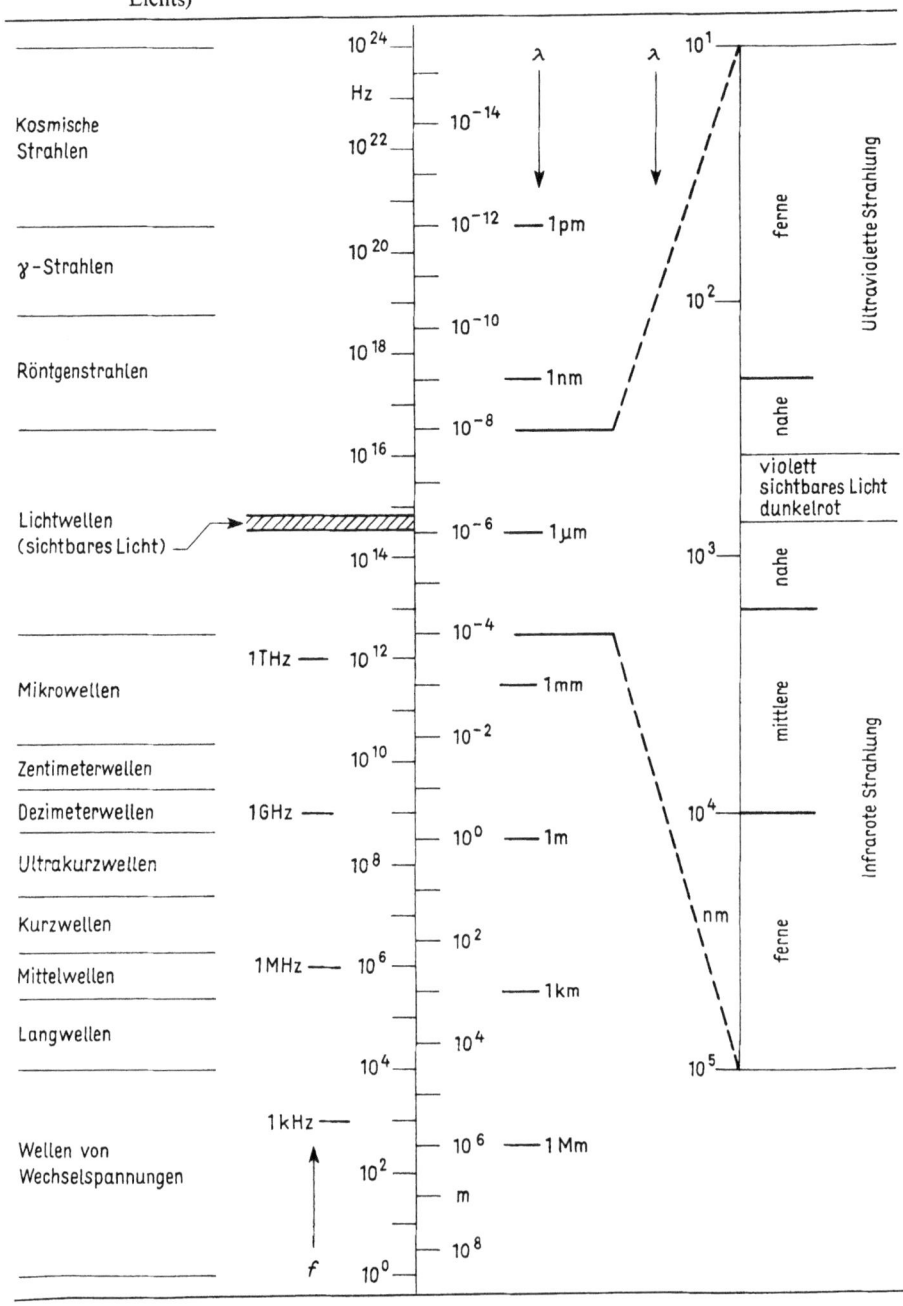

eine Schwingung und bei Abstrahlung eine Welle erzeugen, die eine genau festgelegte Frequenz und Phase aufweist, wird Licht von einer Vielzahl von **atomaren Oszillatoren** erzeugt und abgestrahlt, zwischen denen keinerlei feste Phasenbeziehung besteht. Die Untersuchungen der Atomphysik ergeben, daß von einem Atom ein Lichtwellenzug dann abgestrahlt wird, wenn in dem betreffenden Atom ein Elektron von einem **höheren Energieniveau**, also einer weiter vom Kern entfernt liegenden Elektronenschale, auf ein **tiefer liegendes Energieniveau**, also auf eine dichter am Kern liegende Schale, überspringt. Dieser Übergang findet in der Zeit $\Delta t \approx$ 1 ns bis 10 ns statt. In diesem Zeitintervall bewegt sich die abgestrahlte Welle über die Entfernung $s = c \Delta t =$ (30 cm/ns) · 1 ns = 30 cm bis $s =$ (30 cm/ns) · 10 ns = 300 cm, wenn $c =$ 30 cm/ns die Lichtgeschwindigkeit im Vakuum ist. Natürliches Licht besteht deshalb aus einer Vielzahl von **relativ kurzen Wellenzügen, die keinerlei feste Phasenbeziehung zueinander haben.**

Die Welleneigenschaft einer Strahlung wird in der Physik durch **Überlagerung (Interferenz)** der Wellen nachgewiesen. Je nach Phasenlage kann es dann bei zwei Wellen gleicher Frequenz f zu einer Vergrößerung oder zu einer Verringerung der Wellenamplitude an einem bestimmten Ort kommen. Mit natürlichem Licht kann man derartige Interferenzerscheinungen nur dann nachweisen, wenn die beiden überlagerten Wellen vom selben Ort einer Lichtquelle abgestrahlt oder durch Aufspaltung über Spiegel oder Prismen aus einer Welle erzeugt werden. Diese beiden Wellen sind dann **räumlich kohärent** und somit interferenzfähig, wenn zusätzlich die nach der Aufspaltung von den Wellen durchlaufenen Wege nicht zu unterschiedlich lang sind. Ist nämlich der von einer Welle durchlaufene Weg l_1 um die Strecke $s = c \Delta t \approx$ 30 cm länger als der Weg l_2 der zweiten Welle, so hat bei der Ankunft des ersten Wellenzugs der zweite den Interferenzort bereits verlassen, und eine Überlagerung ist nicht möglich. Nachfolgende Wellenzüge haben jedoch völlig andere Phasenlagen und können deshalb nicht zur Verstärkung oder Auslöschung von Licht am Interferenzort beitragen. Durch die große Wegdifferenz und die hiermit verbundene große Zeitdifferenz der Ankunft am Interferenzort sind diese beiden nicht hinreichend langen Wellenzüge **zeitlich nicht kohärent. Räumliche und zeitliche Kohärenz** sind deshalb die Voraussetzungen für Interferenzerscheinungen. Werden diese Bedingungen eingehalten, lassen sich mit natürlichen Lichtquellen, wie z.B. erhitzte Festkörper oder angeregte Gase, Interferenzexperimente durchführen, die den **Wellencharakter** des Lichts eindeutig belegen.

Weiter gefestigt wurde die Wellentheorie des Lichts durch den Nachweis, daß Lichtwellen **polarisierbar** sind. Experimente mit polarisierenden Prismen zeigen, daß es sich beim Licht wie bei den elektromagnetischen Wellen um einen **transversal**, also senkrecht zur Ausbreitungsrichtung, schwingenden Wellenvorgang handelt.

3.1.1.2 Teilchencharakter des Lichts. Während alle Erscheinungen, die mit der Ausbreitung, Interferenz und Polarisation von Licht zusammenhängen, mit der Wellentheorie des Lichts völlig zufriedenstellend erklärt werden können, ergeben sich bei der Deutung von Experimenten, die die **Emission und Absorption**, also die Wechselwirkung von Licht mit Materie, untersuchen, große Schwierigkeiten. Diese konnten schließlich erst durch die Einführung der **Quantentheorie des Lichts** durch Planck und Einstein beseitigt werden.

Nach der Quantentheorie des Lichts wird beim Übergang eines Elektrons von einem **Energieterm** W_2 höherer Energie zu einen Energieterm W_1 mit geringerer Energie die

Differenz der beiden Energien als ein **Photon**

$$hf = W_2 - W_1 \tag{160.1}$$

abgestrahlt, dessen Frequenz f um so größer ist, je größer die Energiedifferenz $W_2 - W_1$ wird. Die Konstante $h = 6{,}625 \cdot 10^{-34}\,\text{Ws}^2$ wird nach seinem Entdecker **Plancksches Wirkungsquantum** genannt, da sie die Dimension einer **Wirkung** (Energie mal Zeit, Ws·s) hat. Das emittierte **Photon**, das auch als **Lichtquant** bezeichnet wird, hat nach Gl. (160.1) und (157.1) die **Quantenenergie**

$$W_q = hf = hc/\lambda \tag{160.2}$$

und ist somit um so energiereicher, je größer seine Frequenz f bzw. je kürzer seine Wellenlänge λ ist. Kurzwellige Strahlung ist nach der Quantentheorie energiereicher als langwellige.

Während nach der Wellentheorie der **Strahlungsfluß** Φ_e, also die von einem Lichtstrahl pro Zeit übertragene Energie W, vom Quadrat der Amplitude der Lichtwelle abhängt, ist in der Quantentheorie der Strahlungsfluß Φ_e des Lichtstrahls aus dem Produkt der pro Zeit übertragenen Anzahl von Photonen N und der Energie eines Photons W_q zu berechnen. In der Quantentheorie ist deshalb ein Lichtstrahl eine **Photonen-Strömung (Teilchenstrom)** mit dem **Strahlungsfluß**

$$\Phi_e = N W_q = N h f = N h c/\lambda \tag{160.3}$$

Werden Photonen mit der Quantenenergie W_q mit Atomen in Wechselwirkung gebracht, so können die Atome Photonen nur dann **absorbieren**, wenn die Energie $W_q = W_2 - W_1$ gleich der Energiedifferenz zweier Energieniveaus ist. Durch die Absorption von Photonen werden die Atome **angeregt**, d.h., es werden Elektronen in den Atomen aus tieferen Energieniveaus in höhere gehoben. Ist die Quantenenergie W_q nicht ausreichend groß, kann auch bei noch so großem Strahlungsfluß Φ_e kein Licht absorbiert werden.

Eine Bestätigung der Quantennatur des Lichts wird durch den **Photoeffekt** geliefert. Sollen Elektronen aus einer Metall- oder Halbleiteroberfläche befreit werden, so muß die Austrittsarbeit W_A (s. Band III, Teil 1) überwunden werden. Bestrahlt man nun eine Metalloberfläche mit zunehmend kurzwelligerem Licht, so werden erst dann Elektronen emittiert, wenn die Photonenenergie $W_q = hf = hc/\lambda = W_A$, also gleich der Austrittsarbeit, wird. Eine Bestrahlung mit langwelligerem, nicht hinreichend energiereichem Licht beliebig großer Intensität hat keine Elektronenemission zur Folge.

Fassen wir nun Licht als eine Strömung von Photonen auf, die sich mit Lichtgeschwindigkeit c bewegen und von denen jedes die Energie $W_q = hf = hc/\lambda$ überträgt, so können wir nach **Einstein** dieser Energie eine Masse m_q zuordnen. Mit der **Einsteinschen Beziehung**

$$W_q = m_q c^2 \tag{160.4}$$

erhalten wir aus Gl. (160.2) für die **Masse eines Photons**

$$m_q = hf/c^2 = h/(c\lambda) \tag{160.5}$$

Der **Impuls eines Photons**

$$p_q = m_q c \tag{160.6}$$

wird mit Gl. (160.5)

$$p_q = hf/c = h/\lambda \tag{160.7}$$

und ist um so größer, je größer die Frequenz f oder je kürzer die Wellenlänge λ ist. Durch den Impuls der Photonen werden bestrahlte Gegenstände einem **Lichtdruck** ausgesetzt.

Dieser Lichtdruck läßt sich leicht mit Flügelrädern nachweisen, deren Flügel einseitig geschwärzt sind. Die auf der blanken Seite der Flügel reflektierten Photonen erfahren eine doppelt so große Impulsänderung wie die auf der geschwärzten Seite absorbierten. Da die auf die Flügel wirkende Kraft proportional zur Impulsänderung ist, wird das Flügelrad so in Rotation versetzt, daß sich die blanke Seite der Flügel von der bestrahlenden Lichtquelle weg bewegt.

Lichtstrahlen zeigen also je nach Art der Experimente Welleneigenschaften oder Teilchencharakter. Dieser Dualismus ist nicht nur beim Licht, sondern auch bei echten Teilchen vorhanden. Materieteilchen, wie Elektronen, Protonen oder Neutronen, können in geeigneten Experimenten (z.B. Elektronen-Interferenzen) ebenfalls ihren Wellencharakter zeigen. Man bezeichnet diese Wellen als **Materiewellen**, deren Wellenlänge nach Gl. (160.6) und (160.7) $\lambda = h/(m\,v)$ um so kleiner ist, je größer ihre Masse m und Geschwindigkeit v, je größer also ihr Impuls $p = m\,v$ ist.

3.1.2 Thermische Strahlungsquellen

Wird ein Körper durch Zuführung von Energie erhitzt, so strahlt er bei wachsender Temperatur in zunehmendem Maß Wärmeenergie ab. Diese thermische Strahlung steigt also mit der Temperatur des strahlenden Körpers und hat außerdem eine spektrale Verteilung, die wiederum durch die Temperatur bestimmt ist und in Abschn. 3.1.2.3 behandelt wird. Im Gegensatz zu thermischen Strahlungsquellen (z.B. Glühlampen) werden in nichtthermischen Strahlungsquellen, wie z.B. Gasentladungsröhren, mit Lichtausstrahlung verbundene atomare Anregungsprozesse durch Zuführung von elektrischem Strom und der dadurch in Gasen hervorgerufenen Stoßionisation und Stoßanregung ausgelöst. Solche Lichtquellen strahlen atomspezifische Spektren aus, die sich wesentlich vom Spektrum thermischer Strahler unterscheiden.

3.1.2.1 Absorption und Emission. Wir benutzen als Modell eine Hohlkugel, deren Wände auf die Temperatur T erhitzt sind. Das Innere dieser Kugel ist dann von thermischer Strahlung erfüllt, die auf der Innenfläche der Kugel die **Bestrahlungsstärke** $E_{e\lambda T}$ (Einheit W/m²) erzeugt. Das Strahlungsfeld im Kugelinneren wird jedoch durch die spezifische **Ausstrahlung** $M_{e\lambda T}$ der heißen Kugelinnenfläche erzeugt, ist also eine Funktion deren Temperatur. Definieren wir nun das **spektrale Absorptionsvermögen** einer beliebigen Körperoberfläche

$$a_\lambda = \frac{\text{pro Fläche und Wellenlänge absorbierte Leistung}}{\text{pro Fläche und Wellenlänge auftreffende Leistung}}$$

so muß im thermischen Gleichgewicht, also bei konstanter Temperatur T des Körpers, die auf ein Flächenelement auffallende Leistung $E_{e\lambda T}$ gleich der von diesem Element emittierten Strahlungsleistung $(1 - a_\lambda) E_{e\lambda T} + M_{e\lambda T}$ sein. Dabei ist der erste Term der von der einfallenden Strahlung reflektierte Anteil und der zweite Term gibt die durch die Temperatur erzeugte spezifische Ausstrahlung der Oberfläche wieder. Aus dieser Gleichgewichtsbedingung

$$E_{e\lambda T} = (1 - a_\lambda) E_{e\lambda T} + M_{e\lambda T} \tag{161.1}$$

162 3.1 Grundlagen der Optoelektronik

ergibt sich durch Umstellen das Kirchhoffsche Strahlungsgesetz

$$M_{e\lambda T}/a_\lambda = E_{e\lambda T} \tag{162.1}$$

Da die auffallende Bestrahlungsstärke $E_{e\lambda T}$ nur von Temperatur T und Wellenlänge λ abhängt, ist bei konstanter Temperatur das Verhältnis von spezifischer Ausstrahlung $M_{e\lambda T}$ zu Absorptionsvermögen a_λ konstant. Körper mit geringem Absorptionsvermögen a_λ (helle Oberflächen) strahlen bei gleicher Temperatur T auch weniger Energie ab als solche mit großem Absorptionsvermögen (dunkle Oberflächen).

Wird im Extremfall die gesamte einfallende Strahlung absorbiert, ist das Absorptionsvermögen einer solchen Körperoberfläche $a = a_s = 1$ unabhängig von der Wellenlänge. Diese Oberfläche erscheint dann schwarz, und der dazugehörende Körper wird als schwarzer Körper bezeichnet. Die Größen für den schwarzen Körper versehen wir mit dem Index s und erhalten mit $a_s = 1$ aus Gl. (162.1)

$$M_{e\lambda Ts} = E_{e\lambda T} \tag{162.2}$$

Beim schwarzen Körper ist also in jedem Wellenlängenintervall die spezifische Ausstrahlung $M_{e\lambda Ts}$ gleich der Bestrahlungsstärke $E_{e\lambda T}$ seiner Oberfläche.

3.1.2.2 Raumwinkelabhängige Strahlung. Eine strahlende Kugeloberfläche emittiert ihre Strahlung homogen in den gesamten sie umgebenden Raum. Interessiert nur Strahlung, die in bestimmte Bereiche des Raums ausgesandt wird, so kann der Gesamtraum in Raumwinkelsegmente eingeteilt werden.

Raumwinkel. In der Ebene wird der Winkel $\alpha = s/R$ durch das Verhältnis Bogenlänge s zu Radius R eines Kreises festgelegt und in Bruchteilen des Kreisumfangs $U = 2\pi R$ angegeben (Bogenmaß). In ähnlicher Weise wird wie in Bild **162.1** der Raumwinkel $\Omega = A/R^2$ definiert und in Bruchteilen der gesamten Kugeloberfläche $O = 4\pi R^2$ gemessen. Der Kugeloberflächenbereich A kann dabei eine beliebig unregelmäßige Form aufweisen. Sowohl Winkel α als auch Raumwinkel Ω sind reine Zahlen und mit keiner physikalischen Einheit behaftet. Trotzdem werden häufig ebene Winkel, sofern sie im Bogenmaß gemessen werden, mit der Einheit Radiant (1 rad = 1 m/m) und Raumwinkel mit der Einheit Steradiant (1 sr = 1 m²/m²) versehen.

Von Interesse ist noch der Zusammenhang zwischen ebenem Winkel und Raumwinkel. Gegeben ist dabei der halbe Öffnungswinkel α_G eines Kegels und gesucht der zugehörige Raumwinkel $\Omega_G = f(\alpha_G)$. Betrachten wir hierzu in Bild **162.2** ein Oberflächenelement $d\Omega$ mit den Kantenlängen $ds = R\,d\alpha$ und $dl = R\sin\alpha\,d\varphi$, so erhalten wir, wenn wir $R = 1$

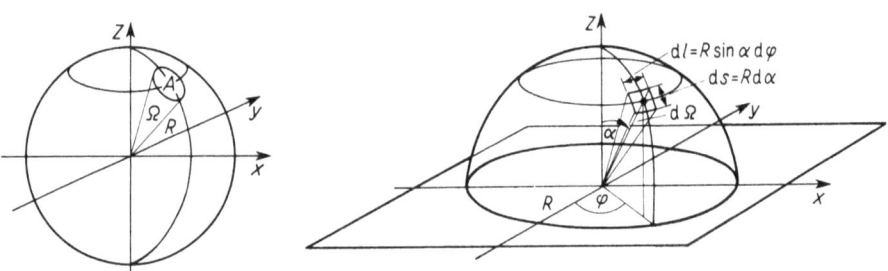

162.1
Zur Definition des Raumwinkels Ω

162.2
Zur Festlegung des Raumwinkelelements $d\Omega$

setzen (Einheitskugel), durch Integration über die Winkel $\varphi = 0$ bis $\varphi = 2\pi$ und $\alpha = 0$ bis $\alpha = \alpha_G$ den Raumwinkel

$$\Omega_G = \int d\Omega = \iint dl\, ds = \int_0^{\alpha_G}\int_0^{2\pi} \sin\alpha\, d\varphi\, d\alpha = 2\pi \int_0^{\alpha_G} \sin\alpha\, d\alpha = 2\pi(1 - \cos\alpha_G) \quad (163.1)$$

Von dem in den Gesamtraum mit dem Raumwinkel $\Omega = 4\pi$ gestrahlten Licht würde also nur der Bruchteil $\Omega_G/(4\pi) = (1 - \cos\alpha_G)/2$ in den Lichtkegel mit dem halben Öffnungswinkel α_G gestrahlt.

Lambert-Strahler. Eine schwarze Oberfläche strahlt diffus in den sie umgebenden Raum. Betrachten wir eine ebene Fläche, so ist deren temperaturabhängige spektrale Strahldichte nicht wie in Bild **163.1**a unabhängig vom Winkel α zur Flächennormalen, sondern nimmt wie in Bild **163.1**b mit wachsendem Winkel α nach

$$L_{e\lambda T\alpha s} = L_{e\lambda Ts} \cos\alpha \quad (163.2)$$

163.1
Spektrale Strahldichte $L_{e\lambda T\alpha}$ einer Oberfläche in Abhängigkeit vom Winkel α zur Flächennormalen
a) für eine Fläche, die homogen in den Raum strahlt
b) für eine diffus strahlende schwarze Oberfläche (Lambert-Strahler)

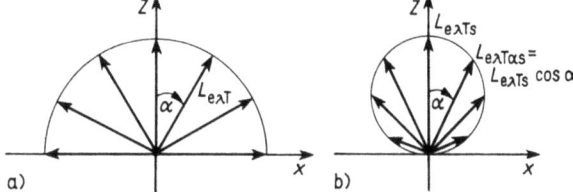

ab. Wegen der Gültigkeit dieses Lambertschen Gesetzes für schwarze Strahler erscheint eine solche schwarz strahlende Fläche bei Betrachtung aus jeder Richtung gleich hell. Bei schräger Betrachtung ist zwar die Strahlung um den Faktor $\cos\alpha$ vermindert, dafür wirkt aber auch die Fläche um den Faktor $\cos\alpha$ kleiner, so daß die Strahlungsdichte konstant bleibt.

Eine unabhängig vom Winkel α mit konstanter Strahldichte $L_{e\lambda T}$ in den Halbraum $\Omega = 2\pi$ strahlende Oberfläche (kein schwarzer Strahler!) würde pro Fläche in diesen die Energie

$$M_{e\lambda T} = L_{e\lambda T} \int_0^{\Omega = 2\pi} d\Omega = L_{e\lambda T} \int_0^{\pi/2}\int_0^{2\pi} \sin\alpha\, d\varphi\, d\alpha = 2\pi L_{e\lambda T} \quad (163.3)$$

strahlen. Die ebene Oberfläche eines schwarzen Körpers, also ein Lambert-Strahler, hat dagegen die spezifische Ausstrahlung

$$M_{e\lambda Ts} = L_{e\lambda Ts} \int_0^{\Omega=2\pi} \cos\alpha\, d\Omega = L_{e\lambda Ts} \int_0^{\pi/2}\int_0^{2\pi} \cos\alpha \sin\alpha\, d\varphi\, d\alpha = \pi L_{e\lambda Ts} \quad (163.4)$$

Sie ist also, wenn $L_{e\lambda T} = L_{e\lambda Ts}$ wäre, nur halb so groß wie bei winkelunabhängiger Abstrahlung.

3.1.2.3 Spektrale Energieverteilung des schwarzen Strahlers. Die Berechnung der spektralen Strahldichte $L_{e\lambda Ts}$ eines schwarzen Körpers senkrecht zu seiner Oberfläche ist mit der Quantenstatistik von Planck durchgeführt worden und führt auf

$$L_{e\lambda Ts} = \frac{2c^2 h}{\lambda^5 (e^{hc/\lambda kT} - 1)} \quad (163.5)$$

wobei $h = 6{,}625 \cdot 10^{-34}\,\text{Ws}^2$ das Plancksche Wirkungsquantum, $c = 3 \cdot 10^8$ m/s die Lichtgeschwindigkeit und $k = 1{,}38 \cdot 10^{-23}$ Ws/K die Boltzmann-Konstante sind. In Bild **164**.1 ist die spektrale Strahldichte $L_{e\lambda Ts}$ des schwarzen Körpers nach Gl. (163.5) mit der Einheit W/(m² µm sr) in Abhängigkeit von der Wellenlänge λ in µm mit der Temperatur T als Parameter aufgetragen [24]. Mit wachsender Temperatur T steigt die Strahldichte $L_{e\lambda Ts}$ stark an, und ihr Maximum verlagert sich zu kürzeren Wellenlängen hin.

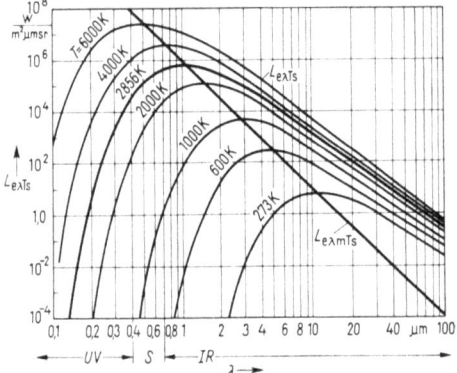

164.1
Spektrale Strahldichte $L_{e\lambda Ts}$ eines schwarzen Körpers als Funktion der Wellenlänge λ mit der Temperatur T als Parameter berechnet nach Gl. (163.5)
$L_{e\lambda mTs} = f(\lambda_m)$ Verlauf der maximalen spektralen Strahldichte nach Gl. (164.4); *UV* ultravioletter, *S* sichtbarer und *IR* infraroter Strahlungsbereich

Die Oberfläche unserer Sonne hat die Temperatur $T \approx 6000$ K. Ihr Strahlungsmaximum liegt deshalb bei $\lambda_m \approx 0{,}5$ µm, also im grünen Spektralbereich. Ein bei der Temperatur $T = 1000$ K schwach rot glühender Körper strahlt dagegen bei $\lambda_m = 2{,}8$ µm seine maximale Energie ab. Die Erdoberfläche strahlt bei der mittleren Temperatur $T = 300$ K die von der Sonne empfangene Energie im infraroten Bereich bei $\lambda_m = 10$ µm maximal wieder in den Weltraum ab.

Wiensches Verschiebungsgesetz. Um die Wellenlänge λ_m zu ermitteln, bei der für eine bestimmte Temperatur T die spektrale Strahldichte $L_{e\lambda Ts}$ ihren maximalen Wert erreicht, muß Gl. (163.5) nach der Wellenlänge λ differenziert und der Differentialquotient null gesetzt werden. Man erhält so das Wiensche Verschiebungsgesetz

$$\lambda_m T = c\,h/(k\,b) \tag{164.1}$$

mit der Konstanten

$$b = 5(1 - e^{-hc/(kT\lambda_m)}) = 4{,}965 \approx 5 \tag{164.2}$$

Hierin ist der sehr kleine Exponentialterm konstant, da mit wachsender Temperatur T die Wellenlänge λ_m kleiner wird. Setzen wir noch die Naturkonstanten c, h und k in Gl. (164.1) ein, erhalten wir die zugeschnittene Größengleichung

$$\frac{\lambda_m}{\mu m} \cdot \frac{T}{K} = 2898 \tag{164.3}$$

Ersetzen wir das Produkt λT im Exponenten von Gl. (163.5) durch $\lambda_m T$ nach Gl. (164.1), erhalten wir die **maximale spektrale Strahldichte**

$$L_{e\lambda mTs} = \frac{2c^2 h}{e^b - 1} \cdot \frac{1}{\lambda_m^5} = K_1/\lambda_m^5 \tag{164.4}$$

die also mit der **fünften Potenz** der kleiner werdenden Wellenlänge λ_m wächst. Gl. (164.4) liefert in der doppelt logarithmischen Auftragung von Bild **164**.1 die eingetragene Gerade $L_{e\lambda mTs}$.

3.1.2 Thermische Strahlungsquellen

Ersetzen wir noch in Gl. (163.5) die Wellenlänge λ durch λ_m aus Gl. (164.1), ergibt sich die **maximale spektrale Strahldichte**

$$L_{e\lambda mTs} = \frac{2k^5 b^5}{c^3 h^4 (e^b - 1)} T^5 = K_2 T^5 \tag{165.1}$$

in Abhängigkeit von der Temperatur T. Sie wächst nach Gl. (165.1) mit der fünften Potenz der Temperatur T an.

Gesamte spezifische Ausstrahlung. Ein schwarzer Körper ist ein Lambert-Strahler. Aus Gl. (163.4) und (163.5) erhalten wir deshalb die **spektrale spezifische Ausstrahlung der ebenen Oberfläche eines schwarzen Strahlers**

$$M_{e\lambda Ts} = \frac{2\pi c^2 h}{\lambda^5 (e^{hc/(\lambda kT)} - 1)} \tag{165.2}$$

Für die Berechnung der gesamten spezifischen Ausstrahlung M_{eTs} der ebenen schwarzen Fläche muß Gl. (165.2) noch über die Wellenlänge von $\lambda = 0$ bis $\lambda = \infty$ integriert werden. Aus dieser Integration erhält man das **Stefan-Boltzmann-Gesetz**

$$M_{eTs} = \int_0^\infty M_{e\lambda Ts}\, d\lambda = \sigma T^4 \tag{165.3}$$

mit der **Stefan-Boltzmann-Konstanten**

$$\sigma = 2\pi^5 k^4/(15 c^2 h^3) = 5{,}67 \cdot 10^{-8}\ \text{W}/(\text{m}^2\ \text{K}^4) \tag{165.4}$$

Nach Gl. (165.3) steigt die pro Fläche abgestrahlte Leistung mit der vierten Potenz der Temperatur T an.

Mit der Fläche A und der spezifischen Ausstrahlung M_{eTs} ergibt sich die gesamte von einer schwarzen Fläche ausgestrahlte Leistung, also der **Strahlungsfluß**,

$$\Phi_{es} = A M_{eTs} = A \sigma T^4 \tag{165.5}$$

Die gleiche Leistung, die von der Fläche abgestrahlt wird, muß ihr als Wärmeenergie (z. B. durch elektrische Heizung) zugeführt werden, wenn ihre Temperatur T aufrecht erhalten werden soll.

Beispiel 34. Man berechne die Leistung, die von einem beidseitig schwarzen Blech der Fläche $A = 100\ \text{cm}^2$ abgestrahlt wird, wenn die Temperatur des Bleches $T = 1000\ \text{K}$ beträgt. Die gesamte strahlende Oberfläche ist (bei Vernachlässigung der Blechkanten) $2A = 200\ \text{cm}^2$. Mit ihr erhalten wir aus Gl. (165.5) und mit der Stefan-Boltzmann-Konstanten σ nach Gl. (165.4) den gesamten Strahlungsfluß

$$\Phi_{es} = 2 A \sigma T^4 = 2 \cdot 100\ \text{cm}^2 \cdot 5{,}67 \cdot 10^{-8}\ (\text{W}/\text{m}^2\ \text{K}^4) \cdot (1000\ \text{K})^4 = 1134\ \text{W}$$

Soll die Temperatur des Blechs, das bei $T = 1000\ \text{K}$ schwach dunkelrot glüht, durch elektrische Heizung aufrecht erhalten werden, muß ihm die elektrische Leistung $P = 1134\ \text{W}$ zugeführt werden. Verluste, die durch Konvektion der umgebenden Luft entstehen, sind dabei noch nicht berücksichtigt, so daß die zugeführte Leistung P noch etwas größer sein muß. Angewendet wird dieses Verfahren bei den **Infrarotstrahlern**, denn nach Bild 164.1 liegt bei $T = 1000\ \text{K}$ der Hauptanteil des abgestrahlten Frequenzspektrums im infraroten Bereich. Nach dem Wienschen Verschiebungsgesetz von Gl. (164.3) ergibt sich für die Temperatur $T = 1000\ \text{K}$ die Wellenlänge maximaler spektraler Strahlungsdichte

$$\lambda_m = 2898\ \mu\text{m}/(T/\text{K}) = 2898\ \mu\text{m}/1000 = 2{,}898\ \mu\text{m}$$

Sie liegt weit im infraroten Bereich.

3.1.3 Radiometrische und photometrische Größen

Die in Abschn. 3.1.2 eingeführten und für die Beschreibung der Eigenschaften von Strahlungsquellen und Strahlung verwendeten Größen werden im SI-System gemessen und basieren auf der grundlegenden Leistungseinheit Watt (W). Strahlungsfluß Φ_e, spezifische Ausstrahlung M_e, Strahldichte L_e und Bestrahlungsstärke E_e sind deshalb physikalische Größen, die als radiometrische Größen bezeichnet werden, da mit ihnen die physikalischen Eigenschaften von Strahlung gemessen werden. Sie sind im gesamten elektromagnetischen Spektrum gültig und nicht auf einen bestimmten Spektralbereich beschränkt.

Für die Beleuchtungstechnik und die dort verwendeten Bauelemente ist jedoch nur der sichtbare, vom menschlichen Auge wahrnehmbare Anteil des elektromagnetischen Spektrums von Interesse. Für diesen Teil des Spektrums wurden deshalb der Empfindlichkeit des menschlichen Auges angepaßte photometrische Einheiten eingeführt. Um sich dabei von den Zufälligkeiten beliebiger Lichtquellen unabhängig zu machen, wurde eine definierte Standardlichtquelle eingeführt und deren Lichtstärke I_v als SI-Einheit definiert.

3.1.3.1 Photometrische Größen. Die Lichtstärke $I_v = 1$ Candela (cd) wird von $(1/60)$ cm^2 der Oberfläche eines schwarzen Körpers, der sich auf der Temperatur $T = 2042{,}2$ K des erstarrenden Platins befindet, erzeugt.

Eine Lichtquelle mit dieser Lichtstärke $I_v = 1$ cd strahlt in den Raumwinkel $\Omega = 1$ sr senkrecht zu ihrer Oberfläche den Lichtstrom $\Phi_v = 1$ Lumen (lm) ab. Es gilt also für die dem Strahlungsfluß Φ_e analoge photometrische Größe, den Lichtstrom

$$\Phi_v = I_v \, \Omega \tag{166.1}$$

mit der Einheit 1 lm = 1 cd sr.

Beispiel 35. Man berechne den Durchmesser d einer Platinkugel, die bei der Temperatur $T = 2042$ K die Lichtstärke $I_v = 1$ cd aufweist und gebe den von ihr emittierten Lichtstrom Φ_v an.
Bei der Temperatur $T = 2042$ K erzeugt die Fläche $A = 1/60$ cm^2 die Lichtstärke $I_v = 1$ cd. Aus der Oberfläche der Kugel $O = A = \pi d^2 = (1/60)$ cm^2 ergibt sich der Kugeldurchmesser $d = \sqrt{1/(\pi \, 60)}$ cm $= 0{,}73$ mm. Der Lichtstrom dieser winzigen, weißglühenden Kugel wird in den gesamten Raumwinkel $\Omega = 4\pi$ sr gestrahlt. In den Raumwinkel $\Omega = 1$ sr strahlt diese Lichtquelle den Lichtstrom $\Phi_v = 1$ lm. Also beträgt der in den gesamten Raumwinkel emittierte Lichtstrom nach Gl. (166.1) $\Phi_v = 1$ cd $\cdot \, 4\pi$ sr $= 12{,}6$ lm.

Lichtstärke I_v und Lichtstrom Φ_v sind nicht auf die strahlende Fläche bezogen. Der gleiche Lichtstrom kann z. B. von einer kleinen Fläche großer Lichtstärke oder von einer großen Fläche kleiner Lichtstärke erzeugt werden. Um die unterschiedliche Flächenhelligkeit verschiedener Lichtquellen zu kennzeichnen, führt man die Leuchtdichte ein und definiert sie bei senkrechter Betrachtung der leuchtenden Fläche A als das Verhältnis von Lichtstärke I_v zu Fläche A. Somit ist die Leuchtdichte

$$L_v = I_v / A \tag{166.2}$$

mit der Einheit cd/m^2 bei gleicher Lichtstärke I_v um so größer, je kleiner die leuchtende Fläche A ist. Wird die Fläche A unter dem Winkel α zur Flächennormalen betrachtet,

3.1.3 Radiometrische und photometrische Größen

wird ihr wirksamer Querschnitt kleiner, und die Leuchtdichte vergrößert sich auf

$$L_v = I_v/(A \cos \alpha) \qquad (167.1)$$

Schwarze Strahler strahlen jedoch diffus und ihre Strahl- bzw. Leuchtdichte nimmt nach Gl. (163.2) und Bild 163.1 b mit dem Cosinus des Winkels α zur Flächennormalen ab. Ein solcher Lambert-Strahler weist deshalb unabhängig von der Betrachtungsrichtung eine konstante Leuchtdichte L_{vs} auf.

Während sich die bisherigen photometrischen Größen auf die Lichtquellen beziehen, wird jetzt für eine Fläche A mit dem Lichtstrom Φ_v die Beleuchtungsstärke

$$E_v = \Phi_v/A \qquad (167.2)$$

definiert und in der Einheit Lux (1 lx = 1 lm/m²) angegeben. Die Beleuchtungsstärke sinkt mit dem Quadrat des Abstands R^2 zur Lichtquelle. Ist z.B. die Fläche A der kreisförmige Ausschnitt einer Kugeloberfläche mit dem Radius R, so ist der Raumwinkel $\Omega = A/R^2$, und mit Gl. (166.1) und (167.2) erhält man für die Beleuchtungsstärke

$$E_v = I_v \, \Omega/A = I_v/R^2 \qquad (167.3)$$

Die nahezu punktförmige Lichtquelle der Lichtstärke $I_v = 1$ cd (Kugel mit dem Durchmesser $d = 0{,}73$ mm bei der Temperatur $T = 2042$ K, s. Beispiel 35, S. 166) strahlt in den gesamten Raum, also in den Raumwinkel $\Omega = 4\pi$ sr, den Lichtstrom $\Phi_v = I_v \Omega = 1$ cd $\cdot 4\pi$ sr und erzeugt daher auf der im Abstand $R = 1$ m befindlichen Kugeloberfläche $O = 4\pi R^2 = 4\pi \cdot 1$ m² die Beleuchtungsstärke $E_v = \Phi_v \Omega/(4\pi R^2) = 1$ cd $\cdot 4\pi$ sr/$(4\pi \cdot 1$ m²$) = 1$ cd sr/m² = 1 lm/m² = 1 lx.

In der folgenden Tafel 167.1 sind die einander entsprechenden radiometrischen und photometrischen Größen gegenübergestellt. Beziehen sich die Größen auf schwarze Strahler, so wird im Text zusätzlich der Index s verwendet. Wellenlängen-, Temperatur- und Winkelabhängigkeit wird durch die weiteren Indizes λ, T und α gekennzeichnet.

Tafel 167.1 Gegenüberstellung der radiometrischen und photometrischen Größen

Definition	Radiometrische Größen			Photometrische Größen		
	Name	Symbol	Einheit	Name	Symbol	Einheit
Leistung	Strahlungsfluß	Φ_e	Watt W	Lichtstrom	Φ_v	Lumen lm
Ausgangsleistung pro Fläche	spezifische Ausstrahlung	M_e	W/m²	spezifische Lichtausstrahlung	M_v	lm/m²
Ausgangsleistung pro Raumwinkel	Strahlstärke	I_e	W/sr	Lichtstärke	I_v	candela cd = lm/sr
Ausgangsleistung pro Raumwinkel und strahlende Fläche	Strahldichte	L_e	$\dfrac{W}{m^2 \, sr}$	Leuchtdichte	L_v	cd/m² = $\dfrac{lm}{m^2 \, sr}$
Eingangsleistung pro Fläche	Bestrahlungsstärke	E_e	W/m²	Beleuchtungsstärke	E_v	Lux lx = lm/m²

3.1.3.2 Umrechnung radiometrischer in photometrische Größen. Ist K_λ die absolute spektrale Empfindlichkeit des Auges, so ergibt sich der vom Auge bei einer bestimmten Wellenlänge λ aufgenommene spektrale Lichtstrom

$$\Phi_{v\lambda} = K_\lambda \Phi_{e\lambda} \qquad (168.1)$$

Dabei ist $\Phi_{e\lambda}$ der in Watt angegebene Strahlungsfluß pro Wellenlängenintervall dλ. Wird der Lichtstrom $\Phi_{v\lambda}$ in Lumen angegeben, hat die spektrale Empfindlichkeit des Auges die Einheit lm/W. In Bild **168.1** ist diese spektrale Empfindlichkeit des Auges über der Wellenlänge λ aufgetragen. Sie hat bei der Wellenlänge $\lambda = 555$ nm im Bereich der grünen Spektralfarbe ihren maximalen Wert $K_{\lambda m} = 673$ lm/W und ist bei den Wellenlängen $\lambda = 405$ nm im violetten und $\lambda = 720$ nm im roten Bereich bereits auf $K_{\lambda m}/1000$, also auf $1^0/_{00}$ der Maximalempfindlichkeit, abgefallen.

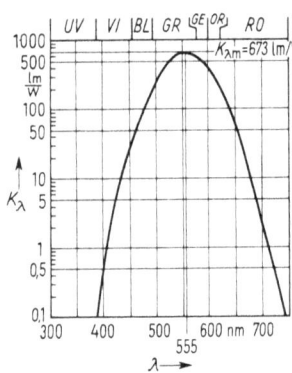

168.1 Spektrale Empfindlichkeit K_λ des menschlichen Auges
UV ultraviolett, *VI* violett, *BL* blau, *GR* grün, *GE* gelb, *OR* orange, *RO* rot

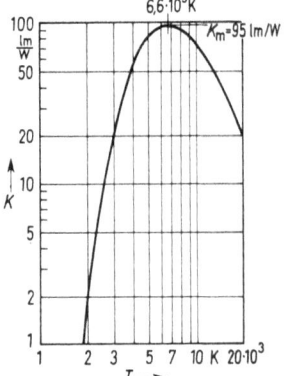

168.2 Über das Spektrum gemittelte Empfindlichkeit K des menschlichen Auges gegenüber der Strahlung des schwarzen Körpers in Abhängigkeit von seiner Temperatur T

Das menschliche Auge würde deshalb monochromatisches (einfarbiges) Licht der Wellenlängen $\lambda = 405$ nm und 720 nm gleich hell wie Licht der Wellenlänge $\lambda = 555$ nm empfinden, wenn ihre spektralen Strahlungsflüsse $\Phi_{e\lambda}$ 1000mal größer als der Strahlungsfluß $\Phi_{e\lambda}$ bei der Wellenlänge $\lambda = 555$ nm wären. $K_{\lambda m}$ wird auch als photometrisches Strahlungsäquivalent bezeichnet.

Von besonderem Interesse ist auch die über das Spektrum gemittelte Empfindlichkeit des Auges

$$K = \Phi_v/\Phi_e = \int_0^\infty \Phi_{v\lambda}\,d\lambda \bigg/ \int_0^\infty \Phi_{e\lambda}\,d\lambda = \int_0^\infty K_\lambda \Phi_{e\lambda}\,d\lambda \bigg/ \int_0^\infty \Phi_{e\lambda}\,d\lambda \qquad (168.2)$$

Benutzt man jetzt mit Gl. (163.4) für den spektralen Strahlungsfluß

$$\Phi_{e\lambda} = \Phi_{e\lambda s} = \pi A L_{e\lambda Ts} \qquad (168.3)$$

die temperaturabhängige Verteilung der spektralen Strahldichte $L_{e\lambda Ts}$ des schwarzen Körpers nach Gl. (163.5) und Bild **164.1** und für die spektrale Empfindlichkeit K_λ des Auges die Verteilung nach Bild **168.1**, so liefert die Auswertung der Integrale von Gl.

(168.2) die in Bild **168**.2 über der Temperatur T des schwarzen Körpers aufgetragene mittlere Empfindlichkeit K des menschlichen Auges.

Danach ergibt sich, daß die mittlere Augenempfindlichkeit für Licht von schwarzen Strahlungsquellen mit Temperaturen $T < 2000$ K sehr gering ist, da wie Bild **164**.1 zeigt, ein zu geringer Anteil des Spektrums in den Bereich größter Augenempfindlichkeit fällt. Hat der strahlende Körper die Temperatur $T = 6000$ K bis 7000 K, wie z. B. die Sonne, fällt das Maximum der spektralen Strahlungsdichte $L_{e\lambda Ts}$ in den Bereich größter Augenempfindlichkeit ($\lambda = 555$ nm), und die mittlere Augenempfindlichkeit K erreicht infolgedessen ihren maximalen Wert $K_m = 95$ lm/W bei der Temperatur $T = 6600$ K. Auf noch heißere Lichtquellen ist das Auge wiederum weniger empfindlich, da bei diesen das Maximum der spektralen Strahlungsdichte weiter zum Ultravioletten hin verlagert wird.

Glühlampen mit Wolframfäden sind brauchbare schwarze Strahler und werden zu Eichzwecken oft benutzt. Wir entnehmen Bild **168**.2, daß die mittlere Augenempfindlichkeit gegenüber einer mit der Temperatur $T = 3000$ K strahlenden Wolframlampe etwa $K = 20$ lm/W beträgt. Für Lichtquellen, die keine schwarzen Strahler sind, wie z.B. Gasentladungslampen, die ein ausgesprochenes Linienspektrum emittieren, gilt die in Bild **168**.2 gezeigte Kurve nicht.

Beispiel 36. Bei der Temperatur $T = 2800$ K erzeugt ein schwarzer Strahler den Strahlungsfluß $\Phi_{es} = 100$ W. Man berechne den von ihm emittierten Lichtstrom Φ_{vs}.

Für die Temperatur $T = 2800$ K entnehmen wir Bild **168**.2 die mittlere Augenempfindlichkeit $K = 16$ lm/W. Nach Gl. (168.1) ergibt sich somit der Lichtstrom

$$\Phi_{vs} = K\Phi_{es} = 16 \text{ (lm/W)} \ 100 \text{ W} = 1600 \text{ lm}.$$

3.1.3.3 Farbtemperatur und Normlicht-A. Die spezifische Ausstrahlung nicht ideal schwarzer Körper $M_{e\lambda T}$ ist wegen ihres kleineren Absorptionsvermögens $a_\lambda < 1$ nach Gl. (162.1) kleiner als die spezifische Ausstrahlung $M_{e\lambda Ts}$ des schwarzen Körpers, der das Absorptionsvermögen $a_s = 1$ hat und für den deshalb Gl. (162.2) gilt. Die Temperatur eines realen Strahlers muß deshalb etwas größer als die Temperatur des schwarzen Strahlers sein, wenn er die gleiche Energie emittieren soll. Man definiert die Farbtemperatur T_f eines realen Strahlers (z.B. einer Wolfram-Fadenlampe) als diejenige Temperatur T_s, die ein gleicher idealer schwarzer Strahler aufweisen muß, um den gleichen Lichtstrom I_{vs} zu erzeugen. Realer und ideal schwarzer Strahler erscheinen dann dem Auge gleich hell. Aus dieser Definition ergibt sich für die Farbtemperatur eines beliebigen Strahlers $T_f = T_s$ und für seinen Lichtstrom $I_v = I_{vs}$.

Da ein schwarzer Strahler den gleichen Lichtstrom I_{vs} schon bei geringerer Temperatur T_s als der reale Strahler erreicht, ist die physikalische Temperatur T des realen Strahlers etwas größer als seine Farbtemperatur T_f.

Für die Eichung optoelektronischer Bauelemente werden i. allg. Wolfram-Fadenlampen verwendet, die mit einer Farbtemperatur $T_f = T_s = 2856$ K betrieben werden. Solche Strahlungsquellen werden als Normlicht-A-Strahler bezeichnet. Die spektrale Verteilung ihrer Strahldichte $L_{e\lambda Ts}$ ist in Bild **164**.1 stärker ausgezogen eingetragen. Für Normlicht-A-Strahler kann man bei der Temperatur $T = 2856$ K aus Bild **168**.2 eine gemittelte Augenempfindlichkeit $K = 17$ lm/W entnehmen. Dieser Wert wird dann bei Normlicht-A als Umrechnungsfaktor der radiometrischen in photometrische Größen verwendet. So entspricht dem Strahlungsfluß $\Phi_e = 1$ W der Lichtstrom $\Phi_v = K\Phi_e = 17$ (lm/W) · 1 W = 17 lm und der Bestrahlungsstärke $E_e = 1$ W/m² die Beleuchtungsstärke $E_v = KE_e = 17$ (lm/W) · 1 W/m² = 17 lm/m² = 17 lx.

3.1.4 Wechselwirkung von Licht mit Halbleitern

3.1.4.1 Photoleiter. Fällt Licht auf einen Halbleiter, so wird dieses nach Gl. (160.1) nur dann absorbiert, wenn die Quantenenergie der Photonen

$$hf \geqq W_2 - W_1 = \Delta W \tag{170.1}$$

also größer als der Bandabstand ΔW von Valenzband V zu Leitungsband L (s. Bild **170.1**) ist. Durch diesen Absorptionsvorgang wird im Inneren des Halbleiterkristalls ein Elektron-Loch-Paar erzeugt, und diese Erscheinung wird deshalb als **innerer Photoeffekt** bezeichnet. Messen wir die Energiedifferenz $\Delta W = e\,\Delta U$ in Elektronenvolt – ΔU ist dann gleich derjenigen Spannungsdifferenz, bei deren Durchlaufen ein Elektron die Energie $e\,\Delta U$ gewinnt – so ergibt sich mit der Wellenlänge $\lambda = c/f$ und mit der Elementarladung e aus Gl. (160.1) der Zusammenhang zwischen Wellenlänge

$$\lambda = \frac{hc}{e} \cdot \frac{1}{\Delta U} \tag{170.2}$$

und der als Energiedifferenz gedeuteten Spannungsdifferenz ΔU.

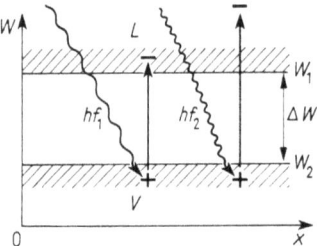

170.1
Darstellung der Erzeugung von Elektron-Loch-Paaren durch Bestrahlung eines Halbleiters mit Photonen der Energie $hf_1 = \Delta W$ und $hf_2 > \Delta W$ im Bändermodell
L Leitungs-, V Valenzband; ΔW Bandabstand, – Leitungselektron, + positives Loch

Setzen wir noch die Naturkonstanten $h = 6{,}625 \cdot 10^{-34}\,\text{Ws}^2$, $c = 3 \cdot 10^8$ m/s und $e = 1{,}6 \cdot 10^{-19}$ As in Gl. (170.2) ein, erhalten wir für die Wellenlänge die zugeschnittene Größengleichung

$$\frac{\lambda}{\text{nm}} = 1240\,\frac{\text{V}}{\Delta U} \tag{170.3}$$

Durchfällt also ein Elektron bei einem Band-Band-Übergang die Spannungsdifferenz $\Delta U = 1$ V, gewinnt es die Energie $e\,\Delta U = 1$ eV und emittiert hierbei ein Photon der Wellenlänge $\lambda = 1240$ nm $= 1{,}24$ µm. Strahlung dieser Wellenlänge liegt im nahen Infrarot.

Definieren wir mit

$$hc/\lambda_g = \Delta W = e\,\Delta U \tag{170.4}$$

die **Grenzwellenlänge** λ_g von Photonen, deren Energie gerade ausreicht, in einem Halbleiter mit dem Bandabstand $\Delta W = e\,\Delta U$ Elektronen aus dem Valenz- in das Leitungsband zu befördern, also Elektronen-Loch-Paare zu bilden, so wird Licht mit größerer Wellenlänge $\lambda > \lambda_g$ den Halbleiter ohne Absorption durchqueren und Licht mit der Wellenlänge $\lambda < \lambda_g$ vom Halbleiter stark absorbiert werden. In Tafel **171.1** sind die Bandabstände und Grenzwellenlängen einiger Halbleiter gegenübergestellt (s. a. Band III, Teil 1).

3.1.4 Wechselwirkung von Licht mit Halbleitern 171

Tafel 171.1 Bandabstand ΔW und Grenzwellenlänge λ_g verschiedener Halbleiter

Halbleiter	InSb	PbS	Ge	Si	GaAs	Se	CdS	GaP
ΔW in eV	0,18	0,37	0,75	1,1	1,4	1,7	1,9	2,25
λ_g in nm	6900	3360	1660	1130	886	730	653	551

Legen wir an einen nicht dotierten Halbleiterkristall wie in Bild 171.2 eine Spannung U_{p-}, so fließt mit Querschnitt A_2 und Länge d des Kristalls, mit Elementarladung e und mit den Beweglichkeiten von Elektronen b_n und Löchern b_p sowie der Inversionsdichte n_i durch den Kristall der Strom

$$I_i = A_2 e (b_n + b_p) n_i U_{p-}/d \tag{171.1}$$

Da die Inversionsdichte n_i stark temperaturabhängig ist (s. Band III, Teil 1) nimmt dieser durch Eigenleitung verursachte Strom I_i mit der Temperatur stark zu. Wird nun die Kristallfläche A_1 mit der spektralen Bestrahlungsstärke $E_{e\lambda}$ bestrahlt, werden zusätzlich Elektron-Loch-Paare erzeugt, und es entsteht die durch die Bestrahlung verursachte Elektronendichte n_{ph}, die gleich der Löcherdichte p_{ph} ist. Es fließt nun außer dem Eigenleitungsstrom I_i noch ein Photostrom

$$I_{ph} = A_2 e (b_n + b_p) n_{ph} U_{p-}/d \tag{171.2}$$

der um so größer ist, je größer die durch die Bestrahlungsstärke $E_{e\lambda}$ erzeugte Elektronendichte n_{ph} ist. Der Gesamtstrom

$$I = I_i + I_{ph} \tag{171.3}$$

besteht also aus dem temperaturabhängigen, lichtunabhängigen Strom I_i, auch Dunkelstrom genannt, und dem temperaturunabhängigen Photostrom I_{ph}.

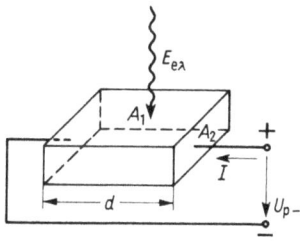

171.2 Mit der spektralen Bestrahlungsstärke $E_{e\lambda}$ bestrahlter Halbleiterkristall zur Erklärung der spektralen Empfindlichkeit s_λ nach Gl. (171.4)

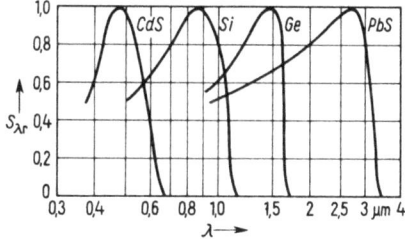

171.3 Abhängigkeit der relativen spektralen Empfindlichkeit $s_{\lambda r} = s_\lambda/s_{\lambda m}$ von der Wellenlänge λ für verschiedene Halbleiter

Bezeichnen wir mit

$$s_\lambda = I_{ph}/E_{e\lambda} \tag{171.4}$$

die spektrale Empfindlichkeit des Halbleiterkristalls, so ist diese um so größer je größer die bestrahlte Fläche A_1 des Kristalls und je größer die Wahrscheinlichkeit ist, daß ein einfallendes Photon hf im Halbleiter ein Elektronen-Loch-Paar erzeugt und nicht seine Energie als Wärme an das Kristallgitter abgibt. Diese spektrale Empfindlichkeit s_λ steigt bei der Grenzwellenlänge λ_g stark an, erreicht zu kürzeren Wellenlängen hin bei der Wellenlänge λ_m ihren Maximalwert und nimmt anschließend wieder schwach ab. Bild **171**.3 zeigt den Verlauf der auf den Maximalwert $s_{\lambda m}$ bezogenen relativen spektralen Empfindlichkeit $s_{\lambda r} = s_\lambda/s_{\lambda m}$ für die Halbleiter CdS, Si, Ge und PbS.

3.1.4.2 Photoemitter. Beim Photoleiter wird im Halbleiterkristall durch die Bestrahlung die Elektronendichte vergrößert und dadurch der Widerstand des Halbleiters verkleinert. Man bezeichnet deshalb diesen Vorgang als inneren Photoeffekt. Photoemitter dagegen sind im Vakuum auf Glas oder Quarz aufgedampfte halbleitende Schichten mit niedriger Austrittsarbeit W_A (Photokathoden). Werden sie mit Licht hinreichend kurzer Wellenlänge

$$\lambda \leq h\,c/W_A \tag{172.1}$$

bestrahlt, emittieren sie Elektronen in den angrenzenden evakuierten Raum. Legt man an eine der Photokathode gegenüber liegende Anode eine positive Spannung, wandern die Elektronen zu dieser und erzeugen einen der Bestrahlungsstärke proportionalen Photostrom. Da im Gegensatz zum Photoleiter beim Photoemitter die Elektronen aus dem Festkörper heraustreten, wird dieser Vorgang als äußerer Photoeffekt bezeichnet. Die langwellige Grenzwellenlänge λ_g der spektralen Empfindlichkeit s_λ hängt von der Austrittsarbeit W_A ab. Diese muß möglichst klein gehalten werden, wenn die Photokathode auch auf infrarotes Licht ansprechen soll. Zu kurzen Wellenlängen hin wird die Empfindlichkeit schließlich durch die UV-Undurchlässigkeit der verwendeten Fenster stark reduziert.

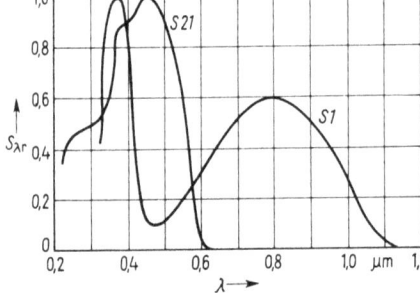

172.1
Abhängigkeit der relativen spektralen Empfindlichkeit $s_{\lambda r}$ von der Wellenlänge λ für zwei verschiedene Photokathoden
S1 Photokathode aus aufgedampfter Ag-O-Cs-Schicht,
S21 Photokathode aus Cs-Sb-Schicht aufgedampft auf Quarzglas

Bild **172**.1 zeigt die relative spektrale Empfindlichkeit von zwei Photokathoden. Während die S-21-Kathode aus einer auf Quarz aufgedampften Cs-Sb-Schicht besteht und auf sichtbares und ultraviolettes Licht anspricht, besteht die S-1-Kathode aus einer aufgedampften Ag-O-Cs-Schicht, die bis in den infraroten Bereich wirksam ist.

3.2 Photowiderstände als Strahlungsempfänger

Strahlungsempfänger können mit dem inneren oder dem äußeren Photoeffekt elektromagnetische Strahlung in elektrischen Strom umwandeln. Die in Tafel **173**.1 wiedergegebene Übersicht über die zur Zeit verfügbaren Strahlungsempfänger zeigt, daß die mit dem äußeren Photoeffekt arbeitenden Empfänger Röhrenbauelemente sind und ohne

3.2.1 Aufbau und Wirkungsweise 173

Tafel 173.1 Übersicht über die verschiedenen Strahlungsempfänger

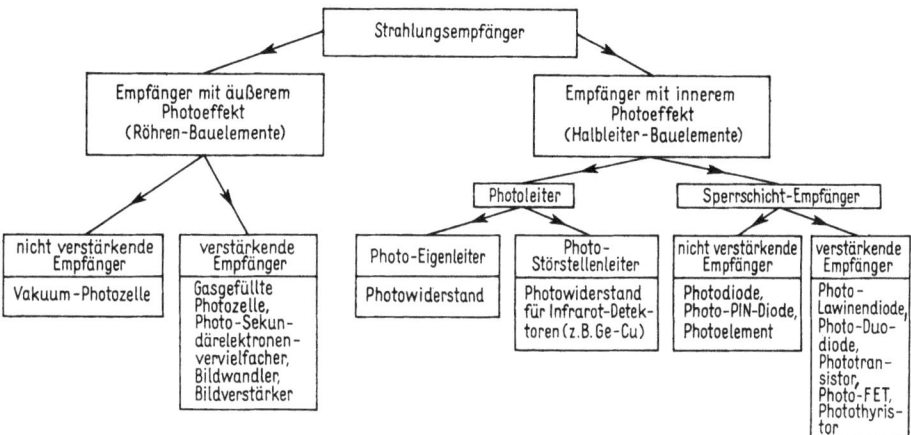

oder mit Nachverstärkung des Photostroms arbeiten. Die Strahlungsempfänger mit innerem Photoeffekt sind dagegen Halbleiter-Bauelemente, die in Photoleiter und Empfänger mit Sperrschicht aufgeteilt werden können. Während bei den Photoleitern die Photowiderstände einzuordnen sind, gehören zu den Empfängern mit Sperrschicht die Photodioden, Phototransistoren und Photothyristoren. Wir werden uns im folgenden nur mit den durch den inneren Photoeffekt wirksamen Halbleiter-Bauelementen befassen.

3.2.1 Aufbau und Wirkungsweise

Photowiderstände sind sperrschichtlose Halbleiterwiderstände, die bei Bestrahlung durch Licht ihren Widerstandswert ändern [28]. Ausgenutzt wird hierbei der in Abschn. 3.1.5.1 behandelte innere Photoeffekt. Meist wird das strahlungsempfindliche Halbleitermaterial, wie z. B. CdS, PbS, CdS-CdSe, InSb, als lichtempfindliche Schicht auf einen Träger aufgedampft. Es entsteht eine polykristalline Halbleiterschicht, die keinen definierten PN-Übergang enthält. Die Kontaktierung wird durch aufgedampfte Goldelektroden vorgenommen. Um die lichtempfindliche Fläche möglichst gleichmäßig zu nutzen, wird beim Aufdampfen der Elektroden ein kammförmiges, ineinander verzahntes Muster wie in Bild 173.2a erzeugt. Die gesamte Fläche ist hierdurch in Widerstandsstreifen aufgeteilt, die zueinander parallel geschaltet sind, so daß bei Bestrahlung der Widerstand der Photoschicht hinreichend klein wird. Die so beschichtete Trägerplatte wird mit Zuleitungsdrähten versehen und in ein hermetisch geschlossenes Glasgehäuse eingeschmolzen. Bild 173.2b zeigt das nach DIN 40700 zu verwendende Schaltzeichen.

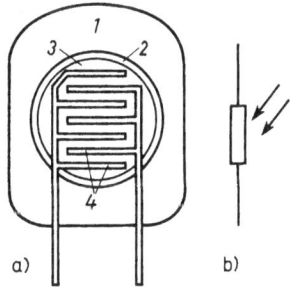

173.2 Photowiderstand
 a) typische Bauform
 b) Schaltzeichen
 1 Glasgehäuse,
 2 Keramikträger,
 3 lichtempfindliche Schicht,
 4 kammförmige Elektroden

3.2 Photowiderstände als Strahlungsempfänger

Zur Bezeichnung der Photowiderstände wird das in Band III, Teil 1, wiedergegebene Kennzeichnungsschema der Halbleiter verwendet. Danach steht als erster Buchstabe R für Photo-Halbleiter-Material, als zweiter Buchstabe P für strahlungsempfindliches Halbleiter-Bauelement. Der dritte Buchstabe, meist Y, kennzeichnet das Bauelement zur Verwendung in kommerziellen Bereichen. Hieraus ergibt sich als Bezeichnung für einen typischen Photowiderstand z. B. RPY 20. Ältere Bezeichnungen verwendeten die Buchstabenfolge ORP und Kennummer oder LDR und Kennummer, wobei sich die Bezeichnung LDR aus den Anfangsbuchstaben von light detecting resistor herleitet.

Halbleiter für Photowiderstände. In der folgenden Tafel 174.1 sind die am häufigsten für Photowiderstände verwendeten Halbleiter, ihre Bandabstände ΔW, ihre nach Gl. (170.5) aus dem Bandabstand berechnete Grenzwellenlänge λ_g und ihr spektraler Anwendungsbereich zusammengestellt.

Tafel 174.1 Bandabstände, Grenzwellenlänge und spektrale Anwendungsbereiche von Halbleitern, die für Photowiderstände verwendet werden

Halbleiter	CdS	CdSe	PbS	InSb	Ge-Cu
ΔW in eV	1,9	1,7	0,37	0,18	0,05
λ_g in µm	0,65	0,73	3,35	6,9	25
spektraler Anwendungsbereich in µm	0,4 bis 0,8	0,45 bis 0,75	0,4 bis 3,5	0,4 bis 7,5	2 bis 25

Der für den Bereich des sichtbaren Lichts (0,4 µm bis 0,7 µm) am häufigsten verwendete Photoleiter ist Cadmium-Sulfid CdS. Als **Infrarot-Detektoren** werden Photowiderstände aus Blei-Sulfid PbS, Indium-Antimonid InSb und aus mit Kupfer dotiertem Germanium verwendet. Während PbS-Widerstände noch ungekühlt, also bei Zimmertemperatur $T = 300$ K arbeiten, müssen Widerstände aus InSb und Ge-Cu gekühlt werden. Die geringen Bandabstände ΔW dieser Halbleiter führen bei Zimmertemperatur durch thermische Ionisation schon zu einer so großen Eigenleitung, daß sie die durch Photoströme erzeugte Leitfähigkeit bei weitem übersteigt. Während InSb-Detektoren noch bei einer Kühlung durch flüssigen Stickstoff ($T = 77$ K) befriedigend arbeiten, müssen Ge-Cu-Detektoren mit flüssigem Helium ($T = 4,2$ K) gekühlt werden.
Strahlung, deren Wellenlänge kleiner als die Grenzwellenlänge λ_g ist, erzeugt nach Bild 170.1 durch Band-Band-Übergänge Elektronen-Loch-Paare. Diese Strahlung wird also durch das Grundgitter sehr stark absorbiert und dringt deshalb kaum in den Halbleiter ein. Sind in das **Grundgitter Störatome** (Störstellen, Fremdatome) eingebaut, ist der Kristall also dotiert, so kann nach Bild 175.1 schon Strahlung mit Wellenlängen $\lambda > \lambda_g$ durch Ionisation der Fremdatome (Donatoren) absorbiert werden. Wegen der geringen Dotierung dringt diese Strahlung dann tiefer in den Kristall ein. Für die Ionisation der Donatoren muß nach Gl. (170.1) die Energie der Photonen

$$hf = hc/\lambda \geqq W_2 - W_D = \Delta W_D \tag{174.1}$$

sein. Sind die Elektronen der Donatoren schwächer gebunden als die Valenzelektronen des Grundgitters, liegen die Energieniveaus W_D der Donatoren wie in Bild 175.1 im verbotenen Band und können deshalb mit Licht geringerer Energie hf bzw. längerer Wellen-

3.2.2 Kennlinien und Kenngrößen 175

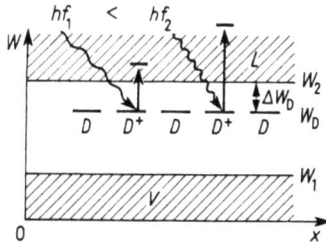

175.1 Bändermodell eines mit Donatoren dotierten Halbleiters
D Donator, D^+ ionisierter Donator, L Leitungsband, V Valenzband, W_1 Energieniveau von Valenz- und W_2 Leitungsband, W_D Donatoren-Energieniveau, − Leitungselektron, hf Photonenenergie

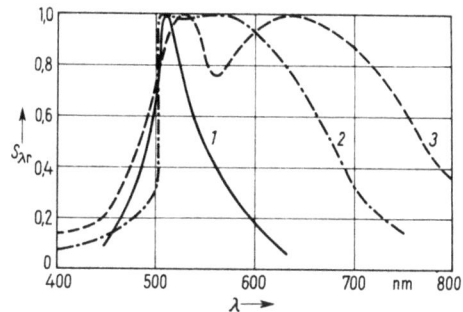

175.2 Relative spektrale Empfindlichkeit $s_{\lambda r}$ von drei verschiedenen CdS-Photowiderständen
1 RPY 71, *2* RPY 58, *3* RPY 20

länge λ ionisiert werden als Atome des Grundgitters. Dies führt dazu, daß bei den meisten Photoleitern die langwellige Grenze ihres spektralen Empfindlichkeitsbereichs nicht bei der Grenzwellenlänge λ_g liegt, sondern zu längeren Wellenlängen hin verschoben ist (s. Tafel 174.1). Am deutlichsten wird dies bei dem mit Kupfer dotierten Germanium-Photoleiter. Während die Grundgitterabsorption von Germanium nach Tafel 171.1 bei der Grenzwellenlänge $\lambda_g = 1{,}66\ \mu m$ einsetzt, ist durch die leicht ionisierbaren Kupferatome der Anwendungsbereich des Photoleiters bis zur Wellenlänge $\lambda = 25\ \mu m$ hin ausgedehnt worden. Bild 175.2 zeigt die auf den Maximalwert $s_{\lambda m}$ bezogenen relativen spektralen Empfindlichkeiten $s_{\lambda r} = s_\lambda / s_{\lambda m}$ von drei verschiedenen CdS-Photowiderständen. Die langwellige Grenze des Empfindlichkeitsbereichs wird bei den verschiedenen Widerständen durch unterschiedliche Dotierung mit Fremdatomen verändert. Die kurzwellige Grenze dagegen kann durch die Filtereigenschaften geeigneter Glassorten, die für das Gehäuse des Photowiderstands verwendet werden, beeinflußt werden. Der Vorteil der Empfindlichkeitskurve *2* ist, daß sie sich weitgehend mit der spektralen Empfindlichkeit des menschlichen Auges nach Bild 168.1 deckt.

3.2.2 Kennlinien und Kenngrößen

Die wichtigste Kennlinie eines Photowiderstands gibt die Abhängigkeit des Widerstands R von der Beleuchtungsstärke E_v wieder. Diese Kennlinie $R = f(E_v)$ ist für einen typischen CdS-Photowiderstand (RPY 20) in Bild 176.1 aufgetragen. Werden wie in Bild 176.1 photometrische Einheiten verwendet, so müssen zusätzlich Angaben über die Eigenschaften der verwendeten Lichtquelle gemacht werden. Üblicherweise wird für die Bestrahlung eine Lichtquelle mit der Farbtemperatur $T_f = 2700\ K$ (s. Abschn. 3.1.4) verwendet.

Nach Bild 176.1 fällt der Widerstand von $R = R_0 = 35\ k\Omega$ bei der Beleuchtungsstärke $E_v = E_{v0} = 1\ lx$ auf $R = R_1 = 18\ \Omega$ bei der Beleuchtungsstärke $E_v = E_{v1} = 10000\ lx$. In der doppeltlogarithmischen Auftragung ergibt sich dabei ein linearer Abfall des Widerstands R mit der Beleuchtungsstärke E_v, dem man als Steilheit die positiv festgelegte

3.2 Photowiderstände als Strahlungsempfänger

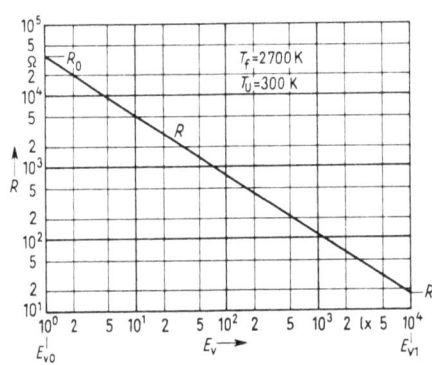

176.1 Beleuchtungsstärkeabhängigkeit $R = f(E_v)$ des Photowiderstands R bei Beleuchtung mit Licht der Farbtemperatur $T_f = 2700$ K und bei der Umgebungstemperatur $T_U = 300$ K für den Photowiderstand RPY 20

Steigung

$$\gamma = \frac{\lg R_0 - \lg R_1}{\lg E_{v1} - \lg E_{v0}} = \frac{\lg(R_0/R_1)}{\lg(E_{v1}/E_{v0})} \quad (176.1)$$

entnimmt. Der positive Zahlenwert von γ selbst wird in Datenbüchern angegeben. Benutzt man für den Widerstandswert R_1 einen beliebigen Wert R, der zur Beleuchtungsstärke E_v gehört, erhält man mit der Steigung γ nach Gl. (176.1) für die Abhängigkeit des Widerstands R von der Beleuchtungsstärke E_v

$$R = R_0 (E_v/E_{v0})^{-\gamma} \quad (176.2)$$

Ist also R_0 der Ausgangswiderstand bei der Beleuchtungsstärke E_{v0}, so fällt der Widerstand R mit wachsender Beleuchtungsstärke E_v um so stärker je größer die Steilheit γ ist.

Beispiel 37. Für einen Photowiderstand mit der Kennlinie nach Bild **176.1** ermittle man die Steilheit γ.

Mit den Bild **176.1** entnommenen Werten $R_0 = 35$ kΩ bei $E_{v0} = 1$ lx und $R_1 = 18$ Ω bei $E_{v1} = 10^4$ lx ergibt sich aus Gl. (176.1) die Steilheit

$$\gamma = \frac{\lg R_0 - \lg R_1}{\lg E_{v1} - \lg E_{v0}} = \frac{\lg(R_0/R_1)}{\lg(E_{v1}/E_{v0})} = \frac{\lg(35\,\text{k}\Omega/18\,\text{k}\Omega)}{\lg(10\,000\,\text{lx}/1\,\text{lx})} = 3{,}288/4 = 0{,}823$$

Die Steilheit γ ist also kleiner als 1, d.h., es besteht kein umgekehrt proportionaler Zusammenhang zwischen Widerstandsabnahme und Zunahme der Beleuchtungsstärke.

I. allg. liegt die Steilheit γ zwischen 0,5 und etwa 1,2. Sollen Photowiderstände für Meßzwecke eingesetzt werden, wie z.B. in Belichtungsmessern, so ist für die Steilheit $\gamma = 1$ anzustreben.

3.2.2.1 Empfindlichkeit. Legen wir an den Photowiderstand R die Gleichspannung U_-, so fließt durch ihn der Strom

$$I = U_-/R \quad (176.3)$$

Mit Gl. (176.2) erhält man für den **Photostrom**

$$I = (U_-/R_0)(E_v/E_{v0})^\gamma \quad (176.4)$$

Definiert man die **Empfindlichkeit des Photowiderstands** mit

$$s = dI/dE_v \quad (176.5)$$

die meist in mA/lx angegeben wird, so findet man durch Differentiation von Gl. (176.4)

$$s = \frac{dI}{dE_v} = \frac{\gamma U_-}{R_0 E_{v0}} \left(\frac{E_v}{E_{v0}}\right)^{\gamma-1} \quad (176.6)$$

Daher hängt die Empfindlichkeit s von der jeweiligen Beleuchtungsstärke E_v ab. Gilt für die Steilheit $\gamma < 1$, wie dies i. allg. der Fall ist, so fällt die Empfindlichkeit s mit wachsender Beleuchtungsstärke E_v, da der Exponent $\gamma - 1$ von Gl. (176.6) negativ ist. Für den Fall $\gamma = 1$ ergibt sich aus Gl. (176.6) die konstante, von der Beleuchtungsstärke E_v unabhängige Empfindlichkeit

$$s = U_-/(R_0 \, E_{v0}) \tag{177.1}$$

Die Empfindlichkeit s eines Photowiderstands R wächst nach Gl. (176.6) proportional mit der an ihn angelegten Gleichspannung U_-. Für die Kennzeichnung der Empfindlichkeit s ist es deshalb erforderlich, außer der Beleuchtungsstärke E_v (meist wird $E_v = 50$ lx gewählt) noch die verwendete Spannung U_- anzugeben. Üblicherweise wird die Empfindlichkeit s bei der Spannung $U_- = 10$ V festgelegt.

Beispiel 38. Ein Photowiderstand hat bei der Beleuchtungsstärke $E_{v0} = 1$ lx den Widerstand $R_0 = 35$ kΩ und die in Beispiel 37, S. 176, berechnete Steilheit $\gamma = 0{,}82$. Für die Beleuchtungsstärken $E_v = 5$ lx, 50 lx, 500 lx und 5000 lx berechne man seine Empfindlichkeit s, wenn an ihm die Spannung $U_- = 10$ V liegt.

Mit den angegebenen Werten erhalten wir für $E_v = 5$ lx aus Gl. (176.6) die Empfindlichkeit

$$s = \frac{\gamma \, U_-}{R_0 \, E_{v0}} \left(\frac{E_v}{E_{v0}}\right)^{\gamma-1} = \frac{0{,}82 \cdot 10 \text{ V}}{35 \text{ k}\Omega \cdot 1 \text{ lx}} \left(\frac{5 \text{ lx}}{1 \text{ lx}}\right)^{0{,}82-1} = 0{,}18 \, \frac{\text{mA}}{\text{lx}}$$

Setzen wir nacheinander die weiteren Beleuchtungsstärken ein, finden wir für $E_v = 50$ lx die Empfindlichkeit $s = 0{,}12$ mA/lx, für $E_v = 500$ lx die Empfindlichkeit $s = 0{,}08$ mA/lx und für $E_v = 5000$ lx schließlich $s = 0{,}05$ mA/lx. Der Vorteil des Photowiderstands ist, daß er bei kleinen Beleuchtungsstärken E_v am empfindlichsten ist.

Wäre in unserem Beispiel die Steilheit $\gamma = 1$ gewesen, hätte sich aus Gl. (177.1) die konstante, von der Beleuchtungsstärke E_v unabhängige Empfindlichkeit

$$s = U_-/(R_0 \, E_{v0}) = 10 \text{ V}/(35 \text{ k}\Omega \cdot 1 \text{ lx}) = 0{,}286 \text{ mA/lx}$$

ergeben, die größer als die mit $\gamma = 0{,}82$ berechneten Empfindlichkeiten ist.

3.2.2.2 Dynamische Eigenschaften. Der Photowiderstand ändert sich bei Schwankungen der Beleuchtungsstärke E_v außerordentlich träge. Photowiderstände können deshalb nur dann verwendet werden, wenn die zu empfangende Strahlung zeitlich sehr langsam schwankt. Bild **177.1** zeigt die Abhängigkeit des Photowiderstands R von der Zeit t nach dem Abschalten (durchgezogene Linien) bzw. nach dem Einschalten (gestrichelte Kurven) einer bestimmten Beleuchtungsstärke E_v.

Einschaltverhalten. Wird der Photowiderstand einige Stunden absolut dunkel gelagert (als Lagerungsdauer wird meist die Zeit $t = 16$ h vereinbart), so ist sein Dunkelwiderstand $R_d > 100$ MΩ. Wird jetzt eine bestimmte Beleuchtungsstärke, z.B. $E_v = 50$ lx, eingeschaltet, fällt nach Bild **177.1** der Widerstand R etwa in der Zeit $t = 1$ s, also sehr langsam, auf den zur Beleuchtungsstärke $E_v = 50$ lx gehörenden Hellwiderstand $R_h \approx 1$ kΩ (gestrichelte Kurve mit $E_v = 50$ lx).

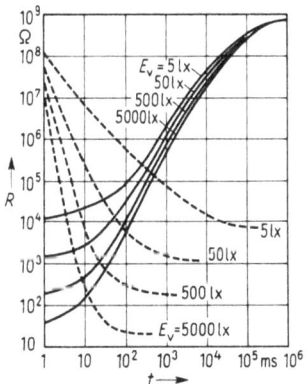

177.1
Zeitliche Abhängigkeit des Photowiderstands R beim Ein- (– – –) und Ausschalten (———) verschiedener Beleuchtungsstärken $E_v =$ 5 lx bis 5000 lx

3.2 Photowiderstände als Strahlungsempfänger

Je geringer die eingeschaltete Beleuchtungsstärke E_v ist, um so länger dauert es, bis der endgültige Hellwiderstand R_h erreicht wird. So ist nach Bild 177.1 beim Einschalten der Beleuchtungsstärke $E_v = 5\,\text{lx}$ die Zeit $t \approx 60\,\text{s}$ erforderlich, bis der Hellwiderstand $R_h \approx 9\,\text{k}\Omega$ erreicht ist. Nach längerer Belichtung (einige 10 min) steigt der Hellwiderstand R_h wieder geringfügig an.

Ausschaltverhalten. Wird die den Photowiderstand etwa 10 min bis 20 min bestrahlende Beleuchtungsstärke E_v plötzlich ausgeschaltet, steigt nach der Zeit $t = 1\,\text{s}$ sein Widerstand auf $R \approx 1\,\text{M}\Omega$ an. Zu dieser Zeit hängt der Widerstand R nach Bild 177.1 (durchgezogene Kurven) noch sehr stark von der Vorbelichtung ab. Während bei schwacher Vorbelichtung ($E_v = 5\,\text{lx}$) der Widerstand schon auf $R = 2\,\text{M}\Omega$ angestiegen ist, beträgt er bei der Vorbelichtung mit $E_v = 5000\,\text{lx}$ erst $R = 500\,\text{k}\Omega$. Erst nach etwa 1000 s wird der Dunkelwiderstand $R_d \approx 1\,\text{G}\Omega$ wieder erreicht.

3.2.2.3 Grenzwerte.
Wird der Photowiderstand in Schaltungen eingebaut, so müssen diese so dimensioniert werden, daß unter allen auftretenden Betriebsbedingungen die absoluten Grenzwerte nicht überschritten werden. So darf die am Photowiderstand liegende Gleichspannung U_- nicht zu groß werden (bei CdS-Photowiderständen etwa 400 V), da sonst wegen des engen Elektrodenabstands (s. Bild 173.2a) die Gefahr von Oberflächenüberschlägen besteht. Die maximal zulässige Verlustleistung, die bei etwa $P_V = 1\,\text{W}$ liegt, darf nicht überschritten werden. Hierauf ist besonders zu achten, wenn bei starker Bestrahlung der Widerstand R sehr klein und daher die Verlustleistung $P_V = U_-^2/R$ groß wird. Die Beleuchtungsstärken dürfen i. allg. den Wert $E_{v\,max} = 50000\,\text{lx}$ nicht überschreiten, wenn nicht irreversible Veränderungen im Photowiderstand auftreten sollen. Um die Eigenleitung im CdS-Photowiderstand nicht zu stark anwachsen zu lassen, darf die Temperatur der CdS-Schicht nicht größer als etwa 360 K werden.

Temperaturabhängigkeit. Ist α der Temperaturkoeffizient der CdS-Schicht, so ergibt sich für die Temperaturabhängigkeit des Photowiderstands

$$dR/dT = -\alpha R \qquad (178.1)$$

Mit wachsender Temperatur T nimmt also der Widerstand R der CdS-Schicht infolge der steigenden Eigenleitung ab. Für CdS-Widerstände ist der Temperaturkoeffizient $\alpha = 0{,}002\,\text{K}^{-1}$.

Beispiel 39. Bei der Beleuchtungsstärke $E_v = 5\,\text{lx}$ und der Temperatur $T_0 = 300\,\text{K}$ hat ein CdS-Photowiderstand den Widerstandswert $R_0 = 10\,\text{k}\Omega$. Man berechne seine temperaturbedingte Widerstandsänderung dR/dT und gebe seinen Widerstandswert bei der Temperatur $T = 330\,\text{K}$ an.
Mit dem Temperaturkoeffizienten $\alpha = 0{,}002\,\text{K}^{-1}$ berechnen wir aus Gl. (178.1) die Widerstandsänderung

$$dR/dT = -\alpha R_0 = -0{,}002\,\text{K}^{-1} \cdot 10\,\text{k}\Omega = -0{,}02\,\text{k}\Omega/\text{K}$$

Hiermit erhalten wir bei der Temperatur $T = 330\,\text{K}$ den Widerstand

$$R = R_0 + (dR/dT)(T - T_0) = 10\,\text{k}\Omega - (0{,}02\,\text{k}\Omega/\text{K})(330\,\text{K} - 300\,\text{K}) = 9{,}4\,\text{k}\Omega$$

3.2.3 Anwendungen

Photowiderstände können nur dann verwendet werden, wenn sich die Beleuchtungsstärke E_v zeitlich langsam ändert. So können sie z.B. als **Flammenwächter** in Heizungsanlagen oder als **Dämmerungsschalter** in selbständig sich ein- und ausschaltenden Beleuchtungsanlagen arbeiten. Photowiderstände mit konstanter Empfindlichkeit s, also mit dem Exponenten $\gamma = 1$, sind auch für sehr empfindliche Belichtungsmesser in der Phototechnik gut geeignet. Zwei einfache Anwendungsbeispiele wollen wir im folgenden untersuchen.

3.2.3.1 Dämmerungsschalter. In der Schaltung von Bild **179**.1 dient der Photowiderstand zum Teil als Basiswiderstand R des Transistors T. Der Transistor T steuert mit seinem Kollektorstrom I_C das Relais S, dessen Ruhekontakt s zum Schalten einer Beleuchtungsanlage L dient. Die Diode D begrenzt die beim Abschalten des Relais S auftretenden induktiven Spannungsimpulse. Die Schaltung wollen wir im folgenden Beispiel 40 dimensionieren.

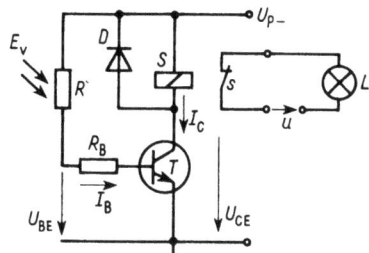

179.1 Dämmerungsschalter mit Photowiderstand R, Transistortreiber T und Schaltrelais S

Beispiel 40. Ein Dämmerungsschalter nach Bild **179**.1 soll bei der Beleuchtungsstärke $E_v = 10$ lx ansprechen. Zur Verfügung steht ein Photowiderstand RPY 20 mit der Kennlinie nach Bild **176**.1, ein Relais S mit dem Widerstand $R_S = 100\ \Omega$, dem Anzugsstrom $I_{an} = 45$ mA und dem Abfallstrom $I_{ab} = 20$ mA, ein Schalttransistor mit der Stromverstärkung $B = 100$ und die Versorgungsspannung $U_{p-} = 6$ V. Man berechne den Basiswiderstand R_B und die im Transistor umgesetzte Verlustleistung $P_{V\,max}$.

Zum Durchschalten des Relais S muß der Kollektorstrom $I_C = I_{an} = 45$ mA fließen. Hierzu ist der Basisstrom $I_B = I_{an}/B = 45$ mA$/100 = 0{,}45$ mA erforderlich. Bei der Beleuchtungsstärke $E_v = 10$ lx entnehmen wir der Kennlinie von Bild **176**.1 den Widerstand $R = 5$ kΩ. Wenn wir für die Basis-Emitter-Spannung des leitenden Transistors $U_{BE} = 0{,}7$ V benutzen, erhalten wir aus der Gleichung $I_B = (U_{p-} - U_{BE})/(R + R_B)$ durch Umstellen den Basisvorwiderstand

$$R_B = \frac{U_{p-} - U_{BE}}{I_B} - R = \frac{6\text{ V} - 0{,}7\text{ V}}{0{,}45\text{ mA}} - 5\text{ k}\Omega = 6{,}78\text{ k}\Omega \qquad (179.1)$$

Die maximale Verlustleistung tritt im Transistor T auf, wenn über Transistor und Relaiswiderstand R_S die gleiche Spannung $U_{CE} = U_{p-}/2$ abfällt. Es fließt dann der Kollektorstrom $I_C = U_{p-}/(2\,R_S)$, und die maximale Verlustleistung wird

$$P_{V\,max} = I_C\,U_{CE} = U_{p-}^2/(4\,R_S) = (6\text{ V})^2/(4 \cdot 100\ \Omega) = 90\text{ mW}$$

Bei vollkommener Dunkelheit sind der Widerstand R sehr groß, der Basis- und der Kollektorstrom sehr klein, das Relais S hat noch nicht durchgeschaltet, der Ruhekontakt s ist geschlossen und die Beleuchtung L ist eingeschaltet. Allerdings darf das Licht dieser Lampen nicht auf den Photowiderstand R fallen. Steigt nun in der Morgendämmerung die Beleuchtungsstärke E_v, nimmt der Kollektorstrom I_C zu, bei $I_C = 45$ mA entsprechend der Beleuchtungsstärke $E_v = 10$ lx zieht das Relais an und schaltet die Beleuchtung L ab. Steigt jetzt die Helligkeit weiter, sinkt bei der Beleuchtungsstärke $E_v = 2 \cdot 10^4$ lx der Widerstand auf $R = 100\ \Omega$. Es fließt dann der Basis-

180 3.2 Photowiderstände als Strahlungsempfänger

strom $I_B = (U_{p-} - U_{BE})/(R + R_B) = (6\,\text{V} - 0{,}7\,\text{V})/(6{,}88\,\text{k}\Omega) = 0{,}77\,\text{mA}$. Da bei durchgeschaltetem Transistor T, also bei $U_{CE} \approx 0$, der maximale Kollektorstrom $I_C = U_{p-}/R_S = 6\,\text{V}/100\,\Omega = 60\,\text{mA}$ fließt und hierfür nur der Basisstrom $I_B' = I_C/B = 60\,\text{mA}/100 = 0{,}6\,\text{mA}$ erforderlich ist, ist bei dem tatsächlich fließenden Basisstrom $I_B = 0{,}77\,\text{mA}$ der Transistor mit dem Übersteuerungsgrad $\ddot{U} = I_B/I_B' = 0{,}77\,\text{mA}/0{,}6\,\text{mA} = 1{,}3$ gesättigt leitend.

Sinkt gegen Abend die Beleuchtungsstärke E_v wieder, fällt bei dem Kollektorstrom $I_C = I_{ab} = 20\,\text{mA}$ das Relais wieder ab und schaltet die Beleuchtung L ein. Zum Kollektorstrom $I_C = 20\,\text{mA}$ gehört der Basisstrom $I_B = I_C/B = 20\,\text{mA}/100 = 0{,}2\,\text{mA}$. Somit ergibt sich durch Umstellen von Gl. (179.1) der zugehörige Photowiderstand

$$R = [(U_{p-} - U_{BE})/I_B] - R_B = [(6\,\text{V} - 0{,}7\,\text{V})/0{,}2\,\text{mA}] - 6{,}78\,\text{k}\Omega = 19{,}72\,\text{k}\Omega$$

Der Kennlinie von Bild **176**.1 entnehmen wir die zu diesem Widerstand gehörende Beleuchtungsstärke $E_v = 2\,\text{lx}$. Die Beleuchtungsanlage wird also bedingt durch die Schalthysterese des Relais erst bei dieser geringeren Beleuchtungsstärke wieder eingeschaltet.

3.2.3.2 Helligkeitssteuerung von Lampen. Ist in den Schaltungen von Bild **146**.2, **148**.1 und **149**.1 der Lastwiderstand R_L eine Glühlampe, so läßt sich ihre Helligkeit steuern, wenn wie in Bild **180**.1 parallel zum Kondensator C (C_2 in Bild **149**.1a) ein Photowiderstand R geschaltet wird. Stellt man über den Widerstand R_1 den Strom durch die als Lastwiderstand R_L dienende Glühlampe auf einen bestimmten Wert ein, so wird bei größerer Helligkeit, z. B. durch zunehmendes Tageslicht, der Photowiderstand R kleiner. Hierdurch verringert sich aber auch die Ladespannung u_C des Kondensators C und erreicht erst zu einem späteren Zeitpunkt die Kippspannung $U_{(BO)}$ des DIAC D (s. Bild **146**.2c).

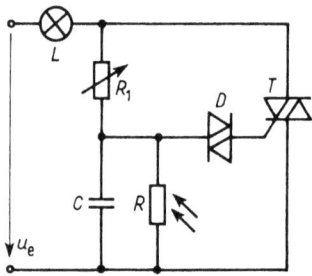

180.1
Helligkeitssteuerungsschaltung mit Photowiderstand R, DIAC D und TRIAC T für die Glühlampe L

Der TRIAC wird in jeder Halbschwingung erst später getriggert und der Stromflußwinkel Θ entsprechend verkleinert. Durch den sinkenden Laststrom verringert sich die Helligkeit der Glühlampe L. Bei eintretender Dämmerung sinkt dagegen die Beleuchtungsstärke E_v des Photowiderstands R, und der Widerstand R steigt. Dies führt wieder zu einer früheren Triggerung des TRIAC und zu einer Steigerung der Helligkeit der Glühlampe L. Auf diese Weise wird die Helligkeit der Lampe in Abhängigkeit vom Tageslicht gesteuert und die Gesamthelligkeit (Lampe und Tageslicht) in einem Raum konstant gehalten.

Wird in der Schaltung von Bild **180**.1 wie in der Schaltung von Bild **146**.2a mit dem Widerstand $R_1 = 500\,\text{k}\Omega$ und der Kapazität $C = 0{,}1\,\mu\text{F}$ gearbeitet, so sollte der Photowiderstand R bei der Raumhelligkeit $E_v = 100\,\text{lx}$ etwa den Widerstand $R = 10\,\text{k}\Omega$ aufweisen. Bei großer Tageshelligkeit wird dann der Widerstand R so klein, daß die Ladespannung u_C die Kippspannung $U_{(BO)}$ des DIAC nicht mehr erreicht. Der TRIAC wird nicht mehr getriggert, und die Glühlampe erhält keinen Strom, wird also abgeschaltet.

3.3 Photodioden als Strahlungsempfänger

Photodioden sind Strahlungsempfänger, die im Gegensatz zu Photowiderständen einen PN-Übergang enthalten.

3.3.1 PN-Übergang unter Lichteinwirkung

Als Photodiode wird der PN-Übergang in Sperrichtung betrieben. Bei angelegter Sperrspannung U_R fließt durch ihn der Sättigungssperrstrom I_{RS}, der durch Minoritätsträger verursacht wird, die in der Umgebung des Übergangs durch thermische Ionisation (Eigenleitung) erzeugt werden. Dieser Sperrstrom I_{RS} ist temperaturabhängig und steigt exponentiell mit wachsender Temperatur T an. Wird nun der PN-Übergang mit Licht bestrahlt, dessen Photonenenergie $h f$ nach Gl. (170.1) größer als der Bandabstand ΔW des Halbleiters ist, so werden durch Absorption von Photonen zusätzlich Elektronen-Loch-Paare gebildet, die den Sperrstrom der Diode vergrößern. Bei großer Bestrahlungsstärke E_e ist dieser Photostrom I_{ph} wesentlich größer als der Sättigungssperrstrom I_{RS} des unbestrahlten PN-Übergangs.

Der PN-Übergang besteht wie in Bild **181.**1 aus einer dünnen hochdotierten P$^+$-Schicht, deren Dicke d_p wenige μm beträgt, und aus einer wesentlich dickeren schwach dotierten N-Schicht mit einer Dicke d_n bis zu 1 mm. Die Oberfläche des Übergangs ist durch die lichtdurchlässige, reflexionsmindernde SiO-Schicht geschützt. Wird der PN-Übergang in Sperrichtung gepolt (positive Spannung am N-Bereich), so entsteht am PN-Übergang eine trägerverarmte Sperrschicht der Dicke d, die sich wegen der schwachen Dotierung des N-Bereichs weit in diesen hinein erstreckt. Fällt nun Licht mit zunehmender Wellenlänge (λ_1 bis λ_6 in Bild **181.**1) auf die Oberfläche des dotierten Halbleiters, so dringt Licht mit der größeren Wellenlänge tiefer in den Kristall ein als Licht mit kürzerer Wellenlänge.

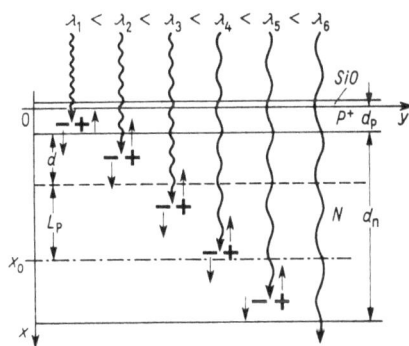

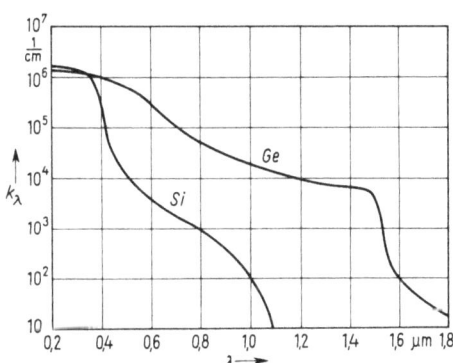

181.1 PN-Übergang bei Bestrahlung mit Licht verschiedener Wellenlänge λ_1 bis λ_6
— Leitungselektron, + positives Loch, P^+ hochdotierte P-Schicht, N N-dotierte Schicht, d_p Dicke von P- und d_n von N-Schicht, d Dicke der trägerverarmten Sperrschicht, L_p Rekombinationsweglänge der positiven Löcher

181.2 Absorptionskoeffizient k_λ in Abhängigkeit von der Wellenlänge λ für Silizium Si und Germanium Ge

Ursache hierfür ist der mit fallender Wellenlänge λ steigende **Absorptionskoeffizient** k_λ, der in Bild 181.2 für Silizium und Germanium aufgetragen ist.

Als Photostrom sind jedoch nur diejenigen Elektron-Loch-Paare wirksam, die entweder innerhalb der Sperrschichtdicke d oder innerhalb der angrenzenden Schicht mit der Dicke der Rekombinationsweglänge L_p durch Absorption von Photonen erzeugt werden. Nur diese Löcher können die trägerverarmte Sperrschicht erreichen, ohne vorher mit Majoritätsträgern (Elektronen) zu rekombinieren und dadurch zu verschwinden.

Fallen nun $n_{0\lambda}$ Photonen der Wellenlänge λ pro Wellenlängenintervall dλ, pro Zeit und Fläche auf die Kristalloberfläche, so wird diese, wenn nach Gl. (160.2) die Photonenenergie $W_q = hf = hc/\lambda$ ist, mit der **spektralen Bestrahlungsstärke**

$$E_{e\lambda} = n_{0\lambda}\, h\, c/\lambda \tag{182.1}$$

bestrahlt [Einheit W/(m² µm)]. Ist r_λ der wellenlängenabhängige **Reflexionsfaktor** ($r_\lambda = 1$ bei totaler Reflexion) und k_λ der von der Wellenlänge λ abhängige Absorptionskoeffizient, so ist die im Wegelement dx in der Kristalltiefe x pro Fläche und Zeit absorbierte Photonenanzahl, deren Wellenlänge λ zwischen λ und $\lambda + d\lambda$ liegt,

$$dn_{x\lambda} = -(1 - r_\lambda)\, k_\lambda\, n_{x\lambda}\, dx\, d\lambda \tag{182.2}$$

Integriert man Gl. (182.2), ergibt sich für die Photonenanzahl in der Tiefe x

$$n_{x\lambda} = (1 - r_\lambda)\, n_{0\lambda}\, e^{-k_\lambda x}\, d\lambda \tag{182.3}$$

Die bis zur Kristalltiefe x absorbierte Photonenanzahl

$$n_{ax\lambda} = (1 - r_\lambda)\, n_{0\lambda}\, (1 - e^{-k_\lambda x})\, d\lambda \tag{182.4}$$

ist die Differenz zwischen der in den Kristall eindringenden Photonenanzahl $(1 - r_\lambda)\, n_{0\lambda}$ und der nach Gl. (182.3) in der Schichttiefe x ankommenden Photonenanzahl $n_{x\lambda}$. Vernachlässigen wir die Absorption in der sehr dünnen P^+-Schicht, so werden nach Bild 181.1 nur die bis zur Schichttiefe

$$x_0 = d + L_p \tag{182.5}$$

absorbierten Photonen zum Photostrom I_{ph} beitragende Elektron-Loch-Paare erzeugen. Nicht alle absorbierten Photonen erzeugen Elektron-Loch-Paare. Photonen können, wenn auch zu einem geringen Teil durch Anregung von **Gitterschwingungen** (Phononen) absorbiert werden. Ist q_λ die wellenlängenabhängige **Quantenausbeute**, die angibt, mit welcher Wahrscheinlichkeit ein Elektron-Loch-Paar bei der Absorption eines Photons erzeugt wird, so ist nach Gl. (182.4) und (182.5) die von der Strahlung mit der Wellenlänge λ bis $\lambda + d\lambda$ bis zur Schichttiefe x_0 pro Zeit und Fläche erzeugte Anzahl von Elektron-Loch-Paaren

$$n_{np\lambda} = q_\lambda\, (1 - r_\lambda)\, n_{0\lambda}\, [1 - e^{-k_\lambda(d + L_p)}]\, d\lambda \tag{182.6}$$

Ist A der Querschnitt des PN-Übergangs und e die Elementarladung, ergibt sich der Photostrom, der durch Strahlung der Wellenlänge λ erzeugt wird,

$$I_{ph\lambda} = 2e\, A\, n_{np\lambda} \tag{182.7}$$

Wenn der Absorptionskoeffizient $k_\lambda \gg 1/(d + L_p)$ ist, was insbesondere für kürzerwellige Strahlung gilt, wird die gesamte in den Kristall eintretende Strahlung bis zur Schichttiefe x_0 absorbiert, der Exponentialterm in Gl. (182.6) wird null, und man erhält

3.3.1 PN-Übergang unter Lichteinwirkung

den wellenlängenabhängigen Photostrom

$$I_{ph\lambda} = 2e\,A\,q_\lambda\,(1-r_\lambda)\,n_{0\lambda}\,d\lambda \tag{183.1}$$

Im Fall schwacher Absorption, also wenn $k_\lambda \ll 1/(d+L_p)$ ist, läßt sich der Exponentialterm in Gl. (182.6) in eine Reihe entwickeln, die nach dem linearen Glied abgebrochen werden darf. Für den wellenlängenabhängigen Photostrom ergibt sich dann

$$I_{ph\lambda} = 2e\,A\,q_\lambda\,(1-r_\lambda)\,k_\lambda\,(d+L_p)\,n_{0\lambda}\,d\lambda \tag{183.2}$$

Um den gesamten Photostrom I_{ph} zu erhalten, muß Gl. (182.6) über die Wellenlänge λ von der Grenzwellenlänge λ_g [s. Gl. (170.4)] bis $\lambda = 0$ integriert werden. Ersetzt man vorher noch die Photonenanzahl $n_{0\lambda}$ nach Gl. (182.1) durch die spektrale Bestrahlungsstärke $E_{e\lambda}$, erhält man mit Gl. (182.7) den gesamten Photostrom

$$I_{ph} = F\,2e\,A/(h\,c) \tag{183.3}$$

mit dem Ausbeutefaktor

$$F = \int_0^{\lambda_g} \lambda\,q_\lambda\,(1-r_\lambda)\,[1-e^{-k_\lambda(d+L_p)}]\,E_{e\lambda}\,d\lambda \tag{183.4}$$

Der Ausbeutefaktor F (Einheit W/m) ist trotz der Integration über die Wellenlänge λ von der spektralen Verteilung der Bestrahlungsstärke $E_{e\lambda}$ abhängig. Sind Quantenausbeute q_λ, Reflexionsfaktor r_λ, Absorptionskoeffizient k_λ, Rekombinationsweglänge L_p, Sperrschichtdicke d und spektrale Verteilung der Bestrahlungsstärke $E_{e\lambda}$ durch experimentelle Messungen bekannt, kann der Ausbeutefaktor F durch numerische Integration bestimmt werden. Nehmen wir der Einfachheit halber an, daß alle Größen in Gl. (183.4) außer der Wellenlänge λ und der Beleuchtungsstärke $E_{e\lambda}$ konstant und wellenlängenunabhängig sind und daß $E_{e\lambda}$ von einem schwarzen Strahler erzeugt wird, also die spektralen Verteilungen von Bild 164.1 gelten, dann läßt sich der Ausbeutefaktor F berechnen. Für Silizium mit der Grenzwellenlänge $\lambda_g = 1,2$ µm ist das Verhältnis F/F_m, wobei F_m der maximale Ausbeutefaktor ist, in Bild 183.1 über der Temperatur T des schwarzen Strahlers aufgetragen. Der Ausbeutefaktor F_m wird bei sehr hohen Temperaturen erreicht, wenn sich praktisch die gesamte Strahlung des schwarzen Körpers zu Wellenlängen $\lambda < \lambda_g = 1,2$ µm verlagert hat.

Der Photostrom I_{ph} ändert sich also, wenn sich bei konstanter Bestrahlungsstärke E_e die spektrale Verteilung der Strahlung ändert oder wenn bei gleichbleibender Verteilung die Bestrahlungsstärke geändert wird. Wird der PN-Übergang mit monochromatischer Strahlung bestrahlt, so ist nach Gl. (182.6) bis (183.2) der Photostrom $I_{ph\lambda}$ proportional zur pro Zeit und Fläche einfallenden Photonenanzahl $n_{0\lambda}$ und daher nach Gl. (182.1) proportional zur Bestrahlungsstärke $E_{e\lambda}$.

Der gesamte durch den gesperrten PN-Übergang fließende Strom ist die Summe von Sättigungssperrstrom I_{RS} und Photostrom I_{ph}.

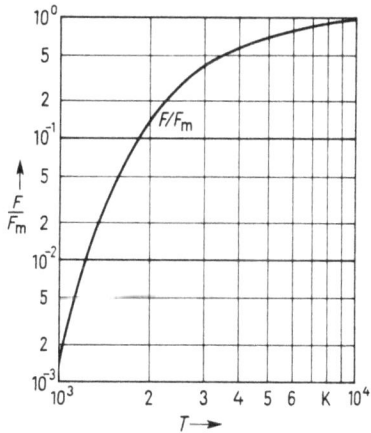

183.1 Abhängigkeit des relativen Ausbeutefaktors F/F_m einer Si-Photodiode von der Temperatur T des bestrahlenden schwarzen Strahlers

3.3.2 Aufbau und Kennlinien

Photodioden werden auf kreis- oder rechteckförmigen Silizium-, Germanium- oder auch Gallium-Arsenid-Kristallen (Bild **184.**1 a) durch Eindiffundieren einer 0,1 μm bis 0,5 μm dicken hochdotierten P$^+$-Schicht in das schwach N-dotierte Substrat erzeugt. Auch die umgekehrten Dotierungsverhältnisse sind möglich. Photodioden werden wie in Bild **184.**1 a in Planartechnik hergestellt. Der freiliegende Teil des PN-Übergangs wird durch SiO$_2$ geschützt. Dadurch wird der Sättigungssperrstrom I_{RS} verringert. Die Oberfläche der P$^+$-Schicht wird mit einem Belag aus Siliziumoxid SiO versehen, der einerseits den Reflexionsfaktor r verringert und andererseits die Oberfläche schützt. Eingebaut wird der Halbleiterkristall in ein Metallgehäuse, das an seiner Frontseite ein Fenster aus Quarzglas enthält (Bild **184.**1 b). Das Schaltzeichen der Photodiode ist in Bild **184.**1 c wiedergegeben.

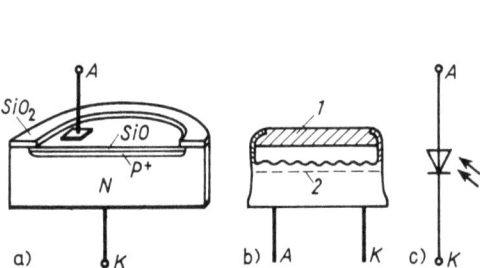

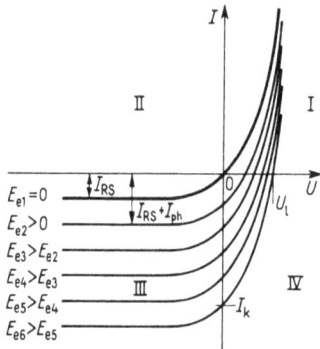

184.1 Photodiode
a) Querschnitt durch das Halbleiter-Chip
b) Gehäusequerschnitt
c) Schaltzeichen
P^+ hochdotiere P-Schicht, N schwach dotierte N-Schicht, A Anode, K Kathode, 1 Quarzglasfenster, 2 Lage der lichtempfindlichen Schicht

184.2 Kennlinienfeld $I = f(U)$ der Photodiode mit der Bestrahlungsstärke E_e als Parameter I bis IV 1. bis 4. Quadrant des Kennlinienfeldes, I_k Kurzschlußstrom, U_l Leerlaufspannung, I_{RS} Sättigungssperrstrom, I_{ph} Photostrom; —— normale Diodenkennlinie bei $E_{e1} = 0$

3.3.2.1 Kennlinienfeld. Die Kennlinie einer Halbleiterdiode wird durch die Stromgleichung

$$I = I_{RS}(1 - e^{U/U_T}) \tag{184.1}$$

wiedergegeben (s. Band III, Teil 1, Abschn. Berechnung des Stromes). Hierbei ist I_{RS} der Sättigungssperrstrom, dessen Zahlenwert negativ ist, und U_T die Temperaturspannung ($U_T = kT/e = 26$ mV bei der Temperatur $T = 300$ K). Der Verlauf dieser Kennlinie ist in Bild **184.**2 dick ausgezogen gezeichnet. Die unbestrahlte Photodiode ($E_e = 0$) verhält sich wie jede andere Halbleiterdiode, zeigt also den in Bild **184.**2 mit $E_{e1} = 0$ als Parameter gekennzeichneten Verlauf. Der im 3. Quadranten fließende Sättigungssperrstrom I_{RS} wird bei der Photodiode als Dunkelstrom bezeichnet. Da er durch die Eigenleitung verursacht wird, ist er stark temperaturabhängig.

3.3.2 Aufbau und Kennlinien 185

Wird die Photodiode bestrahlt, addiert sich zu dem Diodenstrom nach Gl. (184.1) noch der in dieselbe Richtung wie der Sättigungssperrstrom I_{RS} fließende Photostrom I_{ph}, so daß sich für den Diodenstrom

$$I = I_{RS}(1 - e^{U/U_T}) + I_{ph} \qquad (185.1)$$

ergibt. Wächst die Bestrahlungsstärke $E_{e\lambda}$ bei gleichbleibender spektraler Verteilung, so wächst nach Gl. (183.3) und (183.4) entsprechend proportional der Photostrom I_{ph}. Hieraus ergibt sich das in Bild **184.2** dargestellte Kennlinienfeld.

Wird die Diode mit einer negativen Spannung $U = U_R$ betrieben, deren Betrag $|U_R| \gg U_T$ ist, kann der Exponentialterm in Gl. (185.1) vernachlässigt werden, und man erhält den Diodenstrom

$$I = I_{RS} + I_{ph} \qquad (185.2)$$

Unter diesen Bedingungen arbeitet die Diode im 3. Quadranten des Kennlinienfeldes als **Photodiode**. Da sich der Photostrom I_{ph} nicht mit der Spannung U_R ändert, zeigt sie in diesem Betriebszustand einen sehr großen Ausgangswiderstand, stellt also einen **Stromgenerator** dar.

3.3.2.2 Photoelement. Wird die bestrahlte Photodiode kurzgeschlossen, fließt bei $U = 0$ der durch die Bestrahlung erzeugte **Kurzschlußstrom**

$$I_k = I_{ph} \qquad (185.3)$$

der wegen $I_{RS} = 0$ bei $U = 0$ gleich dem Photostrom I_{ph} ist. Dieser Kurzschlußstrom I_k ist in Bild **184.2** für die Kennlinie mit der Bestrahlungsstärke E_{e6} eingetragen. Die bestrahlte Photodiode wirkt jetzt als Generator, der wie in Bild **185.1**a den Kurzschlußstrom I_k liefert.

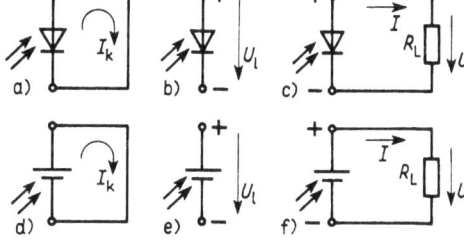

185.1 Photodiode als Photoelement geschaltet
a) Kurzschluß
b) Leerlauf
c) bei Belastung mit Lastwiderstand R_L
d) e) f) Fälle a) b) c) gezeichnet mit Photoelementschaltzeichen
I_k Kurzschlußstrom, U_l Leerlaufspannung

Wird die bestrahlte Photodiode im Leerlauf ohne angelegte äußere Spannung betrieben, baut sich an ihr bei $I = 0$ die in Bild **184.2** für die Kennlinie mit der Bestrahlungsstärke E_{e6} eingetragene **Leerlaufspannung** U_l auf. Unter dem Einfluß der Bestrahlung wirkt die Photodiode als Spannungsgenerator und wird deshalb als **Photoelement** bezeichnet, für das das in Bild **185.1**d, e, f verwendete Schaltzeichen benutzt wird. Setzen wir in Gl. (185.1) den Strom $I = 0$ und lösen dann nach der Spannung U auf, erhalten wir für die Leerlaufspannung

$$U = U_l = U_T \ln[1 + (I_{ph}/I_{RS})] \qquad (185.4)$$

Sie steigt nach Gl. (185.4) logarithmisch und deshalb nur langsam mit wachsendem Photostrom bzw. wachsender Bestrahlungsstärke E_e an. Bild **186.1** zeigt diesen logarithmischen Verlauf der Leerlaufspannung U_l in Abhängigkeit von der Bestrahlungsstärke E_e.

3.3 Photodioden als Strahlungsempfänger

Der Kurzschlußstrom I_k wächst dagegen linear mit der Bestrahlungsstärke E_e, vorausgesetzt, daß deren spektrale Verteilung sich bei wachsender Bestrahlungsstärke E_e nicht ändert. Dieses Verhalten des Diodenstroms I ist in Bild 186.2 für $U = 0$ (Kurzschlußfall, Betrieb als Photoelement) und $U < 0$ (Betrieb als Photodiode) in Abhängigkeit von der Bestrahlungsstärke E_e aufgetragen.

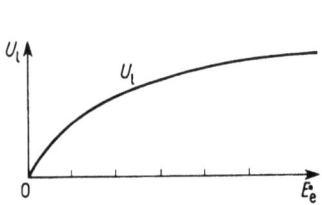
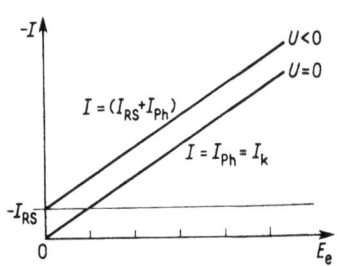

186.1 Abhängigkeit der Leerlaufspannung U_l von der Bestrahlungsstärke E_e beim Betrieb einer Photodiode als Photoelement

186.2 Abhängigkeit des Photodioden-Stroms I von der Bestrahlungsstärke E_e
$U < 0$ Photodioden-Betrieb, $U = 0$ Kurzschlußfall des Photoelement-Betriebs, I_{RS} durch Eigenleitung erzeugter Sperrstrom, I_{ph} Photostrom, I_k Kurzschlußstrom

Wird die Diode als Photoelement betrieben, arbeitet sie im 4. Quadranten des Kennlinienfeldes, und ihr Ausgangswiderstand ändert sich sehr stark bei Strom-Spannungs-Änderungen. Durch Differentiation von Gl. (185.1) berechnen wir den differentiellen Ausgangswiderstand

$$r_F = (- U_T/I_{RS})\, e^{-U/U_T} \qquad (186.1)$$

der im Kurzschlußfall bei $U = 0$ den großen Wert

$$r_{Fk} = - U_T/I_{RS} \qquad (186.2)$$

annimmt. Im Leerlauffall ergibt sich für $U = U_l$ und mit Gl. (185.4) der wesentlich kleinere differentielle Ausgangswiderstand

$$r_{Fl} = -U_T/(I_{RS} + I_{ph}) \approx -U_T/I_{ph} \qquad (186.3)$$

Die Näherung gilt bei größerer Bestrahlung, wenn $I_{ph} \gg I_{RS}$ ist. Man beachte ferner, daß die Zahlenwerte der Ströme I_{RS} und I_{ph} negativ sind. Häufig wird noch der mittlere Ausgangswiderstand

$$R_F = -U_l/I_k \qquad (186.4)$$

als das Verhältnis von Leerlaufspannung zu Kurzschlußstrom angegeben. Auch hier ist der Zahlenwert des Kurzschlußstroms I_k negativ! Diese drei Widerstände sind als Steigungen von Widerstandsgeraden in Bild 187.1 eingetragen.

Arbeitet ein Photoelement wie in Bild 185.1 c, f auf einen Lastwiderstand R_L und soll aus dem als Generator wirkenden Photoelement möglichst viel Leistung an den Verbraucher

R_L abgegeben werden, so muß wie in Bild **187**.2 die Widerstandsgerade $I = -U/R_L$ so gewählt werden, daß die durch die schraffierte Fläche wiedergegebene Leistung $P_L = IU$ maximal wird. Dies ist in etwa bei der Geraden R_{L2} der Fall. Bei dem zu großen Widerstand R_{L1} wächst zwar die Ausgangsspannung, jedoch wird der Strom zu klein; umgekehrt ist bei dem zu kleinen Widerstand R_{L3} der Ausgangsstrom groß, jedoch bricht

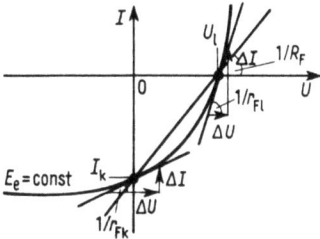

187.1 Reziproke Widerstandsgeraden $\Delta I/\Delta U$ in der Kennlinie des Photoelements
$1/r_{Fl}$ Steigung im Leerlaufpunkt, $1/r_{Fk}$ Steigung im Kurzschlußpunkt, $1/R_F$ mittlere Steigung, r_{Fk} differentieller Ausgangswiderstand des Photoelements im Kurzschluß und r_{Fl} bei Leerlauf, R_F mittlerer Ausgangswiderstand, U_l Leerlaufspannung, I_k Kurzschlußstrom

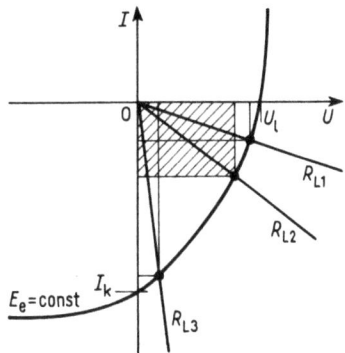

187.2 Photoelement-Kennlinie mit eingezeichneten Lastwiderstandsgeraden $I = -U/R_L$ (Die schraffierte Fläche stellt die Leistung $P_L = IU$ im Fall $R_L = R_{L2}$ dar.)

die Ausgangsspannung zu stark zusammen. Eine gute Anpassung wird erreicht, wenn der Lastwiderstand

$$R_L \approx R_F = r_F \tag{187.1}$$

gesetzt wird. Aus Gl. (186.1) und (186.4) erhält man dann die Ausgangsspannung

$$U = U_T \ln[U_T I_k/(U_l I_{RS})] \tag{187.2}$$

und den Ausgangsstrom

$$I = U/R_F = -I_k(U_T/U_l)\ln[U_T I_k/(U_l I_{RS})] \tag{187.3}$$

Die im Widerstand R_L umgesetzte Leistung ist $P_L = IU$.
Da der Strom $I_{ph} = I_k$ proportional zur wachsenden Bestrahlungsstärke E_e wächst, verringern sich entsprechend die Widerstände r_F und R_F, so daß für optimale Leistungsanpassung auch der Lastwiderstand R_L verringert werden muß. Dies ist ein wesentlicher Nachteil des Photoelements.

3.3.2.3 Solarzelle. Solarzellen sind besonders für die Weltraumtechnik entwickelte großflächige Silizium-Photoelemente. Ihre Aufgabe ist es, das Sonnenlicht mit möglichst gutem Wirkungsgrad in elektrische Leistung umzuwandeln, um z.B. die elektronischen Anlagen von Satelliten und Weltraumsonden zu versorgen. Der Vorteil ist hier nun, daß im erdnahen Weltraum von der Sonne die konstante Bestrahlungsstärke $E_e = 140$ mW/cm² (Solarkonstante) geliefert wird, so daß die Leistungsanpassung der Verbraucher keine Schwierigkeiten bereitet.

3.3 Photodioden als Strahlungsempfänger

Silizium zeigt nach Bild **171**.3 seine maximale spektrale Empfindlichkeit bei der Wellenlänge $\lambda = 0{,}85$ μm, während die Sonne bei $\lambda = 0{,}5$ μm maximale Energie abstrahlt. Da sich jedoch die Kurven von spektraler Energieverteilung der Sonne und spektraler Empfindlichkeit $s_{\lambda r}$ des Siliziums gut überlappen, ist eine wirkungsvolle Umsetzung des Sonnenlichts in elektrische Energie gewährleistet.

Die Verwendung von CdS, das sein Empfindlichkeitsmaximum nach Bild **171**.3 bei $\lambda_m \approx 0{,}5$ μm, also bei der Wellenlänge maximaler Sonnenenergieabstrahlung hat, ist nicht möglich, da mit diesem Halbleiter keine praktisch brauchbaren PN-Übergänge erzeugt werden können.

Bild **188**.1 zeigt den Aufbau einer Solarzelle (Telesun von Telefunken), die bei der Bestrahlungsstärke $E_e = 140$ mW/cm² den Kurzschluß-(Photo)-Strom $I_k = 145$ mA und die Leerlaufspannung $U_l = 545$ mV liefert. In Bild **188**.2 ist die Spannungs-Strom-Kennlinie (hier mit positiv aufgetragenem Ausgangsstrom) dieser Solarzelle wiedergegeben. Eingetragen ist zusätzlich die Widerstandsgerade $U = R_L I$ mit dem Widerstand $R_L = R_F = U_l/I_k = 545$ mV/145 mA $= 3{,}76$ Ω. Bei diesem Lastwiderstand beträgt die Ausgangsspannung $U_a = 0{,}475$ V und der Ausgangsstrom $I_a = 126$ mA. Hieraus ergibt sich die abgegebene Leistung $P_L = I_a U_a = 0{,}475$ V $\cdot 126$ mA $= 59{,}85$ mW. Mit der Oberfläche $A = 4$ cm² und der Bestrahlungsstärke $E_e = 140$ mW/cm² erhält man den Wirkungsgrad

$$\eta = P_L/(A\,E_e) = 59{,}85 \text{ mW}/(4 \text{ cm}^2 \cdot 140 \text{ mW/cm}^2) = 0{,}107$$

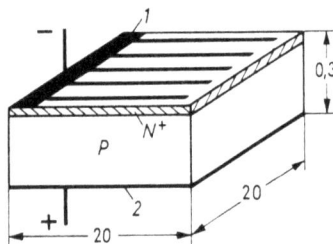
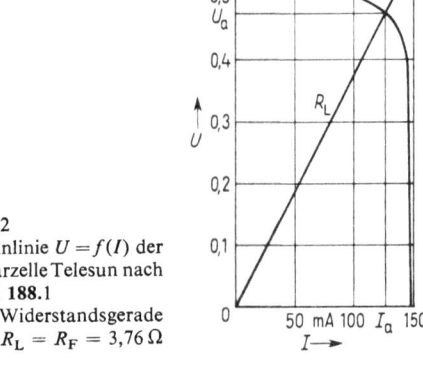

188.1 Aufbau der Solarzelle Telesun (AEG-Telefunken)
N^+ hochdotierte N-Schicht, P schwächer dotierte P-Schicht, I kammförmige Kathode, 2 Anoden-Metallisierung; Maße in mm

188.2 Kennlinie $U = f(I)$ der Solarzelle Telesun nach Bild **188**.1
R_L Widerstandsgerade mit $R_L = R_F = 3{,}76$ Ω

Es werden also 10,7 % der einfallenden Strahlungsenergie in elektrische Energie umgesetzt.

Um die für elektronische Schaltungen erforderliche Spannung von z. B. 10 V zu erzeugen, müssen bei der Ausgangsspannung $U_a = 0{,}475$ V und dem Ausgangsstrom $I_a = 126$ mA insgesamt 21 Solarzellen in Reihe geschaltet werden. Sind größere Ströme notwendig, wird eine zusätzliche Parallelschaltung von Solarzellen erforderlich.

3.3.3 Kenngrößen

3.3.3.1 Statische Kenngrößen. Mit der wellenlängenabhängigen Quantenausbeute q_λ, dem Absorptionskoeffizienten k_λ, dem Reflexionsfaktor r_λ, dem Diodenquerschnitt A sowie der Sperrschichtdicke d und der Rekombinationsweglänge L_p der Löcher ergibt sich nach

Gl. (182.1) und (183.2) für den wellenlängenabhängigen Photostrom, der durch Strahlung im Wellenlängenbereich λ bis $\lambda + d\lambda$ erzeugt wird,

$$I_{\text{ph}\lambda} = 2e\, A\, q_\lambda\, k_\lambda\, (1 - r_\lambda)\, (d + L_\text{p})\, E_{\text{e}\lambda}\, \lambda\, d\lambda/(h\, c) \tag{189.1}$$

Er ist also linear von der bei der Wellenlänge λ einfallenden Bestrahlungsstärke $E_{\text{e}\lambda}$ abhängig. Die **Empfindlichkeit** der Photodiode

$$s_\lambda = dI_{\text{ph}\lambda}/dE_{\text{e}\lambda} = I_{\text{ph}\lambda}/E_{\text{e}\lambda} = 2e\, A\, q_\lambda\, k_\lambda\, (1 - r_\lambda)\, (d + L_\text{p})\, \lambda\, d\lambda/(h\, c) \tag{189.2}$$

ist deshalb bei konstanter Wellenlänge λ ebenfalls konstant und unabhängig von der Bestrahlungsstärke $E_{\text{e}\lambda}$. Wird bei Vergrößerung der Bestrahlungsstärke $E_{\text{e}\lambda}$ ihre spektrale Verteilung nicht geändert, so wächst auch der in Gl. (183.3) und (183.4) auftretende Ausbeutefaktor F linear mit der Bestrahlungsstärke $E_{\text{e}\lambda}$ und somit der Photostrom I_ph linear mit der gesamten über die Wellenlänge integrierten Bestrahlungsstärke E_e. Im Gegensatz zu Photowiderständen weisen Photodioden also eine von der Bestrahlungsstärke unabhängige Empfindlichkeit s auf.

In Tafel **189.**1 sind Empfindlichkeit s, Wellenlänge λ_m maximaler Empfindlichkeit und Dunkelstrom I_RS für 3 verschiedene Photodioden angegeben.

In Tafel **189.**1 ist die Empfindlichkeit in nA/lx also bezogen auf die Beleuchtungsstärke E_v und nicht bezogen auf die Bestrahlungsstärke E_e [nA/(mW cm^2)] angegeben.

Tafel 189.1 Empfindlichkeit s, Wellenlänge maximaler Empfindlichkeit λ_m und Dunkelstrom I_RS von 3 verschiedenen Silizium-Photodioden bei der Farbtemperatur $T_\text{f} = 2850$ K, der Sperrspannung $U_\text{R} = -5$ V und der Temperatur $T = 300$ K

Typ	s in nA/lx	λ_m in nm	I_RS in nA
BPW 20	33	700	-2
BPW 21	7	570	-2
BPW 77	30	770	-2

Deshalb ist es erforderlich, über die spektrale Verteilung der einfallenden Strahlung genaue Angaben zu machen. Dies geschieht durch Angabe der in Abschn. 3.1.3.3 definierten Farbtemperatur T_f des verwendeten Strahlers, wobei mit $T_\text{f} = 2856$ K meist Normlicht-A benutzt wird. Durch geeignete Filter kann die spektrale Empfindlichkeit s_λ verändert werden. Die Diode BPW 21 hat ihre maximale Empfindlichkeit bei der Wellenlänge $\lambda = 570$ nm, also nach Bild **168.**1 in der Nähe der maximalen Augenempfindlichkeit. Sie bewertet also einfallendes Licht etwa in gleicher Weise wie das menschliche Auge. Allerdings geht eine solche Filterung stets auf Kosten der Gesamtempfindlichkeit s.

Vergleichen wir die Empfindlichkeit s der Photodioden von Tafel **189.**1 mit den in Beispiel 38, S. 177 berechneten Empfindlichkeiten von Photowiderständen, die bei der Beleuchtungsstärke $E_\text{v} = 500$ lx z. B. $s = 80$ µA/lx beträgt, so ergibt sich, daß Photodioden etwa 1000 mal unempfindlicher sind als Photowiderstände. Da jedoch ihr Dunkelstrom I_RS ebenfalls sehr klein ist (z. B. $I_\text{RS} = 2$ nA) und gegenüber dem Photostrom (z. B. $I_\text{ph} = -33$ µA bei $E_\text{v} = 1$ klx für die Diode BPW 20) vernachlässigt werden kann, läßt sich durch Nachverstärkung des Photostroms dieser Nachteil ausgleichen.

3.3.3.2 Dynamische Kenngrößen. Photodioden sind als Detektoren geeignet für Strahlung, deren Intensität sehr schnell zeitlich schwankt. Dabei kann es sich sowohl um sehr kurzzeitige Lichtimpulse, wie sie mit Lumineszenz- oder Laser-Dioden (s. Abschn. 3.7) erzeugt werden, handeln, oder es kann eine mit einer sehr hohen Frequenz modulierte Lichtstrahlung sein, die zur Informationsübertragung verwendet wird. In diesem Verhalten

190 3.3 Photodioden als Strahlungsempfänger

unterscheiden sich die Photodioden grundlegend von den Photowiderständen, die nur bei sehr langsamen Intensitätsschwankungen verwendet werden können (s. Abschn. 3.2.2.2).
Für die Untersuchung des Schalt- und Frequenzverhaltens arbeitet die Photodiode D in der in Bild **190.**1a gezeigten Schaltung auf den Lastwiderstand R_L. Bei Vernachlässigung ihres Dunkelstroms, also des Sperrstroms I_{RS}, können wir die in Bild **190.**1b gezeigte Ersatzschaltung für die in Sperrichtung betriebene Photodiode angeben. In dieser stellt die Kapazität C die Summe aus Sperrschicht- und Gehäusekapazität $C_S + C_G$ dar, und der Stromgenerator G erzeugt den durch die Bestrahlung verursachten Photostrom i_{ph}.

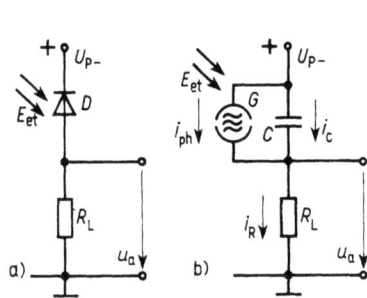

190.1 Photodiode mit Lastwiderstand R_L
 a) Schaltung
 b) Ersatzschaltung
 G Stromgenerator, $C = C_S + C_G$
 Sperrschicht- und Gehäusekapazität

190.2 Kapazität $C = C_S + C_G$ der Photodiode BPY 77 in Abhängigkeit vom Betrag der Sperrspannung $|U_R|$

Die Sperrschichtkapazität $C_S \approx A/\sqrt{|U_R|} \approx A/\sqrt{U_{p-}}$ ist von der an der Diode liegenden Sperrspannung abhängig und fällt mit wachsender Sperrspannung U_R (s. Band III, Teil 1, Abschn. Sperrschichtkapazität). A ist die Fläche des PN-Übergangs. Die Näherung gilt, wenn die Ausgangsspannung u_a klein gegenüber der Versorgungsgleichspannung U_{p-} ist. Um die Kapazität klein zu halten, ist es also günstig, mit größerer Spannung U_{p-} zu arbeiten. Allerdings darf diese die zulässige Sperrspannung $U_{R\,max}$ nicht überschreiten. Bild **190.**2 zeigt den Verlauf der Diodenkapazität C in Abhängigkeit von der Sperrspannung $|U_R|$. Für große Spannungen $|U_R|$ kann die Sperrschichtkapazität C_S vernachlässigt werden, und die Diodenkapazität nähert sich der Gehäusekapazität C_G.
Bild **190.**1b entnehmen wir für den Strom

$$i_R = i_{ph} + i_C \qquad (190.1)$$

und mit der Ausgangsspannung $u_a = i_R R_L$, dem Verschiebungsstrom $i_C = C\,du_C/dt$ sowie mit $u_C + u_a = U_{p-} = $ const erhalten wir die Differentialgleichung

$$\frac{du_a}{dt} + \frac{u_a}{R_L C} = \frac{i_{ph}}{C} \qquad (190.2)$$

Wird die Photodiode mit einem rechteckförmigen Lichtintensitätssprung angesteuert, ist also der Photostrom $i_{ph} = 0$ für $t < 0$ und $i_{ph} = I_{ph} = $ const für $t \geqq 0$, so erhalten wir als Lösung von Gl. (190.2) die Ausgangsspannung

$$u_a = I_{ph} R_L [1 - e^{-t/(R_L C)}] \qquad (191.1)$$

Die Ausgangsspannung steigt also exponentiell mit der Zeitkonstanten

$$\tau = R_L C \qquad (191.2)$$

gegen den Endwert $I_{ph} R_L$. Definiert man die Anstiegszeit t_r durch die Zeit, in der die Ausgangsspannung von 10% auf 90% ihres Maximalwerts ansteigt, so erhält man

$$t_r = R_L C \ln 9 = 2{,}2 R_L C = 2{,}2 \tau \qquad (191.3)$$

Man erkennt, daß die Anstiegszeit t_r entscheidend von Arbeitswiderstand R_L und Diodenkapazität C bestimmt wird. Dies gilt in gleicher Weise beim Abschalten des Lichtsignals für die Abfallzeit t_f.

Wird die Photodiode mit Licht bestrahlt, dessen Bestrahlungsstärke

$$E_{et} = E_{e0} + E_{em} \sin(\omega t) \qquad (191.4)$$

mit der Amplitude E_{em} und der Kreisfrequenz ω schwankt, so wird in der Photodiode der Strom

$$i_{ph} = I_{ph} + i_{phm} \sin(\omega t) \qquad (191.5)$$

erzeugt. Dieser schwankt dann wie in Bild **191.1**a sinusförmig mit der Amplitude i_{phm} um den mittleren Strom I_{ph}.

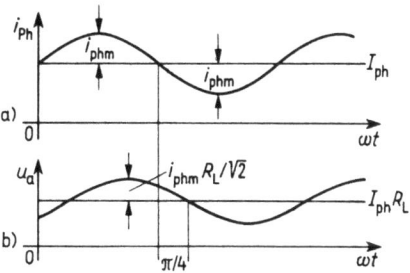

191.1 Strom durch die Photodiode i_{ph} (a) und zugehörige, über den Lastwiderstand R_L bei der Grenzkreisfrequenz ω_g abfallende Ausgangsspannung u_a (b) bei Bestrahlung mit gemäß Gl. (191.4) sinusförmig schwankender Bestrahlungsstärke E_{et}

Setzt man den Strom nach Gl. (191.5) in die Differentialgl. (190.2) ein und löst diese, so erhält man nach Abklingen des Einschaltvorgangs für die Ausgangsspannung

$$u_a = I_{ph} R_L + \frac{i_{phm} R_L}{\sqrt{1 + (\omega R_L C)^2}} \sin(\omega t + \varphi) \qquad (191.6)$$

mit

$$\tan \varphi = -\omega R_L C \qquad (191.7)$$

Die der Gleichspannung $I_{ph} R_L$ überlagerte Wechselspannung fällt nach Gl. (191.6) mit wachsender Kreisfrequenz ω. Erreicht die Kreisfrequenz

$$\omega = \omega_g = 1/(R_L C) = 1/\tau = 2\pi f_g \qquad (191.8)$$

die obere Grenzkreisfrequenz ω_g der Photodiode, ergibt sich die Ausgangsspannung

$$u_a = I_{ph} R_L + \left(i_{phm} R_L/\sqrt{2}\right) \sin(\omega_g t - \pi/4) \qquad (191.9)$$

192 3.3 Photodioden als Strahlungsempfänger

d.h., die Amplitude des Wechselspannungsanteils ist auf um den Faktor $1/\sqrt{2}$ gefallen und die Ausgangswechselspannung u_a eilt wie in Bild **191.1**b um den Phasenwinkel $\pi/4$ dem Photostrom i_{ph} nach.

Mit fallendem Arbeitswiderstand R_L kann die obere Grenzfrequenz der Photodiode $f_g = \omega_g/(2\pi)$ vergrößert werden, allerdings fällt hiermit auch die Amplitude $i_{phm} R_L$ der Ausgangsspannung. Bei der Angabe der oberen Grenzfrequenz einer Photodiode muß deshalb sowohl der Arbeitswiderstand R_L als auch die wirksame, die Kapazität C bestimmende Versorgungsspannung $U_{p-} \approx |U_R|$ mit angegeben werden. Tafel **192.1** enthält Anstiegs- und Abfallzeit sowie obere Grenzfrequenz von drei schnellen Photodioden.

Tafel **192.1** Anstiegszeit t_r, Abfallzeit t_f und obere Grenzfrequenz f_g von drei schnellen Photodioden (Valvo) bei der Sperrspannung $U_R = -20$ V und dem Lastwiderstand $R_L = 500$ Ω.

Typ	t_r in ns	t_f in ns	f_g in MHz
BPY 13	35	35	10
BPY 13A	1,2	1,2	300
BPY 77	4,2	4,2	84

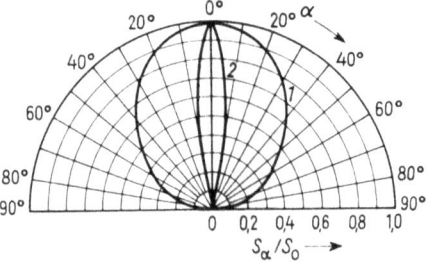

192.2 Richtdiagramme zweier Photodioden
1 Diode BPW 20, *2* Diode BPY 77

Beispiel 41. Die Photodiode BPY 77 wird in der Schaltung nach Bild **190.1**a mit der Versorgungsspannung $|U_R| \approx U_{p-} = 50$ V und dem Arbeitswiderstand $R_L = 50$ Ω betrieben. Man berechne Anstiegszeit t_r und obere Grenzfrequenz f_g der Photodiode.

Zunächst ermitteln wir aus Bild **190.2** für die Sperrspannung $|U_R| = 50$ V die Diodenkapazität $C = 3$ pF. Somit wird die Zeitkonstante $\tau = R_L C = 50\,\Omega \cdot 3$ pF $= 0,15$ ns. Nach Gl. (191.3) erhalten wir jetzt für die Anstiegszeit $t_r = 2,2\,\tau = 2,2 \cdot 0,15$ ns $= 0,33$ ns. Für die obere Grenzfrequenz ergibt sich mit Gl. (191.8) $f_g = \omega_g/(2\pi) = 1/(2\pi\,\tau) = 1/(2\pi \cdot 0,15$ ns$) = 1,06$ GHz.

Wegen dieser kleinen Anstiegszeit t_r sind Photodioden sehr gut für die Untersuchung kurzer Lichtimpulse geeignet, wie sie z.B. mit Lumineszenz- oder Laser-Dioden erzeugt werden können (s. Abschn. 3.7 und 3.9).

Werden Photodioden wie in Abschn. 3.3.2.2 als Photoelement betrieben, ist ihr PN-Übergang in Durchlaßrichtung gepolt, und ihre Diffusionskapazität C_D ist groß (s. Band III, Teil 1, Abschn. Diffusionskapazität). Entsprechend klein ist dann ihre obere Grenzfrequenz f_g. Z.B. beträgt die Diffusionskapazität C_D der Photodioden BPY 20 und BPY 21 (Telefunken) im Photoelementbetrieb $C_D \approx 1,6$ nF, und bei $R_L = 1$ kΩ wird die Anstiegszeit $t_r = 2,2\,C_D R_L = 2,2 \cdot 1,6$ nF $\cdot 1$ kΩ $= 3,52$ μs. Dies entspricht der oberen Grenzfrequenz $f_g \approx 100$ kHz.

3.3.3.3 Richtdiagramm. Eine für experimentelle Anordnungen wichtige Eigenschaft ist die Abhängigkeit der Empfindlichkeit eines optoelektronischen Empfängers, z.B. einer Photodiode, von der Einfallsrichtung der Strahlung. Ist s_0 die Empfindlichkeit senkrecht zur strahlungsempfindlichen Fläche, nimmt die Empfindlichkeit s_α für Strahlung, die unter dem Winkel α zur Flächennormale einfällt, gegenüber s_0 ab. In Bild **192.2** ist das

Verhältnis s_α/s_0 als Richtdiagramm über dem Winkel α aufgetragen (Polarkoordinaten-Darstellung). Während die Diode *1* (BPW 20) bedingt durch ihr Planarfenster ein relativ breites Richtdiagramm aufweist, zeichnet sich Diode *2* (BPY 77) durch ein sehr schmales Diagramm aus, das durch Vorsatz einer fokussierenden Linse erreicht wird.

3.3.4 Photo-PIN-Dioden

Gegenüber den beschriebenen Photodioden haben Photo-PIN-Dioden wie die schon in Band III, Teil 1 beschriebenen PIN-Dioden zwischen der P- und N-leitenden Schicht eine undotierte Schicht. Ohne Bestrahlung werden in dieser Schicht Ladungsträger nur durch die Eigenleitung erzeugt. Diese Schichtenfolge – P-leitende Schicht, Intrinsic-Zone und N-leitende Schicht – bestimmt den Namen der Diode.

In ihren Kennlinien und sonstigen statischen Kenngrößen, wie relative spektrale und absolute Empfindlichkeit, unterscheiden sich Photo-PIN-Dioden kaum von den in Abschn. 3.3.2.1 und 3.3.3.1 beschriebenen Eigenschaften von Photodioden. Meist werden sie aus Silizium hergestellt und zeigen dann die in Bild **171**.3 gezeigte relative spektrale Empfindlichkeit.

Der große Vorteil von Photo-PIN-Dioden ist ihr sehr gutes Frequenz- und Schaltverhalten. Durch den Einbau einer hochohmigen Intrinsic-Schicht zwischen die hochdotierte P^+-Schicht und die weniger stark dotierte N-Schicht (s. Bild **181**.1 und **184**.1) verringert sich die Sperrschichtkapazität C_S. Ladungsträgerpaare werden durch Absorption von Photonen hauptsächlich in der Intrinsic-Schicht erzeugt, da die Absorption in der sehr dünnen P^+-Schicht vernachlässigbar ist. Die angelegte Sperrspannung fällt nahezu vollständig über die Intrinsic-Schicht ab und sorgt so für eine kurze Laufzeit der Ladungsträger beim Durchqueren der Intrinsic-Zone. Der Verlauf der Diodenkapazität $C = C_S + C_G$ in Abhängigkeit von der Sperrspannung $|U_R|$ entspricht etwa dem in Bild **190**.2 für die schnelle Silizium-Photo-Diode BPY 77 gezeigten. Ebenso sind Schaltzeiten und obere Grenzfrequenz von Photo-PIN-Dioden vergleichbar mit den in Tafel **192**.1 für die Dioden BPY 13 A und BPY 77 angegebenen Werten.

Photo-PIN-Dioden werden auch als Metall-Halbleiter-Dioden hergestellt. Zur Herstellung dieser **Schottky-** oder **Hot-carrier-PIN-Dioden** (s. a. Band III, Teil 1) wird auf ein N-dotiertes Silizium-Chip eine sehr dünne ($\approx$ 15 nm) Goldschicht aufgedampft. Wird an die Goldschicht eine negative Spannung gelegt, ist der Metall-Halbleiter-Kontakt gesperrt und in dem unmittelbar an die Goldschicht angrenzenden N-Halbleiter bildet sich als Sperrschicht eine hochohmige, ladungsträgerfreie Intrinsic-Zone aus. Abgesehen von ihrem ebenfalls sehr guten Schalt- und Frequenzverhalten haben diese **Schottky-Photodioden** bei kürzeren Wellenlängen eine bessere spektrale Empfindlichkeit s_λ als normale PN-Photodioden. Im Gegensatz zu PN-Photodioden, bei denen die kurzwellige Strahlung wie in Bild **181**.1 bereits in der P^+-Schicht absorbiert wird und die erzeugten Ladungsträger durch Rekombination in dieser Schicht wieder verloren gehen, tragen bei den **Schottky-Photodioden** die unmittelbar hinter der kaum absorbierenden Goldschicht in der Sperrschicht erzeugten Ladungsträger voll zum Photostrom bei. So ist bei der Wellenlänge $\lambda = 400$ nm die relative spektrale Empfindlichkeit $s_{\lambda,r}$ gegenüber dem bei $\lambda = 900$ nm liegendem Maximalwert erst um 50% abgefallen. Sie weisen somit über den gesamten Spektralbereich des sichtbaren Lichts eine gute Empfindlichkeit auf.

3.3.5 Photo-Lawinen-Dioden

3.3.5.1 Wirkungsweise und Kennlinie. Photo-Lawinen-Dioden (englisch: photo avalanche diode) sind Photodioden, die zur Vergrößerung des Photostroms dicht unterhalb ihrer Durchbruchspannung $U_{(BR)}$ betrieben werden. Die Durchbruchspannung solcher Photo-Lawinen-Dioden liegt meist zwischen 100 V und 200 V. Sie nutzen also zur Stromverstärkung den in Band III, Teil 1 beschriebenen **Lawineneffekt** aus. Durch **Stoßionisation** der durch Absorption von Photonen in der Sperrschicht erzeugten Elektronen und Löcher vervielfacht sich die Ladungsträgeranzahl, und der Photostrom steigt. Für die Herstellung von Photo-Lawinen-Dioden wird sowohl Silizium als auch Germanium verwendet.

Die **Ladungsträgervervielfachung** beschreiben wir wie in Gl. (80.3) und wie in Band III, Teil 1, Abschn. Lawinendurchbruch mit dem **Durchbruchfaktor**

$$M = 1/[1 - (U_R/U_{(BR)})^m] \tag{194.1}$$

der bei Annäherung der Sperrspannung U_R gegen die Durchbruchspannung $U_{(BR)}$ gegen unendlich strebt. Der Exponent m beschreibt die Steilheit dieses Anstiegs. Als Schaltzeichen für die Photo-Lawinen-Diode benutzt man wie in Bild **194.**1 das dem Schaltzeichen der Z-Diode ähnliche Symbol. Eingetragen ist die Polarität der Arbeitsspannung für den Betrieb als Lawinen-Diode.

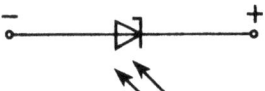

194.1 Schaltzeichen der Photo-Lawinen-Diode
Polarität für den Betrieb als Lawinen-Diode

Ist I_{RS} der temperaturabhängige Sättigungssperrstrom und I_P ein über die Oberfläche abfließender Leckstrom, dann ist der **gesamte Sperrstrom ohne Lawinenverstärkung**

$$I_R = I_{RS} + I_P \tag{194.2}$$

Für die Photo-Lawinen-Diode TIXL 56 (Texas Instruments) beträgt bei der Temperatur $T = 300$ K und der Sperrspannung $U_R = -100$ V der Leckstrom $I_P = -10$ nA und der Sättigungssperrstrom $I_{RS} = -0{,}5$ nA. Nähert sich die Spannung U_R der Durchbruchspannung $U_{(BR)}$, wird der Durchbruchfaktor M merklich größer als 1, und der als Dunkelstrom fließende **gesamte Sperrstrom** wird

$$I'_R = M I_{RS} + I_P \tag{194.3}$$

Lawinenverstärkung erfährt dabei nur der im Kristall durch den gesperrten PN-Übergang fließende Sperrstrom I_{RS}. Liegt der **Durchbruchfaktor** M, den wir auch als **Verstärkung** auffassen können, im Bereich $M = 50$ bis 500, so ist der lawinenverstärkte Sättigungssperrstrom $M I_{RS}$ wesentlich größer als der Leckstrom I_P.

Wird die Photo-Lawinen-Diode bestrahlt und ist I_{ph} der ohne Lawinenverstärkung erzeugte Photostrom, so fließt im Durchbruchbereich der durch Stoßionisation verstärkte **Gesamtstrom**

$$I' = M(I_{ph} + I_{RS}) + I_P \tag{194.4}$$

Bei hinreichend großer Bestrahlung gilt $I_{ph} \gg I_{RS}$, und es ergibt sich mit Gl. (194.1) der **verstärkte Photostrom**

$$I'_{ph} = M I_{ph} = I_{ph}/[1 - (U_R/U_{(BR)})^m] \tag{194.5}$$

3.3.5 Photo-Lawinen-Dioden

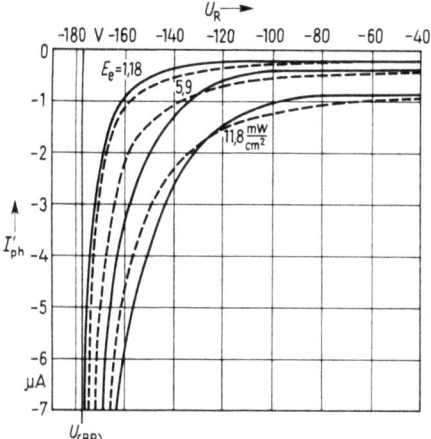

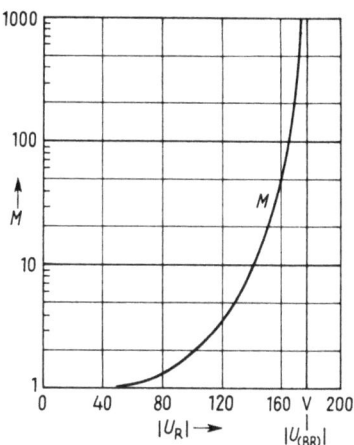

195.1 Durchbruchkennlinien einer Photo-Lawinen-Diode (TIXL 56) mit der Bestrahlungsstärke E_e als Parameter
$U_{(BR)}$ Durchbruchspannung; gestrichelt die nach Gl. (194.5) mit $m = 2$ und $U_{(BR)} = -177$ V sowie $I_{ph} = -0,2$ μA bzw. $-0,4$ μA und $-0,85$ μA berechneten Kurven

195.2 Durchbruchfaktor M (Photostromverstärkung) in Abhängigkeit vom Betrag der Sperrspannung $|U_R|$

In Bild **195.**1 sind diese Durchbruchkennlinien der Photo-Lawinen-Diode TIXL 56 für 3 verschiedene Bestrahlungsstärken E_e aufgetragen. Gestrichelt eingetragen sind die nach Gl. (194.5) mit $m = 2$ und $U_{(BR)} = -177$ V berechneten Kennlinien. Die Kennlinien von Bild **195.**1 entsprechen den in Bild **184.**2 im 3. Quadranten aufgetragenen Kennlinien, die jedoch dort nicht bis in den Durchbruchbereich gezeichnet sind. In Bild **195.**2 ist der Durchbruchfaktor, also die Verstärkung des Photostroms M, in Abhängigkeit vom Betrag der Sperrspannung $|U_R|$ aufgetragen. Die Kurve, die ebenfalls für die Diode TIXL 56 gilt, zeigt, daß bei Annäherung an die Durchbruchspannung $U_{(BR)}$ Photostromverstärkungen $M > 100$ erzielt werden können.

Ohne Bestrahlung ähnelt die Kennlinie einer Photo-Lawinen-Diode der Durchbruchkennlinie einer Z-Diode mit hoher Zener-Spannung (s. Band III, Teil 1, Abschn. Z-Diode). Während man dort den steilen Anstieg des Zener-Stroms mit wachsender Zener-Spannung zur Spannungsstabilisierung ausnutzt, liegen die Verhältnisse bei der Photo-Lawinen-Diode umgekehrt. Hier muß der Photostrom $I'_{ph} = M I_{ph}$ bei konstantem, durch die Einstrahlung erzeugtem Strom I_{ph} konstant gehalten werden. Dies erfordert wegen der nach Bild **195.**2 starken Abhängigkeit der Verstärkung M von der Spannung U_R insbesondere bei größeren Verstärkungen $M > 100$ eine extrem gute Stabilisierung der Arbeitsspannung U_R. Insbesondere ist auch für eine Kompensation der Temperaturabhängigkeit der Durchbruchspannung $U_{(BR)}$ zu sorgen. Der mittlere Temperaturkoeffizient der Durchbruchspannung

$$\alpha = \frac{1}{U_{(BR)}} \cdot \frac{\Delta U_{(BR)}}{\Delta T} \tag{195.1}$$

beträgt für Silizium-Photo-Lawinen-Dioden $\alpha \approx 1,1 \cdot 10^{-3}$ K^{-1} und für Germanium-Photo-Lawinen-Dioden $\alpha \approx 1,4 \cdot 10^{-3}$ K^{-1}.

Beispiel 42. Die Durchbruchspannung einer Silizium-Photo-Lawinen-Diode beträgt $U_{(BR)0} = -177$ V bei der Temperatur $T_0 = 300$ K. Man berechne ihre Durchbruchspannung $U_{(BR)}$ bei der Temperatur $T = 375$ K und dem Temperaturkoeffizienten $\alpha = 1{,}07 \cdot 10^{-3}$ K^{-1}.
Mit $\Delta T = T - T_0 = 375$ K $- 300$ K $= 75$ K ergibt sich aus Gl. (195.1) die Änderung der Durchbruchspannung

$$\Delta U_{(BR)} = \alpha\, U_{(BR)0}\, \Delta T = 1{,}07 \cdot 10^{-3}\,\text{K}^{-1}\,(-177\,\text{V})\,75\,\text{K} = -14{,}2\,\text{V}$$

und bei der Temperatur $T = 375$ K wird die Durchbruchspannung $U_{(BR)} = U_{(BR)0} + \Delta U_{(BR)} = -177$ V $-14{,}2$ V $= -191{,}2$ V.

Mit Silizium-Photo-Lawinen-Dioden kann die maximale Photostromverstärkung $M = M_T \approx 200$ und mit Germanium-Dioden nur $M_T \approx 50$ erzielt werden. Während nämlich wie in Bild **196.1** die Nutzleistung $P_L \sim M^2$ ist, ergeben theoretische Berechnungen für den Anstieg der Rauschleistung P_r mit wachsender Verstärkung M für Silizium-Dioden $P_r \sim M^{2,3}$ und für Germanium-Dioden $P_r \sim M^3$. Beim Erreichen der Schwellenverstärkung M_T setzt jedoch in der Diode ein zusätzlicher Rückkopplungseffekt ein. Ähnlich wie in Gasentladungen erzeugen beim Erreichen der Durchbruchspannung die zur Anode und Kathode gelangenden Ladungsträger dort neue Elektronen und Löcher, die wiederum stoßionisierend die Diode durchqueren. Auch bei Wegnahme der Bestrahlung fließt deshalb ein großer, sich selbst erhaltender Lawinenstrom. Durch Rauschen bedingte Stromschwankungen schaukeln sich dann zu großen Amplituden auf, und die Rauschleistung steigt wie in Bild **196.1** für $M > M_T$ steil an. In diesem Bereich ist die Photo-Lawinen-Diode nicht mehr zur Photostromverstärkung brauchbar. Um günstige Photostromverstärkungen zu erhalten, muß die Sperrspannung der Diode dicht unter der Durchbruchspannung so eingestellt und stabilisiert werden, daß die resultierende Verstärkung $M \approx M_T$ ist.

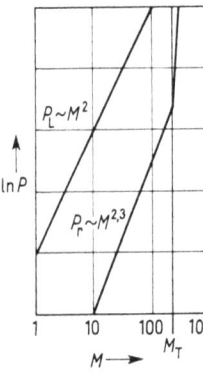

196.1
Nutzleistung P_L und Rauschleistung P_r in Abhängigkeit von der Photostromverstärkung M
M_T Schwellenverstärkung, $M_T = 200$ für die Photo-Lawinen-Diode TIXL 56

3.3.5.2 Verstärkung-Bandbreite-Produkt. Photo-Lawinen-Dioden können Licht, dessen Amplitude mit Frequenzen bis in den GHz-Bereich hinein moduliert ist, noch verstärken und in entsprechende Photostromschwankungen umsetzen. Der Grund hierfür ist einerseits ihre sehr kleine, durch die hohe Sperrspannung bedingte Diodenkapazität C und andererseits die große Driftgeschwindigkeit der Ladungsträger beim stoßionisierenden Durchqueren der Sperrschicht. Wird jedoch die Modulationsfrequenz der Strahlung so hoch, daß Photostrommaxima und -minima in einer Zeit einander folgen, die kürzer als die mittlere Zeit zwischen zwei ionisierenden Stößen der Ladungsträger mit Gitteratomen ist, so kann die Photostromverstärkung M diesen schnellen Lichtschwankungen nicht mehr folgen und nimmt ab.

Definieren wir mit

$$M = M_T / \sqrt{1 + (f/f'_g)^2} \tag{196.1}$$

eine durch die physikalischen Eigenschaften der Diode bestimmte obere **Grenzfrequenz** $f = f'_g$, bei der die ungestörte, bei tiefen Frequenzen vorliegende optimale

Schwellenverstärkung M_T auf den Wert $M = M_T/\sqrt{2}$ abgesunken ist, so können wir für Frequenzen oberhalb der Grenzfrequenz f'_g, wenn also $(f/f'_g)^2 \gg 1$ ist, das **Produkt aus Photostromverstärkung und Frequenz**

$$Mf = M_T f'_g = \text{const} \tag{197.1}$$

bilden. Da sowohl die Schwellenverstärkung M_T als auch die obere Grenzfrequenz f'_g durch Arbeitsbedingungen und physikalischen Aufbau bedingte konstante Größen sind, ist dieses **Gain-bandwidth-(Verstärkungs-Bandbreite-)Produkt** eine konstante, die Hochfrequenzeigenschaften der Diode charakterisierende Größe. Führen wir noch als **Transit- oder Einsfrequenz** (s. Band III, Teil 1) diejenige Frequenz f_T ein, bei der die Photostromverstärkung M auf eins abgesunken ist, so erhalten wir aus Gl. (197.1)

$$f = f_T = M_T f'_g \tag{197.2}$$

Diese Transitfrequenz f_T ist somit identisch mit dem in Datenbüchern meist angegebenen Gain-bandwidth-Produkt. Sie ist um die Photostrom-Schwellenverstärkung M_T größer als die obere Grenzfrequenz f'_g. Moderne Silizium-Photo-Lawinen-Dioden haben das Gain-bandwidth-Produkt $Mf = f_T = 80$ GHz, und für entsprechende Germanium-Dioden ist $Mf = 50$ GHz.

Beispiel 43. Für eine Silizium-Photo-Lawinen-Diode wird das Gain-bandwidth-Produkt $Mf = f_T = 80$ GHz und die optimale Verstärkung $M_T = 200$ angegeben. Die Diodenkapazität ist $C = 1{,}2$ pF, und die Diode arbeitet wie in Bild **190.**1a auf den Widerstand $R_L = 50 \, \Omega$. Man berechne die durch die physikalischen Eigenschaften der Diode bestimmte Grenzfrequenz f'_g und die aus der Zeitkonstanten $\tau = R_L C$ sich ergebende Grenzfrequenz f_g.

Für die Grenzfrequenz der Diode erhalten wir aus Gl. (197.2)

$$f'_g = f_T/M_T = 80 \text{ GHz}/200 = 0{,}4 \text{ GHz}$$

Dagegen ist die durch die Zeitkonstante bedingte Grenzfrequenz aus Gl. (191.8)

$$f_g = 1/(2\pi R_L C) = 1/(2\pi \cdot 50 \, \Omega \cdot 1{,}2 \text{ pF}) = 2{,}65 \text{ GHz}$$

Sie ist wesentlich höher als die Grenzfrequenz f'_g, so daß in diesem Fall die gesamte obere Grenzfrequenz nicht durch die Zeitkonstante $R_L C$, sondern durch die Frequenz f'_g bestimmt wird. Erst wenn der Arbeitswiderstand R_L größer als 300 Ω wird, geht er in das Frequenzverhalten mit ein.

3.3.6 Photo-Duo-Dioden

3.3.6.1 Aufbau und Wirkungsweise. Photo-Duo-Dioden enthalten zwei PN-Übergänge, weisen also ähnlich wie der Transistor eine NPN- oder PNP-Struktur auf. Im Gegensatz zum Transistor sind sie jedoch sowohl in ihrem geometrischen Aufbau als auch in der Dotierung ihrer Schichten völlig symmetrisch. Eine Unterscheidung zwischen Emitter und Kollektor ist deshalb nicht möglich. Bild **198.**1a zeigt einen Querschnitt durch den prinzipiellen Aufbau einer NPN-Photo-Duo-Diode. Als Basismaterial wird meist Silizium verwendet. In das P-dotierte Substrat werden zwei gleiche, N-dotierte Inseln eindiffundiert. Die Oberfläche der lichtempfindlichen Schicht wird wie in Bild **184.**1a durch eine reflexionsmindernde SiO-Schicht geschützt. Die Oberflächen der PN-Übergänge werden mit SiO_2 abgedeckt, um die Leckströme zu verringern. Meist sorgt eine Linse für eine gute Fokussierung der einfallenden Strahlung auf die lichtempfindliche Schicht. Wegen des völlig symmetrischen Aufbaus kann die Duo-Diode als eine Gegen-

198 3.3 Photodiode als Strahlungsempfänger

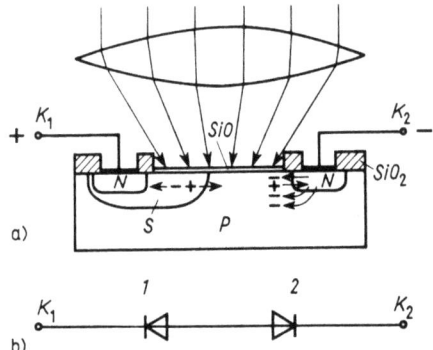

198.1
Aufbau einer Photo-Duo-Diode (a) und Zwei-Dioden-Ersatzschaltung (b)
P P-dotiertes Substrat, *N* N-dotierte Inseln, *1* linker bzw. *2* rechter PN-Übergang, *S* Sperrschicht; K_1, K_2 Anschlüsse

einanderschaltung von zwei Dioden (Bild **198.1**b) aufgefaßt werden. Wegen der Symmetrie ist dann die Polarität der Anschlüsse K_1 und K_2 beliebig, d. h., die Diode kann auch mit **Wechselspannung** betrieben werden.

Führt wie in Bild **198.1**a der Anschluß K_1 positive Spannung, ist der linke PN-Übergang *1* gesperrt und der rechte PN-Übergang *2* leitend. Es bildet sich die eingezeichnete Sperrschicht *S* aus, die sich weit in den schwach dotierten P-Bereich hinein erstreckt. Werden in ihr durch Absorption von Licht Ladungsträgerpaare erzeugt, wandern die Elektronen zum Anschluß K_1, der dann als Kollektor wirkt, und die Löcher bewegen sich zum rechten PN-Übergang *2*. Dort bewirken sie wie beim NPN-Transistor eine Emission von Elektronen in die P-Basis. Im Unterschied zum Transistor ist jedoch bei der Duo-Diode die Basisbreite relativ groß, und der größere Teil der emittierten Elektronen rekombiniert in der Basis, ehe durch Diffusion die Kollektorsperrschicht *S* erreicht wird. Ein gewisser Anteil der emittierten Elektronen erreicht jedoch die Sperrschicht *S* und somit den PN-Übergang *1* und vergrößert dort den durch Photonenabsorption erzeugten Photostrom. Bei Umkehrung der Polarität der Anschlüsse K_1 und K_2 kehren sich auch die beschriebenen Vorgänge um, und die Sperrschicht *S* baut sich am PN-Übergang *2* auf. Daher ist die Photo-Duo-Diode gegenüber normalen Photo-Dioden empfindlicher. Als Nachteil wirkt sich aus, daß infolge der durch die Diffusion bestimmten großen Laufzeit der emittierten Elektronen Anstiegs- und Abfallzeit des Photostroms von Photo-Duo-Dioden wesentlich größer sind als die normaler schneller Photo-Dioden. Auch als Detektoren für Licht, dessen Intensität mit sehr hoher Frequenz schwankt, sind Photo-Duo-Dioden nicht geeignet. Wegen ihrer guten Empfindlichkeit, ihres kleinen Aufbaus (Durchmesser etwa 2 mm bis 3 mm) und ihres ausreichend schnellen Schaltverhaltens werden sie häufig in Lochstreifen- und Lochkartenlesern verwendet.

3.3.6.2 Kennwerte und Kennlinie. Eine typische Photo-Duo-Diode (BPY 68) hat bei der Arbeitsspannung $U_R = -50$ V und der Temperatur $T = 300$ K die Empfindlichkeit $s = 500$ nA/lx, den Dunkelstrom $I_{RS} = -3$ nA, die Anstiegszeit $t_r = 17$ μs, die Abfallzeit $t_f = 10$ μs und die Sperrschichtkapazität $C = 3{,}5$ pF. Die Empfindlichkeit s wird gemessen mit einer Wolfram-Lampe der Farbtemperatur $T_f = 2856$ K. Der Dunkelstrom I_{RS} steigt exponentiell mit der Temperatur T und beträgt bei $T = 400$ K schon $I_{RS} = -120$ μA. Ein Vergleich mit den entsprechenden Kenngrößen einfacher Photodioden in Tafel **189.1** und **192.1** zeigt, daß die Duo-Diode etwa zehnmal empfindlicher als diese ist, nahezu den gleichen Dunkelstrom aufweist, ihre Anstiegs- und Abfallzeiten jedoch etwa 1000mal größer sind.

Die Kennlinie einer Photo-Duo-Diode, also die Abhängigkeit ihres Photostroms I_{ph} von der Arbeitsspannung U_R, zeigt Bild 199.1. Liegt an der Duo-Diode die Spannung null, kann wegen der Gegeneinanderschaltung von zwei Dioden kein Kurzschlußstrom fließen. Erhöht man die Spannung zu positiven oder negativen Werten, steigt bei konstanter Einstrahlung mit der Beleuchtungsstärke E_v der Photostrom sofort steil an, da die bei der Spannung $U_R = 0$ stattfindende Kompensation der Photoströme der beiden Dioden entfällt. Nach etwa 0,5 V bis 0,7 V hat sich an der leitenden Diode die Schwellenspannung U_s aufgebaut, und an der gesperrten Diode entsteht die mit wachsender Spannung sich verbreiternde Sperrschicht. Jetzt nimmt der Strom nur noch langsam zu. Er wächst jedoch

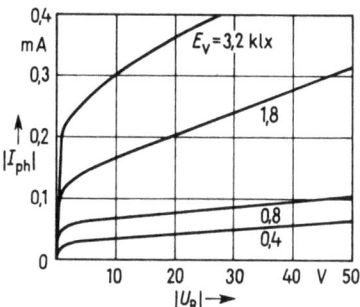

199.1 Kennlinienfeld einer Photo-Duo-Diode $|I_{ph}| = f(|U_R|)$ mit der Beleuchtungsstärke E_v als Parameter

trotz konstanter Bestrahlung immer noch mit wachsender Spannung U_R, weil infolge der breiter werdenden Sperrschicht ein immer größer werdender Anteil der vom jeweiligen Emitter injizierten Elektronen die betreffende Sperrschicht erreicht. Die Duo-Diode zeigt in diesem Verhalten schon dem Phototransistor (s. Abschn. 3.4) ähnliche Eigenschaften, und das Kennlinienfeld von Bild 199.1 ähnelt dem Ausgangskennlinienfeld des Transistors.

3.3.7 Schaltungen mit Photodioden

Photodioden sind Stromgeneratoren. Es ist deshalb erforderlich, ihre kleinen, im μA-Bereich liegenden Photoströme über einen Verstärker in hinreichend große Ausgangsspannungen umzuformen. Da Photodioden besonders für den Empfang sehr hochfrequent modulierter Strahlung geeignet sind, müssen diese Verstärker auch eine große Bandbreite aufweisen.

Transimpedanzverstärker für Photodioden. Verstärker, die Eingangsströme in verstärkte Ausgangswechselspannungen umwandeln, werden als Transimpedanzverstärker bezeichnet. Der Eingangsstrom des Verstärkers nach Bild 199.2a ist der Photowechsel-

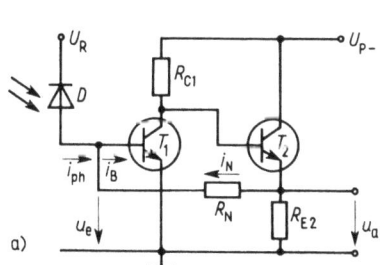
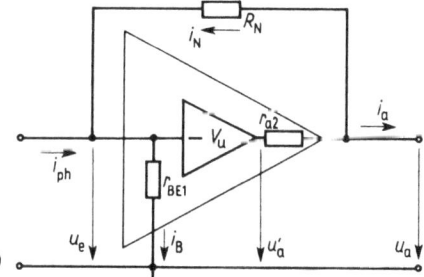

199.2 Transimpedanzverstärker für Photodioden
   a) Schaltung
   b) Operationsverstärker-Ersatzschaltung
   $R_{C1} = 4 \text{ k}\Omega$, $R_{E2} = 250 \text{ }\Omega$, $R_N = 4 \text{ k}\Omega$, $U_{p-} = 5 \text{ V}$

strom i_{ph}. Er wird durch den Verstärker umgeformt in die Ausgangswechselspannung u_a. Die **Transimpedanz** $Z = u_a/i_{ph}$ ist, wenn wir von Kapazitäten und Induktivitäten im Verstärker absehen, ein Wirkwiderstand, der den **Eingangsstrom** i_{ph} **mit der Ausgangsspannung** u_a verknüpft (trans hinüber: hier vom Eingang zum Ausgang). Sie gibt an, wie groß die zu einem bestimmten Photostrom i_{ph} gehörende Ausgangsspannung $u_a = Z\,i_{ph}$ ist. Je größer sie ist, um so größer ist die Photostromverstärkung.

Der Verstärker in Bild **199.**2a besteht aus dem in **Emitterschaltung** arbeitenden Transistor T_1 und dem als **Emitterfolger** geschalteten Transistor T_2 (s. Band III, Teil 1, Abschn. Kleinsignalverhalten). Über den Widerstand R_N ist der Verstärkerausgang auf den Eingang gegengekoppelt. Um die **Kleinsignaleigenschaften** der Schaltung zu ermitteln, benutzen wir die Ersatzschaltung von Bild **199.**2b. Der Verstärker mit der Spannungsverstärkung V_u, die durch die Emitterschaltung T_1 bestimmt wird, dem Eingangswiderstand r_{BE1} von Transistor T_1 sowie dem sehr kleinen Ausgangswiderstand r_{a2} des Emitterfolgers T_2 ist in dem äußeren Dreieck von Bild **199.**2b untergebracht. Das Minuszeichen kennzeichnet die Gegenphasigkeit von Ein- und Ausgangsspannung. Durch die **Gegenkopplung** über den Widerstand R_N werden die Eigenschaften der Gesamtschaltung verändert.

Wir entnehmen Bild **199.**2b die Strom- und Spannungsgleichungen

$$i_B = i_{ph} + i_N \tag{200.1}$$

$$i_B = u_e/r_{BE1} \tag{200.2}$$

$$i_N = (u_a - u_e)/R_N \tag{200.3}$$

$$u_a = -V_u\,u_e \tag{200.4}$$

Die Auflösung dieser Gleichungen nach dem Verhältnis u_a/i_{ph} liefert für die **Transimpedanz**

$$Z = \frac{u_a}{i_{ph}} = -1 \Big/ \left(\frac{1}{R_N V_u} + \frac{1}{R_N} + \frac{1}{r_{BE1} V_u} \right) \tag{200.5}$$

Da $V_u R_N \gg R_N$ ist, vereinfacht sich Gl. (200.5) zu

$$Z = \frac{-R_N r_{BE1} V_u}{R_N + r_{BE1} V_u} \approx -R_N \tag{200.6}$$

Die weitere Näherung gilt, da i. allg. $r_{BE1} V_u \gg R_N$ ist. Das Minuszeichen kennzeichnet die Gegenphasigkeit von Eingangsstrom i_{ph} und Ausgangsspannung u_a.

Lösen wir Gl. (200.1) bis (200.4) nach dem Verhältnis u_e/i_{ph} auf, erhalten wir den durch die **Gegenkopplung verkleinerten Eingangswiderstand**

$$r'_e = \frac{u_e}{i_{ph}} = 1 \Big/ \left(\frac{1}{r_{BE1}} + \frac{V_u}{R_N} + \frac{1}{R_N} \right) \tag{200.7}$$

Näherungsweise ergibt sich wegen $V_u \gg 1$ für den Eingangswiderstand

$$r'_e = R_N r_{BE1}/(R_N + r_{BE1} V_u) = |Z|/V_u \approx R_N/V_u \tag{200.8}$$

Daher ist der Eingangswiderstand r'_e der gegengekoppelten Schaltung wesentlich kleiner als der Eingangswiderstand r_{BE1} des Verstärkers ohne Gegenkopplung.

Für die Berechnung des Ausgangswiderstands r'_a des gegengekoppelten Verstärkers, den wir durch

$$r'_a = -u_a/i_a \quad \text{bei } i_{ph} = 0 \qquad (201.1)$$

definieren, belasten wir den Verstärker, so daß der Ausgangsstrom i_a fließt. Dabei ist r_{a2} in Bild **199.**2b der schon niederohmige Ausgangswiderstand des nicht gegengekoppelten Verstärkers, also der Ausgangswiderstand des Emitterfolgers T_2. Wir benutzen zur Berechnung Gl. (200.1) mit $i_{ph} = 0$, Gl. (200.2) und (200.3) sowie

$$u'_a = -V_u u_e \qquad (201.2)$$

$$i_N = i_a = (u'_a - u_a)/r_{a2} \qquad (201.3)$$

Lösen wir diese Gleichungen nach dem Verhältnis $-u_a/i_a$ auf, erhalten wir den **Ausgangswiderstand des gegengekoppelten Verstärkers**

$$r'_a = \frac{-u_a}{i_a} = \frac{r_{a2}(R_N + r_{BE1})}{r_{BE1} V_u + r_{BE1} + R_N + r_{a2}} \approx r_{a2} \frac{R_N + r_{BE1}}{r_{BE1} V_u} \qquad (201.4)$$

Die Näherung gilt, da $r_{BE1} V_u \gg r_{BE1} + R_N + r_{a2}$ ist. Da die Verstärkung $V_u \gg 1$ ist, wird nach Gl. (201.4) der Ausgangswiderstand r'_a des gegengekoppelten Verstärkers wesentlich kleiner als der Ausgangswiderstand r_{a2} des Verstärkers ohne Gegenkopplung.

Beispiel 44. Der Verstärker in Bild **199.**2a arbeitet mit den Widerständen $R_{C1} = R_N = 4\,\text{k}\Omega$ und $R_{E2} = 250\,\Omega$. Im eingestellten Arbeitspunkt arbeiten die Transistoren mit den Parametern $r_{CE1} = 10\,\text{k}\Omega$, $r_{BE1} = 1,5\,\text{k}\Omega$, $r_{BE2} = 500\,\Omega$ und $\beta_1 = \beta_2 = 50$. Man berechne die Transimpedanz Z sowie Ein- und Ausgangswiderstand r'_e und r'_a des gegengekoppelten Verstärkers.

Zunächst muß die Verstärkung V_u ermittelt werden. Dabei setzen wir für die Verstärkung V_{u2} des Emitterfolgers $V_{u2} \approx 1$, so daß die Gesamtverstärkung

$$V_u = V_{u1} = \frac{\beta_1}{r_{BE1}} \cdot \frac{R_{C1} r_{CE1}}{R_{C1} + r_{CE1}} = \frac{50}{1,5\,\text{k}\Omega} \cdot \frac{4\,\text{k}\Omega \cdot 10\,\text{k}\Omega}{4\,\text{k}\Omega + 10\,\text{k}\Omega} = 95,2$$

nur durch die Verstärkung der Emitterschaltung (s. Band III, Teil 1, Abschn. Kleinsignalverhalten) bestimmt wird. Hiermit erhalten wir aus Gl. (200.6) die Transimpedanz

$$Z = -\frac{R_N r_{BE1} V_u}{R_N + r_{BE1} V_u} = -\frac{4\,\text{k}\Omega \cdot 1,5\,\text{k}\Omega \cdot 95,2}{4\,\text{k}\Omega + 1,5\,\text{k}\Omega \cdot 95,2} = -3,9\,\frac{\text{V}}{\text{mA}}$$

Sie ist also näherungsweise $Z \approx -R_N = -4\,\text{k}\Omega = -4\,\text{V/mA}$.

Den Eingangswiderstand berechnen wir nach Gl. (200.8)

$$r'_e = |Z|/V_u = (3,9\,\text{V/mA})/95,2 = 41\,\Omega$$

Er ist also wesentlich kleiner als der Eingangswiderstand $r_{BE1} = 1,5\,\text{k}\Omega$ der Emitterschaltung. Für die Bestimmung des Ausgangswiderstands r'_a berechnen wir zunächst mit dem Ausgangswiderstand der Emitterschaltung $r_{a1} = R_{C1} r_{CE1}/(R_{C1} + r_{CE1}) = 2,86\,\text{k}\Omega$ den Ausgangswiderstand des Emitterfolgers (s. Band III, Teil 1, Abschn. Kleinsignal-Betriebsverhalten der Kollektorschaltung)

$$r_{a2} \approx (r_{a1} + r_{BE2})/\beta_2 = (2,86\,\text{k}\Omega + 0,5\,\text{k}\Omega)/50 = 67,2\,\Omega$$

Somit erhalten wir nach Gl. (201.4) den Ausgangswiderstand des gegengekoppelten Verstärkers

$$r'_a \approx r_{a2} \frac{R_N + r_{BE1}}{r_{BE1} V_u} = 67,2\,\Omega \frac{4\,\text{k}\Omega + 1,5\,\text{k}\Omega}{1,5\,\text{k}\Omega \cdot 95,2} = 2,6\,\Omega$$

Dieser ist also wesentlich kleiner als der Ausgangswiderstand r_{a2} des Emitterfolgers. Wird bei der Berechnung des Ausgangswiderstands des Emitterfolgers noch der Emitterwiderstand $R_E =$

3.4 Phototransistoren als Strahlungsempfänger

250 Ω berücksichtigt, ist dieser parallel zu r_{a2} zu schalten, und sein Ausgangswiderstand sinkt auf 53 Ω. Entsprechend fällt dann der Ausgangswiderstand auf $r'_a = 2\ \Omega$.

Wird z. B. eine Photodiode, die bei der Beleuchtungsstärke $E_{vm} = 1$ klx den Photostromscheitelwert $i_{phm} = 33\ \mu A$ liefert, zur Ansteuerung des Verstärkers verwendet, so ergibt sich an dessen Ausgang der Wechselspannungswert $u_a = Z\ i_{phm} = -3{,}9\ k\Omega \cdot 33\ \mu A = -0{,}13$ V.

Wegen des kleinen Eingangswiderstands r'_e ist mit $R_L = r'_e$ nach Gl. (191.2) auch die Zeitkonstante $\tau = r'_e\ C$ klein und die obere Grenzfrequenz f_g nach Gl. (191.8) entsprechend hoch. Meist wird dann die obere Grenzfrequenz nur durch den Verstärker bestimmt. Diese beträgt bei dem Verstärker nach Bild 199.2a etwa $f_g = 50$ MHz.

Zweckmäßigerweise werden Photodiode und Verstärker in einem Empfänger-Baustein (detector head) dicht beieinander angeordnet. Wegen des niederohmigen Verstärkerausgangs kann dann das Ausgangssignal über niederohmige Kabel (z. B. Wellenwiderstand $Z = 50\ \Omega$) weitergeleitet werden.

Wird als Diode eine Photo-Lawinen-Diode verwendet, dann wird in den detector-head zusätzlich eine Schaltung zur Stabilisierung der Versorgungsspannung der Diode eingebaut. Dies ist wegen der starken Abhängigkeit der Lawinenverstärkung von der Versorgungsspannung nötig (s. Abschn. 3.3.5.1).

3.4 Phototransistoren als Strahlungsempfänger

3.4.1 Aufbau und Wirkungsweise

Moderne Phototransistoren sind im Diffusionsverfahren aus Silizium hergestellte NPN-Planartransistoren. Jedoch sind auch PNP-Strukturen aus Germanium möglich, die insbesondere bei älteren Typen verwendet wurden. Bild 202.1a zeigt einen Schnitt durch den prinzipiellen Aufbau und Bild 202.1b das Schaltzeichen eines NPN-Phototransistors. In das N-dotierte Kollektor-Substrat wird die höher P-dotierte Basisinsel eindiffundiert. In ihr wird wiederum eine noch höher N-dotierte Emitterinsel durch Diffusion erzeugt.

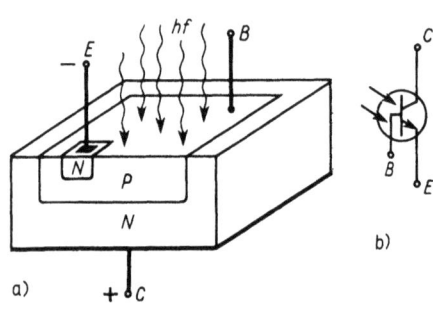

202.1 Si-NPN-Phototransistor
a) Prinzipieller Aufbau
b) Schaltzeichen
E Emitter, B Basis, C Kollektor

Auftreffende Strahlung der Energie $W_q = hf$ wird in der P-Basis absorbiert und erzeugt in dieser Elektron-Loch-Paare. Wird an den Kollektor C eine gegenüber dem Emitter E positive Kollektor-Emitter-Spannung U_{CE} gelegt, fließt ein Photostrom I_{ph}. Dabei wandern die Elektronen zum Kollektor, und die Löcher fließen über den leitenden Basis-Emitter-Übergang ab. Der Photostrom I_{ph} wirkt dabei wie ein über den Basisanschluß B in die Basis hineinfließender Basisstrom I_B, der beim normalen NPN-Transistor ebenfalls vorwiegend ein Löcherstrom ist. Beim Phototransistor ist dieser Basisanschluß meist nicht herausgeführt. Der zum Emitter übertretende Photo-Basisstrom I_ph verursacht eine verstärkte Emission von Elektronen aus dem hochdotierten N-Emitter.

Anders als bei der Photo-Duo-Diode ist die Basis des Phototransistors so dünn, daß nahezu alle emittierten Elektronen die Kollektor-Basis-Sperrschicht erreichen. Ist B die Gleichstromverstärkung des Transistors, so fließt über den leitenden Basis-Emitter-Übergang der Diffusionsstrom

$$I_\mathrm{E} = I_\mathrm{ph} + B\,I_\mathrm{ph} \tag{203.1}$$

und durch den gesperrten Kollektor-Basis-Übergang tritt derselbe Strom I_E, der dort allerdings ein Minoritätsträgerstrom ist. Da der Basisanschluß nicht vorhanden ist, sind beim Phototransistor Kollektor- und Emitterstrom

$$I_\mathrm{C} = I_\mathrm{E} = (B+1)\,I_\mathrm{ph} \tag{203.2}$$

Phototransistoren haben sehr große Stromverstärkungen $B \approx 100$ bis 500, so daß näherungsweise

$$I_\mathrm{C} = I_\mathrm{E} \approx B\,I_\mathrm{ph} \tag{203.3}$$

gilt. Wegen der großen Stromverstärkung B weisen Phototransistoren eine wesentlich größere Empfindlichkeit auf als einfache Photodioden. Dieser Vorteil wird jedoch durch ein schlechteres Frequenzverhalten (s. Abschn. 3.4.3) erkauft.

3.4.2 Statische Kennlinien und Kenngrößen

Das Ausgangskennlinienfeld $I_\mathrm{C} = f(U_\mathrm{CE})$ des Phototransistors ist dem des normalen bipolaren Transistors sehr ähnlich. Während jedoch beim Ausgangskennlinienfeld der Emitterschaltung des bipolaren Transistors der Basisstrom I_B Parameter ist, muß beim Phototransistor die Beleuchtungsstärke E_v oder die Bestrahlungsstärke E_e als Parameter angegeben werden, da ja der als Basisstrom I_B wirkende Photostrom I_ph selbst nicht bestimmt werden kann. Bild **203.1** zeigt dieses Ausgangskennlinienfeld des Silizium-NPN-Phototransistors BPW 17. Vergleicht man es mit dem in Bild **199**.1 gezeigten

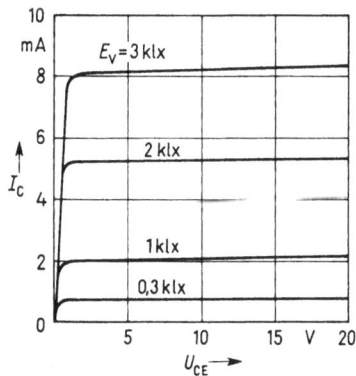

203.1 Ausgangskennlinienfeld $I_\mathrm{C} = f(U_\mathrm{CE})$ eines Phototransistors (BPW 17) mit der Beleuchtungsstärke E_v als Parameter

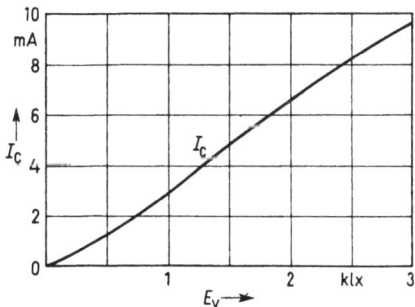

203.2 Kollektorstrom I_C in Abhängigkeit von der Beleuchtungsstärke E_v für den Phototransistor BPW 17

3.4 Phototransistoren als Strahlungsempfänger

Kennlinienfeld der Photo-Duo-Diode, so ergibt sich ein wesentlich flacherer Anstieg der Kennlinien und daher auch ein erheblich größerer differentieller Ausgangswiderstand r_{CE}.

Trägt man wie in Bild 203.2 den Kollektorstrom $I_C = B\,I_{ph}$ über der Beleuchtungsstärke E_v auf, erhält man im Gegensatz zur Photodiode keinen exakt linearen Anstieg. Zwar hängt wie in Bild 186.2 der Photostrom I_{ph} linear von der Beleuchtungsstärke E_v ab, jedoch ist die Stromverstärkung $B = f(I_C)$ vom Kollektorstrom I_C und dieser wiederum von der Beleuchtungsstärke E_v abhängig. Bild 204.1 zeigt die Abhängigkeit der Stromverstärkung B vom Kollektorstrom I_C für einen typischen Phototransistor (Motorola MRD 300). Sie steigt bei kleinen Kollektorströmen zunächst an, fällt jedoch für Ströme $I_C > 10$ mA sehr schnell ab (s. a. Band III, Teil 1, Abschn. Transistorkennlinien). Dieses Verhalten führt dazu, daß bei großen Beleuchtungsstärken E_v, also bei großen Kollektorströmen, der Kollektorstrom I_C nur noch schwächer mit der Beleuchtungsstärke wächst. Dieses Verhalten ist auch in Bild 203.2 deutlich erkennbar.

Bei Photodioden nimmt nach Bild 186.2 der Photostrom I_{ph} linear mit der Bestrahlungsstärke E_e zu, d.h., ihre Empfindlichkeit $s = dI_{ph}/dE_e$ ist konstant und unabhängig von der Bestrahlungsstärke. Für Phototransistoren gilt dies nach Bild 203.2 nicht mehr. Die Empfindlichkeit $s = dI_C/dE_e$ bzw. $s = dI_C/dE_v$ erreicht, je nach dem, ob Bestrahlungsstärke E_e oder Beleuchtungsstärke E_v (s. Abschn. 3.1.3) zur Definition herangezogen werden, nach Bild 204.1 ihr Maximum dort, wo die Stromverstärkung B des Transistors maximal ist, also im Kollektorstromintervall 1 mA bis 10 mA. Zu diesen Kollektorströmen gehören i. allg. Beleuchtungsstärken 0,5 klx bis 5 klx.

Betrachten wir in diesem Intervall die Stromverstärkung B als näherungsweise konstant, wird nach Gl. (203.2) die Empfindlichkeit

$$s = dI_C/dE_v = (B + 1)\,dI_{ph}/dE_v \tag{204.1}$$

um den Faktor $B + 1$ größer als die Empfindlichkeit dI_{ph}/dE_v einer vergleichbaren Photodiode.

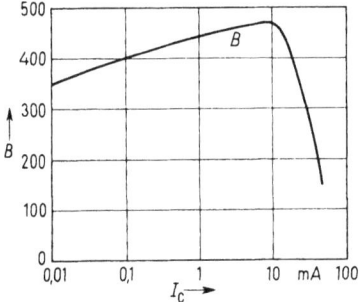

204.1 Abhängigkeit der Gleichstromverstärkung B vom Kollektorstrom I_C für den Phototransistor MRD 300

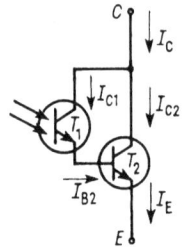

204.2 Photo-Darlington-Transistor

Photo-Darlington-Transistor. Eine weitere Steigerung der Empfindlichkeit läßt sich mit einer Darlington-Schaltung nach Bild 204.2 erzielen (s. a. Band III, Teil 1, Abschn. Darlington-Schaltung). Hier dient der Phototransistor T_1 als Treiber für den Transistor

T_2, d.h., sein Kollektorstrom

$$I_{C1} = (B_1 + 1) I_{ph} \tag{205.1}$$

ist der Basisstrom I_{B2} für den Transistor T_2. Ist B_2 die Stromverstärkung von Transistor T_2, so erzeugt dieser den Kollektorstrom

$$I_{C2} = B_2 I_{B2} = B_2 (B_1 + 1) I_{ph} \tag{205.2}$$

Für den Kollektorstrom I_C bzw. den Emitterstrom I_E ergibt sich mit Gl. (205.1) und (205.2)

$$I_C = I_E = I_{C1} + I_{C2} = (B_1 + 1)(B_2 + 1) I_{ph} \tag{205.3}$$

$$\approx B_1 B_2 I_{ph} \tag{205.4}$$

da i. allg. die Stromverstärkungen B_1 und B_2 wesentlich größer als 1 sind. Nach Gl. (205.3) wird die Empfindlichkeit

$$s = dI_C/dE_v = (B_1 + 1)(B_2 + 1) \, dI_{ph}/dE_v \tag{205.5}$$

gegenüber der Empfindlichkeit des einfachen Phototransistors nach Gl. (204.1) um den weiteren Faktor $B_2 + 1$ vergrößert. Der Photo-Darlington-Transistor weist gegenüber allen anderen Photoempfängern die größte Empfindlichkeit s auf, wie dies auch der Vergleich einiger typischer Photoempfänger in Tafel 205.1 zeigt.

Tafel 205.1 Absolute Empfindlichkeit einiger typischer Photoempfänger, gemessen mit einer Wolframlampe der Farbtemperatur $T_f = 2856$ K (Normlicht-A) und bei der Beleuchtungsstärke $E_v = 1$ klx

Empfängerart	Typ	Empfindlichkeit s in µA/lx
Photowiderstand	RPY 20	70
Photodiode	BPW 20	0,033
Photo-Lawinen-Diode	TIXL 59	≈ 1
Photo-Duo-Diode	BPY 68	0,5
Phototransistor	BPW 17	3,0
Photo-Darlington-Transistor	BPX 30	350

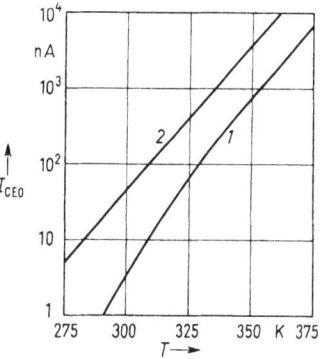

205.2 Kollektor-Emitter-Reststrom I_{CEO} (Dunkelstrom) in Abhängigkeit von der Temperatur T
1 für Phototransistor BPW 17, 2 für Photo-Darlington-Transistor DPX 3

Mit seiner großen Empfindlichkeit $s = 350$ µA/lx übertrifft der Photo-Darlington-Transistor sogar noch die große Empfindlichkeit der Photowiderstände, ohne den Nachteil des sehr schlechten Schalt- und Frequenzverhaltens der Photowiderstände aufzuweisen (s. Abschn. 3.2.2.2).

Gegenüber dem einfachen Phototransistor zeigt der Photo-Darlington-Transistor zwar eine etwa hundertfach größere Empfindlichkeit s, hat jedoch auch den Nachteil eines größeren Dunkel-Reststroms I_{CEO}. In Bild 205.2 ist der Dunkelstrom, der beim Phototransistor mit dem Kollektor-Emitter-Reststrom I_{CEO} identisch ist, in Abhängigkeit von der Temperatur T aufgetragen. Er steigt nahezu exponentiell mit der Temperatur T an, ist jedoch beim Darlington-Transistor (Kurve 2) um etwa das Zehnfache größer als beim einfachen Phototransistor (Kurve 1). Große Restströme stören aber gerade bei kleinen Beleuchtungsstärken.

Auch gegenüber den Photodioden haben Phototransistoren wesentlich größere Dunkel-Restströme. Will man nämlich einen Phototransistor als Photodiode betreiben, muß sein Basisanschluß herausgeführt werden, und die gesperrte Kollektor-Basis-Diode wirkt dann bei offenem Emitter (Bild **206.**1) als Photodiode. Ohne Bestrahlung fließt somit der Kollektor-Basis-Reststrom I_{CBO} als Dunkelstrom. Beim Betrieb als Phototransistor, also bei offener Basis, ist der als Kollektor-Emitter-Reststrom $I_{CEO} = B\, I_{CBO}$ fließende Dunkelstrom um den Stromverstärkungsfaktor B größer (s. a. Band III, Teil 1, Abschn. Temperaturverhalten). Wegen der großen Stromverstärkung $B = B_1 B_2$ ist der Dunkelstrom des Darlington-Transistors besonders groß. Steht ein Phototransistor mit herausgeführtem Basisanschluß zur Verfügung, kann wie in Bild **206.**2 durch die Parallelschalten eines Widerstands R_{BE} zur Basis-Emitter-Diode der Reststrom verringert werden. Allerdings sinkt dann auch die Empfindlichkeit s, da nicht mehr der gesamte bei Bestrahlung erzeugte Photostrom I_{ph} über die Basis-Emitter-Diode abfließt und somit verstärkt wird. Als Vorteil ergibt sich jedoch wieder ein verbessertes Schalt- und Frequenzverhalten (s. Abschn. 3.4.3).

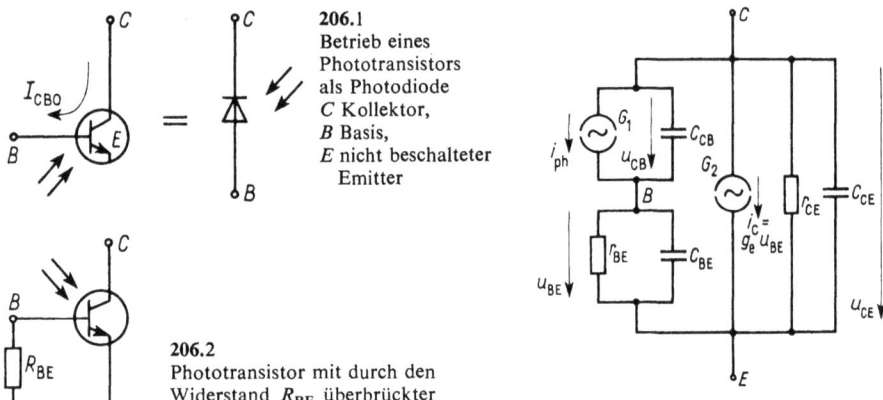

206.1 Betrieb eines Phototransistors als Photodiode
C Kollektor, B Basis, E nicht beschalteter Emitter

206.2 Phototransistor mit durch den Widerstand R_{BE} überbrückter Basis-Emitter-Diode

206.3 Ersatzschaltung des Phototransistors

3.4.3 Dynamisches Verhalten

3.4.3.1 Ersatzschaltung. Das Verhalten des Phototransistors bei Bestrahlung mit Licht, dessen Intensität mit hoher Frequenz schwankt, läßt sich mit der in Bild **206.**3 dargestellten Ersatzschaltung untersuchen. In diesem **physikalischen** Phototransistormodell haben die einzelnen Bauelemente folgende Bedeutung:

Der **Stromgenerator** G_1 gibt den durch die Bestrahlung in der Basis und in der Kollektor-Basis-Sperrschicht erzeugten Photostrom i_{ph} wieder.

Der **Stromgenerator** G_2 simuliert den durch die Verstärkung des Transistors im Ausgangskreis fließenden Kollektorstrom i_C. Mit der Steilheit des Transistors $g_e = \beta_0/r_{BE}$

und der Basis-Emitter-Spannung u_{BE} ergibt sich der verstärkte Kollektorstrom $i_C = g_e \, u_{BE}$. Dabei ist β_0 die frequenzunabhängige, bei tiefen Frequenzen vorliegende Kleinsignalstromverstärkung (s. Band III, Teil 1, Abschn. Frequenzverhalten).

Der **Widerstand** r_{BE} stellt den differentiellen Eingangswiderstand der leitenden Basis-Emitterdiode dar. Er hängt vom durchfließenden Gleichstrom I_{ph} ab; mit der Temperaturspannung U_T gilt für ihn $r_{BE} = U_T/I_{ph}$ (s. Band III, Teil 1, Abschn. Transistorkennlinien).

Der **Widerstand** r_{CE} ist der differentielle Ausgangswiderstand des Transistors.

Die **Kollektor-Basis-Kapazität** C_{CB} gibt die Kapazität der gesperrten Kollektor-Basis-Diode wieder. Sie ist von der Kollektor-Basis-Spannung abhängig und liegt in der Größenordnung von einigen pF.

Die **Basis-Emitter-Kapazität** C_{BE} ist die Diffusionskapazität der leitenden Basis-Emitter-Diode. Sie ist größer als die Kapazität C_{CB} und liegt i. allg. im Bereich 50 pF bis 500 pF.

Schließlich ist in der **Kollektor-Emitter-Kapazität** C_{CE} außer der Reihenschaltung der Kapazitäten C_{CB} und C_{BE} noch die Gehäusekapazität enthalten. Die Kapazität C_{CE} liegt ebenfalls im Bereich von einigen pF.

Wird der Transistor wie in Bild **207.1c** ohne Lastwiderstand R_L betrieben, ist die Ausgangswechselspannung $u_a = 0$, und der Kollektor-Wechselstrom i_C ist der Kurzschlußstrom. In diesem Fall können die Kapazitäten C_{CE} und auch C_{CB} vernachlässigt werden. Das gleiche gilt für den differentiellen Ausgangswiderstand r_{CE}. Wir erhalten dann die vereinfachte Ersatzschaltung von Bild **207.2**.

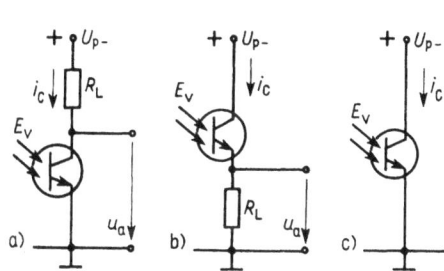

207.1 Phototransistor-Schaltungen
  a) Lastwiderstand R_L im Kollektorzweig
  b) Lastwiderstand R_L im Emitterzweig
  c) Kurzschlußfall $R_L = 0$

207.2 Vereinfachte Ersatzschaltung für den Kurzschlußfall $u_a = -u_{CE} = 0$

3.4.3.2 Kurzschlußgrenzfrequenz. Aus der Ersatzschaltung von Bild **207.2** ergibt sich nun für den Photostrom

$$i_{ph} = i_r + i_{CBE} \qquad (207.1)$$

und für den Strom durch den differentiellen Widerstand r_{BE}

$$i_r = u_{BE}/r_{BE} \qquad (207.2)$$

Der Strom durch die Basis-Emitter-Diffusionskapazität C_{BE} ist

$$i_{CBE} = C_{BE} \, du_{BE}/dt \qquad (207.3)$$

Mit der Steilheit $g_e = \beta_0/r_{BE}$ wird dann der Kollektorstrom

$$i_C = g_e\, u_{BE} = (\beta_0/r_{BE})\, u_{BE} \tag{208.1}$$

Durch Einsetzen von Gl. (207.1) bis (207.3) in Gl. (208.1) erhalten wir die Differentialgleichung für den Kollektorstrom

$$\frac{di_C}{dt} + \frac{i_C}{r_{BE}\,C_{BE}} = \frac{g_e}{C_{BE}}\, i_{ph} = \frac{\beta_0}{r_{BE}\,C_{BE}}\, i_{ph} \tag{208.2}$$

die mit der Emitter-Basis-Zeitkonstanten

$$\tau_e = r_{BE}\, C_{BE} \tag{208.3}$$

für einen rechteckförmigen Lichtintensitätssprung ($i_{ph} = 0$ für $t < 0$ und $i_{ph} = I_{ph} =$ const für $t \geq 0$) ähnlich wie für Gl. (190.2) die Gl. (191.1) entsprechende Lösung

$$i_C = \beta_0\, I_{ph}\, (1 - e^{-t/\tau_e}) \tag{208.4}$$

aufweist. Der Kollektorstrom i_C steigt also exponentiell gegen den maximalen Kollektorgleichstrom $I_C = \beta_0\, I_{ph}$.
Wird der Phototransistor wie in Gl. (191.4) mit sinusförmig moduliertem Licht bestrahlt und schwankt also der Photostrom i_{ph} gemäß Gl. (191.5) ebenfalls sinusförmig um den konstanten Strom I_{ph} mit dem Scheitelwert i_{phm}, so ergibt sich als Lösung von Gl. (208.2) der Stromverlauf

$$i_C = \beta_0\, I_{ph} + \frac{\beta_0}{\sqrt{1 + (\omega \tau_e)^2}}\, i_{phm} \sin(\omega t + \varphi) \tag{208.5}$$

mit $\tan \varphi = -\omega \tau_e$, ein Ergebnis, das Gl. (191.6) und (191.7) sehr ähnlich ist.
Mit wachsender Kreisfrequenz ω sinkt der Scheitelwert des Wechselstromanteils von seinem Maximalwert $\beta_0\, i_{phm}$ ab und ist bei der oberen **Grenzkreisfrequenz**

$$\omega_\beta = 2\pi f_\beta = 1/\tau_e \tag{208.6}$$

auf $(1/\sqrt{2})\beta_0\, i_{phm}$ abgefallen. Wir können die frequenzabhängige **Stromverstärkung** des Phototransistors

$$\beta = \beta_0/\sqrt{1 + (\omega \tau_e)^2} \tag{208.7}$$

einführen. Dann ist bei der oberen Grenzfrequenz, der **Kurzschlußgrenzfrequenz**,

$$f_\beta = 1/(2\pi\, \tau_e) = 1/(2\pi\, r_{BE}\, C_{BE}) \tag{208.8}$$

die differentielle Stromverstärkung β gegenüber der frequenzunabhängigen, also bei sehr tiefen Frequenzen vorliegenden Stromverstärkung β_0 um den Faktor $1/\sqrt{2}$ abgesunken. Die Kurzschlußgrenzfrequenz f_β des Phototransistors wird erreicht, wenn dieser wie in Bild **207.1** mit sehr kleinem Lastwiderstand R_L (wenige Ω) betrieben wird. Sie hängt nach Gl. (208.7) nur von der Emitter-Basis-Zeitkonstanten τ_e ab.

Beispiel 45. Durch Bestrahlung wird in einem Phototransistor der Photogleichstrom $I_{ph} = 10\,\mu A$ erzeugt. Seine Basis-Emitter-Diffusionskapazität beträgt $C_{BE} = 300$ pF. Man berechne die Kurzschlußgrenzfrequenz f_β.

Zunächst ermitteln wir mit der Temperaturspannung $U_T = 26$ mV bei der Temperatur $T = 300$ K (s. Abschn. 3.4.3.1) den differentiellen Basis-Emitter-Widerstand

$$r_{BE} = U_T/I_{ph} = 26\,\text{mV}/10\,\mu A = 2{,}6\,k\Omega$$

Hiermit erhalten wir nach Gl. (208.8) die Kurzschlußgrenzfrequenz

$$f_\beta = 1/(2\pi\,r_{BE}\,C_{BE}) = 1/(2\pi \cdot 2{,}6\,k\Omega \cdot 300\,\text{pF}) = 204\,\text{kHz}$$

die relativ niedrig, jedoch typisch für Phototransistoren ist.

3.4.3.3 Grenzfrequenz mit Belastung. Arbeitet der Phototransistor wie in Bild **207.**1a oder **207.**1b auf einen Lastwiderstand R_L, so ist die Kollektor-Emitter-Wechselspannung u_{CE} nicht mehr null. In Bild **207.**1a ist $u_{CE} = u_a$, und in Bild **207.**1b gilt $u_{CE} = U_{p-} - u_a$. In beiden Schaltungen verringert sich die Spannung u_{CE} bei Vergrößerung des Kollektorstroms $i_C = \beta i_{ph}$. Mit der Spannungsverstärkung der Emitterschaltung

$$V_u = -\frac{u_{CE}}{u_{BE}} = \frac{\beta_0}{r_{BE}} \cdot \frac{R_L\,r_{CE}}{R_L + r_{CE}} > 100 \qquad (209.1)$$

(s. Band III, Teil 1, Abschn. Kleinsignalverhalten) liefert eine kleine, über die Basis-Emitterdiode abfallende Wechselspannung u_{BE} eine gegenphasige [Minuszeichen in Gl. (209.1)], große Kollektor-Emitter-Wechselspannung u_{CE}. Diese fällt nach der vollständigen Ersatzschaltung von Bild **206.**3 fast vollständig über die Kollektor-Basiskapazität C_{CB} ab. Mit der Spannungsverstärkung V_u nach Gl. (209.1) wird die Kollektor-Basisspannung

$$u_{CB} = u_{CE} - u_{BE} = -(V_u + 1)\,u_{BE} \qquad (209.2)$$

und ist daher um den Faktor $V_u + 1$ größer als die steuernde, durch den Photostrom i_{ph} verursachte Eingangsspannung u_{BE}. Entsprechend größer ist auch der in die Kapazität C_{CB} fließende Ladestrom

$$i_{CB} = C_{CB}\,du_{CB}/dt = -(V_u + 1)\,C_{CB}\,du_{BE}/dt \qquad (209.3)$$

Bezogen auf die steuernde Eingangsspannung u_{BE} erscheint also die Kollektor-Basiskapazität um den Faktor $V_u + 1$ vergrößert. Diese Kapazität

$$C'_{CB} = (V_u + 1)\,C_{CB} \approx V_u\,C_{CB} \qquad (209.4)$$

wird **Miller-Kapazität** genannt (s. a. Band III, Teil 1, Abschn. Kaskode-Schaltung) und beschränkt wegen ihrer Größe entscheidend die obere Grenzfrequenz des mit dem Widerstand R_L belasteten Phototransistors. Miller-Kapazitäten treten in jedem Emitterverstärker auf und begrenzen auch dort die obere Grenzfrequenz.

Beispiel 46. Ein Phototransistor mit der Stromverstärkung $\beta_0 = 300$ und dem Basis-Emitter-Widerstand $r_{BE} = 2{,}6\,k\Omega$ (s. Beispiel 45) arbeitet auf den Lastwiderstand $R_L = 1\,k\Omega \ll r_{CE}$. Seine Kollektor-Basis-Kapazität beträgt $C_{CB} = 4$ pF. Man berechne die erzeugte Miller-Kapazität.

Nach Gl. (209.1) bestimmen wir zunächst mit $R_L \ll r_{CE}$ die Spannungsverstärkung

$$V_u = \beta_0\,R_L/r_{BE} = 300 \cdot 1\,k\Omega/2{,}6\,k\Omega = 115{,}4$$

3.4 Phototransistoren als Strahlungsempfänger

und erhalten dann nach Gl. (209.4) die Millerkapazität

$$C'_{CB} = (V_u + 1)\, C_{CB} = (115{,}4 + 1)\, 4\,\text{pF} = 465{,}6\,\text{pF}$$

die also wesentlich größer als die Kollektor-Basis-Kapazität $C_{CB} = 4\,\text{pF}$ ist.

Ist die aus Lastwiderstand R_L und Millerkapazität C'_{CB} zu berechnende Zeitkonstante

$$\tau' = R_L\, C'_{CB} \tag{210.1}$$

bei sehr kleinem Lastwiderstand R_L wesentlich kleiner als die Emitter-Basis-Zeitkonstante τ_e, so nähert sich die Grenzfrequenz f_g der Kurzschlußgrenzfrequenz f_β. Wird der Lastwiderstand R_L merklich größer als 1 kΩ, muß auch der zu ihm wechselspannungsmäßig parallel liegende differentielle Ausgangswiderstand r_{CE} berücksichtigt werden, und mit

$$R_p = R_L\, r_{CE}/(R_L + r_{CE}) \tag{210.2}$$

wird die **Miller-Zeitkonstante**

$$\tau' = R_p\, C'_{CB} \approx V_u\, R_p\, C_{CB} \tag{210.3}$$

Ist die Miller-Zeitkonstante τ' wesentlich größer als die Emitter-Basis-Zeitkonstante τ_e, wird die **Grenzfrequenz**

$$f_g = 1/(2\pi\,\tau') = 1/(2\pi\, R_p\, C'_{BC}) \tag{210.4}$$

nur noch durch jene bestimmt und ist dann wesentlich kleiner als die Kurzschlußgrenzfrequenz f_β.

In Bild 210.1 ist der Scheitelwert des Kollektor-Wechselstroms i_{Cm} in Abhängigkeit von der Frequenz f mit dem Lastwiderstand R_L als Parameter aufgetragen. Bei tiefen Frequenzen wird der maximale Scheitelwert $i_{Cm0} = \beta_0\, i_{phm}$ erreicht. Für den Lastwiderstand $R_L = 0$ ist der Scheitelwert bei der Kurzschlußgrenzfrequenz f_β auf $i_{Cm} = i_{Cm0}/\sqrt{2}$ abgefallen. Mit steigendem Lastwiderstand verringert sich erwartungsgemäß die obere Grenzfrequenz f_g. Da in der Miller-Zeitkonstanten τ' sowohl der Widerstand R_p als auch die Kapazität C'_{CB} mit wachsendem Lastwiderstand wachsen, fällt die Grenzfrequenz f_g nach

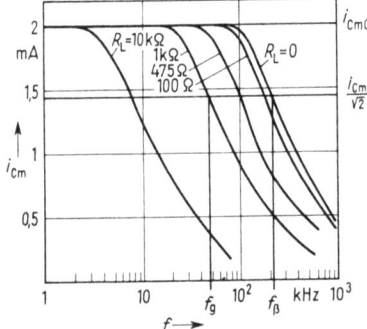

210.1 Scheitelwert i_{Cm} des Kollektorwechselstroms in Abhängigkeit von der Frequenz f mit dem Lastwiderstand R_L als Parameter für den Phototransistor TIL 111
f_g Grenzfrequenz, f_β Kurzschlußgrenzfrequenz

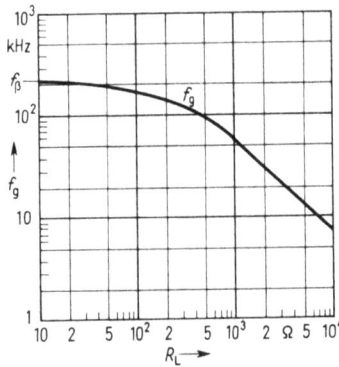

210.2 Abhängigkeit der Grenzfrequenz f_g vom Lastwiderstand R_L für den Phototransistor TIL 111

Gl. (210.4) besonders schnell, wenn die Zeitkonstante τ' merklich größer als die Emitter-Basis-Zeitkonstante τ_e wird. Dies trifft für Lastwiderstände $R_L > 500\,\Omega$ zu und ist besonders deutlich in Bild **210.**2 erkennbar, in dem die Grenzfrequenz f_g in Abhängigkeit vom Lastwiderstand R_L doppelt logarithmisch aufgetragen ist.

Beispiel 47. Ein Phototransistor mit den Kennwerten von Beispiel 45, S. 209, arbeitet auf den Lastwiderstand $R_L = 10\,\text{k}\Omega$. Seine weiteren Kennwerte sind: differentieller Ausgangswiderstand $r_{CE} = 30\,\text{k}\Omega$, differentielle Stromverstärkung $\beta = \beta_0 = 300$, Kollektor-Basis-Kapazität $C_{CB} = 4\,\text{pF}$. Man berechne seine obere Grenzfrequenz f_g.

Um die Miller-Zeitkonstante zu ermitteln, müssen wir zunächst die Spannungsverstärkung V_u berechnen. Mit

$$R_p = R_L\, r_{CE}/(R_L + r_{CE}) = 10\,\text{k}\Omega \cdot 30\,\text{k}\Omega/(10\,\text{k}\Omega + 30\,\text{k}\Omega) = 7{,}5\,\text{k}\Omega$$

nach Gl. (210.2) erhalten wir aus Gl. (209.1) die Spannungsverstärkung

$$V_u = \beta_0\, R_p/r_{BE} = 300 \cdot 7{,}5\,\text{k}\Omega/2{,}6\,\text{k}\Omega = 865{,}4$$

Hiermit ergibt sich nun nach Gl. (209.4) die Miller-Kapazität $C'_{CB} = (V_u + 1)\, C_{CB} = 866{,}4 \cdot 4\,\text{pF} = 3{,}47\,\text{nF}$, und wir erhalten nach Gl. (210.3) die Miller-Zeitkonstante $\tau' = R_p\, C'_{CB} = 7{,}5\,\text{k}\Omega \cdot 3{,}47\,\text{nF} = 26{,}03\,\mu\text{s}$. Daher ergibt sich schließlich nach Gl. (210.4) die obere Grenzfrequenz

$$f_g = 1/(2\pi\,\tau') = 1/(2\pi \cdot 26{,}03\,\mu\text{s}) = 6{,}11\,\text{kHz}$$

Diese Grenzfrequenz f_g ist wesentlich kleiner als die Kurzschlußfrequenz $f_\beta = 204\,\text{kHz}$ nach Beispiel 45, S. 209. Unter diesen Bedingungen wird also die Grenzfrequenz ausschließlich durch die Miller-Zeitkonstante τ' und nicht durch die wesentlich kleinere Emitter-Basis-Zeitkonstante $\tau_e = r_{BE}\, C_{BE} = 2{,}6\,\text{k}\Omega \cdot 300\,\text{pF} = 0{,}78\,\mu\text{s}$ (Kennwerte von Beispiel 45) bestimmt. Liegen die beiden Zeitkonstanten in der gleichen Größenordnung, ist eine derart einfache Berechnung der resultierende Grenzfrequenz nicht möglich.

3.4.3.4 Schaltzeiten. Wird der Phototransistor wie in Bild **211.**1a mit einem rechteckförmigen Lichtimpuls E_{et} bestrahlt, der z. B. mit den in Abschn. 3.7 behandelten Lumineszenz-Dioden näherungsweise erzeugt werden kann, so zeigt der Kollektorstrom i_C in Bild **211.**1b das gleiche Verhalten wie der Kollektorstrom eines bipolaren Transistors, der mit einem rechteckförmigen Basisstromimpuls angesteuert wird. Es treten die in

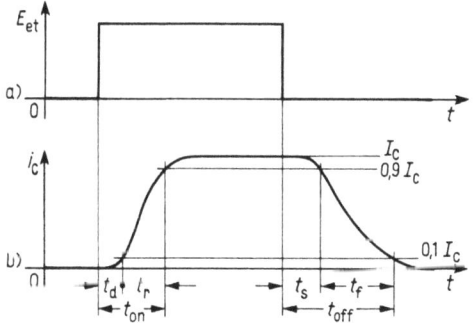
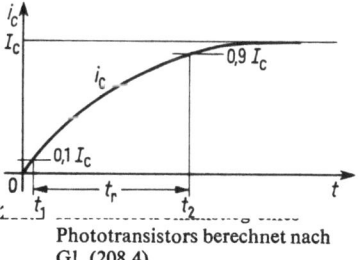

211.1 Zeitlicher Verlauf des Kollektorstroms i_C eines Phototransistors (b) beim Beleuchten mit einem rechteckförmigen Sprung der Bestrahlungsstärke E_{et} (a)
t_d Verzögerungszeit, t_r Anstiegszeit, t_s Speicherzeit, t_f Abfallzeit, t_{on} Einschaltzeit, t_{off} Ausschaltzeit

Phototransistors berechnet nach Gl. (208.4)

3.4 Phototransistoren als Strahlungsempfänger

Band III, Teil 1 behandelten Schaltzeiten auf: die **Verzögerungszeit** t_d, die **Anstiegszeit** t_r, die **Abfallzeit** t_f und bei Übersteuerung des Transistors noch die **Speicherzeit** t_s. Die Definition dieser Zeiten kann Bild **211.1b** entnommen werden. Zusätzlich wird meist die **Einschaltzeit** $t_{on} = t_d + t_r$ als Summe von Verzögerungs- und Anstiegszeit sowie die **Ausschaltzeit** $t_{off} = t_s + t_f$ als Summe von Speicher- und Abfallzeit angegeben.

Sehen wir von der Verzögerungszeit t_d, die von der Ersatzschaltung in Bild 206.3 nicht erfaßt wird, und von der Speicherzeit t_s, die nur bei übersteuertem Transistor auftritt, ab, so ergibt sich beim Einschalten eines rechteckförmigen Lichtintensitätssprungs im Kurzschlußfall (sehr kleiner Lastwiderstand R_L) ein Kollektorstromanstieg nach Gl. (208.4). Der exponentielle Anstieg in Bild **211.2** verläuft mit der Emitter-Basis-Zeitkonstanten $\tau_e = r_{BE} C_{BE}$.

Mit den durch Einsetzen in Gl. (208.4) erhaltenen Stromgleichungen

$$0{,}1\, I_C = I_C (1 - e^{-t_1/\tau_e}) \tag{212.1}$$

$$0{,}9\, I_C = I_C (1 - e^{-t_2/\tau_e}) \tag{212.2}$$

erhalten wir durch Auflösen die **Anstiegszeit**

$$t_r = t_2 - t_1 = \tau_e \ln[(1-0{,}1)/(1-0{,}9)] = \tau_e \ln 9 = 2{,}2\,\tau_e \tag{212.3}$$

Ersetzen wir die Zeitkonstante τ_e durch die Kurzschlußgrenzfrequenz f_β nach Gl. (208.7), ergibt sich für die Anstiegszeit

$$t_r = \ln 9/(2\pi f_\beta) = 0{,}35/f_\beta = t_f \tag{212.4}$$

wobei Anstiegszeit t_r und Abfallzeit t_f gleich groß sind. Je kleiner die Grenzfrequenz f_β wird, um so größer werden nach Gl. (212.4) Anstiegszeit t_r und Abfallzeit t_f, um so schlechter wird also das Schaltverhalten des Transistors.

Beispiel 48. Ein Phototransistor hat wie in Beispiel 45, S. 209 die Kurzschlußgrenzfrequenz $f_\beta = 204$ kHz. Man berechne Anstiegszeit t_r und Abfallzeit t_f des Kollektorstromimpulses.
Nach Gl. (212.4) erhalten wir mit $f_\beta = 204$ kHz für Anstiegs- und Abfallzeit

$$t_r = t_f = 0{,}35/f_\beta = 0{,}35/(204\text{ kHz}) = 1{,}7\,\mu\text{s}$$

Daher sind Anstiegs- und Abfallzeit von Phototransistoren etwa 100- bis 1000mal größer als die von Photodioden (s. Tafel 192.1).

Genauso wie mit wachsendem Lastwiderstand R_L die Grenzfrequenz f_g sinkt, steigen entsprechend Anstiegs- und Abfallzeit t_r und t_f. Außer vom Lastwiderstand R_L hängen die Schaltzeiten jedoch auch vom Kollektorstrom I_C und daher wieder von der Bestrahlungsstärke E_e ab. Mit wachsendem Kollektorstrom I_C fallen die Schaltzeiten, da wegen des ebenfalls wachsenden Photo-Basisstroms I_{ph} der differentielle Basis-Emitter-Widerstand r_{BE} sinkt und somit auch die Emitter-Basis-Zeitkonstante τ_e nach Gl. (208.3) fällt. In Bild 213.1 sind die Ein- und Ausschaltzeiten t_{on} und t_{off} in Abhängigkeit vom Kollektorstrom I_C mit dem Lastwiderstand R_L als Parameter für den Phototransistor BPW 19 (Telefunken) aufgetragen.

Bei Photo-Darlington-Transistoren ist bei gegebenem Kollektorstrom I_C wegen der großen Stromverstärkung B der Photo-Basisstrom I_{ph} sehr klein und deshalb der Basis-Emitter-Widerstand r_{BE} sehr groß. Hierdurch steigt jedoch auch die Zeitkonstante τ_e und

3.4.3 Dynamisches Verhalten 213

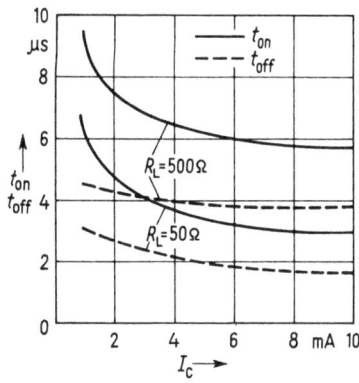

213.1 Einschaltzeit t_{on} und Ausschaltzeit t_{off} des Phototransistors BPW 19 in Abhängigkeit vom Kollektorstrom I_C mit dem Lastwiderstand R_L als Parameter

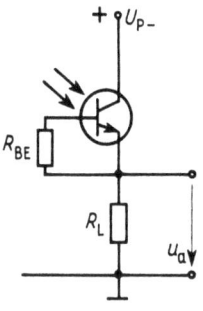

213.2 Verbesserung des Schaltverhaltens des Phototransistors durch Überbrückung der Basis-Emitter-Diode mit dem Widerstand R_{BE}

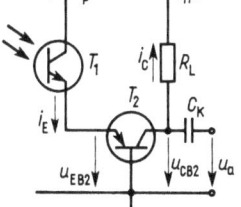

213.3 Phototransistorschaltung für hohe Grenzfrequenz f_g

die Anstiegszeit t_r sowie die Abfallzeit t_f wachsen ebenfalls. Die Kurzschlußgrenzfrequenz f_β sinkt dagegen. So hat der Photo-Darlington-Transistor BPX 30 (Valvo) beim Lastwiderstand $R_L = 50\,\Omega$ die Anstiegszeit $t_r = 40\,\mu s$ und die Abfallzeit $t_f = 60\,\mu s$. Die größere Empfindlichkeit s des Transistors (s. Tafel **205.1**) wird also durch ein schlechteres Schalt- und Frequenzverhalten erkauft.

Hat der Phototransistor einen herausgeführten Basisanschluß, läßt sich das Schaltverhalten verbessern, indem wie in Bild **213.2** parallel zur Basis-Emitter-Diode ein Widerstand R_{BE} geschaltet wird. Der effektive Basis-Emitter-Widerstand wird dadurch verringert, und die Zeitkonstante τ_e fällt. Allerdings tritt auch hier als Nachteil eine Verringerung der Empfindlichkeit s auf, da nicht mehr der gesamte Photo-Basisstrom I_{ph} über die Basis-Emitter-Diode fließt und dadurch verstärkt wird.

3.4.3.5 Verbesserung des Schalt- und Frequenzverhaltens. Während die Kurzschlußgrenzfrequenz f_β durch den technologischen Aufbau des Phototransistors weitgehend festgelegt ist, läßt sich die Abhängigkeit der Grenzfrequenz f_g vom Lastwiderstand R_L durch geeignete Schaltungen verbessern. Um die maximale Grenzfrequenz $f_g = f_\beta$ zu erreichen, muß der Transistor auf einen sehr kleinen Lastwiderstand R_L arbeiten. Als Nachteil erhält man dann jedoch eine sehr kleine Ausgangsspannung $u_a = i_C R_L$.

Verwendet man wie in Bild **213.3** als Lastwiderstand den Eingangswiderstand r_{e2} des in Basisschaltung arbeitenden Transistors T_2, ergibt sich ein wesentlich besseres Frequenzverhalten. Der Eingangswiderstand der Basisschaltung des Transistors T_2

$$r_{e2} = \frac{r_{BE2}}{1+\beta_2}\left(1 + \frac{R_L}{r_{CE2}}\right) \qquad (213.1)$$

ist sehr klein (s. Band III, Teil 1, Abschn. Kleinsignalverhalten) und ist, wenn $R_L \gg r_{CE2}$ sowie $\beta_2 \gg 1$ ist, näherungsweise

$$r_{e2} = r_{BE2}/\beta_2 \qquad (213.2)$$

3.4 Phototransistoren als Strahlungsempfänger

und daher um den Faktor $1/\beta_2$ kleiner als der Eingangswiderstand r_{BE2} des **Transistors in Emitterschaltung**.

Der Transistor T_2 stellt gemeinsam mit dem Phototransistor T_1 eine **Kaskode-Schaltung** dar (s. Band III, Teil 1), bei der die Kollektor-Basis-Kapazität C_{CB1} von Transistor T_1 nicht um den Faktor $V_{u1}+1$ vergrößert wird (**Miller-Kapazität**); denn wegen der geerdeten Basis des Transistors T_2 ändert sich auch die Emitterspannung von Transistor T_1 nur geringfügig, so daß auch die Basis-Kollektor-Spannung des Transistors T_1 nur sehr kleine Schwankungen aufweist. Der Transistor T_1 verursacht deshalb nur die Stromverstärkung β_1; seine Spannungsverstärkung V_{u1} ist dagegen sehr klein, und für die Miller-Kapazität des Transistors T_1 gilt $C'_{CB1} \approx C_{CB1}$.

Bei Vergrößerung des Lastwiderstands R_L sinkt erst dann die obere Grenzfrequenz f_g merklich unter die Kurzschlußgrenzfrequenz f_β, wenn die Zeitkonstante $\tau_2 = R_L C_{CB2}$ merklich größer als die Emitter-Basis-Zeitkonstante τ_{e1} von Transistor T_1 wird. Da die Kollektor-Basis-Kapazität C_{CB2} von Transistor T_2 nicht durch den Miller-Effekt vergrößert wird, ist dies erst bei relativ großen Lastwiderständen $R_L \gg 10\,\mathrm{k\Omega}$ der Fall.

Beispiel 49. In der Schaltung nach Bild 213.3 hat der Transistor T_1 wie in Beispiel 45, S. 209, die Kurzschlußgrenzfrequenz $f_\beta = 204\,\mathrm{kHz}$. Der Transistor T_2 hat den differentiellen Basis-Emitter-Widerstand $r_{BE2} = 2{,}6\,\mathrm{k\Omega}$, die Stromverstärkung $\beta_2 = 200$ und den für die Emitterschaltung geltenden Ausgangswiderstand $r_{CE2} = 50\,\mathrm{k\Omega}$. Seine Kollektor-Basis-Kapazität beträgt $C_{CB2} = 4\,\mathrm{pF}$.

a) Man berechne denjenigen Lastwiderstand R_L, bei dem die Kollektor-Zeitkonstante $\tau_2 = R_L C_{CB2}$ von Transistor T_2 gleich der Emitter-Basis-Zeitkonstanten τ_{e1} von Transistor T_1 ist.

Mit Gl. (208.6) erhalten wir die Zeitkonstante

$$\tau_{e1} = 1/(2\pi f_\beta) = \tau_2 = R_L C_{CB2}$$

und aufgelöst den Lastwiderstand

$$R_L = 1/(2\pi f_\beta C_{CB2}) = 1/(2\pi \cdot 204\,\mathrm{kHz} \cdot 4\,\mathrm{pF}) = 195\,\mathrm{k\Omega}$$

bei dem die Zeitkonstanten τ_{e1} und τ_2 gleich sind.

b) Um zu überprüfen, ob der Transistor T_1 näherungsweise im Kurzschluß arbeitet, berechne man den Eingangswiderstand r_{e2} von Transistor T_2.

Nach Gl. (213.1) ergibt sich der Eingangswiderstand von Transistor T_2

$$r_{e2} = \frac{r_{BE2}}{1+\beta_2}\left(1+\frac{R_L}{r_{CE2}}\right) = \frac{2{,}6\,\mathrm{k\Omega}}{201}\left(1+\frac{195\,\mathrm{k\Omega}}{50\,\mathrm{k\Omega}}\right) = 63\,\Omega$$

Der Eingangswiderstand r_{e2}, auf den der Transistor T_1 als Lastwiderstand arbeitet, ist also klein, so daß für den Transistor T_1 nahezu der Kurzschlußfall vorliegt. Abweichungen von der Kurzschlußgrenzfrequenz $f_\beta = 204\,\mathrm{kHz}$ treten erst dann auf, wenn der Lastwiderstand $R_L > 100\,\mathrm{k\Omega}$ wird.

In der Schaltung von Bild 213.3 wirkt Transistor T_2 als **Impedanzwandler**, der den für den Transistor T_1 erforderlichen niedrigen Arbeitswiderstand r_{e2} auf den für die Erzeugung größerer Ausgangsspannungen notwendigen großen Lastwiderstand R_L anpaßt. Ohne Impedanzwandler würde wie in Bild 210.2 die obere Grenzfrequenz f_g schon bei Lastwiderständen $R_L > 1\,\mathrm{k\Omega}$ stark abfallen.

3.4.4 Anwendungen

Aus dem sehr großen Anwendungsbereich von Phototransistoren werden hier nur einige Beispiele behandelt. Insbesondere werden die optischen Koppler – Kombinationen aus Phototransistoren und Lumineszenzdioden – erst in Abschn. 3.7.6 besprochen.

3.4.4.1 Einfaches optisches Relais. In Bild 215.1 a wird das Relais R_E mit seinem Arbeitskontakt s_a durch das auf den Phototransistor T_1 fallende Licht E_v gesteuert. Wird die Beleuchtungsstärke E_v hinreichend groß, fließt so viel Basisstrom I_{B2}, daß der Kollektorstrom I_{C2} ausreicht, um das Relais R_E zu erregen und den Arbeitskontakt s_a zu schließen. Das Relais ist also nur bei einfallendem Licht erregt.

215.1
Optisch gesteuerte Relais
a) Relais R_E zieht an bei Lichteinfall
b) Relais R_E fällt ab bei Lichteinfall

Im Gegensatz hierzu ist in der Schaltung von Bild 215.1 b das Relais R_E nur erregt, wenn kein Licht einfällt, und der Arbeitskontakt s_a ist geschlossen. Er öffnet sich, wenn die Bestrahlung E_v aufhört. Ohne Bestrahlung E_v ist nämlich der Phototransistor T_1 gesperrt, und der Schalttransistor T_2 erhält über den Basiswiderstand R_B einen Basisstrom I_{B2}, der den Transistor T_2 durchschaltet, so daß das Relais R_E anzieht. Wird der Phototransistor T_1 bestrahlt, schließt er im durchgeschalteten Zustand die Basis-Emitter-Diode von Transistor T_2 kurz und sperrt ihn. Das Relais R_E erhält keine Erregung mehr, und der Kontakt s_a öffnet sich. In beiden Schaltungen begrenzt die Diode D die beim Abschalten des Relais R_E auftretenden Spannungsspitzen und verhindert somit zu hohe Spannungsimpulse, die den Transistor T_2 zerstören könnten.

Beispiel 50. In der Schaltung nach Bild 215.1a beträgt die Versorgungsspannung $U_{p-} = 10$ V. Das Relais hat den Widerstand $R_E = 100\,\Omega$ und benötigt den Anzugsstrom $I_{an} = 70$ mA. Sein Abfallstrom ist $I_{ab} = 30$ mA. Der Schalttransistor T_2 zeigt die Stromverstärkung $B_2 = 100$. Für den Fall, daß der Phototransistor T_1 die Empfindlichkeit $s = 3\,\mu$A/lx hat und mit dem Widerstand $R_B = 6,8$ kΩ betrieben wird, berechne man folgende Beleuchtungsstärken: die Einschaltschwelle E_{van}, bei der das Relais anzieht, die Ausschaltschwelle E_{vab}, bei der das Relais wieder abfällt, und die Schwellen E_{v1} und E_{v2}, bei denen Transistor T_1 bzw. Transistor T_2 die Sättigung erreichen. Die Kollektor-Emitter-Sättigungsspannung $U_{CE\,sat}$ der Transistoren kann vernachlässigt werden.

Bei der Einschaltschwelle E_{van} ist der Kollektorstrom $I_{C2} = 70$ mA erforderlich. Der notwendige Basisstrom ist dann $I_{B2} = I_{C2}/B_2 = 70$ mA/100 $= 0,7$ mA. Der Basisstrom I_{B2} ist zugleich Kollektorstrom I_{C1} des Transistors T_1. Mit $I_{C1} = sE_v$ erhalten wir für die Einschaltschwelle

$$E_{van} = I_{C1}/s = 0,7\,\text{mA}/(3\,\mu\text{A/lx}) = 233,3\,\text{lx}$$

Führt man die gleiche Rechnung mit dem Abschaltstrom $I_{ab} = I_{C2} = 30$ mA durch, erhält man die Ausschaltschwelle $E_{vab} = 100$ lx.

Der maximale Kollektorstrom von Transistor T_2 beträgt $I_{C2\,max} = U_{p-}/R_E = 10$ V/100 $\Omega =$ 100 mA. Hierfür ist der Basisstrom $I_{B2} = I_{C2\,max}/B_2 = 100$ mA/100 $= 1$ mA erforderlich. Daher ergibt sich für die Schwelle, bei der der Transistor T_1 gesättigt wird, $E_{v2} = I_{B2}/s = 100 \text{ mA}/(3 \mu\text{A/lx}) = 333{,}3 \text{ lx}$.

Liegt an der Basis-Emitter-Diode des leitenden Transistors T_2 die Spannung 0,7 V, so beträgt der maximale Kollektorstrom des Phototransistors T_1

$$I_{C1\,\text{max}} = (U_{p-} - 0{,}7\text{ V})/R_B = (10\text{ V} - 0{,}7\text{ V})/6{,}8\text{ k}\Omega = 1{,}37\text{ mA}$$

und liefert die Schwelle $E_{v1} = I_{C1\,\text{max}}/s = 1{,}37 \text{ mA}/(3\,\mu\text{A/lx}) = 456{,}7$ lx. Von dieser Beleuchtungsstärke an ist der Transistor T_1 gesättigt leitend, und der Transistor T_2 wird mit dem Übersteuerungsgrad $\ddot{U} = I_{C1\,\text{max}}/I_{B2}) = 1{,}37 \text{ mA}/1 \text{ mA} = 1{,}37$ betrieben.

3.4.4.2 Optisches Relais mit Schmitt-Trigger. Ein Nachteil der einfachen Schaltungen von Bild **215**.1 ist, daß beim Erhöhen der Beleuchtungsstärke E_v der Transistor T_2 kontinuierlich leitend (Bild **215**.1 a) bzw. gesperrt wird (Bild **215**.1 b), so daß das Relais an der Schwelle nicht hinreichend sicher schaltet. Eine Verbesserung dieses Verhaltens ergibt sich, wenn wie in Bild **217**.1 der Phototransistor T_1 einen aus den Transistoren T_2 und T_3 bestehenden Schmitt-Trigger ansteuert. Ohne Beleuchtung E_v ist der Phototransistor T_1 gesperrt, und der Transistor T_2 erhält über den Basiswiderstand R_{B2} den Basisstrom I_{B2}. Ist der Widerstand R_{B2} so bemessen, daß dieser Strom ausreicht, um den Transistor T_2 bis in die Sättigung durchzuschalten, so ist der Transistor T_3 gesperrt; denn während an seinem Emitter die Spannung U_{E23} liegt, führt seine Basis die kleinere Spannung $U_{B3} = U_{E23}\, R_2/(R_1 + R_2)$. Das Relais R_E ist nicht erregt und der Arbeitskontakt s_a geöffnet.

Wird der Phototransistor T_1 bestrahlt, verringert sein Kollektorstrom I_{C1} den Basisstrom I_{B2}. Bei Erhöhung der Bestrahlung verläßt schließlich der Transistor T_2 die Sättigung und erreicht den aktiven Bereich. Sein Kollektorstrom I_{C2} nimmt nun ab, und die Spannung U_{B3} vergrößert sich. Erreicht diese Spannung schließlich den kritischen Wert $U_{B3} = U_{E23} + 0{,}7$ V, so wird auch der Transistor T_3 leitend. Der jetzt durch T_3 fließende Kollektorstrom I_{C3} erhöht die Spannung U_{E23}, und der Transistor T_2 wird stärker gesperrt. Die positive Rückkopplung über den gemeinsamen Emitterwiderstand R_{E23} bewirkt ein schlagartiges Umkippen der Schaltung in den Zustand Transistor T_2 gesperrt und Transistor T_3 leitend. Ist der Spannungsteiler aus den Widerständen R_1, R_2 hinreichend niederohmig, so ist der Transistor T_3 gesättigt leitend, und das Relais R_E wird sicher durchgeschaltet.

Der Schaltung von Bild **217**.1 entnehmen wir für den Zustand Transistor T_2 leitend und Transistor T_3 noch gesperrt die Strom- und Spannungsgleichungen

$$I_{B2} = \frac{U_{p-} - U_{E23} - 0{,}7\text{ V}}{R_{B2}} - I_{C1} \tag{216.1}$$

$$I_{C2} = B_2\, I_{B2} \tag{216.2}$$

$$I_2 = I_{C2} + I_1 = I_{C2} + U_{C2}/(R_1 + R_2) \tag{216.3}$$

$$U_{C2} = U_{p-} - I_2\, R_{C2} \tag{216.4}$$

$$U_{B3} = U_{C2}\, R_2/(R_1 + R_2) \tag{216.5}$$

und $\qquad U_{E23} = I_{C2}\, R_{E23} \tag{216.6}$

wobei wir in Gl. (216.6) den Basisstrom I_{B2}, der ebenfalls über den Widerstand R_{E23} fließt, gegenüber dem Kollektorstrom I_{C2} vernachlässigt haben. Jetzt führen wir noch die schon erwähnte Schaltbedingung

$$U_{B3} = U_{E23} + 0{,}7\,\text{V} = I_{C2} R_{E23} + 0{,}7\,\text{V} \tag{217.1}$$

ein. Durch Auflösen von Gl. (216.1) bis (217.1) erhalten wir den **Einschaltschwellenstrom**

$$I_{C1an} = \frac{R_{B2} + B_2 R_{E23}}{B_2 R_{B2}} \left[\frac{B_2 (U_{p-} - 0{,}7\,\text{V})}{R_{B2} + B_2 R_{E23}} - \frac{K U_{p-} - 0{,}7\,\text{V}}{R_{E23} + K R_{C2}} \right] \tag{217.2}$$

bei dem die Schaltung kippt, Transistor T_3 leitend und Transistor T_2 gesperrt wird, so daß das Relais R_E anzieht.
Dabei ist der Teilerfaktor

$$K = R_2/(R_1 + R_2 + R_{C2}) \tag{217.3}$$

Übersteigt also die Beleuchtungsstärke E_v die Schwelle

$$E_{van} = I_{C1an}/s \tag{217.4}$$

so schaltet das Relais.

Beim Reduzieren der Beleuchtungsstärke kippt die Schaltung nicht beim gleichen Strom I_{C1an} in die Ruhestellung (T_2 leitend, T_3 gesperrt) zurück, sondern erst bei einem kleineren Strom I_{C1ab}. Sie kippt zurück, wenn bei Vergrößerung von I_{C2} der Basisstrom I_{B3} soweit abnimmt, daß der Transistor T_3 die Sättigung verläßt und aktiv leitend wird, wenn also

$$I_{B3} = I_{C3}/B_3 \tag{217.5}$$

gilt. Mit den weiteren Strom- und Spannungsgleichungen für den Zustand Transistor T_3 gerade noch gesättigt leitend und Transistor T_2 schon wieder leitend

$$I_{C3} \approx U_{p-}/(R_E + R_{E23}) \tag{217.6}$$
$$I_{B3} = I_1 - U_{B3}/R_2 \tag{217.7}$$
$$U_{B3} = U_{E23} + 0{,}7\,\text{V} \tag{217.8}$$
$$U_{E23} = (I_{C3} + I_{C2}) R_{E23} \approx I_{C3} R_{E23} \tag{217.9}$$
$$I_1 = (U_{C2} - U_{B3})/R_1 \tag{217.10}$$
$$U_{C2} = U_{p-} - (I_{C2} + I_1) R_{C2} \tag{217.11}$$

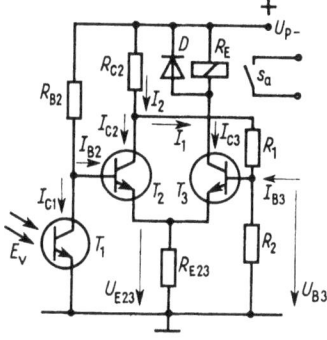

217.1 Über Phototransistor T_1 und Schmitt-Trigger T_2, T_3 optisch gesteuertes Relais R_E

Relais R_E zieht an bei Lichteinfall; $R_E = 100\,\Omega$, $R_{B2} = 10\,\text{k}\Omega$, $R_{C2} = 1\,\text{k}\Omega$, $R_1 = 100\,\Omega$, $R_2 = 470\,\Omega$, $R_{E23} = 10\,\Omega$, $T_1 = $ TIL 78; T_2, $T_3 = $ BC 183; $U_{p-} = 10\,\text{V}$

und mit Gl. (216.1) und (216.2) läßt sich der **Ausschaltschwellenstrom**

$$I_{C1ab} = \left(\frac{1}{R_{B2}} - \frac{1}{B_2 R_{C2}} \right)(U_{p-} G - 0{,}7\,\text{V}) + \frac{R_1 + R_{C2}}{B_2 R_{C2}} \left[\frac{U_{p-} G}{R_E} \left(\frac{1}{B_3} + \frac{R_{E23}}{R_2} \right) + \frac{0{,}7\,\text{V}}{R_2} \right] \tag{217.12}$$

bei dem die Schaltung zurückkippt und das Relais R_E wieder abfällt, berechnen, wobei der Teilerfaktor

$$G = R_E/(R_E + R_{E23}) \tag{217.13}$$

ist.

Beispiel 51. Mit den in der Unterschrift zu Bild **217.**1 angegebenen Werten $R_{B2} = 10\,\text{k}\Omega$, $R_{C2} = 1\,\text{k}\Omega$, $R_1 = 100\,\Omega$, $R_2 = 470\,\Omega$, $R_{E23} = 10\,\Omega$, dem Relais-Widerstand $R_E = 100\,\Omega$, der Versorgungsspannung $U_{p-} = 10\,\text{V}$ und den Stromverstärkungen $B_2 = B_3 = 100$ der Transistoren T_2 und T_3 berechne man die Ein- und Ausschaltschwellenströme I_{C1an} und I_{C1ab} und gebe die zugehörigen Beleuchtungsstärken E_{van} und E_{vab} an, wenn die Empfindlichkeit des Transistors T_1 $s = 3\,\mu\text{A/lx}$ beträgt.

Mit dem Teilerfaktor $K = R_2/(R_1 + R_2 + R_{C2}) = 470\,\Omega/(100\,\Omega + 470\,\Omega + 1\,\text{k}\Omega) = 0{,}3$ ergibt sich aus Gl. (217.2) der Einschaltschwellenstrom

$$I_{C1an} = \frac{R_{B2} + B_2 R_{E23}}{B_2 R_{B2}} \left[\frac{B_2 (U_{p-} - 0{,}7\,\text{V})}{R_{B2} + B_2 R_{E23}} - \frac{K U_{p-} - 0{,}7\,\text{V}}{R_{E23} + K R_{C2}} \right]$$

$$= \frac{10\,\text{k}\Omega + 100 \cdot 10\,\Omega}{100 \cdot 10\,\text{k}\Omega} \left[\frac{100\,(10\,\text{V} - 0{,}7\,\text{V})}{10\,\text{k}\Omega + 100 \cdot 10\,\Omega} - \frac{0{,}3 \cdot 10\,\text{V} - 0{,}7\,\text{V}}{10\,\Omega + 0{,}3 \cdot 1\,\text{k}\Omega} \right] = 0{,}85\,\text{mA}$$

Hiermit findet man die Einschaltbeleuchtungsstärke

$$E_{van} = I_{C1an}/s = 0{,}85\,\text{mA}/(3\,\mu\text{A/lx}) = 283\,\text{lx}$$

Mit dem Teilerfaktor $G = R_E/(R_E + R_{E23}) = 100\,\Omega/(100\,\Omega + 10\,\Omega) = 0{,}909$ aus Gl. (217.13) erhalten wir nach Gl. (217.12) den Ausschaltschwellenstrom

$$I_{C1ab} = \left(\frac{1}{R_{B2}} - \frac{1}{B_2 R_{C2}}\right)(U_{p-} \cdot G - 0{,}7\,\text{V}) + \frac{R_1 + R_{C2}}{B_2 R_{C2}} \left[\frac{U_{p-} \cdot G}{R_E}\left(\frac{1}{B_3} + \frac{R_{E23}}{R_2}\right) + \frac{0{,}7\,\text{V}}{R_2}\right]$$

$$= \left(\frac{1}{10\,\text{k}\Omega} - \frac{1}{100 \cdot 1\,\text{k}\Omega}\right)(10\,\text{V} \cdot 0{,}909 - 0{,}7\,\text{V}) +$$

$$\frac{100\,\Omega + 1\,\text{k}\Omega}{100 \cdot 1\,\text{k}\Omega} \left[\frac{10\,\text{V} \cdot 0{,}909}{100\,\Omega}\left(\frac{1}{100} + \frac{10\,\Omega}{470\,\Omega}\right) + \frac{0{,}7\,\text{V}}{470\,\Omega}\right] = 0{,}803\,\text{mA}$$

Somit ist die Ausschaltbeleuchtungsstärke

$$E_{vab} = I_{C1ab}/s = 0{,}803\,\text{mA}/(3\,\mu\text{A/lx}) = 268\,\text{lx}$$

Die Hysterese der Schaltung

$$\Delta I_{C1} = I_{C1an} - I_{C1ab} = 0{,}85\,\text{mA} - 0{,}803\,\text{mA} = 0{,}047\,\text{mA}$$

bzw.

$$\Delta E_v = E_{van} - E_{vab} = 283\,\text{lx} - 268\,\text{lx} = 15\,\text{lx}$$

ist wesentlich geringer als die in Beispiel 50, S. 215 berechnete, die sich aus dem elektromechanischen Verhalten des Relais ergibt und $\Delta E_v = 133{,}3\,\text{lx}$ beträgt. Dies ist ein weiterer Vorteil der verbesserten Schaltung. Die Ansprechschwelle der Schmitt-Triggerschaltung ist dagegen näherungsweise gleich der der einfacheren Schaltung von Bild **215.**1 a.

3.5 Photothyristoren als Strahlungsempfänger

Photothyristoren sind rückwärts sperrende Thyristor-Trioden, deren Wirkungsweise, Verhalten und Einsatz in Schaltungen im Abschn. 2.4 und beim Aufbau als Thyristor-Tetrode in Abschn. 2.5 behandelt wird. Das Besondere des Photothyristors ist nun, daß er nicht nur über den meist auch vorhandenen Gate-Anschluß, sondern auch durch Bestrahlung des Gates getriggert werden kann. Durch die Triggerung mit optischer Strahlung ist eine galvanische Trennung des Triggerkreises vom Leistungsschaltkreis möglich, so daß z. B. Impulstransformatoren wie in Bild **131.**2 entfallen können.

3.5.1 Aufbau und Wirkungsweise

In Bild **219.**1 a ist ein Schnitt durch eine kreisförmige aus Silizium bestehende Thyristor-Pille wiedergegeben (s. a. Bild 123.1). Indem die P-Basis der Bestrahlung E_v zugänglich gemacht wird, können in ihr durch Absorption von Photonen Elektron-Loch-Paare erzeugt werden, die die gleiche Wirkung wie ein über das kathodenseitige Gate GK eingespeister Gate-Triggerstrom haben. In der Ersatzschaltung von Bild **219.**1 b erkennt man, daß ein in der Basis des NPN-Transistors T_2 erzeugter Photostrom bei genügender Größe einen Kollektorstrom I_{C2} erzeugt, der als Basisstrom des Transistors T_1 wiederum dessen Kollektorstrom I_{C1} erhöht. Dieser wird der Basis des Transistors T_2 zugeführt und vergrößert somit erneut den Kollektorstrom I_{C2}. Diese positive Rückkopplung führt in bekannter Weise zum Durchschalten der Anoden-Kathoden-Strecke AK. Die Z-Diode D simuliert in der Ersatzschaltung den mittleren PN-Übergang, der im blockierten Zustand des Thyristors gesperrt ist. Beim Erreichen der Nullkippspannung $U_{(BO)null}$ bricht diese Z-Diode durch, und der Thyristor schaltet unabhängig von einer Gate-Triggerung durch Strom oder Licht.

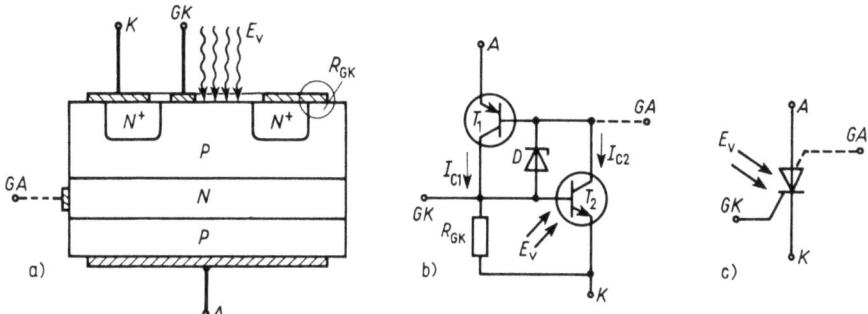

219.1 Photothyristor
   a) Querschnitt durch die Thyristor-Pille (s. a. Bild 123.1)
   b) Ersatzschaltung aus zwei Transistoren (s. a. Bild 103.1 b)
   c) Schaltzeichen
   A Anode, K Kathode, GK Kathoden-Gate, GA Anoden-Gate

Der Gate-Kathoden-Widerstand R_{GK}, der gelegentlich in integrierter Technik wie in Bild **219.**1a durch Überlappen des Kathodenanschlusses erzeugt wird (s. a. Bild 123.1), erhöht diese Nullkippspannung, denn der Transistor T_2 wird erst dann stark leitend, wenn durch den Sperrstrom der Z-Diode an ihm etwa 0,7 V Spannung abfallen. Allerdings wird durch den Widerstand R_{GK} auch die Schaltschwelle des Thyristors erhöht, denn ein Teil des durch die Bestrahlung E_v in der Basis des Transistors T_2 erzeugten Photostroms I_{ph} fließt dann über diesen Widerstand ab, so daß erst bei dem Photostrom $I_{ph} \approx 0.7 \text{ V}/R_{GK}$ der Transistor T_2 stark leitend wird und die Anoden-Kathoden-Strecke durchschaltet.

Photothyristoren werden häufig als Thyristor-Tetroden hergestellt (z. B. BPY 78 von Telefunken), bei denen auch die N-Basis des PNP-Transistors (gestrichelt in Bild **219.**1) als Anoden-Gate GA herausgeführt ist, so daß ihr Einsatz noch universeller wird.

3.5.2 Kennwerte

Photothyristoren werden meist für das Schalten kleinerer Spannungen und Ströme eingesetzt. Als solche Schwellwertschalter können Photothyristoren z. B. als Ersatz für den in Bild **217**.1 dargestellten Schmitt-Trigger-Schwellwertschalter verwendet werden. Zum Schalten größerer Leistungen reichen i. allg. die für das Triggern erforderlichen Beleuchtungsstärken E_v nicht aus. Anstelle des Gate-Triggerstroms I_{GT} tritt beim Photothyristor die Trigger- oder Zündbeleuchtungsstärke E_{vT}. Sie beträgt z. B. für den Thyristor BPY 78 $E_{vT} = 1$ klx, wenn er mit der Anoden-Kathoden-Spannung $U_{AK} = 15$ V, dem Gate-Kathoden-Widerstand $R_{GK} = 27$ kΩ, dem Lastwiderstand $R_L = 1$ kΩ und bei der Umgebungstemperatur $T = 300$ K betrieben wird. Die Zündbeleuchtungsstärke E_{vT} fällt sowohl mit wachsender Anoden-Kathoden-Spannung U_{AK} als auch mit wachsendem Gate-Kathodenwiderstand R_{GK}. Diese Abhängigkeiten sind in Bild **220**.1a, b wiedergegeben. Da die Zündbeleuchtungsstärke in der Einheit lx angegeben ist, bezieht sie sich auf die Bestrahlung mit Normlicht-A, d.h. auf Licht, dessen spektrale Verteilung der Farbtemperatur $T_f = 2856$ K entspricht.

Da Photothyristoren ausschließlich aus Silizium hergestellt werden, haben sie eine spektrale Empfindlichkeit, die der des Siliziums nach Bild **171**.3 entspricht.

Die Zündzeit t_{gt} von Photothyristoren liegt in der Größenordnung 10 μs, die Freiwerdezeit t_q im Bereich 10 μs bis 100 μs. Sie sind also i. allg. in ihrem Schaltverhalten etwas langsamer als normale Gate-getriggerte Thyristoren.

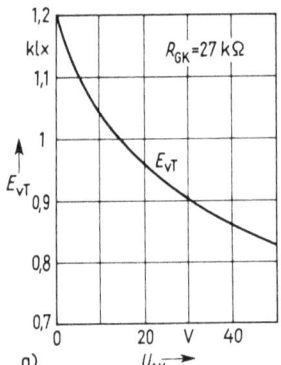
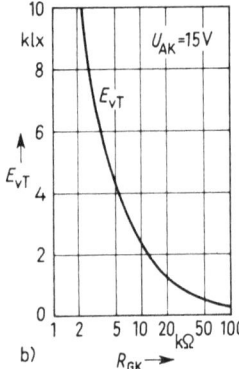
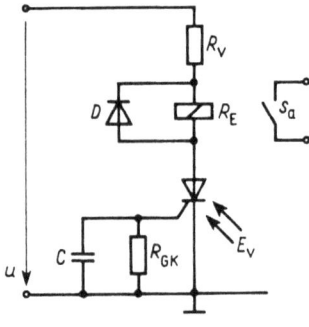

220.1 Zündbeleuchtungsstärke E_{vT} eines Photothyristors in Abhängigkeit von der Anoden-Kathoden-Spannung U_{AK} (a) und vom Gate-Kathoden-Widerstand R_{GK} (b)

220.2 Mit Photothyristor gesteuertes Relais R_E

3.5.3 Anwendungen

Betreibt ein Photothyristor ein lichtgesteuertes Relais, so ist wie in Bild **220**.2 als Versorgungsspannung eine Wechselspannung u zu wählen. Wird der Thyristor bei der Zündbeleuchtungsstärke E_{vT} durchgeschaltet, so zieht das Relais R_E an und würde auch beim Absenken der Beleuchtungsstärke auf $E_v = 0$ eingeschaltet bleiben, wenn nicht wie in der Schaltung von Bild **220**.2 beim Auftreten der negativen Halbschwingung der Wechsel-

spannung u die Anodenspannung u_{AK} des Thyristors negativ würde. Dadurch wird der Haltestrom I_{H0} des Thyristors unterschritten, und er sperrt wieder.
Der Photothyristor wirkt dann als gesteuerter Gleichrichter, der von einer bestimmten Zündbeleuchtungsstärke E_{vT} an jede positive Halbschwingung durchläßt; in den negativen Halbschwingungen dagegen sperrt er. Wird die Beleuchtung $E_v > E_{vT}$ plötzlich weggenommen, sperrt der Thyristor mit Beginn der nächsten negativen Halbschwingung und wird bei der darauf folgenden positiven Halbschwingung nicht mehr gezündet. Über den Gate-Kathoden-Widerstand R_{GK} kann nach Bild **220.**1 b die Zündbeleuchtungsstärke E_{vT} in weiten Grenzen verändert werden. Soll wie in den bisher behandelten Schaltungen von Bild **215.**1 und **217.**1 die Zündbeleuchtungsstärke E_{vT} kleiner als $E_v = 500$ lx sein, so ist ein Gate-Kathoden-Widerstand $R_{GK} = 100$ kΩ zu verwenden. Der Kondensator C blockt das Gate ab und verhindert so ein zufälliges Zünden des Thyristors durch kurzzeitige elektrische oder Licht-Störimpulse. Sein Wert beträgt $C = 1$ nF bis 10 nF. Die Diode D dient wieder in üblicher Weise als Überspannungsschutz für den Thyristor und verhindert das Auftreten hoher Spannungsspitzen beim Sperren des Thyristors. Mit dem Vorwiderstand R_V kann der Strom durch den Thyristor auf den zulässigen Wert begrenzt werden. Dieser muß allerdings größer als der Anzugsstrom I_{an} des Relais sein.

3.6 Photo-FET als Strahlungsempfänger

Auch **Sperrschicht-Feldeffekttransistoren** lassen sich in optoelektronische Empfänger verwandeln, wenn die beim N-Kanal-FET P-dotierte Insel des Gates (s. Bild **3.**2) der Bestrahlung mit Licht zugänglich gemacht wird. Legt man wie in Bild **221.**1a an das Gate eines solchen Photo-FET über den Widerstand R_G eine negative Spannung U_{GS0}, so erzeugt der bei Bestrahlung auftretende Gate-Photostrom I_{ph} am Widerstand R_G die Spannung $\Delta U_{GS} = R_G I_{ph}$, um die sich die Gate-Source-Spannung U_{GS} zu positiveren Werten hin verschiebt (Bild **221.**1b). Mit der **Steilheit** S des FET wächst dann der Drain-Strom I_D um

$$\Delta I_D = S \Delta U_{GS} = S R_G I_{ph} \quad (221.1)$$

und die Ausgangsspannung U_{DS} fällt um

$$\Delta U_{DS} = R_D \Delta I_D = S R_G R_D I_{ph} \quad (221.2)$$

Definieren wir die Empfindlichkeit eines Photo-FET durch

$$s = \Delta I_D / E_v = S R_G (I_{ph}/E_v) \quad (221.3)$$

so ist die **Gate-Empfindlichkeit**

$$s_G = I_{ph}/E_v \quad (221.4)$$

etwa gleich der Empfindlichkeit einer normalen Photodiode. Die Empfindlichkeit des FET

$$s = S R_G s_G \quad (221.5)$$

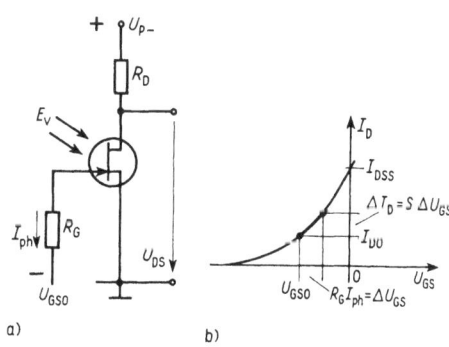

221.1 Photo-FET
a) Schaltung
b) Übertragungskennlinie mit eingezeichneter Arbeitspunktverschiebung

ist also um so größer, je größer Widerstand R_G, Steilheit S und Empfindlichkeit s_G des FET sind.

Beispiel 52. Ein Photo-FET hat die Steilheit $S = 7$ mA/V, die Gate-Empfindlichkeit $s_G = 30$ nA/lx und wird mit dem Gate-Widerstand $R_G = 10$ kΩ betrieben. Man berechne die Empfindlichkeit s des FET.
Aus Gl. (221.5) erhalten wir
$$s = S R_G s_G = (7 \text{ mA/V}) \, 10 \text{ k}\Omega \cdot 30 \text{ nA/lx} = 2{,}1 \, \mu\text{A/lx}$$
Mit diesen Werten ist die Empfindlichkeit des FET etwa so groß wie die eines Phototransistors.

Eine beliebige Vergrößerung des Widerstands R_G ist nicht möglich, da sonst durch den temperaturabhängigen Sperrstrom der Gate-Diode, Gate-Ruhespannung U_{GS0} und Drain-Ruhestroms I_{D0} verschoben werden. Ferner verschlechtert sich das Frequenzverhalten, denn die Gate-Source-Kapazität C_{GS} muß über den dann hochohmigen Widerstand R_G umgeladen werden.

3.7 Lumineszenz-Dioden als Strahlungssender

Die bisher behandelten optoelektronischen Bauelemente sind ausschließlich Empfänger- (Detektor)-Bauelemente. Durch Absorption von Photonen werden in ihnen Elektron-Loch-Paare gebildet und somit Licht in elektrischen Strom umgewandelt. Umgekehrt kann in Halbleiter-Bauelementen auch optische Strahlung durch elektrischen Strom erzeugt werden. Dabei handelt es sich nicht um eine Strahlungserzeugung wie in elektrischen Glühlampen, deren Glühfaden durch die Aufheizung mit elektrischem Strom zum thermischen Strahler wird. In der Lumineszenz-Diode, auch LED (light emitting diode) genannt, wird der zur Absorption umgekehrte Prozeß – die Rekombination von Elektronen und Löchern – zur Erzeugung von optischer Strahlung ausgenutzt [29]. Lumineszenz-Dioden sind deshalb keine thermischen Strahler.

3.7.1 Lichterzeugung in Halbleitern

Wie vom Bändermodell des Halbleiters her bekannt ist, befinden sich die negativen Leitungselektronen im Leitungsband und die positiven Löcher im Valenzband. Die Elektronen haben also eine zumindest um den Bandabstand $\Delta W = W_2 - W_1$ (s. Bild **175.1** und Band III, Teil 1, Abschn. Störstellen-Halbleitung) größere potentielle Energie als die positiven Löcher. Kommt es zu einem Rekombinationsvorgang, wird also ein freies Elektron von einem Gitteratom mit einem freien Platz (positives Loch) eingefangen, so wird die Energie ΔW frei und kann als Photon abgestrahlt werden. Hat ein freies Elektron im Leitungsband zusätzlich zu seiner potentiellen Energie noch kinetische Energie, dann zeigt es mit der Elektronenmasse m_n und der Geschwindigkeit v_n den Impuls $p = m_n v_n$. Unter diesen Verhältnissen muß bei der Rekombination sowohl der Energie- als auch der Impulserhaltungssatz erfüllt sein, d. h., Gesamtenergie und Gesamtimpuls der Rekombinationspartner Elektron, positives Loch und Photon müssen vor und nach der Rekombination gleich sein. Ist dies nicht möglich, wird ein solcher strahlender Rekombinationsübergang sehr unwahrscheinlich.

3.7.1 Lichterzeugung in Halbleitern 223

3.7.1.1 Direkte und indirekte Halbleiter. Da sich Elektronen in Halbleitern relativ langsam bewegen, müssen sie bei den mathematischen Berechnungen ebenso wie die positiven Löcher als De Brogliesche Materiewellen behandelt werden, die mit dem Planckschen Wirkungsquantum $h = 6,625 \cdot 10^{-34}\,\text{Ws}^2$ die Wellenlänge

$$\lambda = h/p = h/(mv) \tag{223.1}$$

haben. Führen wir noch mit $\hbar = h/(2\pi)$ (gesprochen „h quer") den zum Impuls p proportionalen Betrag des Wellenvektors

$$k = p/\hbar = 2\pi/\lambda \tag{223.2}$$

ein, so erhalten wir aus Gl. (223.1) und (223.2), wenn wir Masse m_n und Geschwindigkeit v_n des Elektrons einsetzen, die kinetische Energie des freien Elektrons

$$W_{kn} = (m_n/2)\,v_n^2 = p^2/(2m_n) = k^2\,\hbar^2/(2m_n) \tag{223.3}$$

die quadratisch vom Impuls p bzw. vom Betrag des Wellenvektors k abhängt. Dieser parabelförmige Verlauf ist in Bild 223.1 aufgetragen.

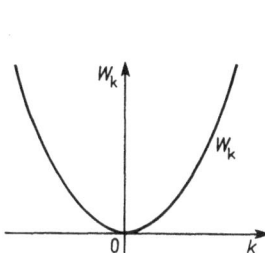

223.1 Kinetische Energie W_k eines freien Elektrons in Abhängigkeit vom Betrag des Wellenvektors $k = p/\hbar$

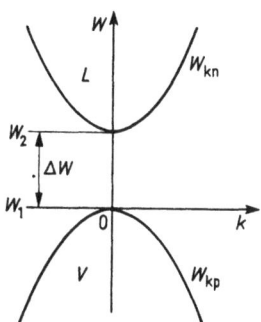

223.2 Impuls-Energie-Darstellung (Bändermodell) von nicht durch das Gitterpotential gestörten Elektronen W_{kn} und positiven Löchern W_{kp}
ΔW minimaler Bandabstand

Dieser einfache Zusammenhang zwischen kinetischer Energie W_{kn} und Impuls p gilt jedoch nur für freie Elektronen. Leitungselektronen und positive Löcher im Halbleiterkristall werden in ihrer Bewegung durch das periodische Gitterpotential der Atome behindert. Insbesondere wenn die halbe Wellenlänge λ der Materiewellen ein ganzzahliges Vielfaches des Abstands der Gitteratome ist, treten erhebliche Abweichungen von dem Verhalten freier Ladungsträger auf. Ursache hierfür sind Reflexions- und Beugungserscheinungen an den Gitterebenen (Braggsche Reflexion und Beugung) [1]. Gl. (223.3) gilt dann nicht mehr.

Während wir bisher im Bändermodell die Energie W über der Ortskoordinate x aufgetragen haben, ist es für die Behandlung der Rekombination vorteilhafter, die Energie W über dem Impuls p bzw. über dem zu diesem proportionalen Betrag des Wellenvektors k aufzutragen. Unter der Annahme, daß Elektronen und Löcher nicht durch das Gitterpotential gestört werden, ist dies in Bild 223.2 durchgeführt worden. In dieser Impuls-Energie-Darstellung liegt die Parabel der kinetischen Energie W_{kn} der freien Elektronen um den Bandabstand $\Delta W = W_2 - W_1$ gegenüber der Parabel der kinetischen Energie W_{kp} der positiven Löcher verschoben. Diese ist wegen der umgekehrten Polarität der Löcher negativ aufgetragen. Freie Elektronen sind also auch bei fehlender kinetischer Energie ($k = 0$) um die potentielle Energie des Bandabstands ΔW energiereicher als Löcher. Ein Elektron wird immer versuchen, den tiefsten Punkt auf der Energieparabel einzunehmen. Ebenso wird ein Loch zum höchsten Punkt seiner Energieparabel aufsteigen. Nur dann haben die Teilchen geringste kinetische Energie W_k und geringsten Impuls k. Durch z. B. thermische Energie können jedoch auch höhere Punkte auf der Parabel eingenommen werden. Allerdings nimmt deren Besetzungswahrscheinlichkeit sehr schnell ab.

In realen Halbleitern gilt das idealisierte Bild **223**.2 nicht mehr. Das periodische Gitterpotential „verbiegt" die Energieparabeln, und man erhält z. B. für Silizium Si und Gallium-Arsenid GaAs die in Bild **224**.1 a, b wiedergegebenen Energie-Impuls-Darstellungen [25]. Häufig werden diese Darstellungen ebenfalls als Bändermodell bebezeichnet. Sie haben den Vorteil, daß zusätzlich zu der Energie W noch der Impuls $k = p/\hbar$ als Information enthalten ist.

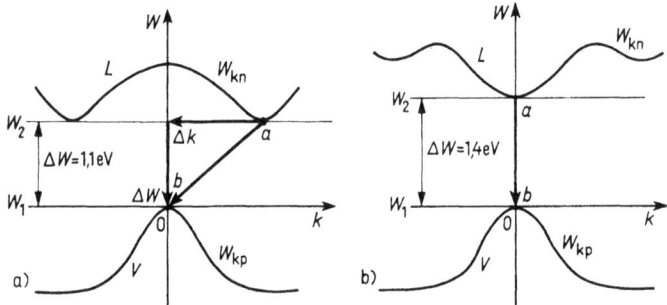

224.1 Impuls-Energie-Bändermodell von Silizium (a) und Gallium-Arsenid (b)
ΔW minimaler Bandabstand, Δk erforderliche Impulsänderung beim Übergang von a nach b, L Leitungsband, V Valenzband, W_{kn} kinetische Energie von Elektronen und W_{kp} von Löchern

Betrachten wir die Verhältnisse beim Silizium nach Bild **224**.1a, so ergibt sich das Energieminimum der Leitungselektronen bei einem anderen Impuls als das Energiemaximum der positiven Löcher. Elektronen halten sich jedoch mit nennenswerter Wahrscheinlichkeit nur in diesen Minima und Löcher nur im Maximum bei $k = 0$ auf. Bei einer Rekombination ist deshalb ein Übergang von a nach b nur möglich, wenn außer der Energie ΔW noch der Impuls Δk des mit dem Loch rekombinierenden Elektrons abgegeben wird. Für die Impulsabgabe ist mindestens ein **weiterer Stoßpartner** erforderlich, denn das als elektromagnetische Strahlung (Licht) emittierte Photon mit der Energie $hf = \Delta W$ kann keinen nennenswerten Impuls aufnehmen. Als Impulspartner kommen in Frage: ein weiteres Elektron oder Loch (Dreierstoß oder Auger-Effekt) [1], [2], [3], [4], ein oder mehrere Phononen (Schallquanten der Gitterschwingung) oder auch Störstellen wie Donatoren und Akzeptoren. Übergänge wie in Bild **224**.1a werden als **indirekte Übergänge** und Halbleiter mit einer solchen Bandstruktur als **indirekte Halbleiter** bezeichnet. Silizium und auch Germanium sind solche indirekten Halbleiter. Dagegen liegen in der Bandstruktur des GaAs Minimum der Elektronenenergie W_{kn} und Maximum der Löcherenergie W_{kp} direkt übereinander, so daß der Übergang $a \to b$ ohne

Impulsabgabe ablaufen kann. Hier handelt es sich um einen **direkten Übergang** von Band zu Band, und GaAs wird deshalb auch als **direkter Halbleiter** bezeichnet. Die Wahrscheinlichkeit eines direkten Übergangs ist um mehrere Zehnerpotenzen größer als die eines indirekten Übergangs. In Tafel 225.1 ist zum Vergleich der Rekombinationskoeffizient r einiger direkter und indirekter Halbleiter wiedergegeben.

Tafel 225.1   Rekombinationskoeffizient r einiger direkter und indirekter Halbleiter bei der Temperatur $T = 300$ K [26]

Halbleiterart	GaAs	InP	InSb	Si	Ge	GaP
Übergangsart	direkt	direkt	direkt	indirekt	indirekt	indirekt
r in cm³/s	$7 \cdot 10^{-11}$	10^{-9}	$5 \cdot 10^{-11}$	10^{-15}	$5 \cdot 10^{-14}$	$5 \cdot 10^{-14}$

Der Rekombinationskoeffizient r, der durch die **Rekombinationsrate** (Anzahl der Übergänge pro Volumen und Zeit, s. a. Band III, Teil 1, Abschn. Inversionsdichte)

$$w = r\,n\,p \tag{225.1}$$

mit n als Elektronen- bzw. p als Löcherdichte definiert ist, ist nach Tafel 225.1 bei den direkten Halbleitern etwa 10^4 mal so groß wie bei den indirekten.

3.7.1.2 PN-Übergang als Lichtemitter. Im thermischen Gleichgewicht sind die Erzeugungsrate g von Elektron-Loch-Paaren und die Rekombinationsrate w gleich groß, und es gilt

$$g = w = r\,n\,p = r\,n_i^2 \tag{225.2}$$

wobei n_i die **Inversionsdichte** oder **Intrinsiczahl** ist, die exponentiell von der Temperatur T abhängt (s. Band III, Teil 1, Abschn. Inversionsdichte). Die Erzeugung von Elektron-Loch-Paaren durch **thermische Ionisation** im Halbleiterkristall erfordert insbesondere bei Halbleitern mit größerem Bandabstand $\Delta W > 1$ eV zu große Temperaturen, um ausreichende Inversionsdichten n_i zu erhalten. In Silizium mit dem Bandabstand $\Delta W = 1,1$ eV beträgt z.B. die Inversionsdichte $n_i = 6,8 \cdot 10^{10}$ cm^{-3} bei der Temperatur $T = 300$ K und $n_i = 7,2 \cdot 10^{14}$ cm^{-3} bei $T = 500$ K. Diese Inversionsdichten reichen zur Erzeugung einer intensiven Rekombinationsstrahlung nicht aus.

Man verwendet deshalb in Durchlaßrichtung gepolte PN-Übergänge. In der Umgebung des PN-Übergangs diffundieren die durch die Dotierung erzeugten Majoritätsträger in die Gebiete entgegengesetzter Dotierung, so daß es in der Umgebung des Übergangs zu sehr großen Abweichungen von den nach Gl. (225.2) geforderten Löcher- und Elektronendichten kommt (s. hierzu a. Band III, Teil 1, Abschn. PN-Übergang). Für den in Durchlaßrichtung gepolten PN-Übergang ist in Bild 226.1a das Bändermodell (s. a. Band III, Teil 1, Abschn. PN-Übergang) dargestellt. Durch die angelegte Durchlaßspannung U_F wird die Diffusionsspannung U_D erniedrigt, und Elektronen diffundieren in das P-Gebiet (Strom I_{Fn}); umgekehrt diffundieren Löcher in das N-Gebiet (Strom I_{Fp}). Die Minoritätsträgerdichten n_{px0} und p_{nx0} am PN-Übergang steigen über die Gleichgewichtswerte n_{p0} und p_{n0} (Bild 226.1b). Am PN-Übergang ist die Rekombinationsrate w wesentlich größer als die Erzeugungsrate g der thermischen Ionisation. Voraussetzung ist jetzt, daß ein hinreichender Anteil der Rekombinationsprozesse mit der Abstrahlung von Photonen verbunden ist. Ob dies der Fall ist, hängt wiederum davon ab, ob es sich um **direkte** oder **indirekte** Halbleiter handelt.

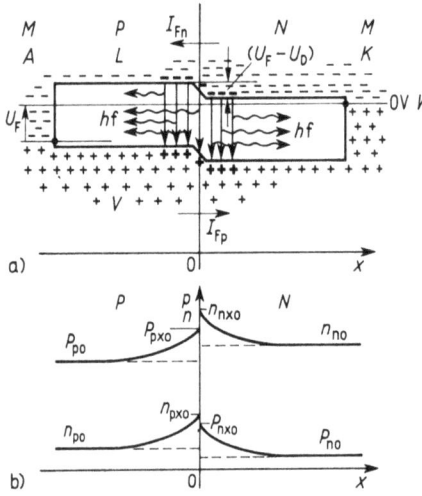

226.1
Lichtemission am PN-Übergang
a) Über der Ortskoordinate x aufgetragenes Bändermodell des PN-Übergangs bei Durchlaßpolung
b) Majoritätsträger- und Minoritätsträgerverteilungen n_{nx0}, p_{px0} und n_{px0}, p_{nx0} am PN-Übergang
A Anode, K Kathode, M Metall, P P-leitende und N N-leitende Schicht, W_F Fermi-Niveau, U_F Durchlaßspannung, I_{Fn} Durchlaßstrom von Elektronen und I_{Fp} von Löchern, − Leitungselektron, + positives Loch, − → + rekombinierendes Elektron-Loch-Paar, hf Photonenenergie, V Valenz- und L Leitungsband

Für die Herstellung von Lumineszenzdioden ist es also wichtig, Halbleiter zu finden, die einerseits überwiegend strahlend rekombinieren, jedoch andererseits mit einfachen technologischen Verfahren dotiert werden können und somit die Herstellung von PN-Übergängen erlauben. Nicht alle Halbleiter mit direkten Übergängen erfüllen die zweite Forderung. Tafel **226.2** gibt eine Übersicht über die heute für Lumineszenz-Dioden verwendeten Halbleiter, ihre Dotierung, die dadurch erzeugte Farbe und Wellenlänge der Strahlung sowie ihre häufigste Anwendung.

Tafel **226.2** Farbe des abgestrahlten Lichts, Basis-Halbleiter, Dotierungsstoffe für PN-Übergang, zusätzliche Dotierungsstoffe für Strahlungserzeugung, Wellenlänge λ des abgestrahlten Lichts und häufigste Anwendung der wichtigsten Lumineszenz-Dioden

Farbe	Basis-Halbleiter	Dotierung für PN-Übergang	Strahlung	λ in µm	häufigste Anwendung
infrarot	GaAs	Zn Si	Zn Si	0,9 0,94	Optokoppler und Strahlschranken
rot	GaP GaAs$_{0,6}$P$_{0,4}$	S, Te, Zn Te, Zn	Zn, O —	0,69 0,65	Anzeigeelemente Anzeigeelemente
gelb	GaP GaAs$_{0,15}$P$_{0,85}$	S, Te, Zn Te, Zn	N —	0,59 0,59	Anzeigeelemente Anzeigeelemente
grün	GaP	S, Te, Zn	N	0,565	Anzeigeelemente

3.7.2 GaAs-Lumineszenz-Dioden

Als Halbleiter für Lumineszenz-Dioden nimmt GaAs eine überragende Stellung ein. GaAs ist ein direkter Halbleiter mit einem großen Anteil an strahlender Rekombination und läßt sich durch geeignete Dotierungsverfahren zu Lumineszenz-Dioden verarbeiten.

GaAs hat den Bandabstand $\Delta W = 1{,}4$ eV, so daß bei einem direkten Band-Band-Übergang nach Gl. (170.3) Strahlung der Wellenlänge $\lambda_g = 886$ nm emittiert wird. GaAs-Dioden sind also **Infrarotstrahler**. Durch die Dotierung ändert sich die Wellenlänge der Strahlung geringfügig zu größeren Wellenlängen hin.

3.7.2.1 Herstellung und Aufbau. Die wichtigsten Dotierungsstoffe für GaAs-Dioden sind Silizium und Zink. Ausgangssubstrat ist in beiden Fällen ein aus einer Schmelze gezogener, durch geringe Zugaben von Schwefel oder Tellur schwach N-dotierter GaAs-Kristall. Dieser stabförmige Kristall wird in etwa 0,3 mm dicke Scheiben zersägt.

Dotierung mit Zink. Bei etwa 1100 K läßt man auf die Substratscheiben aus der Gasphase eine epitaxiale ebenfalls N-dotierte GaAs-Schicht aufwachsen. Mit der photolithographischen Maskentechnik wird bei etwa 1000 K eine P-dotierte Insel eindiffundiert. Zur Diffusion wird $AsZn_2$ verwendet, das bei der hohen Temperatur zerfällt. Die eindringenden Zn-Atome werden auf Ga-Plätzen im Gitter eingebaut und liefern die Akzeptoren, erzeugen also die P-Dotierung. Während die Donatoren-Dichte im Substrat und in der epitaxialen Schicht etwa 10^{17} cm^{-3} bis 10^{18} cm^{-3} beträgt, liegt die Akzeptoren-Dichte in der diffundierten P-Schicht bei etwa 10^{19} cm^{-3}.

Dotierung mit Silizium. Silizium verhält sich als Dotierungsmaterial im GaAs-Kristall **amphoter**, d. h., es kann sowohl Akzeptor als auch Donator sein. Ersetzen die 4wertigen Silizium-Atome die 3wertigen Gallium-Atome, wirken sie als Donatoren. Besetzen sie dagegen Plätze der 5wertigen Arsen-Atome, verhalten sie sich wie Akzeptoren.
Zur Herstellung des PN-Übergangs bedient man sich der **Flüssigkeitsepitaxie**. Die GaAs-Substratscheiben werden in eine Schmelze von 90% Ga, 7% As und 3% Si bei etwa 1200 K getaucht. Bei dieser Temperatur werden die Si-Atome auf Ga-Plätzen in die aufwachsende epitaxiale Schicht eingebaut, erzeugen also Donatoren und N-Dotierung. Zieht man den Kristall bei gleichzeitiger Abkühlung auf etwa 1100 K aus der Schmelze, werden bei der tieferen Temperatur die Si-Atome auf As-Plätze gebracht und wirken dort als Akzeptoren. Das zuletzt herausgezogene Gebiet ist dann P-dotiert. Während des Herausziehens aus der Schmelze entsteht somit der PN-Übergang.

Aufbau. Bild **228.1**a zeigt den schematisierten Querschnitt durch eine Zn-diffundierte, in Planar-Technik hergestellte GaAs-Diode. N_1 ist das Ausgangssubstrat, N_2 die epitaxial aufgewachsene N-dotierte Schicht und P die mit Zn diffundierte P-Schicht (Anode). In dieser Anordnung verläßt das Licht, das am PN_2-Übergang erzeugt wird, die Diode durch die sehr dünne P-Schicht.
In Bild **228.1**b ist der Aufbau einer durch Flüssigkeitsepitaxie mit Si dotierten GaAs-Diode und in Bild **228.1**c das Schaltzeichen der Lumineszenz-Diode dargestellt. Auf das halbkugelförmige, N-dotierte Substrat N_1 (Dom-Wafer genannt) folgt die epitaktische Schicht N_2, auf der die in Mesa-Form geätzte P-dotierte Schicht P aufgewachsen ist. Bei dieser Diode tritt das Licht durch die N-Schichten aus. Der halbkugelförmige Wafer verbessert die Lichtausbeute der Diode, denn in der Planarstruktur wird ein großer Teil des erzeugten Lichts durch **Totalreflexion** wieder in den Kristall zurückgeworfen.
Luft hat den Brechungsindex $n_1 = 1$, während GaAs den Brechungsindex $n_2 = 3{,}4$ aufweist. Mit dem **Brechungsgesetz**

$$\sin \alpha_1 / \sin \alpha_2 = n_2/n_1 \tag{227.1}$$

3.7 Lumineszenz-Dioden als Strahlungssender

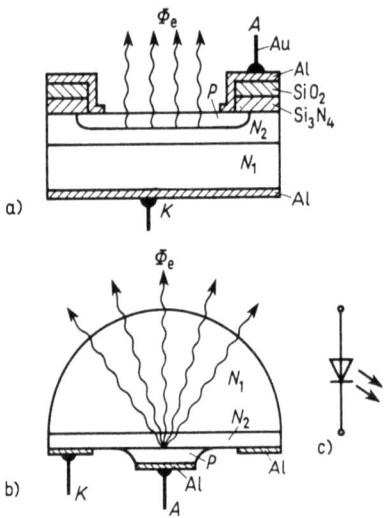

228.1 Aufbau von Lumineszenz-Dioden
a) Zn-dotierte in Planartechnik hergestellte GaAs-Diode
b) Si-dotierte GaAs-Diode mit Dom-Wafer-Struktur
c) Schaltzeichen der Lumineszenz-Diode
A Anode, K Kathode, N_1 N-leitendes Substrat, N_2 N-leitende Epitaxie-Schicht, P P-leitende Schicht, Al Aluminium-Metallisierung, Au Goldkontaktierung; SiO_2, Si_3N_4 Schutzschichten

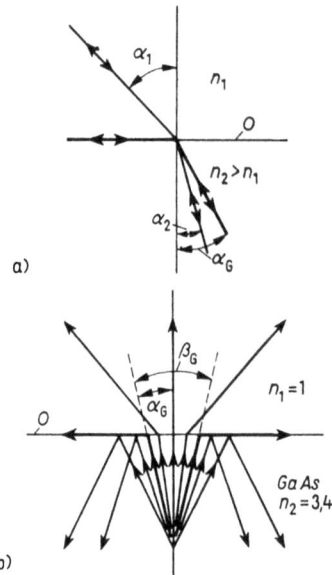

228.2 Lichtbrechung an einer Fläche O, die zwei Medien mit verschiedenen Brechungsindizes $n_2 > n_1$ trennt (a) und Lichtbrechung beim Austritt aus dem GaAs-Kristall (b)
α_G Brechungswinkel bei Totalreflexion; (———) Verlauf bei Totalreflexion

gilt für die Totalreflexion (streifender Austritt des Lichts aus der Oberfläche O, s. Bild 228.2a) der kritische Grenzwinkel

$$\sin \alpha_2 = \sin \alpha_G = 1/n_2 \tag{228.1}$$

Der Austrittswinkel des Lichtkegels einer punktförmigen Lichtquelle aus dem GaAs (Bild 228.2b) beträgt somit

$$\beta_G = 2\alpha_G \tag{228.2}$$

Der Raumwinkel

$$\Omega_G = 2\pi (1 - \cos \alpha_G) \tag{228.3}$$

in den Licht aus dem Kristall austritt, ergibt sich nach Gl. (163.1). Von dem im Kristall in den Halbraum $\Omega = 2\pi$ abgestrahlten Licht verläßt dann nur der Bruchteil

$$\Omega_G/(2\pi) = 1 - \cos \alpha_G \tag{228.4}$$

den Halbleiterkristall.

Beispiel 53. Für einen GaAs-Kristall mit dem Brechungsindex $n_2 = 3,4$ berechne man den Winkel β_G des Licht-Austrittskegels und gebe den prozentualen Bruchteil des in den Halbraum austretenden Lichts an.

Aus Gl. (228.1) und (228.2) erhalten wir den Winkel

$$\beta_G = 2 \arcsin(1/n_2) = 2 \arcsin(1/3{,}4) = 34{,}2° = 0{,}6 \text{ rad}$$

Hiermit ergibt sich aus Gl. (228.4) für den Bruchteil des in den Halbraum gestrahlten Lichts

$$\Omega_G/(2\pi) = 1 - \cos\alpha_G = 1 - \cos(\beta_G/2) = 1 - \cos(34{,}2°/2) = 0{,}044 = 4{,}4\%$$

Diese Rechnung zeigt, wie wichtig es ist, Totalreflexion durch geeignete geometrische Formgebung zu vermeiden. Formt man die Lichtaustrittsfläche halbkugelig (Dom-Wafer), treffen die Lichtstrahlen nahezu senkrecht auf diese, und Totalreflexion und die mit ihr verbundene Lichtschwächung werden vermieden.

3.7.2.2 Abgestrahltes Spektrum. Die Strahlung bei Zink-dotierten GaAs-Dioden entstammt zum überwiegenden Teil aus direkten Rekombinationsübergängen Donator-Niveau–Valenzband (Bild 229.1). Tritt die Strahlung mit der Energie $hf = W_D - W_1$, die nahezu gleich der Energie des Bandabstands $\Delta W = 1{,}4$ eV ist, in den stark P-dotierten Halbleiter ein, kann sie dort von Akzeptoren absorbiert werden. Man muß deshalb die P-Schicht möglichst dünn machen, oder das Licht über die schwächer dotierte N-Schicht auskoppeln. Bild 229.2 zeigt das Emissionsspektrum der Zn-dotierten GaAs-Diode, dessen Maximum bei $\lambda = 0{,}9$ μm, also dicht über der Grenzwellenlänge $\lambda_g = 0{,}886$ μm des direkten Band-Band-Übergangs liegt.

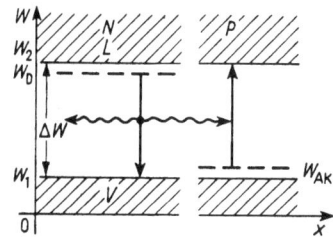

229.1 Bändermodell der Zn-dotierten GaAs-Lumineszenz-Diode
L Leitungsband, V Valenzband, N N-leitender Bereich, P P-leitender Bereich, W_D Energieniveaus der Donatoren (Telluroder Schwefelatome), W_{AK} Energieniveaus der Akzeptoren (Zn-Atome), ΔW Bandabstand

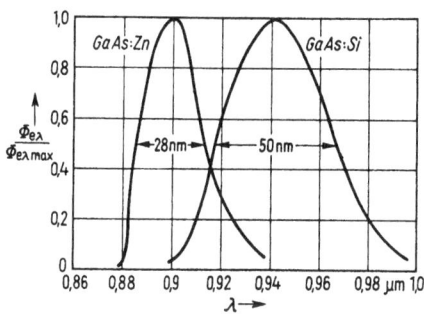

229.2 Relatives Emissionsspektrum von Zn- und Si-dotierten GaAs-Lumineszenz-Dioden (aufgetragen ist der auf den maximalen Strahlungsfluß $\Phi_{e\lambda\max}$ bezogene Strahlungsfluß $\Phi_{e\lambda}$)

Die Strahlung Si-dotierter GaAs-Dioden hat nach Bild 229.2 ihr Maximum bei $\lambda = 0{,}94$ μm. Ursache hierfür ist der größere Energieabstand $W_2 - W_D$ der Silizium-Donatoren-Niveaus W_D von der Leitungsbandkante W_2. Die Eigenabsorption dieser Strahlung ist deshalb wesentlich geringer als die der Zn-dotierten Dioden. Eine bessere Lichtausbeute ist die Folge dieses Verhaltens.

3.7.2.3 Wirkungsgrad und Quantenausbeute. Ist Φ_e die gesamte von der Diode abgestrahlte Leistung (Strahlungsfluß) und mit Durchlaßstrom I_F und Durchlaßspannung U_F die zugeführte elektrische Leistung

$$P = I_F U_F \qquad (229.1)$$

230 3.7 Lumineszenz-Dioden als Strahlungssender

so ist der elektrische Wirkungsgrad

$$\eta = \Phi_e/(I_F\, U_F) \qquad (230.1)$$

Sind n_{ph} die pro Zeit abgestrahlten Photonen und n die in der gleichen Zeit durch den Strom I_F zugeführten Elektronen, so ist die Quantenausbeute (Photonen/Elektron) durch

$$\eta_{ph} = n_{ph}/n \qquad (230.2)$$

definiert. Mit der Energie hf eines Photons und der Elementarladung e des Elektrons ergibt sich für die Quantenausbeute

$$\eta_{ph} = \frac{\Phi_e/(hf)}{I_F/e} = \frac{e}{hf} \cdot \frac{\Phi_e}{I_F} \qquad (230.3)$$

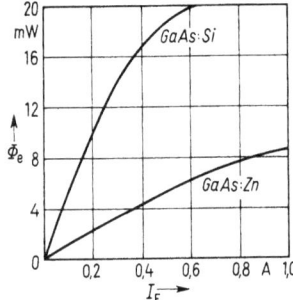

230.1 Abgestrahlte Leistung Φ_e in Abhängigkeit vom Durchlaßstrom I_F für eine Zn- und eine Si-dotierte GaAs-Lumineszenz-Diode

Führen wir noch die Wellenlänge $\lambda = c/f$ (Lichtgeschwindigkeit c) ein, erhalten wir für die Quantenausbeute

$$\eta_{ph} = \frac{e\lambda}{hc} \cdot \frac{\Phi_e}{I_F} \qquad (230.4)$$

Erweitern wir Zähler und Nenner von Gl. (230.4) mit der Durchlaßspannung U_F, ergibt sich mit Gl. (230.1) für den Zusammenhang von Quantenausbeute und Wirkungsgrad

$$\eta_{ph} = \frac{e\lambda}{hc} U_F \eta = K_1 \eta \qquad (230.5)$$

Der elektrooptische Kopplungsfaktor

$$K_1 = \frac{U_F}{hc/e\lambda} \qquad (230.6)$$

ist das Verhältnis von Durchlaßspannung U_F zur Photonenenergie, die ungefähr gleich dem Bandabstand ($\Delta W = 1{,}4$ eV bei GaAs) ist. Da die Durchlaßspannung U_F etwa den gleichen Wert hat (s. Kennlinie in Bild 231.1), ist der elektrooptische Kopplungsfaktor $K_1 \approx 1$, und die Quantenausbeute η_{ph} ist etwa gleich dem elektrischen Wirkungsgrad η. In Bild 230.1 ist die Abhängigkeit der abgestrahlten Leistung Φ_e vom Durchlaßstrom I_F für eine Zink- und eine Silizium-dotierte GaAs-Lumineszenz-Diode aufgetragen. Stellen wir Gl. (230.4) nach der Leistung

$$\Phi_e = \frac{hc}{e\lambda} \eta_{ph} I_F = m\, I_F \qquad (230.7)$$

um, so läßt sich der Steigung m der Geraden die Quantenausbeute η_{ph} entnehmen.

Beispiel 54. Aus den in Bild 230.1 gegebenen Kurven $\Phi_e = f(I_F)$ ermittle man die Quantenausbeute der Zink- und Silizium-dotierten GaAs-Dioden.
Wir linearisieren mit der Steigung m im Bereich bis zu $I_F = 0{,}2$ A die Kurven durch $\Phi_e = m\, I_F$ und erhalten für die Zink-dotierte Diode $m_{Zn} = 10{,}8$ mW/A und für die Silizium-dotierte Diode $m_{Si} = 50{,}0$ mW/A. Setzen wir die Steigungen m_{Zn} und m_{Si} in Gl. (230.7) ein, ergibt sich für die

3.7.2 GaAs-Lumineszenz-Dioden

Quantenausbeute der Zink-dotierten Diode

$$\eta_{ph} = m_{Zn} \frac{e\lambda}{hc} = \frac{1{,}6 \cdot 10^{-19}\,\text{As} \cdot 900\,\text{nm} \cdot 10{,}8\,\text{mW/A}}{6{,}625 \cdot 10^{-34}\,\text{Ws}^2 \cdot 3 \cdot 10^8\,\text{m/s}} = 0{,}0078 = 0{,}78\,\%$$

Dabei haben wir für die Wellenlänge $\lambda = 900$ nm die Wellenlänge des Strahlungsmaximums eingesetzt. Mit $m_{Si} = 50$ mW/A und $\lambda = 940$ nm berechnet sich in gleicher Weise die Quantenausbeute der Silizium-dotierten Diode $\eta_{ph} = 0{,}038 = 3{,}8\,\%$.

Die geringere Quantenausbeute der Zn-dotierten Diode liegt an der stärkeren Eigenabsorption ihrer kurzwelligeren Strahlung. Mit geeigneten Dom-Wafer-Strukturen sind in Silizium-dotierten GaAs-Dioden Quantenausbeuten bis 20% erreicht worden.

Da der elektrische Wirkungsgrad $\eta \approx \eta_{ph}$ etwa gleich der Quantenausbeute ist, wird auch bei der GaAs-Lumineszenz-Diode der größte Teil der zugeführten elektrischen Leistung P in Wärme umgesetzt, die durch geeignete Kühlung abgeführt werden muß.

Im Impulsbetrieb (Pulsdauer etwa 1 μs) können Durchlaßströme bis zur $I_F = 10$ A geschaltet und Ausgangsleistungen bis $\Phi_e \approx 300$ mW erzielt werden.

3.7.2.4 Statische Kennlinien. Die Strom-Spannungs-Kennlinie $I_F = f(U_F)$ der in Durchlaßrichtung betriebenen GaAs-Diode weist einen exponentiellen Verlauf auf. Dies ist in der halblogarithmischen Auftragung von Bild 231.1 erkennbar. Abweichungen vom exponentiellen Verlauf (linearer Anstieg bei halblogarithmischer Auftragung!) treten erst bei großen Durchlaßströmen auf. Sie werden wie auch bei anderen Dioden durch die Bahnwiderstände der Diode verursacht. Im Gegensatz zu Silizium-Dioden führt jedoch der größere Bandabstand ΔW von GaAs zu kleineren Sperrströmen I_{RS} und daher wegen $I_F = I_{RS} \exp(U_F/U_T)$, wobei $U_T = kT/e$ die Temperaturspannung ist, bei einem vor-

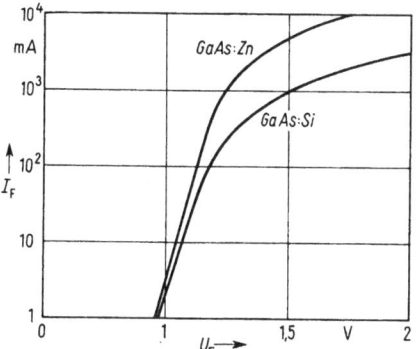

231.1 Durchlaßkennlinien $I_F = f(U_F)$ einer Zn- und einer Si-dotierten GaAs-Lumineszenz-Diode

gegebenen Durchlaßstrom I_F zu einer größeren Durchlaßspannung U_F. Die Durchlaßspannung U_F von GaAs-Dioden liegt deshalb bei Durchlaßströmen $I_F = 10$ mA bis 100 mA im Bereich $U_F = 1$ V bis 1,3 V und ist somit wesentlich größer als die Durchlaßspannung $U_F \approx 0{,}7$ V von Silizium-Dioden.

Der maximal zulässige Durchlaßgleichstrom beträgt etwa $I_F = 100$ mA. Mit der Durchlaßspannung $U_F = 1{,}2$ V ergibt sich dann die Verlustleistung $P_V = 120$ mW, die bei der Umgebungstemperatur $T = 300$ K leicht abgeführt werden kann. Im Impulsbetrieb können wesentlich größere Ströme erzielt werden. Z.B. ist bei der Impulsdauer $T_p = 1$ μs und der Wiederholungsfrequenz $f = 200$ Hz der Spitzendurchlaßstrom $I_{Fp} = 20$ A möglich. Dadurch können sehr kurze Lichtimpulse großer Strahlungsleistung Φ_e erzeugt werden.

Die maximal zulässige Sperrspannung von Lumineszenz-Dioden ist meist kleiner als 10 V und beträgt bei einigen Dioden sogar nur $U_R = 2$ V. Ursache hierfür ist die hohe Dotierung des PN-Übergangs. Wird deshalb an die Diode eine Wechselspannung gelegt, so ist zu beachten, daß in der positiven Halbschwingung der maximale Durchlaßstrom und in der negativen Halbschwingung die maximale Sperrspannung nicht überschritten werden.

Die abgestrahlte Leistung Φ_e einer GaAs-Diode fällt nach Bild 232.1 mit wachsender Temperatur T des Diodengehäuses. In Bild 232.1 ist die temperaturabhängige Strahlungsleistung Φ_{eT} bezogen auf die Strahlungsleistung Φ_{e0} bei $T = 300$ K in Abhängigkeit von der Temperatur T aufgetragen. Bei der Temperaturerhöhung von $T = 300$ K auf $T = 400$ K fällt die Strahlungsleistung um mehr als die Hälfte. Da mit wachsender Temperatur T die Rekombination über Gitterschwingungen (Phononen-Abstrahlung) zunimmt, verringert sich der Anteil der strahlenden Rekombination und somit die abgestrahlte Leistung der Diode.

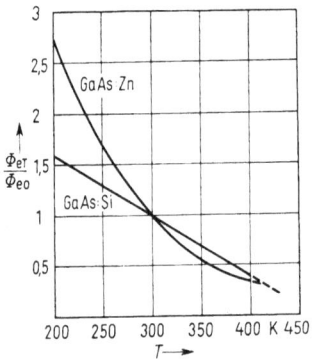
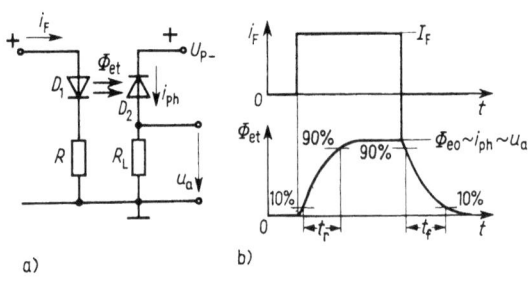

232.1 Auf dem Strahlungsfluß Φ_{e0} bei der Temperatur $T = 300$ K bezogener relativer Strahlungsfluß Φ_{eT}/Φ_{e0} in Abhängigkeit von der Temperatur T des Diodengehäuses für eine Zn- und eine Si-dotierte GaAs-Lumineszenz-Diode

232.2 Schaltverhalten der Lumineszenz-Diode
a) Meßschaltung
b) Zeitlicher Verlauf von rechteckförmigen Durchlaßstrom i_F und emittiertem Strahlungsfluß Φ_{et}
D_1 Lumineszenz-Diode, D_2 schnelle Photo-PIN-Diode, t_r Anstiegs- und t_f Abfallzeit

Im Gegensatz zu Glühlampen haben Lumineszenz-Dioden eine sehr große Lebensdauer. Ihre Alterung wird allerdings durch große elektrische und thermische Belastung beschleunigt. Bei dem Durchlaßstrom $I_F = 100$ mA und der Temperatur $T = 300$ K ist nach etwa 10^5 h die Ausgangsleistung Φ_e auf die Hälfte abgefallen. Erst dann würde das Auge bei einer im sichtbaren Bereich strahlenden Diode diesen Leistungsabfall bemerken. Die Ursachen für diese Alterung sind noch nicht hinreichend geklärt. Beobachtet hat man im strahlenden PN-Übergang dunkle Linien, die von im Laufe der Zeit sich bildenden Gitterversetzungen herrühren, an denen eine strahlungslose Rekombination stattfindet.

3.7.2.5 Schaltverhalten. Wird ein rechteckförmiger Stromimpuls i_F in die Lumineszenz-Diode eingespeist, steigt die abgestrahlte Leistung

$$\Phi_{etr} = \Phi_{e0}(1 - e^{-t/\tau})\tag{232.1}$$

exponentiell an. Die Zeitkonstante $\tau = C_D R$ ist das Produkt aus der Diffusionskapazität C_D der leitenden Diode und dem zu ihr in Reihe liegenden Widerstand R. In Bild 232.2a ist die Meßschaltung zur Bestimmung der Schaltzeiten und in Bild 232.2b sind die zeitlichen Verläufe von Eingangsstromimpuls i_F und Ausgangslichtimpuls Φ_{et} aufgetragen. Beim Abschalten des Stromimpulses wird die Diffusionskapazität C_D (s. Band III, Teil 1) wieder entladen, und die Strahlung fällt nach

$$\Phi_{etf} = \Phi_{e0}\, e^{-t/\tau} \qquad (233.1)$$

Nehmen wir die Zeitkonstante

$$\tau = C_D R \qquad (233.2)$$

näherungsweise als konstant und zeitunabhängig an, sind Anstiegszeit t_r und Abfallzeit t_f gleich groß und berechnen sich wie in Gl. (212.3) mit der Zeitkonstanten τ

$$t_r = t_f = 2{,}2\,\tau = 2{,}2\,C_D R \qquad (233.3)$$

Die in einem PN-Übergang gespeicherte Ladung

$$Q = I_F \tau' \qquad (233.4)$$

hängt vom Durchlaßstrom I_F und der Lebensdauer τ' der in das Gebiet entgegengesetzter Dotierung diffundierten Ladungsträger ab. Mit $Q = C_D U_F$ ergibt sich deshalb aus Gl. (233.4) die Diffusionskapazität

$$C_D = I_F \tau'/U_F \qquad (233.5)$$

Sie hängt vom Durchlaßstrom I_F ab. Deshalb muß bei der Angabe von Schaltzeiten auch die Amplitude des geschalteten Durchlaßstroms I_F (meist $I_F = 1$ A) angegeben werden. Anstiegs- und Abfallzeit von Lumineszenz-Dioden werden vom Hersteller mitgeteilt. GaAs-Dioden mit Ausgangsleistungen $\Phi_{e0} > 1$ mW haben Schaltzeiten $t_r = t_f \approx 500$ ns. Dagegen werden mit Dioden kleinerer Ausgangsleistung $\Phi_{e0} < 1$ mW wegen ihrer kleineren Kapazität C_D Schaltzeiten $t_r = t_f < 100$ ns erreicht. In Extremfällen sind Werte bis zu $t_r = t_f = 1$ ns erzielbar. Lichtimpulse mit derart kurzen Anstiegs- und Abfallzeiten können in der Schaltung von Bild 232.2a nur mit Photodioden kurzer Ansprechzeit nachgewiesen werden. Geeignet sind z. B. schnelle Photo-PIN- oder Photo-Lawinen-Dioden (s. Abschn. 3.3.4 und 3.3.5).

Beispiel 55. Für eine GaAs-Lumineszenz-Diode werden vom Hersteller Schaltzeiten $t_r = t_f = 500$ ns angegeben, wenn die Diode in der Schaltung nach Bild 232.2a mit dem Widerstand $R = 50\,\Omega$ betrieben wird. Man berechne ihre Diffusionskapazität C_D.
Durch Umstellen von Gl. (233.3) erhalten wir die Diffusionskapazität $C_D = t_r/(2{,}2\,R) = 500$ ns$/(2{,}2 \cdot 50\,\Omega) = 4{,}55$ nF.
Lumineszenz-Dioden weisen also relativ große Diffusionskapazitäten auf.

3.7.3 GaP-Lumineszenz-Dioden

Gallium-Phosphid (GaP) ist ein **indirekter Halbleiter** (s. a. Tafel 225.1). Um so erstaunlicher ist es zunächst, daß aus diesem Halbleiter sehr wirksame Lumineszenz-Dioden hergestellt werden können. Allerdings ist reines GaP für die Anwendung in Lumineszenz-Dioden auch nicht brauchbar. Erst durch den Einbau geeigneter **Störstellen** wird eine ausreichend strahlende Rekombination erreicht.

3.7.3.1 Herstellung und Dotierung. Für die Herstellung von Lumineszenz-Dioden muß im Halbleiter ein PN-Übergang durch geeignete Dotierung erzeugt werden. Hinzu kommt der für die Strahlungserzeugung wichtige Einbau von Störstellen. Je nach Art der eingebauten Störstellen können **rot**, **gelb** und **grün** strahlende Dioden hergestellt werden.

Rot strahlende GaP-Diode. Auf das durch Schwefel oder Tellur schwach N-dotierte GaP-Substrat läßt man mit der Flüssigkeitsphasen-Epitaxie (s. a. Abschn. 3.7.2.1) eine epitaxiale P-dotierte GaP-Schicht aufwachsen. Als Dotierungsstoff wird dabei Zink Zn und Sauerstoff O verwendet. Einerseits wird bei dem Prozeß das 2wertige Zink auf Plätzen des 3wertigen Galliums eingebaut und liefert hierdurch die für die P-Dotierung erforderlichen Akzeptoren, anderseits bilden 2wertige Zink- und im Gitter benachbart eingebaute 6wertige Sauerstoffatome einen kovalent gebundenen ZnO-Komplex, der genauso wie der GaP-Komplex eine gemeinsame Achterschale aufweist (s. Band III, Teil 1, Abschn. Kristallaufbau der Halbleiter) und elektrisch neutral ist.

Wegen der gegenüber der GaP-Gitterstruktur geringeren Abschirmung der positiven Atomkerne kann der ZnO-Komplex negative Elektronen anlagern. Er wirkt also als Elektronenfalle (trap) und wird auch als isoelektronisches Zentrum (gleich einem Elektron wirkendes Zentrum) [26] bezeichnet. Ist der PN-Übergang in Durchlaßrichtung gepolt, dringen Elektronen in das P-dotierte Gebiet ein und werden dort z.T. in den isoelektronischen Zentren eingefangen. Das Bändermodell des mit ZnO-dotierten GaP-Halbleiters ist in Bild 234.1a dargestellt. Der Bandabstand beträgt $\Delta W = W_2 - W_1 = 2{,}25$ eV. Ist W_S der Energiezustand des isoelektronischen Zentrums, so hat ein in dem Zentrum eingefangenes Elektron gegenüber dem freien Leitungselektron die um $W_2 - W_S \approx 0{,}31$ eV geringere Energie und ist dadurch relativ fest gebunden.

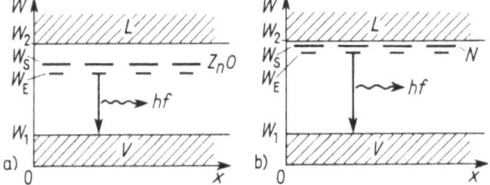

234.1
Bändermodelle des ZnO-dotierten (a) und des Stickstoff-dotierten (b) GaP-Halbleiters
L Leitungs- und V Valenzband, W_S Energieniveaus der isoelektronischen Zentren, W_E Energieniveaus der Exitonen, hf Energie der emittierten Photonen

Das jetzt negativ geladene ZnO-Zentrum lagert sofort ein vorbei diffundierendes positives Loch an. Dabei bildet sich eine als Exiton bezeichnete physikalisch interessante Konfiguration. Ähnlich wie im Wasserstoffatom das Elektron den positiven Atomkern umkreist, umkreist hier das Elektron das angelagerte positive Loch und ist dadurch schwächer an das isoelektronische Zentrum gebunden als vorher. Der Energiezustand W_E des Exitons liegt deshalb im Bändermodell von Bild 234.1a etwas tiefer als der Energiezustand W_S. Der Zustand des Exitons hält sich jedoch nicht sehr lange (s. Beispiel 56, S. 236) Beim Zerfall des Exitons, also bei der Rekombination des eingefangenen Elektrons mit dem angelagerten positiven Loch, wird die Energiedifferenz $W_E - W_1 = 1{,}8$ eV als Photon abgestrahlt. Aus der Photonenenergie $hf = 1{,}8$ eV ergibt sich nach Gl. (170.3) die Wellenlänge $\lambda = 690$ nm der im roten Bereich liegenden Strahlung.

Grün und gelb strahlende GaP-Diode. Diese Dioden werden durch Gasphasen-Epitaxie (s. Band III, Teil 1, Abschn. Epitaxialverfahren) und anschließender Zink-Diffusion wie die in Abschn. 3.7.2.1 beschriebenen, mit Zink dotierten GaAs-Dioden hergestellt. Während der Diffusionsphase werden zusätzlich auf Gitterplätze des 5wertigen Phosphors P 6wertige Stickstoffatome N eingebaut. Sie wirken wieder als isoelektronische Zentren, die allerdings mit $W_2 - W_S = 0{,}021$ eV (Bild 234.1b) die Elektronen wesentlich schwächer binden. Auch hier werden von den isoelektronischen Zentren wieder positive Löcher angelagert und Exitonen gebildet, bei deren Zerfall Photonen der

3.7.3 GaP-Lumineszenz-Dioden 235

Energie $hf = W_E - W_1 = 2{,}19$ eV emittiert werden, deren Wellenlänge nach Gl. (170.3) $\lambda = 565$ nm beträgt. Strahlung dieser Wellenlänge liegt im grünen Bereich des sichtbaren Spektrums.

Die Größe der Störstellendotierung beeinflußt die Wellenlänge des emittierten Lichts. Ist die Dichte der isoelektronischen Zentren (N-Atome) kleiner als 10^{19} cm^{-3}, wird vorwiegend grünes Licht emittiert. Bei größeren Dichten beeinflussen sich die isoelektronischen Zentren gegenseitig, was zu einer schwächeren Bindung der Elektronen in den Exitonen führt. Der Energiezustand W_E der Exitonen im Bändermodell von Bild 234.1 b sinkt ab und die Energie hf der emittierten Photonen sinkt ebenfalls. Die Wellenlänge λ der emittierten Strahlung nimmt zu, und die Farbe des Lichts verschiebt sich dadurch zunehmend zum gelben Spektralbereich hin.

In Bild 235.1 sind diese Emissionsspektren von ZnO- und Stickstoff-(N)-dotierten GaP-Dioden aufgetragen. Durch die zusätzliche Beteiligung von Phononen (Gitterschwingungen) ergeben sich keine scharfen Spektrallinien sondern verbreiterte Emissionsbänder.

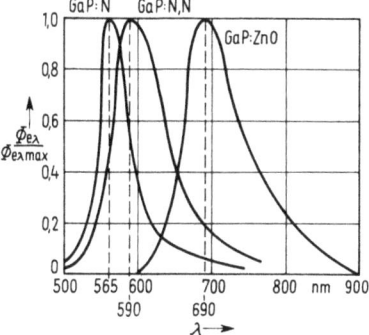 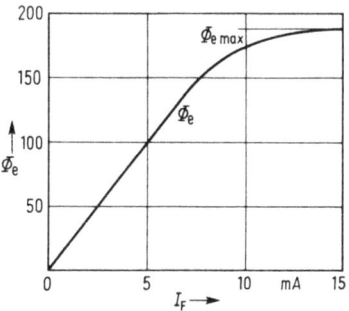

235.1 Relative Emissionsspektren von ZnO- und Stickstoff-(N)-dotierten GaP-Lumineszenz-Dioden (N, N bedeutet sehr hohe Stickstoffdotierung)

235.2 Abgestrahlte Leistung (Strahlungsfluß) Φ_e einer rot strahlenden GaP-Diode in Abhängigkeit vom Durchlaßstrom I_F

$\Phi_{e\,max}$ Sättigungsstrahlungsfluß

3.7.3.2 Abgestrahlte Leistung, Quantenausbeute und Lichtstärke. Da GaP ein indirekter Halbleiter ist, sind bei weitem nicht so große Ausgangsleistungen Φ_e wie in dem direkten Halbleiter GaAs erzielbar. Während nach Bild 230.1 bei Strömen von einigen 100 mA in GaAs-Dioden Ausgangsleistungen von einigen 10 mW erreicht werden, beträgt nach Bild 235.2 in einer rot strahlenden GaP-Diode die Ausgangsleistung, also der Strahlungsfluß, bei dem Durchlaßstrom $I_F = 5$ mA nur $\Phi_e = 100$ µW. Besonders auffallend ist in Bild 235.2, daß schon bei dem Strom $I_F = 15$ mA die maximale Sättigungs-Ausgangsleistung $\Phi_{e\,max} = 190$ µW auftritt. Es ist also sinnlos, den Durchlaßstrom über $I_F = 15$ mA hinaus zu steigern. Dieses Verhalten steht ganz im Gegensatz zu GaAs-Dioden, die durch impulsförmige Durchlaßströme von einigen Ampere Ausgangsleistungssteigerungen bis zu einigen 100 mW ermöglichen.

Ursache für dieses Sättigungsverhalten der GaP-Diode ist die relativ geringe Dotierung der P-Schicht mit isoelektronischen Zentren. Da die Strahlung indirekt durch den Zerfall der an isoelektronische Zentren angelagerten Exitonen erzeugt wird, ist eine

3.7 Lumineszenz-Dioden als Strahlungssender

Strahlungssteigerung nur solange möglich, solange noch nicht alle isoelektronischen Zentren mit Elektronen gesättigt sind. Der Endzustand maximaler Strahlung ist erreicht, wenn die Anzahl der pro Zeit zugeführten Elektronen I_F/e (e Elementarladung) gleich aller im Kristall vorhandenen und zerfallenden Exitonen ist. Ist n_E die Exitonendichte, V das Volumen der mit isoelektronischen Zentren dotierten P-Schicht und τ_E die Lebensdauer der Exitonen, so gilt im Gleichgewichtsfall

$$I_F/e = n_E V/\tau_E \tag{236.1}$$

Die Exitonendichte

$$n_E = I_F \tau_E/(V e) \tag{236.2}$$

und somit auch der Strahlungsfluß Φ_e steigen also zunächst linear mit dem Durchlaßstrom I_F. Haben alle isoelektronischen Zentren ein Exiton gebildet, ist die Dichte der isoelektronischen Zentren $n_Z = n_E$, und auch bei weiterer Stromsteigerung kann der Strahlungsfluß nicht mehr steigen.

Beispiel 56. Eine rot strahlende GaP-Lumineszenz-Diode ist mit isoelektronischen Zentren (ZnO-Komplexe) der Dichte $n_Z = 10^{16}$ cm^{-3} dotiert, und das Volumen ihrer strahlenden P-Schicht beträgt $V = 0{,}05$ cm $\cdot$ $0{,}05$ cm $\cdot$ $0{,}0005$ cm $= 1{,}25 \cdot 10^{-6}$ cm^3. Beim Durchlaßstrom $I_F = 15$ mA wird die Sättigungsausgangsleistung $\Phi_{e\,max}$ erreicht. Man berechne die Lebensdauer τ_E der Exitonen.

Durch Umstellen von Gl. (236.2) erhalten wir mit $n_E = n_Z$ die Lebensdauer

$$\tau_E = n_Z V e/I_F = 10^{16}\text{ cm}^{-3} \cdot 1{,}25 \cdot 10^{-6}\text{ cm}^3 \cdot 1{,}6 \cdot 10^{-19}\text{ As}/(15\text{ mA}) = 133\text{ ns}$$

Exitonen haben also eine relativ lange Lebensdauer. Bei kleinerer Lebensdauer τ_E würde eine Sättigung $n_E = n_Z$ erst bei größeren Durchlaßströmen auftreten, und höhere Ausgangsleistungen wären erzielbar.

Die bisherigen Betrachtungen wurden für die rot strahlende GaP-Diode durchgeführt. Grün strahlende GaP-Dioden weisen ein ähnliches Sättigungsverhalten auf. Wegen der höheren Dotierung (10^{17} cm^{-3} bis 10^{18} cm^{-3}) tritt diese jedoch erst bei größeren Durchlaßströmen auf. Die abgestrahlte Leistung ist bei grün strahlenden GaP-Dioden um etwa 2 Größenordnungen kleiner als bei rot strahlender Dioden. So wird von einer grün strahlenden Diode bei dem Durchlaßstrom $I_F = 20$ mA nur die Ausgangsleistung $\Phi_e \approx 1$ µW erzielt. Der Grund hierfür ist hauptsächlich in der viel größeren Eigenabsorption der kurzwelligeren grünen Strahlung ($hf = 2{,}19$ eV) durch Band-Band-Übergänge zu suchen. Die langwelligere rote Strahlung ($hf = 1{,}8$ eV) kann dagegen nicht durch Band-Band-Übergänge absorbiert werden und deshalb ungehindert den Kristall verlassen.

Quantenausbeute. Die Quantenausbeute η_{ph} ist durch Gl. (230.4) definiert und gibt an, wie viele Photonen den Kristall pro zugeführtes Elektron verlassen. Für Si-dotierte GaAs-Dioden berechnen wir in Beispiel 54, S. 230 die Quantenausbeute $\eta_{ph} = 3{,}8\%$. Bei rot strahlenden GaP-Dioden erreicht man etwa gleich große Quantenausbeuten, bei grün strahlenden Dioden dagegen wesentlich kleinere.

Beispiel 57. Der Strahlungsfluß einer ZnO-dotierten rot strahlenden GaP-Diode beträgt $\Phi_e = 100$ µW bei dem Durchlaßstrom $I_F = 5$ mA und der einer mit Stickstoff-dotierten, grün strahlenden GaP-Diode $\Phi_e = 1{,}3$ µW bei dem Durchlaßstrom $I_F = 20$ mA. Man berechne die Quantenausbeuten.

3.7.3 GaP-Lumineszenz-Dioden

Für die rot strahlende Diode erhalten wir mit $\lambda = 690$ nm aus Gl. (230.4) die Quantenausbeute

$$\eta_{\text{ph}} = \frac{e\,\lambda}{h\,c} \cdot \frac{\Phi_e}{I_F} = \frac{1{,}6 \cdot 10^{-19}\,\text{As} \cdot 690\,\text{nm} \cdot 100\,\mu\text{W}}{6{,}625 \cdot 10^{-34}\,\text{Ws}^2 \cdot 3 \cdot 10^8\,(\text{m/s})\,5\,\text{mA}} = 0{,}011 = 1{,}1\,\%$$

Für die oben angegebenen Zahlenwerte und mit $\lambda = 565$ nm liefert die gleiche Rechnung für die grün strahlende Diode die Quantenausbeute $\eta_{\text{ph}} = 2{,}96 \cdot 10^{-5} = 0{,}003\,\%$.

Lichtstärke. Im sichtbaren Spektralbereich strahlende Lumineszenz-Dioden werden zum größten Teil in Anzeigeelementen (displays) von elektronischen Geräten (z.B. Taschenrechner) verwendet. In diesem Fall ist nicht so sehr die absolute, in W gemessene Strahlungsleistung von Interesse. Wichtiger ist die Lichtstärke I_v, die in candela (1 cd = 1 lm/sr, s. Abschn. 3.1.3 und Tafel **167.**1) gemessen wird, und in die noch die Empfindlichkeit des menschlichen Auges K_λ nach Bild **168.**1 eingeht. Die Empfindlichkeit K_λ des menschlichen Auges ist im grünen Bereich bei $\lambda = 555$ nm, also ganz in der Nähe der Wellenlänge $\lambda = 565$ nm der grün strahlenden GaP-Diode, am größten und gleicht dadurch den kleineren Strahlungsfluß dieser Diode aus, so daß grün und rot strahlende Dioden dem Auge etwa gleich hell erscheinen.

Aus Gl. (166.1) und (168.1) ergibt sich mit der Augenempfindlichkeit K_λ die Lichtstärke

$$I_{v\lambda} = K_\lambda\,\Phi_{e\lambda}/\Omega = \Phi_{v\lambda}/\Omega \tag{237.1}$$

als Lichtstrom $\Phi_{v\lambda}$ pro Raumwinkel Ω. Nehmen wir der Einfachheit halber an, daß die gesamte Strahlung der Diode bei der Wellenlänge des Strahlungsmaximums emittiert wird, daß also anstelle der relativ schmalen Emissionsbänder scharfe Spektrallinien emittiert werden, können wir auf die Wellenlängenabhängigkeit von $\Phi_{e\lambda}$ verzichten. Die Lichtstärke der Diode hängt nun noch vom Raumwinkel Ω ab, in den der Strahlungsfluß Φ_e emittiert wird. Bei der Emission in einen kleinen Raumwinkel, z.B. durch Fokussierung mit einer Linse, erscheint die Diode bei frontaler Betrachtung heller als bei gleichmäßiger Emission in den gesamten Halbraum $\Omega = 2\pi$. Bild **237.**1, Kurve *1* zeigt das Richtdiagramm einer grün strahlenden GaP-Diode (CQL 72L Telefunken), die ihre Strahlung in einen Kegel mit dem Öffnungswinkel $2\alpha \approx 40°$ emittiert

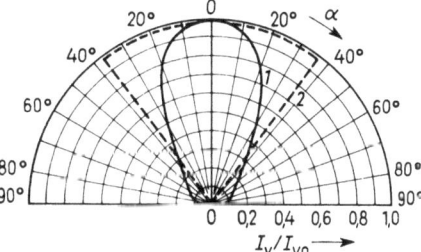

237.1
Richtdiagramm einer grün strahlenden GaP-Diode (CQY 72 L Kurve *1*) und einer idealisierten, gleichmäßig in einen Kegel mit dem halben Öffnungswinkel $\alpha = 37{,}5°$ strahlenden Diode (Kurve *2* gestrichelt)

Führen wir in Gl. (237.1) für den Raumwinkel Ω nach Gl. (163.1) den halben Öffnungswinkel α des Lichtkegels ein, erhalten wir für die Lichtstärke

$$I_{v\lambda} = K_\lambda\,\Phi_e/[2\pi\,(1 - \cos\alpha)] \tag{237.2}$$

und können sie somit aus abgestrahlter Leistung (Strahlungsfluß) Φ_e, Augenempfindlichkeit K_λ und halbem Öffnungswinkel des Lichtkegels α berechnen.

Beispiel 58. Für eine rot und eine grün strahlende GaP-Diode, deren Richtdiagramme idealisiert durch den in Bild **237**.1 gestrichelt gezeichneten Sektor 2 gegeben sind, berechne man die Lichtstärken $I_{v\lambda}$. Der gesamte Strahlungsfluß der rot strahlenden Diode beträgt $\Phi_e = 100$ µW und der der grün strahlenden Diode $\Phi_e = 1,3$ µW.

Mit dem Winkel $\alpha = 37,5°$ und der aus Bild **168**.1 ermittelten Augenempfindlichkeit $K_\lambda = 4$ lm/W bei der Wellenlänge $\lambda = 690$ nm ergibt sich aus Gl. (237.2) für die rot strahlende Diode die Lichtstärke

$$I_{v\lambda} = K_\lambda \Phi_e/[2\pi(1-\cos\alpha)] = 4 \text{ (lm/W)} \, 100 \text{ µW}/[2\pi(1-\cos 37,5°)] = 0{,}31 \text{ mcd}$$

Für die grün leuchtende Diode erhält man aus Bild **168**.1 $K_\lambda = 620$ lm/W bei der Wellenlänge $\lambda = 565$ nm, und mit $\Phi_e = 1{,}3$ µW berechnet sich in gleicher Weise die Lichtstärke $I_{v\lambda} = 0{,}62$ mcd. Dem Auge erscheint also die mit wesentlich geringerer Leistung Φ_e strahlende grüne Diode heller als die rot strahlende, die fast die 100fache Leistung Φ_e abgibt.

3.7.3.3 Weitere Kennwerte. Die Strom-Spannungs-Kennlinien $I_F = f(U_F)$ einer typischen, rot strahlenden, ZnO-dotierten und einer grün strahlenden, Stickstoff-dotierten GaP-Diode sind in Bild **238**.1 aufgetragen. Während GaAs-Dioden (Bild **231**.1) bei dem Durchlaßstrom $I_F = 10$ mA die Durchlaßspannungen $U_F = 1$ V bis 1,1 V aufweisen, haben GaP-Dioden bei dem gleichen Durchlaßstrom wesentlich größere Durchlaßspannungen $U_F = 2{,}1$ V bis 2,6 V. Ursache hierfür ist der größere Bandabstand des GaP. Dabei hat die ZnO-dotierte Diode wegen der energetisch tiefer liegenden isoelektronischen Zentren einen geringeren effektiven Bandabstand als die Stickstoff-dotierte Diode und deshalb eine kleinere Durchlaßspannung U_F. Auch bei diesen Dioden macht sich bei Durchlaßströmen $I_F > 10$ mA der Halbleiter-Bahnwiderstand bemerkbar, und die Kennlinien gehen aus dem exponentiellen in einen linearen Verlauf über.

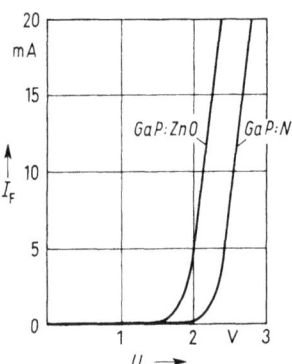

238.1 Durchlaßkennlinien $I_F = f(U_F)$ einer rot strahlenden ZnO- und einer grün strahlenden Stickstoff-(N)-dotierten GaP-Lumineszenz-Diode

Ähnlich wie bei der GaAs-Diode sinkt auch bei der GaP-Diode die Ausgangsleistung Φ_e mit wachsender Umgebungstemperatur T. Typisch für eine rot strahlende GaP-Diode ist der Temperaturkoeffizient $\alpha = (\Delta\Phi_e/\Phi_e)/\Delta T = -0{,}008 \text{ K}^{-1} = -0{,}8\%/\text{K}$ und für eine grün strahlende Diode $\alpha = -0{,}3\%/\text{K}$ im Temperaturbereich $T = 200$ K bis 400 K.

Der maximal zulässige Durchlaßgleichstrom beträgt für eine typische, rot strahlende Diode $I_F = 15$ mA und für typische, grün strahlende Dioden $I_F = 50$ mA. Bei den grün strahlenden Dioden sind größere Ströme im Impulsbetrieb zulässig und auch sinnvoll, denn ihre Ausgangsleistung erreicht erst bei Strömen von einigen Ampere ihre Sättigung. Typisch ist ein Spitzendurchlaßstrom $I_{Fp} = 1$ A bis 2 A für die Dauer $T_p = 1$ µs.

Die maximale Sperrspannung der GaP-Dioden liegt ebenfalls im Bereich $U_R = 3$ V bis 10 V und ist somit sehr niedrig.

Da die Strahlung in den GaP-Dioden von zerfallenden Exitonen herrührt, ist für ihr Schaltverhalten außer der Diffusionskapazität C_D auch die Exitonen-Lebensdauer τ_E wichtig. Wir haben sie für eine rot strahlende Diode in Beispiel 56, S. 236 zu $\tau_E \approx 100$ ns berechnet. Entsprechend groß sind Anstiegszeit t_r und Abfallzeit t_f. Sie werden für eine typische, rot strahlende Diode mit $t_r = t_f = 500$ ns angegeben.

3.7.4 GaAsP-Lumineszenz-Dioden

3.7.4.1 Strahlungserzeugung im Mischkristall aus GaAs und GaP. In einem Mischkristall aus GaAs und GaP werden die As-Atome teilweise durch P-Atome ersetzt. Ist x der Anteil der GaP-Moleküle ($0 \leq x \leq 1$), so ist der Anteil der GaAs-Moleküle $1 - x$. Für eine genauere Angabe der Zusammensetzung des Kristalls wird das Mischungsverhältnis x in der chemischen Formel durch die Indizierung GaAs$_{1-x}$P$_x$ angegeben, z. B. bei $x = 0,4$ ist $1 - x = 0,6$, und die Formel lautet GaAs$_{0,6}$P$_{0,4}$. Ist der GaP-Anteil $x = 0$, erhält man den reinen GaAs-Kristall und bei $x = 1$ den reinen GaP-Kristall.

Bei einem solchen Mischkristall treten zwei verschiedene Leitungsbänder auf. Diese als X- und Γ-Band bezeichneten Leitungsbänder sind in dem in der Energie-Impulsdarstellung in Bild 239.1 aufgetragenen Bändermodell eingezeichnet. Während das Γ-Band durch die GaAs-Struktur verursacht wird und bei fehlendem Phosphidanteil ($x = 0$) durch **direkte** Band-Band-Übergänge die typische, im infraroten liegende Strahlung des GaAs auftritt (s. Abschn. 3.7.2.2), wird das X-Band durch den GaP-Anteil erzeugt. Das Minimum des X-Bandes liegt wie auch beim reinen GaP-Kristall nicht direkt über dem Maximum des Valenzbandes V, so daß Strahlung nur durch **indirekte** Übergänge (s. Abschn. 3.7.3.1) erzeugt werden kann. Je nach GaP-Anteil x ist der Mischkristall GaAsP ein **direkter** oder **indirekter** Halbleiter.

In Bild 239.2 sind die Bandabstände ΔW_Γ und ΔW_X des Γ- und des X-Bandes in Abhängigkeit vom GaP-Anteil x aufgetragen. Bei der kritischen Konzentration $x_c = 0,45$ ergibt sich $\Delta W_\Gamma = \Delta W_X$, da der Abstand ΔW_Γ schneller mit dem GaP-Anteil x wächst als der Abstand ΔW_X des X-Bandes. Ist $x < x_c$, ist wegen $\Delta W_\Gamma < \Delta W_X$ der Mischkristall ein direkter Halbleiter; für $x > x_c$ ist $\Delta W_\Gamma > \Delta W_X$, und im Kristall überwiegt die Strahlung, die durch indirekte Übergänge aus dem X-Band erzeugt wird.

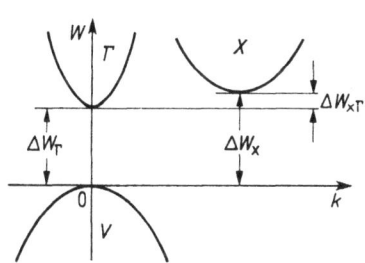

239.1 Impuls-Energie-Bändermodell des GaAsP-Halbleiter-Mischkristalls

Γ Leitungsband durch GaAs-Struktur erzeugt, X Leitungsband durch GaP-Struktur erzeugt, V Valenzband, ΔW_Γ Abstand des Γ-Bandes und ΔW_X Abstand des X-Bandes vom Valenzband V, $\Delta W_{X\Gamma}$ Abstand der Leitungsbänder

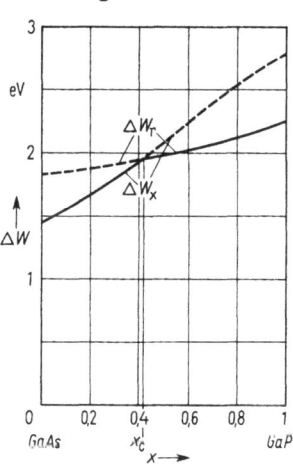

239.2 Bandabstände ΔW_Γ und ΔW_X (----) sowie resultierender minimaler Bandabstand (———) eines GaAsP-Mischkristalls in Abhängigkeit vom Mischungsverhältnis x [26]

x_c kritisches Mischungsverhältnis von GaAs und GaP für gleichen Bandabstand $\Delta W_\Gamma = \Delta W_X$

Rot strahlende GaAsP-Diode. Dicht unter dem kritischen GaP-Anteil x_c bei $x = 0{,}4$ erhält man im Mischkristall die größte Strahlungsausbeute. Die Strahlung wird dann sowohl von direkten auch als von indirekten Übergängen erzeugt. Da unter diesen Verhältnissen der Bandabstand $\Delta W_\Gamma \approx \Delta W_X \approx 1{,}9$ eV ist, ist nach Gl. (170.3) die Wellenlänge der Strahlung $\lambda \approx 650$ nm. Bild **240.**1 zeigt das Strahlungsspektrum einer rot strahlenden GaAsP-Diode. Durch die Beteiligung von Gitterschwingungen (Phononen) wird keine scharfe Spektrallinie emittiert, sondern ein spektral verbreiterter Impuls, dessen Halbwertsbreite etwa 20 nm bis 40 nm beträgt.

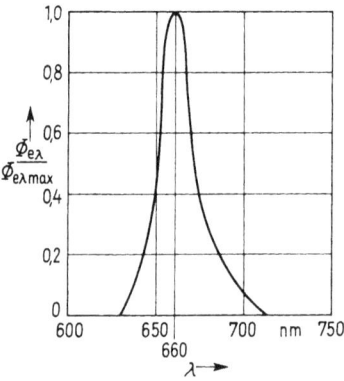
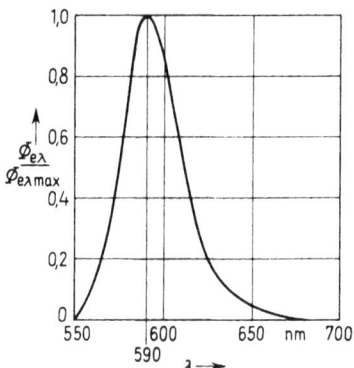

240.1 Relatives Emissionsspektrum einer rot strahlenden GaAsP-Lumineszenz-Diode

240.2 Relatives Emissionsspektrum einer gelb strahlenden GaAsP-Lumineszenz-Diode

Gelb strahlende GaAsP-Diode. Steigert man den GaP-Anteil im Mischkristall auf etwa $x = 0{,}85$, entsteht ein indirekter Halbleiter mit dem Bandabstand $\Delta W_X \approx 2{,}15$ eV. Um in diesem Halbleiter eine hinreichend große Ausbeute zu erzielen, müssen wie bei der aus reinem GaP bestehenden Diode Stickstoff-Störstellen eingebaut werden (s. Abschn. 3.7.3.1). Dem Bandabstand von $\Delta W_X = 2{,}15$ eV entspricht die Wellenlänge $\lambda = 577$ nm. Da jedoch die durch die isoelektronischen Zentren erzeugten Exitonen einen kleineren Energieabstand zum Valenzband haben (s. a. Bild **234.**1b), hat die emittierte Strahlung eine etwas größere Wellenlänge, und das Strahlungsmaximum liegt bei der Wellenlänge $\lambda \approx 590$ nm. Das Spektrum einer solchen gelb strahlenden GaAsP-Diode (CQL 74L von Telefunken) ist in Bild **240.**2 dargestellt. Die Halbwertsbreite des Spektralimpulses beträgt 40 nm.

3.7.4.2 Herstellung und Aufbau. Für die Herstellung von GaAsP-Dioden geht man von einem mit Tellur schwach N-dotierten GaAs-Substrat aus. Auf dieses läßt man mit der Gasphasenepitaxie eine mit Tellur dotierte epitaxiale GaAs-Schicht aufwachsen, in der mit zunehmender Dicke der Arsenanteil reduziert und der Phosphoranteil vergrößert wird. Hierdurch entsteht eine epitaxiale Übergangsschicht, in der, ausgehend vom N-dotierten GaAs-Substrat, schließlich die gewünschte Mischkristall-Zusammensetzung (z. B. $GaAs_{0,6}P_{0,4}$ für rot leuchtende Dioden) nach einer Dicke von etwa 20 μm bis 50 μm entsteht. Darauf folgt eine etwa gleich dicke Schicht konstanter GaAsP-Zusammensetzung. Es muß eine Übergangsschicht zwischengeschaltet werden, um die unterschiedlichen Atomabstände des GaAs- und des GaP-Gitters kontinuierlich anzugleichen. In dieser wegen der Tellur-Dotierung N-leitenden epitaxialen GaAsP-Schicht

3.7.4 GaAsP-Lumineszenz-Dioden

wird mit der photolithographischen Maskentechnik durch Zink-Diffusion (s. a. Abschn. 3.7.3.1) eine P-dotierte Insel erzeugt. Das am PN-Übergang entstehende Licht tritt dann durch die sehr dünne P-Schicht aus. Der Aufbau entspricht Bild 228.1a. Zusätzlich ist jedoch zwischen die beiden N-dotierten Schichten N_1 (Substrat) und N_2 (epitaxiale Schicht) die Übergangsschicht mit von N_1 zu N_2 hin steigendem Phosphoranteil eingefügt.

3.7.4.3 Abgestrahlte Leistung, Quantenausbeute und Lichtstärke. In Bild 241.1a, b ist die abgestrahlte Leistung, also der Strahlungsfluß Φ_e, einer rot strahlenden GaAsP-Diode in Abhängigkeit vom Durchlaßstrom I_F aufgetragen. Der maximal zulässige Durchlaßstrom dieser Diode (MV 54 Monsanto) beträgt $I_F = 40$ mA, und bis zu diesem Wert hängt nach Bild 241.1a der Strahlungsfluß exakt linear vom Durchlaßstrom I_F ab. Im Impulsbetrieb können Durchlaßströme bis zu 1 A an die Diode geschaltet werden. Bild 241.1b zeigt, daß bei impulsförmigen Durchlaßströmen $I_F > 0{,}4$ A der Strahlungsstrom nicht mehr linear wächst. Auch hier zeigt sich ähnlich wie bei der GaP-Diode (Bild 235.2) eine Sättigung der Ausgangsleistung.

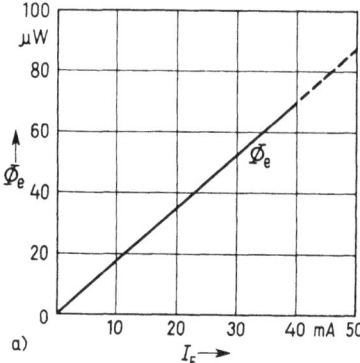
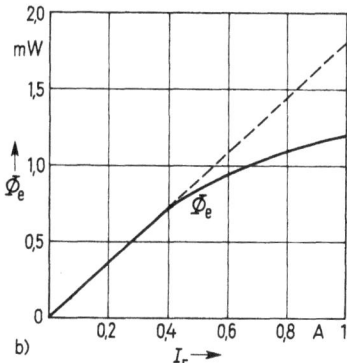

241.1 Abgestrahlte Leistung Φ_e in Abhängigkeit vom Durchlaßstrom I_F für eine rot strahlende GaAsP-Lumineszenz-Diode (MV 54 Monsanto)
a) bei kleinen Durchlaßströmen I_F (Gleichstrombetrieb)
b) bei großen Durchlaßströmen I_F (Impulsbetrieb)

Quantenausbeute. Die Quantenausbeute von GaAsP-Dioden ist geringer als die von GaP-Dioden. In Beispiel 57, S. 236 wird für eine rot strahlende GaP-Diode die Quantenausbeute $\eta_{ph} = 1{,}1\%$ berechnet. Die Quantenausbeute rot strahlender GaAsP-Dioden liegt bei $\eta_{ph} \approx 0{,}1\%$ und ist somit merklich kleiner als die der GaP-Diode.

Beispiel 59. Die GaAsP-Diode MV 54 strahlt bei der Wellenlänge $\lambda = 650$ nm und hat nach Bild 241.1a bei dem Durchlaßstrom $I_F = 20$ mA die Ausgangsleistung $\Phi_e = 35$ µW. Man berechne ihre Quantenausbeute.

Mit der vereinfachenden Annahme, daß die gesamte Strahlung bei der Maximumswellenlänge $\lambda = 650$ nm emittiert wird, erhalten wir aus Gl. (230.4) die Quantenausbeute

$$\eta_{ph} = \frac{e\,\lambda}{h\,c} \cdot \frac{\Phi_e}{I_F} = \frac{1{,}6 \cdot 10^{-19}\,\text{As} \cdot 650\,\text{nm} \cdot 35\,\mu\text{W}}{6{,}625 \cdot 10^{-34}\,\text{Ws}^2 \cdot 3 \cdot 10^8\,(\text{m/s}) \cdot 20\,\text{mA}} = 0{,}92 \cdot 10^{-3} = 0{,}092\%$$

242 3.7 Lumineszenz-Dioden als Strahlungssender

Es erzeugt also nur etwa jedes tausendste, der Diode über den Durchlaßstrom zugeführte Elektron ein die Diode verlassendes Photon. Die Energie der restlichen Elektronen wird über Gitterschwingungen in Wärme umgesetzt. Die Quantenausbeute gelb strahlender GaAsP-Dioden ist etwa ebenso groß wie die der rot strahlenden.

Lichtstärke. Die Lichtstärke $I_{v\lambda}$ ergibt sich wieder wie in Abschn. 3.7.3.2 nach Gl. (237.1) aus Augenempfindlichkeit K_λ, abgestrahlter Leistung $\Phi_{e\lambda}$ und Raumwinkel Ω, in den gestrahlt wird. Durch die größere Augenempfindlichkeit $K_\lambda = 60$ lm/W bei der Wellenlänge $\lambda = 650$ nm der rot strahlenden GaAsP-Diode gegenüber $K_\lambda = 4$ lm/W bei der Wellenlänge $\lambda = 690$ nm der rot strahlenden GaP-Diode wird die geringere Quantenausbeute der GaAsP-Diode wieder ausgeglichen, so daß beide Diodentypen für das menschliche Auge etwa gleich hell strahlen.

Beispiel 60. Die rot strahlende GaAsP-Diode MV 54 strahle bei dem Durchlaßstrom $I_F = 20$ mA in einen Raumkegel mit dem halben Öffnungswinkel $\alpha = 37{,}5°$ (s. a. Bild 237.1) gleichmäßig die Leistung $\Phi_e = 35$ μW. Man berechne ihre Lichtstärke $I_{v\lambda}$.

Mit der Wellenlänge $\lambda = 650$ nm und der Augenempfindlichkeit $K_\lambda = 60$ lm/W ergibt sich aus Gl. (237.2) die Lichtstärke

$$I_{v\lambda} = \frac{K_\lambda \Phi_e}{2\pi(1-\cos\alpha)} = \frac{60\,(\text{lm/W})\,35\,\mu\text{W}}{2\pi(1-\cos 37{,}5°)} = 1{,}62\text{ mcd}$$

Dieser Wert ist größer als der in Beispiel 58, S. 238 für eine rot strahlende GaP-Diode berechnete (0,31 mcd).

Gelb strahlende GaAsP-Dioden weisen noch größere Lichtstärken auf. Z. B. wird für die Diode CQY 74 L von Telefunken die Lichtstärke $I_{v\lambda} = 3$ mcd angegeben. Ursache hierfür ist hauptsächlich die große Augenempfindlichkeit $K_\lambda = 400$ lm/W bei der Wellenlänge $\lambda = 590$ nm der gelb strahlenden Diode.

Beispiel 61. Die gelb strahlende Diode CQY 74 L hat beim Durchlaßstrom $I_F = 20$ mA die Lichtstärke $I_{v\lambda} = 3$ mcd und strahlt gleichmäßig in einen Raumkegel mit dem halben Öffnungswinkel $\alpha = 55°$ Licht der Wellenlänge $\lambda = 590$ nm. Man berechne die von ihr abgestrahlte Leistung Φ_e.

Durch Umstellen von Gl. (237.2) erhalten wir mit $K_\lambda = 400$ lm/W die Strahlungsleistung

$$\Phi_e = 2\pi(1-\cos\alpha)\,I_{v\lambda}/K_\lambda = 2\pi(1-\cos 55°)\,3\text{ mcd}/(400\text{ lm/W}) = 20{,}1\,\mu\text{W}$$

Die gelb strahlende Diode erzielt also mit einer geringeren Strahlungsleistung Φ_e eine größere Lichtstärke $I_{v\lambda}$ als die rot strahlende Diode.

3.7.4.4 Weitere Kennwerte. Die Strom-Spannungs-Kennlinien einer rot und einer gelb strahlenden GaAsP-Diode sind im halblogarithmischen Maßstab in Bild 243.1 aufgetragen. Während die rot strahlende Diode bei dem Durchlaßstrom $I_F = 20$ mA die Durchlaßspannung $U_F = 1{,}6$ V aufweist, ist beim gleichen Strom die Durchlaßspannung $U_F = 2{,}7$ V der gelb strahlenden Diode wesentlich höher. Ursache hierfür ist der größere Bandabstand ΔW_X der gelb strahlenden Diode. Die Abweichungen vom linearen Anstieg (exponentieller Anstieg bei linearer Auftragung!) sind auf den bei größeren Strömen wirksam werdenden Spannungsabfall an den Bahnwiderständen zu erklären.

Auch bei der GaAsP-Diode fällt die Ausgangsleistung mit wachsender Temperatur. Ihr Temperaturkoeffizient α hat etwa den gleichen Wert wie bei der GaP-Diode (s. Abschn. 3.7.3.3). In ihren Grenzwerten stimmt die GaAsP-Diode ebenfalls weitgehend mit den in Abschn. 3.7.3.3 für die GaP-Diode angegebenen Werten überein.

Anstiegszeit t_r und Abfallzeit t_f der Lichtimpulse, die durch rechteckförmige Stromimpulse erzeugt werden, können bei GaAsP-Dioden bis auf 1 ns verringert werden. Solche Dioden eignen sich deshalb sehr gut als Testimpulsgeneratoren für die Untersuchung optoelektronischer Anlagen.

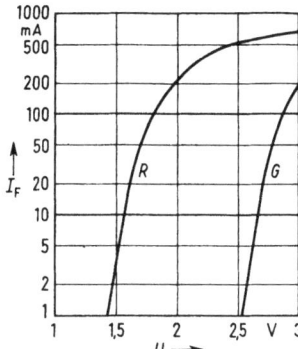

243.1 Durchlaßkennlinien $I_F = f(U_F)$ einer rot (R) und einer gelb (G) strahlenden GaAsP-Lumineszenz-Diode

3.7.5 Lumineszenz-Dioden als Anzeigeelemente

In den meisten elektronischen Geräten haben heute die Lumineszenz-Dioden die früher verwendeten Glimm- oder Glühlampen als Signal- und Anzeigelampen verdrängt. Geringerer Spannungs- und Leistungsverbrauch, höhere Lebensdauer und größere Lichtausbeute sind neben der direkten Ansteuerbarkeit durch integrierte Bausteine der meisten Logik-Familien (TTL, DTL oder MOS) der Grund für ihre zunehmende Verbreitung. Ihre größte Bedeutung haben sie jedoch in der digitalen Elektronik bei der numerischen Anzeige von Meßwerten oder Rechenergebnissen (z. B. in Taschenrechnern) oder bei der alphanumerischen Darstellung von Ziffern, Buchstaben und Sonderzeichen erlangt.

3.7.5.1 Sieben-Segment-Anzeige. Die einfachste Möglichkeit, die Ziffern 0 bis 9 darzustellen, ist die Verwendung eines aus 7 Balken bestehenden Musters. Diese werden wie in Bild **243.2a** in Form einer 8 angeordnet. Durch die geeignete Auswahl der Balken a bis g lassen sich wie in Bild **243.2b** die Ziffern 0 bis 9 und wie in Bild **243.2c** auch noch einige Buchstaben darstellen.

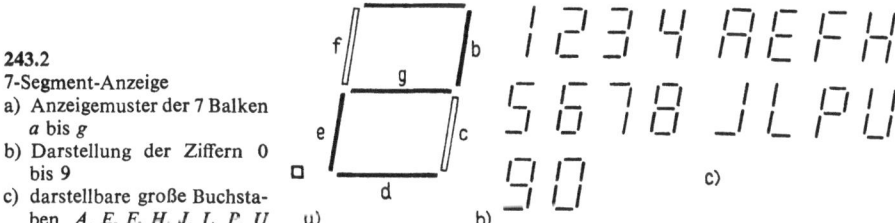

243.2
7-Segment-Anzeige
a) Anzeigemuster der 7 Balken a bis g
b) Darstellung der Ziffern 0 bis 9
c) darstellbare große Buchstaben A, E, F, H, J, L, P, U

Die einzelnen Balken werden entweder durch eine Reihe (3 bis 4) parallel geschalteter Einzeldioden oder durch eine einzige Diode mit einem darüber angeordneten balkenförmigen Reflektor erzeugt. Das erste Verfahren wird bei kleineren Ziffernformaten und das zweite bei größeren Anzeigen verwendet. Zusätzlich zu dem Balkenmuster ist bei diesen Anzeigen (display) meist noch wie in Bild **243.2a** eine Diode als Dezimalpunkt angebracht. Die Dioden sind auf einem mit den notwendigen Kontaktbahnen versehenen Keramikplättchen auf diesen Kontaktbahnen mit ihren Kathoden verbunden (bonded).

3.7 Lumineszenz-Dioden als Strahlungssender

Die Anoden aller Dioden werden durch einen gemeinsamen Draht oder durch eine entsprechend metallisierte Maske miteinander verbunden. Vor ihnen wird dann ein Glas angeordnet, das nur die von den Dioden emittierte Strahlung (rot bei GaAsP oder grün bei GaP) durchläßt. Hierdurch sind die Kontaktbahnen und Anschlüsse nicht mehr erkennbar.

In der Digitaltechnik werden die dezimalen Ziffern *0* bis *9* dual codiert meist im 8421-Code dargestellt. Hierfür sind 4 Eingangsleitungen E_0, E_1, E_2, E_3 erforderlich, die entweder Spannung führen (high-Signal, logische *1*) oder auf fast 0 V liegen (low-Signal, logische *0*) (s. a. Band X). Den Leitungen ordnet man die mit den Zweierpotenzen aufsteigende Wertigkeit $E_0: 2^0 = 1$, $E_1: 2^1 = 2$, $E_2: 2^2 = 4$, $E_3: 2^3 = 8$ zu. Eine Ziffer, z.B. die *9*, wird dann gemäß diesen Wertigkeiten aus $1 \cdot 8 + 0 \cdot 4 + 0 \cdot 2 + 1 \cdot 1$ zusammengesetzt, also durch $E_3 = 1, E_2 = 0, E_1 = 0$ und $E_0 = 1$ dargestellt. Auf den 4 Eingangsleitungen lassen sich jedoch insgesamt $2^4 = 16$ verschiedene Belegungen bilden, von denen für die Darstellung der Ziffern *0* bis *9* nur 10 benötigt werden. Dieser BCD-Code (binär codierte Dezimalzahlen) enthält also überflüssige (redundante) Informationen. Die 6 überzähligen Kombinationen können jedoch bei der Sieben-Segment-Anzeige zur Darstellung von 6 verschiedenen Buchstaben verwendet werden.

Für die Ansteuerung der Anzeige muß der BCD-8421-Code in den Sieben-Segment-Code umgesetzt werden, d. h., es muß eine Schaltung entworfen werden, in die die 4 Leitungen E_0 bis E_3 hineinführen und die am Ausgang mit 7 Leitungen die Anzeigebalken ansteuert. Legen wir fest, daß ein Balken leuchtet, wenn seine Steuerleitung Spannung, also *1*-Signal führt, so kann man die Zuordnung von Eingangs- und Ausgangssignalen in einer Wertetafel, auch Wahrheitstafel genannt, vornehmen. Dies zeigt Tafel 244.1. Die linke Spalte enthält die dargestellten Zeichen, die mittleren 4 Spalten die die betreffenden Zeichen darstellenden Zustandskombinationen, während in den rechten 7 Spalten die für die Ansteuerung der 7 Segmente *a* bis *g* erforderlichen Kombinationen stehen; z. B. müssen für die Anzeige der *0* die Segmente *a* bis *f* *1*-Signal und das Segment *g* *0*-Signal führen.

Tafel 244.1 Wertetafel für die Umsetzung aus dem BCD-8421-Code in den 7-Segment-Code

dargestellte Zeichen	8 4 2 1 Code $E_3 E_2 E_1 E_0$	angesteuerte Segmente a b c d e f g
0	0 0 0 0	1 1 1 1 1 1 0
1	0 0 0 1	0 1 1 0 0 0 0
2	0 0 1 0	1 1 0 1 1 0 1
3	0 0 1 1	1 1 1 1 0 0 1
4	0 1 0 0	1 1 1 0 0 1 1
5	0 1 0 1	1 0 1 1 0 1 1
6	0 1 1 0	1 0 1 1 1 1 1
7	0 1 1 1	1 1 1 0 0 0 0
8	1 0 0 0	1 1 1 1 1 1 1
9	1 0 0 1	1 1 1 1 0 1 1
A	1 0 1 0	1 1 1 0 1 1 1
E	1 0 1 1	1 0 0 1 1 1 1
F	1 1 0 0	1 0 0 0 1 1 1
H	1 1 0 1	0 1 1 0 1 1 1
L	1 1 1 0	0 0 0 1 1 1 0
P	1 1 1 1	1 1 0 0 1 1 1

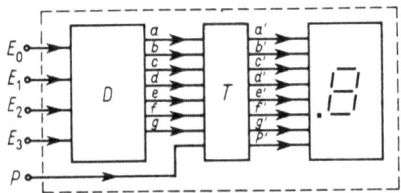

244.2 Blockschaltung der 7-Segment-Anzeige *D* Umkodierer aus dem BCD-8421-Code in den 7-Segment-Code, *T* Transistortreiber für die Anzeigesegmente, ⌐⌐ Anzeigeeinheit

3.7.5 Luminiszenz-Dioden als Anzeigeelemente 245

Aus dieser Wertetafel läßt sich nun mit der Schaltungssynthese der Digitaltechnik (s. Band X) das logische Schaltnetz entwerfen. 7-Segment-Anzeigen werden heute schon mit eingebautem Dekoder geliefert. Für eine solche Anzeigeeinheit läßt sich dann die in Bild **244**.2 gezeigte Blockschaltung angeben. Der Dekoder D setzt den 8421-Code in den Sieben-Segment-Code um und steuert mit seinen Ausgängen a bis g die 7 Treibertransistoren T, die wiederum mit ihren Ausgängen a' bis g' die 7 Diodensegmente ansteuern. Mit der Leitung P ist über einen Treiber der Dezimalpunkt ein- und ausschaltbar.

3.7.5.2 Anzeige mit 7·5-Dioden-Matrix. Mit 7-Segment-Anzeigen lassen sich leider nicht alle alphanumerischen Zeichen darstellen. Die Darstellung aller Ziffern, Buchstaben und Sonderzeichen ist wesentlich aufwendiger und am günstigsten mit einer Matrix aus 7·5-Lumineszenz-Dioden durchführbar. Bild **245**.1a zeigt die Struktur der Matrix (angesteuert eine 2) und Bild **245**.1b, c die Form der Ziffern 0 bis 9, einige Buchstaben und Sonderzeichen. Wegen der größeren Informationsdichte zeigen die Symbole ein für das Ablesen günstigeres Aussehen.

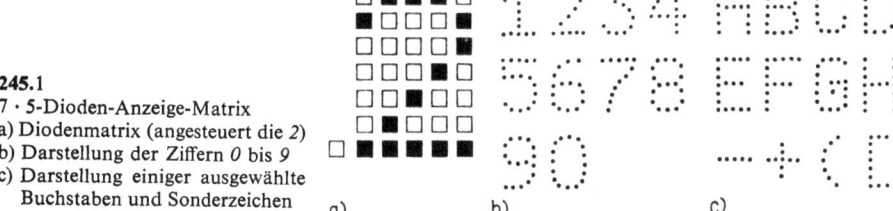

245.1
7·5-Dioden-Anzeige-Matrix
a) Diodenmatrix (angesteuert die 2)
b) Darstellung der Ziffern 0 bis 9
c) Darstellung einiger ausgewählte Buchstaben und Sonderzeichen

Insgesamt genügt die Darstellung von $n = 2^6 = 64$ alphanumerischen Zeichen. Um 64 verschiedene duale Kombinationen zu erzeugen, sind 6 Eingangsleitungen für die Ansteuerung eines Decoders erforderlich. Der Ausgang dieses Decoders müßte dann 35 Leitungen haben, um die 35 Dioden der Matrix anzusteuern, wenn ein Aufbau nach Bild **244**.2 durchgeführt würde. Hinzu kämen noch 35 Treiber für die Dioden.

Um den Schaltungsaufwand in Grenzen zu halten, werden diese Anzeigeeinheiten meist von einem Zeichengenerator (character generator) angesteuert [30]. Die Prinzipschaltung ist in Bild **246**.1 wiedergegeben. Für die Speicherung von 64 Symbolen zu je $5 \cdot 7 = 35$ Elementen (bit) werden insgesamt $64 \cdot 35 = 2240$ Speicherzellen benötigt. In jeder dieser Zellen kann entweder eine logische 1 (high-Signal) oder eine logische 0 (low-Signal) gespeichert werden. Diese Informationsmenge von 2240 bit wird in einem MOS-FET-Halbleiterspeicher hinterlegt, der als Nur-Lesespeicher (**Read Only Memory** ROM) von den Halbleiterherstellern fertig geliefert wird. Als Speicherzellen dienen MOS-FETs.

Für die Speicherung können verschiedene Organisationsformen benutzt werden; in dem dreidimensional gezeichneten Speicherblock ROM von Bild **246**.1 liegen 64 z-Ebenen übereinander, die von den 6 Eingangsleitungen über den Dekoder D durch die 64 Ausgangsleitungen angesteuert werden. In jeder Ebene ist die Informationsmenge (35 bit) eines Zeichens hinterlegt, so in Bild **246**.1 in der Ebene z_1 die für die Darstellung der 2 erforderliche Information. Wird nun z.B. die Ebene z_1 und gleichzeitig die Spalte s_1 angesteuert, liefern die Ausgänge A_1 bis A_7 die Signalzustände 0100001, die in der linken Reihe der Ebene z_1 gespeichert sind. Werden diese Signalzustände über die Zeilentreiber T_R den Zeilen R_1 bis R_7 der Dioden-Matrix DM zugeführt und wird gleichzeitig mit der

3.7 Lumineszenz-Dioden als Strahlungssender

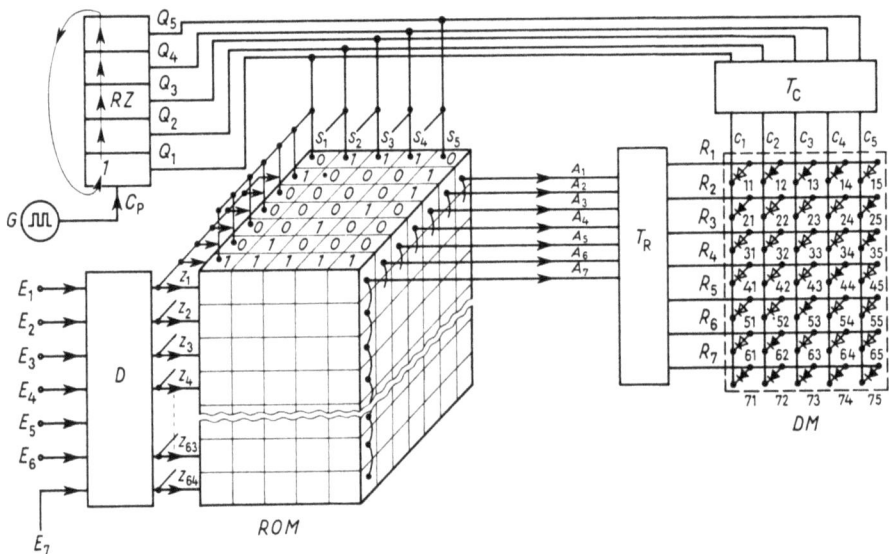

246.1 Blockschaltung für die Ansteuerung einer 7 · 5-Dioden-Anzeigeeinheit
DM Dioden-Matrix, *ROM* Read Only Memory, *D* Zeichen-Adressdekoder, *RZ* Ringzähler, *G* Taktimpulsgenerator, T_R Zeilentreiber, T_C Spaltentreiber, C_p Taktimpulsleitung; gespeichert in Ebene z_1 das Zeichen 2; ausgefüllte Dioden leuchten.

Ansteuerung der ersten Spalte s_1 im *ROM* auch die erste Spalte c_1 der Dioden-Matrix über den Spaltentreiber T_C auf low-Signal (logische *0*) geschaltet, leuchten die Dioden 21 und 71 auf, denn von den 7 Zeilen führen nur Zeile 2 und 7 high-Signal (logische *1*). In den folgenden Schritten werden zeitlich nacheinander die Spalten s_2 bis s_5 im *ROM* und c_2 bis c_5 in der Dioden-Matrix *DM* angesteuert.

Das spaltenweise Abtasten im *ROM* und Ansteuern der Dioden-Matrix *DM* wird von einem **Ringzähler** *RZ* durchgeführt, der vom Impulsgenerator *G* Taktimpulse C_p erhält. Der Ringzähler ist ein rückgekoppeltes **Schieberegister**, das aus 5 Flipflops besteht. Wird der Ausgang Q_1 des ersten Flipflops auf $Q_1 = 1$ gesetzt, so wandert diese *1* bei jedem Taktimpuls einen Schritt weiter und nacheinander werden die Ausgänge Q_2 bis Q_5 auf *1* gesetzt. Der Ausgang Q_5 ist wieder mit dem Eingang des ersten Flipflops verbunden, so daß diese *1* erneut durch den Zähler läuft (umlaufendes bit). Die Zählerausgänge Q_1 bis Q_5 steuern nun die Spalteneingänge s_1 bis s_5 des *ROM* und über die Spaltentreiber T_C die Spalten c_1 bis c_5 der Dioden-Matrix *DM* an.

Die Taktfrequenz des Generators *Q* kann bis zu $f_{cp} = 1$ MHz gesteigert werden, so daß für einen Zeichendurchlauf nur $T = 5$ µs benötigt werden. Wegen dieser hohen Abtastfrequenz f_{cp} kann das Auge das serielle Arbeiten dieser Schaltung nicht auflösen, und das dargestellte Zeichen erscheint gleichmäßig hell. Je nach gewünschtem Zeichen muß nun an den 6 Zeichenauswahleingängen E_1 bis E_6 die erforderliche Wertekombination aus *0* und *1* angelegt werden. Der Decoder *D* steuert dann die gewünschte Ebene z_i an. Der Zusammenhang zwischen den Belegungen der Eingangsleitungen E_1 bis E_6 und den zugehörigen, im *ROM* gespeicherten Zeichen wird in den Datenbüchern der Hersteller [30] angegeben. Der Eingang E_7 ist ein Freigabeeingang (enable), der die Ausgänge A_1 bis A_7 sperrt, wenn $E_7 = 0$ ist.

3.8 Optoelektronische Koppler

Ein wichtiges Anwendungsgebiet von Lumineszenz-Dioden in Verbindung mit photoelektrischen Empfängern, wie Photodioden oder Phototransistoren, sind die **optoelektronischen Koppler (Optokoppler)**. In ihnen erzeugt ein in die Lumineszenz-Diode fließender Eingangsstrom I_F einen Strahlungsfluß Φ_e, der von dem auf der Ausgangsseite liegenden photoelektrischen Empfänger aufgefangen und in einen Ausgangsstrom umgesetzt wird. Als Lumineszenz-Dioden werden für diesen Zweck fast ausschließlich mit Zn dotierte GaAs-Dioden verwendet, deren Strahlungsmaximum nach Bild **229.2** bei der Wellenlänge $\lambda = 0{,}9$ μm liegt und sich so mit dem ebenfalls in etwa bei dieser Wellenlänge liegenden Empfindlichkeitsmaximum von Silizium-Photoempfängern deckt (Bild **171.3**). Man erhält somit eine sehr günstige spektrale Anpassung von Sender und Empfänger.

3.8.1 Optokoppler aus Lumineszenz- und Photodiode

Die einfachste optoelektronische Kopplungsanordnung besteht aus einer GaAs-Lumineszenz-Diode und einer Silizium-Photodiode, meist einer Photo-PIN-Diode. In Bild **247.1** erzeugt der durch den Dioden-Durchlaßstrom I_F emittierte Strahlungsfluß Φ_e in der Photodiode den Photostrom I_{ph}. Der Stromkreis der Lumineszenz-Diode und der Photodiode sind galvanisch vollkommen getrennt, und nur der Strahlungsfluß Φ_e koppelt den Ausgangsstrom I_{ph} mit dem Eingangsstrom I_F. Um eine möglichst optimale Kopplung zu erhalten, sollte der **Kopplungsfaktor**

$$k = I_{ph}/I_F \tag{247.1}$$

auch **Stromübertragungsverhältnis (current transfer ratio CTR)** genannt, möglichst groß sein. Man erreicht dies, indem einerseits innerhalb eines Gehäuses eng geometrisch gekoppelt wird und andererseits Lumineszenz-Dioden mit großer Quantenausbeute und Photodioden großer Empfindlichkeit verwendet werden.

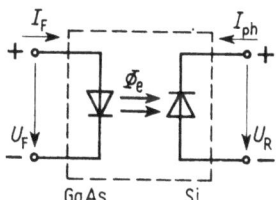

247.1 Optokoppler aus GaAs-Lumineszenz-Diode und Si-Photodiode

Eine zu enge geometrische Kopplung hat jedoch wiederum den Nachteil geringerer Spannungsfestigkeit der Isolation des Ausgangskreises gegenüber dem Eingangskreis. Ferner vergrößert sich hierdurch die Kapazität zwischen Lumineszenz- und Photodiode.

Kennwerte. Der **Kopplungsfaktor** von Optokopplern mit Photodioden ist relativ klein und liegt zwischen $k = 0{,}001$ und $0{,}01$. Mit einem Eingangsstrom $I_F = 10$ mA erreicht man also Ausgangs-Photoströme $I_{ph} = 10$ μA bis $0{,}1$ mA.

Die **Spannungsfestigkeit der Isolation** zwischen Eingang und Ausgang beträgt meist 500 V bis 1000 V. Dabei ergeben sich **Kopplungskapazitäten** zwischen Eingang und Ausgang von etwa 1 pF bis 5 pF. Die Kennwerte für den Eingangskreis entsprechen den typischen, in Abschn. 3.7.2 für GaAs-Dioden angegebenen Werten und für den Ausgangskreis den in Abschn. 3.3.3 und 3.3.4 für Photodioden mitgeteilten Werten.

Optokoppler mit Photodiode haben den Vorteil, daß sie bis zu hohen Frequenzen hin verwendet werden können. Photodioden und insbesondere Photo-PIN-Dioden haben Grenzfrequenzen von einigen 10 MHz (s. Tafel **192.**1) und Anstiegs- bzw. Abfallzeiten von etwa 10 ns. Sie sind hiermit in ihrem Ansprechverhalten schneller als die auf der Eingangsseite verwendeten GaAs-Lumineszenz-Dioden, deren Lichtimpulse Anstiegs- und Abfallzeiten von etwa 100 ns aufweisen. Das Schaltverhalten dieser Optokoppler wird also von der langsameren Lumineszenz-Diode bestimmt. Meist werden Grenzfrequenzen von einigen MHz angegeben. Ein weiterer Vorteil des Optokopplers mit Photodiode ist der sehr geringe Dunkel-Reststrom der Photodiode, so daß ohne Eingangsansteuerung im Ausgangskreis ein vernachlässigbar kleiner Strom von etwa 1 nA bis 10 nA fließt.

3.8.2 Optokoppler aus Lumineszenz-Diode und Phototransistor

Die meisten Optokoppler bestehen aus Lumineszenz-Diode und Phototransistor. Bild **248.**1a zeigt den technologischen Aufbau und Bild **248.**1b das Schaltzeichen eines Optokopplers. Um das Koppelelement möglichst vielseitig einsetzen zu können, ist häufig auch der Basisanschluß des Phototransistors mit herausgeführt. Eingebaut wird die Dioden-Transistor-Kombination meist in Dual-in-Line-Gehäuse (DIL) wie sie auch für integrierte Schaltkreise der digitalen und analogen Elektronik verwendet werden (Bild **248.**1c).

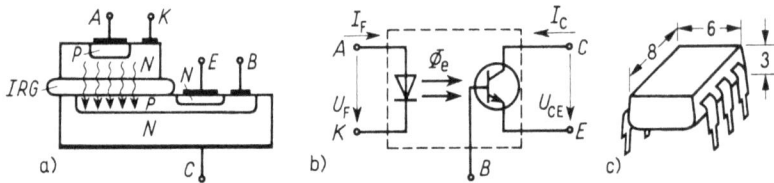

248.1 Optokoppler aus GaAs-Lumineszenz-Diode und Si-NPN-Phototransistor
   a) Querschnitt durch den Aufbau
   b) Schaltzeichnung
   c) Dual-in-Line-Gehäuseform (Maße in mm)
   A Anode und K Kathode der Lumineszenz-Diode; E Emitter, B Basis und C Kollektor des Phototransistors; N N-dotierte und P P-dotierte Bereiche, IRG Isolation aus infrarot durchlässigem Glas

Wegen der großen Stromverstärkung $B > 100$ des Phototransistors ist der **Kopplungsfaktor**

$$k = I_C/I_F \qquad (248.1)$$

also das Verhältnis von Kollektor-Ausgangsstrom I_C zu Dioden-Eingangsstrom I_F etwa 100mal so groß wie bei Optokopplern mit Photodiode.

3.8.2.1 Kennwerte. Die typischen Kennwerte von Lumineszenz-Diode und Phototransistor sind in Abschn. 3.7.2 und 3.4 zu finden. Ein typischer Lumineszenz-Diode-Phototransistor-Optokoppler (MCT 2 Monsanto) hat als weitere Kennwerte den Kopplungsfaktor $k = 0{,}35$, die minimale Durchbruchspannung der Isolation zwischen Diode und Transistor $U_{(BR)min} = 1500$ V, zwischen Diode und Transistor den Isolationswiderstand $R > 100$ GΩ und die Kapazität $C = 1{,}3$ pF, die Grenzfrequenz $f_g = 300$ kHz und die Anstiegs- und Abfallzeit $t_r = t_f = 2$ μs.

Diese Kennwerte zeigen, daß ein mit einem Phototransistor aufgebauter Optokoppler ein schlechteres Frequenz- und Schaltverhalten aufweist als ein mit einer Photodiode arbeitender. Ursache hierfür ist das schlechtere Frequenzverhalten des Phototransistors (s. Abschn. 3.4.3). Im Gegensatz zum Optokoppler mit Photodiode bestimmt jetzt der Phototransistor das Frequenz- und Schaltverhalten, denn Anstiegs- und Abfallzeit der Lumineszenz-Dioden-Lichtimpulse sind wesentlich kürzer als die angegebenen Schaltzeiten des gesamten Optokopplers.

Abfallzeit t_f und, falls der Transistor gesättigt leitend war, auch Speicherzeit t_s können verkürzt werden, wenn parallel zur Basis-Emitter-Diode ein Widerstand R_{BE} geschaltet wird. Mit $R_{BE} = 20$ kΩ sinken diese Zeiten auf etwa ein Viertel des Wertes bei $R_{BE} = \infty$. Allerdings verringert sich durch diese Widerstandsbeschaltung die Stromverstärkung B des Phototransistors und hierdurch auch der Kopplungsfaktor k. Für Anwendungen bei hohen Frequenzen kann unter Verzicht auf einen großen Kopplungsfaktor k der Phototransistor auch als Photodiode betrieben werden. Als Kathode ist dann der Basis- und als Anode der Kollektoranschluß zu benutzen.

3.8.2.2 Photo-Darlington-Optokoppler. Verwendet man wie in Bild **249.1** einen Photo-Darlington-Transistor mit großer Stromverstärkung B, läßt sich der Kopplungsfaktor des Optokopplers bis auf Werte $k > 1$ erhöhen. Fassen wir den Kopplungsfaktor k als Stromverstärkung auf, so hat ein Photo-Darlington-Optokoppler schon eine echte Stromverstärkung, denn sein Ausgangsstrom ist größer als sein Eingangsstrom. Der größere Kopplungsfaktor geht jedoch zu Lasten des Frequenz- und Schaltverhaltens. Mit Anstiegs- und Abfallzeiten von einigen 10 μs sind diese Optokoppler wesentlich schlechter als solche, die mit einem einfachen Si-Phototransistor arbeiten.

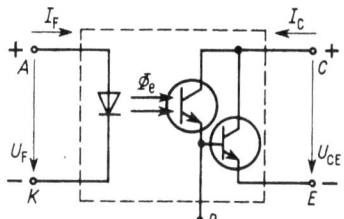
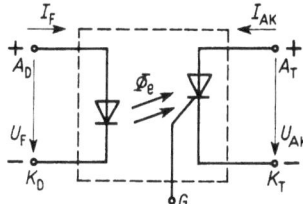

249.1 Optokoppler aus GaAs-Lumineszenz-Diode und Si-Photo-Darlington-Transistor

249.2 Optokoppler aus GaAs-Lumineszenz-Diode und Si-Photothyristor
A_D Anode und K_D Kathode der Lumineszenz-Diode, A_T Anode und K_T Kathode des Photothyristors, G Thyristor-Gate-Anschluß

3.8.3 Photothyristor-Optokoppler

Für reine Schalteranwendungen kann der Phototransistor des Optokopplers durch einen Photothyristor (s. Abschn. 3.5) ersetzt werden. Der galvanisch von der steuernden Lumineszenz-Diode getrennte Photothyristor (Bild **249.2**) wird durch den Strahlungsfluß Φ_e der Diode getriggert. Triggerkreis und Leistungskreis können dann auf völlig verschiedenen Gleich- oder Wechselspannungspotentialen liegen. Die Isolation zwischen Diode und Thyristor ist so bemessen, daß Spannungsdifferenzen von 1000 V bis 2000 V auftreten dürfen.

250 3.8 Optoelektronische Koppler

Von Bedeutung ist beim Photothyristor-Optokoppler nicht mehr der Kopplungsfaktor k, sondern derjenige Dioden-Durchlaßstrom I_{FT}, bei dem der von der Diode emittierte Strahlungsfluß Φ_e ausreicht, um den Photothyristor zu zünden. Erforderlich sind i. allg. Triggerströme $I_{FT} = 1$ mA bis 10 mA, wenn zwischen dem Gate- und Kathoden-Anschluß des Thyristors ein Widerstand $R_{GK} = 10$ kΩ bis 30 kΩ geschaltet wird. Durch den Einbau des Widerstands R_{GK} wird, wie in Abschn. 2.4.1.4 beschrieben, die Spannungsfestigkeit des Thyristors verbessert, jedoch auch der erforderliche Triggerstrom I_{FT} vergrößert.

3.8.4 Optokoppler-Strahlschranken

3.8.4.1 Strahlschranken ohne Schwellwertschalter. Bei den bisher beschriebenen Optokopplern ist es nicht möglich, zwischen emittierende Diode und Photoempfänger eine den Strahlungsfluß unterbrechende Schranke einzufügen. Für viele Anwendungen, insbesondere in der Digitaltechnik, ist dies jedoch erforderlich. Erwähnt sei in diesem Zusammenhang das optische Abtasten von Lochstreifen und die Winkel- oder Längencodierung. Hierbei kann man entweder den Lichtstrahl direkt unterbrechen oder ihn über eine reflektierende Oberfläche auf den Photoempfänger leiten. Bild **250.**1 a und b zeigen den mechanischen Aufbau von zwei handelsüblichen Strahlschranken (MCA 8 und MCA 7 Monsanto).

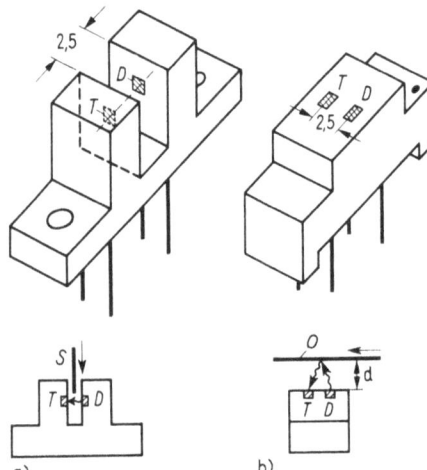

250.1 Optokoppler-Strahlschranken
a) mit direkter Strahlunterbrechung S
b) mit reflektierender Oberfläche O
D Lumineszenz-Diode, T Photo-Darlington-Transistor (Maße in mm)

Der Kopplungsfaktor des mit direkter Strahlunterbrechung arbeitenden Optokopplers von Bild **250.**1 a beträgt $k = 0{,}13$. Ein so großer Wert ist trotz des relativ großen Abstands von Diode und Photoempfänger durch die Verwendung eines Photo-Darlington-Transistors erreichbar. Die große Anstiegs- und Abfallzeit von etwa 1 ms spielt beim Einsatz in langsamen elektromechanischen Systemen keine entscheidende Rolle.

Der mit Reflexion arbeitende Optokoppler von Bild **250.**1 b erzielt den Kopplungsfaktor $k = 0{,}018$, wenn im Abstand $d = 1$ cm eine weiße Fläche $A = 10$ cm $\times$ 10 cm angebracht wird. Er ist wegen der ungünstigeren Geometrie also wesentlich kleiner als der mit direkter Strahlunterbrechung arbeitende, obwohl auch hier ein Photo-Darlington-Transistor als Empfänger benutzt wird.

3.8.4.2 Strahlschranke mit Schwellwertschalter. In Bild **251.**1 ist die Schaltung einer Optokoppler-Strahlschranke wiedergegeben. Der von der GaAs-Diode D emittierte konstante Strahlungsfluß Φ_{eo} wird durch die mit Löchern versehene Scheibe S unterbrochen. Steht ein Loch direkt vor der Diode, erhält der Darlington-Transistor den vollen Strahlungsfluß Φ_{eo}. Beim Vorbeilaufen eines Loches erreicht dann der in Bild **251.**2a aufgetragene zeitlich veränderliche Strahlungsfluß Φ_{et} den Photo-Darlington-Transistor DT. Um einen Schaltimpuls mit steilen Flanken zu erhalten, wird der Kollektor des

3.8.4 Optokoppler-Strahlschranken 251

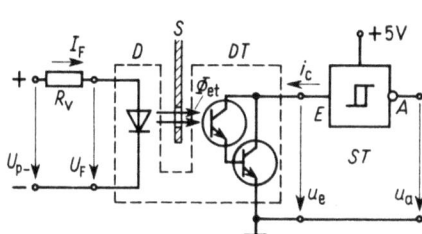

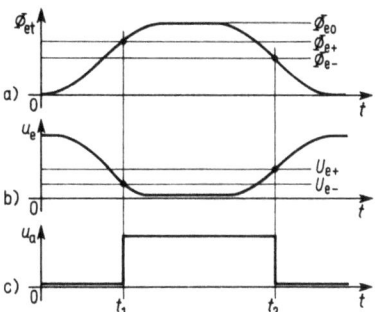

251.1 Optokoppler-Strahlschranke mit direkter Strahlunterbrechung und nachgeschaltetem Schmitt-Trigger
D GaAs-Lumineszenz-Diode, *S* Schranke, *DT* Photo-Darlington-Transistor, *ST* Schmitt-Trigger (z. B. SN 7413), *E* Eingang, *A* Ausgang

251.2 Zeitlicher Verlauf von Strahlungsfluß Φ_{et} (a), Schmitt-Trigger-Eingangsspannung u_e (b) und Ausgangsspannung u_a (c)
U_{e-} Schaltschwellenspannung bei fallender und U_{e+} bei steigender Eingangsspannung u_e, Φ_{e-} Strahlungsfluß-Schaltschwelle bei fallendem und Φ_{e+} bei steigendem Strahlungsfluß Φ_{et}

Transistors *DT* an den Eingang eines Schmitt-Triggers *ST* (Schwellwertschalter, s. a. Abschn. 3.4.3.6) gelegt. Mit wachsendem Strahlungsfluß Φ_{et} steigt der Kollektorstrom i_C, der aus dem Eingang des Schmitt-Triggers herausfließt, und die Eingangsspannung u_e fällt (Bild **251.2**b). Unterschreitet die Eingangsspannung u_e die Schwelle U_{e-}, springt zum Zeitpunkt t_1 die Ausgangsspannung u_a (Bild **251.2**c) in etwa 20 ns vom Low- in den High-Zustand. Der als integrierte Schaltung erhältliche Schmitt-Trigger (z. B. SN 7413) invertiert also das Eingangssignal. Sinkt der Strahlungsfluß wieder, wenn das Loch den Bereich der Diode verläßt, steigt die Eingangsspannung des Schmitt-Triggers, und bei der Schwelle U_{e+} kippt die Ausgangsspannung wieder in den Low-Zustand zurück. Die Spannungsdifferenz $\Delta U = U_{e+} - U_{e-}$ wird als **Hysterese** (s. a. Abschn. 3.4.3.6) bezeichnet und beträgt beim Baustein SN 7413 $\Delta U = 0{,}8$ V. Der Ausgangsimpuls u_a kann nun zur weiteren Steuerung digitaler Schaltungen verwendet werden. Die Dimensionierung soll im folgenden Beispiel durchgeführt werden.

Beispiel 62. Der Optokoppler mit dem Kopplungsfaktor $k = 0{,}13$ steuert in der Schaltung nach Bild **251.1** den integrierten Schmitt-Trigger SN 7413 an. Liegt der Eingang *E* des Schmitt-Triggers auf 0 V, fließt aus diesem der Eingangsstrom $I_{eL} = -1$ mA heraus. Man berechne den minimal erforderlichen Durchlaßstrom der Lumineszenz-Diode *D* und den Vorwiderstand R_V, wenn ihre Versorgungsspannung $U_{p-} = 5$ V beträgt.

Der Eingangsstrom I_{eL} fließt als Kollektorstrom I_C in den Darlington-Transistor *DT*, so daß gilt $I_{C\,max} = -I_{eL} = 1$ mA. Unter diesen Verhältnissen ist die Kollektor-Emitter-Spannung $u_{CE} = u_e \approx 0$, d. h., der Transistor hat die Sättigung erreicht. In der Praxis ist die Sättigungsspannung $U_{CE\,sat} \approx 0{,}1$ V bis 0,7 V, und es fließt ein entsprechend kleinerer Kollektorstrom. Wir rechnen also mit dem schlimmsten Fall $U_{CE\,sat} = 0$ (worst case). Aus dem Koppelfaktor *k* erhalten wir jetzt nach Gl. (248.1) den Diodendurchlaßstrom

$$I_F = I_{C\,max}/k = 1\text{ mA}/0{,}13 = 7{,}7\text{ mA}$$

Um sicher zu gehen, daß der Phototransistor hinreichend gesättigt ist, sollte der Diodenstrom größer als dieser berechnete Wert gewählt werden. Wir legen ihn zu $I_F = 12$ mA fest. Nach Bild **231.1** hat eine GaAs-Diode bei $I_F = 12$ mA die Durchlaßspannung $U_F = 1{,}05$ V. Hiermit ergibt sich jetzt der Vorwiderstand

$$R_V = (U_{p-} - U_F)/I_F = (5\text{ V} - 1{,}05\text{ V})/(12\text{ mA}) = 329\ \Omega$$

2.8 Optoelektronische Koppler

Bei einer wie in Bild 250.1b nach dem Reflexionsprinzip arbeitenden Strahlschranke ist der Kopplungsfaktor k zu klein, so daß der Kollektorstrom I_C des Photo-Darlington-Transistors den Eingangsstrombedarf des Schmitt-Triggers nicht decken kann. Es muß dann ein Emitterverstärker T, wie z. B. in Bild 252.1, zwischengeschaltet werden.

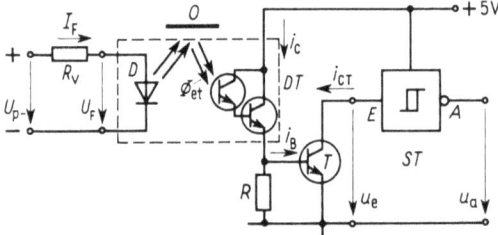

252.1
Optokoppler-Strahlschranke nach dem Reflexionsprinzip mit nachgeschaltetem Emitterverstärker T und Schmitt-Trigger ST
D GaAs-Lumineszenz-Diode, DT Photo-Darlington-Transistor, O reflektierende Oberfläche, $R = 3{,}9\,\mathrm{k}\Omega$

Befindet sich keine reflektierende Schicht im Bereich der Schranke, erhält der Phototransistor DT kein Licht und ist gesperrt. Infolgedessen ist auch der Transistor T gesperrt, und der Eingang des Schmitt-Triggers ist auf High-Potential. Wird Licht auf den Transistor DT reflektiert, fließt Kollektorstrom i_C, und der Transistor T erhält den Basisstrom i_B. Dessen Kollektorstrom i_{CT} deckt nun den Eingangsstrombedarf des Schmitt-Triggers, und seine Eingangsspannung wird unter die Schwellspannung U_{e-} heruntergezogen. Der Ausgang des Schmitt-Triggers kippt auf High-Potential. Bei dieser Schaltung kann der Kopplungsfaktor k um den Faktor $1/B$ (B Stromverstärkung des Transistors T) kleiner sein. Z. B. arbeitet die Schaltung mit $B = 100$ und $k = 0{,}018$ und dem Dioden-Durchlaßstrom $I_F = 12$ mA einwandfrei.

3.8.5 Optokoppler-Gleichstromrelais

Um ein mit einem Umschalter s_1, s_2 wie in Bild 253.1a arbeitendes Gleichstromrelais mit einem Optokoppler zu simulieren, kann man die in Bild 253.1b gezeigte Schaltung verwenden. Ist die Eingangsspannung $U_e = 0$, ist der Transistor T gesperrt, und über den Widerstand R_2 sowie die Diode D_3 erhält die GaAs-Diode D_1 ihren Durchlaßstrom I_{F1}. Sie beleuchtet den Darlington-Transistor DT_1; dieser schaltet durch, und der Schalter s_1 ist geschlossen. Da der Strom $I_{F2} = 0$ ist, erhält der Darlington-Transistor DT_2 keine Strahlung und ist somit gesperrt. Schalter s_2 ist also geöffnet.
Wird eine Spannung U_e angelegt, die ausreicht, den Transistor T gesättigt leitend zu machen, erhält die Diode D_2 den Durchlaßstrom I_{F2}, der Darlington-Transistor DT_2 wird bestrahlt und der Schalter s_2 ist geschlossen. Die über den gesättigt leitenden Transistor T und die Diode D_2 abfallende Spannung $U_{CE\,sat} + U_{F2}$ ist kleiner als die Durchlaßspannung $U_{F1} + U_{F3}$ der Dioden D_1 und D_3, so daß der Strom I_{F1} vernachlässigbar klein ist und der Darlington-Transistor DT_1 gesperrt, der Schalter s_1 also geöffnet ist. Nachteil dieser Schaltung ist, daß in den durch die Schalter s_1 und s_2 durchgeschalteten Stromkreisen nur Gleichströme der eingezeichneten Polarität fließen können. Die Ströme I_1 und I_2 hängen von den durch die Lumineszenz-Dioden in den Darlington-Transistoren erzeugten Photoströmen ab. Bei dem Kopplungsfaktor $k = 1$ und Diodenströmen von etwa 20 mA sind also ebenfalls Ströme $I_1 = I_2 = 20$ mA schaltbar.
Vorteil der Schaltung gegenüber mechanischen Relais ist ihr verschleißfreies und wesentlich schnelleres Arbeiten.

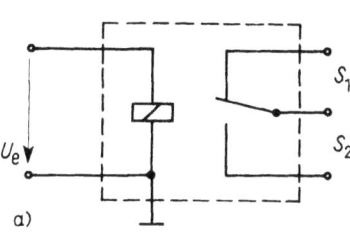
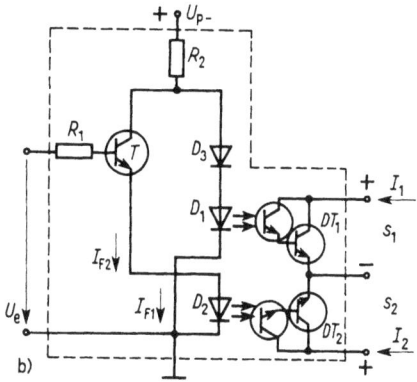

253.1
Optokoppler-Gleichstromrelais mit Umschaltkontakt
a) Schaltung als elektromechanisches Relais
b) vollelektronischer Aufbau mit Optokoppler
s_1, s_2 Umschalter; D_1, D_2 GaAs-Lumineszenz-Dioden; D_3 Potentialverschiebediode, T Schalttransistor für Diode D_2; DT_1, DT_2 Photo-Darlington-Schalttransistoren

3.8.6 Optokoppler-Wechselstromrelais

Sollen im Lastkreis Wechselströme geschaltet werden, ist es zweckmäßig, Photothyristor-Optokoppler zu verwenden. In der Schaltung von Bild **253.2** wird der Lastkreis durch die beiden antiparallel geschalteten Photothyristoren T_1 und T_2 zwischen den Klemmen a und b durchgeschaltet. Beim Anlegen der Eingangsspannung U_e fließt der Diodenstrom I_F, die Thyristoren schalten durch, und eine zwischen den Klemmen c und d angelegte Wechselspannung erzeugt in der positiven Halbschwingung über den Lastwiderstand R'_L einen Stromimpuls durch den Thyristor T_1. In der negativen Halbschwingung übernimmt der Thyristor T_2 den Stromimpuls. Zum Schalten größerer Durchlaßströme sind die Photothyristoren allerdings nicht geeignet. In der Regel sind Gleichströme bis 200 mA erlaubt. Sollen größere Ströme geschaltet werden, kann der Optokoppler nicht direkt auf die Last arbeiten, sondern muß wie in Bild **253.2** zum Ansteuern eines Leistungs-TRIAC (s. Abschn. 2.4.2) verwendet werden. Der Widerstand R'_L ist dann nicht mehr der eigentliche Lastwiderstand, sondern dient als Strombegrenzung für den TRIAC-Gate-Schaltkreis. Er sollte zu $R'_L = 100\ \Omega$ gewählt werden. Der jetzt wesentlich kleinere Lastwiderstand R_L wird über den TRIAC TR an die Wechselspannung geschaltet.

In der positiven Halbschwingung erhält der TRIAC über den Thyristor T_1 Gate-Strom und arbeitet im I(+)-Zustand; in der negativen Halbschwingung wird er über Thyristor T_2 getriggert und befindet sich im III(−)-Zustand (s. Abschn. 2.4.2.2). Die Widerstände $R_{GK} = 27\ \text{k}\Omega$ und $R = 1\ \text{k}\Omega$ erhöhen die Spannungsfestigkeit der Thyristoren und des TRIAC und verhindern so unkontrollierte Selbstzündungen. Wird der Eingang E von

253.2
Optokoppler-Wechselstromrelais
D_1, D_2 GaAs-Lumineszenz-Dioden; T_1, T_2 antiparallel geschaltete Si-Photothyristoren; TR TRIAC zum Schalten niederohmiger Lasten R_L; R'_L Vorwiderstand für TRIAC-Triggerkreis bzw. Lastwiderstand, $R = 1\ \text{k}\Omega$, $R'_L = 100\ \Omega$, $R_{GK} = 27\ \text{k}\Omega$

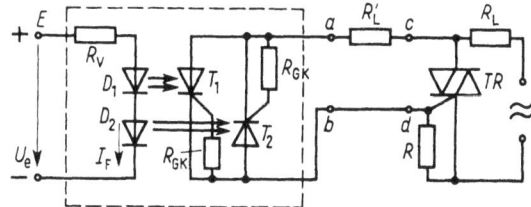

254   3.9 Laser-Dioden

einem logischen Gatter angesteuert, kann abhängig vom logischen Zustand der Schaltung der Wechselstromkreis eingeschaltet werden. Ist die Spannung U_e wieder 0, sperrt der Wechselstromkreis vom nächsten Nulldurchgang der Wechselspannung erneut.

3.9 Laser-Dioden

Das Wort Laser setzt sich aus den Initialen von **light amplification by stimulated emission of radiation** (Lichtverstärkung durch stimulierte Emission von Strahlung) zusammen. Laser-Strahlung kann nicht nur in Halbleiter-Lumineszenz-Dioden sondern auch in Gasentladungen (Gas-Laser z. B. Helium- Neon-, Argon- oder CO_2-Laser) und in anderen Festkörperkristallen (z. B. Rubin- oder Neodym-Glas-Laser) erzeugt werden [40]. Wir wollen uns hier auf den Halbleiterdioden-Laser beschränken.

3.9.1 Strahlungserzeugung durch stimulierte Emission

In einem Gedankenexperiment nehmen wir zunächst an, in einem Halbleiter seien nach Bild 254.1 sämtliche Valenzelektronen des oberen Bereichs *3* des Valenzbands *V* in den unteren Bereich *2* des Leitungsbands *L* befördert worden, so daß im Bereich *3* nur positive Löcher zurückbleiben. Dringt jetzt ein Photon mit der Energie $W_q = hf < W_{Fn} - W_{Fp}$ in den Kristall ein, so kann es **nicht absorbiert** werden, da im Valenzbandbereich *3*

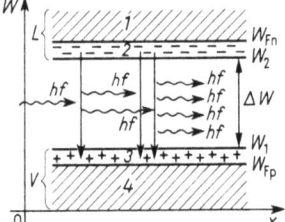

254.1
Bändermodell mit Besetzungsinversion zur Erläuterung der stimulierten Emission
L Leitungsband, *V* Valenzband, *1* unbesetzter und *2* besetzter Bereich des Leitungsbands, *3* von Valenzelektronen geräumter und *4* mit Valenzelektronen besetzter Bereich des Valenzbands, W_{Fn} Fermi-Energie der Elektronen und W_{Fp} der positiven Löcher, ΔW Bandabstand, hf Photonenenergie, — Leitungselektron, + positives Loch

keine Elektronen mehr und im Leitungsbandbereich *2* keine freien Zustände mehr zur Verfügung stehen. Es kann kein Elektron durch Absorption der Energie W_q aus dem Bereich *3* in den Bereich *2* befördert werden.

Das Photon kann jedoch ein Elektron des Leitungsbandbereichs *2* so anregen (stimulieren), daß es unter Abgabe der Energie W_q vom Leitungsband in das Valenzband zurückkehrt. Ein solcher Emissionsprozeß wird als **stimulierte Emission** bezeichnet. Die Photonenanzahl hat sich bei diesem Vorgang verdoppelt. Die Quantentheorie weist nach, daß stimulierendes und stimuliertes Photon exakt die gleiche Energie – und betrachtet man das Licht im Wellenbild – auch die gleiche Phase haben. Beide Photonen können erneut durch stimulierte Emission je ein weiteres Photon erzeugen, so daß unter diesen Bedingungen der Lichtfluß lawinenartig anwächst.

Damit dieser Vorgang ablaufen kann, muß im Halbleiter eine extrem große Abweichung von der Gleichgewichtsverteilung $np = n_i^2$ (s. Abschn. 3.7.1.2) erreicht werden. Die Valenzelektronen müssen gleichsam aus dem Valenzband *V* in das Leitungsband *L* „gepumpt" werden. Dieses Pumpen wird beim Kristall-Laser (z. B. Rubin-Laser) durch extrem starke Lichteinstrahlung (optisches Pumpen) und beim Halbleiter-Injektions-Laser durch überaus starke Überschwemmung des auf Durchlaß gepolten PN-Übergangs mit Minoritätsträgern erreicht. In der Umgebung des PN-Übergangs entsteht dann eine Besetzungsinversion, d.h., es sind mehr freie Zustände des Leitungsbands mit Leitungselektronen besetzt als Zustände im Valenzband mit Valenzelektronen. Bei Photoneneinfall überwiegen dann die Prozesse der stimulierten Emission gegenüber den Absorptionsprozessen.

Besteht in der Umgebung des PN-Übergangs eine solche Besetzungsinversion, so werden durch spontane Emission erzeugte Photonen beim Durchlaufen des so aktivierten PN-Übergangs vervielfacht.

3.9.2 Resonator und Laser-Bedingung

3.9.2.1 Resonator. Werden zwei Seiten des PN-Übergangs wie in Bild **255**.1 genau planparallel verspiegelt, wobei der Spiegel S_2 den Reflexionsfaktor $r_2 \approx 1$ und der Spiegel S_1 den kleineren Reflexionsfaktor $r_1 \approx 0{,}5$ habe, so entsteht aus dem Halbleiterkristall mit dem Brechungsindex n_K ($n_K \approx 3{,}4$ für GaAs) ein optischer Resonator. In diesem optischen Resonanzkreis baut sich eine stehende Lichtwelle auf, deren halbe Wellenlänge $\lambda/2 = c/(2f)$ ein ganzzahliges Vielfaches m der optischen Resonatorlänge $n_K l$ (l geometrische Resonatorlänge) ist. Es gilt also

$$m\,\lambda/2 = n_K\,l \tag{255.1}$$

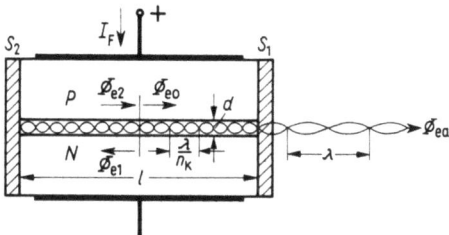

255.1
Schematisierter Schnitt durch die Laser-Diode
S_1, S_2 verspiegelte Endflächen; P P-dotierte und N N-dotierte GaAs-Schicht, l Resonatorlänge, d Dicke des PN-Übergangs; Φ_{e0}, Φ_{e1} und Φ_{e2} Strahlungsflüsse im Resonator mit der Wellenlänge λ/n_K; Φ_{ea} Ausgangsstrahlungsfluß mit der Wellenlänge λ, I_F Durchlaßstrom

In Bild **255**.1 ist schematisch eine solche stehende Welle in den Bereich des PN-Übergangs, dessen Dicke d ist, eingezeichnet. Schiebt man die Welle etwas zusammen, paßt eine halbe Wellenlänge mehr in den Resonator, und für die Wellenlänge $\lambda - d\lambda$ dieser stehenden Welle gilt dann

$$(m+1)(\lambda - d\lambda)/2 = n_K\,l \tag{255.2}$$

Aus Gl. (255.1) und (255.2) errechnet sich der Wellenlängenabstand zwischen zwei benachbarten stehenden Wellen

$$d\lambda = \lambda/(1 + 2\,n_K\,l/\lambda) \approx \lambda^2/(2\,n_K\,l) \tag{255.3}$$

Beispiel 63. Der Resonator eines GaAs-Injection-Lasers hat die optische Länge $n_K\,l = 3{,}4 \cdot 0{,}4$ mm $= 1{,}36$ mm und emittiert Strahlung mit der Wellenlänge $\lambda \approx 0{,}9\,\mu$m. Man berechne den Wellenlängenabstand zweier benachbarter stehender Wellen.
Nach Gl. (255.3) ergibt sich für den Wellenlängenabstand

$$d\lambda \approx \lambda^2/(2\,n_K\,l) = (0{,}9\,\mu\text{m})^2/(2 \cdot 1{,}36\,\text{mm}) = 0{,}30\,\text{nm}$$

3.9.2.2 Laser-Bedingung. Zur Ableitung der Schwellwertbedingung für den Laser-Betrieb nehmen wir an, in der Mitte des Resonators von Bild **255.1** sei im PN-Übergang durch spontane Emission der Strahlungsfluß Φ_{e0} erzeugt worden. Gibt v die pro Länge durch stimulierte Emission erzeugte und k die pro Länge absorbierte Anzahl von Photonen an, so ist mit dem Reflexionsfaktor r_1 des Spiegels S_1 der zur Mitte zurückkehrende Strahlungsfluß

$$\Phi_{e1} = \Phi_{e0}\, r_1\, e^{(v-k)l} \tag{256.1}$$

Nach einer weiteren Reflexion am Spiegel S_2 kehrt schließlich nach einem gesamten Resonatordurchlauf der Strahlungsfluß

$$\Phi_{e2} = \Phi_{e1}\, r_2\, e^{(v-k)l} = \Phi_{e0}\, r_1\, r_2\, e^{(v-k)2l} \tag{256.2}$$

zur Mitte zurück. Gilt für den Fluß

$$\Phi_{e2} = \Phi_{e0} \tag{256.3}$$

werden die Absorptions- und Reflexionsverluste durch die Verstärkung ausgeglichen, und im Resonator kann sich eine stehende Welle gleichbleibender Amplitude aufbauen. Aus Gl. (256.2) und (256.3) ergibt sich durch Entlogarithmieren die kritische Schwellwertverstärkung

$$v = v_{\mathrm{kr}} = k + [1/(2l)]\ln[1/(r_1 r_2)] \tag{256.4}$$

die um so kleiner ist, je kleiner der Absorptionskoeffizient k und je länger der Resonator sind.

Die Verstärkung v ist näherungsweise berechnet worden [26]. Mit der Elementarladung e, der Lichtgeschwindigkeit c, dem Brechungsindex n_K, der Dicke d des Laser-fähigen PN-Übergangs, dem Quantenwirkungsgrad η_{ph}, der Wellenlänge λ, der Halbwertsbreite $d\lambda$ der bei der spontanen Emission entstehenden Spektrallinie und der Fläche A des PN-Übergangs hängt die Verstärkung

$$v = \frac{\lambda^4\, \eta_{\mathrm{ph}}}{8\pi\, ec n_K^2\, dA\, d\lambda}\, I_F \tag{256.5}$$

linear vom Durchlaßstrom I_F ab. Benutzt man die kritische Schwellwertverstärkung nach Gl. (256.4), erhält man aus Gl. (256.5) den für das Einsetzen von Laser-Betrieb kritischen Durchlaßstrom

$$I_{\mathrm{Fkr}} = \frac{8\pi\, ec n_K^2\, dA\, d\lambda}{\lambda^4\, \eta_{\mathrm{ph}}} \left[k + \frac{1}{2l}\ln\left(\frac{1}{r_1 r_2}\right) \right] \tag{256.6}$$

Die Fläche A kann wegen der sonst zu hohen thermischen Belastung nicht beliebig verkleinert werden, so daß zur Erzielung möglichst geringer Schwellströme I_{Fkr} (engl. threshold current I_{th} genannt) hauptsächlich die Dicke d des PN-Übergangs verringert werden muß.

3.9.3 Aufbau und Kennwerte

3.9.3.1 Aufbau. Als Halbleiter für Laser-Dioden eignen sich nur solche mit direktem Band-Band-Übergang bei Strahlungsemission. Nur in ihnen werden hinreichend große Verstärkungen v erreicht, so daß trotz der kleinen Resonatorlänge ($l < 1$ mm) die kritische Verstärkung erreicht wird. Als Halbleiter wird deshalb GaAs verwendet. Um den kritischen Schwellstrom I_{Fkr} klein zu halten, zielen alle technologischen Bemühungen auf die Herstellung möglichst dünner PN-Übergänge hin. Als Ergebnis entstand der **Doppelheterostruktur-Laser** [27], dessen Schichtenfolge in Bild **257.1** a dargestellt ist. Der eigentliche aus GaAs bestehende PN-Übergang der Dicke d ist beidseitig von einer GaAlAs-Schicht begrenzt. GaAlAs hat einen größeren Bandabstand als GaAs. Im Bändermodell von Bild **257.1** b zeigt sich nun, daß wegen der Potentialschwellen, die die GaAlAs-Schichten erzeugen, eine Besetzungsinversion und dadurch stimulierte Emission nur in der sehr dünn ($d \approx 0{,}1$ μm) gehaltenen GaAs-PN-Übergangsschicht auftreten kann.

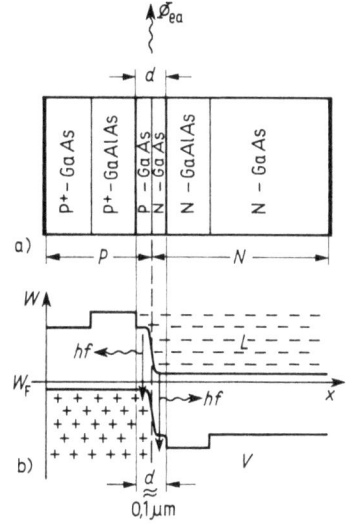
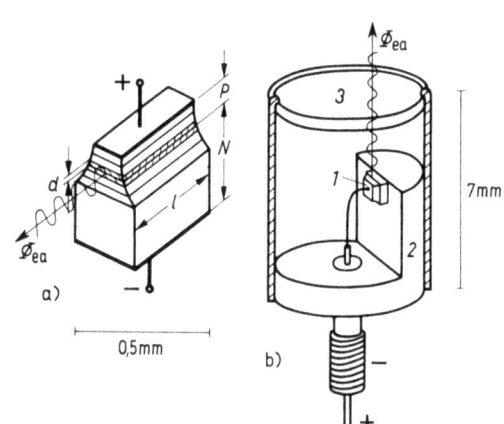

257.1 Doppelheterostruktur-Laser-Diode
a) Schematisierter Schnitt durch das Dioden-Chip
b) Bändermodell
L Leitungsband, V Valenzband, W_F Fermi-Energie, d Dicke des PN-Übergangs, − Leitungselektron, + positives Loch, hf emittierte Photonenenergie

257.2 Aufbau einer Laser-Diode
a) Diodenchip
b) Diodenchip eingebaut in koaxiales Gehäuse
P P-dotierter und N N-dotierter Bereich, l Resonatorlänge, d Dicke des PN-Übergangs, 1 Diodenchip, 2 Kühlblock, 3 Frontglasfenster, Φ_{ea} Ausgangsstrahlungsfluß

Ein weiterer Vorteil dieser Struktur ist die **Lichtfokussierung** in der GaAs-Schicht, die durch den gegenüber GaAs geringeren Brechungsindex des GaAlAs verursacht wird. Dadurch kommt es an den Grenzschichten der beiden Halbleiter zur Totalreflexion, und die Lichtwellen werden in die aktive GaAs-Schicht zurückgeworfen. Geringere Lichtverluste und somit ebenfalls kleinere Schwellströme sind das Ergebnis dieses Verhaltens.
In Bild **257.2** a ist das Dioden-Chip eines solchen Doppelheterostruktur-Lasers dargestellt. Während die Endflächen des Kristalls genau planparallel geschliffen und verspiegelt sind, werden für die seitliche Begrenzung unterschiedliche Strukturen verwendet. Bild

257.2a zeigt eine Mesa-Ätzung der Seiten (mesa = Tafelberg). Eingebaut wird das Chip *1* wie in Bild 257.2b asymmetrisch in ein koaxiales Gehäuse mit Frontglasfenster *3*. Um die hohe Verlustleistung abzuführen, ist es mit der N-Schicht-Kontaktierung direkt auf den Kupferblock *2*, der als Wärmesenke dient, aufgelötet.

3.9.3.2 Kennwerte. Einfache GaAs-Laser-Dioden, die keine in Abschn. 3.9.3.1 beschriebene Doppelheterostruktur aufweisen, haben sehr große Schwellströme I_{Fkr} und können, sollen sie thermisch nicht überlastet werden, nur im Impulsbetrieb arbeiten. Laser-Dioden mit Doppelheterostruktur aus GaAs und GaAlAs ermöglichen einen Dauerstrichbetrieb mit Gleichstrom, da ihre Schwellströme soweit abgesenkt werden konnten, daß eine thermische Überlastung auch bei Zimmertemperatur vermieden werden kann. Die Schwellströme moderner Doppelheterostruktur-Laser-Dioden konnten bis auf etwa $I_{Fkr} = 250$ mA gesenkt werden, wogegen GaAs-Laser-Dioden ohne Doppelheterostruktur Schwellströme $I_{Fkr} = 4$ A bis 50 A aufweisen.

Ausgangsleistung. Bild 258.1 zeigt die Ausgangsleistung Φ_{ea} einer GaAs-Dauerstrich-Laser-Diode in Abhängigkeit vom Durchlaßstrom I_F. Im Kennlinienbereich *1* arbeitet die Diode als normale Lumineszenz-Diode und ihre Ausgangsstrahlung wird durch **spontane Emission** erzeugt. Beim Erreichen des Schwellstroms I_{Fkr} steigt die Ausgangsleistung sehr viel steiler mit wachsendem Durchlaßstrom I_F. Die Diode arbeitet in diesem Kennlinienbereich *2* als Laser-Diode und erzeugt ihre Strahlung überwiegend durch **stimulierte Emission**. Es sind Durchlaßströme bis $I_{F max} = 500$ mA zulässig und maximale Ausgangsleistungen bis $\Phi_{ea max} = 250$ mW erreichbar. Typisch sind Ausgangsleistungen $\Phi_{ea} = 10$ mW bei Durchlaßströmen $I_F = 300$ mA bis 400 mA.

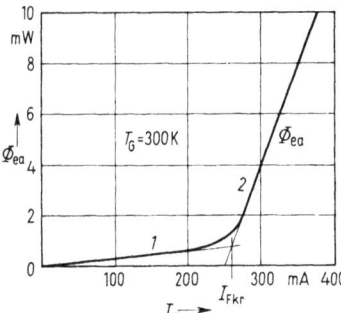
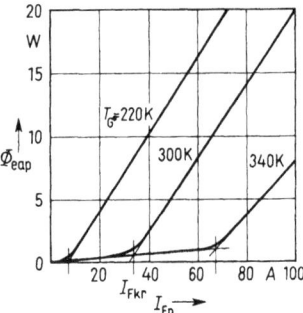

258.1 Strahlungsfluß Φ_{ea} einer GaAlAs-Laser-Diode mit Doppelheterostruktur (C30130 RCA) in Abhängigkeit vom Durchlaß-Gleichstrom I_F bei der Gehäusetemperatur $T_G = 300$ K (Dauerstrichbetrieb)
1 Diode arbeitet als Lumineszenz-Diode mit überwiegender spontaner Emission; *2* Diode arbeitet als Laser-Diode mit überwiegender stimulierter Emission; I_{Fkr} Schwellstrom für Laser-Betrieb

258.2 Im Impulsbetrieb erzielbare Spitzenausgangsleistung Φ_{eap} einer GaAs-Laser-Diode (SG 2012 RCA) in Abhängigkeit vom Spitzendurchlaßstrom I_{Fp} mit der Gehäusetemperatur T_G als Parameter
I_{Fkr} Schwellstrom für Laser-Betrieb bei der Gehäusetemperatur $T_G = 300$ K

3.9.3 Aufbau und Kennwerte 259

In Bild 258.2 ist die im Impulsbetrieb erzielbare Spitzenausgangsleistung Φ_{eap} einer GaAs-Laser-Diode in Abhängigkeit vom Impulsdurchlaßstrom I_{Fp} mit der Gehäusetemperatur T_G als Parameter aufgetragen. Der Schwellstrom dieser Diode (SG 2012 RCA) ohne Doppelheterostruktur ist mit $I_{Fkr} = 33$ A sehr groß gegenüber dem einer Diode mit Doppelheterostruktur. Mit wachsender Temperatur T_G steigt der Schwellstrom stark an, da eine immer größere Anzahl von injizierten Elektronen über Gitterschwingungen rekombinieren und somit der stimulierten Emission verlorengehen. Deshalb sinkt auch mit wachsender Temperatur die Ausgangsleistung Φ_{eap} stark ab. Es werden im Impulsbetrieb Spitzenausgangsleistungen $\Phi_{eap} = 100$ W erreicht, allerdings dürfen dabei nur maximale Impulsdauern $t_w = 200$ ns bei maximalen Wiederholungsfrequenzen $f = 1$ kHz auftreten.

Ausgangsspektrum. Nach Bild 229.2 weist das Ausgangsspektrum der mit Zn dotierten GaAs-Lumineszenz-Diode die Halbwertsbreite $\Delta\lambda = 28$ nm auf. Geht diese Lumineszenz-Diode in den Laser-Betrieb über, verringert sich nach Bild 259.1 die Halbwertsbreite wesentlich auf $\Delta\lambda = 3,5$ nm. Bei Vergrößerung des Durchlaßstroms I_F wird nämlich für Photonen, deren Wellenlänge dicht beim Strahlungsmaximum liegt, zuerst die kritische Verstärkung v_{kr} erreicht, da für diese Photonen der Quantenwirkungsgrad η_{ph} am größten ist. Im Resonator bauen sich nun stehende Wellen auf, deren Wellenlänge λ im Bereich des Maximums von Bild 229.2, also in der Zn-dotierten Diode bei der Wellenlänge $\lambda \approx 0,9$ µm liegt. Innerhalb der Halbwertsbreite $\Delta\lambda = 3,5$ nm nach Bild 259.1 können sich bei dem in Beispiel 63, S. 256 berechneten Wellenlängenabstand $d\lambda = 0,30$ nm etwa 11 bis 12 stehende Wellen aufbauen. Auf diese Wellen, die durch induzierte Emission die Elektronen aus dem Leitungsband in das Valenzband befördern, konzentriert sich die gesamte Strahlung. Wellen, deren Wellenlänge weiter vom Strahlungsmaximum entfernt liegt, erreichen im Resonator nicht die kritische Verstärkung v_{kr} und tragen deshalb nur gering zur Ausgangsstrahlung bei.

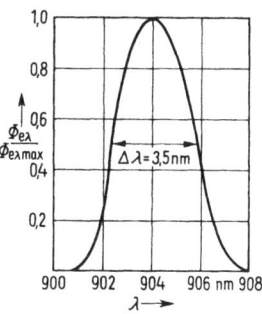

259.1 Relative spektrale Ausgangsleistung $\Phi_{e\lambda}/\Phi_{e\lambda max}$ einer im Impulsbetrieb arbeitenden GaAs-Laser-Diode (SG 2012 RCA)
$\Delta\lambda$ Halbwertsbreite des spektralen Impulses

Für Laser-Dioden mit Doppelheterostruktur aus GaAs und GaAlAs liegt das Maximum der emittierten Strahlung wegen des größeren Bandabstands des GaAlAs bei der kürzeren Wellenlänge $\lambda = 820$ nm, und der spektrale Ausgangsimpuls hat die Halbwertsbreite $\Delta\lambda = 2$ nm.

Geometrie des Ausgangsstrahls. Im Resonator aus zwei planparallelen Spiegeln können nur solche Wellen, die sich parallel zur Resonatorachse ausbreiten, hinreichend lange im Resonator bleiben und ausreichend verstärkt werden. Aus dem halbdurchlässigen Spiegel sollte deshalb ein vollkommen paralleler Strahl austreten. Da jedoch die Dicke des strahlenden PN-Übergangs in der Größenordnung der Wellenlänge des erzeugten Lichts liegt, wird das Licht beim Austritt aus dem Kristall stark abgebeugt, und der Öffnungswinkel des austretenden Strahls beträgt 10° bis 15°. Bild 260.1 b zeigt die auf die Strahlungsintensität in der Austrittsachse Φ_{ea0} bezogene winkelabhängige Intensität $\Phi_{er\alpha} = \Phi_{ea\alpha}/\Phi_{ea0}$ in Abhängigkeit vom Winkel α_1 parallel und α_2 senkrecht zur Ebene des PN-Übergangs (Bild 260.1a). Durch Vorsetzen von Linsen läßt sich dieser Strahl auf Bruchteile von einem Grad bündeln.

3.9 Laser-Dioden

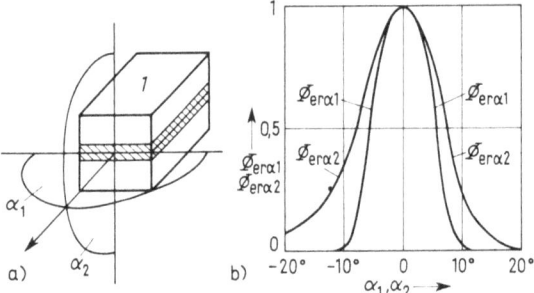

260.1
Winkelabhängigkeit der Ausgangsstrahlung Φ_{ea}
a) Modell zur Erläuterung der Winkel α_1 und α_2
b) Relative winkelabhängige Ausgangsleistung $\Phi_{er\alpha 1}$ und $\Phi_{er\alpha 2}$ in Abhängigkeit von den Winkeln α_1 und α_2
1 Diodenchip

3.9.4 Informationsübertragung

Laser-Dioden sind besonders wegen ihrer großen Ausgangsleistung und der guten Fokussierbarkeit ihrer Strahlung zur optischen Informationsübertragung geeignet. Hierbei werden sie oft gemeinsam mit Lichtleitern aus Glasfaserbündeln verwendet. Der große Vorteil von im Dauerstrich betriebenen Doppelheterostruktur-Laser-Dioden ist die Modulierbarkeit ihres Strahlungsflusses Φ_{ea} durch Steuerung des Durchlaßstroms I_F. Wegen der großen Grenzfrequenz der Laser-Dioden können dabei Modulationsfrequenzen bis zu $f_M = 1$ GHz angewendet werden.

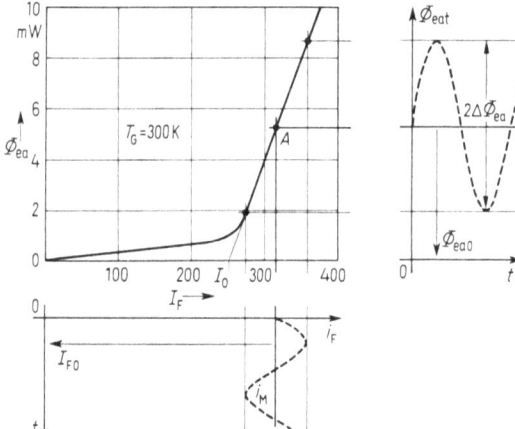

260.2
Darstellung der Modulation des Strahlungsflusses Φ_{ea} einer Dauerstrich-Laser-Diode
I_{F0} Durchlaß-Gleichstrom, i_M sinusförmiger Modulationsstrom mit der Amplitude ΔI_F, i_F zeitabhängiger Durchlaßstrom, Φ_{eat} zeitabhängiger Strahlungsfluß, Φ_{ea0} Strahlungsfluß ohne Modulation, $\Delta\Phi_{ea}$ Amplitude des zeitabhängigen Anteils des Strahlungsflusses, A Arbeitspunkt, I_0 Schwellwert-Strom der idealisierten Kennlinie

Für die Modulation der Ausgangsleistung Φ_{ea} wird die Laser-Diode wie in Bild **260.2** mit einem Durchlaß-Gleichstrom I_{F0} betrieben, der größer als der Schwellstrom I_{Fkr} ist. In der Leistungskennlinie von Bild **260.2** arbeitet sie dann im Arbeitspunkt A und erzeugt die Ausgangsleistung Φ_{ea0}. Wird nun der Durchlaßstrom der Diode mit dem Modulationsstrom

$$i_M = \Delta I_F \sin(\omega_M t) \tag{260.1}$$

in seiner Amplitude gesteuert, so fließt durch die Diode der zeitabhängige Durchlaßstrom

$$i_F = I_{F0} + i_M = I_{F0} + \Delta I_F \sin(\omega_M t) \tag{261.1}$$

und erzeugt durch Spiegelung an der Leistungskennlinie den zeitabhängigen Strahlungsfluß

$$\Phi_{eat} = \Phi_{ea0} + \Delta\Phi_{ea} \sin(\omega_M t) = \Phi_{ea0}[1 + m\sin(\omega_M t)] \tag{261.2}$$

Der mit der Schwankung ΔI_F des Modulationsstroms erzielbare **Modulationsgrad**

$$m = \Delta\Phi_{ea}/\Phi_{ea0} \tag{261.3}$$

hängt von der Steilheit a der Leistungskennlinie im Laser-Bereich ab. Nähern wir in diesem Bereich die Kennlinie durch die Gleichung

$$\Phi_{ea} = a(I_F - I_0) \tag{261.4}$$

an, wobei der Strom $I_0 \approx I_{Fkr}$, also nach Bild **260.2** näherungsweise gleich dem Schwellwert-Strom ist, erhalten wir mit Gl. (261.4) für den Modulationsgrad

$$m = \Delta\Phi_{ea}/\Phi_{ea0} = a\Delta I_F/\Phi_{ea0} = \Delta I_F/(I_{F0} - I_0) \tag{261.5}$$

Somit wird z. B. mit den Zahlenwerten von Bild **260.2** bei der Modulationsstromamplitude $\Delta I_F = 50$ mA der Modulationsgrad $m = \Delta I_F/(I_{F0} - I_0) = 50$ mA/(317 mA $-$ 250 mA) $= 0{,}75$ erreicht.

Bild **261.1** zeigt einen Schaltungsvorschlag für die Modulation der Ausgangsleistung Φ_{eat} der Laser-Diode LD. Der Transistor T mit dem Emitterwiderstand R_E, den Basiswiderständen R_1 und R_2 sowie der Stabilisierungsdiode D (s. Band III, Teil 1, Abschn. Arbeitspunktstabilisierung durch Gleichstromgegenkopplung und Konstantstromquelle) liefert als Konstantstromquelle den Durchlaß-Gleichstrom I_{F0} für die Laser-Diode LD. Der Blindwiderstand $\omega_M L$ der Induktivität L muß bei der Modulationsfrequenz f_M groß sein und hält dann gemeinsam mit dem Siebkondensator C_S den Modulationsstrom i_M von der Konstantstromquelle fern. Der Modulationsstrom i_M wird über den Koppelkondensator C_K der Laser-Diode zugeführt.

261.1
Schaltung einer modulierbaren Dauerstrich-Laser-Diode LD
T, R_E, R_1, R_2 und D Transistor-Konstantstromquelle; A Strommesser, Si Überstromsicherung, L, C_S Siebglied für den Modulationsstrom i_M, C_K Koppelkondensator für die Einspeisung des Modulationsstroms i_M

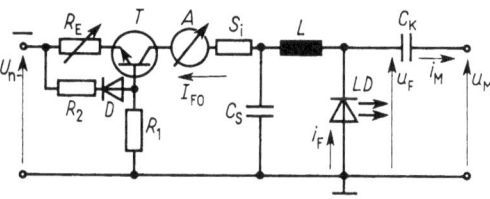

Laser-Dioden können mit Modulationsströmen i_M moduliert werden, deren Modulationsfrequenz f_M bis zu einigen 100 MHz gewählt werden kann. Ist dieser höchstfrequente Modulationsstrom i_M selbst wieder mit niederfrequenten Informationssignalen moduliert, so können wegen der großen Bandbreite im 100-MHz- bis 1-GHz-Bereich sehr viele Informationen aufgeteilt in einzelne Frequenzkanäle gleichzeitig über einen Laserstrahl übertragen werden. Auf der Empfängerseite müssen diese höchstfrequenten Intensitätsschwankungen des infraroten Laserstrahls mit sehr schnellen Detektoren, wie z. B. Photo-PIN-Dioden oder Photo-Lawinen-Dioden (Abschn. 3.3.4 und 3.3.5) wieder in entsprechende Stromschwankungen umgewandelt werden. Dabei erweist es sich als Vorteil, daß das Maximum der spektralen Empfindlichkeit dieser Silizium-Bauelemente etwa bei der Wellenlänge $\lambda = 820$ nm der emittierten Laserstrahlung liegt, so daß eine gute spektrale Anpassung zwischen Sender und Empfänger vorliegt.

3.9 Laser-Dioden

Wegen der sehr starken Temperaturabhängigkeit des Schwellstroms I_{Fkr} und der Ausgangsleistung Φ_{ea} (s. Bild **258.**2) ist i. allg. eine Stabilisierung der Arbeitstemperatur T_G der Laser-Diode erforderlich. Für diesen Zweck werden von den Herstellern über Thermistoren (s. Abschn. 6) gesteuerte thermoelektrische Kühlschaltungen angeboten, die die Gehäusetemperatur der Laser-Diode mit einer Genauigkeit von 2 K auf $T_G = 300$ K konstant halten. Nur hierdurch kann eine konstante Ausgangsleistung Φ_{ea} gewährleistet werden.

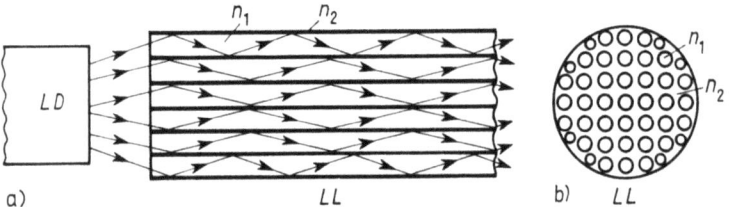

262.1 Schematisierte Darstellung der Lichtleiterwirkung
  a) Längsschnitt durch den Lichtleiter LL mit Einstrahlung durch die Laser-Diode LD
  b) Querschnitt durch den Lichtleiter LL
  n_1 Brechungsindex der Glasfaser, n_2 Brechungsindex des umgebenden Materials ($n_2 < n_1$)

Für die Übertragung der modulierten Laserstrahlung werden sehr häufig Lichtleiter aus Glasfaserbündeln verwendet. Diese Lichtleiter sind flexible Lichtkabel, in denen eine Vielzahl sehr dünner Glasfasern mit dem Brechungsindex n_1 in Werkstoff mit dem kleineren Brechungsindex n_2 eingebettet sind. Strahlt nun wie in Bild **262.**1a die Laser-Diode LD ihr Licht in den Lichtleiter LL, dessen Querschnitt in Bild **262.**1b gezeigt ist, so wird es durch Totalreflexion in den einzelnen Glasfasern eingefangen und weitergeleitet. Dabei muß der Lichtleiter nicht genau geradlinig ausgerichtet sein, sondern kann ähnlich wie ein elektrisches Kabel flexibel in Krümmungen verlegt werden. Gegenüber einer Übertragung durch die freie Atmosphäre ergibt sich der Vorteil der Unabhängigkeit von Witterungsbedingungen und der besseren Bündelung. Wegen der unvermeidbaren Dämpfung des Lichts im Lichtleiter muß die Laserstrahlung in periodischen Abständen von Detektoren aufgefangen und in ein elektrisches Signal umgewandelt werden. Mit diesem wird dann erneut ein Laser-Emitter angesteuert, der für die Weiterleitung der Information in den nächsten Lichtleiter einstrahlt.

4 Magnetoelektronische Bauelemente

Magnetoelektronische Bauelemente sind Halbleiterbauelemente, deren Eigenschaften sich unter dem Einfluß eines magnetischen Feldes verändern.

4.1 Hall-Generatoren

Bei der Messung, Steuerung und Regelung magnetischer Felder wird der Hall-Generator verwendet. Er liefert eine zum Magnetfeld proportionale Ausgangsspannung und benutzt den aus der Physik bekannten Hall-Effekt [4], [5].

4.1.1 Hall-Effekt

Fließt durch das in der xy-Ebene von Bild **263.**1 liegende N-dotierte Halbleiterplättchen der Steuerstrom I_x, so entsteht unter dem Einfluß der in z-Richtung weisenden magnetischen Induktion B_z eine die Elektronen (N-Halbleiter) in negative y-Richtung ablenkende Kraft F_y. Für diese als Lorentzkraft aus der Physik bekannte magnetische Kraft gilt das Vektorprodukt

$$F_M = -e(v \times B) \quad (263.1)$$

wenn v der Geschwindigkeitsvektor der Elektronen, B der Vektor eines Magnetfeldes und e die als Naturkonstante positive Elementarladung sind. Der Kraftvektor F_M steht wie in Bild **263.**1 senkrecht auf der von den Vektoren B und v aufgespannten Ebene. Löst man das Vektorprodukt nach Komponenten auf, ergibt sich für die y-Komponente der Lorentz-Kraft

$$F_{My} = -e v_x B_z \quad (263.2)$$

wenn v_x der Betrag der durch den Steuerstrom I_x verursachten Driftgeschwindigkeit der Elektronen und B_z der Betrag der in z-Richtung weisenden magnetischen Induktion sind.

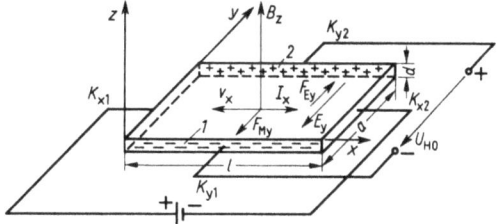

263.1 Darstellung zur Erklärung des Hall-Effekts in einem N-dotierten Halbleiter
B_z magnetische Induktion in z-Richtung, I_x Strom in x-Richtung, F_{My} magnetische Kraft in (negative) y-Richtung, F_{Ey} elektrostatische Kraft in y-Richtung, E_y elektrische Feldstärke in y-Richtung, v_x Geschwindigkeit und Bewegungsrichtung der Leitungselektronen, U_{H0} Leerlauf-Hall-Spannung, *1* negativ und *2* positiv geladene Seite des Plättchens; l Länge, a Breite, d Dicke des Plättchens; K_{x1}, K_{x2} Anschlüsse für den Steuerstrom I_x und K_{y1}, K_{y2} für die Hall-Spannung U_H

4.1 Hall-Generatoren

Durch die Kraft F_{My} werden die Elektronen senkrecht zur Wanderungsrichtung x abgelenkt. Daher lädt sich die Seite *1* negativ und die Seite *2* positiv auf. In y-Richtung entsteht ein elektrisches Feld E_y, das jetzt auf die Elektronen die zur magnetischen Kraft F_{My} entgegengesetzte **elektrostatische Kraft**

$$F_{Ey} = -e\,E_y \tag{264.1}$$

ausübt. Ist der an die beiden Stirnseiten *1* und *2* angeschlossene Stromkreis offen, kann sich die Aufladung dieser Seiten nicht beliebig fortsetzen, und im Gleichgewicht muß die in y-Richtung auf die Elektronen wirkende Kraft

$$F_y = F_{My} + F_{Ey} = 0 \tag{264.2}$$

sein. Führen wir noch mit der Elektronendichte n für die Driftgeschwindigkeit v_x den zu ihr entgegengesetzt weisenden **Steuerstrom**

$$I_x = -e\,n\,v_x\,d\,a \tag{264.3}$$

ein, in dem das Produkt $A = d\,a$ der dem Strom I_x zur Verfügung stehende Querschnitt ist, erhalten wir aus Gl. (263.2), (264.1), (264.2) und (264.3) für die **Leerlauf-Hall-Spannung**

$$U_{H0} = E_y\,a = \frac{1}{e\,n\,d}I_x\,B_z = \frac{R_{Hn}}{d}I_x\,B_z \tag{264.4}$$

Die **Hall-Konstante** für N-dotierte Halbleiter

$$R_{Hn} = 1/(e\,n) \tag{264.5}$$

ist nur von der Elektronendichte n abhängig und somit eine Materialkonstante. Für P-dotierte Halbleiter ist die **Hall-Konstante**

$$R_{Hp} = -1/(e\,p) \tag{264.6}$$

nur von der Löcherdichte p abhängig und außerdem negativ. Die Hall-Spannung kehrt also ihr Vorzeichen um.

Wegen der großen Elektronendichte $n \approx 10^{23}\,\text{cm}^{-3}$ ist die Hall-Konstante von Metallen $R_H \approx 6 \cdot 10^{-5}\,\text{cm}^3/\text{As}$ sehr klein und die erzielbare Hall-Spannung U_{H0} gering. Mit nicht allzu stark dotierten Halbleitern lassen sich große Hall-Konstanten und somit große Hall-Spannungen erreichen. Durch das Vorzeichen der Hall-Spannung kann dabei leicht entschieden werden, ob es sich um einen N- oder P-dotierten Halbleiter handelt.

Beispiel 64. Für den magnetischen Fluß $B_z = 1\,\text{T}$ ($1\,\text{T} = 1\,\text{Tesla} = 1\,\text{Vs/m}^2 = 10^4\,\text{Gauß}$) und den Steuerstrom $I_x = 1\,\text{A}$ berechne man für einen mit der Elektronendichte $n = 10^{16}\,\text{cm}^{-3}$ dotierten Halbleiter der Dicke $d = 1\,\text{mm}$ die Hall-Konstante R_{Hn} und die Leerlauf-Hall-Spannung U_{H0}.

Aus Gl. (264.5) ergibt sich die Hall-Konstante

$$R_{Hn} = 1/(e\,n) = 1/(1{,}6 \cdot 10^{-19}\,\text{As} \cdot 10^{16}\,\text{cm}^{-3}) = 625\,\text{cm}^3/\text{As}$$

Mit dieser Hall-Konstanten ergibt sich nun aus Gl. (264.4) die Leerlauf-Hall-Spannung

$$U_{H0} = \frac{R_{Hn}}{d}I_x\,B_z = \frac{625\,\text{cm}^3/\text{As}}{1\,\text{mm}}1\,\text{A} \cdot 1\,\text{T} = 0{,}625\,\text{V}$$

Diese im Volt-Bereich liegende Hall-Spannung reicht aus, um Transistoren in Halbleiterschaltungen anzusteuern.

Nach Gl. (264.4) ist die Hall-Spannung U_{H0} bei konstantem Steuerstrom I_x proportional zur magnetischen Induktion B_z. Hall-Generatoren sind deshalb zur Messung magnetischer Feldstärken sehr gut geeignet. Wird die magnetische Induktion durch einen weiteren Strom I erzeugt, dann bildet der Hall-Generator das Produkt aus Steuerstrom I_x und felderzeugendem Strom I. Er kann also auch als **Multiplizierer** eingesetzt werden (s. Abschn. 4.1.3.3 und Band IV).

4.1.2 Aufbau und Kennwerte

4.1.2.1 Aufbau. Für die Herstellung von Hall-Generatoren werden als Halbleiter InAs, InSb und InAsP, also III-V-Halbleiter, verwendet. Zur Erzielung großer Hall-Spannungen müssen Halbleiterplättchen sehr geringer Dicke d verwendet werden. Diese einige 0,1 mm dünnen Plättchen erhalten als elektrischen und mechanischen Schutz eine Ummantelung aus Sinterkeramik oder Gießharz, so daß ihre Gesamtdicke auf etwa 1 mm anwächst. Bild **265.1** zeigt den mechanischen Aufbau und das Schaltzeichen eines Hall-Generators. Das Kreuz im Schaltzeichen kennzeichnet die multiplikative Verknüpfung von magnetischer Induktion B_z und Steuerstrom I_x.

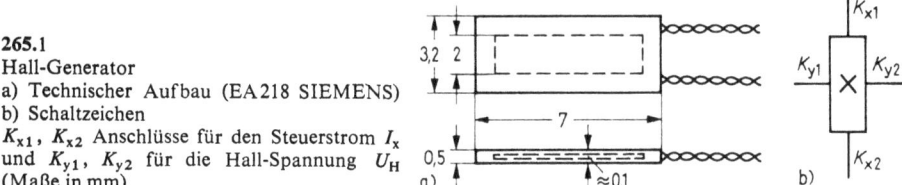

265.1
Hall-Generator
a) Technischer Aufbau (EA218 SIEMENS)
b) Schaltzeichen
K_{x1}, K_{x2} Anschlüsse für den Steuerstrom I_x und K_{y1}, K_{y2} für die Hall-Spannung U_H
(Maße in mm)

Zur weiteren Verringerung der Kristalldicke d wird bei einigen Hall-Generatoren eine polykristalline Schicht aus InSb auf ein keramisches Trägerplättchen aufgedampft. Die mit diesem Verfahren erzielten Dicken betragen nur wenige µm. Der gute Wärmekontakt der Halbleiterschicht mit dem Trägerplättchen erlaubt trotz der dünnen Schicht eine hohe thermische Belastung dieser Hall-Generatoren.

Soll der Hall-Generator in den Luftspalt eines Magneten eingeführt werden, stört häufig die aus nicht ferromagnetischem Material bestehende Ummantelung, da sie einen unnötigen Luftspalt zwischen Halbleiterplättchen und Magnetpolen erzeugt. Um dies zu vermeiden, werden Hall-Generatoren mit ferromagnetischer Ummantelung geliefert (**Ferrit-Hall-Generatoren**). Hiermit erreicht man, daß der effektive Luftspalt etwa gleich der Dicke des halbleitenden Plättchens wird. Diese Ferrit-Hall-Generatoren eignen sich jedoch nicht zur Magnetfeldmessung, da durch den hochpermeablen Ferritmantel das Magnetfeld in der Umgebung der Hall-Sonde gestört wird.

4.1.2.2 Kennwerte. Wichtigste Kennwerte von Hall-Generatoren sind **Leerlauf-Hall-Spannung** U_{H0} und **Leerlaufempfindlichkeit**

$$K_{B0} = U_{H0}/(I_{xn} B_z) = R_H/d \qquad (265.1)$$

Zwar ist nach Gl. (265.1) die Leerlaufempfindlichkeit K_{B0} nur von der Hall-Konstanten R_H und der Schichtdicke d abhängig, also unabhängig von Steuerstrom I_x und magnetischer Induktion B_z. Bei den technischen Ausführungen gilt dies jedoch nicht exakt, so daß die

Leerlaufempfindlichkeit K_{B0} bei dem Nennstrom I_{xn}, der etwa 70% des maximal zulässigen Steuerstroms $I_{x\,max}$ beträgt, und bei der magnetischen Induktion $B_z = 1$ T angegeben wird. In Tafel 266.1 sind Leerlauf-Hall-Spannung und Leerlaufempfindlichkeit einiger Hall-Generatoren verglichen.

In Tafel 266.1 fällt die große Empfindlichkeit K_{B0} des Aufdampfschicht-Hall-Generators auf, die durch die geringe Dicke d der Halbleiterschicht erreicht wird.

Tafel 266.1 Halbleiterwerkstoff, Anwendungsbereich sowie Leerlauf-Hall-Spannung U_{H0} und Leerlaufempfindlichkeit K_{B0} beim Nennstrom I_{xn}, der magnetischen Induktion $B_z = 1$ T und der Umgebungstemperatur $T = 300$ K einiger Hall-Generatoren (SIEMENS)

Typ	Halb-leiter	Anwendungsbereich	U_{H0} in mV	K_{B0} in V/(AT)	I_{xn} in mA
EA 218	InAs	Magnetfeldmessung	85	0,85	100
FC 34	InAsP	Magnetfeldmessung	290	1,45	200
RHY 18	InAs	Magnetfeldmessung bei Kryotemperaturen	150	4,3	35
SV 110	InSb	Aufdampfschicht-Hall-Generator für Steuerungen und Regelungen	1000	67	15

Beispiel 65. Aus der in Tafel 266.1 für den Hall-Generator EA 218 angegebenen Leerlaufempfindlichkeit $K_{B0} = 0,85$ V/(AT) und der in Bild 265.1a angegebenen Dicke des Halbleiter-Plättchens $d = 0,1$ mm berechne man die Elektronendichte n im InAs-Halbleiter

Aus Gl. (264.5) und (265.1) ergibt sich mit $R_H = R_{Hn}$ für die Elektronendichte

$$n = 1/(e\,d\,K_{B0}) = 1/[1,6 \cdot 10^{-19}\,\text{As} \cdot 0,1\,\text{mm} \cdot 0,85\,\text{V/(AT)}] = 7,35 \cdot 10^{15}\,\text{cm}^{-3}$$

Da bei Zimmertemperatur $T = 300$ K nahezu alle Donatoren ionisiert sind, ist die Elektronendichte n etwa gleich der Donatorendichte.

Belasteter Hall-Generator. Wird der Hall-Generator nach Bild 266.2 mit dem Wirkwiderstand R_L belastet, sinkt die zwischen den Klemmen K_{y2} und K_{y1} abfallende Hall-Spannung U_H. Ursache hierfür ist der Innenwiderstand R_{yB} des Hall-Generators. In der Ersatzschaltung von Bild 266.2 sei der eigentliche Hall-Generator widerstandslos angenommen, und die Innenwiderstände von Steuerkreis R_{xB} und Meßkreis R_{yB} sind getrennt herausgezeichnet. In der Praxis zugänglich sind nur die aus dem gestrichelten Kasten herausgeführten Klemmen K_{x1}, K_{x2} und K_{y1}, K_{y2}.

Nachteilig wirkt sich aus, daß beide Widerstände R_{xB} und R_{yB} von der den Hall-Generator durchsetzenden magnetischen Induktion B_z abhängen. Ist die magnetische Induktion $B_z = 0$, liegen die Innenwiderstände R_{x0} und R_{y0} i. allg. im Bereich 1 Ω bis 5 Ω, für

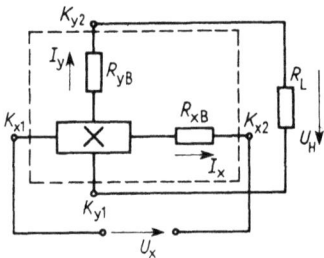

266.2
Ersatzschaltung des Hall-Generators
R_{yB} magnetfeldabhängiger Ausgangswiderstand des Hall-Generators, R_{xB} magnetfeldabhängiger Ausgangswiderstand des Steuerkreises, R_L Lastwiderstand des Hall-Kreises, U_H Hall-Spannung, U_x Steuerspannung und I_x Steuerstrom; I_y Laststrom im Hall-Kreis; K_{x1}, K_{x2} Anschlüsse des Steuerkreises und K_{y1}, K_{y2} des Hall-Kreises

Hall-Generatoren mit Aufdampfschicht jedoch im Bereich 100 Ω bis 500 Ω. Mit wachsender magnetischer Induktion B_z steigen nach Bild **267**.1 die Widerstände R_{xB} und R_{yB} um mehr als 50% bei der magnetischen Induktion $B_z = 10$ T. Die Ursache für diesen Anstieg ist die Verlängerung der durch das Magnetfeld gekrümmten Elektronenbahnen. Der Einfluß des Widerstands R_{xB} läßt sich eliminieren, wenn der Steuerkreis mit eingeprägtem Strom I_x arbeitet, also von einem Stromgenerator angesteuert wird.

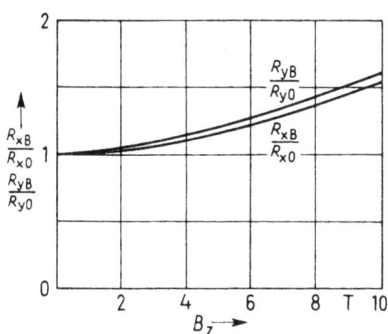
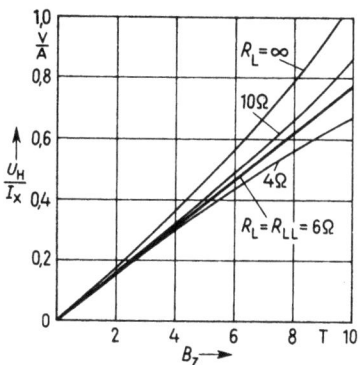

267.1 Auf die Widerstände R_{x0} und R_{y0} bei der magnetischen Induktion $B_z = 0$ bezogene Ausgangswiderstände R_{xB} und R_{yB} des Hall-Generators in Abhängigkeit von der magnetischen Induktion B_z

267.2 Auf den Steuerstrom I_x bezogene Hall-Spannung U_H in Abhängigkeit von der magnetischen Induktion B_z mit dem Lastwiderstand R_L als Parameter
R_{LL} Lastwiderstand für möglichst linearen Verlauf der Kennlinie

Die Abhängigkeit des Widerstands R_{yB} von der magnetischen Induktion B_z führt zu einer nichtlinearen Abhängigkeit der Hall-Spannung U_H von der magnetischen Induktion B_z. In Bild **267**.2 ist die auf den Steuerstrom I_x bezogene Hall-Spannung U_H/I_x in Abhängigkeit von der magnetischen Induktion B_z mit dem Lastwiderstand R_L als Parameter aufgetragen. Da in der Praxis auch die Leerlauf-Hall-Spannung U_{H0} nicht linear von der magnetischen Induktion B_z abhängt (Kurve für $R_L = \infty$), läßt sich wie in Bild **267**.2 ein Lastwiderstand R_{LL} finden, bei dem die Abweichung von linearen Verlauf am geringsten ist. Dieser Widerstand wird von den Herstellern in den Datenbüchern oder auf der Verpackung angegeben. Er beträgt i. allg. $R_{LL} = 5$ Ω bis 15 Ω.

Temperaturabhängigkeit der Kennwerte.
Bild **267**.3 zeigt die Temperaturabhängigkeit der Hall-Konstanten R_H und somit nach Gl. (265.1) auch der Leerlaufempfindlichkeit $K_{B0} = R_H/d$ für die drei wichtigsten Hall-Generator-Halbleiter InAs, InAsP und InSb. Der Temperaturkoeffizient

$$\beta = (dR_H/dT)/R_H = (dK_{B0}/dT)/K_{B0} \tag{267.1}$$

ist für InAs und InAsP $\beta \approx -10^{-3}\,\mathrm{K}^{-1}$ und für InSb etwa $\beta \approx -10^{-2}\,\mathrm{K}^{-1}$. Bei

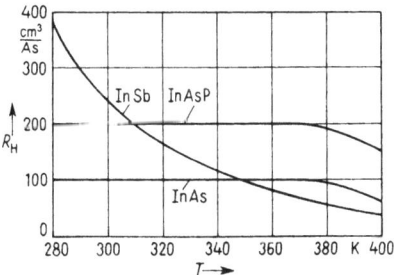

267.3 Temperaturabhängigkeit der Hall-Konstanten R_H für die Halbleiter InSb, InAsP und InAs

InSb steigt wegen seines geringen Bandabstands $\Delta W = 0{,}18$ eV schon bei Zimmertemperatur die Elektronendichte n mit wachsender Temperatur T durch Eigenleitung stark an und verringert hierdurch die Hall-Konstante R_H.

Hinzu kommt als zweiter Effekt die Temperaturabhängigkeit des Hall-seitigen Innenwiderstands R_{yB}. Sein Temperaturkoeffizient

$$\alpha = (\mathrm{d}R_{yB}/\mathrm{d}T)/R_{yB} \tag{268.1}$$

beträgt für InAs und InAsP $\alpha \approx 2 \cdot 10^{-3}$ K^{-1} und für InSb $\alpha \approx -10^{-2}$ K^{-1}.

Ist U_{H00} die Leerlauf-Hall-Spannung bei der Temperatur $T_0 = 300$ K und R_{yB0} der Innenwiderstand des Hall-Kreises bei derselben Temperatur, so ist mit Gl. (265.1), (267.1) und (268.1) die gesamte Änderung der Hall-Spannung mit der Temperatur

$$\mathrm{d}U_H/\mathrm{d}T = \beta U_{H00} - \alpha R_{yB0} I_y \tag{268.2}$$

wenn I_y der im Hall-Kreis fließende Strom ist. Haben die Temperaturkoeffizienten α und β wie bei InSb das gleiche Vorzeichen, läßt sich durch Nullsetzen von Gl. (268.2) ein Strom

$$I_{y0} = \beta U_{H00}/(\alpha R_{yB0}) \tag{268.3}$$

finden, bei dem die Hall-Spannung U_H konstant bleibt.

Für InAs ist dies nicht möglich, jedoch sind für diesen Halbleiter die Temperaturabhängigkeiten ohnehin wesentlich geringer.

Beispiel 66. Ein Hall-Generator mit InSb-Aufdampfschicht hat die Temperaturkoeffizienten $\beta = -10^{-2}$ K^{-1}, $\alpha = -1{,}5 \cdot 10^{-2}$ K^{-1}, bei der Temperatur $T_0 = 300$ K die Leerlauf-Hall-Spannung $U_{H00} = 0{,}8$ V und den Hall-seitigen Innenwiderstand $R_{yB0} = 200$ Ω. Man berechne den für Temperaturkompensation erforderlichen Laststrom I_{y0} sowie den Lastwiderstand R_L. Man gebe die abgegebene Hall-Spannung U_H an.

Nach Gl. (268.3) ergibt sich der Laststrom

$$I_{y0} = \frac{\beta U_{H00}}{\alpha R_{yB0}} = \frac{-10^{-2} \text{ K}^{-1} \cdot 0{,}8 \text{ V}}{-1{,}5 \cdot 10^{-2} \text{ K}^{-1} \cdot 200 \text{ Ω}} = 2{,}67 \text{ mA}$$

Aus der Reihenschaltung von Innenwiderstand R_{yB0} und Lastwiderstand R_L erhält man $U_{H00} = I_{y0}(R_{yB0} + R_L)$ und daher den Lastwiderstand

$$R_L = (U_{H00}/I_{y0}) - R_{yB0} = [0{,}8 \text{ V}/(2{,}67 \text{ mA})] - 200 \text{ Ω} = 100 \text{ Ω}$$

Mit diesem Lastwiderstand findet man die Hall-Spannung

$$U_H = I_{y0} R_L = 2{,}67 \text{ mA} \cdot 100 \text{ Ω} = 0{,}27 \text{ V}.$$

4.1.3 Anwendungen

Die wichtigsten Anwendungsgebiete von Hall-Generatoren sind die Messung von magnetischen Feldern, man spricht dann von Hall- oder Feldsonden (s. Band IV), die kontaktlose Steuerung von elektrischen Anlagen und die elektrische Multiplikation von Strömen oder Spannungen (s. Band IV).

4.1.3.1 Messung von Magnetfeldern. Für die Messung von Magnetfeldern stehen Hall-Generatoren als Feldsonden in verschiedenen technischen Ausführungen zur Verfügung. Während die in Bild **265**.1a gezeigte Feldsonde (EA 218 Siemens) für die Messung der magnetischen Induktion in Luftspalten von Magneten gut geeignet ist, ist die in Bild **269.**1a gezeigte **Axialfeldsonde** *AS* (RHY 11 Siemens) speziell für die Ausmessung der stirnseitig aus Magneten austretenden magnetischen Induktion konstruiert. Die Fläche des Hall-Generators *HG* ist direkt der magnetischen Induktion *B* zugewendet und kann sehr dicht an die Stirnseite des Magneten herangeführt werden.

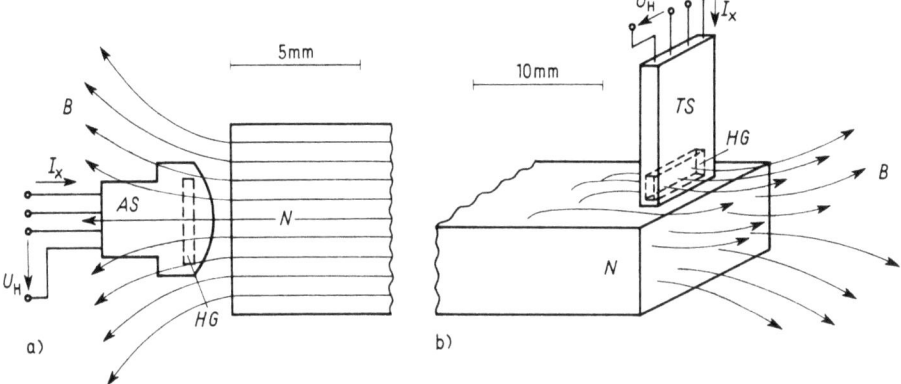

269.1 Anordnung von Feldsonden für die Messung von magnetischen Induktionen
  a) Axialfeldsonde *AS* (RHY 11 SIEMENS) zur Messung der axialen Induktion *B* eines Magneten
  b) Tangentialfeldsonde *TS* (TC 21 SIEMENS) zur Messung der tangentialen Induktion eines Magneten
  HG Hall-Generator-Plättchen, *N* Nordpol des Magneten

Für die Messung von tangentialen magnetischen Feldern ist die in Bild **269.**1 b gezeigte **Tangentialfeldsonde** *TS* (TC 21 Siemens) gut geeignet. Die Anwendung im Bild **269.**1 b zeigt, daß der Hall-Generator senkrecht zur tangentialen magnetischen Induktion *B* steht und somit von dieser optimal durchflutet wird.

Speziell für die Messung von magnetischen Feldern bei sehr tiefen Temperaturen (Kryotemperaturen, z. B. in **supraleitenden** Magnetspulen) sind Feldsonden aus einer InAs-Aufdampfschicht konstruiert. Sie können im Temperaturbereich $T = 4$ K bis 350 K eingesetzt werden.

4.1.3.2 Kontaktlose Schalter. Die vom Magnetfeld im Hall-Generator erzeugte Hall-Spannung U_H kann im Zusammenwirken mit geeigneten Transistorschaltungen (Schmitt-Trigger) zum Schalten und Steuern in elektronischen Geräten ausgenutzt werden. Für diesen Zweck werden ausschließlich **Ferrit-Hall-Generatoren** (s. Abschn. 4.1.2.1) verwendet. Der Ferrit-Mantel sorgt für eine Vergrößerung der magnetischen Induktion im Hall-Generator und somit für eine kleinere Ansprechschwelle.

Bewegt man in Bild **270.**1 a den Hall-Generator *HG*, der zwischen zwei Ferrit-Backen *F* eingeklemmt ist, in der eingezeichneten *x*-Richtung im Abstand δ am Nordpol *N* eines Permanent-Magneten vorbei, so ergibt sich in Abhängigkeit von der Position *x* der darunter in Bild **270.**1 b gezeichnete Verlauf der Leerlauf-Hall-Spannung U_{H0}. Bei Annäherung des Hall-Generators *HG* an den Magneten „saugen" die Ferrit-Backen den magnetischen Fluß auf und vergrößern dadurch die magnetische Induktion im Halbleiterplättchen *HG*. Die erzeugte Hall-Spannung erreicht bereits vor der Position $x = 0$ ihren maximalen Wert $U_{H0\,max}$. In der Stellung $x = 0$ ist die Hall-Spannung $U_{H0} = 0$; denn der

270 4.1 Hall-Generatoren

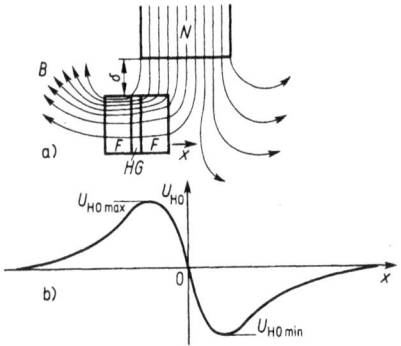

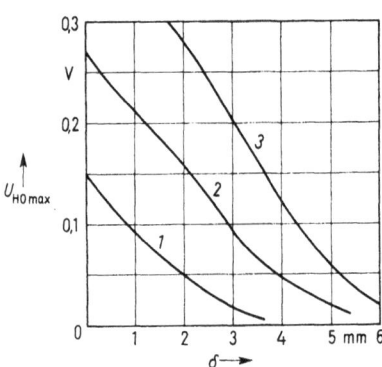

270.1 Vorbeiführen eines Ferrit-Hall-Generators HG am Nordpol N eines Magneten (a) und dabei abgegebene Leerlauf-Hall-Spannung U_{H0} (b)

270.2 In Bild **270.1** erzielbare maximale Leerlauf-Hall-Spannung U_{H0max} eines Ferrit-Hall-Generators (RHY 15 SIEMENS) in Abhängigkeit vom Magnetabstand δ beim Steuerstrom $I_x = 50$ mA
1 Magnet mit Durchmesser $D = 2$ mm, Länge $l = 6$ mm, Induktion $B_z = 0{,}16$ T; *2* Magnet mit $D = 3$ mm, $l = 10$ mm, $B_z = 0{,}21$ T; *3* Magnet mit $D = 4{,}5$ mm, $l = 10$ mm, $B_z = 0{,}16$ T

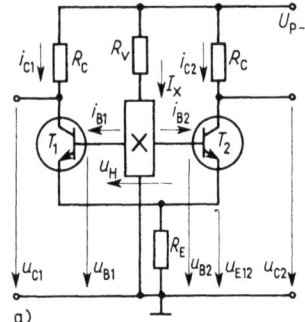

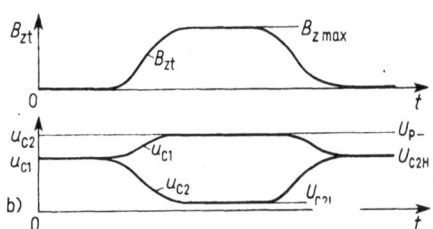

270.3 Ansteuerung eines Differenzverstärkers mit einem Hall-Generator (a) und zeitlicher Verlauf der Ausgangsspannungen u_{C1}, u_{C2} in Abhängigkeit vom zeitlichen Verlauf der magnetischen Induktion B_{zt} (b)

magnetische Fluß durchsetzt die Ferrit-Backen symmetrisch nach beiden Seiten, und die magnetische Induktion im Hall-Generator HG ist $B = 0$. Wird der Hall-Generator über die Stellung $x = 0$ hinausgeschoben, kehrt sich die Hall-Spannung um, da das Halbleiterplättchen nun in entgegengesetzter Richtung magnetisch durchsetzt wird.

Wichtig ist die erzielbare maximale Hall-Spannung $U_{H0\,max}$. Sie hängt sowohl vom Abstand δ als auch von der vom Magneten erzeugten magnetischen Induktion B ab. In Bild **270.2** ist für drei verschiedene Magnete die erzielbare maximale Leerlauf-Hall-Spannung $U_{H0\,max}$ (s. Bild **270.1** b) in Abhängigkeit vom Abstand δ aufgetragen. Da die erreichbaren Ausgangsspannungen U_{H0max} nur einige 0,1 V betragen, ist eine Nachverstärkung notwendig, wenn z. B. TTL-Logik-Schaltkreise angesteuert werden sollen.

Als Verstärker kann der in Bild **270.3**a dargestellte Differenzverstärker benutzt werden. In dieser Schaltung tritt die Hall-Spannung U_H als Differenzspannung zwischen den

Basis-Anschlüssen der Transistoren T_1 und T_2 auf. Die Dimensionierung führen wir im Beispiel 67 durch.

Beispiel 67. Mit der Ausgangsspannung u_{C2} in Bild 270.3a sollen TTL-Schaltkreise angesteuert werden. Man dimensioniere deshalb die Schaltung so, daß ohne Magnetfeld, also bei $B_z = 0$, die Ausgangsspannung $u_{C2} = U_{C2H} = 3{,}5$ V und mit Magnetfeld bei maximaler Hall-Spannung $U_{H\,max} = 0{,}2$ V die Ausgangsspannung $u_{C2} = U_{C2L} < 0{,}5$ V wird. Die Versorgungsspannung beträgt $U_{p-} = 5$ V. Der Hall-Generator benötigt den Steuerstrom $I_x = 50$ mA und hat die Innenwiderstände $R_{xB} = R_{yB} = 30\,\Omega$. Die Stromverstärkung der beiden Transistoren ist $B = 100$. Der Vorwiderstand des Hall-Generators $R_V = (U_{p-}/I_x) - R_{xB} = [5\,\text{V}/(50\,\text{mA})] - 30\,\Omega = 70\,\Omega$ ist relativ niederohmig. Ist der Hall-Generator genau symmetrisch aufgebaut, entsteht im Ruhezustand bei $B_z = 0$ an den Basis-Anschlüssen die Spannung

$$u_{B1} = u_{B2} = U_{B12} = (U_{p-}\,R_{xB}/2)/(R_{xB} + R_V) = (5\,\text{V} \cdot 30\,\Omega/2)/(30\,\Omega + 70\,\Omega) = 0{,}75\,\text{V}$$

Nehmen wir für die Basis-Emitter-Spannung der leitenden Transistoren $U_{BE} = 0{,}6$ V an, ergibt sich die gemeinsame Emitterspannung $U_{E12} = U_{B12} - U_{BE} = 0{,}75\,\text{V} - 0{,}6\,\text{V} = 0{,}15\,\text{V}$. Legen wir im Ruhezustand den Kollektorstrom der Transistoren mit $i_{C1} = i_{C2} = I_C = 5$ mA fest und vernachlässigen wir wegen der großen Stromverstärkung die Basisströme i_{B1} und i_{B2}, erhalten wir den Emitterwiderstand $R_E = U_{E12}/(2\,I_C) = 0{,}15\,\text{V}/(2 \cdot 5\,\text{mA}) = 15\,\Omega$. Mit der geforderten Kollektorspannung $u_{C2} = U_{C2H} = 3{,}5$ V finden wir jetzt den Kollektorwiderstand

$$R_C = (U_{p-} - U_{C2H})/I_C = (5\,\text{V} - 3{,}5\,\text{V})/(5\,\text{mA}) = 300\,\Omega.$$

Tritt im Arbeitszustand die Hall-Spannung $u_H = U_{H\,max} = 0{,}2$ V auf, liegt am Transistor T_1 die Basisspannung $U_{B1} = U_{B12} - 0{,}1\,\text{V} = 0{,}75\,\text{V} - 0{,}1\,\text{V} = 0{,}65\,\text{V}$ und am Transistor T_2 die Basisspannung $U_{B2} = U_{B12} + 0{,}1\,\text{V} = 0{,}75\,\text{V} + 0{,}1\,\text{V} = 0{,}85\,\text{V}$.

Mit der Basis-Emitter-Spannung $U_{BE} = 0{,}6$ V des jetzt stark leitenden Transistors T_2 wird die gemeinsame Emitterspannung auf $U_{E12} = U_{B2} - 0{,}6\,\text{V} = 0{,}85\,\text{V} - 0{,}6\,\text{V} = 0{,}25\,\text{V}$ angehoben. Der Transistor T_2 übernimmt nahezu den gesamten über den Emitterwiderstand R_E fließenden Strom $I_E = U_{E12}/R_E = 0{,}25\,\text{V}/15\,\Omega = 16{,}66$ mA. Ist der Transistor T_2 gesättigt leitend, kann mit der Sättigungsspannung $U_{CE\,sat} = 0{,}1$ V in seinem Kollektorkreis maximal der Strom $I_{C2} = (U_{p-} - U_{CE\,sat})/(R_C + R_E) = (5\,\text{V} - 0{,}1\,\text{V})/(300\,\Omega + 15\,\Omega) = 15{,}55$ mA fließen; er ist kleiner als der Emitterstrom I_E. Die Differenz der Ströme $I_E - I_{C2} = 16{,}66\,\text{mA} - 15{,}55\,\text{mA} = 1{,}11\,\text{mA} = I_{B2}$ ist der Basisstrom des Transistors T_2; er ist wesentlich größer als der zur Erzeugung des Kollektorstroms I_{C2} erforderliche Basisstrom $I'_{B2} = I_{C2}/B = 15{,}55\,\text{mA}/100 = 0{,}156\,\text{mA}$. Der Transistor T_2 ist also mit dem Übersteuerungsgrad $\ddot{U} = I_{B2}/I'_{B2} = 1{,}11\,\text{mA}/0{,}156\,\text{mA} = 7{,}12$ übersteuert. Die Ausgangsspannung $u_{C2} = U_{C2L} = U_{E12} + U_{CE\,sat} = 0{,}25\,\text{V} + 0{,}1\,\text{V} = 0{,}35\,\text{V}$ ist wie gefordert kleiner als $0{,}5$ V. Der Transistor T_1 dagegen ist nahezu gesperrt; denn seine Basis-Emitter-Spannung beträgt nur $U_{BE1} = U_{B1} - U_{E12} = 0{,}65\,\text{V} - 0{,}25\,\text{V} = 0{,}4\,\text{V}$.

Bild 270.3b zeigt den zeitlichen Verlauf der Ausgangsspannungen u_{C1} und u_{C2} beim Ansteuern mit der zeitabhängigen magnetischen Induktion B_{zt}. Diese ändert sich beim Annähern des Magneten an den Hall-Generator.

4.1.3.3 Hall-Multiplikator. Die Leerlauf-Hall-Spannung

$$U_{H0} = K_{B0}\,I_x\,B_z \tag{271.1}$$

ist dem Produkt aus Steuerstrom I_x und magnetischer Induktion B_z proportional. Diese beiden elektrischen Größen werden in einem Hall-Generator miteinander multipliziert. Meist soll in der Elektrotechnik jedoch das Produkt zweier Ströme oder Spannungen bzw. bei der Leistungsmessung das Produkt aus Strom und Spannung gebildet werden (s. Band IV). Im Hall-Multiplikator muß deshalb ein Strom oder eine Spannung zunächst in die magnetische Induktion B_z umgewandelt werden. Bild **272.1** zeigt den prinzipiellen Aufbau eines Hall-Multiplikators (MB 26/EI 38 Siemens). Er besteht aus einem EI 38-Mu-Metallkern, auf den der Anwender selbst die gewünschte Feldwicklung, die über den Feldstrom I_F die magnetische Induktion B_z im Hall-Generator HG erzeugt, aufbringen kann. Bei dem Steuerstrom $I_x = 400$ mA und der Durchflutung $\Theta = I_F N = 70$ A wird die Leerlauf-Hall-Spannung $U_{H0} = 160$ mV erreicht. Bei $N = 1000$ Windungen ist also der Feldstrom $I_F = \Theta/N = 70$ A/1000 = 70 mA erforderlich. Der mit Kupferdraht von 0,2 mm Durchmesser und $N = 1000$ Windungen vollgewickelte Spulenkörper hat dann im Mu-Metallkern die Induktivität $L = 0,9$ H und den Wirkwiderstand $R = 42$ Ω.

Hall-Multiplikatoren mit lamelliertem Mu-Metallkern können wegen der bei höheren Frequenzen stark anwachsenden Wirbelstromverluste (s. Band I) nur bis zu Frequenzen von etwa 1 kHz eingesetzt werden. Bei Topfkernbauweise und Verwendung verlustarmer magnetischer Werkstoffe (Hochfrequenzeisen oder Ferrite) können Hall-Multiplikatoren bis zu Frequenzen von etwa 100 kHz verwendet werden.

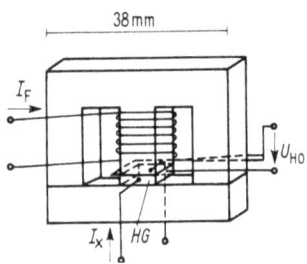

272.1 Prinzipieller Aufbau eines Hall-Multiplikators (MB 26/EI 38 SIEMENS)
HG Hall-Generator-Plättchen, I_F Strom für die Felderregung, I_x Steuerstrom, U_{H0} Leerlauf-Hall-Spannung

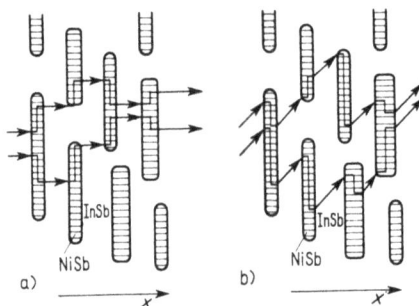

272.2 Schematisierte Darstellung des Transports von zwei Elementarladungen in der Feldplatte ohne Induktion B_z (a) und mit magnetischer Induktion B_z (b)

4.2 Feldplatten

Feldplatten sind magnetisch steuerbare Widerstände, die aus dem Halbleiter InSb mit metallischen Einschlüssen aus NiSb bestehen.

4.2.1 Magneto-Widerstand

In einem Halbleiter mit metallischen Einschlüssen wird der Strom im halbleitenden Material (InSb) von wenigen Elektronen mit großer Driftgeschwindigkeit gebildet. Dabei beträgt die Elektronendichte $n_H \approx 10^{16}$ cm^{-3} und die Driftgeschwindigkeit $v_n \approx 10^7$ cm/s. In den metallischen Einschlüssen aus NiSb, die nadelförmig quer zu den Elektronenbahnen liegen (Bild **272.2**), ist die Elektronendichte mit $n_M \approx 10^{23}$ cm^{-3} sehr groß, und da überall in der Schicht die gleiche Stromdichte besteht, die Driftgeschwindigkeit um das Verhältnis $n_H/n_M \approx 10^{-6}$ kleiner als im Halbleiter. Bei dieser geringen Driftgeschwindigkeit ($v_n \approx 1$ cm/s) ist nach Gl. (263.1) die Lorentz-Kraft sehr klein, und die Elektronen werden in den NiSb-Nadeln durch ein Magnetfeld so gut wie gar nicht abgelenkt.

Bild 272.2 zeigt schematisiert den Transport von zwei Elementarladungen im Halbleiter InSb. Beim Auftreffen eines Elektrons auf einen NiSb-Kristall übernehmen in ihm etwa 10^6 mal so viele Elektronen den Ladungstransport, und auf der gegenüberliegenden Seite wird statistisch verteilt irgendwo wieder ein Elektron austreten. Es ergibt sich ohne Magnetfeld senkrecht zur Zeichnungsebene der in Bild 272.2a eingetragene scheinbar zickzackförmige Weg, dessen Wegelemente jedoch stets parallel zur x-Achse verlaufen. Mit Magnetfeld werden wie in Bild 272.2b im InSb-Halbleiter die Elektronen quer zur x-Richtung stark abgelenkt, wogegen sie in den metallischen NiSb-Kristallen wieder etwa parallel zur x-Achse wandern. Insgesamt ergibt sich so eine Verlängerung der Elektronenbahnen in der Halbleiterschicht, und der Widerstand der Schicht steigt an.

4.2.2 Aufbau und Kennwerte

Die mit den NiSb-Einschlüssen versehene etwa 25 μm dicke InSb-Schicht wird wie in Bild 273.1a auf einen etwa 100 μm dicken Träger aus Keramik 2, Kunststoff oder einem hochpermeablen Ferrit aufgebracht. Durch eine Mäanderform kann der Widerstand 3 in weiten Grenzen verändert werden. Die Strichlinierung in Bild 273.1a kennzeichnet die Lage der NiSb-Kristallnadeln. Bild 273.1b zeigt noch das Schaltzeichen der Feldplatte. Es deutet die Veränderbarkeit des Wirkwiderstands durch die magnetische Induktion B an.

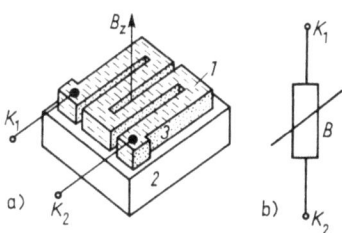

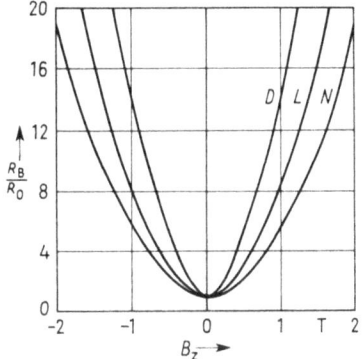

273.1 Technischer Aufbau (a) und Schaltzeichen (b) einer Feldplatte
B_z magnetische Induktion senkrecht zur Feldplatte, K_1, K_2 Anschlüsse, 1 eingezeichnete Lage der NiSb-Kristalle, 2 Trägerplatte, 3 Feldplatten-Widerstand

273.2 Magnetfeldabhängiger Widerstand R_B von Feldplatten bezogen auf den Widerstand R_0 ohne Magnetfeld in Abhängigkeit von der magnetischen Induktion B_z für 3 verschiedene Feldplatten-Werkstoffe (D-, L- und N-Material)

Der Grundwiderstand R_0 der Feldplatte ohne Magnetfeld liegt meist im Bereich $R_0 = 50\,\Omega$ bis $500\,\Omega$. Steigt die magnetische Induktion B_z senkrecht zur Feldplatte (s. Bild 273.1a), erhöht sich wie in Bild 273.2 der Widerstand R_B. Je nach Zusammensetzung der InSb- und NiSb-Schicht lassen sich stärkere (D-Material) und schwächere (N-Material) Abhängigkeiten des Widerstands R_B von der magnetischen Induktion B_z erzielen. Bild 273.2 zeigt auch, daß bei Umpolung der magnetischen Induktion B_z die gleiche Widerstandsänderung auftritt. Mit einer Feldplatte kann also im Gegensatz zum Hall-Generator nicht die Richtung der magnetischen Induktion B_z festgestellt werden.

4.2 Feldplatten

Nachteilig insbesondere für die Messung magnetischer Felder ist die nichtlineare Abhängigkeit des Feldplatten-Widerstands R_B von der magnetischen Induktion.

In Bild 274.1 ist der **Temperaturkoeffizient** $\alpha = (dR_B/dT)/R_B$ in Abhängigkeit von der magnetischen Flußinduktion B_z aufgetragen. Es zeigt sich, daß das D-Material mit der stärksten Widerstandsänderung dR_B/dB_z auch den größten Temperaturkoeffizienten α aufweist. Alle Materialien haben negative Temperaturkoeffizienten, d.h., mit wachsender Temperatur T sinkt wegen der zunehmenden Eigenleitung der Feldplatten-Widerstand R_B.

Hält man magnetische Induktion B_z und Temperatur T konstant, so ist die Strom-Spannungs-Kennlinie des Feldplatten-Widerstands R_B exakt linear. Dies bedeutet, daß die Feldplatte unter diesen Bedingungen ein linearer Widerstand ist.

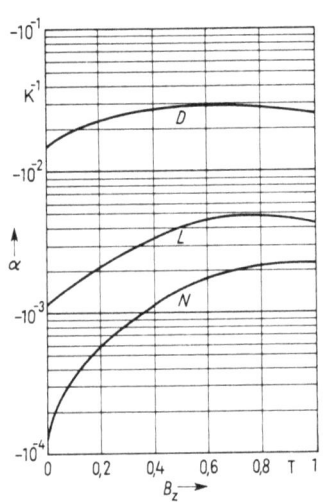

Beispiel 68. Eine Feldplatte aus D-Material hat bei der magnetischen Induktion $B_z = 0{,}5$ T den Widerstand $R_B = 600\ \Omega$. Man gebe die Änderung dR_B/dT des Feldplatten-Widerstandes mit der Temperatur an.

Bild 274.1 entnehmen wir für D-Material bei der magnetischen Induktion $B_z = 0{,}5$ T den Temperaturkoeffizienten $\alpha = -2{,}8 \cdot 10^{-2}\ \text{K}^{-1}$. Hiermit ergibt sich die Änderung

$$dR_B/dT = \alpha\, R_B = -2{,}8 \cdot 10^{-2}\ \text{K}^{-1} \cdot 600\ \Omega$$
$$= -16{,}8\ \Omega/\text{K}$$

Bei einer Temperaturerhöhung von nur 10 K sinkt der Feldplatten-Widerstand schon um 168 Ω auf 432 Ω. Diese starke Temperaturabhängigkeit macht das D-Material besonders für Meßzwecke ungeeignet.

274.1
Abhängigkeit des Temperaturkoeffizienten α des D-, L- und N-Materials von der magnetischen Induktion B_z bei der Temperatur $T_0 = 300$ K

4.2.3 Anwendungen

Der Anwendungsschwerpunkt liegt in der kontaktlosen Signalerzeugung (kontaktlose Schalter). Hierfür werden Feldplatten auf hochpermeablem Trägermaterial verwendet (Eisen-Feldplatten), mit denen wie beim Ferrit-Hall-Generator geringere Ansprechschwellen erreicht werden. die Feldplatte wird dabei in Verbindung mit Transistor-Schaltstufen betrieben. Als Schaltverstärker werden entweder einfache Emitterverstärker oder Schmitt-Trigger benutzt.

Feldplattengesteuerte Emitterschaltung. Als Beispiel ist in Bild 275.1a die Ansteuerung einer Emitterschaltung mit einer Feldplatte wiedergegeben. Ohne Magnetfeld ist der Grundwiderstand R_0 der Feldplatte klein, und die an ihm abfallende Basis-Emitter-Spannung U_{BE} reicht nicht aus, um den Transistor durchzuschalten. Mit Magnetfeld steigt der Feldplatten-Widerstand R_B so weit an, daß bei einer Basis-Emitter-Spannung $U_{BE} \approx 0{,}7$ V der Transistor durchgeschaltet wird.

Für die genaue Dimensionierung benutzen wir die Eingangskennlinie $I_B = f(U_{BE})$ in Bild 275.1b. Der Schaltung von Bild 275.1a entnehmen wir die Stromgleichungen

4.2.3 Anwendungen

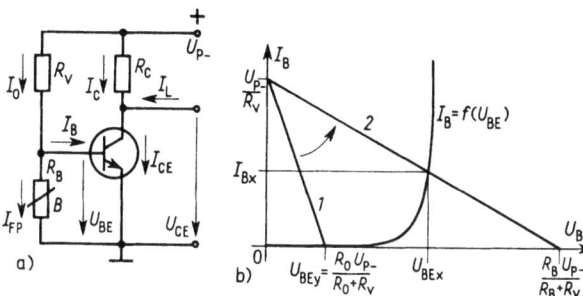

275.1
Ansteuerung einer Emitterschaltung mit einer Feldplatte (a) und Eingangskennlinie $I_B = f(U_{BE})$ des Transistors mit eingezeichneten Widerstandsgeraden (b)
1 Widerstandsgerade ohne Magnetfeld und *2* mit Magnetfeld

$$I_0 = (U_{p-} - U_{BE})/R_V \qquad (275.1)$$

$$I_B = I_0 - I_{FP} \qquad (275.2)$$

$$I_{FP} = U_{BE}/R_B \qquad (275.3)$$

und erhalten aus Gl. (275.1) bis (275.3) für den Basisstrom

$$I_B = \frac{U_{p-}}{R_V} - \left(\frac{1}{R_B} + \frac{1}{R_V}\right) U_{BE} \qquad (275.4)$$

In Bild **275.1**b sind die Widerstandsgeraden nach Gl. (275.4) für $R_B = R_0$ (ohne Magnetfeld *1*) und für $R_B > R_0$ (mit Magnetfeld *2*) eingetragen. Erhöht sich z. B. beim Annähern eines Permanentmagneten an die Feldplatte deren Widerstand R_B, so schwenkt die Widerstandsgerade in der in Bild **275.1**b eingezeichneten Pfeilrichtung von der Geraden mit R_0 zur Geraden mit R_B.

Gesperrter Transistor: Ohne Magnetfeld ist der Feldplatten-Widerstand $R_B = R_0$, und am Transistor liegt die Basis-Emitter-Spannung U_{BEy}, bei der der Basisstrom noch $I_B \approx 0$ ist. Aus Gl. (275.4) ergibt sich hieraus für die sperrende Basis-Emitter-Spannung

$$U_{BEy} = U_{p-} R_0/(R_0 + R_V) \qquad (275.5)$$

Leitender Transistor: Mit dem Feldplatten-Widerstand R_B liegt am Transistor die für leitenden Betrieb erforderliche Basis-Emitter-Spannung U_{BEx}. Es fließt dann der Basisstrom

$$I_{Bx} = \frac{U_{p-}}{R_V} - \left(\frac{1}{R_B} + \frac{1}{R_V}\right) U_{BEx} \qquad (275.6)$$

Der leitende Transistor soll mit dem Übersteuerungsgrad $\ddot{U}$ in den gesättigt leitenden Zustand geschaltet werden und dabei außer dem Kollektorstrom

$$I_C = (U_{p-} - U_{CE\,sat})/R_C \qquad (275.7)$$

noch den maximalen Laststrom $I_{L\,max}$ von einer angesteuerten Schaltung übernehmen. Der gesamte maximale Kollektor-Emitter-Strom

$$I_{CE\,max} = I_{L\,max} + (U_{p-} - U_{CE\,sat})/R_C \qquad (275.8)$$

muß dann wegen der $\ddot{U}$-fachen Übersteuerung und mit der Stromverstärkung B durch den Basisstrom

$$I_{Bx} = I_{CE\,max} \ddot{U}/B \qquad (275.9)$$

erzeugt werden.

4.2 Feldplatten

Beispiel 69. In einer Transistor-Schaltstufe nach Bild **275.**1 a wird ein Si-Transistor mit der Stromverstärkung $B = 100$ von einer Feldplatte mit dem Grundwiderstand (ohne Magnetfeld) $R_0 = 50\,\Omega$ angesteuert. Der Transistor wird mit dem Kollektorwiderstand $R_C = 1\,\text{k}\Omega$ und der Versorgungsspannung $U_{p-} = 5\,\text{V}$ betrieben. Im durchgeschalteten Zustand beträgt seine Sättigungsspannung $U_{CE\,sat} = 0{,}1\,\text{V}$, und er soll bei dem maximalen Laststrom $I_{L\,max} = 15\,\text{mA}$ noch mit dem Übersteuerungsgrad $\ddot{U} = 5$ arbeiten. Man berechne den Vorwiderstand R_V und den Feldplatten-Widerstand R_B mit Magnetfeld und gebe die erforderliche magnetische Induktion B an, wenn die in Bild **273.**2 für das L-Material angegebene Abhängigkeit $R_B/R_0 = f(B_z)$ gilt.

Für den gesperrten Si-Transistor legen wir als sperrende Basis-Emitter-Spannung $U_{BEy} = 0{,}3\,\text{V}$ fest und erhalten durch Auflösen von Gl. (275.5) den Vorwiderstand

$$R_V = \frac{R_0\,(U_{p-} - U_{BEy})}{U_{BEy}} = \frac{50\,\Omega\,(5\,\text{V} - 0{,}3\,\text{V})}{0{,}3\,\text{V}} = 783{,}3\,\Omega$$

Für den leitenden Transistor ergibt sich aus Gl. (275.8) und (275.9) der erforderliche Basisstrom

$$I_{Bx} = [I_{L\,max} + (U_{p-} - U_{CE\,sat})/R_C]\,\ddot{U}/B$$
$$= [15\,\text{mA} + (5\,\text{V} - 0{,}1\,\text{V})/(1\,\text{k}\Omega)]\,5/100 = 0{,}995\,\text{mA}$$

Der Kennlinie des Si-Transistors sei für den Strom $I_{Bx} = 0{,}995\,\text{mA}$ die Spannung $U_{BEx} = 0{,}7\,\text{V}$ entnehmbar. Durch Auflösen von Gl. (275.6) finden wir jetzt den erforderlichen Feldplatten-Widerstand

$$R_B = \frac{R_V\,U_{BEx}}{U_{p-} - U_{BEx} - R_V\,I_{Bx}} = \frac{783{,}3\,\Omega \cdot 0{,}7\,\text{V}}{5\,\text{V} - 0{,}7\,\text{V} - 783{,}3\,\Omega \cdot 0{,}995\,\text{mA}} = 155{,}7\,\Omega$$

Unter dem Einfluß der magnetischen Induktion B_z muß sich der Feldplatten-Widerstand also etwa verdreifachen. Mit $R_B/R_0 = 155{,}7\,\Omega/50\,\Omega = 3{,}11$ ergibt sich aus Bild **273.**2 für das L-Material die zur Erzeugung des Widerstands R_B erforderliche magnetische Induktion $B_z = 0{,}5\,\text{T}$. Diese muß durch Annähern eines entsprechend starken Permanentmagneten erzeugt werden.

Temperaturkompension. In der Schaltung nach Bild **275.**1 a kompensiert der negative Temperaturkoeffizient der Basis-Emitter-Spannung U_{BE} zum Teil den negativen Temperaturkoeffizienten des Feldplatten-Widerstands R_B. Steigt die Temperatur von T_0 auf T_1, verschiebt sich wie in Bild **276.**1 die Eingangskennlinie $I_B = f(U_{BE})$ zu kleineren Spannungen hin, wobei die Änderung $dU_{BE}/dT \approx -2\,\text{mV/K}$ beträgt (s. Band III, Teil 1, Abschn. Temperaturabhängigkeit der Durchlaßspannung). Mit wachsender Temperatur fällt jedoch auch der Feldplatten-Widerstand R_B, so daß sich die Widerstandsgerade von der Geraden mit R_{BT0} zur Geraden mit R_{BT1} in Pfeilrichtung dreht. Deshalb bleibt trotz der Änderung der Temperatur von T_0 auf T_1 der eingezeichnete Basisstrom I_{Bx} näherungsweise konstant und der Transistor sicher durchgeschaltet. Gute Kompensation erhält man, wenn Si-Transistoren mit L-Material-Feldplatten zusammengeschaltet werden.

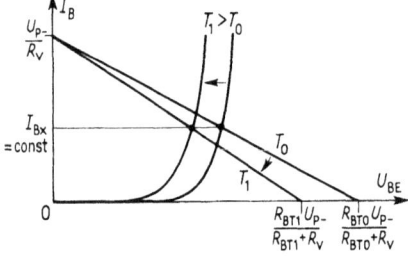

276.1
Transistor-Eingangskennlinie $I_B = f(U_{BE})$ und Widerstandsgeraden nach Gl. (275.4) für zwei verschiedene Temperaturen T_0 und T_1 zur Demonstration der Konstanthaltung des Basisstroms I_{Bx}

4.3 Magnet-Dioden

Magnet-Dioden sind in Durchlaßrichtung gepolte PIN-Dioden, deren Durchlaßstrom I_F durch ein Magnetfeld beeinflußt werden kann.

4.3.1 Aufbau und Kennwerte

Der prinzipielle Aufbau einer Magnet-Diode ist in Bild 277.1a, ihr Schaltzeichen in Bild 277.1b dargestellt. Sie besteht aus einem Ge-Kristall, zwischen dessen hochdotierte P^+- und N^+-Schichten eine nichtdotierte Intrinsic-Schicht I eingeschoben ist. Die Magnet-Diode hat also die gleiche Schichtenfolge wie die in Band III, Teil 1 behandelten PIN-Dioden. Jedoch ist bei der Magnet-Diode die Intrinsic-Schicht wesentlich dicker als bei den für Schalterzwecke und als Hochfrequenzwiderstände verwendeten PIN-Dioden.

Das Besondere der Magnet-Diode ist nun die auf einer Seite der Intrinsic-Schicht aufgebrachte Rekombinationszone RZ. In dieser Oberflächenschicht sind durch den Einbau von Fremdatomen (z. B. Gold Au) Rekombinationszentren erzeugt worden, an denen in verstärktem Maße aus dem P^+-Gebiet eindringende Löcher und aus dem N^+-Bereich einströmende Elektronen miteinander rekombinieren. Wird jetzt wie in Bild 277.1a parallel zur Oberflächenschicht RZ ein magnetisches Feld B_z erzeugt, werden sowohl Elektronen als auch positive Löcher durch die Lorentzkraft F_y zur Rekombinationsschicht RZ hin abgelenkt und dort in verstärktem Maße miteinander rekombinieren. Der Durchlaßstrom I_F der Magnet-Diode sinkt, und ihr Innenwiderstand R_F steigt. Bild 277.2 zeigt den Verlauf des Durchlaß-Gleichstromwiderstands R_F einer typischen

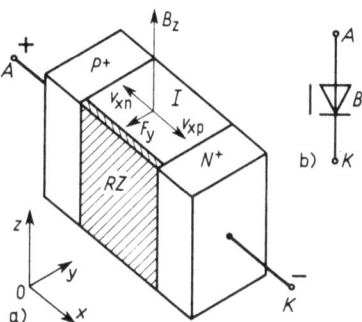
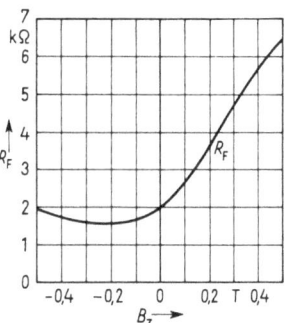

277.1 Schematisiert gezeichneter Aufbau (a) und Schaltzeichen (b) der Magnet-Diode
P^+ und N^+ hochdotierte P- und N-Schicht, I hochohmige eigenleitende Schicht, RZ Rekombinationszone, A Anode, K Kathode, v_{xn} Geschwindigkeit und Bewegungsrichtung von Elektronen und v_{xn} von Löchern, B_z magnetische Induktion; F_y Elektronen und Löcher ablenkende, zur Rekombinationszone gerichtete Kraft; der Strich seitlich des Diodensymbols kennzeichnet die Lage der Rekombinationszone RZ

277.2 Durchlaß-Gleichstromwiderstand R_F einer Magnet-Diode in Abhängigkeit von der magnetischen Induktion B_z

4.3 Magnet-Dioden

Magnet-Diode in Abhängigkeit von der magnetischen Induktion B_z bei dem Durchlaßstrom $I_F = 2$ mA. Während mit wachsender positiver magnetischer Induktion B_z der Durchlaßwiderstand stark steigt, ist dies im Gegensatz zu den Feldplatten (s. Bild 273.2) bei negativer magnetischer Induktion nicht der Fall, da nur auf einer Seite der Intrinsic-Schicht eine Rekombinationszone RZ aufgebracht ist.

Magnet-Doppeldiode. Der Durchlaßstrom I_F von Germanium-Dioden ist stark temperaturabhängig. Um diesen Einfluß weitgehend auszuschalten, werden Magnet-Doppeldioden wie in Bild **278.1** aus zwei in Reihe geschalteten Magnet-Dioden aufgebaut. Bei einer solchen Magnet-Doppeldiode bleibt bei steigendem Durchlaßstrom I_F die Mittelpunktspannung U_M näherungsweise konstant, wenn die zwei Dioden etwa gleiche Strom-Spannungskennlinien aufweisen. Allerdings muß bei der Reihenschaltung darauf geachtet werden, daß die Rekombinationsschichten RZ der Dioden auf einander gegenüberliegenden Seiten liegen, damit bei Anlegen eines Magnetfeldes der Durchlaßwiderstand R_F der einen Diode vergrößert und der der zweiten Diode näherungsweise konstant gehalten wird. Die Abhängigkeit der Mittelpunktspannung U_M einer typischen, mit der Spannung $2 U_F = 8$ V betriebenen Magnet-Doppeldiode (AHY 10 Telefunken) von der magnetischen Induktion B_z ist in Bild **278.2** wiedergegeben. Bei einer Änderung der magnetischen Induktion von $B_z = -0{,}5$ T auf $0{,}5$ T wird eine Änderung der Mittelpunktspannung von $U_M = 1$ V auf 7 V erzielt. Magnet-Dioden sind also wesentlich empfindlichere Magnetfeld-Detektoren als Hall-Generatoren, deren Leerlauf-Hall-Spannung U_{H0} nach Tafel **266.1** bei der magnetischen Induktion $B_z = 1$ T und Steuerströmen von einigen 10 mA stets kleiner als 1 V ist.

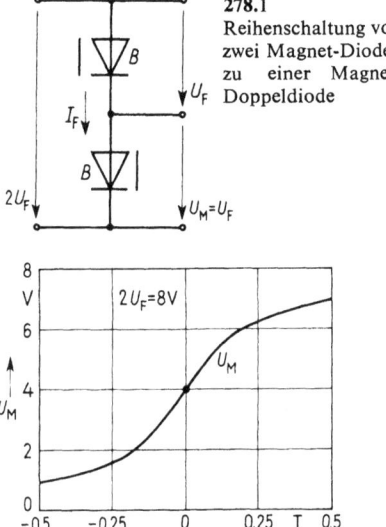

278.1 Reihenschaltung von zwei Magnet-Dioden zu einer Magnet-Doppeldiode

278.2 Mittelpunktspannung U_M einer Magnet-Doppeldiode (AHY 10 AEG-Telefunken) in Abhängigkeit von der magnetischen Induktion B_z bei der Versorgungsspannung $U_{p-} = 2 U_F = 8$ V

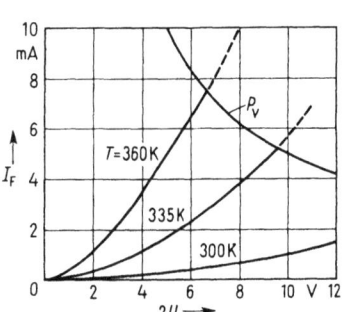

278.3 Strom-Spannungs-Kennlinie $I_F = f(2 U_F)$ der Magnet-Doppeldiode AHY 10 (AEG-Telefunken) mit der Temperatur T als Parameter P_V Verlusthyperbel mit der Verlustleistung $P_V = 50$ mW

Strom-Spannungs-Kennlinie. Bild 278.3 zeigt die Strom-Spannungs-Kennlinie einer Magnet-Doppeldiode mit der Temperatur T als Parameter. Zur Erzielung des Durchlaßstroms $I_F = 1$ mA ist bei der Temperatur $T = 300$ K die Durchlaßspannung $2 U_F \approx 10$ V erforderlich. Diese große Durchlaßspannung (5 V pro Diode) fällt nahezu vollständig an der eigenleitenden Intrinsic-Schicht ab. Der Bahnwiderstand dieser Schicht beträgt also einige kΩ, und die Kennlinie weist deshalb nicht mehr den für PN-Dioden typischen exponentiellen Verlauf auf (s. Band III, Teil 1, Abschn. Diodenkennlinie). Die starke Temperaturabhängigkeit des Durchlaßstroms I_F geht wegen der Reihenschaltung der Dioden nicht in die Mittelpunktspannung U_M ein. Eingetragen ist in Bild **278**.3 noch die Hyperbel maximaler Verlustleistung $P_V = I_F \cdot 2 U_F = 50$ mW der Magnet-Doppel-Diode.

4.3.2 Anwendungen

Magnet-Dioden werden wie die in Abschn. 4.2 behandelten Feldplatten fast ausschließlich zur kontaktlosen Signalerzeugung verwendet. In Bild **279**.1a ist der Querschnitt durch die Magnet-Anordnung eines kontaktlosen Schalters dargestellt. Beim Niederdrücken der aus den 4 Permanentmagneten 2 mit den sie verbindenden Eisenplatten 1 bestehenden Magnet-Anordnung wird die Magnet-Diode 3 aus einem Gebiet mit positiver magnetischer Induktion $+ B_z$ in einen Bereich negativer magnetischer Induktion $- B_z$ verschoben.

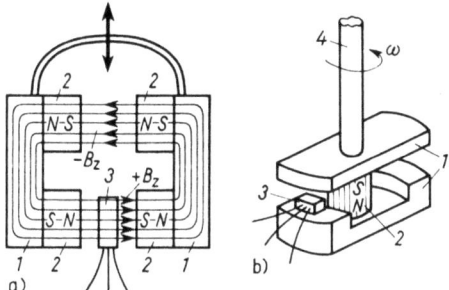
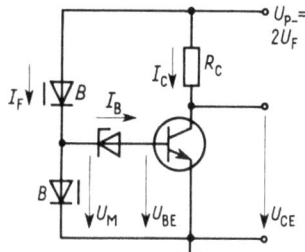

279.1 Querschnitt durch die Magnetanordnung eines kontaktlosen Schalters (a) und Magnetanordnung auf einer Welle zur kontaktlosen Drehzahlmessung (b)
1 Eisenjoche, *2* Permanentmagnete mit Nordpol *N* und Südpol *S*, *3* Magnet-Diode, *4* drehbare Welle

279.2 Ansteuerung einer Emitterschaltung mit Magnet-Doppeldiode

Wechselt die Induktion von $B_z = 0{,}1$ T auf $-0{,}1$ T, entsteht nach Bild **278**.2 in der Magnet-Doppeldiode die Änderung der Mittelpunktspannung $\Delta U_M = 2{,}5$ V. Bild **279**.1b zeigt eine Anordnung zur kontaktlosen Messung von Drehzahlen. An das Ende der mit der Winkelgeschwindigkeit ω rotierenden Welle *4* ist ein Permanentmagnet *2* mit 2 Eisenjochen *1* angebracht. Dreht die Welle, dann überstreicht bei jeder Umdrehung zweimal ein Luftspalt der Magnet-Anordnung die Magnet-Doppeldiode *3*. Die Mittelpunktspannung U_M der Diode pulsiert infolgedessen mit der Frequenz $f = 2\omega/(2\pi) = \omega/\pi$.

Für die Weiterverarbeitung der von der Magnet-Doppeldiode abgegebenen Änderung der Mittelpunktspannung ist die in Bild **279**.2 wiedergegebene Transistor-Emitter-

4.3 Magnet-Dioden

Schaltung geeignet. Wird die Schaltung mit der Versorgungsspannung $U_{p-} = 2U_F = 8$ V betrieben, ergibt sich nach Bild **278.**2 ohne Magnetfeld die Mittelpunktspannung $U_M = 4$ V. Wird in die Basisleitung eine Z-Diode mit der Zener-Spannung $U_z = 4$ V geschaltet, ist die Basis-Emitter-Spannung $U_{BE} = U_M - U_z \approx 0$ und der Transistor gesperrt. Mit Magnetfeld würde die Mittelpunktspannung auf $U_M = 5{,}2$ V bei $B_z = 0{,}1$ T steigen, und die Basis-Emitter-Spannung würde größer als 0,7 V werden. Der Transistor schaltet durch. Allerdings kann die Mittelpunktspannung den Leerlaufwert $U_M = 5{,}2$ V nicht erreichen, da schon bei der Spannung $U_M = U_z + U_{BEx} = 4$ V $+$ 0,7 V $= 4{,}7$ V der Basisstrom I_B stark anwächst und die Mittelpunktspannung auf diesen Wert gehalten wird.

Die Magnet-Doppeldiode darf nicht mit einem Vorwiderstand betrieben werden, da sonst die Temperaturkompensation nicht mehr voll wirksam ist. Die Versorgungsspannung $U_{p-} = 2U_F$ ist dann so zu wählen, daß auch bei eventuell auftretender Temperaturerhöhung und der hiermit verbundenen Steigerung des Durchlaßstroms I_F die maximal zulässige Verlustleistung P_V nicht überschritten wird. Nach Bild **278.**3 darf z.B. bei der Versorgungsspannung $U_{p-} = 2U_F = 8$ V die Temperatur maximal auf $T = 350$ K steigen.

5 Spannungsabhängige Widerstände

Spannungsabhängige Widerstände werden auch als VDR-Widerstände (Voltage Dependent Resistor) oder als Varistoren (Variable resistor) bezeichnet. Wir werden hier die Bezeichnung Varistor verwenden.

5.1 Aufbau und Kennwerte

Varistoren werden aus polykristallinem SiC (Silizium-Karbid) unter Zusatz eines Bindemittels zusammengesintert. Neuerdings werden sie auch aus Metalloxid hergestellt. Das Halbleitermaterial wird meist in Scheibenform gepreßt, auf deren Oberfläche nach dem Aufdampfen von zwei Metallschichten die Anschlüsse angelötet werden. Bild **281.1**a zeigt eine typische Varistor-Bauform und Bild **281.1**b gibt das Schaltzeichen des Varistors wieder.

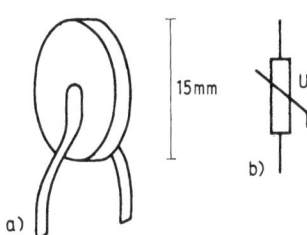

281.1
Bauform (a) und Schaltzeichen (b) eines Varistors

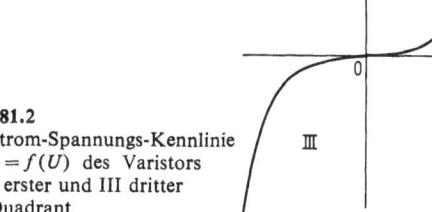

281.2
Strom-Spannungs-Kennlinie
$I = f(U)$ des Varistors
I erster und III dritter
Quadrant

5.1.1 Kennlinie

Die vielen im Varistor enthaltenen Halbleiterkristalle bilden eine Vielzahl winziger PN-Übergänge, deren Richtung völlig regellos verteilt ist. Der Varistor wirkt deshalb nicht als Gleichrichter, und seine Strom-Spannungs-Kennlinie $I = f(U)$ ist wie in Bild **281.2** symmetrisch im 1. und 3. Quadranten. Sie ist jedoch wie die Kennlinie einer Halbleiterdiode stark nichtlinear. Mit wachsender Spannung U steigt der Strom I sehr schnell an. Der Widerstand R_U des Varistors fällt also mit wachsender Spannung U. Er wird deshalb als spannungsabhängiger Widerstand bezeichnet.

Die Spannungs-Strom-Abhängigkeit kann näherungsweise durch die Gleichung

$$U = C I^\beta \qquad (281.1)$$

beschrieben werden, wobei C und β Form- und Materialkonstanten sind. Stellen wir Gl. (281.1) nach dem Strom I um, erhalten wir die Stromgleichung

$$I = (1/C)^{1/\beta}\, U^{1/\beta} \tag{282.1}$$

Während die **Regelkonstante** β eine reine Materialkonstante ist und für SiC-Varistoren etwa $\beta = 0{,}14$ bis $0{,}35$ und für Metalloxid-Varistoren $\beta = 0{,}04$ beträgt, ist der **Formfaktor** C nur von der geometrischen Bauform des Varistors abhängig. Regelkonstante β und Formfaktor C lassen sich ermitteln, wenn die Kennlinie nach Gl. (281.1) wie in Bild **282.1** doppeltlogarithmisch aufgetragen wird. Aus der Steigung

$$\tan\varphi = \beta = \frac{\log U_2 - \log U_1}{\log I_2 - \log I_1} = \frac{\log(U_2/U_1)}{\log(I_2/I_1)} \tag{282.2}$$

läßt sich die Regelkonstante β entnehmen. Den Formfaktor erhält man dann durch Umstellen von Gl. (281.1)

$$C = U\, I^{-\beta} \tag{282.3}$$

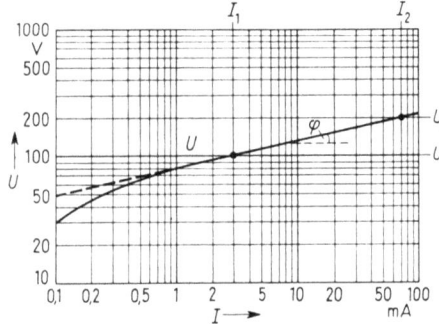

282.1 Doppeltlogarithmisch aufgetragene Abhängigkeit der Varistor-Spannung U vom Strom I

Beispiel 70. Aus der in Bild **282.1** doppeltlogarithmisch aufgetragenen Varistor-Kennlinie ermittle man die Regelkonstante β und den Formfaktor C.

Wir wählen $U_2 = 200$ V und $U_1 = 100$ V mit den zugehörigen Strömen $I_2 = 70$ mA und $I_1 = 3$ mA und erhalten aus Gl. (282.2) die Regelkonstante

$$\beta = \frac{\log(U_2/U_1)}{\log(I_2/I_1)} = \frac{\log(200\,\text{V}/100\,\text{V})}{\log(70\,\text{mA}/3\,\text{mA})} = 0{,}22$$

Aus Gl. (282.3) ergibt sich dann mit $U_1 = 100$ V und $I_1 = 3$ mA der Formfaktor

$$C = U_1\, I_1^{-\beta} = 100\,\text{V}\,(3\,\text{mA})^{-0{,}22}$$
$$= 359\,\text{VA}^{-0{,}22}$$

Bild **282.1** zeigt, daß für Ströme $I < 1$ mA eine Abweichung vom linearen Verlauf der Kennlinie in der doppeltlogarithmischen Auftragung auftritt. Bei diesen Strömen gilt also Gl. (281.1) nicht mehr.

5.1.2 Gleichstrom- und differentieller Widerstand

Mit Gl. (282.1) ergibt sich der spannungsabhängige **Gleichstrom-Widerstand**

$$R_U = \frac{U}{I} = \frac{U}{(1/C)^{1/\beta}\, U^{1/\beta}} = C^{1/\beta}\, U^{(\beta-1)/\beta} \tag{282.4}$$

Differenzieren wir Gl. (281.1), erhalten wir den **differentiellen Widerstand**

$$r_U = dU/dI = C\beta\, I^{\beta-1} \tag{282.5}$$

Ersetzen wir jetzt den Strom I in Gl. (282.5) durch Gl. (282.1), finden wir den spannungsabhängigen differentiellen Widerstand

$$r_U = C^{1/\beta}\, \beta\, U^{(\beta-1)/\beta} = \beta\, R_U \tag{282.6}$$

Da die Regelkonstante $\beta < 1$ ist, ist der differentielle Widerstand r_U kleiner als der Gleichstrom-Widerstand R_U. In Bild 283.1 sind der Gleichstrom-Widerstand R_U und der differentielle Widerstand r_U in Abhängigkeit von der Spannung U nach Gl. (282.4) und (282.6) mit der Regelkonstanten $\beta = 0{,}22$ und dem Formfaktor $C = 359 \text{ VA}^{-0{,}22}$ nach Beispiel 70, S. 282 aufgetragen. Die Widerstände R_U und r_U fallen in der doppeltlogarithmischen Auftragung mit der Steigung $\tan \gamma = (\beta - 1)/\beta = (0{,}22 - 1)/0{,}22 = -3{,}55$. Im Bereich $U = 100$ V bis 1000 V nimmt der Gleichstrom-Widerstand von $R_U = 33{,}4$ kΩ auf 9,5 Ω ab.

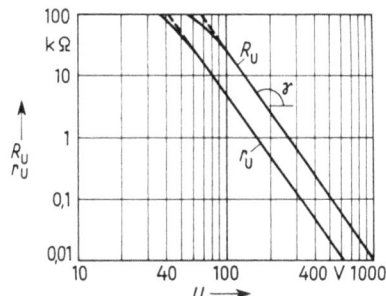

283.1 Gleichstrom-Widerstand R_U und differentieller Widerstand r_U eines Varistors mit der Regelkonstanten $\beta = 0{,}22$ und dem Formfaktor $C = 359 \text{ VA}^{-0{,}22}$ in Abhängigkeit von der Spannung U
Steigung $\tan \gamma = (\beta - 1)/\beta = -3{,}55$

5.1.3 Verlustleistung

Die im Varistor umgesetzte Verlustleistung

$$P_V = UI = I^2 R_U \tag{283.1}$$

erhält man, wenn in Gl. (283.1) der Strom I aus Gl. (282.1) und der Widerstand R_U aus Gl. (282.4) eingesetzt werden. Es ergibt sich die Verlustleistung

$$P_V = C^{-1/\beta} U^{(\beta+1)/\beta} \tag{283.2}$$

die mit der Spannung sehr stark ansteigt. Z.B. ist mit der Regelkonstanten $\beta = 0{,}22$ der Exponent der Spannung in Gl. (283.2) $(\beta + 1)/\beta = (0{,}22 + 1)/0{,}22 = 5{,}55$, so daß die Verlustleistung mit mehr als der 5. Potenz anwächst. Die maximal zulässige Verlustleistung $P_{V\max}$ hängt von der Größe der Varistor-Scheiben ab. Sie beträgt bei einem Durchmesser von 15 mm etwa 1 W.
Um die für den Praktiker häufig umständlichen Berechnungen mit den nicht ganzzahligen Exponenten der Gl. (281.1) bis (283.2) zu vermeiden, bieten die Hersteller das in Bild 284.1 wiedergegebene Nomogramm für die Ermittlung von Strom I, Spannung U, Widerstand R_U und Verlustleistung P_V an. Man benutzt es in folgender Weise:
Den Daten der Hersteller entnimmt man den Meßstrom I und die zugehörige Spannung U (im eingezeichneten Beispiel $I = 10$ mA $= 10^{-2}$ A und $U = 55$ V) sowie die Regelkonstante β. Verbindet man die beiden Punkte der I- und der U-Skala mit einer durchgezogenen Geraden, so schneidet deren Verlängerung im Punkt P die zu dem Varistor gehörende β-Gerade (im eingetragenen Beispiel die Gerade mit $\beta = 0{,}20$). Auf der P_V-Skala kann die im Varistor umgesetzte Verlustleistung und am Schnittpunkt der verlängerten Geraden mit der R_U-Skala der Varistor-Widerstand R_U abgelesen werden. Interessiert man sich nun für die Kennwerte bei anderen Spannungen U, zieht man strahlenförmig vom Punkt P aus zu den gewünschten Spannungen (gestrichelte) Geraden und kann dann die jeweils zugehörigen Werte von I, P_V und R_U ablesen. Ebenso kann natürlich auch eine der Kenngrößen I, P_V oder R_U vorgegeben und die betreffenden anderen Kenngrößen können an den Schnittpunkten abgelesen werden.

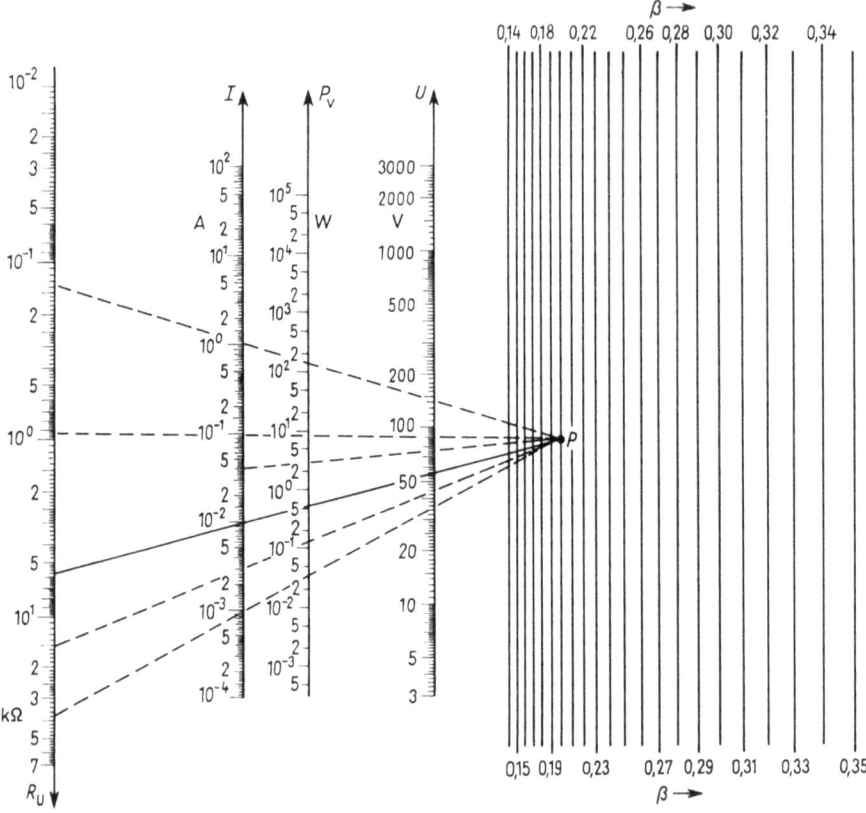

284.1 Nomogramm zur Ermittlung von Strom I, Spannung U, Verlustleistung P_V und Widerstand R_U von Varistoren mit der Regelkonstanten β

5.2 Anwendungen

Das Hauptanwendungsgebiet von Varistoren ist heute die Begrenzung von Spannungsimpulsen, die insbesondere beim Schalten von induktiven Lasten auftreten. Wegen der symmetrischen Kennlinie des Varistors können positive und negative Impulse gleich gut begrenzt werden. Vorteilhaft ist dabei die Robustheit der Varistoren, die durch kurzzeitige Impulse großer Leistung nicht zerstört werden. Sie werden deshalb sehr oft zum Schutz von Halbleiterschaltungen verwendet, die durch zu große, der Versorgungsspannung überlagerte Impulse zerstört werden können. Auch für die Begrenzung der beim Ausschalten eines Magneten auftretenden Induktionsspannung (Bild **285.**1) oder zum Schutz von Schaltkontakten (Bild **285.**2) sind Varistoren geeignet. Beim Schalten von induktiven Lasten könnte infolge der großen Induktionsspannung am Kontakt ein Funke gezündet werden, der dann in einen Lichtbogen übergehen und zum Abbrand der Kontaktflächen führen würde.

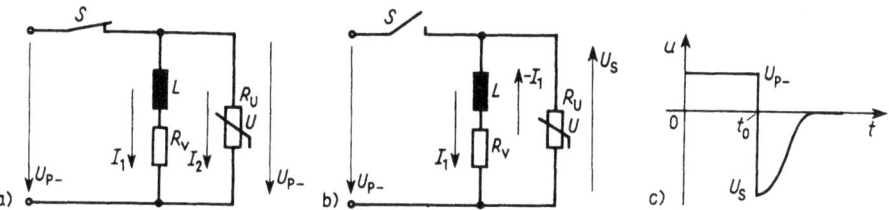

285.1 Magnet-Schutzschaltung mit Varistor
a) Schaltung mit eingezeichneten Strömen und Spannungen bei geschlossenem Schalter S
b) Spannungen und Ströme in der Schaltung unmittelbar nach dem Öffnen des Schalters S
c) Zeitlicher Verlauf der über den Varistor auftretenden Spannung u

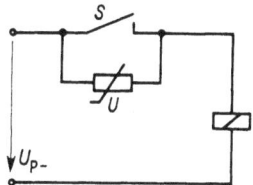

285.2 Schutzschaltung mit Varistor für den Schalter S

Magnet-Schutzschaltung. In Bild **285.1**a, b ist parallel zu dem Magneten mit der Induktivität L und dem Widerstand der Wicklung R_V der spannungsabhängige Widerstand R_U des Varistors geschaltet. Ist der Schalter S geschlossen (Bild **285.1**a), fließt durch den Magneten der Strom

$$I_1 = U_{p-}/R_V \tag{285.1}$$

und der Strom durch den Varistor ist nach Gl. (282.1)

$$I_2 = (1/C)^{1/\beta} U_{p-}^{1/\beta} \tag{285.2}$$

Wird nun zum Zeitpunkt $t = t_0$ der Schalter S geöffnet (Bild **285.1**b), fließt im ersten Augenblick der Strom I_1 in gleicher Höhe, aber entgegengesetzt zum Strom I_2 über den Varistor weiter und erzeugt an diesem die Spitzenspannung U_s, die nach Gl. (282.1) mit dem Strom

$$-I_1 = -(1/C)^{1/\beta} U_s^{1/\beta} \tag{285.3}$$

zusammenhängt. Dividieren wir Gl. (285.3) durch Gl. (285.2), erhalten wir das Stromverhältnis

$$I_1/I_2 = -(U_s/U_{p-})^{1/\beta} \tag{285.4}$$

Gehört zum Strom I_2 der (hochohmige) Varistor-Widerstand

$$R_{U0} = U_{p-}/I_2 \tag{285.5}$$

so ergibt sich aus Gl. (285.4) mit Gl. (285.1) für die Spitzenspannung

$$U_s = -U_{p-}(R_{U0}/R_V)^\beta \tag{285.6}$$

Setzen wir noch in Gl. (285.6) den Widerstand R_{U0} nach Gl. (282.4) ein, erhalten wir schließlich für die Spitzenspannung

$$U_s = -C(U_{p-}/R_V)^\beta \tag{285.7}$$

die um so niedriger wird, je kleiner die Regelkonstante β ist.

Bild 285.1c zeigt den zeitlichen Verlauf der über dem Varistor abfallenden Spannung u. Beim Ausschalten des Magneten kehrt sich die Spannung um und klingt dann vom negativen Spitzenwert U_s gegen null ab. Dieser Abfall ist wegen des nichtlinearen Verhaltens des Widerstands R_U nicht exponentiell.

Beispiel 71. In der Schaltung nach Bild 285.1 a, b wird ein Magnet mit dem Wicklungswiderstand $R_V = 1\,\text{k}\Omega$ an der Versorgungsspannung $U_{p-} = 100\,\text{V}$ betrieben. Zu ihm parallel wird ein Varistor mit den Kennwerten $\beta = 0,22$ und $C = 359\,\text{VA}^{-0,22}$ nach Beispiel 70, S. 282 geschaltet. Man berechne für den Fall, daß der Schalter S geschlossen ist, den Widerstand R_{U0} des Varistors und die in ihm umgesetzte Verlustleistung P_V. Ferner ermittle man die beim Ausschalten auftretende Spitzenspannung U_s.

Aus Gl. (282.4) ergibt sich mit $U = U_{p-}$ der Widerstand

$$R_{U0} = C^{1/\beta}\,U_{p-}^{(\beta-1)/\beta} = (359\,\text{VA}^{-0,22})^{1/0,22}\,(100\,\text{V})^{(0,22-1)/0,22} = 33,35\,\text{k}\Omega$$

Mit dem Ruhestrom $I_2 = U_{p-}/R_{U0} = 100\,\text{V}/33,35\,\text{k}\Omega = 3\,\text{mA}$ findet man die Verlustleistung $P_V = U_{p-}\,I_2 = 100\,\text{V} \cdot 3\,\text{mA} = 300\,\text{mW}$. Aus Gl. (285.6) erhalten wir für die Spitzenspannung

$$U_s = -U_{p-}\,(R_{U0}/R_V)^\beta = -100\,\text{V}\,(33,35\,\text{k}\Omega/1\,\text{k}\Omega)^{0,22} = -216,31\,\text{V}$$

Wäre der Varistor ein reiner Wirkwiderstand $R_{U0} = R_0 = 33,35\,\text{k}\Omega$, dessen Wert sich mit wachsender Spannung nicht verringert, würde die Spitzenspannung $U_s = -U_{p-}R_0/R_V = -100\,\text{V} \cdot 33,35\,\text{k}\Omega/1\,\text{k}\Omega = 3335\,\text{V}$ an der Wicklung abfallen, die zu ihrer Zerstörung führen könnte.

Spannungsversorgungs-Schutzschaltung. Besonders beim Ein- und Ausschalten von Transformatoren können sekundärseitig große Spannungsspitzen auftreten. Eine Schutzschaltung mit einem Varistor wie in Bild 286.1 ist dann zweckmäßig. Bild 286.2 zeigt die ein- und ausgeschaltete Primärspannung u_1, die dabei im Transformator auftretende magnetische Induktion B_t und die sich hieraus ergebende Sekundärspannung u_2. Wegen der schnellen Änderung der magnetischen Induktion B_t beim Ein- und Ausschalten sind der Sekundärspannung zu den Zeiten t_{ein} und t_{aus} sehr steile Spannungsspitzen überlagert, die zur Zerstörung der Gleichrichterdiode D führen können. Der Varistor in Bild 286.1 begrenzt diese Impulse auf ein zulässiges Maß und schützt dadurch die angeschlossene Schaltung.

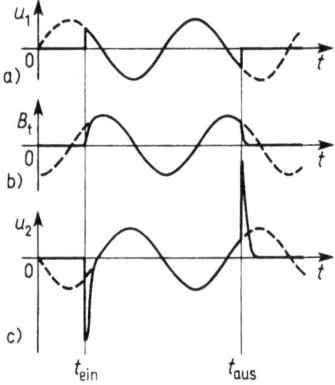

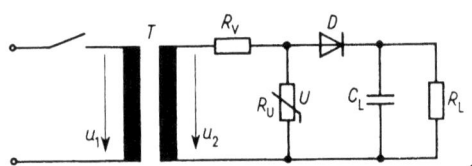

286.1 Varistor-Schutzschaltung zur Vermeidung von Spannungsspitzen beim Ein- und Ausschalten des Transformators T
R_V Summe aus Transformator-Verlustwiderstand und Dioden-Schutzwiderstand

286.2 Zeitlicher Verlauf der Transformator-Eingangsspannung u_1 (a) der magnetischen Induktion B_t im Transformator (b) und der Ausgangsspannung u_2 des Transformators (c) beim Ein- und Ausschalten des Transformators zu den Zeiten t_{ein} und t_{aus}

6 Temperaturabhängige Widerstände

Temperaturabhängige Widerstände werden auch als **Thermistoren** (**Therm**ally sensitive res**istor**) bezeichnet. Man unterscheidet zwischen Thermistoren, deren Widerstand mit wachsender Temperatur abnimmt, und die deshalb als NTC-Widerstände (Negative Temperature Coefficient) oder als Heißleiter bezeichnet werden und zwischen solchen, deren Widerstand mit wachsender Temperatur ebenfalls wächst, und die dann PTC-Widerstände (Positive Temperature Coefficient) oder Kaltleiter genannt werden.

6.1 Heißleiter

6.1.1 Aufbau und Kennwerte

6.1.1.1 Aufbau. Bei den Heißleitern wird die mit wachsender Temperatur starke Zunahme der Leitfähigkeit von Halbleitern ausgenutzt. Sie können deshalb aus Ge oder Si, den klassischen Halbleitern, hergestellt werden. Billiger und für ihre geometrische Formgebung günstiger ist es jedoch, die Heißleiter aus Mischoxiden wie Magnesium- oder Titan-Oxid herzustellen. Im Gegensatz zu den Halbleitern der Dioden und Transistoren bestehen die Heißleiter nicht aus einem Kristall (Einkristall), sondern sind aus polykristallinem Material zusammengesintert. Als Bauform werden bei zulässigen Belastungen bis zu etwa 1 W Scheiben oder Stäbe wie in Bild **287.1** a,b verwendet. Dabei sind die scheibenförmigen Widerstände wegen des größeren Querschnitts meist niederohmiger. Für Leistungen bis etwa 50 mW werden Miniatur-Heißleiter geliefert, deren Halbleiter-Kügelchen *1* wie in Bild **287.1** c hermetisch in ein Glasgehäuse *2* eingeschmolzen ist. Bild **287.1** d zeigt das Schaltzeichen des Heißleiters, bei dem das Symbol ϑ die Temperaturabhängigkeit und die entgegengesetzt weisenden Pfeile die gegenläufige Änderung von Temperatur- und Widerstandsänderung kennzeichnen.

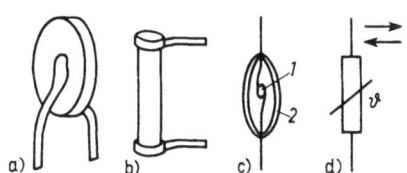

287.1 Bauformen (a), (b), (c) und Schaltzeichen (d) des Heißleiters
1 Heißleiter, *2* Glasmantel

6.1.1.2 Heißleiter-Widerstand. Im Heißleiter nimmt der Widerstand R_T durch die mit wachsender Temperatur stark ansteigende Inversionsdichte

$$n_i = n_{i0} \left(\frac{T}{T_0}\right)^{3/2} \exp\left[\frac{e \Delta W}{2k}\left(\frac{1}{T_0} - \frac{1}{T}\right)\right] \tag{287.1}$$

ab (s. Band III, Teil 1). Dabei ist n_{i0} die Inversionsdichte bei der Temperatur $T = T_0$,

6.1 Heißleiter

e die Elementarladung, k die Boltzmann-Konstante und ΔW der Bandabstand des Halbleitermaterials. Sind b_n und b_p die Beweglichkeiten von Elektronen und Löchern und ist U die am Heißleiterstab liegende Spannung, A sein Querschnitt und d seine Länge, so ist der durch ihn fließende Strom

$$I = e\, n_i\, (b_n + b_p)\, UA/d \tag{288.1}$$

und sein Widerstand wird

$$R_T = U/I = d/[A\, e\, n_i\, (b_n + b_p)] \tag{288.2}$$

Setzen wir jetzt die temperaturabhängige Inversionsdichte n_i aus Gl. (287.1) in Gl. (288.2) ein, erhalten wir den **temperaturabhängigen Heißleiter-Widerstand**

$$R_T = \frac{d}{A\, e\, n_{i0}\, (b_n + b_p)} \left(\frac{T_0}{T}\right)^{3/2} \exp\left[\frac{e\,\Delta W}{2k}\left(\frac{1}{T} - \frac{1}{T_0}\right)\right] \tag{288.3}$$

Mit der Regelkonstanten

$$B = e\,\Delta W/(2\,k) \tag{288.4}$$

und dem Kaltwiderstand des Heißleiters

$$R_0 = \frac{d}{A\, e\, n_{i0}\, (b_n + b_p)} \tag{288.5}$$

bei der Temperatur $T = T_0$ (meist wird $T_0 = 300$ K, also Zimmertemperatur gewählt) können wir den temperaturabhängigen Heißleiter-Widerstand durch

$$R_T = R_0 \left(\frac{T_0}{T}\right)^{3/2} \exp\left[B\left(\frac{1}{T} - \frac{1}{T_0}\right)\right] \tag{288.6}$$

darstellen. In Bild **288.1** ist der auf den Kaltwiderstand bezogene Heißleiter-Widerstand R_T/R_0 in Abhängigkeit von der Temperatur T mit der Regelkonstanten B als Parameter nach Gl. (288.6) aufgetragen. Die Widerstandsänderung ist um so größer, je größer

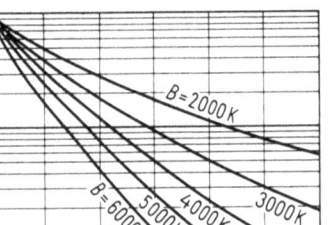

288.1 Nach Gl. (288.6) berechneter und auf den Kaltwiderstand R_0 bezogener Heißleiter-Widerstand R_T in Abhängigkeit von der Temperatur T mit der Regelkonstanten B als Parameter

die Regelkonstante B ist. Nach Gl. (288.4) zeigen deshalb Halbleiter mit einem größeren Bandabstand ΔW eine größere Widerstandsänderung bei Temperaturschwankungen. Allerdings steigt mit wachsendem Bandabstand ΔW wegen der dann fallenden Inversionsdichte n_{i0} nach Gl. (288.5) auch der Kaltwiderstand R_0 stark an.

In Gl. (288.6) wird die Widerstandsänderung hauptsächlich durch den Exponentialterm verursacht, so daß bei kleinerer Temperaturänderung der Faktor $(T_0/T)^{3/2} \approx 1$ gesetzt werden kann. Wir erhalten dann näherungsweise für den temperaturabhängigen Widerstand

$$R_T = R_0 \exp\left[B\left(\frac{1}{T} - \frac{1}{T_0}\right)\right] \tag{288.7}$$

und können durch Differentiation von Gl. (288.7)

$$\frac{dR_T}{dT} = -R_0 \frac{B}{T^2} \exp\left[B\left(\frac{1}{T} - \frac{1}{T_0}\right)\right] = -\frac{B}{T^2} R_T \tag{288.8}$$

den temperaturabhängigen Temperaturkoeffizienten

$$\alpha_T = (dR_T/dT)/R_T = -B/T^2 \qquad (289.1)$$

finden. Da nach Gl. (289.1) im Gegensatz zur Regelkonstanten B der Temperaturkoeffizient α_T selbst stark temperaturabhängig ist, ist es nicht zweckmäßig, das Temperaturverhalten der Heißleiter mit dem Temperaturkoeffizienten α_T zu beschreiben.

Beispiel 72. Ein Heißleiterstab mit der Länge $d = 2$ cm und dem Querschnitt $A = 0,2$ cm^2 besteht aus Germanium, das den Bandabstand $\Delta W = 0,7$ V, die Elektronenbeweglichkeit $b_n = 3900$ cm^2/Vs, die Löcherbeweglichkeit $b_p = 1900$ cm^2/Vs und bei der Temperatur $T_0 = 300$ K die Inversionsdichte $n_{i0} = 2,5 \cdot 10^{13}$ cm^{-3} hat (s. Band III, Teil 1, Abschn. Berechnung der Leitfähigkeit). Man berechne seine Regelkonstante B und den Temperaturkoeffizienten α_T sowie den Kaltwiderstand R_0 bei der Temperatur $T_0 = 300$ K.
Aus Gl. (288.4) ergibt sich mit der Elementarladung e und der Boltzmann-Konstanten $k = 1,38 \cdot 10^{-23}$ Ws/K die Regelkonstante

$$B = e\Delta W/(2k) = 1,6 \cdot 10^{-19} \text{ As} \cdot 0,7 \text{ V}/(2 \cdot 1,38 \cdot 10^{-23} \text{ Ws/K}) = 4058 \text{ K}$$

Mit diesem Wert erhalten wir aus Gl. (289.1) den Temperaturkoeffizienten

$$\alpha_T = -B/T_0^2 = -4058 \text{ K}/(300 \text{ K})^2 = -0,045 \text{ K}^{-1} = -4,5\%/\text{K}$$

Nach Gl. (288.5) berechnen wir den Kaltwiderstand

$$R_0 = \frac{d}{A\, e\, n_{i0}(b_n + b_p)} = \frac{2 \text{ cm}}{0,2 \text{ cm}^2 \cdot 1,6 \cdot 10^{-19} \text{ As} \cdot 2,5 \cdot 10^{-13} \text{ cm}^{-3}(3900 + 1900) \text{ cm}^2/\text{Vs}}$$
$$= 431 \text{ }\Omega$$

Die am häufigsten verwendeten Heißleiter haben Regelkonstanten $B = 2000$ K bis 6000 K, was bei der Temperatur $T_0 = 300$ K Temperaturkoeffizienten $\alpha_T = -2,22\%/$K bis $-6,67\%/$K entspricht. Heißleiter werden mit Kaltwiderständen von $R_0 = 1$ Ω bis 1 MΩ geliefert. Durch geeignete Formgebung und durch die Wahl von Halbleitern mit unterschiedlichem Bandabstand ΔW kann also ein Bereich von etwa 10^6 Ω überdeckt werden.

6.1.1.3 Strom-Spannungs-Kennlinie. Wird bei konstanter Umgebungstemperatur (z. B. $T_0 = 300$ K) die am Heißleiter liegende Spannung U langsam erhöht, steigt zunächst der Strom I etwa linear mit der Spannung U an. Führt jedoch die Verlustleistung $P_V = UI$ zu einer merklichen Erwärmung des Heißleiters, fällt sein Widerstand R_T. Der Strom I steigt stärker, und der Heißleiter erwärmt sich noch mehr. Erreicht schließlich die Spannung

$$U = IR_T \qquad (289.2)$$

einen Maximalwert U_{max}, bei dem die Änderung

$$dU = I\, dR_T + R_T\, dI = 0 \qquad (289.3)$$

wird, so kompensiert der durch die Widerstandsänderung dR_T erzeugte Spannungsabfall $I\, dR_T$ gerade den von der Stromänderung dI verursachten Spannungsabfall $R_T\, dI$. Die Maximalspannung U_{max} kann nicht überschritten werden. Wird die Verlustleistung P_V im Heißleiter weiter vergrößert, fällt dann mit wachsendem Strom I die Spannung U wieder. Es ergibt sich ein negativer Ast in der Kennlinie.
Zur Berechnung der Kennlinie $I = f(U)$ setzen wir in Gl. (289.2) den temperaturabhängigen Widerstand R_T nach Gl. (288.7) ein und erhalten

6.1 Heißleiter

$$U = I R_0 \exp\left[B\left(\frac{1}{T} - \frac{1}{T_0}\right)\right] \tag{290.1}$$

Mit dem thermischen Widerstand R_{th} und der Verlustleistung P_V ergibt sich die Temperaturzunahme

$$\Delta T = T - T_0 = R_{th} P_V = R_{th} U I \tag{290.2}$$

(s. Band III, Teil 1, Abschn. Thermischer Widerstand). Diese ist um so größer, je größer der thermische Widerstand R_{th}, der die Wärmeableitung wiedergibt, und je größer die Verlustleistung P_V sind.

Ersetzen wir den Strom I in Gl. (290.1) aus Gl. (290.2), ergibt sich die Spannung

$$U = \sqrt{R_0/R_{th}} \sqrt{T - T_0} \exp\left[\frac{B}{2}\left(\frac{1}{T} - \frac{1}{T_0}\right)\right] = f_1(T) \tag{290.3}$$

Setzen wir die Spannung U aus Gl. (290.3) und den Widerstand R_T aus Gl. (288.7) in Gl. (289.2) ein, finden wir den Strom

$$I = U/R_T = \sqrt{1/(R_{th} R_0)} \sqrt{T - T_0} \exp\left[\frac{-B}{2}\left(\frac{1}{T} - \frac{1}{T_0}\right)\right] = f_2(T) \tag{290.4}$$

ebenfalls in Abhängigkeit von der Temperatur T.

Eine Auflösung von Gl. (290.3) und (290.4) in die Form $I = f(U)$ ist nicht möglich, so daß die Kennlinie nur in der Parameterdarstellung $U = f_1(T)$ und $I = f_2(T)$ mit der Temperatur T als Parameter berechnet werden kann. Als Ergebnis dieser Berechnungen sind in Bild **290.1** die Kennlinien von drei Heißleitern mit den Kaltwiderständen $R_0 = 1{,}5$ kΩ, den thermischen Widerständen $R_{th} = 16{,}67$ K/W und den Regelkonstanten

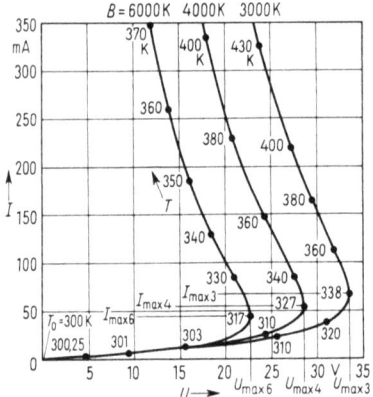
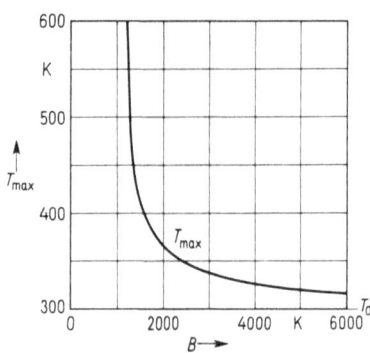

290.1 Stationäre Strom-Spannungs-Kennlinien $I = f(U)$ von Heißleitern mit unterschiedlichen Regelkonstanten B, berechnet mit der Temperatur T als Parameter über Gl. (290.3) und (290.4).
Die Zahlen an den Kennlinien geben die Heißleitertemperatur T an, die sich stationär in den betreffenden Kennlinienpunkten einstellt; Umgebungstemperatur $T_0 = 300$ K, Kaltwiderstand $R_0 = 1{,}5$ kΩ, thermischer Widerstand $R_{th} = 16{,}67$ K/W.

290.2 Heißleitertemperatur T_{max} im Spannungsmaximum U_{max} in Abhängigkeit von der Regelkonstanten B, berechnet nach Gl. (291.1) für die Umgebungstemperatur $T_0 = 300$ K

$B = 3000$ K, 4000 K und 6000 K bei der Umgebungstemperatur $T_0 = 300$ K aufgetragen. Mit wachsender Regelkonstante B fallen das Spannungsmaximum U_{max} sowie der Strom I_{max} und die Temperatur T_{max}, bei denen es erreicht wird. Die Zahlenwerte an den Kennlinien geben die Temperatur T an, bei der nach Gl. (290.3) und (290.4) das jeweilige Spannungs-Strom-Paar erreicht wird.

Um die Temperatur T_{max} zu ermitteln, bei der die Spannungsänderung d$U = 0$ ist, differenzieren wir Gl. (290.3) nach der Temperatur T und setzen sie gleich null. Lösen wir dann nach der Temperatur $T = T_{max}$ auf, ergibt sich im Spannungsmaximum U_{max} die Heißleiter-Temperatur

$$T_{max} = \frac{B}{2}\left(1 - \sqrt{1 - 4\,T_0/B}\right) \qquad (291.1)$$

Die Abhängigkeit der Temperatur T_{max} im Spannungsmaximum U_{max} von der Regelkonstanten B nach Gl. (291.1) ist in Bild **290.2** dargestellt. Bei Regelkonstanten $B<2000$ K steigt die Temperatur T_{max} steil an. Zur Erreichung des Spannungsmaximums U_{max} sind dann sehr große Heißleitertemperaturen T_{max} erforderlich, die nur durch große Verlustleistungen $P_V = U_{max} I_{max}$ erzeugt werden können. Während die Temperatur T_{max} nur von der Regelkonstanten B abhängt, werden Spannungsmaximum U_{max} und Strom I_{max} nach Gl. (290.3) und (290.4) noch vom Kaltwiderstand R_0 und vom thermischen Widerstand R_{th} bestimmt. Großer Kalt- und kleiner thermischer Widerstand sorgen für eine große Maximumspannung U_{max}.

Da zu einem Spannungswert U zwei Stromwerte I — einer auf dem positiven und einer auf dem negativen Ast — gehören, muß bei der praktischen Aufnahme der Kennlinien von Bild **290.1** mit Stromeinspeisung gearbeitet werden. Bei jedem eingestellten Strom I muß wegen der thermischen Trägheit des Heißleiters solange gewartet werden, bis die Temperatur T wieder konstant bleibt, sich also auf den zu diesem Strom gehörenden stationären Wert eingestellt hat. Erst dann darf die zugehörige Spannung U abgelesen werden.

Soll die Widerstandsänderung des Heißleiters nur durch die Umgebungstemperatur T_0 verursacht werden, muß die Verlustleistung im Heißleiter sehr klein gehalten werden. Z.B. beträgt bei den Heißleitern mit den Kennlinien nach Bild **290.1** bei der Spannung $U = 15{,}4$ V und dem Strom $I = 12$ mA die Verlustleistung $P_V = UI = 15{,}4$ V $\cdot$ 12 mA $=$ 185 mW, und die Temperaturerhöhung ist $\Delta T = T - T_0 = 3$ K. Im Heißleiter mit der Regelkonstanten $B = 4000$ K wird dagegen im Spannungsmaximum U_{max} bereits die Verlustleistung $P_V = U_{max} I_{max} = 28{,}4$ V $\cdot$ 57 mA $= 1{,}62$ W umgesetzt. Der Hersteller gibt für diesen Meß-Heißleiter (K 13 Siemens) die maximal zulässige Verlustleistung $P_V = 0{,}6$ W an.

6.1.1.4 Erholzeit. Das thermische Verhalten von Halbleiterbauelementen und insbesondere auch von Heißleitern läßt sich durch eine elektrische Ersatzschaltung nach Bild **291.1** beschreiben (s. auch Band III, Teil 1, Abschn. Thermischer Widerstand). In

291.1
Elektrische Ersatzschaltung für das thermische Verhalten des Heißleiters
G Stromgenerator entspricht der die Verlustleistung P_V erzeugenden Wärmequelle, C_H Wärmekapazität des Heißleiters und C_U unendlich große Wärmekapazität der Umgebung, R_{th} thermischer Widerstand vom Heißleiter zur Umgebung

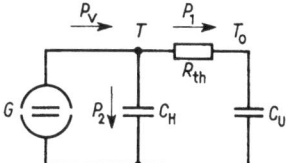

ihr ist der Stromgenerator G die Wärmequelle, deren Verlustleistung P_V als Wärmestrom z. T. in die Wärmekapazität C_H (Einheit Ws/K) und z. T. über den thermischen Widerstand R_{th} (Einheit K/W) zu der unendlich großen Wärmekapazität C_U der Umgebung abfließt. Im stationären Zustand ist der Wärmestrom $P_2 = 0$, die Wärmekapazität C_H auf die Temperatur T aufgeladen, und es gilt, wenn T_0 die Temperatur der Umgebung ist, nach Gl. (290.2) für die Temperatur

$$T = R_{th} P_V + T_0 \tag{292.1}$$

Beim Ein- und Ausschalten der Wärmequelle G muß jedoch die Wärmekapazität C_H geladen und entladen werden. Die Temperatur T stellt sich nicht sofort ein und klingt auch nicht sofort wieder auf die Umgebungstemperatur T_0 ab.

Aufheizen. Aus den Wärmeströmen

$$P_V = P_1 + P_2 = \frac{T - T_0}{R_{th}} + C_H \frac{dT}{dt} \tag{292.2}$$

erhält man mit der auch als Erholzeit bezeichneten thermischen Zeitkonstanten

$$\tau_{th} = R_{th} C_H \tag{292.3}$$

die Differentialgleichung

$$\frac{dT}{dt} + \frac{T}{\tau_{th}} = \frac{P_V}{C_H} + \frac{T_0}{\tau_{th}} \tag{292.4}$$

Wird von der Wärmequelle die zeitlich konstante Verlustleistung P_V zum Zeitpunkt $t = 0$ eingeschaltet, ergibt sich als Lösung von Gl. (292.4) der zeitliche Temperaturanstieg

$$T = T_0 + R_{th} P_V (1 - e^{-t/\tau_{th}}) \tag{292.5}$$

nach Bild **292.1**a (durchgezogener Verlauf). Wegen des nichtlinearen Heißleiterwiderstands R_T ist jedoch die Verlustleistung P_V nach dem Einschalten nicht konstant, sondern steigt erst allmählich mit sinkendem Widerstand R_T. Die Temperatur T erreicht deshalb erst später ihren Endwert nach Gl. (292.1) (gestrichelter Verlauf). Dieser Verlauf ist mathematisch nicht exakt berechenbar.

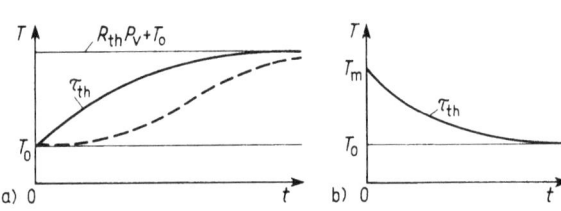

292.1
Zeitlicher Anstieg der Heißleitertemperatur T beim Einschalten der Verlustleistung P_V (a) und beim Abschalten (b)
– – – nicht exponentieller Verlauf, verursacht durch den zeitlich nicht konstanten Heißleiter-Widerstand R_T; T_0 Umgebungstemperatur

Für die Angabe der Aufheizzeit τ_M wird der Heißleiter in der Schaltung nach Bild **293.1**b mit einem Vorwiderstand R_V an die Gleichspannung U_{p-} gelegt. Nach Bild **293.1**a ergibt sich dann unmittelbar nach dem Einschalten, wenn der Heißleiter noch hochohmig ist, der Arbeitspunkt A_1 als Schnittpunkt der Widerstandsgeraden R_V mit der Verlängerung der Kennlinie des hochohmigen Bereichs. Mit wachsender Heißleiter-Temperatur T steigt der Strom I, und der Arbeitspunkt wandert entlang der Widerstandsgeraden R_V. Für die Aufheizzeit wird jetzt diejenige Zeit τ_M angegeben, die bei festgelegtem Wider-

293.1
Darstellung des Aufheizens eines Heißleiters in seiner Strom-Spannungs-Kennlinie (a) und Schaltung mit Vorwiderstand R_V (b)
A_1 Arbeitspunkt beim Einschalten, A_2 Arbeitspunkt nach der Aufheizzeit τ_M, A_E für die Zeit $t = \infty$ stationär sich einstellender Arbeitspunkt

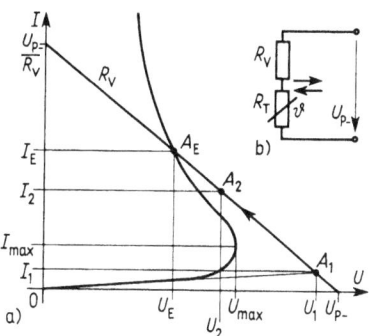

stand R_V und vorgegebener Spannung U_{p-} bis zum Erreichen des ebenfalls angegebenen Stroms I_2 vergeht. Die Aufheizzeit hängt also stark von den Schaltungsbedingungen ab. Erst später (theoretisch nach der Zeit $t = \infty$) wird der stationäre Arbeitspunkt A_E erreicht.

Abkühlen. Wird die Wärmequelle G in Bild **291.1** zur Zeit $t = 0$ plötzlich abgeschaltet, wird die Verlustleistung $P_V = 0$. Ist zu dieser Zeit der Heißleiter auf die Temperatur $T = T_m$ aufgeheizt, ergibt sich jetzt als Lösung der Differentialgleichung (292.4) der zeitliche Temperaturverlauf

$$T = T_0 + (T_m - T_0)\, e^{-t/\tau_{th}} \tag{293.1}$$

der in Bild **292.1** b aufgetragen ist. Die Temperatur sinkt also exponentiell mit der thermischen Zeitkonstanten $\tau_{th} = R_{th} C_H$ wieder auf die Umgebungstemperatur T_0 ab. Das Abkühlen (Erholen) des Heißleiters kann also einfach durch die thermische Zeitkonstante τ_{th} beschrieben werden.

Beispiel 73. Ein Heißleiter hat den thermischen Widerstand $R_{th} = 16{,}67$ K/W und die thermische Zeitkonstante $\tau_{th} = 50$ s. Man berechne seine Wärmekapazität C_H.
Aus Gl. (292.3) ergibt sich die Wärmekapazität $C_H = \tau_{th}/R_{th} = 50$ s$/(16{,}67$ K/W$) = 3$ Ws/K.

Heißleiter werden mit thermischen Zeitkonstanten $\tau_{th} = 0{,}1$ s bis etwa 100 s geliefert. Die thermische Zeitkonstante τ_{th} ist um so größer, je größer das die Wärmekapazität C_H bestimmende Volumen des Heißleiterkörpers und je kleiner die für die Wärmeabgabe, also für den thermischen Widerstand R_{th} maßgebende Heißleiter-Oberfläche sind.

6.1.2 Anwendungen

6.1.2.1 Temperaturmessung. Für die Temperaturmessung werden Meß-Heißleiter mit geringen Fertigungstoleranzen verwendet. In der Meßschaltung müssen sie so betrieben werden, daß die Eigenerwärmung vernachlässigbar ist. Die in ihnen umgesetzte Verlustleistung P_V muß also sehr klein sein. Dies wird erreicht, wenn die am Heißleiter liegende Spannung $U \ll U_{max}$ ist. Bei Heißleitern mit den Kennlinien von Bild **290.1** ist diese Bedingung bei Spannungen $U < 5$ V erfüllt. Die Temperaturerhöhung durch Eigenerwärmung beträgt dann nur $\Delta T \approx 0{,}25$ K.
Als einfachste Meßschaltung bietet sich die Reihenschaltung eines Heißleiters mit einem Meßinstrument an. Besser abgleichen läßt sich jedoch eine Brückenschaltung (s. Band I und IV) nach Bild **294.1** a. Befinden sich die beiden Heißleiter-Widerstände R_{T1} und R_{T4}

294 6.1 Heißleiter

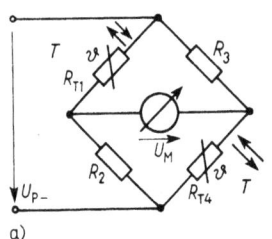
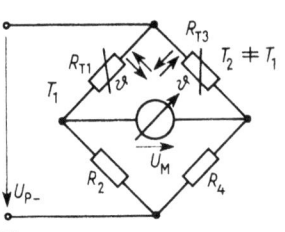

294.1
Brückenschaltungen zur Temperaturmessung mit Heißleitern
a) Die Heißleiter R_{T1} und R_{T4} befinden sich am Ort gleicher Temperatur T
b) Zur Messung der Temperaturdifferenz $T_1 - T_2$ befinden sich die Heißleiter R_{T1} und R_{T3} an den Orten mit den Temperaturen T_1 und T_2.

am Ort der zu messenden Temperatur T und sind R_2 und R_3 temperaturunabhängige Wirkwiderstände, ergibt sich nach Band I die Brückenspannung

$$U_M = U_{p-} \left(\frac{R_3}{R_3 + R_{T4}} - \frac{R_{T1}}{R_{T1} + R_2} \right) \tag{294.1}$$

Benutzen wir gleiche Heißleiter ($R_{T1} = R_{T4} = R_T$) mit den Kaltwiderständen R_0 und wählen wir ferner $R_2 = R_3 = R$, erhalten wir aus Gl. (294.1) die Brückenspannung

$$U_M = U_{p-}(R - R_T)/(R + R_T) \tag{294.2}$$

Setzen wir noch den Heißleiterwiderstand nach Gl. (288.7) ein, und wählen wir für den Kaltwiderstand $R_0 = R$, finden wir die auf die Versorgungsspannung bezogene Brückenspannung

$$\frac{U_M}{U_{p-}} = \frac{\exp\left[B\left(\frac{1}{T_0} - \frac{1}{T}\right)\right] - 1}{\exp\left[B\left(\frac{1}{T_0} - \frac{1}{T}\right)\right] + 1} \tag{294.3}$$

die für die Temperatur $T = T_0$ null wird und deren Verlauf für $T \neq T_0$ nur von der Regelkonstanten B des Heißleiters abhängt. In Bild **294.2** ist dieser Verlauf für einen Heißleiter mit der Regelkonstanten $B = 4000$ K aufgetragen. Durch Differenzieren von

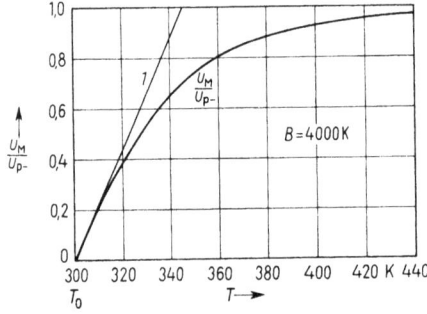

294.2
Nach Gl. (294.3) berechnete, auf die Versorgungsspannung U_{p-} bezogene Brückenspannung U_M in Abhängigkeit von der Temperatur T für einen Heißleiter mit der Regelkonstanten $B = 4000$ K
1 Anfangssteigung der Kurve nach Gl. (294.4)

Gl. (294.3) nach der Temperatur T erhält man für $T = T_0$ die Anfangssteigung der Kurve *1*

$$\left.\frac{d(U_M/U_{p-})}{dT}\right|_{T=T_0} = \frac{B}{2 T_0^2} \tag{294.4}$$

die um so geringer wird, je kleiner die Regelkonstante B ist. Bei der Regelkonstanten $B = 4000$ K erhält man nach Bild **294.2** einen näherungsweise linearen Verlauf der

Brückenspannung U_M mit der Temperatur T nur im Temperaturbereich von 300 K bis 320 K. Soll dieser Temperaturbereich erweitert werden, muß die Anfangssteigung der Kurve kleiner sein, also nach Gl. (294.4) eine kleinere Regelkonstante B gewählt werden. Will man die Temperaturdifferenz $\Delta T = T_1 - T_2$ zwischen zwei Orten messen, läßt sich die Schaltung nach Bild **294.**1 b verwenden. In dieser muß der Heißleiter R_{T1} am Ort der Temperatur T_1 und R_{T3} am Ort der Temperatur T_2 eingebaut werden. Ist die Temperatur T_1 am ersten Ort größer als die Temperatur T_2 am zweiten, so ist der Widerstand $R_{T1} < R_{T3}$, und es ergibt sich die eingezeichnete positive Brückenspannung U_M. Ist die Temperatur T_2 am zweiten Ort größer als am ersten, kehrt sich das Vorzeichen der Brückenspannung U_M um.

6.1.2.2 Kompensationsschaltungen. Kompensations-Heißleiter können wie in Bild **295.**1a in Reihe mit einem Wirkwiderstand R geschaltet dessen positiven Temperaturkoeffizienten α ausgleichen. Angewendet werden kann dieses Verfahren z. B. zur Kompensation des positiven Temperaturkoeffizienten der Kupferdrahtwicklung von Drehspul-Meßinstrumenten oder sonstigen Magnetspulen. Bei dieser Kompensation muß die Verlustleistung P_V im Heißleiter klein sein und sein Arbeitspunkt auf dem positiven Ast der Kennlinie von Bild **290.**1 liegen.

295.1
Schaltungen zur Kompensation des positiven Temperaturkoeffizienten des Wirkwiderstands R
a) Einfache Reihenschaltung von Heißleiter R_T und Wirkwiderstand R
b) Durch Parallelschaltung von Heißleiter R_T und Wirkwiderstand R_1 verbesserte Schaltung

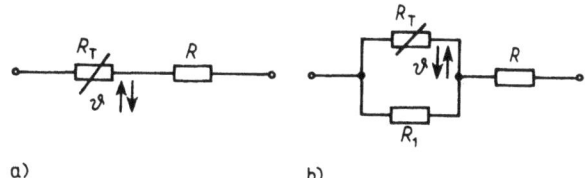

Hat der zu kompensierende Widerstand R den Temperaturkoeffizienten α, so ist seine Widerstandsänderung

$$dR/dT = \alpha R \qquad (295.1)$$

Die Widerstandsänderung des Heißleiters ist nach Gl. (288.8)

$$dR_T/dT = \alpha_T R_T = -B R_T/T^2 \qquad (295.2)$$

Im Kompensationsfall ist die gesamte Widerstandsänderung

$$(dR/dT) + (dR_T/dT) = 0 \qquad (295.3)$$

Soll die Kompensation bei Zimmertemperatur $T = T_0 = 300$ K durchgeführt werden, hat der Heißleiter den Kaltwiderstand $R_T = R_0$. Setzen wir Gl. (295.1) und Gl. (295.2) in Gl. (295.3) ein, ergibt sich der zur Kompensation erforderliche Kaltwiderstand

$$R_0 = \alpha R T_0^2/B \qquad (295.4)$$

Der Kaltwiderstand R_0 des Kompensations-Heißleiters sollte möglichst klein im Vergleich zum Widerstand R sein. Dies wird nach Gl. (295.4) erreicht, wenn ein Heißleiter mit großer Regelkonstante B verwendet wird.

Beispiel 74. Die Kupferwicklung eines Meßgeräts hat den Widerstand $R = 1$ kΩ und den Temperaturkoeffizienten $\alpha = 3{,}93 \cdot 10^{-3}$ K^{-1}. Ihr positiver Temperaturkoeffizient soll bei der Temperatur $T_0 = 300$ K durch einen Heißleiter mit der Regelkonstanten $B = 4000$ K kompensiert werden. Man berechne den erforderlichen Kaltwiderstand R_0 des Heißleiters.

Aus Gl. (295.4) erhalten wir den Kaltwiderstand

$$R_0 = \alpha R T_0^2/B = 3{,}93 \cdot 10^{-3} \text{ K}^{-1} \cdot 1 \text{ k}\Omega \, (300 \text{ K})^2/4000 \text{ K} = 88{,}43 \, \Omega$$

In der Regel wird es Schwierigkeiten bereiten, einen Heißleiter mit dem genauen Kaltwiderstand R_0 zu finden. Dann kann jedoch nach Bild **295.**1 b parallel zum Heißleiter-Widerstand R_T ein weiterer Widerstand R_1 geschaltet werden. Ist R_p der aus der Parallelschaltung von R_T und R_1 sich ergebende Widerstand, so muß jetzt $(dR_p/dT) + (dR/dT) = 0$ gelten, wenn die Temperaturabhängigkeit des Widerstands R kompensiert werden soll. Ist α_1 der Temperaturkoeffizient des Widerstands R_1 und soll wieder bei der Temperatur $T = T_0$ kompensiert werden, ergibt die Durchrechnung den erforderlichen Parallel-Widerstand

$$R_1 = \frac{\alpha R R_0 T_0^2}{B R_0 - \alpha_1 T_0^2 (R + R_0)} \qquad (296.1)$$

Beispiel 75. Die in Beispiel 74, S. 295 verwendete Kupferwicklung soll bei der Temperatur $T_0 = 300$ K durch einen Heißleiter mit dem Kaltwiderstand $R_0 = 200 \, \Omega$ und mit der Regelkonstanten $B = 4000$ K kompensiert werden. Parallel zum Heißleiter soll ein Kohleschichtwiderstand R_1 mit dem Temperaturkoeffizienten $\alpha_1 = -0{,}3 \cdot 10^{-3}$ K^{-1} geschaltet werden. Man berechne den erforderlichen Widerstand R_1.

Mit den angegebenen Zahlenwerten erhalten wir aus Gl. (296.1) den Widerstand

$$R_1 = \frac{\alpha R R_0 T_0^2}{B R_0 - \alpha_1 T_0^2 (R + R_0)}$$
$$= \frac{3{,}93 \cdot 10^{-3} \text{ K}^{-1} \cdot 1 \text{ k}\Omega \cdot 200 \, \Omega \cdot (300 \text{ K})^2}{4000 \text{ K} \cdot 200 \, \Omega + 0{,}3 \cdot 10^{-3} \text{ K}^{-1} (300 \text{ K})^2 (1 \text{ k}\Omega + 200 \, \Omega)} = 84{,}98 \, \Omega$$

Da der Temperaturkoeffizient α_1 des Parallelwiderstands R_1 i. allg. wesentlich kleiner als der Temperaturkoeffizient $\alpha_T = -B/T^2$ nach Gl. (289.1) ist, kann man näherungsweise $\alpha_1 = 0$ setzen, den Widerstand R_1 also als temperaturunabhängig annehmen. Mit dieser Annahme erhalten wir aus Gl. (296.1) für den Widerstand

$$R_1 \approx \alpha R T_0^2/B \qquad (296.2)$$

Näherungsweise muß also der zum Heißleiter parallel zu schaltende Widerstand R_1 gleich dem Kaltwiderstand R_0 desjenigen Heißleiters sein, der nach Gl. (295.4) und Bild **295.**1a bei der Kompensation ohne R_1 zu verwenden wäre. Statt des Widerstands $R_1 = 84{,}98 \, \Omega$ von Beispiel 75 ergibt sich dann näherungsweise der Widerstand $R_1 \approx R_0 = 88{,}43 \, \Omega$ von Beispiel 74, S. 295.

6.1.2.3 Verzögerungsschaltungen. Für Verzögerungsschaltungen werden Anlaß-Heißleiter verwendet. Ihr beim Einschalten noch großer Kaltwiderstand R_0 begrenzt z. B. die Ladeströme großer Kapazitäten oder die Einschaltströme von Kleinmotoren. Eine sehr wichtige Anwendung ist jedoch auch das verzögerte Ein- und Ausschalten von Stromkreisen. Für diesen Zweck werden Relaisschaltungen nach Bild **297.**1 benutzt.

Verzögertes Einschalten. In Bild **297.**1a ist der Heißleiter-Widerstand R_T mit dem Relais D in Reihe geschaltet. Die Schaltung ist also identisch mit der von Bild **293.**1 b, wenn der Vorwiderstand R_V gleich dem Relais-Spulenwiderstand gesetzt wird. Wird der Schalter S geschlossen, steigt der Strom I in Bild **293.**1a vom Anfangswert I_1 in der Zeit τ_M zum Schaltstrom I_2 des Relais an. Das Relais D zieht verzögert an und schließt seine Arbeitskontakte d_{a1} und d_{a2}. Während der Kontakt d_{a2} den Arbeitskreis verzögert einschaltet, schließt der Kontakt d_{a1} den Heißleiter R_T kurz. Dies hat den Vorteil, daß der Strom durch den Heißleiter null wird und dieser gleich nach dem Schalten des Relais wieder abkühlen kann. Hierdurch erzielt man eine schnellere Bereitschaft der Schaltung für einen erneuten Schaltvorgang.

In der Schaltung sollte die Versorgungsspannung U_{p-} das 1,5- bis 2fache der Maximumsspannung U_{max} des Heißleiters und das 1,5- bis 2fache der mittleren Relais-Anzugspannung U_2 sein.

Um sicheres Schalten zu gewährleisten, muß der Schaltstrom I_2 des Relais kleiner als das 0,8fache des stationär nach Bild **293.**1a sich einstellenden Strom-Endwertes I_E sein. Schließt das Relais über den Arbeitskontakt d_{a1} den Heißleiter kurz, so muß ferner sichergestellt sein, daß das Relais mit der dann voll anliegenden Versorgungsspannung U_{p-} im Dauerbetrieb arbeiten kann.

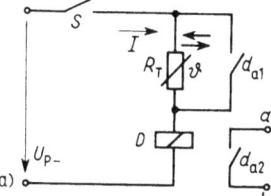 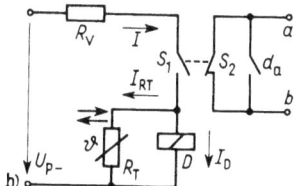

297.1
Relais-Anzugsverzögerungsschaltung (a) und -Abfallverzögerungsschaltung (b)

Verzögertes Ausschalten. Wird in Bild **297.**1b der mechanisch mit dem Schalter S_2 gekoppelte Schalter S_1 geschlossen, so öffnet der Schalter S_2 bedingt durch die mechanische Einstellung geringfügig später. In der Zwischenzeit schaltet jedoch das Relais D, das über den Vorwiderstand R_V einen Strom I_D erhält, der größer als sein Schaltstrom I_2 ist. Sein Arbeitskontakt d_a wird geschlossen, und der an die Klemmen a, b angeschlossene Arbeitskreis bleibt noch eingeschaltet. Mit zunehmender Erwärmung des Heißleiters sinkt dessen Widerstand R_T, und der Strom I_{RT} steigt. Dadurch sinkt der Strom I_D durch das Relais und wird schließlich kleiner als sein Abfallstrom. Das Relais D fällt wieder ab, und der Arbeitskontakt d_a öffnet nun entsprechend verzögert den Arbeitskreis. Wird der Schalter S_1 wieder geöffnet, schließt der Schalter S_2 den Arbeitskreis erneut. Damit der Heißleiter Zeit zum Abkühlen hat, darf der nächste Schaltvorgang erst nach der Zeit $t \approx 4\tau_{th}$ ausgelöst werden.

6.2 Kaltleiter

6.2.1 Aufbau und Kennwerte

Kaltleiter haben in einem bestimmten Temperaturbereich einen sehr großen positiven-Temperaturkoeffizienten α_T. Sie werden deshalb auch PTC-Widerstände (Positive Temperature Coefficient) genannt. Kaltleiter leiten also im kalten Zustand besser als im heißen.

6.2.1.1 Aufbau. Kaltleiter werden aus einer dotierten Titanat-Keramik hergestellt. Titanate werden in Analogie zu den Ferromagnetika, die eine große Permeabilität μ aufweisen, als Ferroelektrika bezeichnet, da sie stark polarisierbar sind und deshalb eine große relative Dielektrizitätszahl ε_r haben. Bild **298**.1 zeigt die Elementarzelle des Barium-Titanat-Gitters (BaTiO$_3$) [1]. In den Außenflächen des von den zweifach positiv geladenen Ba^{2+}-Atomen aufgespannten Würfels befinden sich **flächenzentriert** die zweifach negativ geladenen O^{2-}-Atome. In der Mitte des Würfels liegt **raumzentriert** das vierfach positiv geladene Ti^{4+}-Atom. In dieser Lage ist das Ti^{4+}-Atom im Ionenkristall schwach gebunden und gewissermaßen „federnd aufgehängt". Es kann durch elektrische Felder leicht aus seiner Gleichgewichtslage ausgelenkt werden. Die Verschiebung der 4 positiven Ladungen wirkt sich makroskopisch als starke elektrische Polarisation des Dielektrikums aus. BaTiO$_3$ hat deshalb eine große relative Dielektrizitätszahl $\varepsilon_r = 1000$ bis 5000.

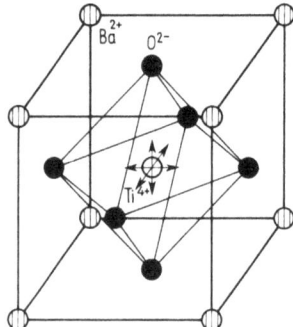

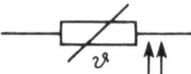

298.2
Schaltzeichen des Kaltleiters

298.1
Elementarzelle des Barium-Titanat-Gitters
Ba^{2+} zweifach positive Barium-Ionen, O^{2-} zweifach negative Sauerstoff-Ionen, Ti^{4+} vierfach positives Titan-Ion

Wird ein solches Titanat durch Dotierung leitfähig gemacht und in **polykristalliner** Form zu einem Widerstand gesintert, so bilden sich zwischen den mikroskopisch kleinen Kristalliten beim Anlegen einer elektrischen Feldstärke Sperrschichten aus. Bei niedriger Temperatur ($T_0 \approx 300$ K) sind diese jedoch sehr schwach ausgebildet, da sich an den Kristallitgrenzen durch die starke Polarisation der Kristallite große Oberflächenladungen und daher große örtliche Feldstärken aufbauen, die die sich entwickelnden Sperrpotentiale abbauen. Steigt die Temperatur T, treten in zunehmendem Maß Gitterschwingungen auf, an denen besonders das locker gebundene Ti^{4+}-Atom stark teilnimmt. Von einer Grenztemperatur T_C, der **Curie-Temperatur**, an verliert das Material seine gute Polarisierbarkeit und somit seine große relative Dielektrizitätszahl ε_r. Ferroelektrika verhalten sich also ähnlich wie Ferromagnetika, die oberhalb der Curie-Temperatur ebenfalls unmagnetisch werden. Da jetzt die durch Polarisation entstandenen örtlichen Feldstärken immer geringer werden, kommen die Sperrpotentiale zwischen den Kristalliten stärker zur Wirkung und verursachen einen steilen Widerstandsanstieg.

Die Bauformen der Kaltleiter ähneln denen der Heißleiter nach Bild **287**.1a, b, c. Das Schaltzeichen des Kaltleiters nach Bild **298**.2 unterscheidet sich von dem Schaltzeichen des Heißleiters nur durch die gleichsinnig gerichteten Pfeile, die kennzeichnen, daß mit wachsender Temperatur auch der Widerstand wächst.

6.2.1.2 Kaltleiter-Widerstand. Wegen des komplizierten Zusammenwirkens von ferroelektrischen und halbleitenden Eigenschaften läßt sich beim Kaltleiter nicht wie beim Heißleiter eine nach Gl. (288.3) relativ einfache auf Naturkonstanten zurückführbare Abhängigkeit des Widerstands R_T von der Temperatur T finden. In Bild **299**.1 ist die Abhängigkeit des Kaltleiter-Widerstands R_T von der Temperatur T für 4 verschiedene

Kaltleiter *1* bis *4* aufgetragen. Bis zu der Knicktemperatur T_A fällt der Widerstand R_T zunächst mit wachsender Temperatur T ab. Ursache hierfür ist das beim Kaltleiter ebenfalls auftretende Heißleiter-Verhalten, durch das wegen zunehmender Eigenleitung bei wachsender Temperatur T der Widerstand R_T abnimmt. Von der Knicktemperatur T_A an steigt wegen des beschriebenen Kaltleiter-Effekts der Widerstand R_T steil mit steigender Temperatur T an. In diesem Bereich überdeckt der Kaltleiter-Effekt bei weitem den viel schwächeren, aber ebenfalls vorhandenen Heißleiter-Effekt. Erst bei größeren Temperaturen T, wenn der Übergang vom polarisierten zum unpolarisierten Medium weitgehend vollzogen ist, wächst der Widerstand nicht mehr weiter, sondern fällt dann schließlich durch die sehr starke Eigenleitung wieder.

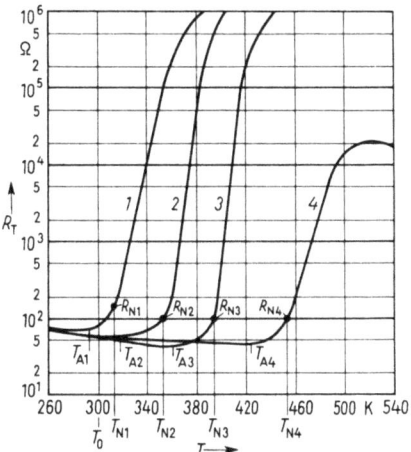

299.1 Temperaturabhängigkeit des Kaltleiter-Widerstands R_T für 4 Kaltleiter unterschiedlicher Nenntemperatur T_N
1 P310–C11, *2* P350–C11, *3* P390–C11, *4* P450–C11 (alle SIEMENS)

Man definiert eine **Nenntemperatur** T_N des Kaltleiters als diejenige Temperatur T, bei der der Widerstand R_T auf den doppelten Wert des Widerstands bei der Temperatur T_A angestiegen ist, und bezeichnet diesen Widerstand als **Nennwiderstand** R_N. Er ist größer als der bei der Temperatur $T_0 = 300$ K vorhandene **Kaltwiderstand** R_0. Durch Formgebung und Dotierung kann der Kaltwiderstand in weiten Grenzen von $R_0 = 1\,\Omega$ bis $1\,\text{k}\Omega$ verändert werden. Die Nenntemperatur T_N, die am Fuße des steilen Widerstandsanstiegs liegt und näherungsweise gleich der **Curie-Temperatur** T_C ist, kann z.B. durch Zusatz von Strontium Sr, das an Stelle von Barium Ba in den Ionenkristall eingebaut wird, zu niedrigeren Temperaturen hin verschoben werden. Zur Zeit stehen Kaltleiter mit den Nenntemperaturen $T_N = 313$ K (40 °C) bis 453 K (180 °C) zur Verfügung.

Wegen der im Kaltleiter vorhandenen Sperrschichten ist der Kaltleiter-Widerstand R_T auch spannungsabhängig. Er zeigt also Varistor-Eigenschaften. Diese führen zu einer Verringerung des wirksamen Kaltleiter-Widerstands R_T. Alle Widerstandsangaben beziehen sich deshalb auf Messungen mit kleiner Spannung $U_{\text{meß}} \approx 1,5$ V, bei der der Varistor-Effekt noch zu vernachlässigen ist.

6.2.1.3 Strom-Spannungs-Kennlinie. Für die Aufnahme der stationären Strom-Spannungs-Kennlinie $I = f(U)$ wird bei konstanter Umgebungstemperatur T_0 die am Kaltleiter liegende Spannung U langsam erhöht. Solange die im Kaltleiter erzeugte Verlustleistung P_V diesen noch nicht auf die Knicktemperatur T_A, bei der der Widerstandsanstieg beginnt, erwärmt hat, ist der Kaltleiter-Widerstand R_T etwa konstant, und der Strom I wächst linear mit der Spannung U. Oberhalb der Temperatur T_A nimmt nun bei weiterer Spannungssteigerung der Widerstand R_T steil zu, und schließlich erreicht der Strom

$$I = U/R_T \tag{299.1}$$

6.2 Kaltleiter

einen Maximalwert $I_{\max}$, bei dem die Stromänderung

$$dI = \frac{dU}{R_T} - U\frac{dR_T}{R_T^2} = 0 \tag{300.1}$$

wird. Ist also die aus Gl. (300.1) sich ergebende relative Spannungsänderung

$$dU/U = dR_T/R_T \tag{300.2}$$

gleich der relativen Widerstandsänderung, so steigt der Strom I nicht weiter, sondern fällt bei weiter wachsender Spannung U wieder. Im Gegensatz zum Heißleiter, in dessen stationärer Kennlinie eine maximale Spannung $U_{\max}$ auftritt, zeigt die Kaltleiter-Kennlinie ein Strommaximum $I_{\max}$. Kaltleiter eignen sich deshalb gut zur **Strombegrenzung** in Schaltkreisen.

Die Berechnung der Kennlinie $I = f(U)$ ist nur bei Voraussetzung vereinfachender Annahmen mit erträglichem Aufwand möglich. Zu diesem Zweck idealisieren wir als Beispiel die Kennlinie 3 von Bild 299.1 (in Bild 300.1 gestrichelt gezeichnet) zu der in Bild 300.1 durchgezogen gezeichneten Kennlinie. Diese besteht für $T < T_A$ aus dem von der Temperatur T unabhängigen Widerstand $R_T = R_0$ (Gerade 1) und für $T > T_A$ aus dem mit der Temperatur T exponentiell anwachsendem Widerstand

$$R_T = R_0 \, e^{\alpha_0(T-T_A)} \tag{300.3}$$

(Gerade 2 in der halblogarithmischen Auftragung von Bild 300.1). Dabei wird in Gl. (300.3) der Temperaturkoeffizient α_0 als temperaturunabhängig angenommen.

Für Temperaturen $T < T_A$ ist der Kaltleiter-Widerstand $R_T = R_0 = $ const, und der Strom $I = U/R_0$ steigt wie in Bild 300.2 linear mit der Spannung U an. Mit $T = T_A$ und mit dem thermischen Widerstand R_{th} des Kaltleiters ergeben sich aus Gl. (290.2) und

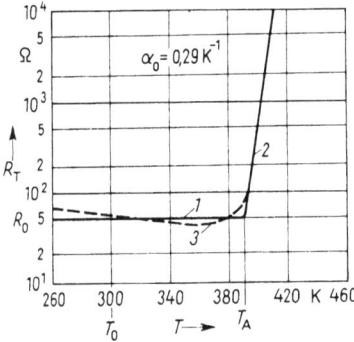

300.1 Idealisierte Widerstandskennlinie 1 und 2 eines Kaltleiters mit der Knicktemperatur $T_A = 390$ K, dem Temperaturkoeffizienten $\alpha_0 = 0{,}29\ K^{-1}$ und dem Kaltwiderstand $R_0 = 50\ \Omega$
3 gestrichelter Verlauf der realen Kennlinie

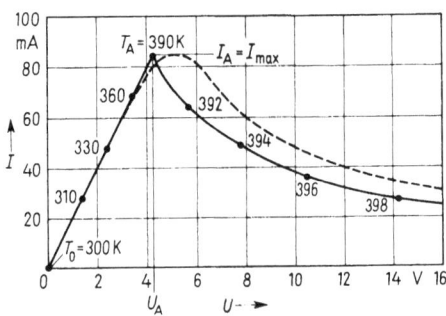

300.2 Mit der idealisierten Widerstandskennlinie von Bild 300.1 und nach Gl. (301.3) und (301.4) berechnete Strom-Spannungs-Kennlinie $I = f(U)$ des Kaltleiters
Die Zahlen an der Kennlinie geben die Kaltleitertemperatur T an, die sich stationär in den betreffenden Kennlinienpunkten einstellt; – – – angenäherter realer Kennlinienverlauf; Umgebungstemperatur $T_0 = 300$ K, Knicktemperatur $T_A = 390$ K, Temperaturkoeffizient $\alpha_0 = 0{,}29\ K^{-1}$, Kaltwiderstand $R_0 = 50\ \Omega$, thermischer Widerstand $R_{th} = 250\ K/W$

(299.1) bei der Knicktemperatur T_A der Strom

$$I_A = \sqrt{(T_A - T_0)/(R_0 R_{th})} \qquad (301.1)$$

und die zugehörige Spannung

$$U_A = \sqrt{(T_A - T_0) R_0/R_{th}} \qquad (301.2)$$

Für Temperaturen $T > T_A$ gilt für den temperaturabhängigen Kaltleiter-Widerstand Gl. (300.3), und mit Gl. (299.1) und (290.2) erhält man für den temperaturabhängigen Strom

$$I = \sqrt{(T - T_0)} \sqrt{\frac{1}{R_0 R_{th}}} e^{-(T-T_A)\alpha_0/2} \qquad (301.3)$$

und für die temperaturabhängige Spannung

$$U = \sqrt{(T - T_0)} \sqrt{R_0/R_{th}} e^{(T-T_A)\alpha_0/2} \qquad (301.4)$$

Für Temperaturen $T > T_A$ fällt somit nach Gl. (301.3) der Strom I exponentiell mit wachsender Temperatur T. Mit dem Kaltwiderstand $R_0 = 50\,\Omega$, dem Temperaturkoeffizienten $\alpha_0 = 0{,}29\,\text{K}^{-1}$ und der Knicktemperatur $T_A = 390\,\text{K}$ nach Bild **300.1** sowie mit der Umgebungstemperatur $T_0 = 300\,\text{K}$ und dem thermischen Widerstand $R_{th} = 250\,\text{K/W}$ wurde die Kennlinie $I = f(U)$ in Bild **300.2** über die Parameterdarstellung nach Gl. (301.3) und Gl. (301.4) mit der Temperatur T als Parameter berechnet. Die Zahlen an der Kennlinie geben deshalb die jeweilige Temperatur T des Kaltleiters an, die sich an dem betreffenden Kennlinienpunkt stationär einstellt. Es zeigt sich ferner, daß bei dieser vereinfachten Rechnung der bei der Knicktemperatur $T_A = 390\,\text{K}$ sich einstellende Strom $I_A = I_{max}$ ist. Würde die Rechnung mit dem tatsächlichen gestrichelten Kennlinienverlauf von Bild **300.1** durchgeführt werden, ergäbe sich in Bild **300.2** näherungsweise der gestrichelte Kennlinienverlauf. Fallender thermischer Widerstand R_{th} und Kaltwiderstand R_0 ergeben nach Gl. (301.1) einen größeren Maximumstrom $I_A = I_{max}$ und somit auch eine größere Spannung U_A.

Beispiel 76. Ein Kaltleiter mit dem Kaltwiderstand $R_0 = 50\,\Omega$ und dem thermischen Widerstand $R_{th} = 250\,\text{K/W}$ arbeitet bei der Umgebungstemperatur $T_0 = 300\,\text{K}$. Der exponentielle Anstieg seiner Kennlinie beginnt wie in Bild **300.1** bei der Knicktemperatur $T_A = 390\,\text{K}$ und hat den Temperaturkoeffizienten $\alpha_0 = 0{,}29\,\text{K}^{-1}$. Man berechne den maximalen Strom $I_A = I_{max}$ bei der Knicktemperatur T_A und die zugehörige Spannung U_A.

Aus Gl. (301.1) ergibt sich der Strom

$$I_A = \sqrt{(T_A - T_0)/(R_0 R_{th})} = \sqrt{(390\,\text{K} - 300\,\text{K})/(50\,\Omega \cdot 250\,\text{K/W})} = 84{,}85\,\text{mA}$$

Aus Gl. (301.2) finden wir die Spannung

$$U_A = \sqrt{(T_A - T_0) R_0/R_{th}} = \sqrt{(390\,\text{K} - 300\,\text{K}) 50\,\Omega/(250\,\text{K/W})} = 4{,}24\,\text{V}$$

6.2.1.4 Verlustleistung. Solange der Widerstand des Kaltleiters $R_T \approx R_0$ näherungsweise konstant ist (beim idealisierten Kaltleiter mit der Kennlinie *1* und *2* in Bild **300.1** bis zur Knicktemperatur T_A) steigt die Verlustleistung

$$P_V = U^2/R_0 \qquad (301.5)$$

im Kaltleiter mit dem Quadrat der Spannung. Für Temperaturen $T > T_A$ ersetzen wir in der Verlustleistung

$$P_V = UI \qquad (301.6)$$

302 6.2 Kaltleiter

den Strom I durch Gl. (301.3) und erhalten, wenn wir noch für die Temperatur T nach Gl. (290.2) die Verlustleistung P_V einführen und nach dieser auflösen

$$P_V = P_{VA} + \frac{1}{\alpha_0 R_{th}} \ln\left(\frac{U^2}{R_0 P_{VA}}\right) \tag{302.1}$$

wobei $\quad P_{VA} = (T_A - T_0)/R_{th}$ \hfill (302.2)

die bei der Knicktemperatur T_A über den thermischen Widerstand R_{th} abgeführte Verlustleistung ist. In Gl. (302.1) haben wir ferner näherungsweise die im Logarithmus auftretende Leistung $P_V \approx P_{VA}$ gesetzt. Beim Erreichen der Knicktemperatur T_A steigt die Verlustleistung nur noch mit dem Logarithmus des Spannungsquadrats, also sehr langsam bei weiter wachsender Spannung U an. Dieses Verhalten wird deutlich in Bild 302.1, das die im Kaltleiter auftretende Verlustleistung P_V in Abhängigkeit von der Spannung U zeigt. Der berechneten Kurve von Bild 302.1 liegen die Kennlinien von Bild 300.1 und 300.2 zugrunde.

Der Kaltleiter ist also praktisch nicht überlastbar. Verlustleistung P_V und Temperatur T wachsen beim Erreichen des steilen Widerstandsanstiegs nur noch langsam.

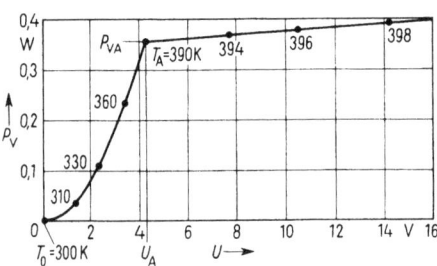

302.1 Im Kaltleiter erzeugte Verlustleistung P_V in Abhängigkeit von der Spannung U berechnet nach Gl. (301.5) und (302.1) mit den Werten von Bild 300.2
Die Zahlen an der Kurve geben die stationär sich einstellende Kaltleitertemperatur T an.

6.2.2 Anwendungen

Kaltleiter können ähnlich wie Heißleiter eingesetzt werden. So lassen sich z. B. auch mit Kaltleitern Relais-Verzögerungsschaltungen aufbauen. Es sollen deshalb hier einige nur für Kaltleiter typische Anwendungen besprochen werden.

6.2.2.1 Überstromsicherung. Schaltet man wie in Bild 302.2a zu einem Lastwiderstand R_L (Verbraucher) einen Kaltleiter-Widerstand R_T in Reihe, so fließt bei hinreichend großem Lastwiderstand R_L der Laststrom I_L, und der Arbeitspunkt A_L liegt wie in Bild 302.2b auf dem etwa linear ansteigenden Ast der Kaltleiter-Kennlinie. Der Kaltleiter

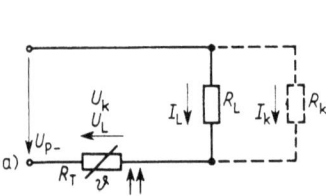
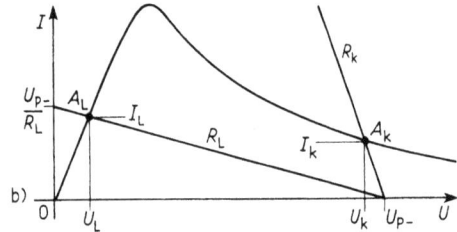

302.2 Überstromsicherung mit Kaltleiter
a) Schaltung mit Lastwiderstand R_L oder Kurzschlußwiderstand R_k und Kaltleiter-Widerstand R_T
b) Stationäre Strom-Spannungs-Kennlinie mit Widerstandsgerade R_L und Arbeitspunkt A_L für normale Last und mit R_k und A_k für den Kurzschlußfall

ist niederohmig, und seine Temperatur T ist kleiner als die Knicktemperatur T_A. Tritt jetzt im Verbraucher ein Kurzschluß mit dem Kurzschlußwiderstand R_k auf, so schneidet die wesentlich steilere Widerstandskennlinie R_k die Kaltleiter-Kennlinie von Bild 302.2b im Arbeitspunkt A_k, und es fließt der gegenüber dem Laststrom I_L kleinere Kurzschlußstrom I_k. Die Versorgungsspannung U_{p-} fällt jetzt nahezu vollständig über den sehr hochohmigen Kaltleiter-Widerstand R_T ab. Die Temperatur des Kaltleiters liegt dann geringfügig über der Knicktemperatur T_A, also in der Nähe der Nenntemperatur T_N. Die Versorgungsspannungsquelle kann nicht überlastet werden. Wie schnell diese Sicherung anspricht, hängt von der Anheizzeit des Kaltleiters ab. Sie fällt mit wachsendem Kurzschlußstrom I_k und kann den Datenblättern der Hersteller entnommen werden.

Wird der Kaltleiter-Widerstand R_T in guten Wärmekontakt zum Verbraucher-Widerstand R_L gebracht, so kann er auch als Temperatursicherung für den Verbraucher dienen. Die Temperatur T des Verbrauchers kann dann nicht nennenswert über die Nenntemperatur T_N des Kaltleiters steigen. Auf diese Weise können Kleinmotoren und andere elektrische Geräte vor zu starker Erwärmung geschützt werden.

6.2.2.2 Temperaturstabilisierung. Ein geschlossener Raum wird wie in Bild 303.1 von Kaltleitern K allseitig geheizt. Die Temperatur T der Kaltleiter ist etwas größer als ihre Knicktemperatur T_A. Besteht guter Kontakt der Wände des Raums mit den aufgeheizten Kaltleitern, ist die Innentemperatur des Raums T_i etwa gleich der Temperatur T der Kaltleiter. Sinkt nun die Außentemperatur T_0, so werden die Kaltleiter K stärker gekühlt, ihr Widerstand R_T fällt, und der Strom I durch die Kaltleiter steigt. Dadurch wird den Kaltleitern mehr Energie zugeführt, und ihre Temperaturen T und somit auch die Innentemperatur T_i werden näherungsweise konstant gehalten. Die Kaltleiter wirken also als Thermostaten und gleichen die Schwankungen der Außentemperaturen T_0 aus.
Für die Berechnung der Änderung $dT/dT_0 = dT_i/dT_0$ der Innentemperatur T_i mit der Außentemperatur T_0 lösen wir Gl. (301.4) nach der Temperatur T_0 auf und erhalten

$$T_0 = T - \frac{R_{th} U^2}{R_0} e^{-(T-T_A)\alpha_0} \quad (303.1)$$

Wir bilden jetzt die Ableitung

$$\frac{dT_0}{dT} = 1 + \frac{R_{th} \alpha_0 U^2}{R_0} e^{-(T-T_A)\alpha_0} \quad (303.2)$$

Mit dem temperaturabhängigen Kaltleiter-Widerstand R_T und mit der Verlustleistung $P_V = U^2/R_T$ ergibt sich, wenn wir den Kehrwert von Gl. (303.2) bilden, mit $T = T_i$ die Änderung der Innentemperatur bei Änderung der Außentemperatur, also der Stabilisierungskoeffizient

$$S = \frac{dT_i}{dT_0} = \frac{1}{1 + R_{th} \alpha_0 P_V} \quad (303.3)$$

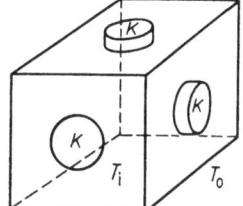

303.1 Von Kaltleitern K allseitig geheiztes Volumen mit der Innentemperatur T_i umgeben mit einem Medium der Temperatur T_0

Er ist um so geringer, je größer der thermische Widerstand R_{th}, der Temperaturkoeffizient α_0 und die Verlustleistung P_V der Kaltleiter sind.

Beispiel 77. Die Kaltleiter in Bild 303.1 haben die Knicktemperatur $T_A = 350$ K, den Kaltwiderstand $R_0 = 60\,\Omega$, den Temperaturkoeffizienten $\alpha_0 = 0{,}29$ K^{-1} und den thermischen Widerstand $R_{th} = 30$ K/W. Sie heizen den Raum bei der Außentemperatur $T_0 = 300$ K mit der Spannung

$U = 20$ V. Man berechne die Verlustleistung P_V der Kaltleiter und den Stabilisierungskoeffizienten S.

Nach Gl. (302.2) berechnen wir zunächst die Verlustleistung bei der Temperatur T_A

$$P_{VA} = (T_A - T_0)/R_{th} = (350\text{ K} - 300\text{ K})/(30\text{ K/W}) = 1{,}67\text{ W}$$

und erhalten dann aus Gl. (302.1) die Verlustleistung

$$P_V = P_{VA} + \frac{1}{\alpha_0 R_{th}} \ln\left(\frac{U^2}{R_0 P_{VA}}\right) = 1{,}67\text{ W} + \frac{1}{0{,}29\text{ K}^{-1} \cdot 30\text{ K/W}} \ln\left(\frac{20^2\text{ V}^2}{60\,\Omega \cdot 1{,}67\text{ W}}\right) = 1{,}83\text{ W}$$

Hiermit finden wir nun nach Gl. (303.3) den Stabilisierungskoeffizienten

$$S = \frac{dT_i}{dT_0} = \frac{1}{1 + R_{th}\alpha_0 P_V} = \frac{1}{1 + 30\text{ (K/W)} \cdot 0{,}29\text{ K}^{-1} \cdot 1{,}83\text{ W}} = 0{,}059 = 5{,}9\%$$

Daher ergibt sich z.B. bei der Außentemperaturänderung $\Delta T_0 = 10$ K die Änderung der Innentemperatur $\Delta T_i = S\,\Delta T_0 = 0{,}059 \cdot 10$ K $= 0{,}59$ K und somit eine gute Temperaturstabilisierung.

6.2.2.3 Flüssigkeits-Niveaufühler. Wird ein Kaltleiter wie in Bild **304.**1a über einen Vorwiderstand R_V auf eine Temperatur T, die größer als seine Nenntemperatur T_N ist, aufgeheizt, so stellt sich, wenn der Kaltleiter in ihm ungebender Luft betrieben wird, der Arbeitspunkt A_1 in Bild **304.**1b ein, da die Kennlinie I in Bild **304.**1b nur für den Betrieb des Kaltleiters in Luft gilt. Nach Gl. (301.3) ist der Strom durch den Kaltleiter um so kleiner, je größer der thermische Widerstand R_{th}, je schlechter also die Wärmeableitung

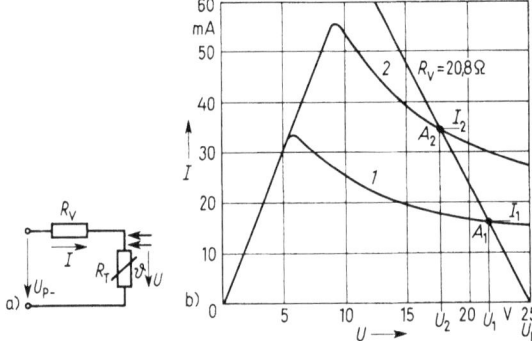

304.1
Mit Vorwiderstand R_V in einem Flüssigkeits-Niveaufühler betriebener Kaltleiter R_T (a) und Strom-Spannungs-Kennlinien für umgebende Luft I und umgebendes Heizöl 2 mit Widerstandsgerade R_V (b)
A_1 Arbeitspunkt des Kaltleiters in Luft, A_2 Arbeitspunkt desselben Kaltleiters in Heizöl

ist. Der Kaltleiter heizt sich dann stärker auf, und sein Widerstand R_T nimmt zu. Wird nun der Kaltleiter in eine Flüssigkeit (z.B. Öl) getaucht, ist die Wärmeableitung besser, und sein thermischer Widerstand R_{th} gegenüber dieser Umgebung sinkt. Infolgedessen steigt nach Gl. (301.3) der Strom I durch den Kaltleiter. Die Kennlinie 2 in Bild **304.**1b gilt für denselben Kaltleiter, wenn er in Heizöl betrieben wird. Beim Eintauchen in das Heizöl stellt sich deshalb der Arbeitspunkt A_2 ein, und der Strom I steigt von I_1 auf I_2. Wird wie in Bild **304.**1b ein Widerstand $R_V = 20{,}8\,\Omega$ verwendet, so tritt beim Eintauchen in Öl über diesen ein Spannungssprung $\Delta U = U_1 - U_2 = 21{,}7$ V $- 17{,}8$ V $= 3{,}9$ V auf.

Wird ein solcher Fühler in einen Öltank eingebaut, dann erhält man am Widerstand R_V den Spannungssprung ΔU, wenn der Flüssigkeitsspiegel im Tank die Einbauhöhe des Fühlers erreicht hat. Dieses Meldesignal kann nun zur automatischen Abschaltung der Füllanlage benutzt werden. Eine derartige automatische Sicherung von Heizöl-Erdtanks ist heute allgemein vorgeschrieben.

Anhang

1 Weiterführende Bücher und Literatur

[1] Kittel, C.: Einführung in die Festkörperphysik. München-Wien 1973
[2] Spenke, E.: Elektronische Halbleiter. Berlin-Heidelberg-New York 1965
[3] Madelung, O.: Grundlagen der Halbleiterphysik. Berlin-Heidelberg-New York 1970
[4] Paul, R.: Halbleiterphysik. Heidelberg 1975
[5] Möschwitzer, A.; Lunze, K.: Halbleiterelektronik. Heidelberg 1973
[6] Müller, R.: Halbleiter-Elektronik. Bd. 1 u. 2. Berlin-Heidelberg-New York 1971 u. 1973
[7] Tietze, U.; Schenk, Ch.: Halbleiterschaltungstechnik. Berlin-Heidelberg-New York 1971
[8] Unger, H. G.; Schultz, W.: Elektronische Bauelemente und Netzwerke. 3 Bde. Braunschweig 1971–1973
[9] Harth, W.: Halbleitertechnologie. Stuttgart 1972
[10] Münch, W. v.: Werkstoffe der Elektrotechnik. Stuttgart 1975
[11] Hilpert, H.: Halbleiterbauelemente. Stuttgart 1976
[12] Bailey, F. J.: Halbleiter-Schaltungen. München 1974
[13] Watson, Ph. D.: An Introduction to Field Effekt Transistors. Silconix GmbH, Bernhausen 1971
[14] RCA: Applikationsberichte über RCA-Transistoren. Quickborn-Hamburg 1971
[15] RCA: Halbleiterschaltungen der Leistungselektronik. Quickborn-Hamburg 1971
[16] Texas Instruments: The how and why of unijunction transistors. Application note
[17] Motorola: Theorie and characteristics of the unijunction transistor. Application note AN-293
[18] RCA: Applikationsberichte über Thyristoren, TRIACs und Gleichrichter. Quickborn-Hamburg 1971
[19] Heumann, K.; Stumpe, A. C.: Thyristoren. Eigenschaften und Anwendungen. Stuttgart 1974
[20] Hahn, H.: Thyristoren und Thyristor-Schaltungen. Heidelberg 1973
[21] Hoffmann, A.; Stocker, K.: Thyristor-Handbuch. Berlin-Erlangen 1968
[22] General Electric: SCR Manual. Syracuse/N. Y. 1967
[23] Motorola: Semiconductor power circuits handbook. Phönix/Ariz. 1968
[24] RCA: Electro-optics-handbook. Quickborn-Hamburg 1968
[25] Texas Instruments: Das Opto-Kochbuch. Freising 1975
[26] Bleicher, M.: Halbleiter-Optoelektronik. Heidelberg 1976
[27] Goercke, P.; Mischel, P.: Optoelektronische Bauelemente für die Automatisierung. Heidelberg 1976
[28] Greif, H.: Lichtelektrische Empfänger. Leipzig 1972
[29] Bergh, A. A.; Dean, P. J.: Light-Emitting Diodes. London 1976
[30] Texas Instruments: The integrated circuits catalog. 2. Aufl. Freising
[31] Motorola: Fieldeffekt-Transistors in theory and practice. Application note AN-211A
[32] Motorola: Low frequency applications of field effekt transistors. Application note AN-511
[33] Motorola: FET-current regulator-circuits and diodes. Application note AN-462
[34] Telefunken: Einführung in die CMOS-Technik. Applikationsbericht
[35] RCA: Applikationsberichte über integrierte Digitalschaltungen. Quickborn-Hamburg 1971

[36] Motorola: Unijunction trigger circuits for gated thyristors. Application note AN-413
[37] Beneking, H.: Feldeffekt-Transistoren; Halbleiterelektronik Bd. 7. Berlin-Heidelberg-New York 1973
[38] Paul, R.: Feldeffekt-Transistoren. Stuttgart-Berlin-Köln-Mainz 1972
[39] Unger, H. G.; Harth, W.: Hochfrequenz-Halbleiterelektronik. Stuttgart 1972
[40] Röss, D.: Laser. Frankfurt 1966
[41] Telefunken: Magnet-Dioden. Applikationsbericht
[42] Westermann, F.: Laser. Stuttgart 1976
[43] Gad, H.: Feldeffektelektronik. Stuttgart 1976

2 Normblätter

DIN 1301	Einheiten, Kurzzeichen	DIN 40148	Übertragungssysteme und Vierpole
DIN 1302	Mathematische Zeichen	DIN 40700	Blatt 8: Schaltzeichen (Halbleiterbauelemente)
DIN 1304	Allgemeine Formelzeichen		
DIN 1311	Schwingungslehre		
DIN 1313	Schreibweise physikalischer Gleichungen		Teil 14: Schaltzeichen (Digitale Informationsverarbeitung)
DIN 1323	Elektrische Spannung, Potential Zweipolquelle, elektromotorische Kraft	DIN 40710	Schaltzeichen (Spannungen, Ströme)
		DIN 40712	Schaltzeichen (Widerstände, Kondensatoren, Induktivitäten, Batterien)
DIN 1324	Elektrisches Feld		
DIN 1325	Magnetisches Feld		
DIN 1339	Einheiten magnetischer Größen	DIN 40713	Schaltzeichen (Schaltgeräte)
DIN 1344	Formelzeichen der elektrischen Nachrichtentechnik	DIN 41761	Stromrichterschaltungen (Benennungen und Kennzeichen)
DIN 1357	Einheiten elektrischer Größen	DIN 41782	Gleichrichterdioden
DIN 5483	Formelzeichen für zeitabhängige Größen	DIN 41785	Halbleiter-Bauelemente
		DIN 41790	Halbleiter-Bauelemente (Z-Dioden)
DIN 5488	Zeitabhängigkeit physikalischer Größen	DIN 41791	Halbleiter-Bauelemente für die Nachrichtentechnik
DIN 5489	Vorzeichen- und Richtungsregeln für elektrische Netze	DIN 41859	Blatt 1 Elektrische Digitalschaltungen (Begriffe)
DIN 5493	Logarithmierte Verhältnisgrößen (Pegel, Maß)		Blatt 2: − − (Kurzbeschreibung von Folgeschaltungen)
DIN 40108	Gleich- und Wechselstromsysteme	DIN 66000	Mathematische Zeichen der Schaltalgebra
DIN 40110	Wechselstromgrößen		

3 Schaltzeichen

Auswahl aus den Normblättern DIN 40700, 40710, 40712

—	Gleichstrom allgemein	—(−)—	Gleichstromquelle
∽	Wechselstrom	—(∼)—	Wechselstromquelle
≋	Hochfrequenz-Wechselstrom, Rauschstrom	—(≋)—	Hochfrequenz-Wechselstromquelle
+|⊢	Batterie	—(⊓)—	Rechteckspannungs-Generator
⊥	Masse	—(⌐)—	Rechteckspannungs-Sprunggenerator
—(∼)—	Wechselspannungsgenerator		
—(≋)—	Hochfrequenz-Wechselspannungsgenerator	—▭—	Widerstand allgemein

Anhang 307

Induktivität	
Kapazität	
Widerstand regelbar	
Widerstand einstellbar	
Transformator	
Diode	
Z-Diode	
bipolarer NPN-Transistor	
bipolarer PNP-Transistor	
N-Kanal-Sperrschicht-FET	
P-Kanal-Sperrschicht-FET	
selbstleitender N-Kanal-MOS-FET (depletion typ)	
selbstleitender P-Kanal-MOS-FET (depletion typ)	
selbstsperrender N-Kanal-MOS-FET (enhancement typ)	
selbstsperrender P-Kanal-MOS-FET (enhancement typ)	
selbstleitender N-Kanal-Doppelgate-MOS-FET (depletion typ)	
FET-Diode	
Unijunction-Transistor	
rückwärts sperrende Trigger-Diode	
bidirektionale Trigger-Diode (DIAC)	
Vierschicht-Diode	
Fünfschicht-Diode	
kathodengesteuerter Thyristor	
anodengesteuerter Thyristor	
bidirektionaler Thyristor (TRIAC)	
Thyristor-Tetrode	
Photowiderstand	
Photodiode	
Photoelement	
NPN-Phototransistor	
NPN-Phototransistor mit herausgeführter Basis	
Photothyristor	
Photo-FET	
Lumineszenz-Diode, Laser-Diode	
Hall-Generator	
Feldplatte	
Magnet-Diode	
Varistor	
Heißleiter	
Kaltleiter	

4 Wichtigste Anwendungsgebiete von Halbleiter-Bauelementen

(Punkt an der Kreuzungsstelle Zeile – Spalte kennzeichnet häufiges Anwendungsgebiet.)

		Halbleiter-Bauelemente	Leistungselektronik					Stabilisierungsschaltungen				Impulstechnik				
			Gleichrichtung	gesteuerte Gleichrichtung (Phasenanschnitt)	Helligkeitssteuerung (Dimmung)	Wechselstromregelung	Triggerschaltungen der Leistungselektronik	Konstantspannungsquellen	Konstantstromquellen	Strom-Spannungs-Stabilisierung	geregelte Netzteile	Triggerimpulsgeneratoren	ns-Impulsgeneratoren	Impulsformung	Impulsaufsteilung	Fernimpulstechnik
Bauelemente in Teil 1	Dioden mit besonderen Eigenschaften	Gleichrichter-Dioden	●								●			●		●
		Z-Dioden						●		●	●			●		
		Tunnel-Dioden										●	●			
		Backward-Dioden														
		Spitzen-Dioden														
		Hot-carrier-Dioden														
		Kapazitäts-Dioden														
		Varaktor-Dioden														
		Step-recovery-Dioden										●	●	●	●	
		PIN-Dioden														
		Impatt-Dioden														
		Gunn-Dioden											●			
	Transistoren mit besonderen Eigenschaften	Bipolare Transistoren					●	●	●	●	●	●		●		●
		Feldeffekt-Transistoren (FET)						●	●	●		●				
		FET-Dioden						●	●							
		Unijunction-Transistoren					●					●	●			
		Lawinen-Transistoren										●	●		●	
	Thyristor-Bauelemente	DIACs					●					●				
		Vierschicht-Dioden					●					●				
		Fünfschicht-Dioden					●					●				
		Thyristoren		●	●	●					●					●
		TRIACs			●	●					●					
		Thyristor-Tetroden													●	
Bauelemente in Teil 2	Optoelektronische Bauelemente – Lichtempfänger	Photowiderstände				●										
		Photoelemente														
		Solarzellen														
		Photodioden														
		Photo-PIN-Dioden														
		Photo-Lawinen-Dioden														
		Photo-Duo-Dioden														
		Phototransistoren				●										
		Photo-Darlington-Transistoren				●										
		Photothyristoren				●										
		Photo-FETs														
	Lichtsender	GaAs-Lumineszenz-Dioden														
		GaP-Lumineszenz-Dioden														
		GaAsP-Lumineszenz-Dioden														
		Laser-Dioden														
	Magnetoelektronische Bauelemente	Hall-Generatoren														
		Feldplatten														
		Magnet-Dioden														
	Thermistoren	Varistoren	●	●							●			●		
		Heißleiter														
		Kaltleiter														

Anhang 309

5 Formelzeichen

(In Klammern Abschnittsnummern der Einführung der Zeichen)

Die Formelzeichen sind (z. B. im Gegensatz zu den Bezeichnungen der Einheiten) *kursiv* geschrieben und bezeichnen daher nach DIN 5483 skalare Größen bzw. Beträge. Die großen Buchstaben U, I kennzeichnen Gleichstromgrößen, die kleinen Buchstaben u, i allgemein Zeitwerte – insbesondere von Wechselstromgrößen. Ihre Effektivwerte werden in Abschn. 1.1.7 (Rauschen) durch eine Tilde, wie in $\tilde{u}$, $\tilde{i}$ und ihre Scheitelwerte allgemein durch den Index m wie in u_m, i_m hervorgehoben. Die Formelzeichen komplexer Wechselstromgrößen sind, wie in $\underline{u}$, $\underline{i}$, $\underline{y}$, unterstrichen. Nach DIN 41785, Blatt 2 werden lineare Mittelwerte in Abschn. 2 (Thyristoren) durch den Index AV und Effektivwerte durch den Index EFF gekennzeichnet.

Die zunächst angegebenen Indizes gelten für die bei den Formelzeichen am häufigsten benutzte Bedeutung. Die mit diesen Indizes versehenen Formelzeichen werden daher nicht in allen Fällen in der Formelzeichenliste aufgeführt. Selten benötigte Formelzeichen sind in der Formelzeichenliste nicht enthalten, jedoch im Text ausreichend benannt.

Indizes

A	Austritt	m	Scheitelwerte
AK	Anode-Kathode	max	Maximalwerte
AV	linearer Mittelwert (Thyristor)	min	Minimalwerte
a	Ausgangswerte	N	N-Kanal
B	Basis	n	negativ
BE	Basis-Emitter	(OFF)	Ausschaltwerte
(BO)	break over (Kippwerte)	(ON)	Einschaltwerte
(BR)	break down (Durchbruchwerte)	P	Pinch off
BS	Substrat-Source	p	positiv
C	Kondensator	ph	Photowerte
CB	Kollektor-Basis	Q	digitale Ausgangswerte
CE	Kollektor-Emitter	q	Photon
D	Drain	R	Sperrwerte
DG	Drain-Gate	r	Anstiegswerte
DS	Drain-Source	s	schwarzer Körper
d	Dunkelwerte	sat	Sättigungswerte
dB	Dezibel	T	Durchlaßwerte (Thyristor)
E	Emitter	(TO)	turn on (Schwellwerte)
EFF	Effektivwerte (Thyristor)	t	Zeitabhängigkeit
e	Eingangswerte	th	thermisch
F	Durchlaßwerte	U	Umgebung
f	Abfallwerte	u	Spannung
G	Generator	V	Vorwiderstand
GA	Gate-Anode	v	photometrische Werte
GD	Gate-Drain	x	Ortsabhängigkeit
GK	Gate-Kathode	Z	Temperaturunabhängigkeit
GS	Gate-Source	z	Zener
g	Grenzwerte	λ	Wellenlängenabhängigkeit
H	Haltewerte	—	Gleichwerte
h	Hellwerte	0	Ruhewerte
i	Eigenleitung	1	Eingangswerte
L	Lastwerte	2	Ausgangswerte
M	Magnetische Werte		

Anhang

Formelzeichen

A	Fläche (1.1.2.4)	$(di/dt)_{krit}$	kritische Stromsteilheit (2.4.1.5)
A_{dB}	Abschwächungsmaß (1.1.9.5)	$(du/dt)_{Kkrit}$	kritische Kommutierungs-Spannungssteilheit (2.4.2.3)
a_s	Absorptionsvermögen des schwarzen Körpers (3.1.1)	$(du/dt)_{krit}$	kritische Spannungssteilheit (2.4.1.5)
a_λ	—, spektrales (3.1.2)	E	Elektrische Feldstärke (1.1.2.2)
B	Gleichstromverstärkung der Emitterschaltung (1.3.1)	E	binäre Eingangsvariable (1.1.9.4)
B	magnetische Induktion (4.1.1)	$E_{(BR)}$	Durchbruchfeldstärke (1.1.5.1)
B	Regelkonstante (6.1.1.2)	E_e	Bestrahlungsstärke (3.1.3)
b	Kanalbreite des FET (1.1.2.4)	$E_{e\lambda}$	—, spektrale (3.1.2.1)
b_n	Beweglichkeit der Elektronen (1.1.2.2)	$E_{e\lambda T}$	— —, temperaturabhängige (3.1.2.1)
b_p	— — Löcher (3.1.5)	E_v	Beleuchtungsstärke (3.1.3.1)
b_{11s}	Blindleitwert von y_{11s} (1.1.6.1)	E_{vab}	Ausschalt-Beleuchtungsstärke (3.4.4.1)
b_{22s}	— — y_{22s} (1.1.6.1)		
b_{12s}	Blindanteil von y_{12s} (1.1.6.1)	E_{van}	Einschalt-Beleuchtungsstärke (3.4.4.1)
b_{21s}	— — y_{21s} (1.1.6.1)		
C	Formfaktor (5.1)	e	= 2,71828
C	Kapazität (1.2.5.1)	e	Elementarladung (1.1.2.4)
C_{BE}	— zwischen Basis-Emitter (3.4.3.1)	F	Formfaktor (2.4.1.3)
C_{CB}	— — Kollektor-Basis (3.4.3.1)	F	Rauschzahl (1.1.7.1)
C_{CE}	— — Kollektor-Emitter (3.4.3.1)	F	Ausbeutefaktor (3.3.1)
C_D	Diffusionskapazität (3.3.3.2)	F_M	Lorentzkraft (4.1.1)
C_{DG}	Kapazität zwischen Drain-Gate (1.1.6.1)	F_{dB}	Rauschmaß (1.1.7.1)
C_{DS}	— — Drain-Source (1.1.6.1)	f	Frequenz (1.1.6.1)
C_{GD}	— — Gate-Drain (1.1.6.1)	f_g	Grenzfrequenz (3.3.5.2)
C_{GK}	— — Gate-Kathode (1.1.6.1)	f_H	Hochfrequenz (1.1.9.5)
C_{GS}	— — Gate-Source (1.1.6.1)	f_T	Transitfrequenz (3.3.5.2)
C_G	Gehäusekapazität (3.3.2.2)	f_β	Kurzschluß-Grenzfreq. (3.4.3.2)
C_H	Wärmekapazität (6.1.1.4)	g	Erzeugungsrate (3.7.1.2)
C_K	Koppelkapazität (1.1.9.1)	g_{DG}	Leitwert zwischen Drain-Gate (1.1.6.1)
C_L	Lastkapazität (1.1.6.3)		
C_S	Source-Kapazität (1.1.9.1)	g_{DS}	— — —-Source (1.1.6.1)
C_S	Sperrschichtkapazität (2.4.1.5)	g_{GS}	— — Gate-Source (1.1.6.1)
C_U	Wärmekapazität der Umgebung (6.1.1.4)	g_{fs}	Kurzschluß-Vorwärtssteilheit (1.1.2.3)
		g_{os}	—-Ausgangsleitwert (1.1.2.3)
C_{iss}	Kurzschluß-Eingangskapazität (1.1.6.1)	g_{11s}	Wirkleitwert von y_{11s} (1.1.6.1)
C_{oss}	—-Ausgangskapazität (1.1.6.1)	g_{22s}	— — y_{22s} (1.1.6.1)
C_{rss}	—-Rückwirkungskapazität (1.1.6.1)	g_{12s}	Wirkanteil von y_{12s} (1.1.6.1)
		g_{21s}	— — y_{21s} (1.1.6.1)
c	Kanaldicke ohne Einschnürung (1.1.2.4)	h	Wirkungsquantum (3.1.1.2)
		$\hbar$	$h/(2\pi)$ (3.7.1.1)
c	Lichtgeschwindigkeit (3.1.1)	I	Gleichstrom (2.3.1.1)
D	Kanaldicke (1.1.2.4)	I_B	Basisgleichstrom (1.3.1.)
d	Dicke allgemein (4.1.1)	I_{BB}	Interbasis-Strom (1.2.5.2)
d	Sperrschichtdicke (1.1.2.2)	$I_{(BO)}$	Schwellstrom beim Kippen (2.2.1.1)
$(di/dt)_K$	Kommutierungs-Stromsteilheit (2.4.2.3)	I_C	Kollektor-Gleichstrom (1.3.1)
		I_{CBO}	Kollektor-Basis-Reststrom (1.3.1)
		I_{CEO}	Kollektor-Emitter-Reststr. (1.3.1)

312 Anhang

$I_{C(BR)}$ Kollektor-Durchbruchstrom (1.3.2)
I_D Drain-Gleichstrom (1.1.2.2)
I_D Vorwärts-Sperrstrom (Thyristor) (2.3.1.1)
I_{D0} — — bei offenem Gate (Thyristor) (2.4.1.3)
I_{D0} Drain-Gleichstrom (Ruhewert) (1.1.9.1)
$I_{D(OFF)}$ Drain-Reststrom (1.1.6.3)
I_{DP} Drain-Strom beim Pinch off (1.1.2.2)
I_{DS} Sättigungs-Drain-Strom (1.1.2.4)
I_{DSS} Kurzschluß-Sättigungs-Drain-Strom (1.1.2.4)
I_{DZ} temperaturstabiler Drain-Strom (1.1.4.2)
I_E Emitter-Gleichstrom (1.2.2)
I_F Durchlaß-Gleichstrom (3.7.2.3)
I_{FP} Impuls-Durchlaßstrom (3.7.3.3)
I_G Gate-Strom (2.4.1.1)
I_{GAT} Anoden-Gate-Triggerstrom (2.5.1)
I_{GKQ} Kathoden-Gate-Abschaltstrom (2.5.1)
I_{GKT} — —-Triggerstrom (2.5.1)
I_{GSS} Gate-Source-Strom ($U_{DS} = 0$) (1.1.5.1)
I_{GT} Gate-Triggerstrom (2.4.1.4)
I_H Haltestrom (1.2.5.3)
I_{H0} — bei offenem Gate (2.4.1.3)
I_{HT} Einraststrom (2.3.1.2)
I_P Höckerstrom (1.2.2)
I_R Sperrstrom (2.2.1.1)
I_{R0} Rückwärts-Sperrstrom bei offenem Gate (2.4.1.3)
I_{RS} Sättigungs-Sperrstrom (3.3.1)
I_S Spitzenstrom (2.2.1.1)
I_T Durchlaßstrom (Thyristor) (2.3.1.2)
I_{TAV} —, linearer Mittelwert (2.4.1.3)
I_{TEFF} —, Effektivwert (2.4.1.3)
I_{TS} Stoßstrom (2.4.1.3)
I_{TSM} —, maximaler (2.4.1.3)
I_V Talstrom (1.2.2)
I_a Ausgangs-Gleichstrom (1.1.9.2)
I_e Eingangs-Gleichstrom (1.1.9.2)
I_e Strahlstärke (3.1.3)
I_i Strom der Eigenleitung (3.1.5)
I_k Kurzschlußstrom (3.3.2.2)
I_{ph} Photostrom (3.1.5)
I_v Lichtstärke (3.1.3.1)
I_{vs} —des schwarzen Körpers (3.1.4)
I_z Zener-Strom (1.1.9.2)

i_C Kollektorstrom (Zeitwert) (3.4.3.3)
i_D Drain-Strom (Zeitwert) (1.1.6.1)
i_M Modulationsstrom (3.9.4)
i_R Sperrstrom (Zeitwert) (3.3.3.2)
i_{RR} Ausräumstrom (2.4.1.5)
i_T Durchlaßstrom (Zeitwert) (2.4.1.3)
i_a Ausgangsstrom (Zeitwert) (3.3.7.1)
i_{ph} Photostrom (Zeitwert) (3.3.3.2)
$\tilde{i}_r$ Rauschstrom (Effektivwert) (1.1.7.1)
i_1 Eingangs-Wechselstrom (1.1.2.3)
i_2 Ausgangs-Wechselstrom (1.1.2.3)
j $\sqrt{-1}$ (1.1.6.1)
K Kreuzmodulationsfaktor (1.1.9.5)
K gemittelte absolute Augenempfindlichkeit (3.1.3.2)
K_{B0} Leerlauf-Hall-Empfindlichkeit (4.1.2.2)
K_λ spektrale absolute Augenempfindlichkeit (3.1.3.2)
$K_{\lambda m}$ — — —, Maximalwert (3.1.3.2)
K_η Temperaturkoeffizient (1.2.3)
k Boltzmann-Konstante (3.1.2)
k Kopplungsfaktor (3.7.6.1)
k Betrag des Wellenvektors (3.7.1.1)
k Absorptionskoeffizient (3.9.2.2)
k_λ —, spektraler (3.3.1)
L Induktivität (2.4.1.6)
L_e Strahldichte (3.1.3)
$L_{e\lambda}$ —, spektrale (3.1.2.2)
$L_{e\lambda T}$ — —, temperaturabhängige (3.1.2.2)
$L_{e\lambda Ts}$ — — — des schwarzen Körpers (3.1.2.2)
$L_{e\lambda mTs}$ — — — — —, maximale (3.1.2.3)
L_p Rekombinationsweglänge der Löcher (3.3.1)
L_v Leuchtdichte (3.1.3.1)
L_{vs} — des schwarzen Körpers (3.1.3)
l Länge (1.1.2.4)
M Durchbruchfaktor (1.3.1)
M Photostrom-Verstärkung (3.3.5.1)
M_T — —, kritische (3.3.5.1)
M_e spezifische Ausstrahlung (3.1.2)
$M_{e\lambda}$ — —, spektrale (3.1.2.1)
$M_{e\lambda T}$ — — —, temperaturabhängige (3.1.2.1)

$M_{e\lambda Ts}$	spezifische, spektrale, temperaturabhängige Ausstrahlung des schwarzen Körpers (3.1.2.1)	R_{B2}	innerer Basis-2-Widerstand (1.2.2)
		R_{B1sat}	— Basis-1-Sättigungswiderstand (1.2.2)
M_v	— Lichtausstrahlung (3.1.3)	R_C	Kollektorwiderstand (1.3.2)
M_{vs}	— — des schwarzen Körpers (3.1.4)	R_D	Drain-Widerstand (1.1.6.1)
m	Masse (3.1.1)	$R_{DS(ON)}$	FET-Einschaltwiderstand (1.1.6.3)
m	Durchbruchfaktor, Exponent (1.3.1)	$R_{DS(OFF)}$	FET-Ausschaltwiderstand (1.1.6.3)
m	Modulationsgrad (1.1.9.5)	R_E	Emitterwiderstand (1.2.5.1)
m_K	Kreuzmodulationsgrad (1.1.9.5)	R_F	mittlerer Ausgangswiderstand, Photoelement (3.3.2.2)
m_n	Elektronen-Ruhemasse (3.1.1)	R_F	— — Magnet-Diode (4.3.1)
m_q	Photonen-Masse (3.1.1.2)	R_G	Generator-Ausgangswiderstand (1.1.6.3)
m_0	—-Ruhemasse (3.1.1)		
N	Windungszahl (2.4.1.6)	R_{GA}	Gate-Anoden-Widerstand (2.5.2)
N	Photonenstrom (3.1.1.2)	$R_{GG'}$	Gate-Bahnwiderstand (2.4.1.4)
n	Brechungsindex (3.7.2.1)	R_{GK}	Gate-Kathoden-Widerstand (2.4.1.4)
n	Elektronendichte (1.1.2.4)		
n_E	Dichte der Exitonen (3.7.3.2)	R_{GS}	Gate-Source-Widerstand (1.1.6.3)
n_Z	— — isoelektrischen Zentren (3.7.3.2)	R_H	Hall-Konstante (4.1.1)
n_i	Inversionsdichte (3.1.5)	R_L	Lastwiderstand (1.1.9.3)
n_{ph}	durch Bestrahlung erzeugte Elektronendichte (3.1.5)	R_N	Gegenkopplungswiderstand (3.3.7.1)
$n_{0\lambda}$	spektrale Photonenstromdichte (3.3.1)	R_S	Relais-Widerstand (3.2.3.1)
		R_S	Sourcewiderstand (1.1.9.1)
$n_{x\lambda}$	— — in der Tiefe x (3.3.1)	R_T	temperaturabhängiger Widerstand (6.1.1.2)
O	Oberfläche (3.1.2)		
P_{GAV}	mittlere Gate-Verlustleistung (2.4.1.4)	R_U	spannungsabhängiger Gleichstromwiderstand 5.1)
P_{GM}	Gate-Spitzenverlustleistung (2.4.1.4)	R_V	Vorwiderstand (1.1.9.3)
P_L	Nutzleistung (3.3.2.2)	R_d	Dunkelwiderstand (3.2.2.2)
P_T	Verlustleistung des Thyristors (2.4.1.3)	R_h	Hellwiderstand (3.2.2.2)
		R_p	Parallelwiderstand (1.1.9.1)
P_{TAV}	— — — über eine Periode gemittelt (2.4.1.3)	R_{th}	Wärmewiderstand (6.1.1.3)
		R_{thC}	— des Kühlblechs (2.4.1.6)
P_{TDC}	— — —, Gleichstromwert (2.4.1.3)	R_{thGC}	— zwischen Gehäuse und Kühlblech (2.4.1.6)
P_V	Verlustleistung allgemein (3.2.2.3)	R_{thGU}	— — — Umgebung (2.4.1.6)
P_r	Rauschleistung (1.1.7.1)	R_0	Kaltwiderstand (6.1.1.2)
P_{rG}	— des Generators (1.1.7.1)	r	Radius (3.1.3)
P_{rT}	— des FET (1.1.7.1)	r	Rekombinationskoeffizient (3.7.1.2)
p	Impuls (3.1.1)		
p_q	— des Photons (3.1.1.2)	r	Reflexionsfaktor (3.9.2.2)
Q	Ladung (1.1.3.3)	r_{BE}	differentieller Basis-Emitter-Widerstand (3.3.7.1)
Q	binäre Ausgangsvariable (1.1.9.4)		
R	Widerstand (1.1.9.1)	r_{CE}	— Kollektor-Emitter-Widerstand (1.1.6.3)
R_B	Basiswiderstand (1.2.2)		
R_B	magnetfeldabhängiger Widerstand (4.2.2)	r_{DS}	— Drain-Source-Widerstand (1.1.2.3)
R_{BB}	Interbasis-Widerstand (1.2.2)	r_{DSs}	— — — bei $U_{DS} = 0$ (1.1.3.3)
$R_{BB'}$	Bahnwiderstand (1.3.1)	$r_{DS(ON)}$	— Einschaltwiderstand (1.1.6.3)
R_{B1}	innerer Basis-1-Widerstand (1.2.2)	$r_{DS(OFF)}$	— Ausschaltwiderstand (1.1.6.3)

Anhang 313

r_F	differentieller Ausgangs-(Durchlaß-)Widerstand (3.3.2.2)	U_{AK}	Anoden-Kathoden-Spannung (2.4.1.4)
r_{Fk}	– – – – im Kurzschlußfall (3.3.2.2)	U_{BB}	Interbasis-Spannung (1.2.2)
		$U_{(BO)}$	Kippspannung (2.2.1.1)
r_{Fl}	– – – Leerlauffall (3.3.2.2)	$U_{(BO)null}$	Nullkippspannung (2.4.1.1)
r_{GS}	– Gate-Source-Widerstand (1.1.2.3)	$U_{(BR)}$	Durchbruchspannung (1.1.5.1)
r_T	– Durchlaßwiderstand des Thyristors (2.3.1.2)	$U_{(BR)DSS}$	–, Drain-Source bei $U_{GS}=0$ (1.1.5.2)
r_U	– spannungsabhängiger Widerstand (5.1)	$U_{(BR)DSX}$	– – – – $U_{GS} \neq 0$ (1.1.5.2)
		$U_{(BR)G}$	– des Gates (2.4.1.4)
r_a	– Ausgangswiderstand (1.1.9.1)	$U_{(BR)GSS}$	–, Gate-Source bei $U_{DS}=0$ (1.1.5.1)
r_e	– Eingangswiderstand (1.1.9.1)		
r_z	– Zener-Widerstand (1.1.9.2)	U_{BS}	Substrat-Source-Spannung (1.1.3.2)
r_λ	spektraler Reflexionsfaktor (3.3.1)		
S	Stromdichte (1.1.2.2)	U_C	Kondensatorspannung (1.2.5.1)
S	Steilheit (1.1.2.3)	U_{CB}	Kollektor-Basis-Spannung (1.1.3)
S	Stabilisierungskoeffizient (6.2.2.2)	U_{CBO}	– – -Durchbruchspannung (1.3.1)
S_M	Mischsteilheit (1.1.9.5)	U_{CE}	Kollektor-Emitter-Spannung (1.3.1)
S_m	Steilheit, maximale (1.1.2.4)		
s	Empfindlichkeit (3.2.2.1)	U_{CEO}	– – -Durchbruchspannung bei offener Basis (1.3.1)
s_λ	spektrale Empfindlichkeit (3.1.5)		
$s_{\lambda r}$	– –, relative (3.1.5)	U_{CER}	– – – bei mit Widerstand R überbrückter Basis (1.3.1)
$s_{\lambda m}$	– –, maximale (3.1.5)		
T	Temperatur (1.1.4.1)	U_{CEsat}	– – -Sättigungsspannung (1.3.2)
T	Periodendauer (1.2.5.1)		
T_A	Knicktemperatur (6.2.1.3)	U_D	Diffusionsspannung (3.7.1.2)
T_G	Gehäusetemperatur (2.4.1.3)	U_{DSMO}	Spitzen-Sperrspannung bei offenem Gate (Stoßwert) (2.4.1.3)
T_N	Nenntemperatur (6.2.1.2)		
T_U	Umgebungstemperatur (2.5.1)	U_{DRMO}	– – – – – (periodischer Fall) (2.4.1.8)
T_d	Verzögerungszeit (2.5.3)		
T_f	Farbtemperatur (3.1.3.3)	U_{DS}	Drain-Source-Spannung (1.1.2.2)
T_p	Impulsdauer (3.7.3.3)	U_{DSP}	– – – beim Pinch off (1.1.2.2)
T_s	Temperatur des schwarzen Strahlers (3.1.3.3)	$U_{DS(ON)}$	– – – (Durchschaltwert) (1.1.6.3)
T_0	Ausgangs- oder Umgebungstemperatur (6.1.1.2)	U_{DSO}	– – – (Ruhewert) (1.1.9.1)
		U_{EB}	Emitter-Basis-Spannung (1.2.2)
t	Zeit (1.1.6.3)	U_F	Dioden-Durchlaßspannung (3.7.1.2)
t_d	Verzögerungszeit (1.1.6.3)		
t_f	Abfallzeit (1.1.6.3)	U_G	Gate-Spannung (1.1.9.1)
t_{fr}	Durchlaßverzugszeit (2.4.1.5)	U_{GK}	Gate-Kanalspannung (1.1.3.1)
t_{gd}	Zündverzugszeit (2.4.1.5)	U_{GK}	Gate-Kathoden-Spannung (2.4.1.4)
t_{gr}	Durchschaltzeit (2.4.1.5)		
t_{gt}	Zündzeit (2.4.1.5)	U_{GS}	Gate-Source-Spannung (1.1.2.2)
t_{off}	Ausschaltzeit (1.1.6.3)	$U_{GS(OFF)}$	– – – (Ausschaltwert) (1.1.6.3)
t_{on}	Einschaltzeit (1.1.6.3)	$U_{GS(ON)}$	– – – (Einschaltwert) (1.1.6.3)
t_p	Impulsdauer (2.4.1.6)	$U_{GS(TO)}$	– – – (Schwellwert) (1.1.3.3)
t_q	Freiwerdezeit (2.4.1.5)	U_{GSZ}	– – – (temperaturstabiler Wert) (1.1.4.2)
t_r	Anstiegszeit (1.1.6.1)		
t_{rr}	Sperrverzugszeit (2.4.1.5)	U_{GSO}	– – – (Ruhewert) (1.1.9.1)
t_s	Speicherzeit (1.1.6.3)	U_{GM1}	Gate-MT1-Spannung (2.4.2.1)
t_z	Zündzeitpunkt (2.4.1.6)	U_{GT}	Gate-Triggerspannung (2.4.1.4)
U	Spannung (2.3.1.1)	U_{GAT}	– –, anodenseitig (2.5.2)

U_{GKT}	Gate-Triggerspannung, kathodenseitig (2.5.2)	u_{am}	Ausgangswechselspannung (Scheitelwert) (1.3.3)
U_{G0}	Generator-Quellenspannung (2.4.1.4)	u_e	Eingangswechselspannung (1.1.6.3)
U_H	Haltespannung (2.3.1.2)	$\tilde{u}_r$	Effektivwert der Rauschspannung (1.1.7.1)
U_H	Hall-Spannung (4.1.1)		
U_{H0}	– – im Leerlauf (4.1.1)	$\tilde{u}_{rG}$	– – – des Generators (1.1.7.1)
U_M	Mittelpunktspannung (4.3.1)	u_1	Eingangswechselspannung (1.1.2.3)
U_{M2M1}	MT2-MT1-Spannung (2.4.2.1)		
U_P	Höckerspannung (1.2.2)	u_2	Ausgangswechselspannung (1.1.2.3)
U_Q	Ausgangsspannung digitaler Schaltungen (1.1.9.4)	V	Volumen (3.7.3.2)
U_R	Sperrspannung (1.1.2.2)	V_u	Spannungsverstärkung (1.1.6.3)
U_{RSM}	Spitzensperrspannung, negativer Stoßwert (2.4.1.3)	v	Verstärkung (3.9.2.1)
		v_{kr}	–, kritische (3.9.2.1)
U_{RRM}	–, negativer periodischer Wert (2.4.1.3)	v_n	Driftgeschwindigkeit der Elektronen (1.1.2.2)
U_S	Schwellspannung (1.1.5.1)	W_A	Austrittsarbeit (3.1.1)
U_T	Thyristor-Durchlaßspannung (2.3.1.2)	W_D	Energieniveau der Donatoren (1.1.3.1)
U_T	Temperaturspannung (1.1.7.1)	W_E	– – Exitonen (3.7.3.1)
U_{T0}	Schwell-Durchlaßspannung (2.4.1.3)	W_S	– – isoelektronischen Zentren (3.7.3.1)
U_V	Talspannung (1.2.2)		
U_a	Ausgangs-Gleichspannung (1.1.9.2)	W_F	Fermi-Energie (1.1.3.1)
		W_{kn}	kinetische Energie der Elektronen (3.7.1.1)
U_l	Leerlaufspannung (3.3.2.2)		
U_s	Spitzenspannung (5.2)	W_{kp}	– – – Löcher (3.7.1.1)
U_z	Zener-Spannung (1.1.5.1)	W_q	Photonenenergie (3.1.1.2)
U_-	Gleichspannung (3.2.2.1)	x	Ortskoordinate (1.1.2.2)
U_{n-}	–, negativ (1.1.6.3)	x	Mischungsverhältnis (3.7.4)
U_{p-}	–, positiv (1.1.6.3)	x_P	Ort der Kanalabschnürung (1.1.2.2)
u_{BB}	Interbasisspannung (Zeitwert) (2.4.1.6)		
u_C	Kondensatorspannung (Zeitwert) (1.2.5.1)	x_c	Mischungsverhältnis, kritisches (3.7.4)
		y_{fs}	Vorwärtssteilheit (1.1.2.3)
u_{CE}	Kollektor-Emitter-Spannung (Zeitwert) (1.3.3)	y_{os}	Ausgangsleitwert (1.1.2.3)
		y_{11}	Eingangsleitwert (1.1.2.3)
u_G	Generatorspannung (Zeitwert) (1.1.9.3)	y_{12}	Rückwärtssteilheit (1.1.2.3)
		y_{21}	Vorwärtssteilheit (1.1.2.3)
u_H	Hochfrequenz-Wechselspannung (1.1.9.5)	y_{22}	Ausgangsleitwert (1.1.2.3)
		y_{11s}	Source-Schaltung, komplexer Eingangsleitwert (1.1.6.1)
$\tilde{u}_H$	– – (Effektivwert) (1.1.9.5)		
u_N	Niederfrequenz-Wechselspannung (1.1.9.5)	y_{12s}	– –, komplexe Rückwärtssteilheit (1.1.6.1)
u_{GS}	Gate-Source-Wechselspannung (1.1.6.1)	y_{21s}	– –, komplexe Vorwärtssteilheit (1.1.6.1)
u_P	Höckerspannung (Zeitwert) (2.4.1.6)	y_{22s}	– –, komplexer Ausgangsleitwert (1.1.6.1)
u_T	Thyristor-Durchlaßspannung (Zeitwert) (2.4.1.3)	Z	Transimpedanz (3.3.7.1)
		α	Temperaturkoeffizient (3.2.2.3)
u_a	Ausgangswechselspannung (1.1.6.3)	α	Winkel (3.1.2)
		α_G	– bei Totalreflexion (3.7.2.1)

316 Anhang

α_T	temperaturabhängiger Temperaturkoeffizient (6.1.1.2)	φ	Winkel (3.1.2)
β	Regelkonstante (5.1)	φ	Phasenwinkel (3.3.3.2)
β	Temperaturkoeffizient der Hall-Konstanten (4.1.2.2)	η	Wirkungsgrad (3.7.2.3)
β	differentielle Stromverstärkung der Emitterschaltung (3.4.3.2)	η	inneres Widerstandsverhältnis (1.2.1)
β_0	— — — —, frequenzunabhängige (3.4.3.2)	η_{ph}	Quantenausbeute (3.7.2.3)
γ	Exponent im Photowiderstandverlauf (3.2.2)	Θ	Stromflußwinkel (2.3.1.3)
		Θ	Durchflutung (4.1.3.3)
		Θ_g	Gesamtstromflußwinkel (2.4.2.3)
ΔW	Bandabstand (1.1.3.1)	λ	Wellenlänge (3.1.1)
ΔU	Rücklaufspannung (2.2.1.1)	λ_m	— im Maximum des Spektrums (3.1.2.3)
Δf	Bandbreite (1.1.7.1)	λ_g	Grenzwellenlänge (3.1.5)
Δk	Änderung des Wellenvektors (3.7.1.1)	μ	Verstärkungsfaktor (1.1.6.1)
		σ	Stefan-Boltzmann-Konstante (3.1.2.3)
δ	Abstand (4.1.3.2)	τ	Lebensdauer (1.2.1)
ε_r	relative Dielektrizitätszahl (1.1.2.4)	τ	Zeitkonstante (3.3.3.2)
ε_0	absolute Dielektrizitätskonstante (1.1.2.4)	τ_E	— der Exitonen (3.7.3.2)
		τ_a	— am Ausgang (1.1.6.3)
		τ_e	— — Eingang (1.1.6.3)
Φ_e	Strahlungsfluß (3.1.1.2)	τ_e	Emitter-Zeitkonstante (3.4.3.2)
Φ_{es}	— des schwarzen Körpers (3.1.2.3)	τ_{th}	thermische Zeitkonstante (6.1.1.4)
		Ω	Raumwinkel (3.1.2.2)
$\Phi_{e\lambda}$	—, spektraler (3.1.3.2)	ω	Kreisfrequenz (1.1.6.1)
$\Phi_{e\lambda s}$	— — des schwarzen Körpers (3.1.3.2)	ω_H	—, hochfrequent (1.1.9.5)
		ω_N	—, niederfrequent (1.1.9.5)
Φ_v	Lichtstrom (3.1.3.1)	ω_g	Grenzkreisfrequenz (3.3.3.2)
		ω_β	— der Emitterschaltung (3.4.3.2)

Sachverzeichnis

Abfallzeit der Lumineszenz-Diode 232 f.
— — Photodiode 191 f.
— des FET 28 ff.
— — Phototransistors 211 ff.
Abkühlen des Heißleiters 293
Abschaltstrom der Thyristor-Tetrode 153 ff.
Abschwächungsmaß 64
Absorption von Licht 161 f.
Absorptions|koeffizient 181 ff.
—vermögen, spektrales 161 f.
amphoteres Verhalten 227
analoge gate 52 ff.
Anoden-|Kathoden-Strecke 105
—-Strom des Thyristors 103
Anreicherungs|betrieb 13
—-Typ 1 f., 13 ff.
Anstiegszeit der Lumineszenz-Diode 232 f.
— — Photodiode 191 f.
— des FET 28 ff.
— — Phototransistors 211 ff.
Antiparallelschaltung von Thyristoren 131
Anzeigeelemente 243 ff.
—, 7-Segment- 243 f.
—, 7 · 5-Matrix- 245 f.
Arbeitspunkt|einstellung beim FET 36 ff.
— des CMOS-Inverters 57 f.
Aufheizen des Heißleiters 292 f.
Augenempfindlichkeit, mittlere 168 f.
—, spektrale 168
Auger-Effekt 224
Ausbeutefaktor 183
Ausgangskennlinien, fallende 81 f.
—feld des FET 37 f.

Ausgangs|leistung der GaAs-Diode 230 f.
— — — GaP-Diode 235 f.
— — — GaAsP-Diode 241
— — — Laser-Diode 258 f.
—leitwert 7
— —, komplexer 25
—strahl der Laser-Diode 259 f.
—widerstand bei Gegenkopplung 201
— —, differentieller 6 ff.
— — der Drain-Schaltung 42 f.
— — — Gate-Schaltung 5
— — — Kaskaden-Schaltung 48
— — — Source-Schaltung 39
— — des MOS-FET 17
— — — Photoelements 186 f.
—zeitkonstante des FET 28 f.
Ausschalten, verzögertes 297
Ausschalt|schwellenstrom 217
—verhalten von Photowiderständen 178
—widerstand des FET 29 f.
—zeit des FET 28 ff.
Ausräum|strom des Thyristors 120 f.
—zeit des Thyristors 121
Ausstrahlung, spezifische 161 ff.
automatic gain control 64
avalanche transistor 80 ff.

Bändermodell der GaAs-Diode 229
— — GaP-Diode 234
— — GaAsP-Halbleiters 239
— des MOS-FET 12 f.
— — PN-Übergangs 226
— in Energie-Impulsdarstellung 224
Bahnwiderstand 69

Bandabstand im GaAsP-Kristall 239
Barium-Titanat-Gitter 298
Basis|Bahnwiderstand 81 f.
—schaltung 213 f.
—strom 80 ff.
BCD-Code 244
Beleuchtungsstärke 167
Belichtungsmesser 179
Besetzungsinversion 255
Bestrahlungsstärke 161 ff.
—, spektrale 182 f.
Betriebszustand des TRIAC 136 ff.
— — —, I (+) 137
— — —, I (−) 137 f.
— — —, III (+) 138 f.
— — —, III (−) 139 f.
Beweglichkeit 4
binäre Variable 52
Boltzmann-Konstante 164
Braggsche Reflexion 223
break over voltage 92
Brechungsgesetz 227 f.
Brückenschaltung mit Heißleitern 294 f.
Bulk 2

Candela 166 f.
character generator 245 f.
Chopper 55 ff.
—, Parallel- 55
—, Serien- 55
CMOS 58 ff.
—-Inverter 58 f.
—-NOR-Gatter 59 f.
—-Übertragungsgatter 60 f.
CTR 247
Curie-Temperatur 298
current transfer ratio 247

Dämmerungsschalter 179 f.
Darlington-Schaltung 204 f.

Sachverzeichnis

Dauerstrichbetrieb von Laser-Dioden 258 f.
depletion Typ, MOS-FET- 1 f., 11 ff.
detector head 202
DIAC 90, 95 f.
Differenzverstärker mit Hall-Generator 270 f.
Diffusionskapazität 233
display 243
Dom-wafer 227 f.
Donatoren 13
Doppel|basis-Diode 67 ff.
—-Gate-FET 34 f.
—heterostruktur-Laser 257 f.
Drain 1 ff.
—-Schaltung 40 ff.
—-Source-Spannung 3 ff.
—-Strom 4 ff.
Dreierstoß 224
Driftgeschwindigkeit 4
driver 52 ff.
Dual-Gate-FET 34 f.
—-in-Line-Gehäuse 248
Dunkel|strom 171
— — der Photodiode 184
— — des Phototransistors 205
—widerstand 177
Durchbruch|bedingung der Vierschichtdiode 97
—faktor 80, 194
—kennlinien der Photo-Lawinen-Diode 195
—spannung 22 ff. 80 f.
— — des Gate 22 f.
— — von Drain-Source 23 f.
— — — Gate-Source 22
—verhalten bipolarer Transistoren 80 ff.
Durchflutung 272
Durchlaß|spannung, Thyristor 106
— —, Vierschicht-Diode 99
—strom, Effektivwert 109, 130
— —, Gleichrichtwert 130
— —, kritischer für Laser-Betrieb 256
— —, linearer Mittelwert 109
— —, Thyristor 106
—verzugszeit 121 f.

Durchschalt|vorgang in der Vierschicht-Diode 98
—zeit des Thyristors 118

Eingangs|leitwert, differentieller des FET 7
— —, komplexer des FET 25
—widerstand bei Gegenkopplung 200
— — der Drain-Schaltung 41 f.
— — — Gate-Schaltung 44
— — — Source-Schaltung 39
— — des PN-FET 6
—zeitkonstante des FET 28
Einheitskugel 163
Einraststrom 99, 119
Einschalten, verzögertes 296 f.
Einschalt|schwellenstrom 217
—stromsteilheit, kritische 119 f.
—verhalten von Photowiderständen 177 f.
—widerstand, differentieller 9
— — des FET 29 f.
—zeit des FET 28 ff.
— — Thyristors 118
Einsteinsche Beziehung 160
Einwegschaltung, gesteuerte 125 ff.
Elektronen|anreicherung 14
—falle 234
Emission, spontane 255, 258
—, stimulierte 254 f., 258
— von Licht 161 f.
Emissionsspektrum der GaAs-Diode 229
— — GaAsP-Diode 240
— — GaP-Diode 235
— — Laser-Diode 259
— des schwarzen Strahlers 163 ff.
Emitter|folger 199 ff.
—schaltung 199 ff.
Empfindlichkeit der Photodiode 189
— des Hall-Generators 265 f.
— Photo-FET 221 f.
— Phototransistors 204
— Photo-Darlington-Transistors 205
— Photowiderstands 176 f.
—, spektrale 171 f.

Empfindlichkeit von Photoempfängern 205
Energie, kinetische des freien Elektrons 223 f.
—verteilung des schwarzen Strahlers 163 ff.
enhancement 13
—-Typ, MOS-FET- 13 ff.
Epitaxie 3
—, Flüssigkeits- 227
Erholzeit des Heißleiters 291 ff.
— — Thyristors 120
Ersatzschaltung der Photodiode 190
— — Trigger-Diode 91, 95
— — Vierschicht-Diode 97
— des Phototransistors 206 f.
— — Thyristors 103
— — TRIAC 137 ff.
— — Unijunction-Transistors 68
Erzeugungsrate 225
Exiton 234
Exitonendichte 236

Farbtemperatur 169
Feld|effekt-Transistor 1 ff.
—platte 272 ff.
— —, Eisen- 274
— —, Grundwiderstand 273
— —, Temperaturkoeffizient der 274
—sonde 268 f.
— —, Axial- 269
— —, Tangential- 269
—stärke, elektrische 4
Fermi-Niveau 13 f.
Ferroelektrika 297 f.
FET 1 ff.
—-Diode 46 f.
Flammenwächter 179
flicker noise 31
Flüssigkeits-Niveaufühler 304
Formfaktor 109
— des Varistors 282
Freiwerdezeit des Photothyristors 220
— — Thyristors 120 ff.
Fünfschicht-Diode 89 f., 101 f.

Gain-bandwidth-Produkt 196 f.

Sachverzeichnis

Gate 1 ff. 103 ff.
— -Drain-Diode 22
— -Empfindlichkeit 221
— -Isolation 11 ff.
— -Kennlinie des Thyristors 113 ff., 116 ff.
— -Kennwerte des Thyristors 113 ff.
— -Kurzschluß-Reststrom 19 f.
— -Pinch-off-Spannung 9
— -Schaltung 44 f.
— -Schutz 23
— -Source-Schwellenspannung 15
— — -Spannung 4 ff.
— -Spitzenverlustleistung 115
— -Strom des Thyristors 103 f.
— -Transistor des TRIAC 137 f.
— -Triggerspannung 115
— -Triggerstrom 115 ff.
— -Triggerung 116 f.
— -Verlustleistung 115 f.
— -Vorspannung, automatische 36 f.
GaAs-Lumineszenz-Diode 226 ff.
GaAsP-Diode, gelb strahlend 240
— —, rot strahlend 240
GaP-Diode, gelb strahlend 234 f.
— —, grün strahlend 234 f.
— —, rot strahlend 234 f.
Gauß 264
Gegenkopplung 199 ff.
Gitter|schwingung 182
—versetzung 232
Gleich|gewicht, thermisches 161
—richter, gesteuerter 103
—richtwert 109, 130
Grenzfrequenz, obere, der Photodiode 191 f.
— — — Photo-Lawinen-Diode 197
— — — des Phototransistors 208 f.
— — — — bei Belastung 209 f.
— — des Optokopplers 248 f.
Grenz|wellenlänge 170 f.
—winkel für Totalreflexion 228

Halbleiter, direkter 223 ff.
— für Lumineszenz-Dioden 226
—, indirekter 223 ff.
— -Injections-Laser 255 ff.
Hall-Effekt 263 ff.
— -Generator 263 ff.
— —, belasteter 266 ff.
— —, Ferrit- 265, 269 f.
— -Konstante 264
— —, Temperaturabhängigkeit 267 f.
— -Multiplikator 271 f.
— -Spannung, Leerlauf- 264
Haltestrom 99, 106 f.
Haupt|anschluß des TRIAC 135
—spannung des TRIAC 135 ff.
—strecke des Thyristors 105
Heißleiter 287 ff.
—, Anlaß- 296 f.
—, Kompensations- 295 f.
—, Meß- 293 f.
— -Widerstand 287 f.
Helligkeitssteuerung 180
Hellwiderstand 177
High-Zustand 52 ff.
Hochfrequenz-Ersatzschaltung des FET 24
— -Schaltungen mit FETs 62 ff.
Höcker|spannung 68 ff.
—strom 70
Hot-carrier-PIN-Diode 193
hot spot 119
Hysterese, Ein-Ausschalt- 147
— — — des Schmitt-Triggers 251

IG-FET 1
Impedanzwandler 214
Impuls|betrieb von Laser-Dioden 258 f.
— -Energie-Darstellung 223 f.
—erhaltungssatz 222
—generator 86 f.
Infrarot-Detektor 174
—strahler 227
Innenwiderstand der Vierschicht-Diode 99
inneres Widerstandsverhältnis 68
Interbasis-Strom 68
— -Widerstand 68

Interferenz 159
Intrinsic|zahl 25
— stand-off ratio 68
Inversions|dichte 225
—schicht 12 ff.
Inverter 57 ff.
isoelektronisches Zentrum 234

Johnson-noise 31
Junction gate thyristor 138

Kaltleiter 297 ff.
— -Widerstand 298 f.
Kaltwiderstand 288, 299
Kanal|abschnürung 4 ff.
—dicke 8 ff.
—, halbleitender 1 ff.
Kapazitäten des FET 24 ff.
— — —, Ausgangs- 25
— — —, Drain-Source- 24
— — —, Gate-Drain- 24
— — —, Gate-Source- 24
— — —, Eingangs- 25
— — —, Rückwirkungs- 25
— der Photodiode 190
— des Phototransistors 207
— — —, Kollektor-Basis- 207
— — —, Kollektor-Emitter- 207
— — —, Basis-Emitter- 207
Kaskaden-Schaltung mit FETs 47 f.
Kaskode-Schaltung 214
Kenngrößen der Thyristor-Tetrode 154 f.
— des DIAC 96
— — Thyristors 105 ff., 115, 122
— — TRIAC 141 ff.
Kennlinien der GaAs-Lumineszenz-Diode 230 ff.
— — GaAsP-Lumineszenz-Diode 242 f.
— — GaP-Lumineszenz-Diode 238
— des Heißleiters 290
— — Kaltleiters 299 f.
— — Photowiderstands 175 f.
— — Unijunction-Transistors 68
Kennlinienfeld der Photodiode 184
— — Photo-Duo-Diode 199

Kennlinienfeld des Lawinen-
  Transistors 81 ff.
— — MOS-FET 16, 18 f.
— — Phototransistors 203 f.
— — Sperrschicht-FET 5 f.,
  18
— — Thyristors 105
— — TRIAC 136
Kennwerte von Hall-
  Generatoren 266
Kippspannung der Trigger-
  Diode 91 f.
— — Vierschicht-Diode 99
— des DIAC 95 f.
— — Thyristors, Null- 105
— — Unijunction-Transistors
  132 ff.
Kirchhoffsches Strahlungs-
  gesetz 162
Kleinsignal | ansteuerung 35
— verstärkung des FET 35 ff.
— — der Drain-Schaltung
  40 ff.
— — — Gate-Schaltung 44 ff.
— — — Source-Schaltung
  38 ff.
Kniespannung 4
Koaxialkabel 86 ff.
Kohärenz, räumliche 159
—, zeitliche 159
Kollektor | -Basis-Spannung
  80 ff.
— -Emitter-Reststrom 80 ff.
— strom 80 f.
Kompensationsschaltung mit
  Heißleitern 295 f.
Konstantstromquelle, FET-
  45 ff.
Kopplungsfaktor 247 ff.
—, elektrooptischer 230
Kreuzmodulation 62 ff.
— grad 64
— faktor 64
Kristall-Laser 255
Kühlblech 124 f.
Kühlung von Thyristoren
  124 f.
Kurzschluß | grenzfrequenz des
  Phototransistors 207 ff.
— leitwert 7
— steilheit 7
— strom des Photoelements
  185

Lambert | sches Gesetz 163
— -Strahler 163
Laser-Bedingung 256
— -Diode 254 ff.
latch current 119
Lawinen | durchbruch des FET
  11
— -Durchbruchbereich 80 ff.
— effekt in der Photo-
  Lawinen-Diode 194
— -Transistor 80 ff.
LDR 174
LED 222 ff.
Leerlaufspannung des
  Photoelements 185
Leitwertgleichungen 6 f.
Leuchtdichte 166 f.
Licht | druck 161
— emission am PN-Übergang
  226
— erzeugung in Halbleitern
  222 ff.
— geschwindigkeit 157
— kabel 262
— leiter 260, 262
— quant 160
— stärke 166 ff.
— — der GaAsP-Diode 242
— — — GaP-Diode 237
— strom 166 ff.
— welle, stehende 255
light emitting diode 222 ff.
— detecting resistor 174
Logik, negative 59
—, positive 59
Lorentzkraft 263
Low-Zustand 52 ff.
Lumen 166 f.
Lumineszenz-Dioden 222 ff.
Lux 167

Magnet-Diode 277 ff.
— -Doppeldiode 278 f.
— -Schutzschaltung 285 f.
magnetische Induktion 263 ff.
Magneto-Widerstand 272 f.
main terminal des TRIAC 135
Materiewellen 161
—, de Brogliesche 223
Mikrowatt-Logik 59
Miller-Kapazität 28, 209
— -Zeitkonstante 210
Mischkristall 239

Mischsteilheit 66
Mischung 65 f.
MIS-FET 1
MNOS-Technologie 12
MOS-FET 1, 11 ff.
— —, Anreicherungs- 13 ff.
— —, -Halbleiterspeicher 245 f.
— —, Verarmungs- 11 ff.
Modulationsgrad 62
— des Laser-Strahls 261
Multiplexer 54

NAND-Funktion 59
Nenn | temperatur des
  Kaltleiters 299
— widerstand des Kaltleiters
  299
N-Kanal-Sperrschicht-FET
  2 ff.
NOR-Funktion 59
— -Gatter 59 f.
Normlicht-A 169
NTC-Widerstand 287 ff.
Nullkippspannung des
  Thyristors 104 f.
— — TRIAC 141
Nur-Lesespeicher 245 f.

ODER-Funktion 59
Optische Strahlung 157 ff.
Optoelektronik 157 ff.
Optokoppler 247 ff.
—, Lumineszenz-Diode-
  Photodiode- 247 f.
—, — -Phototransistor-
  248 f.
—, — -Photo-Darlington-
  249
—, — -Photothyristor-
  249 f.
— -Strahlschranken 250 ff.
— -Gleichstromrelais 252 f.
— -Wechselstromrelais 253 f.
Oszillator, atomarer 159
—, lokaler 65

Phasenanschnittschaltung 101,
  125 ff.
Photo | -Darlington-Transistor
  204 ff.
— diode 181 ff.
— -Duo-Diode 197 ff.
— effekt 160

Sachverzeichnis

Photoeffekt, äußerer 172
— —, innerer 170 ff.
—element 185 ff.
—emitter 172
— -FET 218 ff.
—kathode 172
— -Lawinen-Diode 193 ff.
—leiter 170 ff.
—metrische Größen 166 ff.
— -PIN-Diode 193
—strom 171
— — im PN-Übergang 181 ff.
— —verstärkung 194 ff.
— — —, maximale 195
—transistor 202 ff.
—thyristor 218 ff.
—widerstand 172 ff.
photo avalanche diode 193 ff.
Photon 160
Photonen|impuls 160
—masse 160
—strömung 160
Pinch off 4
— —-Spannung 4 ff.
P-Kanal-Sperrschicht-FET 2
Planar-Technologie 3
PN-FET 1 ff.
— -Übergang bei Bestrahlung 181 ff.
Press-fit-Gehäuse 123
PTC-Widerstand 297
Pumpen, optisches 255

Quanten|ausbeute 182 f.
— — in der GaAs-Diode 230 f.
— — — — GaAsP-Diode 241 f.
— — — — GaP-Diode 236 f.
—energie 160
—theorie 159 ff.

Radiant 162
Radiometrische Größen 166 ff.
Rate-Effekt 92, 122
Raumwinkel 162 f.
Rauschen des FET 31 ff.
—, Rekombinations- 31
—, Schottky- 31
—, Widerstands- 31
Rausch|leistung 31
—maß 31 ff.

Rauschspannung des FET 31 ff.
—strom des FET 31 ff.
—zahl 31 ff.
— —, minimale 32
Read only memory 245 f.
Reflexionsfaktor 182 f.
Regelkonstante des Heißleiters 288
— — Varistors 282
Rekombinations|koeffizient 225
—rate 225
—zentren 277
—zone 277
Relais, optisches 215 ff.
remote gate thyristor 139 f.
Resonator, optischer 255 f.
Richtdiagramm der Photodiode 192
— — GaP-Lumineszenz-Diode 237
— — Laser-Diode 259 f.
Ringzähler 246
ROM 245 f.
Rück|lauf-Differenzspannung 91 f.
—wärtssteilheit, differentielle 7
— —, komplexe 25
Rubin-Laser 255

Sägezahngenerator 73 ff.
Sättigungs|-Drain-Strom 9
—verhalten der GaP-Diode 235 f.
—widerstand des Unijunction-Transistors 69
Schalter, kontaktlose 269 ff., 279 f.
Schalt|verhalten der Lumineszenz-Diode 232 f.
— — Photodiode 191 f.
— — des FET 28 ff.
— — Thyristors 118 ff.
— — — beim Ausschalten 120 ff.
— — — — Einschalten 118 ff.
—zeiten der Photodiode 192
— — des FET 28 f.
— — Phototransistors 211 ff.
— — Thyristors 118 ff.

Schaltzeiten des TRIAC 143
Schieberegister 246
Schmitt-Trigger 216 ff., 251
Schottky-Photodiode 193
— -PIN-Diode 193
Schutzschaltung mit Varistor 285 f.
schwarzer Körper 162 ff.
Schwellwertverstärkung, kritische der Laser-Diode 256
SCR 103
selbst|leitender MOS-FET 1 f., 11 ff.
—sperrender MOS-FET 1 f., 13 ff.
—zünden des Thyristors 105
shorted emitter 81
shot noise 31
silicon bilateral switch 89
— controlled rectifier 89, 103
— unilateral switch 89
Solar|konstante 187
—zelle 187 f.
Source 1 ff.
— -Folger 40 ff.
— -Schaltung 6 ff., 28, 38 ff.
Spannungs|gegenkopplung 51
—referenzquelle 48 f.
—steilheit 92
— —, kritische 122
—teiler 49 f.
—verstärkung der Drain-Schaltung 41
— — — Emitter-Schaltung 209
— — — Gate-Schaltung 44
— — — Source-Schaltung 39
Speicherzeit des FET 28
spektrale Empfindlichkeit des Auges 168 f.
— Energieverteilung des schwarzen Strahlers 163 ff.
Spektrum, elektromagnetisches 158
Sperr|schicht 3, 8
— -FET 1 ff.
—strom des Thyristors, positiver 105 f.
— — — —, negativer 107
Sperrverzugszeit des Thyristors 120 f.
spezifische Ausstrahlung 165
spike 56

Spitzensperrspannung,
  negative 107
—, periodische 105 f.
—, Stoß- 105 f.
Stabilisierungskoeffizient der
  Temperatur 303 f.
Stefan-Boltzmann-Gesetz 165
— —-Konstante 165
Steilheit der Kommutierungsspannung, kritische 145 ff.
— des MOS-FET 17
— — PN-FET 6 f.
—, Misch- 66
Steuerelektrode 103
Steuerung, anodenseitige 104
—, kathodenseitige 103 f.
Stoßionisation 80 ff.
Stoßstrom, Thyristor 106
Strahl|dichte, spektrale,
  temperaturabhängige 163 ff.
— — —, maximale 164 f.
—schranke 250 ff.
Strahlungs|äquivalent,
  photometrisches 168
—fluß 160 f., 165
—quelle, nichtthermische 161,
  222
— —, thermische 161 ff.
Strom|faden, heißer 119
—flußwinkel 101, 108 ff., 141 f.
—gegenkopplung 40
—generator, Photodioden-
  185
—steilheit 119 f.
—übertragungsverhältnis
  247 ff.
Substrat 2
—spannung 19
Superheterodyne-Empfänger
  65

Tal|spannung 70 ff.
—strom 70 ff.
Teilchencharakter des Lichts
  159 ff.
Temperaturabhängigkeit des
  Drain-Stroms 20 ff.
— — Gate-Stroms 19 f.
—abhängigkeit von
  Photowiderständen 178
—koeffizient 71, 289, 297 ff.
—kompensation bei
  Feldplatten 276

Temperatur|messung 293 ff.
—stabilisierung der Höcker-
  spannung 72 f.
— — mit Kaltleitern 303 f.
—verhalten von FETs 19 ff.
— — — Unijunction-
  Transistoren 70 ff.
Tesla 264
Thermistor 286 ff.
threshold current für Laser-
  Betrieb 256
Thyratron 89
Thyristor 89 ff.
—-Diode 89 f., 96 ff.
— —, bidirektionale 101 f.
— —, rückwärts sperrende
  96 ff.
—-Pille 123
—-Tablette 123
—-Tetrode 153 ff.
—-Triode 89 f., 102 ff.
— —, bidirektionale 135 ff.
— —, rückwärts sperrende
  102 ff.
Titanat-Keramik 297 f.
Totalreflexion 227 f.
Transimpedanz 200 f.
—verstärker 199 ff.
Transistor, bipolarer 1
—, unipolarer 1 ff.
Transitfrequenz 197
transmission gate 52 ff.
Transmittanz 7
—-Kennlinie 9
trap 234
Treiberschaltung 52 ff.
TRIAC 89 f., 135 ff.
—-Tablette 145 f.
Trigger-Diode 91 ff.
— —, bidirektionale 95 ff.
— —, rückwärts sperrende
  91 ff.
—generator 131 f.
—impuls-Generator 76 ff.,
  93 ff.
—strom 115, 143, 155, 250
Triggerung des TRIAC 137 ff.
turn off time 120
turn on time 118
— —-Spannung 15

Übergang, direkter 225
—, indirekter 225

Über|lagerungs-Empfänger 65
—stromsicherung 302 f.
Übertragungs-Gatter 52 ff.
—kennlinie des FET 9, 16
— — — CMOS-Inverters 58 f.
Umschaltbereich des CMOS-
  Inverters 58 f.
UND-Funktion 59
Unijunction-Transistor 67 ff.,
  131 ff.

Varistor 281 ff.
VDR-Widerstand 281 ff.
Verarmungs|betrieb 13
—-Typ 1 f.
Verlustleistung im Kaltleiter
  301 f.
— — Thyristor 108 ff.
— — Varistor 283
Verstärkungs-Bandbreite-
  Produkt 196 f.
—faktor der Source-Schaltung
  39
—regelung, automatische 64
Verzögerungs|schaltungen
  296 f.
—zeit des FET 28 ff.
Vierpolgleichungen des FET
  6 f.
Vierschicht-Diode 89 f., 96 ff.
Vorbelichtung 178
Vorwärtssteilheit, differentielle
  6 ff.
—, komplexe 25

Wärme|kapazität 292
—widerstand 124
Wechselstromsteller 131 ff.
—, hysteresefreier 148 ff.
—, nicht hysteresefreier 146 ff.
Welle, elektromagnetische
  157 ff.
Wellen|charakter des Lichts
  157 ff.
—länge 157 f.
—vektor 223 f.
—widerstand 86 f.
—zug 159
Widerstand des Varistors
  282 f.
—, gesteuerter 49 ff.
—, spannungsabhängiger
  281 ff.

Sachverzeichnis

Widerstand, temperaturabhängiger 287ff., 298f.
—, thermischer 290
Widerstandsgerade 36ff.
Wiensches Verschiebungsgesetz 164
Wirkungsgrad, elektrischer der GaAs-Diode 230f.
— der Solarzelle 188
Wirkungsquantum, Plancksches 160
worst case 251f.

y-Parameter 7
— —, komplexe 24

Zeichen, alphanumerische 245
—generator 245f.
Zeit|konstante des FET 28f.
— — — Phototransistors 208ff.
— —, thermische 292
—multiplex-Schaltung 54
—verzögerungsschaltung 78f.

Zerhacker 54ff.
Zünd|beleuchtungsstärke 220
—verzugszeit 118
—winkel 126
—zeit 118
— — des Photothyristors 220
— —punkt 126
Zünden von Thyristoren 103f.
Zustand, blockierter, des Thyristors 105
Zweiwegschaltung, gesteuerte 128ff.
Zwischenfrequenz 65f.

Moeller, Leitfaden der Elektrotechnik

Herausgegeben von Prof. Dr.-Ing. **H. Fricke**, Braunschweig, Prof. Dr.-Ing. **H. Frohne**, Hannover, und Dozent Dr.-Ing. **P. Vaske**, Hamburg

Band I
Grundlagen der Elektrotechnik
Herausgegeben und bearbeitet von Prof. Dr.-Ing. **H. Fricke**, Braunschweig, Prof. Dr.-Ing. **H. Frohne**, Hannover, und Dozent Dr.-Ing. **P. Vaske**, Hamburg
16., neubearbeitete und erweiterte Auflage. XVI, 548 Seiten mit 381 teils mehrfarbigen Bildern, 25 Tafeln und 239 Beispielen. Geb. DM 42,–. ISBN 3-519-26400-5
Inhaltsübersicht: Grundgesetze des Gleichstromkreises / Energie der elektrischen Strömung / Magnetisches Feld / Elektrisches Feld / Elektrischer Leitungsmechanismus / Einfacher und zusammengesetzter Wechselstromkreis / Schwingkreise / Transformator / Periodische Schwingungen beliebiger Kurvenform / Mehrphasen-Wechselstrom / Schaltvorgänge

Band II
Elektrische Maschinen und Umformer
Teil 1: Aufbau, Wirkungsweise und Betriebsverhalten
Von Dozent Dr.-Ing. **P. Vaske**, Hamburg
12., neubearbeitete und erweiterte Auflage. XII, 289 Seiten mit 248 teils zweifarbigen Bildern, 12 Tafeln und 61 Beispielen. Kart. DM 38,–. ISBN 3-519-16401-9
Teil 2: Berechnung elektrischer Maschinen
Von Dozent Dr.-Ing. **P. Vaske**, Hamburg, und Dipl.-Ing. **J. H. Riggert** †, Köln
8., überarbeitete Auflage. X, 178 Seiten mit 108 Bildern und 17 Beispielen. Kart. DM 34,–. ISBN 3-519-16402-7

Band III
Bauelemente der Halbleiterelektronik
Von Dozent Dr. rer. nat. **H. Tholl**, Hamburg
Teil 1: Grundlagen, Dioden und Transistoren
XII, 236 Seiten mit 203 Bildern, 18 Tafeln und 60 Beispielen. Kart. DM 36,–.
ISBN 3-519-06418-9
Teil 2: Feldeffekttransistoren, Thyristoren und Optoelektronik
XII, 324 Seiten mit 309 Bildern, 32 Tafeln und 77 Beispielen. Kart. DM 38,–
ISBN 3-519-06419-7

Band IV
Elektrische Meßtechnik
Von Prof. Dr.-Ing. **M. Stöckl**, Nürnberg, und Prof. Dr.-Ing. **K. H. Winterling**, Frankfurt/M., unter Mitwirkung von Prof. Dr.-Ing. **H. Fricke**, Braunschweig, Prof. Dr.-Ing. **R. Thiel**, Darmstadt, und Dozent Dr.-Ing. **P. Vaske**, Hamburg
5., neubearbeitete und erweiterte Auflage. XIV, 328 Seiten mit 324 Bildern und 39 Beispielen. Geb. DM 38,–. ISBN 3-519-16405-1

Fortsetzung nächste Seite

 B. G. Teubner Stuttgart

Moeller, Leitfaden der Elektrotechnik (Fortsetzung)

Band VI
Elektrische Nachrichtentechnik
Teil 1: Grundlagen
Von Prof. Dr.-Ing. **H. Fricke**, Braunschweig, Prof. Dr.-Ing. **K. Lamberts**, Clausthal-Zellerfeld, und Dozent Dipl.-Ing. **W. Schuchardt**, Hamburg

2., durchgesehene Auflage. XIV, 278 Seiten mit 277 Bildern und 24 Beispielen. Kart. DM 36,–. ISBN 3-519-16407-8

Teil 2: Hochfrequenztechnik
Von Prof. Dr.-Ing. **H. Fricke**, Braunschweig, Prof. Dr.-Ing. **K. Lamberts**, Clausthal-Zellerfeld, und Dozent Dipl.-Ing. **W. Schuchardt**, Hamburg, unter Mitwirkung von Prof. Dr. phil. **W. Hasel**, Ulm

XI, 247 Seiten mit 236 Bildern. Ln. DM 35,–. ISBN 3-519-06408-1

Band VII
Beispiele zu Grundlagen der Elektrotechnik
Von Prof. Dr.-Ing. **H. Fricke**, Braunschweig, Prof. Dr.-Ing. **F. Moeller** †, Braunschweig, Prof. Dipl.-Ing. **R. Ptassek**, München, Dozent Dipl.-Ing. **W. Schuchardt**, Hamburg, und Dozent Dr.-Ing. **P. Vaske**, Hamburg

2., durchgesehene Auflage. VI, 128 Seiten mit 117 Bildern und 119 Aufgaben. Kart. DM 18,–. ISBN 3-519-16414-0

Band VIII
Elektrische Antriebe und Steuerungen
Von Dozent Dipl.-Ing. **H.-J. Bederke**, Lübeck, Prof. Dipl.-Ing. **R. Ptassek**, München, Dozent Dipl.-Ing. **G. Rothenbach**, Hamburg, und Dozent Dr.-Ing. **P. Vaske**, Hamburg

2., neubearbeitete Auflage. XI, 274 Seiten mit 210 Bildern und 78 Beispielen. Kart. DM 36,–. ISBN 3-519-16410-8

Inhaltsübersicht: Arbeitsmaschinen und Antriebsmotoren / Zusammenwirken von Motor und Arbeitsmaschine / Drehzahlverstellung und Antriebsregelung / Auswahl des Antriebsmotors / Steuerungstechnik

Band IX
Elektrische Energieverteilung
Von Prof. Dipl.-Ing. **R. Flosdorff**, Aachen, und Prof. Dr.-Ing. **G. Hilgarth**, Braunschweig/Wolfenbüttel

2., durchgesehene Auflage. XII, 318 Seiten mit 304 Bildern und 64 Beispielen. Kart. DM 36,–. ISBN 3-519-16411-6

Inhaltsübersicht: Elektrische Festigkeitslehre / Elektrische Netze / Kurzschluß und Erdschluß / Schutzeinrichtungen / Schaltanlagen / Kraftwerke und Elektrizitätswirtschaft

Band X
Grundlagen der Digitaltechnik
Von Prof. Dipl.-Ing. **L. Borucki**, Krefeld

XII, 238 Seiten mit 262 Bildern, 74 Tafeln und 51 Beispielen. Kart. DM 36,–
ISBN 3-519-06415-4

Preisänderungen vorbehalten

 B. G. Teubner Stuttgart

MIX
Papier aus verantwortungsvollen Quellen
Paper from responsible sources
FSC® C105338

If you have any concerns about our products,
you can contact us on
ProductSafety@springernature.com

In case Publisher is established outside the EU,
the EU authorized representative is:
**Springer Nature Customer Service Center GmbH
Europaplatz 3, 69115 Heidelberg, Germany**

Printed by Libri Plureos GmbH
in Hamburg, Germany